自然资源部中国地质调查局
地热资源调查系列成果

中国地热志

华北　东北　西北卷

王贵玲 等　著

科学出版社
北　京

内 容 简 介

《中国地热志》编写分总论和分论两部分。总论主要阐述中国地热资源分布规律、资源量、开发利用历史及现状以及影响地热资源分布的构造及其他地质因素。分论以省（自治区、直辖市）为单位分别阐述各省（自治区、直辖市）地热资源的分布规律、资源量、流体化学特征、开发利用历史及现状，并以史志的形式对各省（自治区、直辖市）的地热显示点和代表性地热钻孔进行了系统、全面、客观、翔实的描述。全书共收录温泉（群）、代表性地热点2767处，其中温泉（群）2082处，代表性地热钻孔685处。本书为华北、东北、西北卷。

本书可供地热地质、水文地质等相关领域的科研院所及高等院校师生参考。

审图号：GS（2018）4383号

图书在版编目（CIP）数据

中国地热志·华北、东北、西北卷/王贵玲等著．—北京：科学出版社，2018.11

ISBN 978-7-03-055133-7

Ⅰ．①中…　Ⅱ．①王…　Ⅲ．①地热能-概况-中国②地热能-概况-华北地区、东北地区、西北地区　Ⅳ．①TK521

中国版本图书馆CIP数据核字（2017）第268778号

责任编辑：韦　沁　/　责任校对：张小霞

责任印制：吴兆东　/　封面设计：杨　柳

科学出版社出版

北京东黄城根北街16号

邮政编码：100717

http://www.sciencep.com

北京建宏印刷有限公司 印刷

科学出版社发行　各地新华书店经销

*

2018年11月第　一　版　开本：787×1092　1/16

2022年9月第二次印刷　印张：30　1/4

字数：717 000

定价：398.00元

“全国地热资源调查评价成果”编纂委员会

卫万顺	魏林森	魏文慧	吴海权
薛桂澄	闫富贵	杨　泽	杨华林
杨丽芝	杨湘奎	余秋生	喻生波
张　恒	张大志	张桂祥	张新文
赵　振	赵苏明	朱永琴	孙　颖

“全国地热资源调查评价成果”技术指导委员会

李廷栋	汪集旸	多　吉	曹耀峰
卢耀如	贾承造	马永生	李根生
武　强	侯增谦	王秉忱	严光生
朱立新	黄宗理	董树文	王焰新
万　力	廖志杰	郑克棪	宾德智
安可士	田廷山	冯建雄	李继江

《中国地热志》著者名单

主　编：王贵玲

副主编：蔺文静　张　薇　刘志明　马　峰

编　委：梁继运　王婉丽　李　曼　邢林啸

刘春雷　蔡子昭　王文中　何雨江

刘彦广　朱　喜　甘浩男　李　龙

刘　峰　陆　川　刁宇飞　岳高凡

张汉雄　李元杰　刘　昭　屈泽伟

吴庆华　王富强　郎旭娟　孙红丽

张　萌　王思琪　王　潇　李亭昕

闫晓雪　孟瑞芳　袁　野　赵佳怡

“全国地热资源调查评价”组织实施机构

主 持 单 位：自然资源部中国地质调查局

技术负责单位：自然资源部中国地质调查局水文地质环境地质研究所

承 担 单 位：

中国地质调查局水文地质环境地质研究所	天津地热勘查开发设计院
中国地质调查局沈阳地质调查中心	浙江省地质调查院
新疆地矿局第一水文工程地质大队	湖南省地质调查院
北京市水文地质工程地质大队	海南省地质调查院
北京市地质矿产勘查开发局	四川省地质调查院
河北省地矿局第三水文工程地质大队	安徽省地质调查院
广东省地质局第四地质大队	山东省地质调查院
黑龙江省水文地质工程地质勘察院	山西省地质调查院
黑龙江省地质调查研究总院	上海市地矿工程勘察院
湖南省地质矿产勘查开发局402队	青海省环境地质勘查局
四川省地矿局成都水文地质工程地质中心	陕西工程勘察研究院
贵州省地质矿产勘查开发局111地质大队	甘肃省地质环境监测院
宁夏回族自治区国土资源调查监测院	贵州省地质环境监测院
江西省地质环境监测总站	河南省地质调查院
吉林省地质环境监测总站	吉林省水文地质调查所
广西壮族自治区地质调查院	湖北省地质环境总站
海南水文地质工程地质勘察院	武汉地质工程勘察院
云南地质工程勘察设计研究院	广东省环境地质勘查院
甘肃水文地质工程地质勘察院	江苏省地质调查研究院

青海省水文地质工程地质环境地质调查院

福建省地质调查研究院

新疆维吾尔自治区地质环境监测院

福建省地质工程勘察院

山东省地矿工程集团有限公司

江西省勘察设计研究院

宁夏回族自治区地质调查院

云南省地质环境监测院

安徽省地质环境监测总站

辽宁省地质环境监测总站

西藏自治区地质矿产勘查开发局地热地质大队

重庆市地质矿产勘查开发局南江水文地质工程地质队

序　一

我国有温泉3000余处，分布广泛，类型齐全，几乎包括世界所有类型的温泉。经过4000多年对这些珍贵地热资源的开发，神州大地处处开遍绚丽夺目的温泉文化之花。我国温泉文化最大的一个特点是散见于有着2000多年悠久历史被称为“一方之总览”的地方志中，这些地方志记录了某地温泉的发现经过，水质特点，神话传说，诗词对联，温泉功效，翔实丰富、科学性强，把它集中起来就是一部中国温泉文化的百科全书。

1949年之后，随着地质找矿工作的开展，为建立和扩建温泉疗养院，我国开始对温泉进行系统的调查，在若干温泉区进行了地质勘探，并首次编制了全国温泉分布图。20世纪60年代末至70年代初，在我国著名地质学家李四光教授的倡导下，我国地热迎来第一次发展春天，区域地热资源普查、地热资源开发利用以及地热基础理论研究均取得了很大的进展。近年来，为应对气候变化，特别是治理已蔓延中东部地区的雾霾，社会各界已形成共识，就是要调整能源结构，大力发展可再生和清洁能源。作为一种新型清洁能源，地热资源的“热度”越来越高，其开发利用正迎来迅猛发展的历史时期。

古人云：“以铜为鉴，可正衣冠；以古为鉴，可知兴替；以人为鉴，可明得失。”在新中国成立70周年即将到来之际，编辑和出版《中国地热志》，真实、全面地记录当前我国地热资源现状、为世人提供一份翔实的温泉、地热井资料清单，缅怀前人的艰难历程和不朽业绩，鉴往昭来是今人义不容辞的责任。

统观全书，《中国地热志》图文并茂，详略得当，编排有序，文辞通达，加上编者补阙纠谬，堪称信史，它的编辑和出版，既为后人留下了一份弥足珍贵的历史资料，也为加快推动我国地热产业健康快速发展做了一件十分有益的事情。

在《中国地热志》付梓之际，写下以上感言，是为序。

中国科学院院士　李廷栋

2018年7月

序　二

我国是一个拥有丰富地热资源的国家，利用温泉治病已有悠久的历史，史料中关于温泉的记载也相当多。我国汉代著名科学家张衡所著的《温泉赋》中就说："有疾病兮，温泉汩焉。"《水经注》中亦载："大融山兮出温汤，疗治百病。"唐代《法苑珠林》中《王玄策行传》还有对西藏地热资源的记载："吐蕃国西南有一涌泉，平地涌出，激水高五六尺，甚热，煮肉即熟，气上冲天，像似气雾。"温泉浴不但能治病去疾，而且还有独到的养生保健功用，自古就深受人们的喜爱。

新中国成立以后，我国开始大规模勘查和开发利用地热资源，尤其是20世纪90年代以来，随着社会经济发展、科学技术进步和人们对地热资源认识的提高，出现了地热资源开发利用的热潮。当前，我国经济快速发展的同时带来资源紧缺、环境污染等严峻问题。实施能源革命，调整能源结构，大力发展可再生能源，控制能源消费总量，是解决能源紧缺和雾霾挑战双重压力的重要途径。地热资源作为一种稳定的低碳能源必将迎来新的发展时期，地热学术和产业界正面临着重大的发展机遇和严峻挑战。

《中国地热志》是一部全面介绍当前我国地热资源现状的专业志。专志贵专，专中求全，全中显特，这是修专志所要追求的。修志艰辛，成书不易，王贵玲研究员带领其研究团队，在广泛收集资料的基础上，精心编纂，终于水到渠成，全书从总论、分论两个部分，区域、各省两个层面对我国地热资源现状进行了全面系统的介绍，在求全的同时，尤为可贵的是重视在全中显特，对各地热显示点的地理位置、地质背景、化学组分、开发利用现状等信息均进行了全面展示，是一份来之不易的、严谨的、朴实的资料性文献。

王贵玲研究员是一位年轻的地热科技工作者，自1987年起从事地热研究，迄今已30余年，在区域地热资源调查评价方面取得了重要的成果，这部论著是结合了贵玲同志多年来对我国地热的热爱和沉淀而完成的，我相信，无论是地热领域的科学研究人员，还是规划管理人员、市场开发人员都可以从中获益的。

中国工程院院士

2018年7月

序　三

翻开《中国地热志》，一组组翔实的数据资料、一幅幅温泉的现场彩照、一张张考究的地质剖面展示在读者面前，既不烦琐枯燥，又不失严谨，实为一部全面反映我国地热现状的真经。盛世修志，志为盛世，《中国地热志》记录了我国地热发展现状，成为佐证，留下历史，服务当今，发人深思。

地热是可再生的清洁能源，而且是具有医疗、旅游价值的自然资源。温泉是地热资源的天然露头，利用好它，有助于当地特色经济的发展，助力实现习总书记提出的美丽乡村、城镇，美丽中国的建设，助力打赢蓝天保卫战，多样化满足人们日益增长的物质和精神需求，具有重要意义。王贵玲研究员带领其科研团队，在开展中国地质调查项目“全国地热资源调查评价与区划”的基础上，对当前我国现有的地热显示点和地热钻孔进行了系统、全面、客观、翔实的描述，志书全面展示了我国地热背景、分布特征、成因条件、开发现状，达到了志贵备全的要求，是一份具有重要史学价值的资料性成果，对地热学研究和地热资源开发具有重大的科学意义和应用价值。

全书共收录温泉（群）、代表性地热钻孔2767处，其中温泉（群）2082处，代表性地热钻孔685处，其规模之大，收录的温泉（群）、代表性地热钻孔之多，国内外罕见。其所收录的温泉（群）、代表性地热钻孔均为调查人员亲赴现场调查的成果，使《中国地热志》既客观又与时俱进，反映了我国当前地热资源开发利用的实际情况和研究勘探水平。

值此付梓之际，我荣幸地向有关单位和专业人员推荐此图文并茂的佳作，它定会成为研究地热、勘探地热、开发地热的得力助手和有力工具。

中国工程院院士　曹耀峰

2018年7月

前　言

志者，记也，是按一定体例记述特定时空内一个或多个方面情况的资料性文献。修志是中华民族的优良文化传统，在长达两千多年的发展历程中，各类方志薪火相传，亘续不绝，既是客观的文化载体，又是厚重的历史积淀，对中华文化的形成和发展有着不可或缺的重要价值，是当之无愧的中华之国粹、民族之瑰宝。

《中国地热志》是记录温泉、热水井等地热现象的专业志，具有鲜明的地域特色和时代特征。我国关于温泉的记载历史悠久，古籍中关于温泉的记载最早见于《山海经》，温泉的利用历史则最早见于公元前7世纪的西周，西周王褒温汤碑即有“地伏硫磺，神泉愈疾”的记载。5世纪末至6世纪初，北魏地理学家郦道元的《水经注》记载了当时所知的41处温泉以及利用温泉洗浴治病的情况，可以说是对我国古代温泉分布的一次初步总结。宋代的地理著作《太平寰宇记》中也有不少关于温泉的记载。清代学者放以智《物理小识》著录古今温泉59处；顾祖愚《读史方舆纪要》考证古今地名，间记温泉90余处；雍正三年（1725）修成的《方舆汇编坤舆典》记载温泉84处。到了近代，人们对温泉的分布有了进一步的认识，1908年田北湖撰《温泉略志》，其中除去《水经注》所记载者，著录近世温泉140余处；1919年苏萃撰《论中国火山脉》附各省温泉表，载因火山所成74处；地质学家章鸿钊1935年在地理学报发表中国温泉的分布，共收录491处；1939年陈炎冰编著《中国温泉考》，记载了温泉达584处。这些古籍中关于温泉的记载对现今地热学研究和地热资源开发具有重大的史学意义和应用价值。

新中国成立以来，我国地热地质事业取得了飞速发展。1656年，地质出版社出版了章鸿钊先生的遗稿《中国温泉辑要》，该书记录了958余处温泉所在地、理化性质以及涌出量。1973年，中国科学院、北京大学等单位组织了青藏高原综合科学考察队，先后对西藏、横断山区的温泉进行了实地考察，并吸收前人以及后续考察者的成果，编辑出版了《横断山区温泉志》《西藏温泉志》，共收录温泉1655处，对推动该地区地热研究与勘探开发提供了第一手的资料。1993年，黄尚瑶等在系统总结全国地热普查、勘探和科研成果的基础上，编制了《1：600万中国温泉分布图》及其说明书——《中国温泉资源》，展示了我国温泉资源潜力及其分布。

20世纪90年代以后，我国地热开发开始沿着产业化、市场化的道路发展。由于缺乏科学的规划，造成了无序开采局面和资源的浪费，一些天然出露的温泉逐渐消失。同时，我国大面积分布的新生代沉积盆地和断陷盆地相继发现地热资源，地热井越打越深，一些地区的地热井过于集中，过量开采现象严重，造成热储压力持续下降，严重影响了地热资源的可持续利用。进入21世纪以来，随着社会对能源危机、环境保护的深入关注以及我国实现能源生产消费革命的迫切需要，地热资源已成为未来能源勘查开发的主攻方向之一。面对新的历史使命，编撰一部能够全面反映当前我国地热资源现状的地热志已成地热工作者的当务之急。

2011年，原国土资源部中国地质调查局启动了全国地下热水资源现状调查评价工作，对各省现有的温泉、地热井的地热地质背景、流体物理化学特征、动态变化、开发利用历史和现状等进行了系统的调查，在此基础上，编撰了本套《中国地热志》，收录温泉（群）、代表性地热井2767处，其中温泉（群）2082处，代表性地热钻孔685处。丛书共分为华北、西北、东北卷，华东、华中卷，华南卷，西南卷一，西南卷二以及西南卷三6卷，各卷分别从总论、分论两个部分，区域、分省两个层面对我国地热资源赋存背景、地热分布及其特征、资源量等进行了系统的论述，重点描述了各地热显示点和代表性地热钻孔的地理位置、地质背景、地热流体化学组分、开发利用现状等信息。我们希望本丛书能够为国家和有关地区决策部门提供一份温泉资源和地热能源的资产清单，同时又能为国内外地热工作者提供宝贵的第一手资料。

集思广益，众手成志。《中国地热志》是“十二五”期间中国地质调查局组织实施的“全国地热资源调查评价”项目系列成果之一。中国地质调查局及其直属单位，31个省（市、自治区）相关地勘单位以及相关大专院校、科研院所和企业为本项目的实施提供了强有力的支持。本丛书凝聚了我国地热学界众多专家、领导和科技人员的智慧和心血，是集体大协作的结晶。项目组同志们认真收集、整理资料，精心编撰，付出了艰辛的劳动。李廷栋院士、多吉院士、曹耀峰院士为《中国地热志》的编撰提出了宝贵的意见和建议，并亲自提笔作序。中国地质调查局局长钟自然同志始终关注和支持地热志的编撰工作。王秉忱、严光生、文冬光、郝爱兵、石建省、张永波、吴爱民、郑克棪、宾德智、田廷山、庞忠和、胡圣标、刘金侠、康凤新、孙宝成等国内外著名专家对地热志的编撰工作给予了长期悉心的指导。以上专家和领导的指导与关怀是地热志得以顺利编撰的保证，在此谨向所有付出辛劳的同志表示诚挚的谢意。

著 者

2018年7月

目　录

第/一/章

总论

第一节 地热地质背景

一、华北地区

1.控热构造

我国华北地区主要包括北京市、天津市、河北省、山西省和内蒙古自治区。地质构造上，本区属华北陆块，主要分为阿拉善台隆、鄂尔多斯台缘褶皱带、鄂尔多斯台拗、内蒙地轴、山西断隆、燕山台褶带、华北断拗等二级构造单元。

以内蒙古-大兴安岭褶皱系为分界，南为中朝准地台，北京、天津、河北大部分属于此区域。在中朝准地台上，又可划分为四个Ⅱ级构造单元：尚义-平泉深断裂以北为内蒙地轴，其南为燕山台褶带，燕山台褶带的南缘为固安-昌黎大断裂，该断裂以南为华北断拗。南部的太行山东断裂，即涿州-石家庄断裂以西为山西断隆，以东为华北断拗。燕山台褶带控制着本区隆起山地型地热资源的赋存与分布，沉积盆地型地热资源则主要位于华北断拗中，可进一步分为冀中台陷、沧州台拱、黄骅台陷、埕宁台拱等三级构造单元。

阿拉善台隆、鄂尔多斯台缘褶皱带、鄂尔多斯台拗、内蒙地轴都属华北陆块北缘的中西段。隆起山地型地热资源广泛分布于断裂活动处，沉积盆地型地热资源则主要分布于鄂尔多斯台拗的河套平原与鄂尔多斯盆地。

山西断隆主要包括大同桑干河新裂陷、忻州滹沱河新裂陷、太原新裂陷、临汾和运城新裂陷，这五大新裂陷盆地是山西省主要控热构造发育带，也是山西省地热田的主要分布区。山西活动断裂大部发育于桑干-滹沱-汾河陆槽，而断裂带及隐伏活动断裂带主要分布于盆地周边或盆地内部的陷隆带两侧，各地热构造单元的地热地质条件均受这些活动断裂控制。

2.大地热流

华北地区大地热流最高值主要分布在唐山地区、保定地区与廊坊地区之间以及天津部分地区，介于70～100mW/m^2，平均值约80mW/m^2。华北平原其他地区热流值介于40～50mW/m^2，整个平原区大地热流值平均为51.5mW/m^2。山西大地热流值则与地热田分布密切相关。在中部盆地区，大地热流值普遍高于71mW/m^2，地热表现活跃，其中临汾、忻定两大盆地最高；而盆地两侧山区，大地热流值一般都小于54.5mW/m^2，低于全球平均大地热流值，地热表现不明显。内蒙古自治区大地热流值变化于50～60mW/m^2，低于中国大陆地区的平均大地热流。这是由于内蒙古自治区主要盆地中新生代以来的构造活动不断减弱，盆地快速冷却引起的。

3.地温场特征

京津冀地区地温分布受凹凸相间的地质构造格局的控制，总体特点是地温梯度呈高低相间带状展布。相对高温区与基岩隆起区一致，沧县隆起和埕宁隆起区盖层地温梯度大于3.5℃/100m，许多凸起的高点，盖层地温梯度高达4.0～5.0℃/100m或更大。相对低温区与凹陷区相对应，地温梯度3～3.5℃/100m。新生界沉积中心，往往是最低温度区所在，除冷水流干扰区之外，盖层温度小于3℃/100m。

鄂尔多斯盆地、河套盆地及西辽河盆地的地温梯度多在3.5～4.0℃，海位尔、二连盆地群为2.0～3.5℃/100m。盆地的地温梯度接近华北平原的地温梯度（3.3～3.5℃/100m）高于中国西部的塔里木盆地地温梯度（20℃/100m）和准格尔盆地地温梯度（2.2℃/100m）。

山西断隆内由南向北发育的一系列盆地中，地温梯度由西南向东、向北递减，西南的河津地热田热异常中心盖层地温梯度值最高为7.5～8.5℃/100m，热异常中心外围盖层地温梯度值为3.0～7.0℃/100m。临汾、运城盆地盖层地温梯度值较高，一般为5.0～5.5℃/100m。向北到太原盆地、大同盆地盖层地温梯度值相对较低，为3.0～5.0℃/100m。

二、东北地区

1.控热构造

我国东北地区东北地区主要包括辽宁省、吉林省、黑龙江省。该区属于古亚洲洋与滨太平洋两大构造域的构造作用叠加区，其地质构造极为复杂。前中生代南部为华北陆块（华北克拉通）区，北部为兴蒙造山区，形成了呈北东-北北东向展布的巨型陆缘断裂系统、岩浆岩带和盆-山体系。

东北地区南部的陆块区属于华北陆块区的东段，其主体分布于辽宁和吉林省的南部。本区断裂构造主要有东西向、北东向、北北东向和北西向等几组。东西向和北东向最为重要，如赤峰-开源东西向断裂为华北陆块与兴蒙造山带的分界断裂，断裂带地表宽达数百米。北东向展布的郯庐断裂纵贯本区东部，构成胶辽台隆的西部边界，鸭绿江断裂带控制了拉分型火山-沉积盆地的形成与演化。这些深大断裂控制了区内的基本构造格架和主要岩浆活动和地热活动。东北地区属于兴蒙复合造山区的东段。兴蒙造山带主要形成于古生代，受滨太平洋构造体制强烈作用，本区构造岩浆活动剧烈，规模巨大的北东-北北东走向的构造-岩浆岩带、盆地-山脉和断裂带，叠加于欧亚大陆板块之上。

深部构造上，东北地区的布格重力异常分布范围为-119～-31mGal（$10^{-5}m/s^2$），走向主要呈北东向，表明其主要受太平洋板块俯冲影响，在东西方向上异常具有分带性，呈现中部高，东西部低的形态。莫霍面特征则为隆起处对应盆地，凹陷处对应山岭。

2.大地热流

东北地区大地热流总体而言呈现出北部、东部低，西部、南部略高，中部最高的分布特征，热流值大部分位于30～80mW/m^2。位于中部的松辽盆地是东北地区主要地热资源分布区，松辽盆地大地热流高值区普遍分布在盆地的中部，最高值为95mW/m²，其周围地区热流相对偏低，最低在40mW/m²左右。盆地热流的总平均值为68.24mW/m²，高于63mW/m²（全球大地热流平均值）。伊舒盆地为山前过渡带，大地热流值主要集中在79.70～116.82mW/m²，并呈现由西部边缘向部东边缘逐渐增大的趋势。南部辽西低山丘陵区大地热流值相对较高，下辽河平原区和辽东山地丘陵区相对较低，呈由西到东降低的趋势。最高值位于中西部沿海的兴城市，热流值为38.3mW/m²；热流最低值为40.6mW/m²，位于鞍山市岫岩县。

3.地温场特征

地温梯度方面：松辽盆地的地温梯度平均为3.8℃/100m，除盆地边缘梯度稍低之外，一般多在3～5℃/100m，是中国大型盆地中地温梯度较高的分布区之一。其中，黑龙江松嫩平原地区的平均地温梯度为4.2℃/100m，松嫩平原大部分地区的地温梯度均在3.5℃/100m之上。吉林省伊舒盆地地热梯度值一般为3.0～4.5℃/100m。辽东山地丘陵区的新宾、桓仁、宽甸与凤城一带最低，小于1.5℃/100m，而在大连、铁岭、沈阳等部分地区地温梯度小于2.5℃/100m，其他地区的地温梯度一般都大于2.5℃/100m，特别是在辽西低山丘陵区与下辽河新生代盆地区，地温梯度一般在3.0℃/100m以上，局部地区可超过6℃/100m。

热储温度在垂向上服从于地温随深度增长的普遍规律，但在不同地区由于地质结构和岩石性质的差异，在不同深度上，地温会出现高低之分。松辽盆地中部地温相对较高。松辽盆地1000m为40～50℃；2000m为75～85℃；3000m为90～110℃，最高可超过140～150℃；4000m为138～167℃；4500m为150～183℃。南部的下辽河新生代盆地内1000m处，地温为30～45℃，其中盆地背部与沿海地区较高，大于40℃，而盆地东部与西部较低；1500m处，地温为40～55℃，地温分布呈由东南沿海向盆地西北部逐渐增高的趋势。2000m处，地温为65～80℃，由盆地背部的台安县向沿海地区的大洼县呈逐渐增高趋势，尤其在大洼县的东部地区，地温大于80℃。

三、西北地区

1.控热构造

西北地区包括陕西省、甘肃省、宁夏回族自治区、青海省、新疆维吾尔自治区五个省（自治区）。该区的地热工作开展较晚，长期以来被认为属于冷的地质块体。新生代以来，印度板块与中国大陆强烈碰撞和挤压，大地构造环境的转换而形成了多个叠合盆地构造，形成了多个伸展盆地，盆地地壳减薄，地温梯度增高，在板块消减作用下的挤压盆地则地壳厚度增大，地温梯度降低。总体而言，自东向西，由南向北，盆地由热变冷东部的关中盆地温度最高，青海共和、贵德盆地、塔里木盆地地温其次，而北部准噶尔、塔里木盆地则为冷盆。

西北地区的绝大多数的温泉出露与构造密切相关，多数发育于盆山构造边缘，属于中低温地热。西北区大地构造自北向南可以划分为：阿尔泰褶皱系、准噶尔褶皱系、准噶尔地块、天山褶皱系、塔里木地台、昆仑褶皱系-柴达木地块-祁连褶皱系、部分秦岭褶皱系。

最北端的阿尔泰褶皱形成的北西向的侵入岩分布带以及天山褶皱带形成的东西向侵入岩分布带，

控制了区域地热的形成和出露；天山与昆仑山交汇带形成了我国西北温度较高的地热出露区；中部的青海则受昆仑褶皱系-柴达木地块-祁连褶皱系的控制，在秦祁昆与昆南-羌北两大断裂系控制下形成了一系列北北西向展布的构造形迹，进而控制了热水的分布，温度较高地区主要密集在不同构造体系的交接复合部位和同一构造体系的转折部位。甘肃地区则在祁连山-西秦岭-华北地台的北西西向断裂控制下形成了南高北低的地温特点；东部的宁夏受秦祁昆造山带的控制，发育中低温的地热资源；西安则主要受陕北地台和秦岭褶皱系的控制，形成了以盆地为中心的地热带。

2.大地热流

西北地区总体上大地热流呈现出由西向东，梯级增大的趋势。新疆地区热流为40～55mW/m^2，平均热流为50mW/m^2；青海、甘肃、宁夏热流值位于50～70mW/m^2，平均热流为55mW/m^2；陕西地区热流为65～80mW/m^2，平均热流为60mW/m^2。

同时由于受构造控热的影响，在新疆西部、青海西宁盆地、陕西关中地区出现了热流异常区。新疆西部天山昆仑构造带，热流最高值超过100mW/m^2，青海西宁盆地与陕西关中地区热流最高值为80mW/m^2，渭河断凹平均热流值达69.62mW/m^2。

西部的准噶尔盆地平均大地热流为42.3mW/m^2、塔里木盆地平均大地热流为44.05mW/m^2，中部的柴达木盆地热流稍高，平均大地热流为55.7mW/m^2，青海西宁、共和、贵德盆地大地热流结余62～90mW/m^2，平均热流为66.8mW/m^2，关中盆地平均热流最高可达到78.8mW/m^2。总体而言，西部盆地大地热流相对东部共和、贵德盆地以及关中盆地低10～15mW/m^2。

3.地温场特征

平面上，地温梯度从西向东逐渐增大。西部地温梯度为2.02℃/100m，塔里木盆地地温梯度为1.76℃/100m，两个盆地3000m深准噶尔盆地部平均温度为70～80℃，东部共和、贵德盆地平均地温梯度为3～5℃/100m，关中盆地西侧平均地温梯度为2.3～3.2℃/100m，东侧为3.0～5.0℃/100m，高处可达到7.8℃/100m。

热储温度在垂向上服从于地温随深度增长的普遍规律，但受区域断裂控制作用，往往在区域构造带上受深部热流的影响，地温相对较高，如塔什库尔干地区，而在距断裂较远的部位，基岩完整，没有热流运移的通道，地温往往较低。在沉积盆地区，地温分布相对较均匀，随着深度的增大，地温逐渐增加，同时受到上覆盖层厚度的影响，厚的盖层条件下，同一深度下部温度相对较高。

关中盆地2000m深度水平地温变化范围在80～100℃；西宁盆地、塔里木盆地2000m深度水平地温变化范围在69.06～82.41℃，变幅约13.35℃。准噶尔盆地与塔里木盆地2000m深度水平地温变化范围在40～55℃。

第二节 地热资源类型及特征

根据地热资源形成地质背景、控制其分布的主要地质条件和热水赋存运移条件，地热资源可以划分为两种类型：隆起山地对流型和沉积盆地传导型。

一、华北地区

1.隆起山地对流型地热资源

本区隆起山地地热资源主要分布于大兴安岭、燕山、太行山等山前地区，即河北北部与西部、山西东西部及内蒙古东部地区。

河北省山区地热资源较为丰富，其中主要为断裂带开放型热储，占71%，主要分布在基岩山区及沟谷地带。热水温度28～98℃，具有代表性的温泉有赤城汤泉、塘子庙温泉、遵化汤泉。断裂带半圈闭型热储层主要分布在山间盆地及部分山前地带。水温15.8～48℃。碳酸盐岩圈闭型热储主要分布在山间盆地和邯郸-邢台山前丘陵地区。热水水温一般较低（低于45℃）。天津市的隆起山地对流型地热资源有两处，邦均镇大孙各庄地热异常区与官庄镇居官屯地热异常区，出水温度分别为41℃和26℃，资源量较少。

山西断隆内隆起山地对流型地热资源主要分布于恒山燕山断块浑源汤头、太行山穹状隆起盂县寺平安、鄂尔多斯盆地东坡、沁水煤盆地等地。浑源汤头地热田主要热储层为太古宙黑云斜长片麻岩，井口出水温度61℃。盂县寺平安地热田主要热储层为太古宙吕梁期伟晶岩，井口水温44～62℃。鄂尔多斯盆地东缘地热田热储层为奥陶系，井口出水温度32～36℃。沁水煤盆地地热田热储层为寒武-奥陶系石灰岩，井口出水温度40～56℃。

内蒙古的隆起山地对流型地热资源主要分布于大兴安岭山地西部地热田、大兴安岭西南边缘和阴山东段地热田和凉城-乌拉特前旗山前平原型地热田。水温分别为25～48℃、51～94℃、30～38℃。地热田水量丰富，地热水具有医疗、保健功效。

2.沉积盆地传导型地热资源

本区沉积盆地传导型地热资源主要分布于华北平原、汾河盆地、河套平原和鄂尔多斯盆地中。

本区河北、北京、天津的平原区均属于华北平原，热储层主要为新近系明化镇组和馆陶组、古近系东营组、寒武-奥陶系以及中元古界蓟县系雾迷山组和长城系高于庄组。明化镇组、馆陶组在平原区广泛分布；东营组主要分布于黄骅拗陷北部与冀中拗陷东北部；奥陶-寒武系热储层一般分布在区内凸起区，在平原区零星分布；蓟县-长城系雾迷山组热储主要分布于冀中拗陷、沧县隆起，在临清拗陷北部及埕宁台拱有零星分布。

汾河盆地可划分为六小盆地，即大同盆地、忻州盆地、晋中盆地、临汾盆地、运城盆地和太原盆地。大同盆地热储层分别为变质岩，古近系、新近系砂岩及奥陶系石灰岩，地热井出口水温30～45℃左右，局部高达104℃。忻州盆地变质岩主要热储层为变质岩基岩热储层，水温40～60℃，为低温地热资源。晋中盆地主要热储层为奥陶系石灰岩，局部存在热储层为二叠系、三叠系砂岩热储层，古近系、新近系保德组砂岩热储层，地热流体多属于“温热水”和“温水”。临汾和运城盆地主要热储层为第四系中—下更新统砂岩层，古近系，新近系上新统、中新统、渐新统砂岩层和寒武-奥陶系石灰岩地层。

华北平原、汾河盆地热储分布面积广、热储层较多，地热流体储量大，热储出水量、温度变化大，水化学类型相对较复杂。

鄂尔多斯盆地热储层主要由白垩系洛河组砂岩、粉细砂岩热储层和奥陶系马家沟组石灰岩热储层构成，其涌水量在500～1200m^3/d，出水温度前者在25～40℃，石灰岩区无地热钻孔，推测温度在70～120℃，为良好的地热储层。

河套平原地热储层主要有乌海盆地、呼包盆地及临河盆地的新近系上新统粉细砂岩热储层和呼和浩特市地区的元古宙大理岩热储层构成，新近系热储层其涌水量在1000～3000m^3/d，出水温度在50～70℃，大理岩热储层其涌水量在500～1000m^3/d，出水温度在60～70℃，为良好的地热储层。

二、东北地区

1.隆起山地对流型地热资源

隆起山地对流型地热区主要分布于吉林省东部、东南部构造隆起的长白山区与辽东和辽西山地区。

吉林省东部及东南部的隆起山地对流型地热资源可划分为：长白山北坡二道白河热储带、长白山西坡梯子河热储带两个高温地热田以及抚松县仙人桥热储带、长白县十八道沟热储带、临江市花山热储带三个中低温地热田。其地热源为沿断裂构造向上辐射的地幔热源，或是喷发后的火山余热（即成热因素）。区内温泉的出露特点是流量大，水质优，温度高。热储-盖层厚度与盆地区相比较薄，一般在300～600m，温泉水温度在35～79℃，热储温度在88.04～194.28℃。地热流体呈碱性或弱碱性，本区地热流体水化学类型在区域分带上各有差异。长白山聚龙泉、长白县十八道沟温泉群流体化学类型主要为HCO_3-Na型，抚松仙人桥温泉群地热流体化学类型主要为SO_4、HCO_3-Na型。

辽宁省辽东和辽西山地区，根据地热田（点）分布特征，可以划分出七个带，即绥中凸起断裂带地热成矿带、寒岭-偏岭岩石圈断裂地热成矿带、庄河-桓仁断裂地热成矿带、金州断裂地热成矿带、鸭绿江断裂地热成矿带、赤峰-开原断裂地热成矿带和新宾聂尔库-雅河断裂地热成矿带。成矿带主要走向为北东向，多受北东向断裂控制。热储岩性主要为花岗岩，井口水温大于30℃，水化学类型不一。

2.沉积盆地传导型地热资源

东北地区的沉积盆地传导型地热资源主要分布于黑龙江省的松嫩平原、吉林省的依舒盆地和辽宁省的下辽河平原。

松嫩平原地热田位于松辽大型沉积盆地的北部，热储赋存于白垩系嫩江组局部层段、姚家组、青山口组及泉头组地层中；热传导层为白垩系泉头组下部地层登娄库组、侏罗系、石炭-二叠系及侵入地层的花岗岩等。热储温度姚家组30～60℃，相对高值区主要集中在松嫩平原地区的中部和西南部，并逐渐向东西两侧降低。青山口组热储温度35～65℃，总体形态与姚家组相似。泉头组顶板地温场分总体形态呈北北东方向展布，最高的地温场仍分布在其南部，温度达95℃以上，小于35℃的低温区逐渐靠近盆地的边缘地带；大部分地区在60～85℃。松嫩平原热储厚度大、面积广、水量丰富，是本地区地热资源最为丰富的地区。地下水的化学类型主要为HCO_3-Na型和Cl-Na型，局部地区存在HCO_3·Cl-Na型和Cl·HCO_3-Na型水。

依舒盆地热储层为古近系，岩性为砂岩、砂砾岩等碎屑岩类。热储盖层为较厚的第四系与巨厚的新近系泥质岩层，最厚可达1000m。热储顶板东部边缘埋深浅，往西部边缘埋深逐渐加深，热储温度一般为60～68℃，水化学类型主要为HCO_3-Na型。依舒盆地目前开采的地热井热储层埋藏深度一般为1000～2000m，在这个深度内，热储温度一般为60～68℃。该区热储层厚度随所处地域不同其厚度也有明显变化，万昌地域热储层厚度最大，累计平均厚度达700m，砂厚比为15%～36%，热储层富水性中等，单井涌水量500～1000m^3/d。伊舒盆地区地热流体pH为7.88～8.84，水化学类型主要为HCO_3-Na型。

下辽河盆地热储层主要为埋藏于盆地深部的新近系馆陶组砂岩、砂砾岩，埋深500～1000m，热田规模较大，无明显热显示，盖层以明化镇组泥岩为主。新近系热储系统，井口水温25～50℃，单井涌水量一般在1000～2500m^3/d，水化学类型以HCO_3-Na型水以及HCO_3-Na·Ca型水为主。

除下辽河盆地外，辽宁省散布有凌源三十家子盆地、金岭寺-羊山盆地、阜新-义县-锦州盆地、彰武-黑山盆地、沈北-汎河盆地等小型沉积盆地地热区，热储多为中元古界—古生界，热储温度随埋深变化而有较大不同，水化学类型各异。

三、西北地区

1.隆起山地对流型地热资源

西北地区隆起山地地热资源主要受控于区域地质构造。裂隙型带状地热流体主要赋存于阿尔泰变质岩构造带、天山昆仑山褶皱带、秦祁昆褶皱带以及秦岭山前变质岩类构造裂隙带等。地热流体运移和储存空间比较复杂，受构造断裂的影响，既有新生界的孔隙裂隙，也有基岩的构造裂隙和风化裂隙，埋藏和分布主要受构造断裂节理裂隙控制，通常埋藏较浅。

受裂隙切割深度的影响，隆起山地对流性地热资源出露温度差异较大，但均属于中低温地热。甘青两省的祁连山加里东造山带，区域构造线呈北西-南东向展布。受多期构造运动的影响，大断裂与复式褶皱发育，岩浆侵入活动频繁，热储温度可达136℃。在昆仑山、天山、阿尔泰山不同构造体系的交接复合部位也均有地热分布，具有成带性分布的特征，温度介于30～72℃。祁连山区地下热水点主要分布在北北西向区域性压扭性断裂与北西或北东向次级断裂的交汇部位，出露温泉温度范围为37～52℃。秦岭山前地区受山前断裂的控制，形成多个对流地热系统。具有地势起伏相对较大，河谷切割较深的特点，基底主要由变质岩和花岗岩构成，上覆新生界砂岩、砂砾岩、粉质黏土夹砂砾石层，出露温泉温度最高可达60℃。

2.沉积盆地传导型地热资源

西北地区的沉积盆地传导型地热资源主要分布于关中盆地、西宁盆地、柴达木盆地、塔里木盆地、准噶尔盆地等沉积盆地中。

关中盆地包含了陕西省内所有热储类型，即孔隙型层状、岩溶型层状和上部孔隙下部裂隙型层状三类热储。西宁盆地热储层可分为新生代古近纪砂岩-砂砾岩裂隙孔隙热储层、中生代白垩纪砂岩-砂砾岩裂隙孔隙热储层、中生代侏罗纪砂岩砂砾岩裂隙孔隙热储层、侵入岩块状岩类裂隙热储层以及蓟县系碳酸盐岩类裂隙溶洞型热储层。准噶尔盆地热储层主要为石炭系、二叠系和三叠系，热储类型为裂隙型层状热储。塔里木盆地热储层岩性主要石炭系砂岩，热储类型为裂隙型层状热储层。

第三节　地热资源评价

2013年，中国地质调查局启动了“全国地热资源调查评价与区划”项目，以省级行政区为单位开展了地热资源量评价工作。地热资源评价根据“全国地热资源调查评价与区划技术要求（试行）”进行，按照两种类型分别进行资源量的评价、统计与估算；从实用价值及开发利用方式考虑，对中低温地热资源主要评价其地热资源量、地热流体可开采量、地热流体可开采热量、考虑回灌条件下地热流体可开采量、考虑回灌条件下地热流体可开采热量等指标；对于分布有高温地热资源的省区则增加对高温地热资源发电潜力的评价。

一、华北地区

1.隆起山地对流型地热资源评价

华北地区的隆起山地对流型地热资源主要分布在河北西部的太行山东麓、河北和天津北部的燕山山脉、山西东西部的太行山区和吕梁山区、内蒙古东部地区的大兴安岭地区，北京地区分布区域较少未做资源量评价。从热储温度及水温看，该区域的隆起山地对流型地热资源属于中低温地热资源。经计算，华北地区东北地区隆起山地对流型中低温地热资源总量为8.92×10^{15}kJ，折合标准煤3.04×10^{8}t，地热流体可开采量为$5.27\times10^{7}m^{3}/a$，地热流体可开采热量约为1.10×10^{13}kJ/a，折合标准煤3.75×10^{5}t/a，考虑回灌条件下的地热流体可开采量约为$1.05\times10^{8}m^{3}/a$，地热流体可开采热量约为2.20×10^{13}kJ/a，折合标准煤7.51×10^{5}t。从资源量分布看，华北地区隆起山地对流型地热资源主要分布在山西省境内，资源总量和可开采量均占地区总量的四分之三左右，其次为河北省，资源总量和可开采量占比地区总量的20%左右，内蒙古自治区资源量相对较少。天津和北京的隆起山地型地热资源量则可以忽略不计（表1.1）。

表1.1　华北各省区隆起山地对流型地热资源量评价表

省份（自治区）	地热资源量		地热流体可开采量/（m^3/a）	地热流体可开采热量		考虑回灌条件下地热流体可开采量/（m^3/a）	回灌条件下地热流体可开采热量	
	地热资源总量/kJ	折合标准煤/t		地热流体可开采热量/（kJ/a）	折合标准煤/（t/a）		回灌条件下地热流体可开采热量/（kJ/a）	折合标准煤/（t/a）
北京	0	0	0	0	0	0	0	0
天津	9.33×10^{12}	3.18×10^{5}	1.85×10^{6}	1.66×10^{11}	5.67×10^{3}	3.70×10^{6}	3.32×10^{11}	1.13×10^{4}
河北	1.97×10^{15}	6.74×10^{7}	1.13×10^{7}	1.96×10^{12}	6.67×10^{4}	2.26×10^{7}	3.91×10^{12}	1.33×10^{5}
山西	6.53×10^{15}	2.23×10^{8}	3.73×10^{7}	8.42×10^{12}	2.87×10^{5}	7.46×10^{7}	1.68×10^{13}	5.74×10^{5}
内蒙古	4.11×10^{14}	1.40×10^{7}	2.28×10^{6}	4.62×10^{11}	1.58×10^{4}	4.57×10^{6}	9.24×10^{11}	3.15×10^{4}
合计	8.92×10^{15}	3.04×10^{8}	5.27×10^{7}	1.10×10^{13}	3.75×10^{5}	1.05×10^{8}	2.20×10^{13}	7.51×10^{5}

2.沉积盆地传导型地热资源评价

华北地区沉积盆地传导型地热资源主要分布京津冀平原区所处的华北平原、山西中南部的汾河盆地以及内蒙古西南部的河套平原及鄂尔多斯盆地等地区。经计算，华北地区沉积盆地传导型地热资源总量为6.71×10^{18}kJ，折合标准煤2.29×10^{11}t，地热流体可开采量为$3.88\times10^{9}m^3/a$，地热流体可开采热量约为6.69×10^{14}kJ/a，折合标准煤2.28×10^{7}t/a，考虑回灌条件下的地热流体可开采量约为$6.47\times10^{10}m^3/a$，地热流体可开采热量约为1.19×10^{16}kJ/a，折合标准煤4.08×10^{8}t。从资源量分布来看，华北地区的沉积盆地型地热资源主要分布在河北省和内蒙古自治区，二者占比地区资源总量的45%和26%，山西省和天津市资源量相当，均占比地区总量的13%左右，同时山西省可开采热量要明显高于天津市，但考虑回灌时，二者的资源可利用量相仿，差别不大（表1.2）。

表1.2　华北各省区沉积盆地传导型地热资源量评价表

省份（自治区）	地热资源量		地热流体可开采量/（m^3/a）	地热流体可开采热量		考虑回灌条件下地热流体可开采量/（m^3/a）	回灌条件下地热流体可开采热量	
	地热资源总量/kJ	折合标准煤/t		地热流体可开采热量/（kJ/a）	折合标准煤/（t/a）		地热资源总量/（kJ/a）	折合标准煤/（t/a）
北京	9.94×10^{16}	3.39×10^{9}	7.38×10^{7}	1.31×10^{13}	4.46×10^{5}	7.43×10^{9}	1.23×10^{15}	4.21×10^{7}
天津	8.98×10^{17}	3.07×10^{10}	4.41×10^{8}	6.46×10^{13}	2.21×10^{6}	7.95×10^{9}	1.48×10^{15}	5.06×10^{7}
河北	3.05×10^{18}	1.04×10^{11}	1.74×10^{9}	2.43×10^{14}	8.28×10^{6}	2.63×10^{10}	4.63×10^{15}	1.58×10^{8}
山西	8.88×10^{17}	3.03×10^{10}	5.22×10^{8}	1.12×10^{14}	3.81×10^{6}	8.20×10^{9}	1.65×10^{15}	5.63×10^{7}
内蒙古	1.77×10^{18}	6.04×10^{10}	1.10×10^{9}	2.37×10^{14}	8.10×10^{6}	1.48×10^{10}	2.95×10^{15}	1.01×10^{8}
合计	6.71×10^{18}	2.29×10^{11}	3.88×10^{9}	6.69×10^{14}	2.28×10^{7}	6.47×10^{10}	1.19×10^{16}	4.08×10^{8}

二、东北地区

1.隆起山地对流型中低温地热资源评价

东北地区的隆起山地对流型中低温地热资源主要分布在辽宁省的丹东、葫芦岛、营口、本溪、大连、鞍山、朝阳和辽阳地区，吉林省东部山区抚松县、临江市、长白县等地区，黑龙江省未做评价。经计算，东北地区隆起山地对流型中低温地热资源总量为1.20×10^{15}kJ，折合标准煤4.10×10^{7}t，地热流体可开采量为$1.18 \times 10^{6}m^3/a$，地热流体可开采热量约为1.69×10^{11}kJ/a，折合标准煤5.78×10^{3}t/a，考虑回灌条件下的地热流体可开采量约为$2.35 \times 10^{6}m^3/a$，地热流体可开采热量约为3.39×10^{11}kJ/a，折合标准煤1.16×10^{4}t/a。其中，吉林省的隆起山地对流型地热资源总量约为辽宁省的二倍，而地热流体可开采量及可开采热量吉林省则是辽宁省的五倍左右，可见东北地区隆起山地对流型中低温地热资源主要分布在吉林省境内（表1.3）。

表1.3 东北各省区隆起山地对流型中低温地热资源量评价表

省份	地热资源量		地热流体可开采量/(m^3/a)	地热流体可开采热量		考虑回灌条件下地热流体可开采量/(m^3/a)	回灌条件下地热流体可开采热量	
	地热资源总量/kJ	折合标准煤/t		地热流体可开采热量/(kJ/a)	折合标准煤/(t/a)		回灌条件下地热流体可开采热量/(kJ/a)	折合标准煤/(t/a)
黑龙江	0	0	0	0	0	0	0	0
吉林	8.01×10^{14}	2.74×10^{7}	9.70×10^{5}	1.44×10^{11}	4.93×10^{3}	1.94×10^{6}	2.89×10^{11}	9.86×10^{3}
辽宁	3.98×10^{14}	1.36×10^{7}	2.07×10^{5}	2.50×10^{10}	8.52×10^{2}	4.14×10^{5}	5.00×10^{10}	1.70×10^{3}
合计	1.20×10^{15}	4.10×10^{7}	1.18×10^{6}	1.69×10^{11}	5.78×10^{3}	2.35×10^{6}	3.39×10^{11}	1.16×10^{4}

2.隆起山地对流型高温地热资源评价

东北地区隆起山地对流型高温地热资源仅分布在吉林省长白山局部地区，形成有长白山北坡二道白河热储带、长白山西坡梯子河热储带两个高温地热田。根据《全国地热资源调查评价与区划技术要求（试行）》关于热储体积的划定要求，高温地热资源则考虑地热异常点6km^3（面积1.5km^2，厚度4km）范围作为发电潜力计算范围，对其高温地热发电潜力进行了计算，结果显示，两个热出带均属于大型地热田，二者的30年发电潜力合计为136.39MW，潜力巨大（表1.4）。

表1.4 东北各省区隆起山地对流型高温地热资源发电潜力评价表

地热田名称	热储温度/℃	发电潜力/J	30年发电潜力/MW	30年发电潜力合计/MW
长白山北坡二道白河热储带	194.28	6.64×10^{16}	70.18	136.39
长白山西坡梯子河热储带	187.69	6.26×10^{16}	66.21	

3.沉积盆地传导型地热资源评价

东北地区沉积盆地传导型地热资源主要分布辽宁省的下辽河盆地、锦州地区、沈阳地区，吉林省的伊舒盆地以及黑龙江省的松辽盆地等地区。经计算，东北地区沉积盆地传导型地热资源总量为1.37×10^{18}kJ，折合标准煤4.69×10^{10}t，地热流体可开采量为$2.84\times10^{8}m^{3}/a$，地热流体可开采热量约为6.04×10^{13}kJ/a，折合标准煤2.06×10^{6}t/a，考虑回灌条件下的地热流体可开采量约为$1.00\times10^{10}m^{3}/a$，地热流体可开采热量约为2.25×10^{15}kJ/a，折合标准煤7.67×10^{7}t/a。从资源量分布上看，黑龙江省占东北地区沉积盆地地热资源的85%左右，可见从资源量上来看，沉积盆地传导型地热资源主要分布在松辽盆地（表1.5）。

表1.5 东北各省区沉积盆地传导型地热资源量评价表

省份	地热资源量		地热流体可开采量/（m^3/a）	地热流体可开采热量		考虑回灌条件下地热流体可开采量/（m^3/a）	回灌条件下地热流体可开采热量	
	地热资源总量/kJ	折合标准煤/t		地热流体可开采热量/（kJ/a）	折合标准煤/（t/a）		回灌条件下地热流体可开采热量/（kJ/a）	折合标准煤/（t/a）
黑龙江	1.24×10^{18}	4.22×10^{10}	2.17×10^{8}	4.86×10^{13}	1.66×10^{6}	8.45×10^{9}	2.01×10^{15}	6.86×10^{7}
吉林	9.52×10^{16}	3.25×10^{9}	3.68×10^{7}	9.26×10^{12}	3.16×10^{5}	6.24×10^{8}	1.56×10^{14}	5.31×10^{6}
辽宁	4.33×10^{16}	1.48×10^{9}	3.00×10^{7}	2.57×10^{12}	8.77×10^{4}	9.73×10^{8}	8.12×10^{13}	2.77×10^{6}
合计	1.37×10^{18}	4.69×10^{10}	2.84×10^{8}	6.04×10^{13}	2.06×10^{6}	1.00×10^{10}	2.25×10^{15}	7.67×10^{7}

三、西北地区

1.隆起山地对流型中低温地热资源评价

西北地区的隆起山地对流行地热资源主要分布在阿尔泰变质岩构造带、天山昆仑山褶皱带、祁昆褶皱带以及秦岭山前变质岩类构造裂隙带以及昆仑山、天山、阿尔泰山不同构造体系的交接复合部位。其中，宁夏回族自治区因资源分布较少且开发利用价值不大，未进行资源量评价。经计算，西北地区隆起山地对流型中低温地热资源总量为2.00×10^{16}kJ，折合标准煤6.48×10^{8}t，地热流体可开采量为$1.82\times10^{7}m^{3}/a$，地热流体可开采热量约为5.41×10^{12}kJ/a，折合标准煤1.85×10^{5}t/a，考虑回灌条件下的地热流体可开采量约为$3.64\times10^{7}m^{3}/a$，地热流体可开采热量约为1.08×10^{13}kJ/a，折合标准煤3.69×10^{5}t/a。从资源量分布情况来看，西北地区隆起山地对流型中低温地热资源主要分布在新疆和青海两省区，其中新疆维吾尔自治区资源总量约占整个西北地区的60%左右，青海省地热资源总量占西北地区的33%，甘肃和山西约占6%。从资源可开采量情况看，新疆维吾尔自治区则占西北地区的66%，青海占比为24%，甘肃和陕西约占10%。造成这种分布特征的原因除了因为新疆和青海两省区面积较大外，区内山脉分布较多且构造活动相对活跃也是重要的因素（表1.6）。

表1.6　西北各省区隆起山地对流型中低温地热资源量评价表

省份（自治区）	地热资源量		地热流体可开采量/（m^3/a）	地热流体可开采热量		考虑回灌条件下地热流体可开采量/（m^3/a）	回灌条件下地热流体可开采热量	
	地热资源总量/kJ	折合标准煤/t		地热流体可开采热量/（kJ/a）	折合标准煤/（t/a）		地热资源总量/（kJ/a）	折合标准煤/（t/a）
新疆	1.21×10^{16}	4.13×10^{8}	8.29×10^{6}	3.54×10^{12}	1.21×10^{5}	1.66×10^{7}	7.08×10^{12}	2.42×10^{5}
陕西	1.05×10^{15}	3.58×10^{7}	1.26×10^{6}	2.27×10^{11}	7.76×10^{3}	2.51×10^{6}	4.55×10^{11}	1.55×10^{4}
青海	6.54×10^{15}	2.23×10^{8}	6.16×10^{6}	1.27×10^{12}	4.33×10^{4}	1.23×10^{7}	2.54×10^{12}	8.67×10^{4}
甘肃	3.50×10^{14}	1.20×10^{7}	2.51×10^{6}	3.73×10^{11}	1.27×10^{4}	5.03×10^{6}	7.45×10^{11}	2.54×10^{4}
宁夏	0	0	0	0	0	0	0	0
合计	2.00×10^{16}	6.84×10^{8}	1.82×10^{7}	5.41×10^{12}	1.85×10^{5}	3.64×10^{7}	1.08×10^{13}	3.69×10^{5}

2.隆起山地对流型高温地热资源评价

西北五省区中，传统水热型高温地热田分布较少，2010～2012年新疆地矿局第二水文工程地质大队在塔什库尔干县城-曲曼一带先后投入了地质-水文地质测绘、物（化）探、钻探等多种勘查手段，查明了塔什库尔干县城一带的地质构造、热储分布特征，并在曲曼一带初步圈定了一处中高温地热田，本次全国地热资源调查与区划工作进一步对该高温地热田地热资源量进行了评价，认为该地热田具备高温地热资源发电潜力，圈定曲曼地热田面积为$7.1km^2$，通过钻探验证的孔内热储温度为164℃，计算结果表明该地热田的30年发电潜力为43.76MW（表1.7）。

表1.7　西北地区隆起山地对流型高温地热资源发电潜力评价表

热储体积/m^3	热储温度/℃	热储热能/J	井口热能/J	井口有用功与热储热能比值	井口有用功/J	动能转化成电能的工作效率	资源潜力/J	30年发电潜力/MW
4.97×10^{9}	164.00	2.16×10^{18}	5.39×10^{17}	0.048	1.04×10^{17}	0.4	4.14×10^{16}	43.76

3.沉积盆地传导型中低温地热资源评价

西北地区的沉积盆地传导型中低温地热资源分布较为广泛，陕西省的关中盆地，甘肃省的河西走廊诸盆地、兰州盆地、鄂尔多斯盆，宁夏回族自治区的银川平原，青海省的西宁盆地、柴达木盆地，新疆维吾尔自治区的塔里木盆地、准噶尔盆地等地区均有分布。经计算，西北地区沉积盆地传导型中低温地热资源总量为3.22×10^{18}kJ，折合标准煤1.10×10^{11}t，地热流体可开采量为$1.70\times10^{9}m^3/a$，地热流体可开采热量约为3.15×10^{14}kJ/a，折合标准煤1.08×10^{7}t/a，考虑回灌条件下的地热流体可开采量约为$2.38\times10^{10}m^3/a$，地热流体可开采热量约为7.87×10^{15}kJ/a，折合标准煤1.32×10^{8}t/a。从资源总量分布来看，陕西、新疆、甘肃占比较高，分别为43%、30%、13%。可开采资源量方面，陕西占比地区总量的75%左右，宁夏占比19%，其他省份占比不足10%。考虑回灌条件下的开采量，则是陕西占比62%，甘肃占比19%，宁夏占比13%。可见陕西省的沉积盆地传导型中低温地热资源量最大，甘肃省在考虑回灌条件时，地热资源开发条件较为有利（表1.8）。

表1.8 西北各省区沉积盆地传导型中低温地热资源量评价表

省份（自治区）	地热资源量		地热流体可开采量/（m³/a）	地热流体可开采热量		考虑回灌条件下地热流体可开采量/（m³/a）	回灌条件下地热流体可开采热量	
	地热资源总量/kJ	折合标准煤/t		地热流体可开采热量/（kJ/a）	折合标准煤/（t/a）		回灌条件下地热流体可开采热量/（kJ/a）	折合标准煤/（t/a）
新疆	9.62×10^{17}	3.28×10^{10}	2.11×10^{7}	8.39×10^{12}	2.86×10^{5}	1.06×10^{8}	4.20×10^{13}	1.43×10^{6}
陕西	1.40×10^{18}	4.77×10^{10}	1.28×10^{9}	2.36×10^{14}	8.07×10^{6}	1.39×10^{10}	2.40×10^{15}	8.19×10^{7}
青海	1.36×10^{17}	4.64×10^{9}	1.76×10^{7}	5.70×10^{12}	1.94×10^{5}	7.32×10^{8}	2.12×10^{14}	7.23×10^{6}
甘肃	4.11×10^{17}	1.40×10^{10}	4.59×10^{7}	5.46×10^{12}	1.86×10^{5}	6.41×10^{9}	7.18×10^{14}	2.45×10^{7}
宁夏	3.11×10^{17}	1.06×10^{10}	3.31×10^{8}	5.95×10^{13}	2.03×10^{6}	2.69×10^{9}	4.98×10^{14}	1.70×10^{7}
合计	3.22×10^{18}	1.10×10^{11}	1.70×10^{9}	3.15×10^{14}	1.08×10^{7}	2.38×10^{10}	3.87×10^{15}	1.32×10^{8}

4.沉积盆地传导型高温地热资源评价

西北五省区中传统水热型的高温热储分布并不广泛，本次工作在陕西省固市凹陷地热田（T-SN_9）中部区域的高陵群热储层热储中部发现热储温度大于150℃，具有发电潜力，并对此区域地热发电潜力进行了评价，结果显示该地热田高温热储的30年发电功率为464.11MW。

第四节 地热资源开发利用

一、华北地区

1.地热资源开发利用现状

华北地区各省区的地热资源开发利用历史均较为悠久，如北京的小汤山温泉、河北的遵化市汤泉、山西的浑源县温泉、内蒙古的克什克腾旗热水塘温泉等，均能在历史记载中找到相关记述，最远甚至可以追溯至3000多年之前。华北地区近现代的地热资源开发利用方式有供暖、洗浴、种植、养殖、旅游疗养、饮用矿泉水等多种方式。其中，天津市成为我国利用地热资源供暖规模最大的城市，

“全国温泉之乡”保定雄县建成了地热供暖能力$450\times10^4m^2$，城区基本实现了地热集中供热全覆盖，创建了地热利用的“雄县模式”。

截至2013年年底，北京市共投入各类地热勘查、钻井563眼，分属200多个单位，累计钻井总进尺1084741.49m，地热钻井平均深度1926.72m，最大深度已超过4251m。全市有在用井200眼，未成井20眼，报废井37眼，观测井11眼，待用井228眼，回灌井45眼，勘查井12眼，石油井10眼。此外北京市共有地热温泉七处，其中目前仍在流的有佛峪口温泉、古北口温泉、塘泉沟温泉及北碱厂温泉。北京市地热资源主要开发利用方式为采暖、行政事业单位民用、温室种植、医疗保健、养殖、洗浴业，其各项开采量分别为$589.97\times10^4m^3/a$、$439.73\times10^4m^3/a$、$65.96\times10^4m^3/a$、$29.32\times10^4m^3/a$、$2.44\times10^4m^3/a$、$94.05\times10^4m^3/a$。按照《地热资源地质勘查规范》，北京市地热资源可供暖$6.76\times10^5m^2/a$，可共旅游疗养2.47×10^6人/次，可供养殖$4880m^2/a$，可供温室种植$47237.4m^2/a$，可供行政事业单位及民用2.93×10^5人/a。

天津市自20世纪30年代，开发利用第一口地热井以来，经过近90年的发展，地热井数、开采回灌量、整体回灌率都呈总体增长的趋势。据统计，目前天津市约有310个单位利用地热资源进行冬季供暖，全市地热供暖面积达$1953\times10^4m^2$，约占全市集中供暖总面积的6%，利用的地热流体量约占年度开采总量的81.66%；其次分别为生活用水（约16.61%）、洗浴用水（约1.35%）、农业用水（约0.17%）、生产矿泉水用水（约0.20%）。

河北省山区有小规模地热田或地热点42处，包括温泉52眼（目前利用46眼），水温28.0～98.0℃，地热井75眼（目前利用47眼），水温33.0～98.0℃，年开采量为$807\times10^4m^3$，主要利用形式为疗养、洗浴、供暖、种植、养殖等。现疗养洗浴人数约326.72×10^4人/a，供暖面积为$68390m^2$，养殖面积为1340.79亩，种植面积为5730亩。全省平原区共有地热井939眼，其中已开发利用地热井521眼，年开采量$10935.39\times10^4m^3$，主要利用项目为供暖、洗浴、种植、养殖、康乐等。据统计，平原区供暖面积为$2123.814\times10^4m^2$，洗浴人数为639.45×10^4人/a，养殖面积为2217.7亩，种植面积为1950.3亩。

山西省地热资源属于“中低温地热资源”。截至2014年4月底，全省共确定地热田46处，其中40处位于沉积盆地区，6处位于隆起山地区。沉积盆地区内已开发的有29处，已开发利用的有24处；山地区已开发的有6处，已开发利用的有4处。已开发的224眼地热井中已经利用的有160眼，利用形式以农田灌溉、养殖、供水、饮用、工业用水、矿泉水生产的为主的有75眼，用于洗浴、疗养、游泳、供暖的有79眼，用于地震观测、水文监测的有6眼。剩余64眼地热井的现状为：报废、填埋、暂停使用或者不开采。

内蒙古自治区地热资源开发利用由于地热条件的不同，开发利用程度也不尽相同。山地对流型地热资源由于最早为天然出露，很早就被人类发现并利用，最初仅仅是利用天然温泉进行洗浴，开发利用规模较小，随着近几年人们生活水平不断提高，草原旅游人数不断增加，地热钻孔代替了温泉，开采量也达到了最大，其中阿尔山温泉、克什克腾旗热水塘温泉、宁城热水温泉、敖汉温泉及凉城岱海温泉现状开采量已达到或基本达到允许开采量沉积盆地型地热资源开发利用由于开发利用时间较短，开发点较少，现只有呼和浩特市地矿局院内HR1地热孔在利用地下水水位没有明显下降，尚有开发潜力。

2.未来开发利用潜力

通过对华北地区典型地热田进行开发利用潜力分析，发现北京地区的各个地热田中仅小汤山地热田和东南城区地热田的开采量比在40%以上，其余均在20%以下。天津市隆起山地型地热资源基本处于未开发状态，沉积盆地型地热资源开采量比在不考虑回灌条件下为14.8%，考虑回灌时开采量比为0.65%；河北省各个地热田的开采潜力模数均在1%以下，总体地热开采量比为0.09%。内蒙古自治区地热资源可开采热量1.99×10^{16}kJ，考虑回灌条件下为2.95×10^{15}kJ，实际开采热量4.60×10^{11}kJ/a，开采量比为0.015%。可见华北各省区地热资源开发利用比例较低，除个别地热田开发利用程度较高外，其余均具有较大的开发利用潜力。

二、东北地区

1.地热资源开发利用现状

东北地区地热资源开发利用历史较为悠久的是辽宁省的丹东五龙背、东汤、鞍山汤岗子温泉，相关记载表明其开发利用历史可以追溯到唐代。东北地区近现代的地热资源开发利用方式以供热、采暖为主，随着社会经济的发展逐步发展出了医疗保健、温泉旅游、休闲养老、农业种植、养殖养鱼、木材业的浸泡等开发利用方式。其中，黑龙江省林甸县于2004年被命名为“中国温泉之乡”，为我国高纬度、高寒地区地热能资源的开发利用起到了良好的示范作用。

据统计，辽宁省已有13个城市发现地热资源，共有地热田（井）79处。据资料统计，已经形成规模或初具规模开发的地热田（井）27处；开发规模较小或零星小规模开发利用的12处；其余地热田（点）是处在尚未开发利用，或在勘查、立项或建设阶段。

吉林省的地热资源开发利用主要地集中在伊舒盆地，占开采总热量的65%，东部山区只占35%。从地热田开发利用方向分析，伊舒盆地的主要开发利用方向为旅游疗养与地热供暖，分别占开采总热量的37%、25%；东部山区主要为旅游疗养，占总热量的30%。

黑龙江省地热资源目前开发利用地热井56眼，主要分布在松嫩平原中。按地域分布，林甸县34眼、大庆市10眼、绥化市2眼、齐齐哈尔市4眼、富裕县有1眼、克东地区有1眼。主要用于温泉供暖和洗浴，在开发利用的地热井中，单一用于洗浴的地热井有20眼、单一供暖的为4眼、用于蔬菜种植的12眼、供暖为主兼顾洗浴的19眼、1眼地热井尚未开发利用。

2.未来开发利用潜力

地热资源开发利用潜力分析以盈余量计算为基础，根据流体流量、热量与开采之间的关系以及动态、地热地质条件等综合分析其潜力。地热资源盈余量与地热资源的丰富程度及开采程度有关，盈余量越大，地热资源开采潜力就越大。东北地区除了辽宁省丹东凤城东汤、五龙背、东港市汤池、辽阳汤河沿、本溪汤池沟地热田的地热流体盈余量小于零，其扩大开发利用潜力较小之外，其他各省区地热田均有较大的开发利用潜力。

三、西北地区

1.地热资源开发利用现状

西北五省区的温泉开发利用均有较为悠久的历史，陕西临潼华清温泉、蓝田县东汤峪石门温泉、眉县西汤峪的凤泉等是历史上有名的温泉；甘肃开发利用较早的温泉有通渭汤池河温泉、武山温泉及清水温泉；宁夏的太阳山温泉在1400Ma前就有记载；青海省贵德县的扎仓沟温泉、西宁南川上新庄药水滩温泉也是远近闻名的理疗温泉；新疆乌鲁木齐市的水磨沟更是曾经得到清代大学士纪晓岚的题赞。近现代以来，西北地区的地热资源开发利用方式除了较常见的洗浴、旅游、疗养、种植、养殖之外，在陕西省的渭北旱塬区地热井还用于解决缺水地区群众的生活用水。

据统计，陕西省目前有温泉共6处，地热水开采井487眼，其中尚在使用的有369眼，停用井为88眼，报废井为30眼。陕西省地下热水开采主要分布在关中盆地，在西安、咸阳城区及其周边地区，资源开采相对集中，热水资源用途相对广泛除利用热水采暖洗浴外，还依靠旅游资源开发浴疗、休闲、花卉种植养殖等；在渭北地区的富平、大荔、合阳、蒲城等地部分开采井相对集中，形成集中供水水源。

甘肃省5处沉积盆地型地热田及10处隆起山地型温泉（地热井）中，作为地热资源开发利用的仅8处。沉积盆地型地热田开发利用的有3处，分别是敦煌热田、兰州热田及鄂尔多斯热田，鄂尔多斯盆地洛河组热储地下水大部分作为生活、灌溉用水，仅有2眼井作为地热开发利用。隆起山地型地热田开发利用的有5处，分别是武威药王泉、通渭汤池河温泉、天水温家峡地热井、清水汤浴温泉、武山温泉。已开发利用的温泉及地热井主要用于旅游疗养。

宁夏回族自治区现有三口地热井，银川市Y1、Y3地热井钻进成功后相继投入使用，使用方向均为洗浴疗养。银川市Y1地热井由宁夏天力温泉旅游开发有限公司开发成御泉湾洗浴中心，每年开采量$0.6\times10^4m^3$，接纳80000人次，年产值600万元。银川市Y3地热井由宁夏银川市西夏区火车站铁神洗浴中心开发，每年开采量$0.18\times10^4m^3$，接纳20000人次，年产值50万元，沙湖NSR-1地热井钻进成功即封孔，处于待开发阶段。

青海地热资源开发利用限于洗浴、医疗、游泳等方面，对地热资源的开发利用程度偏低，仍停留在开发利用初级阶段，仅在一些交通方便的温泉附近陆续建起了浴池、疗养院和游泳馆，解决当地百姓的洗涤、洗浴问题。近几年施工的地热井尚未得到有效开发利用，处于“只探不采”状态。2012年冬季瑞锦湖畔家园利用施工的三眼地热井通过热交换后向小区住户供暖，供暖面积达$3\times10^4m^2$，供暖效果良好，起到了示范作用。

新疆维吾尔自治区目前有地热点55处（包括地热异常点6处）。已开发的地热点有23处，其中已建成疗养院、度假村及洗浴中心的有14处，主要开发利用方式为温泉洗浴保健、游泳、医疗保健等，同时配备有相应的餐饮和住宿，来此洗浴疗养的人相对较多；简单浴室开发的有9处，主要开发利用方式为修建简单简陋的浴室，大部分为石头垒砌，仅当地牧民来此洗浴疗养，或有些现今已废弃破败。尚未开发的有32处，基本位于交通条件较差的地区。

2.未来开发利用潜力

对西北地区地热资源进行开发利用潜力分析，发现陕西省各地热田的32个典型热储层中，地热资源开采系数为0的有7个，1%以下的为8个，1%～10%的为12个，超过10%的仅有5个；甘肃省的10处地热田中，开发利用的仅6处，10处地热田地热流体可开采量为$4.84\times10^7m^3/a$，年开采量仅为$1.19\times10^7m^3/a$，占可开采量的24.6%；宁夏回族自治区利用地热流体热量潜力模数对各典型热储层进行了区划，在30个典型热储层中，开发潜力模数在$300\times10^{10}kJ/(km^2\cdot a)$以上的地热田有八处，开发潜力模数在$200\times10^{10}kJ/(km^2\cdot a)$以下的有18处；青海省的五个典型地热区中，仅有兴海同德泽库地热区和南祁连-拉鸡山地热区开发利用系数达到了60%，其余三个均不足1%。新疆地热流体具有开发利用潜力的可开采量为$2.94\times10^7m^3/a$，具有开发利用潜力的热量为$1.19\times10^{13}kJ/a$。其中隆起山地型的地热流体可开采量采用天然流量法计算的数据，可开采量为$8.29\times10^6m^3/a$，地热流体可开采热量为$3.54\times10^{12}kJ/a$；沉积盆地型可开采量采用开采系数法计算的数据，地热流体开采量为$3.31\times10^6m^3/a$，地热流体可开采热量为$1.58\times10^{12}kJ/a$。

第/二/章

北京市

第一节　地热资源及分布特征

一、地热资源形成特点及分布规律

北京市位于华北平原的西北边缘，除东南局部地区与天津市接壤外，其余地区均与河北毗邻。东、西、北三面群山环绕，东南为倾斜的平原。北京按行政区划分为16个区（县），包括由东城、西城两个区组成的城区和由朝阳、海淀、丰台、石景山四个区组成的近郊区以及由门头沟、房山、通州、顺义、大兴、平谷、怀柔、昌平、密云、延庆十个区（县）组成的远郊区，总面积16800km^2。地理坐标：东经115°25′～117°30′，北纬39°28′～41°05′。

北京市地热资源主要分布于北京平原地区（含延庆盆地），出水温度一般为25.0～118.5℃，属沉积盆地型中低温地热田。北京市以碳酸盐岩类地层作为主要的热储（层），含泥质的碳酸盐岩和砂砾岩（层）作为次要热储，其中，蓟县系热储层由于厚度大、分布范围广，构成北京平原最有开发价值的热储层。北京市地热资源主要体现为自然温泉及地热钻孔，目前地热温泉仅有四处仍在自流，分别为佛峪口温泉、古北口温泉、北碱厂温泉、塘泉沟温泉；据《北京市地热资源2006～2020年可持续利用规划》北京平原地区深度4000m内、井出水温度大于50℃的地区面积约2760km^2，构成相对独立又有一定联系的十个地热田，分别为东南城区地热田、小汤山地热田、李遂地热田、良乡地热田、天竺地热田、沙河（京西北）地热田、后沙峪地热田、双桥地热田、凤河营地热田和延庆地热田（图2.1）。

北京地区地层由新到老主要有：第四系（Q）：松散沉积物。新近系（N）：泥质岩夹砂质岩为主。古近系（E）：砂质泥岩、砂砾岩、部分地区夹玄武岩、凝灰质玄武岩。白垩系（K）：泥岩、火山碎硝岩。侏罗系（J）：安山岩、凝灰岩及泥岩。二叠-三叠系（C—P）：砂岩、页岩。奥陶-寒武系（O—Є）：白云岩、石灰岩。青白口系（Qn）：页岩、砂岩和泥灰岩。蓟县系（Jx）、铁岭组（Jxt），白云岩；洪水庄组（Jxh）：页岩；雾迷山组（Jxw）：白云岩。长城系（Ch）：砂岩、泥岩、页岩、白云岩等。太古宙密云群（Ar）：变质岩（图2.2）。

北京地区大地构造位置处于中朝准地台燕山台褶带中断以及华北断拗之西北隅。自太古宙以来，本区经历了多次构造变动和多阶段多旋回的地质构造演化。按照其沉积建造、构造变动、编制作用和岩浆活动可划分为迁西、阜平、后吕梁-印支、燕山和喜马拉雅五个旋回和前长城期地槽、后吕梁-印支期准地台盖层、燕山-喜马拉雅期濒太平洋大陆边缘活动带三个发展阶段。中元古代至古生代，北京地区主要呈现东西向的构造分带，有北向南迁移发展；中、新生代以来，则呈北东-南西向的构造分带，总体上由西向东发展迁移。因此，区域构造格架显示出早期的东西向或近东西向隆拗或褶皱断裂被后期的北东、北北东或近南北向褶皱断裂、断拗或断块所交切符合的特点。区内地壳构造发展经历了由以强烈下陷、褶皱活动为主，发展至以稳定隆拗为主，又复以隆褶、断陷以致拉涨，呈断块式不断掀斜下沉，形成多旋回螺旋式推进，继承和新生交替发展的过程。

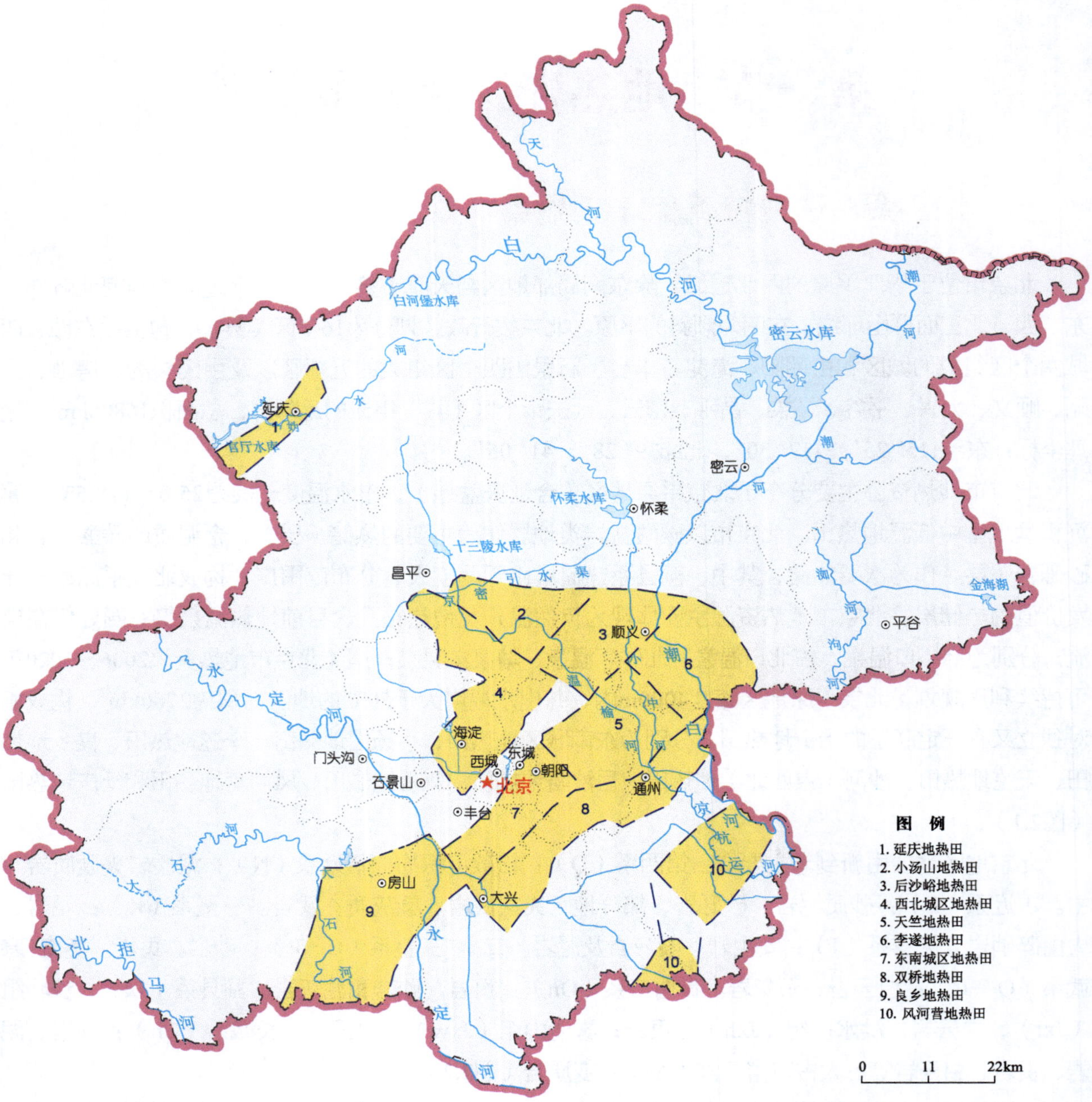

图 2.1 北京市地热田分布示意图

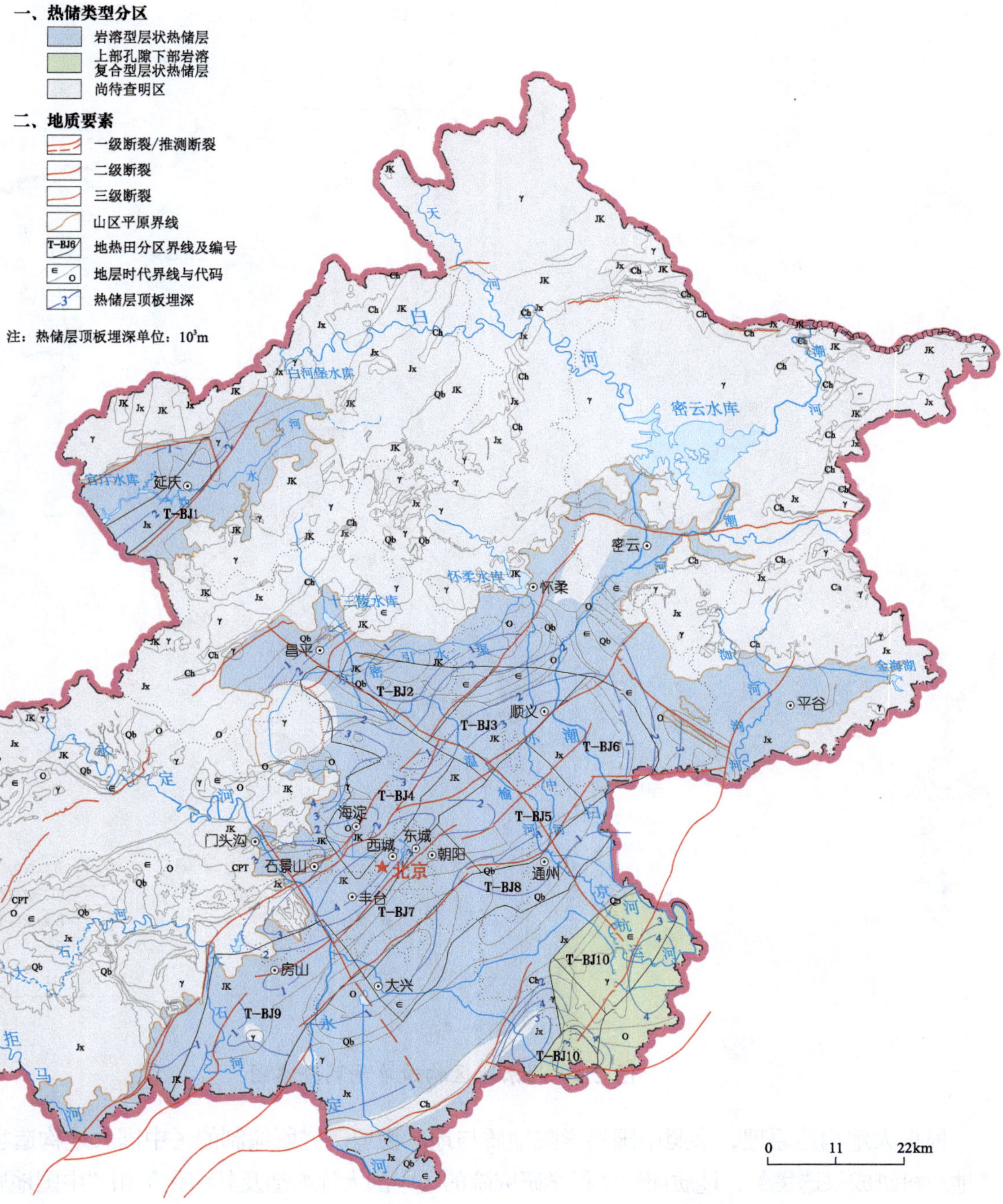

图 2.2 北京市地热地质图

图 2.3 北京地区构造单元划分略图

根据大地构造原理，参照中国科学院地质与地球物理研究所编制的《中国大地构造学纲要》、《地质科研成果选集》，地质部地质科学研究院的《中国大地构造及其演化》和“中国地质构造基本特征的初步总结”等资料，结合北京地区地质构造演化历史及其具体特点，按照一定的划分原则，将北京地区构造单元划分如下：一级构造单元为华北陆块，二级构造单元分别为山区的燕山陆内造山构造岩浆岩带和平原区的华北-渤海湾中-新生代裂谷盆地，三、四级构造单元则属于断代划分的范畴，它们是依据断裂来进行划分的，分别划分为九个三级构造单元和19个四级构造单元（图2.3）。

北京地区具体与地热有关的Ⅳ级构造单元如表2.1所示。

表2.1 各构造单元地热资源概况

类型	地区	所属构造单元	具代表性地热井
岩溶型层状热储	延庆盆地	延庆新断陷（IV_7）	新延热-1
	北山山前	昌平怀柔中穹断（IV_5）	昌热-2
	良乡	琉璃河-涿县迭凹陷（IV_{15}）	B1-B4
	城区	坨里-丰台迭凹陷（IV_{14}）	JR-5、JR-160
	海淀	门头沟迭陷褶（IV_{11}）	JR-119
	平谷	平谷中穹断（IV_9）	平热-1
岩溶型层状热储	双桥	黄庄迭凸起（IV_{16}）	双深-1
	顺义，南彩	顺义迭凹陷（IV_{13}）	顺热-1
复合型热储（上部孔隙型，下部岩溶复合型）	安定-西集	牛堡屯-大孙各庄迭凹陷（IV_{17}）	榆热-7
		觅子店新凹陷（IV_{18}）	兴热-12
		固安新凹陷（IV_{19}）	

根据中国能源研究会地热研究会地热专业委员会中国大陆整体的平均热流值为63mW/m^2，与全球大陆平均值（65mW/m^2）非常接近；华北地区（包括渤海湾和辽河盆地）平均热流值为67mW/m^2。根据调查及资料收集北京市大地热流平均值为65.95mW/m^2，其空间分布特征与构造格局密切相关，整体分为四级中心，即李遂地热田、小汤山地热田、良乡地热田及东南城区地热田。

北京市平原区地层增温率一般在0.8～4.0℃/100m范围，地温场严格受大地构造控制，2500m以浅储层温度在50℃以上的地区有三块，分别是延庆盆地腹地、北京迭断陷及其周边地区、大兴迭隆起南部的边坡带。北京市主要热储顶板温度高于80℃的地区共有两块，分别为北京迭断陷中心部位及大兴迭隆起南部的凤河营背斜附近；延庆盆地腹地高温区为70℃；小汤山热田的高温区位于小汤山以南地区，温度在50～70℃。其中以北京迭断陷及其两侧面积最大，温度也比较高，仍是北京市平原区地热开发最主要的地区。

北京市平原区广泛分布着碳酸盐岩地层，它经历了多次构造变动和溶蚀，裂隙和岩溶发育，是地下水良好的储存场所。在这套地层之上普遍沉积了数百米及至数千米中-新生代地层，形成了相对隔水、隔热的保温盖层。依据北京地区40多年来地热地质工作经验，北京地区主要热储为蓟县系，其中以雾迷山组最好，铁岭组次之。寒武系和奥陶系石灰岩在盖层条件具备的情况下，也是较好的热储层。另外，在个别地区高于庄组白云岩和裂隙发育的侏罗系安山岩热水也较为丰富。到目前为止，北京市平原区的十个地热田及地热远景区内的主要热储层均由这些地层构成（表2.2）。整体而言北京地区主要分布大面积的岩溶层状热储层，仅在北京市南部边缘的凤河营地区为上部孔隙下部岩溶复合型热储层。

表2.2 北京市平原区各地热田主要热储层一览表

地热田	热储层	地热田	热储层
东南城区	铁岭组、雾迷山组	天竺	雾迷山组
小汤山	寒武系、铁岭组、雾迷山组	后沙峪	铁岭组、雾迷山组、奥陶系、侏罗系
良乡	雾迷山组	双桥	铁岭组、雾迷山组
李遂	铁岭组、雾迷山组	凤河营	奥陶系、雾迷山组
延庆	雾迷山组	京西北	奥陶系、铁岭组、雾迷山组

从平原区多眼地热井的统计资料来看，岩性以泥岩、砂岩、砾岩、安山岩、凝灰岩及玄武岩为主的古近系、新近系、白垩系和侏罗系，岩性以页岩、粉砂岩及细砂岩为主的石炭系、二叠系，岩性以页岩为主的青白口系下马岭组和蓟县系洪水庄组等，其渗透性一般来说很差，可以限制地下水的对流，构成了保温盖层。在上述盖层中，各地层的增温率也有一定的差别，其中以页岩和泥岩保温效果最佳。必须指出的是热储和盖层是相对的，在一定的条件下，热储可以变成盖层，盖层具备一定的储存空间和渗透性，在局部地段也可以构成热储，如顺后热-2就是侏罗系取水。

蓟县系热储层包括铁岭组和雾迷山组，两者之间被一套厚度80m左右的洪水庄组隔热保温层分开。铁岭组在洪水庄组之上，厚度一般为350m左右，岩性主要为白云岩、灰质白云岩与泥晶白云岩。研究区内大部分地区存在铁岭组，有铁岭组分布的地区其下必有雾迷山组，在同一地点后者储层水温更高，而且铁岭组厚度远远小于雾迷山组，前者的厚度不足后者的五分之一，加之地质构造的原因，因此，绝大部分地热井开采雾迷山组热储地热水，部分地热井采用两层合并开采，仅有很少的地热井开采铁岭组热储地热水。雾迷山组是北京地区分布面积最广的热储，在平原区约占90%以上，岩性主要为硅质白云岩、燧石条带白云岩、纹层状泥晶白云岩等，厚度一般大于2000m。由于受多次地质构造运动的影响，雾迷山组裂隙较为发育，为岩溶作用创造了条件，具有较好的储存空间和渗透能力，是北京地区主要的热储。由于研究区各处的地质构造条件不一，蓟县系的埋藏深度也不一样，有的出露地表形成残山，有的深度大于3500m。

蓟县系顶板温度主要在25～80℃，其中蓟县系热储顶板温度大于80℃的地区主要集中分布在凤河营、后沙峪、东南城区、天竺、良乡五个地热田内，可分为三大地区，分别为凤河营周边、来广营-酒仙桥-香河园一带、丰台-长辛店地区。蓟县系顶板温度小于40℃的地区位于延庆盆地边缘，平原区的西部、北部以及东北部的山前地区及平原区的东部、东南部以及南部等地区，包括大兴迭隆起的双桥地热田（包括亦庄）等地区。另外，蓟县系热储层顶板温度在40～80℃的地区，在全市范围内不同的地区均有分布。

总体而言，北京地区常被作为地热资源开发的主要热储层有三个，首先为蓟县系雾迷山组，分布范围广，一般埋藏深度较大，储层厚度也大（全厚大于2000m），出水温度较高，是华北断拗（以北京凹陷为主）地区的首选热储层。其次为奥陶系，主要分布于永定河断裂以东，顺义断裂以北地区，热储层全厚度750m，具有较高的热储压力。再次为蓟县系铁岭组，分布范围不足雾迷山组的一半，正常情况其下必有雾迷山组存在，厚度较薄，约350m，温度也较低（与雾迷山组相对比）。此外，北京市热储层还有寒武系热储层、高于庄组热储层等，其中寒武系热储层分布范围有限，其中赋水性良好的昌平组厚度一般小于80m，温度相对较低，不作为主要热储层；而高于庄组热储层，由于埋藏深度较大，储水条件相对较差，在雾迷山组剥蚀残余厚度较小时，也可作为热储层。

二、地热资源量

北京市地热资源量主要计算为蓟县系铁岭组和雾迷山组白云岩热储及奥陶系石灰岩热储层，其中蓟县系热储地热资源量占总量的99.2%。根据《全国地热资源现状评价与区划技术要求》计算，北京市评价范围内地热资源总量为9.94×10^{16}kJ，折合标准煤3.39×10^{9}t。依据地热资源评价技术要求，碳酸盐岩热储回收率为15%，故北京市地热资源可开采量为1.49×10^{16}kJ，折合标准煤5.09×10^{8}t。北京市地热流体储存量共计$257.32\times10^{8}m^{3}$。采用开采系数法进行地热流体可开采量计算，北京市远景地热田地热流体可开采量共$1286.62\times10^{4}m^{3}/a$，地热流体可开采热量为$2.20\times10^{12}$kJ/a，折合标准煤$7.51\times10^{4}$t/a。以最大允许降深法计算北京市地热流体可采资源量为$7383.79\times10^{4}m^{3}/a$，地热流体可采热量为$1.31\times10^{13}$kJ/a，折合标准煤$4.46\times10^{5}$t/a。北京市考虑回灌条件下地热流体可开采量为$7.43\times10^{9}m^{3}/a$，可开采热量为$1.23\times10^{15}$kJ/a，可开采热量折合标准煤$4.21\times10^{7}$t/a（图2.4）。

北京市开展多次地热资源计算及评价工作，而且北京市有40多年长序列水位、开采量及回灌量的监测资料，结合北京实际工作，以多种方法计算北京市地热流体可开采量及考虑回灌条件下的地热流体可开采量。其中以拟稳定流压力传导公式计算的地热流体可开采量为$7226.66\times10^{4}m^{3}/a$，地热流体可采热量为$1.23\times10^{13}$kJ，折合标准煤$4.19\times10^{5}$t/a；以良乡地热田、小汤山地热田和李遂地热田的历史资料及评价结果进行比拟法计算，北京市地热资源可开采量分别为$7121.91\times10^{4}m^{3}/a$、$7498.27\times10^{4}m^{3}/a$、$6974.48\times10^{4}m^{3}/a$，三组地热田比拟法平均地热资源可开采量为$7198.22\times10^{4}m^{3}/a$。

结合北京市实际资料，以热储温度下降1℃计算北京市考虑回灌条件下的地热资源允许开采量。利用热储法计算北京市热储温度平均下降1℃时热储层所能开采出来的热量，然后计算该热量平均分配到100年，计算热储层每年可供能力。根据热储法计算，评价范围内地热资源总量9.94×10^{16}kJ，当温度下降1.0℃时，评价范围内地热资源总量为9.70×10^{16}kJ，即当热储温度下降1.0℃时，北京市地热资源可开采热量为2.42×10^{15}kJ，平均分布到100年，即2.40×10^{13}kJ/a，按照北京市地热流体开采温度平均60℃计算，地热流体平均密度为981.84kg/m^{3}，地热水比热为4186.6J/（kg·℃），北京市地热流体可开采量为$9731.01\times10^{4}m^{3}/a$，可采热量为$2.40\times10^{13}$kJ/a，折合标准煤$8.26\times10^{5}$t/a。

结合全国技术要求及北京市实际情况下采用多种方法计算结果，北京市地热流体可开采量选取最大允许降深法计算北京市地热流体可采资源量为$7383.79\times10^{4}m^{3}/a$，地热流体可采热量为$1.31\times10^{13}$kJ/a，折合标准煤$4.46\times10^{5}$t/a。

根据北京市地热资源评价结果，依据“全国地热资源现状评价与区划技术要求”，将北京市地热资源模数划分为$<1\times10^{13}kJ/km^{2}$、$1\times10^{13}\sim2\times10^{13}kJ/km^{2}$、$2\times10^{13}\sim3\times10^{13}kJ/km^{2}$、$3\times10^{13}\sim4\times10^{13}kJ/km^{2}$、$4\times10^{13}\sim5\times10^{13}kJ/km^{2}$、$>5\times10^{13}kJ/km^{2}$六个级别，其中延庆地热田、东南城区地热田大部分、凤河营地热田东部为地热资源模数大于$5\times10^{13}kJ/km^{2}$的六级地区，天竺地热田西部、小汤山地热田西部及双桥地热田中部为$4\times10^{13}\sim5\times10^{13}kJ/km^{2}$的五级地区，李遂地热田、双桥地热田西部、良乡地热田东部、西北城区地热田西部及北部、后沙峪地热田北部及东南城区地热田北部为$3\times10^{13}\sim4\times10^{13}kJ/km^{2}$的四级地区，双桥地热田东部、小汤山地热田东部及良乡地热田南部为$2\times10^{13}\sim3\times10^{13}kJ/km^{2}$的三级地区，后沙峪地热田中部及凤河营地热田西部为$1\times10^{13}\sim2\times10^{13}kJ/km^{2}$的二级地区，后沙峪地热田南部及凤河营地热田西部边缘地带为小于$1\times10^{13}kJ/km^{2}$的一级地区（图2.5）。

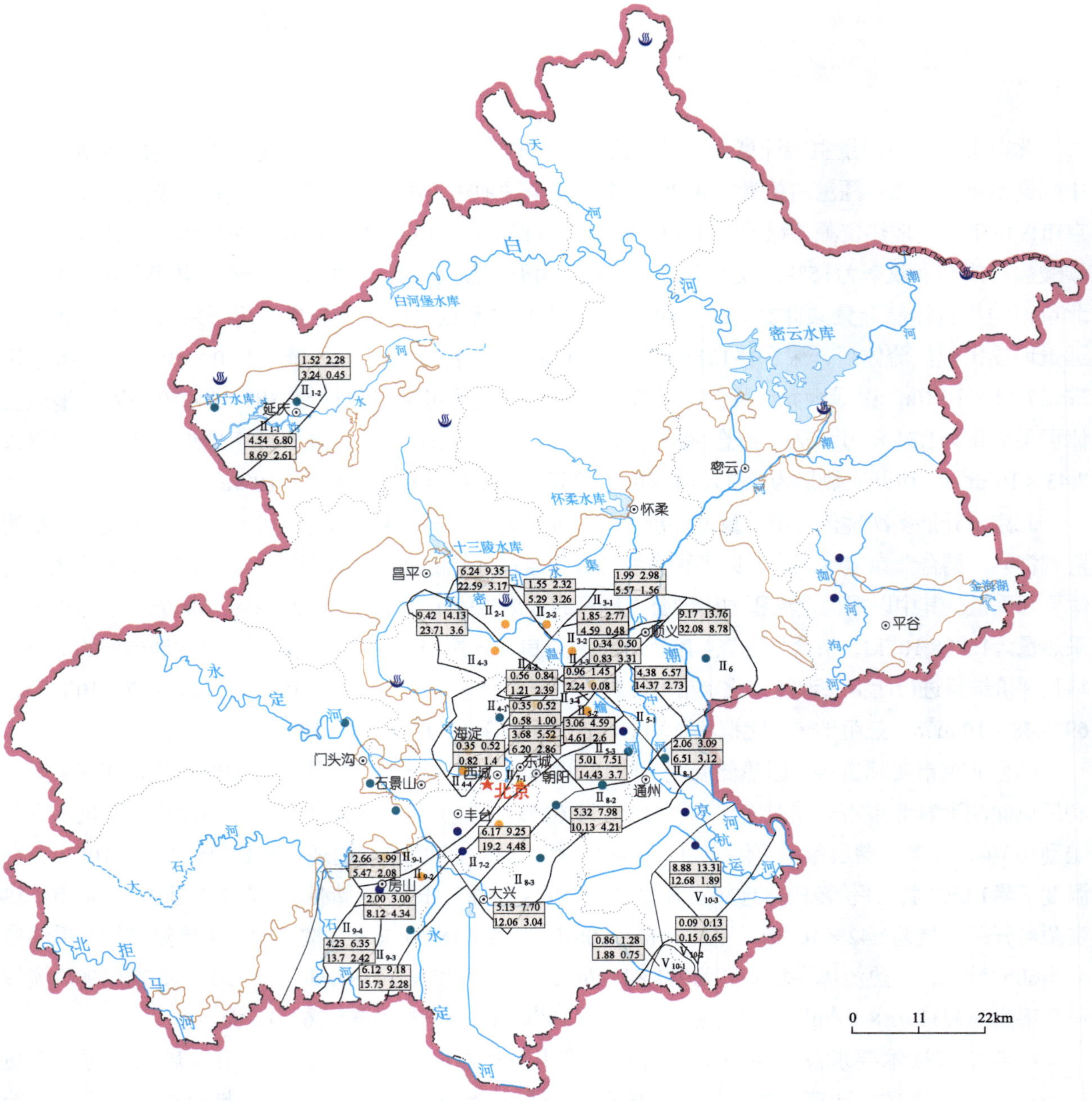

沉积盆地地热资源量表

地热田	地热资源量/10^{15}kJ	地热资源可开采量/10^{14}kJ	地热流体储存量/10^{8}m^{3}	地热流体可开采量/10^{6}(m^{3}/a)	地热流体可开采热量/10^{11}(kJ/a)	考虑回灌条件下地热流体可开采量/10^{8}(m^{3}/a)	考虑回灌条件下地热流体可开采热量/10^{13}(kJ/a)
延庆地热田	6.1	9.1	11.9	3.1	7.1	3.0	6.8
小汤山地热田	7.8	11.7	27.9	6.4	11.1	5.9	9.9
后沙峪地热田	5.1	7.7	13.2	5.4	10.8	3.1	6.1
西北城区地热田	10.7	16.0	26.3	8.4	15.4	7.7	13.1
天竺地热田	12.5	18.7	33.4	9.0	16.7	9.0	15.6
李遂地热田	9.2	13.8	32.1	8.8	13.4	8.2	12.5
东南城区地热田	9.8	14.8	25.4	7.3	15.2	5.5	11.1
双桥地热田	12.5	18.8	28.7	10.4	14.2	11.5	15.9
良乡地热田	15.0	22.5	43.0	11.1	15.4	16.2	20.4
凤河营地热田	10.8	16.2	15.4	3.9	11.3	4.2	11.7
合计	99.4	149.1	257.3	73.8	130.8	74.4	123.2

一、地热井（温泉）分布

- 温泉 25℃≤T<40℃
- 地热井 25℃≤T<40℃
- 地热井 40℃≤T<60℃
- 地热井 60℃≤T<90℃
- 地热井 90℃≤T<150℃

二、其他

0.86 1.28 / 1.88 0.75	地热资源量 地热资源可开采量 / 地热流体储存量 地热流体可开采量
V_{10-2}	热储类型分区编号

注：地热资源量单位：10^{15}kJ
地热资源可开采量单位：10^{14}kJ
地热流体储存量单位：10^{8}m^{3}
地热流体储存量单位：10^{6}m^{3}/a

图 2.4 地热资源分布图

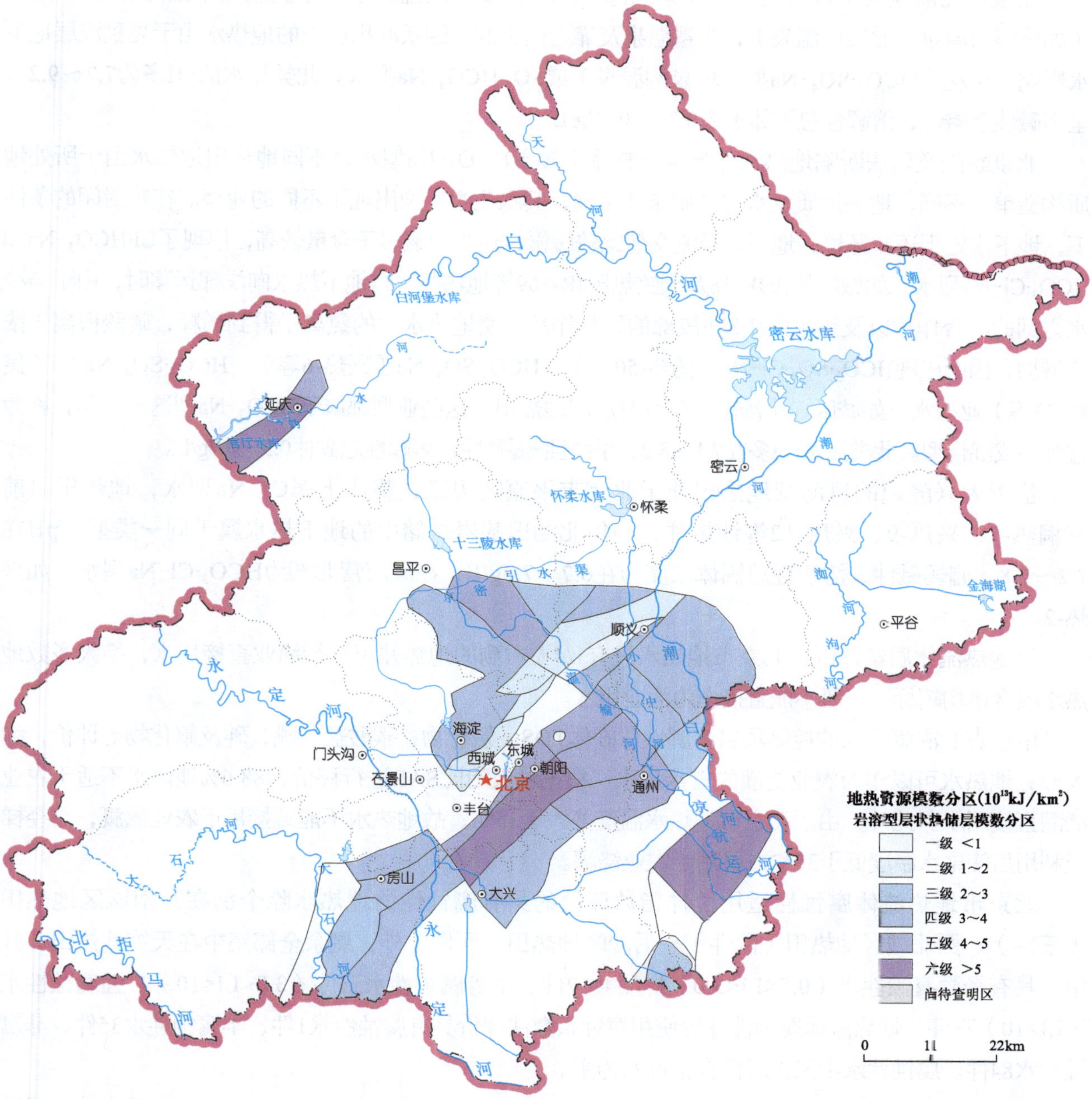

图 2.5 北京市地热资源模数图

三、地热流体地区化学特征

北京市地热水的水质良好，绝大部分地热井水中氟及偏硅酸含量达到医疗价值标准，有的达命名浓度；部分井地热水中偏硼酸含量达到有医疗价值，个别达命名浓度；部分地热水中有硫化氢味，少部分达到矿水浓度；个别井水中氡、镭、碘达到了命名标准；大部分地热井水中矿化度小于1g/L，属于淡温泉水，少部分大于1g/L，最高者达到7.5g/L；北京地区的地热水一般属于微硬或软水。

北京市沉积盆地型热储地下水化学类型通常是HCO_3-Na型水，自北部山区向南部平原水化学类型依次可划分为SO_4-Na型、HCO_3-Na型和Cl-Na型，中间又有各种过渡带及混合带水化学类型。

北京市北部地区（延庆北部及怀柔北部）地热井及山区温泉水化学类型基本上为SO_4–Na型水（如佛峪口温泉、北碱厂温泉），少量温泉及靠近山边的第四系冲积层中的地热水由于受到浅层地下水影响，呈现出$HCO_3 \cdot SO_4$–Na型（塘泉沟温泉）或$SO_4 \cdot HCO_3$–Na型水。此类热水的pH多为7.7～9.2，呈弱碱性至碱性，溶解性总固体多为0.23～0.67g/L。

北京断陷及延庆断陷地热水化学类型整体上属于HCO_3–Na型水，不同地热田地热水由于所处地质构造单元不同，地热地质及水文地质条件不同，其水化学类型出现了不同的亚型。在较封闭的条件下，地下水处于还原环境，地下水径流交替比较缓慢，热水中氯离子含量较高，出现了$Cl \cdot HCO_3$–Na和$HCO_3 \cdot Cl$–Na型水，如城区热田JR-38及天竺热田JR-169等地热井。当地下热水向浅部运移时，由于与冷水之间的混合作用以及热水中H_2S在浅部的氧化作用，使地热水中的氯离子得到稀释，硫酸根离子浓度增加，因而出现$HCO_3 \cdot SO_4 \cdot Cl$–Na（汤热-50等）、$HCO_3 \cdot SO_4$–Na（兴热-6等）、$HCO_3 \cdot SO_4$–Na·Ca（良热-33等）亚型水，如城区、小汤山、良乡及沙河地热田。这些亚型都属于HCO_3–Na型这一大类，称为过渡型或混合型。此类热水pH多在7.1～8.2，呈中性–弱碱性，溶解性总固体0.3～0.7g/L。

位于大兴隆起的凤河营地热田处于北京市平原区边缘，整体上属Cl–Na型水，地热田目前有桐热-7、兴热-9、兴热-12等地热井，与华北油田基岩热储中的地下热水属于同一类型，pH在7.2～7.8，偏弱碱性，溶解性总固体浓度为在6.7～7.5g/L，在凤河营北部为$HCO_3 \cdot Cl$–Na型水，如兴热-2。

经地热流体质量评价，北京市地热水只有1/4左右到的地热井可进行渔业直接用水，绝大多数地热水氟含量均超标，一般不能直接作为渔业用水。

依据农业灌溉用水的控制项目溶解性总固体TDS、氯化物、碳酸盐、硼、砷及氟化物等评价，绝大部分地热水可以作为农业浇灌的直接用水。根据钠吸附比SAR进行评价，88.6%地热水不适于农业浇灌直接用水。此外，由于北京市地热水温度多大于35℃，故地热水不能直接用于农业灌溉，需经梯级利用后使尾水温度低于35℃方可用于农业浇灌。

北京市地热流体腐蚀性适用拉伸指数评价的具有腐蚀性的地热水除个别在东南城区地热田（三件）、西北城区地热田（两件）、后沙峪地热田（两件）外，剩余全部集中在天竺地热田。其中，具有轻微腐蚀性水（$0.5<LI<3.0$）样品共12件、中等腐蚀性水五件（$3.0<LI<10$）、强腐蚀性水（$LI>10$）三件。地热流体腐蚀性评价使用腐蚀系数法评价具有腐蚀性水1件、半腐蚀性水35件、非腐蚀性水84件。腐蚀性水中又以轻微腐蚀性水为主。

地热流体分解性侵蚀评价中只有温热-5和JR-131对火山灰质矿渣硅酸盐水泥（B）具有分解侵蚀性，其余样品对硅酸盐水泥（A）和火山灰质矿渣硅酸盐水泥（B）均无分解侵蚀性。

北京市地热流体均不具有酸性侵蚀和碳酸侵蚀性。北京市地热流体均对抗硫酸硅酸盐水泥（A）和抗硫酸火山灰质矿渣硅酸盐水泥（B）无结晶侵蚀性。

北京市地热流体绝大多数具有碳酸钙结垢趋势，87.1%为中等及轻微碳酸钙结垢趋势。北京市地热流体均无硫酸钙垢结垢趋势。北京市地热流体均无硅酸盐垢结垢趋势。

四、地热资源开发利用历史及现状

北京市地热资源最早的记载见于南北朝时魏人郦道元便在《水经注》，元代更把小汤山温泉称为“圣汤”，清朝时康熙、乾隆皇帝在小汤山修建了行宫，并御笔题词“九华兮秀”。慈禧太后浴池遗址至今犹存。清朝的《人海记》对小汤山温泉作了记载，书中曰："在昌平州东卅里南，山下有汤泉，行宫在山之东，跨泉为浴池"。《日下旧闻考》曰："汤山泉康熙五年始加疏引，甃池二，并恭建行宫"。可见北京地区的温泉早已经被开发利用，沐浴健身。

近代，北京市地热资源勘查和开发始于20世纪50年代中期，最先于小汤山温泉周边地区的勘查，目的是为小汤山疗养院的建设提供资源保障。20世纪70年代初期，在著名地质学家李四光先生的倡导下，开始了平原区深部地热资源的勘查和开发，陆续发现了东南城区、小汤山、良乡、李遂、延庆等十个地热田。

北京市利用自然出露温泉的历史比较悠久，据北京市水文地质工程地质公司1983年编写的《北京泉志》和2001年出版的《北京志——地质矿产志》（北京出版社）记载，北京市范围内水温大于18℃的泉水有50处，其中大于25℃的主要有七处。其中，比较著名的温泉有昌平小汤山温泉、延庆佛峪口温泉和海淀温泉村温泉，还有密云古北口温泉、密云北碱厂温泉、延庆汉家川温泉、怀柔塘泉沟（帽儿山）温泉。目前只有处于山区的佛峪口温泉、古北口温泉、北碱厂温泉、塘泉沟温泉依然存在，温泉水温稍有降低，但流量衰减严重，其余温泉均已干涸。

长期以来，随着地热资源开发规模逐渐增大，全市的地热水位呈现出逐年下降的趋势，地热资源将面临枯竭。为此，北京地区从20世纪70年代末就开始进行地热回灌试验和研究，以期增加人工补给、缓解水位下降。其中，在70年代末至90年代末主要为地热回灌探索阶段，先后进行过自来水回灌、废热水回灌、冷地下水回灌和地热供暖尾水回灌。自2001年开始，北京市地热回灌规模逐渐增大，逐步进入到生产性回灌及机理研究阶段。

北京市地热资源地热动态监测工作已经进行了40多年的时间，20世纪50、60年代对小汤山温泉开展断续的水位和水质监测工作；1971年开始对东南城区地热田地下热水动态进行连续监测；1986年起对李遂地热田开展动态监测工作；1972年对良乡地热田的热震10进行断续的监测，自1998年以来保持延续。最初，由于地热井少，开采规模较小，地热的监测工作主要对地热开采量和地热水质进行监测，到了20世纪80年代，随着地热井数量增多，地热开采量增大，东南城区及小汤山地热田陆续设立了专门的水位监测点；90年代，监测范围进一步扩大到良乡和李遂地热田。2000年以来，小汤山、东南城区等主要开采地热田逐步实施了地热回灌，规模也不断扩大，这都对水位、水温和水质产生了一定的影响，2007年以来地热回灌也成了动态监测的重要内容，地热动态监测体系进一步得以完善。

北京市自1971年进行地热资源开发以来，累积开采地下热水$2.87\times10^8m^3$，1971～1980年开采量曾逐渐增加趋势，1981～2000年间，地热水开采量稳定在800×10^4～$1000\times10^4m^3/a$。在各地热田中，小汤山地热田开采量最大，其次是东南城区地热田。自2001年开始，北京市累积回灌量达$3022.47\times10^4m^3/a$，北京市地热资源回灌量呈现出增加趋势。北京市地热资源开采量小汤山及城区占全市开采量的57.39%，京西北、良乡、李遂及天竺地区占36.03%，以上六个地区已占年开采量的93.42%，延庆、后沙峪、双桥、凤河营地区仅占6.49%。北京的地下热矿水由于其温度适宜，富含多种对人体有益的矿物质，用途十分广泛，按照2013年地热资源开发利用统计，北京市地热资源主要开发利用方式为采暖、行政事业单位民用、温室种植、医疗保健、养殖、洗浴业。

根据北京市地热资源开发利用情况，北京市2013年地热资源实际开采热量$2.21\times10^{12}kJ$，可供暖$6.76\times10^5m^2/a$，可共旅游疗养2.47×10^6人/次，可供养殖$4880m^2/a$，可供温室种植$47237.4m^2/a$，可供行政事业单位及民用2.93×10^5人/a。可替代的常规能源量（以每年多少吨标准煤计量）$1.26\times10^5t/a$，可减少多少CO_2气体排放量3.00×10^5t/a、可减少SO_2气体的排放量2134.12t/a，可减少氮氧化物（NO_x）排放量753.22t/a，可减少悬浮质粉尘1004.29t/a，可减少固体废弃物排放量（以每年多少吨煤渣计量）1.26×10^4t/a。可节省燃煤7.53×10^7元/a（标准燃煤600元/t），可减少烟尘排放量1.63×10^6t/a，可节省CO_2气体治理费用3.00×10^7元/a，可节省SO_2气体治理费用2.35×10^6元/a，可节省氮氧化物（NO_x）治理费用1.81×10^6元/a，可节省悬浮质粉尘治理费用8.03×10^5元/a，可节省固体废弃物（煤渣）运输费1.88×10^5元/a（其中运输费为15元/t），2013年，北京市地热资源利用共节省1.10×10^8元/a。

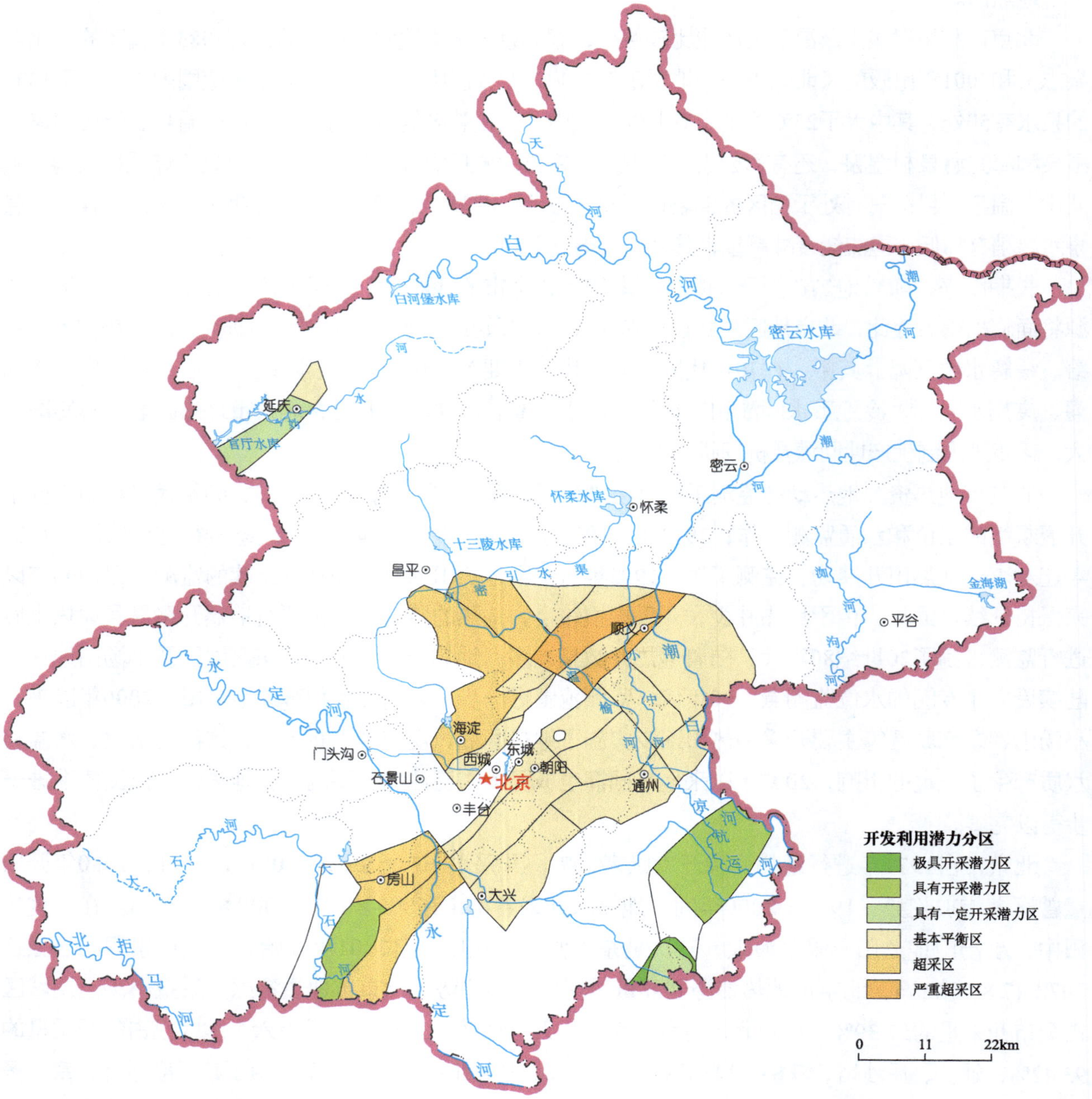

图 2.6 北京市地热资源开发利用潜力图

依据“全国地热资源现状评价与区划技术要求”，采用地热流体开采热量系数法、最大水位降速法、地热流体潜力模数法三个指标来确定地热资源开发利用潜力，取三个指标中最不利者将其分为严重超采区、超采区、基本平衡区、具有一定开采潜力区、具有开采潜力区和极具开采潜力区六个区，其面积分别为151.45km^2、631.17km^2、1341.16km^2、101.11km^2、302.72km^2、14.62km^2。其中严重超采区为后沙峪地热田的部分地区，超采区为良乡地热田中部及北部地区、小汤山地热田热田西部地区，基本平衡区为东南城区地热田、李遂地热田、双桥地热田、天竺地热田、西北城区地热田北部、小汤山地热田东部、延庆地热田中部，具有一定开采潜力区为延庆地热田东部、凤河营地热田南部，具有开采潜力区为良乡地热田南部，极具开采潜力区为凤河营地热田东部地区（图2.6）。

第二节　温　　泉

BJQ001 温泉村温泉

位置：北京市海淀区温泉村海淀寄读学校（原北京市工读学校）内。

概况：南依显龟山，距离山体约200m，北临平原，出露于上伏第四系沉积物的燕山期花岗岩与奥陶系灰岩接触地带，为深层地下水向平原区运移受阻沿奥陶系石灰岩与花岗岩接触带上升而出露成泉，自第四系沉积物中涌出。

开发利用：1957年水温35℃，流量2.5L/s，50年代后期断流，泉眼东北侧约100m处打有一口300m深的热水井，水温37℃。

BJQ002 小汤山温泉

位置：北京市城北约28km昌平区小汤山镇疗养院内。

概况：出露于第四系与石灰岩接触地带，早期有天然出露的温泉11处，水温21.5～50.0℃，最高泉水温度见于小汤山温泉疗养院内的西泉和东泉，分别为50℃和42℃，两泉相距8.5m。泉池为清康熙五年，1966年修建，泉池为六角形，东泉标高约41m，泉水自第四系盖层中涌出，1959年最高水温50℃，流量4.4L/s，泉水皆为无色、微具硫化氢气味、透明的水，泉水中具有气泡溢出。当时泉水矿化度约为303～471mg/L，氟含量均高于2.5mg/L，含氡、镭等放射性元素，疗养价值较高。该泉历史悠久，为全国四大温泉之一（图2.7）。

开发利用：20世纪80年代中期断流，现在小汤山疗养院及附近单位所需热水全部靠打井获得，实测泉池附近热水井出水温度为52℃。

（a）　　（b）

图 2.7　小汤山东泉和西泉（a）及小汤山温泉清代泉口遗址（b）

BJQ003 塘泉沟温泉

位置：怀柔区喇叭沟门乡帽山村塘池子。

概况：燕山期二长花岗岩中裂隙水，现与冷泉处同一池塘中，致温泉水温下降，水量不易测出。据北京泉志记载，该泉出水高程615m，为上升泉。

水化学成分：2013年11月6日考察时采集的水样分析结果见表2.3。

表2.3　塘泉沟温泉化学成分　（单位：mg/L）

T_S/℃	pH	TDS	Na^+	K^+	Ca^{2+}	Mg^{2+}
na.	8.04	332	77.9	1.24	18	0.7
Li	Rb	Sr	NH_4^+	CO_3^{2-}	HCO_3^-	SO_4^{2-}
0.042	na.	0.273	0.05	6.0	85.4	72
Cl^-	F^-	CO_2	$HSiO_3^{2-}$	HBO_2	$HAsO_3$	化学类型
14.1	16.6	0	51.2	0.64	<0.002	$HCO_3·SO_4$–Na

注：T_S.取样温度；TDS.溶解性总固体量，mg/L；各组分单位为mg/L；na.未分析或数据缺失；nd.未检出，下同。

开发利用：1980年实地调查时出水温度29℃，出水流量432.0m³/d，2013年泉面面积减小至原来1/10，流量大幅降低，约0.75m³/h，水流速度较缓，肉眼不见活动（图2.8）。

（a）

（b）

图 2.8　塘泉沟温泉

（a）2003年；（b）2013年

BJQ004 古北口温泉

位置：北京市密云东北与河北省交界的古北口司马台长城与龙潭沟相交的河谷右侧（河北境内称太子泉）。

概况：泉水出露于蓟县系硅质白云岩构造破碎带，受近东西向断裂构造的控制，泉水温度37.0℃。泉水无色透明。泉水分散流出，河北省境内比较集中，主泉口为太子泉，汇集流量约224.64m^3/d（北京泉志-密-204泉），建有浴池；北京市境内泉水分散出露于长城脚下的龙潭沟右岸。出露特征为古北口推覆断裂带中岩溶裂隙水，属上升泉。断裂带走向北西西，倾向北，倾角很陡，在司马台一带断裂宽度超过1km，带内岩石主要为碎裂泥晶白云岩及泥质白云岩。下盘为侏罗系土城子组，上盘为球斑状花岗岩及长城系串岭沟组和团山子组。温泉赋存于碎裂的串岭沟组和团山子组。

水化学成分：2013年7月9日考察时采集的水样分析结果见表2.4。

表2.4　古北口温泉化学成分　（单位：mg/L）

T_s/℃	pH	TDS	Na^+	K^+	Ca^{2+}	Mg^{2+}
na.	7.64	395	77.9	3.53	50.1	26.7
Li	Rb	Sr	NH_4^+	CO_3^{2-}	HCO_3^-	SO_4^{2-}
na.	na.	na.	na.	na.	287	13.3
Cl^-	F^-	CO_2	$HSiO_3^{2-}$	HBO_2	$HAsO_3$	化学类型
3.1	1.4	na.	32.5	na.	na.	HCO_3-Na

开发利用：目前主要供司马台温泉旅游度假村洗浴疗养使用，流量约为8.33m^3/h（图2.9）。

图 2.9 古北口温泉

BJQ005 北碱厂温泉

位置： 北京市密云县北碱厂村东南。

概况： 方圆30m范围内出露两处温泉，2002年密云碱厂地区有温泉出露第一次出现在北京市温泉记载的文字中。该泉水质碱性，微咸，不能饮用。泉水呈股流状涌出。出口水温20.5～24.0℃，涌水量30.15～68.6m³/d，水质为氟-硅酸-硫酸-钠型水，泉水呈股流状、气泡型涌出，碱厂温泉为深循环的地下热水，遇断裂受阻后以承压水形式沿构造裂隙带上升形成。

水化学成分： 2013年9月6日考察时采集的水样分析结果见表2.5。

表2.5 北碱厂温泉化学成分 （单位：mg/L）

T_s/℃	pH	TDS	Na^+	K^+	Ca^{2+}	Mg^{2+}
20	7.78	1186	283	7.59	66.1	4.9
Li	Rb	Sr	NH_4^+	CO_3^{2-}	HCO_3^-	SO_4^{2-}
0.229	na.	3.89	<0.02	0	108.6	586
Cl^-	F^-	CO_2	$HSiO_3^{2-}$	HBO_2	$HAsO_3$	化学类型
77.0	6.95	6.6	56.8	2.1	0.018	SO_4-Na

开发利用： 据调查，村民曾在此挖一长4.5m，宽2.0m，深约3m的大口井，均为淤泥质黏土，因水量太大，未能挖至基岩，现已被乱石充填，因此所测涌水量偏小，此泉被填之前涌水量大于1200m³/d。2013年实地调查时，该泉流量降低到约20m³/d，水温目前仅为20℃（图2.10）。

（a）

（b）

图 2.10　北碱厂温泉
（a）2002年；（b）2013年

BJQ006 汉家川温泉

位置： 延庆县大庄科乡汉家川河南村南300m。

概况： 该泉为侵入体中构造裂隙水。该泉南有一逆断层，走向NW280° 左右，倾向南西，倾角70° 左右。上盘花岗闪长岩，下盘为石英二长岩及二长闪长岩等，温泉从下盘二长闪长岩的次级裂隙中溢出。裂隙走向50° ～230°，倾角直立。

水化学成分： 2003年4月18日考察时采集的水样分析结果见表2.6。

表2.6　汉家川温泉化学成分　（单位：mg/L）

T_S/℃	pH	TDS	Na^+	K^+	Ca^{2+}	Mg^{2+}
30	8.6	343	88.6	1.2	22	0.6
Li	Rb	Sr	NH_4^+	CO_3^{2-}	HCO_3^-	SO_4^{2-}
na.	na.	na.	na.	na.	29.3	1.6
Cl^-	F^-	CO_2	$HSiO_3^{2-}$	HBO_2	$HAsO_3$	化学类型
16.3	5.6	na.	36.4	na.	na.	SO_4–Na

开发利用： 据地质矿产志记载，该泉出水温度29.0℃，出水流量几百m³/d。2003年4月18日勘查，该泉出水温度30℃，出水量97.98m³/d。目前此泉已于2012年7～8月干涸（图2.11）。

（a）　　　　　　　　　　（b）

图 2.11　汉家川温泉

（a）2003年；（b）2013年

BJQ007 佛峪口温泉

位置：又名松山温泉，位于北京市延庆县松山森林公园内。

概况：泉口处于燕山期晚期花岗岩组成的山间谷地上，东部、北部和西部为松山林场，森林覆盖率高达90%以上，以中山地形为主。泉口海拔约749m，泉眼紧靠山边，泉水从一石雕兽口中缓缓流出，温泉出露于燕山期花岗岩山体半山腰，温泉流量不大，约有0.11L/s，实测水温38℃，现用于地震局观测。据北京泉志记载，该泉出水量25.92m^3/d，出水温度42℃（1979年8月27日）。该泉为二长花岗岩中裂隙水，温泉西侧有胡家营-塘子庙压扭性断裂，走向NE20°，温泉从次级构造裂隙中溢出，次级构造走向主要为NE60°。

水化学成分：2013年6月7日考察时采集的水样分析结果见表2.7。

表2.7　佛峪口温泉化学成分　（单位：mg/L）

T_S/℃	pH	TDS	Na^+	K^+	Ca^{2+}	Mg^{2+}
36	8.34	524	141	2.85	14	2.4
Li	Rb	Sr	NH_4^+	CO_3^{2-}	HCO_3^-	SO_4^{2-}
0.110	na.	0.452	<0.02	6	61	198
Cl^-	F^-	CO_2	$HSiO_3^{2-}$	HBO_2	$HAsO_3$	化学类型
44.8	14.7	0	45.9	0.44	<0.002	SO_4-Na

开发利用：1995年在泉眼东南侧打一钻井，可自流热水，流量约6.98L/s，实测水温45℃。热水主要供应宾馆和浴池洗浴，对治疗风湿病、皮肤病有疗效。根据2013年调查资料，该泉目前流量0.396L/s，实测水温36℃（图2.12）。

图 2.12 延庆佛峪口温泉及塘子浴温泉宾馆（2013 年）

第三节 代表性地热井

BJJ001 朝阳60号地热井

位置：北京市朝阳区东三环潘家园桥东、武胜路西侧松榆花园院内。

井深：1600.38m。

孔径：0.152m。

井口温度：53℃。

热储层特征：岩性为蓟县系雾迷山组（Jxw）燧石条带白云岩，热储层（裸眼）厚度559.38m，顶板埋深1041m，底界埋深为1600.38m，静止水位61.08m，热储层岩石密度2788kg/m^3，岩石比热0.921J/（kg·℃），孔隙率0.007。

水化学成分：2001年3月21日考察时采集的水样分析结果见表2.8。

表2.8 朝阳60号地热井化学成分 （单位：mg/L）

T_s/℃	pH	TDS	Na^+	K^+	Ca^{2+}	Mg^{2+}
53	7.62	586	85.6	9.09	44.7	21.3
Li	Rb	Cs	NH_4^+	CO_3^{2-}	HCO_3^-	SO_4^{2-}
0.207	na.	na.	na.	0	256	107
Cl^-	F^-	CO_2	$HSiO_3^{2-}$	HBO_2	As	化学类型
55.9	5.3	na.	81.4	na.	na.	HCO_3-Na·Ga

开发利用： 主要用于供暖和洗浴等。地热水中氟、偏硅酸、硼酸含量均超过医疗热矿水命名的标准浓度，此外，还含有锌、锂、锰、溴等有益元素，可用于医疗、洗浴、康复等方面。

BJJ002 朝阳136号地热井

位置： 北京市朝阳区朝阳公园南路世纪朝阳房地产开发有限公司内。

井深： 1500.68m。

孔径： 0.152m。

井口温度： 49℃。

热储层特征： 岩性为蓟县系雾迷山组（Jxw）燧石条带白云岩，热储层（裸眼）厚度657.68m，顶板埋深843m，底界埋深为1500.68m，静止水位63.3m，热储层岩石密度2788kg/m³，岩石比热0.921J/（kg·℃），孔隙率0.005，渗透系数0.134m/d。

水化学成分： 2003年3月21日考察时采集的水样分析结果见表2.9。

表2.9 朝阳136号地热井化学成分 （单位：mg/L）

T_S/℃	pH	TDS	Na^+	K^+	Ca^{2+}	Mg^{2+}
49	7.8	679	118	10.6	45.1	20
Li	Rb	Sr	NH_4^+	CO_3^{2-}	HCO_3^-	SO_4^{2-}
0.335	na.	na.	0.16	0	299	39
Cl^-	F^-	CO_2	$HSiO_3^{2-}$	HBO_2	$HAsO_3$	化学类型
67.7	5.1	na.	na.	na.	na.	HCO_3-Na

开发利用： 偏硅酸含量36.5mg/L，氟含量5.1mg/L，均达到医疗热矿水命名浓度，可命名为“氟水”。此外，地热水中还含有片硼酸、锂、锌等对人体健康有益的微量成分，地热水可作为医疗矿水开发利用。

BJJ003 朝阳169号地热井

位置： 北京市朝阳区东北部金盏乡北侧，北邻机场高速公路，东靠温榆河与首都机场隔河相望。

井深： 2416.98m。

孔径： 0.152m。

井口温度： 36℃。

热储层特征： 蓟县系雾迷山组燧石条带白云岩为该区主要的热储层位，热储层最高温度为69.4℃，实测增温率为1.40℃/100m。热储层（裸眼）厚度815.98m，顶板埋深1601m，底界埋深2416.98m，静止水位59.02m，热储层岩石密度2788kg/m³，岩石比热0.921J/（kg·℃），孔隙率0.005，渗透系数0.168m/d。

水化学成分： 2013年7月3日考察时采集的水样分析结果见表2.10。

表2.10　朝阳169号地热井化学成分　（单位：mg/L）

T_s/℃	pH	TDS	Na^+	K^+	Ca^{2+}	Mg^{2+}
36	8.27	1223	332	17.4	18	9.1
Li	Rb	Sr	NH_4^+	CO_3^{2-}	HCO_3^-	SO_4^{2-}
0.591	na.	0.566	<0.02	18	524.8	9.4
Cl^-	F^-	CO_2	$HSiO_3^{2-}$	HBO_2	$HAsO_3$	化学类型
253	11.4	0	37.4	22	0.002	HCO_3-Na

开发利用：流量69.28m³/h。热水氟含量过高，不适于饮用，但是含铁、锂、锌等对人体有益的矿物质，可用于医疗洗浴，具有健身作用。若该地热井水用于温泉洗浴则需要除铁，因为水中的铁容易导致池壁变成铁锈色，增加水浑浊度。

BJJ004 朝阳179号地热井

位置：北京市朝阳区双桥甲一号院劳动和社会保障部社会保障能力建设中心院内。

井深：1982.02m。

孔径：0.152m。

井口温度：46.5℃。

热储层特征：蓟县系雾迷山组为主要的热储层，岩性以白云岩为主，其中夹少量白色的方解石脉，平均地温梯度0.94℃/100m。

水化学成分：2013年8月13日考察时采集的水样分析结果见表2.11。

表2.11　朝阳179号地热井化学成分　（单位：mg/L）

T_s/℃	pH	TDS	Na^+	K^+	Ca^{2+}	Mg^{2+}
46.5	8.15	494	123	4.1	11	6.7
Li	Rb	Sr	NH_4^+	CO_3^{2-}	HCO_3^-	SO_4^{2-}
na.	na.	0.283	0.13	6	262	124
Cl^-	F^-	CO_2	$HSiO_3^{2-}$	HBO_2	$HAsO_3$	化学类型
45.2	10.4	na.	na.	na.	na.	HCO_3-Na

开发利用：生产能力很高，降深0.75m时出水量为1889.76m³/d。地热水中氟、偏硅酸、偏硼酸含量均超过医疗热矿水命名的标准浓度，此外，还含有锌、锂、锰、溴等有益元素，可用于医疗、洗浴、康复等方面。

BJJ005 海淀5号地热井

位置：北京市海淀区苏家坨镇东北3500m，距南侧温泉村约4000m。

井深：2500.58m（未揭穿）。

孔径：0.152m。

井口温度：42℃。

热储层特征：燕山期花岗岩为该区主要的热储层，厚度520.58m（未揭穿），该区热水主要储存于燕山期花岗岩断裂构造之中，以灰、灰绿、灰白色花岗岩、石英闪长岩为主。燕山期花岗岩的最高温度为47.7℃，平均百米地温梯度值为1.47℃。静止水位16.1m。

水化学成分：2013年9月23日考察时采集的样品分析结果见表2.12。

表2.12　海淀5号地热井化学成分　（单位：mg/L）

T_s/℃	pH	TDS	Na^+	K^+	Ca^{2+}	Mg^{2+}
42	7.76	1033	255	3.26	65.3	1.2
Li	Rb	Sr	NH_4^+	CO_3^{2-}	HCO_3^-	SO_4^{2-}
0.006	na.	0.661	<0.02	0	37.8	575
Cl^-	F^-	CO_2	$HSiO_3^{2-}$	HBO_2	$HAsO_3$	化学类型
59.8	14.8	4.4	28.5	1.15	<0.002	SO_4–Na

开发利用：日出水量2163.456m³，出水温度30℃。水中氟含量过高，不符合饮用水标准，但是含有铁、锰、偏硅酸、锌等多种有益组分，矿物质含量丰富，且热水取自地下基岩深处，洁净无污染，具有良好的医疗保健价值，可用于医疗、洗浴、康复等方面。

BJJ006 房山33号地热井

位置：北京市房山区良乡镇东南东羊庄村北京工商大学良乡校区院内。

井深：1610.00m。

孔径：0.152m。

井口温度：51℃。

热储层特征：蓟县系雾迷山组为主要的热储层，岩性以白云岩为主，其中夹少量白色的方解石脉，平均地温梯度为0.94℃/100m，热储层最高温度69.4℃。热储层（裸眼）厚度815.98m，顶板埋深1601m，底界埋深为2416.98m，静止水位61.9m，热储层岩石密度2788kg/m³，岩石比热0.921J/（kg·℃），孔隙率0.005，渗透系数0.168m/d。

水化学成分：2013年7月2日考察时采集的样品分析结果见表2.13。

表2.13　房山33号地热井化学成分　（单位：mg/L）

T_s/℃	pH	TDS	Na^+	K^+	Ca^{2+}	Mg^{2+}
51	7.92	588	64.2	11.1	58.5	22.8
Li	Rb	Sr	NH_4^+	CO_3^{2-}	HCO_3^-	SO_4^{2-}
0.0766	na.	1.39	<0.02	0	252.6	121
Cl^-	F^-	CO_2	$HSiO_3^{2-}$	HBO_2	$HAsO_3$	化学类型
24.8	4.89	1.3	33	0.29	0.003	HCO_3·SO_4–Na·Ca

开发利用： 出水量为1239m³/d。井水可优先用于医疗、洗浴、康乐、保健，发挥其医疗矿水的功能。经过洗浴和各种温泉游乐项目的废水经过中水处理后，还可以进行卫生间冲洗、室外喷泉、水景布设和环境绿化、灌溉等。为了本井的长期安全使用以及热田开采条件的稳定，建议本井在今后的使用中未进行回灌时将出水量控制在600m³/d左右。如回灌井竣工后，采灌正式连接运行后可将日出水量控制在1200m³/d，是较为稳妥的使用方案。

BJJ007 通州3号地热井

位置： 北京市通州区宋庄镇白庙村运河苑度假村内。

井深： 1610.00m。

孔径： 0.152m。

井口温度： 42℃。

热储层特征： 蓟县系雾迷山组为本井的热储层，岩性以白云岩为主，热储层（裸眼）厚度782m，顶板埋深1044m，底界埋深为1826.8m，由电测曲线看，其中1697～1715m、1794～1796m、1798～1816m、1818～1826m段裂隙较为发育，为本井主要出水层段。热储层平均地温梯度2.13℃/100m，热储层岩石密度2788kg/m³，岩石比热0.921J/（kg·℃），孔隙率0.005，渗透系数0.08m/d，静止水位37m。

水化学成分： 2001年10月24日考察时采集的样品分析结果见表2.14。

表2.14　通州3号地热井化学成分　　　　（单位：mg/L）

T_s/℃	pH	TDS	Na^+	K^+	Ca^{2+}	Mg^{2+}
42	8.15	494	123	4.1	11	6.7
Li	Rb	Sr	NH_4^+	CO_3^{2-}	HCO_3^-	SO_4^{2-}
0.0890	na.	0.18	0.13	6	262	124
Cl^-	F^-	CO_2	$HSiO_3^{2-}$	HBO_2	$HAsO_3$	化学类型
45.2	10.4	0	27	1.2	<0.002	HCO_3-Na

开发利用： 开凿地热井的目的是用于桑拿洗浴、文化娱乐及部分采暖项目。降深61m时出水量为1482.620m³/d，出水温度42℃。地热水中氟、偏硅酸、偏硼酸含量均超过医疗热矿水命名的标准浓度，此外，还含有锌、锂、偏硅酸、偏硼酸等对人体有益矿物质，具有良好的医疗保健价值。

BJJ008 通州7号地热井

位置： 北京市通州区城关东方化工厂生活区内。

井深： 2202.88m。

孔径： 0.152m。

井口温度： 49℃。

热储层特征： 蓟县系雾迷山组为本井的热储层，岩性以白云岩为主，热储层（裸眼）

厚度782m，顶板埋深1044m，底界埋深为1826.8m，由电测曲线看，其中，1697～1715m、1794～1796m、1798～1816m、1818～1826m段裂隙较为发育，为本井主要出水层段。热储层平均地温梯度2.13℃/100m，热储层岩石密度2788kg/m³，岩石比热0.921J/（kg·℃），孔隙率0.005，渗透系数0.08m/d，静止水位37m。

水化学成分：2003年10月24日考察时采集的样品分析结果见表2.15。

表2.15　通州7号地热井化学成分　（单位：mg/L）

T_s/℃	pH	TDS	Na^+	K^+	Ca^{2+}	Mg^{2+}
49	7.92	569	132	2.05	14	8.5
Li	Rb	Sr	NH_4^+	CO_3^{2-}	HCO_3^-	SO_4^{2-}
0.172	na.	na.	na.	0	305	39
Cl^-	F^-	CO_2	$HSiO_3^{2-}$	HBO_2	$HAsO_3$	化学类型
53.1	4.50	na.	39.9	na.	na.	HCO_3-Na

开发利用：由东方化工厂投资开发，涌水量1071.38m³/d，主要用于生活区居民日常生活热水的供应，目前该井已停用。

BJJ009 顺义9号地热井

位置：北京市顺义区天竺镇薛大人庄长乐宝苑小区。

井深：2900.68m（未揭穿）。

孔径：0.152m。

井口温度：64℃。

热储层特征：侏罗系安山岩、角闪安山岩为本井的热储层，热储层（裸眼）厚度1878m，顶板埋深622m，底界埋深为2500m。热储层平均地温梯度3.03℃/100m，热储层岩石密度2788kg/m³，岩石比热0.921J/（kg·℃），孔隙率0.007，渗透系数0.0113m/d，静止水位31.2m。勘查钻探未揭露蓟县系雾迷山组。由此说明本区侏罗系的深度要大于2900.68m，其下伏地层是否为蓟县系雾迷山组还需要进一步研究来确定。

水化学成分：2003年10月24日考察时采集的样品分析结果见表2.16。

表2.16　顺义9号地热井化学成分　（单位：mg/L）

T_s/℃	pH	TDS	Na^+	K^+	Ca^{2+}	Mg^{2+}
64	8.53	745	244	3.51	18	0.2
Li	Rb	Sr	NH_4^+	CO_3^{2-}	HCO_3^-	SO_4^{2-}
na.	na.	na.	na.	0	52.5	258
Cl^-	F^-	CO_2	$HSiO_3^{2-}$	HBO_2	$HAsO_3$	化学类型
131	4.5	na.	na.	na.	na.	SO_4·Cl-Na

开发利用：降深227.4m时，日出水量840m³。本井热矿水中含有氟、铁、锰、偏硅酸和微量元素等多种有益组分，矿物质含量丰富，水质好，热水取自地下基岩深处，洁净无污染，可作为医疗热矿水开发利用。本井采用侏罗系构造裂隙水，成为北京地区构造热储又一新的范例。为了本井长期安全使用以及本地热田可持续利用，建议本井在今后的使用中将日用水量控制在500m³以内，水位下降124.90m是较为稳妥的使用方案。

BJJ010 顺义5号回灌井

位置：北京市顺义区李遂镇柳各庄村东北京市残疾人服务中心，为一开采及回灌的对井。

井深：顺义15号地热井成井深度950m，顺义5号回灌井成井深度700.84m。

孔径：0.152m。

井口温度：42℃。

热储层特征：顺义15号地热井热储层厚度606m，主要岩性为灰白色白云岩和燧石条带白云岩，第四系盖层厚度344m，主要是黏土、黏砂和砂砾石；顺义5号回灌井热储层厚度356.34m，第四系盖层厚度344.5m，地层岩性与顺义15号地热井相同。综合两井测温资料，本区盖层的平均地温梯度为8.29℃/100m，热储层雾迷山组地温梯度为1.46℃/100m。

水化学成分：2008年5月5日考察时采集的样品分析结果见表2.17、表2.18。

表2.17 顺义15号地热井化学成分 （单位：mg/L）

T_s/℃	pH	TDS	Na^+	K^+	Ca^{2+}	Mg^{2+}
na.	7.49	653	138	14.6	19.6	12.8
Li	Rb	Sr	NH_4^+	CO_3^{2-}	HCO_3^-	SO_4^{2-}
0.517	na.	na.	na.	0	366	45.1
Cl^-	F^-	CO_2	$HSiO_3^{2-}$	HBO_2	$HAsO_3$	化学类型
46.3	9.6	4.4	44.3	na.	na.	HCO_3-Na

表2.18 顺义5号回灌井化学成分 （单位：mg/L）

T_s/℃	pH	TDS	Na^+	K^+	Ca^{2+}	Mg^{2+}
42	7.53	988	147	12.6	23	14
Li	Rb	Sr	NH_4^+	CO_3^{2-}	HCO_3^-	SO_4^{2-}
0.476	na.	na.	0.38	0	384	47.2
Cl^-	F^-	CO_2	$HSiO_3^{2-}$	HBO_2	$HAsO_3$	化学类型
50	9.2	4.4	31.1	2.9	na.	HCO_3-Na

开发利用：顺义15号地热井出水温度为45℃，降深39.98m时，涌水量2163m³/d。顺义5号回灌井出水温度为42℃，降深38.90m情况下，涌水量1239m³/d。

BJJ0011 昌平63号地热井

位置： 北京市昌平区小汤山镇东顺沙路九华山庄员工宿舍区。

井深： 1608.88m。

孔径： 0.152m。

井口温度： 46℃。

热储层特征： 蓟县系雾迷山组为本井的热储层。另外，由于出水温度的要求，蓟县系铁岭组、寒武系等碳酸岩盐地层不作为本井的热储目的层，使用水泥进行封堵。根据地球物理测井情况，全井为正常的地温梯度变化，即深度越大地温越高。根据计算，全井盖层的平均地温梯度为3.23℃/100m，热储层雾迷山组地温梯度为0.42℃/100m。

水化学成分： 2005年3月21日考察时采集的样品分析结果见表2.19。

表2.19 昌平63号地热井化学成分 （单位：mg/L）

T_S/℃	pH	TDS	Na^+	K^+	Ca^{2+}	Mg^{2+}
46	7.63	439	47.1	0.82	41.1	19.4
Li	Rb	Sr	NH_4^+	CO_3^{2-}	HCO_3^-	SO_4^{2-}
0.0945	na.	na.	0.05	0	275	36.1
Cl^-	F^-	CO_2	$HSiO_3^{2-}$	HBO_2	$HAsO_3$	化学类型
13	5.3	na.	na.	na.	na.	HCO_3–Na·Ca·Mg

开发利用： 主要用于供暖和洗浴，降深9.22m时涌水量1505.962m³/d，结合抽水试验数据，为了地热井的安全使用以及小汤山地热田持续稳定的开发，将1700m³/d作为本井最大允许开采量是较为合理的方案。

BJJ0012 大兴6号地热井

位置： 北京市大兴区芦城外研社培训基地院内。

井深： 2601.88mm。

孔径： 0.152m。

井口温度： 45℃。

热储层特征： 热储层为蓟县系雾迷山组，岩性为白云岩，热储顶板埋深1747.5m，热储底板埋深2601.88m，热储层厚854.38m。热储层平均地温梯度2.03℃/100m，热储层岩石密度2788kg/m³，岩石比热0.921J/（kg·℃），孔隙率0.288，渗透系数0.1633m/d，静止水位84.5m。

水化学成分： 2004年3月2日考察时采集的水样分析结果见表2.20。

表2.20 大兴6号地热井化学成分 （单位：mg/L）

T_s/℃	pH	TDS	Na^+	K^+	Ca^{2+}	Mg^{2+}
45	7.75	770	124	6.17	57.1	21.9
Li	Rb	Sr	NH_4^+	CO_3^{2-}	HCO_3^-	SO_4^{2-}
0.193	na.	1.5	0.13	0	311	210
Cl^-	F^-	CO_2	$HSiO_3^{2-}$	HBO_2	$HAsO_3$	化学类型
32.4	4.8	na.	na.	na.	na.	$HCO_3 \cdot SO_4$–Na

开发利用：主要用于供暖和洗浴。降深15.10m时出水温度49℃，出水量1979.42m³/d。根据水质化验结果，氟含量达到医疗热矿水命名浓度，可命名为“氟水”，偏硅酸和偏硼酸含量达到医疗价值浓度标准。此外，地热水中还含有锂、锌等对人体健康有益的微量成分，地热水可作为医疗矿水开发利用。

BJJ0013 大兴9号地热井

位置：北京市大兴区采育镇张各庄村。

井深：3623m。

孔径：0.152m。

井口温度：97℃。

热储层特征：蓟县系雾迷山组白云岩、燧石条带白云岩，为此井的取水热储层，热储顶板埋深3358m，热储底板埋深3623m，热储层厚265m。热储层平均地温梯度2.03℃/100m，热储层岩石密度2788kg/m³，岩石比热0.921J/（kg·℃），孔隙率0.288，渗透系数0.1633m/d，静止水位84.5m。

水化学成分：2009年10月14日考察时采集的水样分析结果见表2.21。

表2.21 大兴9号地热井化学成分 （单位：mg/L）

T_s/℃	pH	TDS	Na^+	K^+	Ca^{2+}	Mg^{2+}
97	7.84	6700	2330	156	7.5	15.8
Li	Rb	Sr	NH_4^+	CO_3^{2-}	HCO_3^-	SO_4^{2-}
na.	na.	na.	6.5	0	592	51.4
Cl^-	F^-	CO_2	$HSiO_3^{2-}$	HBC_2	$HAsO_3$	化学类型
3380	10	na.	na.	na.	na.	Cl–Na

开发利用：降深为125.6m时，此地热井日出水量1441.33m³，出水温度103℃，是北京地区首个出水温度大于90℃的地热井，使得北京进入“中温地热”行列。其中伴生天然气，自流水量800m³/d，属于北京地区少有的自流气液两用井，目前已封停，封井压力0.52MPa。

BJJ0014 延庆5号地热井

位置：北京市延庆县张山营镇苏庄村附近的延庆县果树生态示范园内。

井深：2130.28m。

孔径：0.152m。

井口温度：46℃。

热储层特征：该地热井热储层为蓟县系雾迷山组，该套地层在断裂影响带附近岩溶裂隙比较发育，是较为理想的热储层。热储顶板埋深1602m，热储底板埋深2130.28m，热储层厚528.28m。热储温度53.8℃，岩石密度2788kg/m³，岩石比热0.921J/（kg·℃），孔隙率0.005，渗透系数0.0192m/d，静止水位90.2m。

水化学成分：2006年4月30日考察时采集的水样分析结果见表2.22。

表2.22 延庆5号地热井化学成分 （单位：mg/L）

T_s/℃	pH	TDS	Na^+	K^+	Ca^{2+}	Mg^{2+}
46	8.49	627	200	2.05	4.6	0.4
Li	Rb	Sr	NH_4^+	CO_3^{2-}	HCO_3^-	SO_4^{2-}
0.207	na.	na.	0.07	24	268	68
Cl^-	F^-	CO_2	$HSiO_3^{2-}$	HBO_2	$HAsO_3$	化学类型
55.9	19	na.	na.	na.	na.	HCO_3-Na

开发利用：降深为67.4m时，日出水量751.33m³。虽然出水量随着水位降深的增加而增加，但是在日出水量751.33m³时动水位已经达到156.1m，因此为了本井的长期安全使用，建议本井在以后的使用总将降深控制在50m以内，日出水量控制在700m³以内，是较为稳妥的使用方案。

BJJ0015 延庆3号回灌井

位置：北京市延庆县延庆镇香苑街15号圣世苑培训中心。

井深：2506.62m，未揭穿。

孔径：0.152m。

井口温度：67℃。

热储层特征：该地热井热储层为蓟县系雾迷山组，岩性为燧石条带白云岩。热储顶板埋深1297m，热储底界埋深为2506.62m，未揭穿。热储层平均地温梯度2.69℃/100m，热储层岩石密度2788kg/m³，岩石比热0.921J/（kg·℃），孔隙率0.005。

水化学成分：2003年10月30日考察时采集的水样分析结果见表2.23。

表2.23　延庆3号回灌井化学成分　（单位：mg/L）

T_s/℃	pH	TDS	Na^+	K^+	Ca^{2+}	Mg^{2+}
67	7.72	574	86.4	7.02	46.1	15.2
Li	Rb	Sr	NH_4^+	CO_3^{2-}	HCO_3^-	SO_4^{2-}
na.	na.	na.	0.07	24	3057	54.9
Cl^-	F^-	CO_2	$HSiO_3^{2-}$	HBO_2	$HAsO_3$	化学类型
51.5	5.9	na.	na.	na.	na.	HCO_3–Na·Ca

开发利用：可命名为氟水、硅水。此外地热水中还含有锂、偏硼酸等对人体健康有益的成分，可作为医疗热矿水开发利用。另外地热水中总铁浓度为1.32mg/L，高于生活饮用水卫生标准允许的上限（0.3mg/L），会污染洁具和池壁，使用时应对其作处理。H_2S气体含量为0.12mg/L，有一定的异味，使用时也应进行处理。

第 / 三 / 章

天津市

第一节 地热资源及分布特征

一、地热资源形成特点及分布规律

（一）区域构造特征

在大地构造上，天津地区属Ⅰ级构造单元——华北准地台的一部分。以宝坻-宁河断裂为界所划分的Ⅱ级构造单元（图3.1中的北区和南区）分属于燕山台褶带和华北断拗。北区位于燕山台褶带的次一级（Ⅲ级）构造单元蓟宝隆褶区；南区则横跨了华北断拗区的三个Ⅲ级构造单元——即分别以古近系缺失线、沧东断裂为界的冀中拗陷、沧县隆起和黄骅拗陷，形成了两拗夹一隆，呈北北东向展布的构造格局。沧县隆起区基岩顶板埋深一般在1000～3000m，地层以前古生界为主；两侧的拗陷区基岩顶板埋深多大于5000m。在Ⅲ级构造单元的基础上，根据断裂构造及地层分布特点，进一步划分为凸起或凹陷等13个Ⅳ级构造单元。

（二）区域地层及岩浆岩特征

1.地层

天津市属华北地层大区冀鲁豫地层区的华北平原分区。从太古宇至新生界第四系缺失新元古界南华系、震旦系，古生界上奥陶统、志留系、泥盆系、下石炭统，中生界上三叠统、上侏罗统、上白垩统及古近系古新统和始新统；其他地层基本齐全（表3.1）。

天津地区基底由太古宇片麻岩和古元古界轻微变质的火山-沉积岩系所组成。中、新元古界为一套滨海-浅海相富镁碳酸盐岩、碎屑岩和黏土岩，寒武系—中奥陶统属稳定的地台型沉积，发育陆表海碳酸盐岩。上石炭统—下三叠统亦为地台型沉积，但其面貌与下古生界的寒武系和奥陶系有明显的差异，沉积环境由滨海平原向内陆河湖盆地发展，其下部为滨海-内陆含煤碎屑岩建造，为重要的含煤地层；上部则为内陆河湖相红色及杂色碎屑岩建造。侏罗系—下白垩统堆积在中、小断陷或凹陷盆地内，侏罗系为一套碎屑岩及含煤碎屑岩建造，下白垩统为泥砂质及杂色砾岩堆积，局部发育中基性火山岩。新生界沉积类型多样，厚度变化悬殊，地层分异明显。古近系在隆起区普遍缺失，主要发育在大型断陷盆地中，为内陆河、湖相碎屑岩，局部夹基性火山岩，为主要生、储油气层。新近系和第四系分布广泛，为内陆平原碎屑岩沉积。

天津市绝大部分地区被第四系覆盖，基岩仅在蓟县北部山区出露，面积约640km^2，占天津总面积的5.66%，出露的地层以中、新元古界长城系、蓟县系和青白口系为主，太古宇八道河群及古生界寒武系仅零星分布，蓟县中、新元古界剖面是北方的标准剖面。北区的山前平原区新生界以第四系为

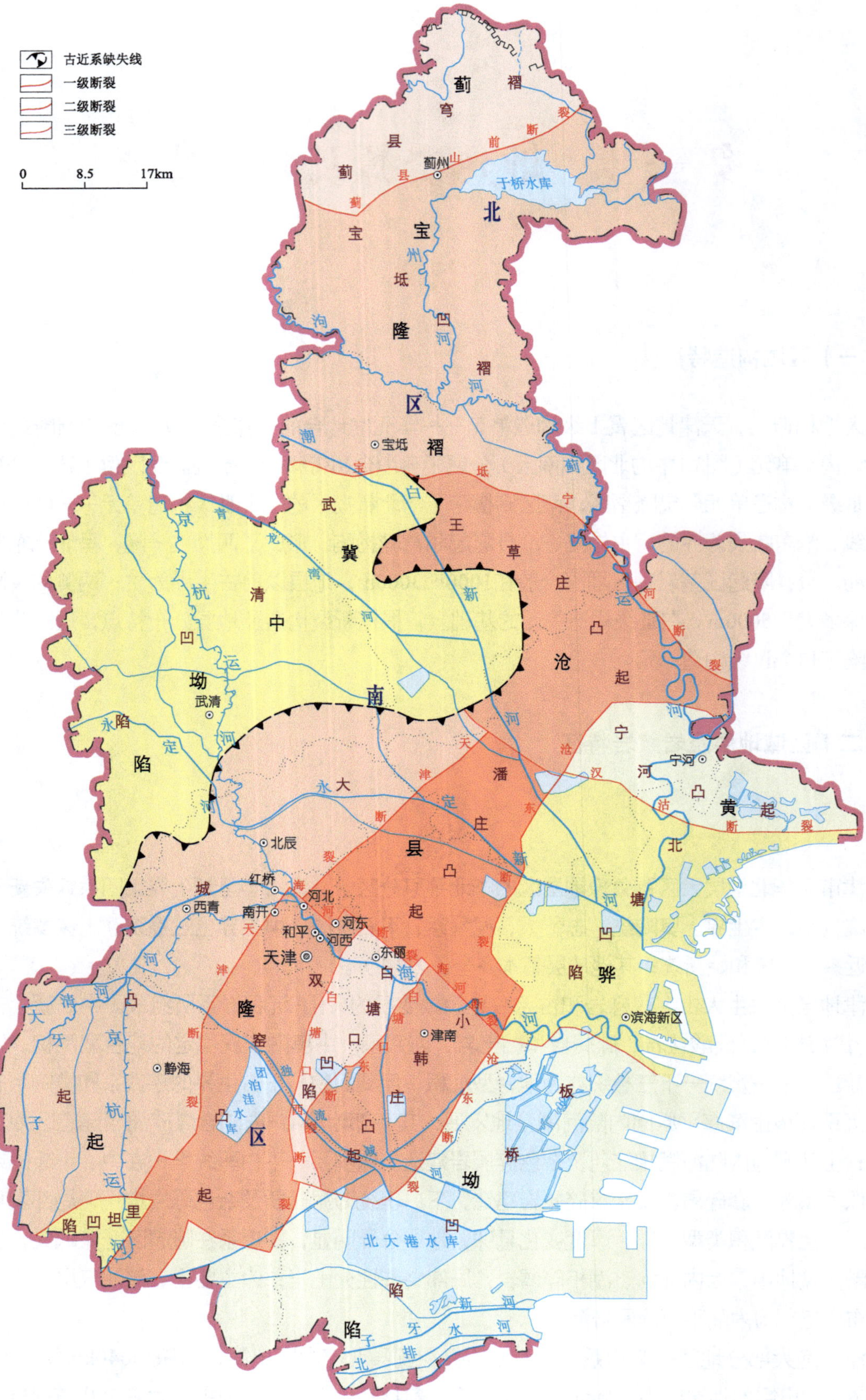

图 3.1 天津市构造分区图

主，分布厚度数十米至数百米，其下伏基岩以前中生界为主；南区前中生界埋藏较深，其上堆积了巨厚的中、新生界。

天津地区通过钻探揭露的地层有新生界第四系、新近系、古近系，中生界侏罗-白垩系、三叠系，古生界石炭-二叠系、奥陶系、寒武系，中、新元古界青白口系、蓟县系、长城系。

表3.1　天津市区域地层综合简表

地层		代号	岩性特征	厚度/m
界	系			
新生界	第四系	Q	冲、洪积堆积物，岩性为松散的砂或黏土	250～550
	新近系	N	上部为灰、灰绿色砂岩、含砾砂岩与灰绿、棕红色泥岩互层；中部棕红、棕黄色泥岩与灰绿、灰白色粉砂岩、细砂岩不等厚互层；下部为灰、深灰色中粗砂岩、砂砾岩	300～2500
	古近系	E	上部主要灰绿泥岩和砂岩不等厚互层；中部为灰、灰黑色泥岩；下部为紫红色砂岩泥岩互层；底部见灰、灰绿色泥页岩、页岩	40～3700
中生界	白垩系	K	紫红、棕褐色细、中砂岩夹灰色、棕红色泥岩、页岩	200～1600
	侏罗系	J	以灰、棕红色砂岩为主，夹灰绿、棕褐色泥岩、灰黑色页岩和安山岩	
	三叠系	T	自上而下暗紫红、紫红、棕红、黄绿色砂岩、粉沙岩、泥岩呈不等厚互层	0～659
古生界	二叠系	P	上部以灰绿、棕黄、紫红色砂岩为主，夹砂砾岩；下部为灰色细、中、粗砂岩夹页岩	450～1000
	石炭系	C	上部以灰、灰褐色粉、细砂岩和灰-灰黑色泥岩为主，夹石灰岩；下部以浅灰、灰色粉砂、细砂岩为主，其次为泥岩。局部地区夹石灰岩	100～220
	奥陶系	O	上部灰、深灰色厚层状石灰岩、白云岩、灰质白云岩；中部灰、深灰色厚层状灰质白云岩、白云质灰岩；下部为灰、深灰色厚层状石灰岩夹豹皮状、竹叶状石灰岩	320～1050
	寒武系	€	上部为灰色厚层状石灰岩、泥质条带灰岩、夹竹叶状石灰岩；中部为灰-灰黑色石灰岩、鲕状石灰岩夹竹叶状石灰岩、泥质条带灰岩；下部为灰紫、紫色页岩、粉砂岩夹石灰岩	300～1000
中、新元古界	青白口系	Qb	上部以灰绿色泥灰岩为主；中部为灰白、灰绿、紫红色石英砂岩；下部为灰绿、灰黑色页岩、砂质页岩	150～600
	蓟县系	Jx	以厚层状灰-灰黑色白云岩、灰质白云岩为主；上部夹白云质灰岩，中部夹页岩、砂质页岩及粉砂岩	20～4600
	长城系	Ch	上部为厚层状白云岩夹长石石英砂岩；下部主要为灰、灰黑色细晶白云岩，厚层状砂岩	650～3800
太古宇		Ar	为一套经深变质作用和混合岩化作用的各种片麻岩，斜长辉石岩类又夹少量变粒岩和浅粒岩	>10000

2.岩浆岩

天津地区各地质时期中，较大的构造运动均伴有不同程度的岩浆活动，活动时期主要有大红峪期、海西期、印支期、燕山期和喜马拉雅期，其中以燕山期活动最为强烈。天津地区岩浆岩虽然分布较广，但其残余的热量大部已消失殆尽，目前有明显热显示的主要在蓟县山前断裂附近的盘山花岗岩体附近。

（三）天津地热分布特点

天津地处华北盆地东北部，地壳浅部温度的变化主要受基岩面的起伏、构造形态、地下水活动等因素的影响，而岩浆活动的影响仅局限于晚近期有岩浆活动的局部地段。

北区为基岩裸露或浅埋区，地温梯度普遍小于2.0℃/100m。南区为巨厚的新生界分布区，盖层平均地温梯度表现为隆起区高、拗陷区低的分布特征。地热异常区主体以北北东向展布最为明显，东西向和北西西向次之（图3.2）。

1.区域大地热流值分布特征

1）隆起山地区（北区）

在宝坻-宁河断裂以北的基岩浅埋区和裸露山区，大地热流值普遍小于20mW/m^2；但在岩浆岩侵入体附近，表现为较高的大地热流值，最高可达140mW/m^{2}以上。

2）沉积盆地区（南区）

华北盆地地壳厚度变薄和星罗棋布的基岩凸起是造成区域地热异常的主要原因。因为来自地壳深部的均匀热流，其流向和流量的分配决定于传导介质的总热阻，热流总是向热阻最小的方向流动。而基岩热导率高、热阻小，因此，向上传导的热流能快速地向基岩隆起区集中，从而使隆起区的热流值明显高于拗陷区，表现为东西两侧低，中间高的分布特点。统计结果：两侧的拗陷区一般为40～55mW/m^2；沧县隆起区一般为50～90mW/m^2，最高可达130mW/m^2，临近宝坻-宁河断裂则低至20mW/m^2，均为正常大地热流值范围。

2.区域地温场分布特征

1）隆起山地区（北区）

盖层平均地温梯度普遍小于2.0℃/100m；目前仅在盘山花岗岩侵入体与蓟县山前断裂的交汇处发现了地热异常，地温梯度大于3.5℃/100m，局部地点甚至高达9.0℃/100m以上。

2）沉积盆地区（南区）

南区沉积了巨厚的新生界，它既是其下伏的基岩裂隙型热储层的盖层；本身也发育了数个孔隙型热储层，每个热储层的上覆松散层皆成为其良好的盖层。若以新生界松散盖层平均地温梯度3.5℃/100m为界，则圈定的地热异常区呈现低、高、低相间的展布特征，并与地质构造的凹、凸、凹

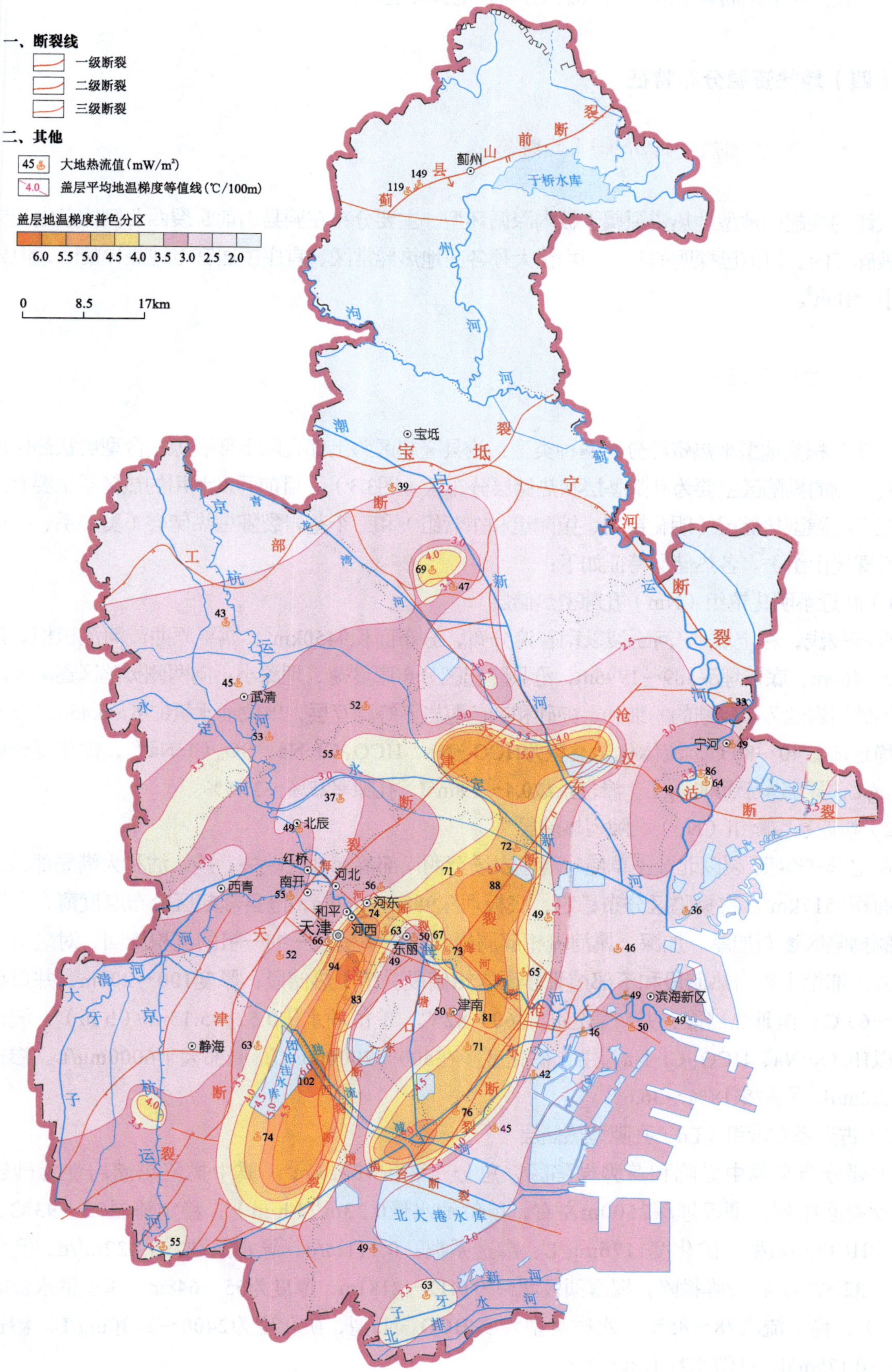

图 3.2　天津市盖层平均地温梯度等值线图

分布相一致，其中地热异常区86%的面积分布在沧县隆起区。

（四）地热资源分布特征

1.隆起山地型地热资源分布及其特征

天津的隆起山地型地热资源属于板内深循环型，主要分布在蓟县山前断裂西北侧的盘山花岗岩岩体的破碎带内。目前已探明的有：邦均镇大孙各庄地热异常区、官庄镇居官屯地热异常区，但分布面积均小于1km^2。

2.沉积盆地型地热资源

天津沉积盆地型地热资源分为两种类型：沧县隆起区为上部孔隙下部裂隙复合型层状热储层分布区，其两侧的拗陷区主要为孔隙型层状热储层分布区（图3.3）。目前开发利用的热储层主要有六个，包括三个孔隙型热储层（明化镇组、馆陶组和东营组）和三个基岩裂隙型热储层（奥陶系、寒武系、蓟县系雾迷山组）。各热储层特征如下：

1）新近系明化镇组（Nm）孔隙型热储层

埋藏较浅，在宝坻-宁河断裂以南普遍分布，分布面积9450km^2，属平原曲流河沉积相。顶板埋深300～460m，底板埋深589～1996m，沧县隆起区分布厚度薄、埋深小；向两侧拗陷区逐渐加厚、加深。热储层岩性为半胶结的粉细砂、细砂和杂色泥岩不等厚互层，单位涌水量0.76～5.45m^3/（h·m），井口稳定流温40～80℃，流体化学类型为HCO_3-Na、HCO_3·Cl-Na、SO_4·Cl-Na型，矿化度一般小于1500mg/L，局部大于3000mg/L。渗透系数0.4～1.8m/d，孔隙率25%～33.5%。

2）新近系馆陶组（Ng）孔隙型热储层

在宝坻-宁河断裂以北及王草庄、潘庄农场至西南部静海地区缺失，咸水沽和大港局部缺失，总分布面积8517km^2。在拗陷区分布稳定，底板埋深988～2660m，沧县隆起区分布厚度薄、埋深小；向两侧拗陷区逐渐加厚、加深。属河流相碎屑岩沉积，多呈粗—细—粗的沉积旋回，对应沉积岩相可分为上部馆Ⅰ砂岩热储段和下部馆Ⅲ砂砾岩热储段。馆Ⅰ热储段：厚度100～200m，井口稳定流温48～65℃；馆Ⅲ热储段：井口稳定流温60～82℃，单位涌水量0.52～5.13m^3/（h·m），流体化学类型以HCO_3-Na、HCO_3·Cl-Na为主，矿化度多在500～2000mg/L，局部大于6000mg/L。渗透系数0.3～2.2m/d，孔隙率18%～36.6%。

3）古近系东营组（Ed）孔隙型热储层

主要分布在冀中拗陷和黄骅拗陷区，总分布面积4835km^2。冀中拗陷热储岩性为砂岩，砂岩呈反旋回序列，顶板埋深2500m左右，单位涌水量0.33m^3/（h·m），稳定流温90～93℃，水质类型为HCO_3-Na型，矿化度1176mg/L；渗透系数：0.111m/d，导水系数：9.822m^2/d，孔隙率：23.11～32.57%。在黄骅拗陷，揭露顶板埋深为1412～2181m，厚度为55～648m，单位涌水量0.34m^3/（h·m），稳定流温78～85℃，水质类型为Cl·HCO_3-Na型，矿化度为2400～3730mg/L。渗透系数0.125～0.175m/d，孔隙率21.16%～35%。

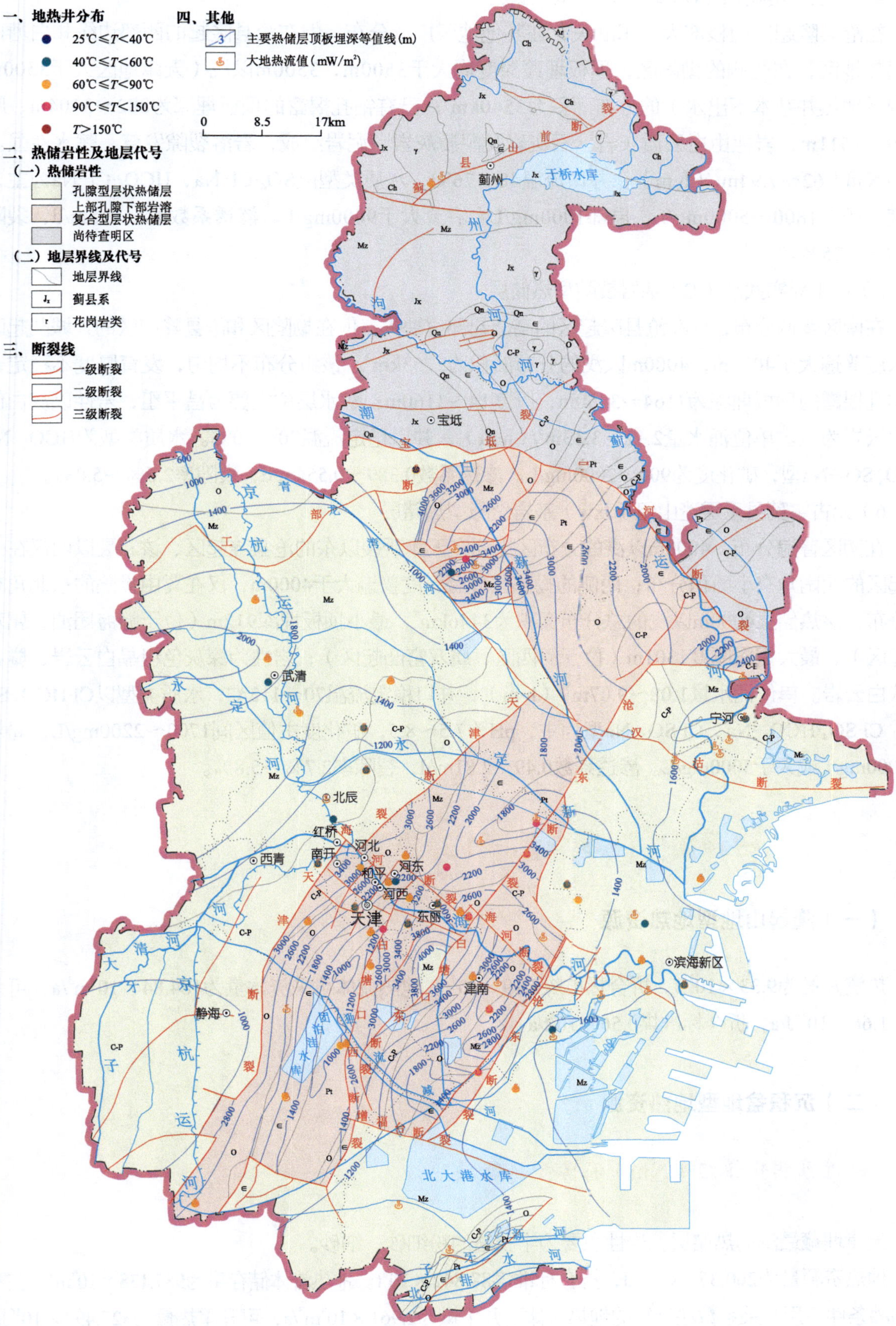

图 3.3 天津市地热地质图

4）古生界奥陶系（O）基岩裂隙型热储层

在沧县隆起区的核部大面积缺失，在其他地区广泛分布。但在沧县隆起的西部边缘和白塘口凹陷局部地区，在两侧的拗陷区，顶板埋藏深度均大于3500m，3500m以浅（天津地区大于3500m的奥陶系地热井基本不出水）的分布面积为3540km^2；已有钻孔揭露的顶板埋深为882～3104m、厚度为29～1511m；岩性由白云质灰岩、石灰岩及泥质灰岩、泥岩组成，岩溶裂隙发育，赋水性强。单位涌水量1.62～7.94m^3/（h·m），井口流温48～76℃，水质类型以SO_4·Cl–Na、HCO_3·Cl–Na为主，矿化度一般在1800～5000mg/L，局部1000mg/L左右或大于9000mg/L。渗透系数0.2～2.5m/d，裂隙率2.0%～6.25%。

5）古生界寒武系（€）基岩裂隙型热储层

在南区普遍分布，仅在沧县隆起区的高凸起部位缺失，但在拗陷区和沧县隆起区的大城凸起区埋藏深度普遍大于4000m，4000m以浅的分布面积为2753km^2。该组分布不均匀，发育厚度不稳定，已有钻孔揭露的顶板埋深为1164～3450m，厚度14～1160m；赋水层位主要为昌平组，岩性以灰白色灰质白云岩为主。单位涌水量2.11～3.13m^3/（h·m），井口稳定流温70～80℃。水质类型为HCO_3–Na、HCO_3·SO_4–Na型，矿化度为900～2000mg/L。渗透系数0.389～0.554m/d，裂隙率2.6%～5.0%。

6）元古宇蓟县系雾迷山组（Jxw）基岩裂隙型热储层

在南区普遍分布，4000m以浅的分布区主要在天津断裂以东的沧县隆起区、该断裂以西仅在大城凸起区的西南角有小面积分布；两侧的拗陷区埋藏深度普遍大于4000m，仅在冀中拗陷的东北角有零星分布，该热储层4000m以浅的总分布面积为3446km^2，最小顶板埋深912m（位于静海团泊、属双窑凸起区）、最大揭露厚度1301m（位于河西区、属双窑凸起区）；岩性为深灰色粗晶白云岩、燧石条带状白云岩。单位涌水量1.08～9.07m^3/（h·m），井口稳定流温70～113℃，水质类型以Cl·HCO_3·SO_4–Na、Cl·SO_4·HCO_3–Na、Cl·SO_4–Na型为主，pH为7.5～8.5，矿化度主值区间1700～2200mg/L，局部小于1000mg/L或大于5000mg/L。渗透系数0.49～2.81m/d，裂隙率2.7%～5.8%。

二、地热资源量（按基准温度13.5℃计）

（一）隆起山地型地热资源

热资源量为9.33×10^{15}J，折合标准煤3.19×10^4t。地热流体可采流体量为$184.84\times10^4m^3/a$，可采热量为1.66×10^{16}J/a，折合标准煤0.56×10^4t/a。

（二）沉积盆地型地热资源

1.新近系明化镇组（Nm）孔隙型热储层

天津埋藏最浅的热储层，岩性主要为半胶结的粉细砂、细砂。

地热资源量为260.377×10^{18}J，折合标准煤88.842×10^8t。地热流体储存量为$987.138\times10^9m^3$，在不考虑回灌条件下用开采系数法计算的地热流体可开采量为$2.961\times10^8m^3/a$，可开采热量为327.492×10^{14}J/a，折合标准煤111.742×10^4t/a；考虑回灌条件下的地热流体可开采量为$39.565\times10^8m^3/a$，可开采热量为

43.824×10^{16}J/a，折合标准煤1495.701×10^{4}t/a。

2.新近系馆陶组（Ng）孔隙型热储层

伏于明化镇组热储层之下，是天津最主要的孔隙型热储层（图3.4）。属河流相碎屑岩沉积，多呈粗—细—粗的沉积旋回，热储层岩性上部以砂岩、下部以砂砾岩为主。

地热资源量为126.923×10^{18}J，折合标准煤43.308×10^{8}t。地热流体储存量为313.703×10^{9}m^3，在不考虑回灌条件下用开采系数法计算的地热流体可开采量为0.940×10^{8}m^3/a，可开采热量为182.788×10^{14}J/a，折合标准煤62.369×10^{4}t/a；考虑回灌条件下的地热流体可开采量为10.573×10^{8}m^3/a，可开采热量为20.486×10^{16}J/a，折合标准煤699.180×10^{4}t/a。

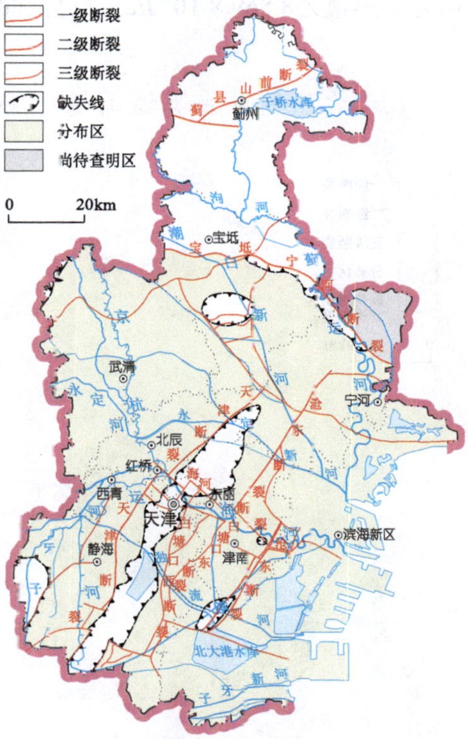

图 3.4 馆陶组热储层分布范围

3.古近系东营组（Ed）孔隙型热储层

伏于馆陶组热储层之下。岩性为砂岩，砂岩呈反旋回序列。

地热资源量为39.160×10^{18}J，折合标准煤13.362×10^{8}t。地热流体储存量为76.242×10^{9}m^3，在不考虑回灌条件下用开采系数法计算的地热流体可开采量为0.229×10^{8}m^3/a，可开采热量为52.704×10^{14}J/a，折合标准煤17.983×10^{4}t/a；考虑回灌条件下的地热流体可开采量为3.193×10^{8}m^3/a，可开采热量为7.315×10^{16}J/a，折合标准煤249.658×10^{4}t/a。

4.古生界奥陶系（O）基岩裂隙型热储层

最上部的基岩裂隙型热储层，与上覆地层呈不整合接触。热储层岩性由白云质灰岩、石灰岩及泥质灰岩组成。

地热资源量为125.372×10^{18}J，折合标准煤42.778×10^{8}t。地热流体储存量为49.45×10^{9}m^3，在不考虑回灌条件下用开采系数法计算的地热流体可开采量为0.099×10^{8}m^3/a，可开采热量为23.375×10^{14}J/a，折合标准煤7.975×10^{4}t/a；考虑回灌条件下的地热流体可开采量为8.802×10^{8}m^3/a，可开采热量为20.763×10^{16}J/a，折合标准煤708.635×10^{4}t/a。

5.古生界寒武系（∈）基岩裂隙型热储层

伏于奥陶系热储层之下，是天津最主要的基岩裂隙型热储层。岩性以灰白色灰质白云岩为主。

地热资源量为54.734×10^{18}J，折合标准煤18.806×10^{8}t。地热流体储存量为14.128×10^{9}m^3，在不考虑回灌条件下用开采系数法计算的地热流体可开采量为0.028×10^{8}m^3/a，可开采热量为7.884×10^{14}J/a，折合标准煤2.690×10^{4}t/a；考虑回灌条件下的地热流体可开采量为3.243×10^{8}m^3/a，

可开采热量为8.869×10^{16}J/a，折合标准煤302.696×10^{4}t/a。

6.元古宇蓟县系雾迷山组（Jxw）基岩裂隙型热储层

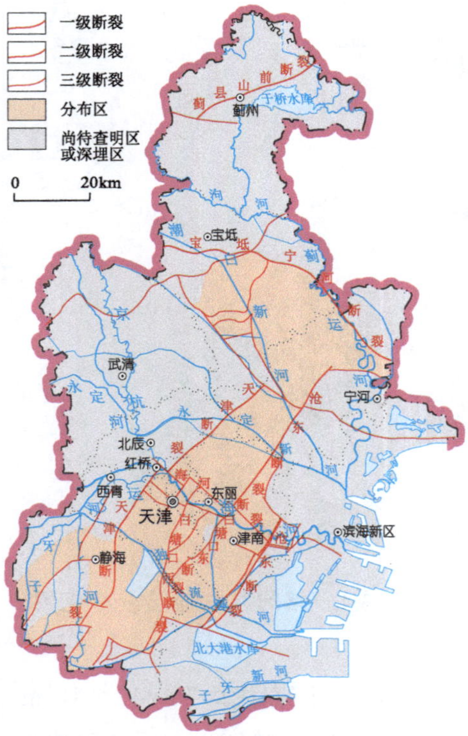

图 3.5 蓟县系雾迷山组热储层分布范围

为天津埋藏最深的热储层，岩性为深灰色粗晶白云岩、燧石条带状白云岩。

地热资源量为291.918×10^{18}J，折合标准煤99.605×10^{8}t。地热流体储存量为$78.221 \times 10^{9}m^{3}$，在不考虑回灌条件下用开采系数法计算的地热流体可开采量为$0.156 \times 10^{8}m^{3}$/a，可开采热量为52.154×10^{14}J/a，折合标准煤17.795×10^{4}t/a；考虑回灌条件下的地热流体可开采量为$14.108 \times 10^{8}m^{3}$/a，可开采热量为$47.021 \times 10^{16}$J/a，折合标准煤$1604.814 \times 10^{4}$t/a（图3.5）。

天津沉积盆地型地热资源，在考虑回灌条件下的可开采量是不考虑回灌情况下的18倍，其中孔隙型约为13位、基岩裂隙型约为92倍。

三、地热流体地球化学特征

（一）地热流体水化学特征及分布规律

1.隆起山地型地热流体

据已有地热井水质检测数据，该区大于40℃的地热流体的矿化度为482.4～544.9mg/L，水质无色、无味、澄清透明，水温41～48℃，pH为8.52～8.63，水质类型主要为$SO_4 \cdot Cl \cdot HCO_3$–Na型、$HCO_3 \cdot SO_4$–Na型。地热井成井层位较深、温度较高的地热流体的SO_4^{2-}含量明显高于成井层位浅、温度低的地热流体。

2.沉积盆地型地热流体

天津沉积盆地型地热流体地球化学特征表现为水平和垂直方向的分带性，自北东向南西、自上而下矿化度呈现增高的趋势，化学组分之阴离子由低矿化度时的以HCO_3^-为主，逐渐变为较高矿化度时的以Cl^-、HCO_3^-，Cl^-、SO_4^{2-}或SO_4^{2-}、Cl^-为主；但阳离子多以Na^+为主。各热储层地热流体地球化学特征在平面上的分布规律如下：

1）新近系明化镇组热储层

明化镇组地热流体的矿化度由东北向南西逐渐增加、水质类型渐趋复杂，局部地区受构造、地层分布情况的影响，出现异常高值区。

在冀中拗陷和黄骅拗陷区，由北向南沿着地下水的径流方向，矿化度由北部的500mg/L左右逐渐增至南部的2200mg/L左右，水质类型从HCO_3–Na型逐渐演变为HCO_3·Cl–Na型、Cl·HCO_3–Na型。在沧县隆起的高凸起区，馆陶组缺失，明化镇组直接覆盖在前古生界之上，矿化度和水质类型变化较大；矿化度最低值为690mg/L，最高值可达3710mg/L；水质类型也较复杂，HCO_3–Na型、HCO_3·Cl–Na型、Cl·HCO_3–Na型、Cl·SO_4–Na型、SO_4·Cl–Na型水均有出现。

2）新近系馆陶组热储层

该组热流体的矿化度分布特征呈现为北低南高的水平分带性：宁河、武清地区的矿化度在800～1300mg/L，水质类型均为HCO_3–Na型，pH在7.44～8.6。由此向南，冀中拗陷和黄骅拗陷的变化趋势有所差异：黄骅拗陷区的矿化度逐渐增加，水质类型由HCO_3–Na型逐渐变为HCO_3·Cl–Na型、Cl·HCO_3–Na型，表现为渐变的特征；而冀中拗陷区的大城凸起区表现为突变的特征，明显受到了下伏基岩热流体的影响，这一地区缺失古近系，馆陶组直接覆盖于石炭–二叠系之上，水质普遍较差。例如，静海的JH-04井井深仅1088m，矿化度却超过6000mg/L，水质类型为Cl·SO_4–Na。

3）古近系东营组热储层

目前成于该组热储层的地热井较少，武清凹陷仅有一眼，黄骅拗陷有两眼，矿化度明显高于其上覆的馆陶组水质。在武清凹陷的地热井矿化度为1117mg/L，水质类型均为HCO_3–Na型；黄骅拗陷的矿化度为2400～3000mg/L，水质类型均为Cl·HCO_3–Na型。

4）古生界奥陶系热储层

奥陶系地热流体矿化度的变化仍遵循北低南高的总体规律，但其变化范围是天津地区所有热储层最大的。位于最北部的宝坻新王3井，矿化度仅为1011mg/L；而位于武清凹陷西北角与北京交界的地区，矿化度可大于9000mg/L；而且水质出现了明显的东、西分带特征：在沧东断裂带附近，水质普遍较好，矿化度为1700mg/L左右，水质类型以Cl·HCO_3–Na、Cl·SO_4–Na为主，而在天津断裂附近的沧县隆起区，水质普遍较差，矿化度多在4500mg/L以上，水质类型以SO_4·Cl–Na·Ca为主，其中阳离子的高Ca^{2+}含量是其他热储层少有的。

5）古生界寒武系昌平组热储层

目前已开凿的古生界寒武系地热井共有七眼，分别位于王草庄凸起、潘庄凸起和双窑凸起三个不同的构造单元。矿化度北低南高、东低西高，不同构造单元的水化学类型差别明显（表3.2）。

表3.2　不同构造单元寒武系昌平组热流体的水化学特征

指标 \ 代表井号	王草庄凸起	潘庄凸起	双窑凸起
	王4	DL–14	XQ–03
水化学类型	HCO_3·SO_4–Na	Cl·HCO_3–Na	Cl·SO_4–Na
矿化度/（mg/L）	1029	1747.3	2051
总硬度/（mg/L）	125	142	197.7
pH	7.11	7.53	8.14

6）蓟县系雾迷山组热储层

在水平方向上，矿化度仍遵循着北低南高、东低西高的总体变化规律。在沧县隆起区，沿着地热流体的径流方向，矿化度由宝坻周良庄的1000mg/L左右，经过约50km的径流距离，市区增至2000mg/L左右，矿化度水平增幅约为20mg/km。由市区向南20km至静海团泊矿化度为2018mg/L，增幅极缓；但由此再向南至唐官屯，矿化度即由2018mg/L增至5831mg/L，其间只经过约30km的径流距离，矿化度水平增幅为127mg/km。沿着沧县断裂带，由北至南，矿化度由1666.3mg/L增至1937.8mg/L，径流距离为36.5km，矿化度平均增幅为7.44mg/km。水化学类型在海河断裂以北的潘庄凸起区和沧东断裂带附近以$Cl\cdot HCO_3$–Na为主，在双窑凸起区以$Cl\cdot SO_4$–Na为主，矿化度的主值区间为1700～2000mg/L。

天津地热流体化学组分在垂向上的变化规律为：对于同一地区来说，孔隙型地热流体的矿化度随埋深的增加而呈现增大的趋势；但基岩裂隙型地热流体因垂向上的连通性较好，矿化度与埋深的关系不大。

（二）地热流体质量评价

天津市的地热流体水质普遍良好，主要应用于建筑采暖、医疗洗浴、温室养殖等高附加值的产业。天津地区地热流体的总矿化度、硫酸盐、氯化物、氟化物含量一般较高，只能达到Ⅳ类或Ⅴ类地下水质量标准外，其他指标均可达到Ⅲ类至Ⅰ类地下水质量标准。

1.饮用天然矿泉水评价

天津地热流体的偏硅酸含量与温度有很好的相关性且均达到矿泉水标准；孔隙型地热流体的锂、锶含量多符合标准、基岩裂隙型地热流体有部分超过限量指标；锌普遍达标，碘化物和溴化物普遍未达标准。总的来说，天津地区热流体普遍澄清、少异味、无异物，水质优良。有多个品牌的矿泉水以地热流体作为源水。

2.洗浴用水的适用性

天津地热流体水质普遍良好，其中对洗浴用水影响较大的离子为T_{Fe}（$Fe^{2+}+Fe^{3+}$），当$T_{Fe}>0.3$mg/L时，洗浴时皮肤即有不舒适的紧皱感、头发滞涩不易打理。天津大部分地区地热流体普遍$T_{Fe}<0.3$mg/L，地热水一般无需处理则为优质的洗浴用水。而静海、塘沽、西青和中心城区等地的地热流体的T_{Fe}含量普遍超标，应经除铁罐去除，才可作为优良的洗浴用水。

3.理疗热矿泉水评价

天津地区地热流体的氟、偏硅酸、偏硼酸、温度和基岩裂隙型地热流体的锂含量均达到了“在医疗价值浓度”或“命名矿水浓度”标准，适用于温泉洗浴、理疗。

4.渔业用水水质评价

天津地区地热流体，除F^-含量超标、溶解氧未达标准值、温度较高外，其他各项指标普遍满足渔业用水的需要。目前，利用地热水进行养殖最多的地区在宁河，当地的明化镇组出水温度在40℃左右、氟离子含量为0.56～2.2mg/L，地热流体通过与少量冷水混合，即可满足温度、氟化物指标的要求，配备增氧设备后用于热带鱼的养殖，取得了良好的经济效益。

5.农业灌溉用水水质评价

在已检测的项目中，天津市地热流体的温度、全盐量、氯化物、氟、硼含量普遍超标较多，对农作物有较大的危害。

6.腐蚀性与结垢性评价

为建筑供暖是目前天津地热最主要的应用方向，而对供暖设施影响最大的因素是地热流体的腐蚀性与结垢性。天津地热流体的腐蚀性和结垢性（主要为碳酸钙垢，硫酸钙、硅酸钙基本不结垢）与热储层的水质特征密切相关，水质较好的孔隙型地热流体多为无腐蚀-轻微腐蚀，其中腐蚀性较强的均分布在沧县隆起区；基岩裂隙型地热流体多为轻微腐蚀-强腐蚀。其综合评价结果如表3.3所示。

表3.3　天津地区地热流体腐蚀性及碳酸钙垢统计一览表

热储层＼腐蚀 结垢性		强腐蚀（不结垢）		中 轻微腐蚀（不结垢–轻微结垢）		非腐蚀	
		行政区	构造单元	行政区	构造单元	行政区	构造单元
隆起山地区						蓟县（不结垢）	蓟宝凹褶
沉积盆地区	明化镇组	市区、静海县	沧县隆起	市区、滨海新区、东丽区、武清区、宝坻、津南区	冀中拗陷、黄骅拗陷、沧县隆起	市区、宝坻、宁河、武清（不结垢-轻微结垢）	冀中拗陷、沧县隆起
	馆陶组	—	—	市区、东丽区、北辰区、滨海新区、津南区	沧县隆起、黄骅拗陷	北辰区、宁河、武清、滨海新区（多轻微结垢）	沧县隆起、黄骅拗陷
	奥陶系	市区、静海县、西青区	沧县隆起	市区、津南区、东丽区	沧县隆起	—	—
	寒武系	市区	沧县隆起	—	—	—	—
	雾迷山组	静海	沧县隆起	滨海新区、东丽、市区、静海、津南区、西青区	沧县隆起	—	—

四、地热资源开发利用历史及现状

（一）开发利用历史

1.隆起山地型地热资源

蓟县是天津市开展地质工作最早、研究程度较高的地区，以往的地质工作发现蓟县山前地区有多处地热异常显示，但针对地热资源的勘查工作直到21世纪才因当地丰富的旅游资源而被重视。2006～2009年间，完成了北小屯和蓟县山前地区的地热资源勘查工作，发现了隐伏于第四系覆盖之下的侵入岩体内的地热资源，主要分布在蓟县山前断裂与盘山花岗岩体的交接带，目前有四眼地热井成于该层。

2.沉积盆地型地热资源

天津对地热资源的利用始于20世纪30年代，法国人在当时的法租界老西开聘请英国竖井专家欧达雷和华籍专家李宝生指导开凿了一眼863.8m的井用于生活用水，不期"发现自流井水"、"水质莹洁、略温"，由此拉开了天津地热利用的序幕。

天津对地热资源的科学勘查始于20世纪70年代初。1970年10月，著名地质学家李四光先生专程对天津地热工作进行考察，要求把天津地热利用作为一个试点和样板，并责成当时国家计委地质局对天津的地热勘查工作给予组织上和技术上的支持。1970年12月召开了千人参加的全市地热会战誓师动员大会，成立多单位组成的"地热会战指挥部"，在市区及近郊发现了王兰庄和万家码头两个地热异常区。随后，地矿部门在全市范围内开展了一系列的地热地质调查工作，在南部平原区先后圈定了十个地热异常区。其后，1974年建成的第一眼馆陶井、1978年建成的第一眼基岩井、1992年建成的第一眼回灌井、1995年建成的第一对基岩定向采灌对井，见证了天津地热开发利用由浅及深、由粗放型向集约型演变的历程。

1982年，我国政府、联合国政府开发计划署和意大利政府三方，正式签署了"中国地热资源的勘探、开发利用"项目协议。该项目历时5年，1987年提交的"天津市区及王兰庄地热田勘探报告"在全国影响深远。其后天津陆续完成了山岭子、滨海、武清、万家码头、宁河-汉沽、潘庄-芦台、看才庄等地区的地热资源勘查工作，勘查深度已达4000m。

经过地质工作者数十年的不懈努力，基本查明了天津地热资源的地热地质条件、地温场特征、分布状况及热储特征、地热流体地球化学特征等基本情况。此外对地热形成机理、地热水成因年龄及补给条件、地热资源优化开采、地热回灌等各方面的专题研究也不断深入。天津地热资源被广泛地应用于纺织印染、农、工业、温室种植和渔业养殖、供暖、娱乐洗浴等各行各业。随着经济的发展和房地产业的兴起，用于建筑供暖和生活洗浴用水的地热资源所占份额快速增加。经过近90年的发展，天津对盆地型地热资源的开发利用从浅到深、从无序到有序、从粗放到集约，逐渐形成了规模化、产业化，成为全国闻名的地热温泉之都。

（二）开发利用现状

1.隆起山地型地热资源

目前已知的四眼地热井，均位于蓟县山区盘山花岗岩附近。其中温度较低的民用灌溉机井，季节性开采，开采量不确定，地下水水位年变幅不大。两眼地热勘探井未进入实质性开发阶段，目前仅少量地热流体用于热带观赏鱼苗的孵化，采量很小。

2.沉积盆地型地热资源

经过近90年的发展，天津地热井数、开采回灌量、整体回灌率都呈总体增长的趋势。2013年纳入监测的地热井474眼，其中回灌井115眼，总开采量为$3706\times10^4m^3$，其中馆陶组和蓟县系雾迷山组是天津最主要的开采层位，分别占全年总开采总量的18%和56%；总回灌量为$1553\times10^4m^3$，总体回灌率41.91%。

据统计，目前天津市约有310个单位利用地热资源进行冬季供暖，全市地热供暖面积达$1953\times10^4m^2$，约占全市集中供暖总面积的6%，是我国利用地热资源供暖规模最大的城市，利用的地热流体量约占年度开采总量的81.66%；其次分别为生活用水（约16.61%）、洗浴用水（约1.35%）、农业用水（约0.17%）、生产矿泉水用水（约0.20%）（图3.6）。各热储层地热流体因水质和温度的差异，利用方向各有侧重。明化镇组地热流体主要用于种植、养殖、理疗、洗浴和居民生活用水及矿泉水开发；馆陶组地热流体主要用于供暖、种植、养殖、洗浴及生活用水；东营组主要用于供暖。奥陶系地热流体主要用于冬季供暖、洗浴、理疗；寒武系昌平组地热流体主要用于供暖和洗浴；蓟县系雾迷山组地热流体用途广泛，供暖、养殖、种植、居民生活用水和矿泉水开发等方面均有应用。

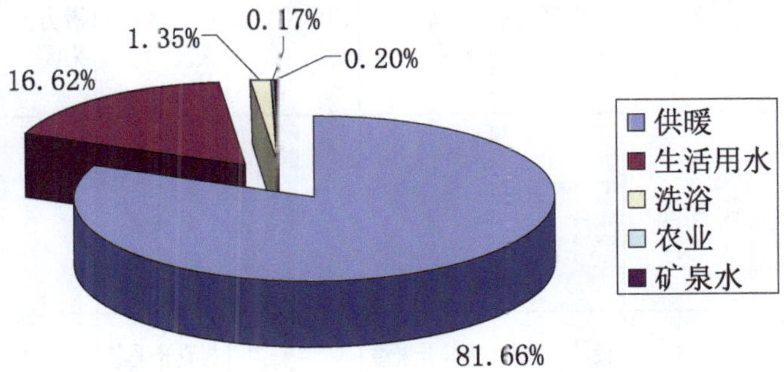

图 3.6　天津市地热资源利用方式比例构图

（三）开发利用潜力分析

1.隆起山地型地热资源

天津隆起山地型地热资源每年的可采量为$184.84\times10^4m^3/a$，目前基本上没有开发利用，所以其潜力基本为$184.84\times10^4m^3/a$。

2.沉积盆地型地热资源

根据各热储层地热流体热量开采系数（C_E值）、最大水位降速和地热流体热量潜力模数（M值）三个指标综合考虑，确定地热资源开发利用潜力，取指标中最不利者将其分为严重超采区、超采区、基本平衡区、具有一定开采潜力区、具有开采潜力区和极具开采潜力区六个区。比较三种潜力分析方法，主要以C_E值和水位降幅为评价依据，参考M值分级情况，对各构造单元的地热资源潜力进行评价。

综合评价结果（表3.4）显示：天津基岩裂隙型热储层普遍超采，中心城区的孔隙型热储层处于基本平衡区，其外围有较大的开采潜力。

表3.4　天津市沉积盆地型地热资源潜力各构造单元综合区划表

构造单元／热储层	武清凹陷	王草庄凸起	潘庄凸起	大城凸起	双窑凸起	白塘口凹陷	小韩庄凸起	宁河凸起	北塘凹陷	板桥凹陷
明化镇组	基本平衡区	基本平衡区	基本平衡-严重超采区	基本平衡-严重超采区	基本平衡-严重超采区	基本平衡区	基本平衡-超采区	基本平衡区	基本平衡-超采区	基本平衡区
馆陶组	极具开采潜力区-超采区	极具开采潜力-基本平衡区	超采区	极具开采潜力区-超采区	极具开采潜力区-超采区	超采区	超采区	极具开采潜力-基本平衡区	超采-严重超采区	极具开采潜力区-超采区
东营组	极具开采潜力区	X	X	X	X	X	X	极具开采潜力区	基本平衡区	极具开采潜力区
奥陶系	极具开采潜力区-具有一定开采潜力区	极具开采潜力区-具有一定开采潜力区	严重超采区	极具开采潜力区-具有一定开采潜力区	超采区	严重超采区	极具开采潜力区	X	X	X
寒武系	基本平衡区	基本平衡区	超采区	X	基本平衡区	超采区	极具开采潜力区	X	X	X
雾迷山组	严重超采区	基本平衡区	严重超采区	基本平衡区	严重超采区	严重超采区	超采区-严重超采区	X	X	X

第二节 温 泉

天津关于温泉的记载，最早见之于清朝时期出版的《畿辅通志》，其曰：“蓟县温泉，笄头山所出，浴之能治百病”。后被收录于由著名地质学家章鸿钊先生于1926年编著的《中国温泉辑要》中。但近年经过数次在北部的地热资源调查，尚未发现有温泉天然出露。

第三节 代表性地热井

TJJ001 和平1号地热井

位置：天津市和平区宝鸡道2号景阳里小区。

井深：863.8m。

孔径：152.4m。

井口温度：34℃。

热储层特征：天津第一眼地热井开凿于1936年，法国人黎桑（Emile Licent，1876～1952年，法国著名生物学家和地质学家）在当时的法租界老西开教堂附近（今天津市和平区宝鸡道2号景阳里小区）聘请英国竖井专家欧达雷和华籍专家李宝生指导开凿一眼深井（图3.7），以解决当地中外居民饮用水水质欠佳的问题。当时采用的钻机，是由美国制造的石油钻机，靠电力驱动。自1935年9月至1936年5月，历时9个月钻至2834英尺（863.8m）深，不期“发现自流井水”，“现在每小时，能自动流出6000加仑（约27m^3/h），若附用机械，每小时可出水20000加仑（约90m^3/h）；“水质莹洁，略温，味纯正”；出口温度34℃。欧达雷认为此井“在中

图3.7 老西开地热井成井时照片

国为最深之淡水井”，“此事之成功，引起各方之深切关注”，《大公报》都予以了报道。

水化学成分：1958年4月23日取样测试（表3.5）。

表3.5　和平1号地热井化学成分　　（单位：mg/L）

T_S/℃	pH	TDS	Na^+	K^+	Ca^{2+}	Mg^{2+}
34	8.3	551	na.	na.	21.12	0
Li	Cd	Sr	NH_4^+	CO_3^{2-}	HCO_3^-	SO_4^{2-}
na.	na.	na.	0.82	na.	414.8	423.74
Cl^-	F^-	CO_2	SiO_2	HBO_2	As	化学类型
67.06	4	na.	na.	na.	na.	HCO_3·SO_4–Na

开发利用：1972年左右停止自流，1992年左右因房地产开发而封闭填埋。

TJJ002 南开1号地热井

位置：天津市南开区科研东路5号新技术产业园区科研基地中心院内。

井深：2530.2m。

孔径：0.311m。

井口温度：62.5℃。

热储层特征：古生界奥陶系基岩裂隙型热储。岩性上部为褐灰色泥质灰岩夹灰、褐色石灰岩；下部为灰色石灰岩夹泥质灰岩。奥陶系顶板埋深2007m，揭露厚度523.2m，钻至2530.2m未穿。热储中部温度67℃，成井时流量160.67m^3/h，2014年供暖前水位埋深72.30m。

水化学成分：2014年1月21日取样测试（表3.6）。

表3.6　南开1号地热井化学成分　　（单位：mg/L）

T_S/℃	pH	TDS	Na^+	K^+	Ca^{2+}	Mg^{2+}
58	7.55	4608.7	816.8	41.6	455.1	95.8
Li	Cd	Sr	NH_4^+	CO_3^{2-}	HCO_3^-	SO_4^{2-}
2.917	<0.001	16.04	0.93	0	201.4	2153
Cl^-	F^-	CO_2	SiO_2	HBO_2	As	化学类型
811.8	3.86	15.4	33.2	24.06	<0.001	SO_4·Cl–Na

开发利用：主要用于供暖。

TJJ003 河东1号地热井

位置：天津市河东区卫国道189号地热院内。

井深：3403m。

孔径：0.152m。

井口温度： 82.7℃。

热储层特征： 热储层为蓟县系雾迷山组基岩裂隙型热储。岩性以灰白色白云岩为主，夹有泥质白云岩及少量燧石条带，该层裂隙发育。雾迷山组顶板埋深2693m，揭露厚度710m，钻至3403m未穿。热储中部温度为88℃，成井时流量为114.4m^3/h，2014年供暖前水位埋深为142.37m。

水化学成分： 2014年1月21日取样测试（表3.7）。

表3.7　河东1号地热井化学成分　（单位：mg/L）

T_s/℃	pH	TDS	Na^+	K^+	Ca^{2+}	Mg^{2+}
80	7.78	1827.8	457.2	72.1	38.2	17
Li	Cd	Sr	NH_4^+	CO_3^{2-}	HCO_3^-	SO_4^{2-}
4.144	<0.001	3.47	1	0	396.6	383.1
Cl^-	F^-	CO_2	SiO_2	HBO_2	As	化学类型
400.6	9.61	13.2	63	33.58	0.005	Cl·SO_4·HCO_3-Na

开发利用： 用于小区供暖。

TJJ004 河西1号地热井

位置： 天津市河西区大沽南路北侧复兴门。

井深： 2101.04m。

孔径： 0.152m。

井口温度： 78℃。

热储层特征： 古生界奥陶系基岩裂隙型热储。岩性为灰、灰白、灰褐色石灰岩，隐晶-微晶质结构、块状构造。奥陶系顶板埋深1736m，揭露厚度284m，钻至2101.4m未穿。裂隙率4.68%～11.23%，热储中部温度84℃，渗透率0.42～13.85mD，成井时静水位埋深86.05m、流量95.69m^3/h。

水化学成分： 2013年12月4日取样测试（表3.8）。

表3.8　河西1号地热井化学成分　（单位：mg/L）

T_s/℃	pH	TDS	Na^+	K^+	Ca^{2+}	Mg^{2+}
74	7.79	1723.1	458.9	37.9	35	7.6
Li	Cd	Sr	NH_4^+	CO_3^{2-}	HCO_3^-	SO_4^{2-}
1.830	<0.001	4.1	1.2	0	488.2	255.5
Cl^-	F^-	CO_2	SiO_2	HBO_2	As	化学类型
393.5	7.41	13.2	46.5	29.73	0.005	Cl·HCO_3-Na

开发利用： 用于小区供暖、生活用水。

TJJ005 河北1号地热井

位置： 天津市河北区杜鹃道嘉畅园。

井深： 1821.88m。

孔径： 0.2159m。

井口温度： 58℃。

热储层特征： 古生界奥陶系基岩裂隙型热储。岩性主要为呈浅灰、灰、灰黄、青灰色石灰岩；上部含海绿石，灰黄色条带，具有裂隙及白色方解石细脉，滴酸剧烈起泡。奥陶系顶板埋深为1245m，揭露厚度576.88m，钻至1821.88m未穿。裂隙率1.54%～8.08%，热储中部温度62℃，渗透率0.1～5.62mD，成井时静水位埋深80.3m、流量52.85m^3/h。

水化学成分： 2012年1月16日取样测试（表3.9）。

表3.9 河北1号地热井化学成分 （单位：mg/L）

T_s/℃	pH	TDS	Na^+	K^+	Ca^{2+}	Mg^{2+}
58	7.79	1677.4	472.9	7.6	30.1	17.1
Li	Cd	Sr	NH_4^+	CO_3^{2-}	HCO_3^-	SO_4^{2-}
na.	<0.001	na.	0.75	0	445.4	207.7
Cl^-	F^-	CO_2	SiO_2	HBO_2	As	化学类型
466.2	8.53	11	30.4	15.23	<0.001	Cl·HCO_3–Na

开发利用： 主要用于供暖。

TJJ006 东丽1号地热井

位置： 天津市东丽区华明新镇。

井深： 2538m。

孔径： 0.152m。

井口温度： 96.5℃。

热储层特征： 蓟县系雾迷山组基岩裂隙型热储。岩性以浅褐、灰白色白云岩为主，单层厚度大，质纯，坚硬性脆，滴酸起泡缓慢且微弱或不起泡，多处可见大量水蚀物，多呈碎片状，磨圆中等，偶见燧石。雾迷山组顶板埋深为1792m，揭露厚度746m，钻至2538m未穿。热储中部温度96.5℃，成井时静水位埋深57.74m、流量115.36m^3/h。

水化学成分： 2014年1月21日取样测试（表3.10）。

表3.10 东丽1号地热井化学成分 （单位：mg/L）

T_s/℃	pH	TDS	Na^+	K^+	Ca^{2+}	Mg^{2+}
90	7.92	1680.4	432.4	69.9	28.9	10.8
Li	Cd	Sr	NH_4^+	CO_3^{2-}	HCO_3^-	SO_4^{2-}
2.942	<0.001	2.68	0.76	0	393.6	304.6
Cl^-	F^-	CO_2	SiO_2	HBO_2	As	化学类型
368.7	9.61	6.6	71.5	32.86	0.004	Cl·HCO_3·SO_4–Na

开发利用：主要用于供暖。

TJJ007 北辰1号地热井

位置：天津市北辰科技园区。

井深：2358m。

孔径：0.2159m。

井口温度：61℃。

热储层特征：新近系馆陶组孔隙型热储。岩性上段为灰绿、灰白色粉细砂岩；中段为浅棕红色泥岩为主，夹灰绿、土黄色砂质泥岩；下段为灰白、灰褐色细砂岩，底部为砂砾岩。馆陶组顶板埋深1368m，揭露厚度222m，底板埋深1590m。孔隙度14.97%～32.90%，热储中部温度64℃，渗透率57.84～1241.10mD，2014年供暖前水位埋深85.25m、成井时流量为132.99m³/h。

水化学成分：2013年10月17日取样测试（表3.11）。

表3.11　北辰1号地热井化学成分　　（单位：mg/L）

T_s/℃	pH	TDS	Na^+	K^+	Ca^{2+}	Mg^{2+}
47	8.64	897.2	247.7	1.6	3.1	0.3
Li	Cd	Sr	NH_4^+	CO_3^{2-}	HCO_3^-	SO_4^{2-}
0.021	<0.001	<0.1	0.09	18	512.6	3.3
Cl^-	F^-	CO_2	SiO_2	HBO_2	As	化学类型
76.2	6.77	0	34.4	7.01	<0.001	HCO_3-Na

开发利用：开凿目的用于供暖、洗浴和生活热水，但目前该系统尚未启用。

TJJ008 西青1号地热井

位置：天津市解放南路与外环线交口。

井深：3501.18m。

孔径：0.2159m。

井口温度：96℃。

热储层特征：蓟县系雾迷山组基岩裂隙型热储。岩性以为浅棕红、白、灰白色白云岩为主，夹棕红色泥质白云岩、硅质白云岩，见脉状石英充填物，隐晶质结构，呈厚层状、巨厚层状，裂隙发育。雾迷山组顶板埋深2942m，揭露厚度559.18m，钻至3501.18m未穿。裂隙率为0.14%～7.45%，热储中部温度为102℃，渗透率为0.10～1.86mD。该井成井时静水位埋深106.72m、流量119.3m³/h。

水化学成分：2014年12月10日取样测试（表3.12）。

表3.12 西青1号地热井化学成分 （单位：mg/L）

T_s/℃	pH	TDS	Na^+	K^+	Ca^{2+}	Mg^{2+}
96	7.67	1857.5	489.1	77.2	35.5	9.5
Li	Cd	Sr	NH_4^+	CO_3^{2-}	HCO_3^-	SO_4^{2-}
4.548	<0.001	2.3	1.04	0	390.5	329.5
Cl^-	F^-	CO_2	SiO_2	HBO_2	As	化学类型
446.7	11.47	19.8	79.5	31.09	0.033	Cl·SO_4–Na

开发利用：目的用于供暖，目前尚未启用。

TJJ009 津南1号地热井

位置：天津市津南区小站镇。

井深：1656.35m。

孔径：0.2413m。

井口温度：59℃。

热储层特征：新近系馆陶组孔隙型热储。岩性上段为灰绿色粉砂岩，粉砂质泥岩，棕红、棕褐色泥岩，局部见灰白色粉砂岩；中段为深绿、棕红色泥岩，灰绿色粉细砂岩，含粒砂岩；下段为灰黑、深褐色砾岩，局部夹粗砂岩，砾石以燧石、石英为主，分选中等，磨圆好。馆陶组顶板埋深1224m，揭露厚度408m，底板埋深1635m。孔隙度23.55%～36.80%，热储中部温度61℃，渗透率266.60～1764.00mD。成井时静水位埋深80.7m、流量为80m^3/h。

水化学成分：2009年11月10日取样测试（表3.13）。

表3.13 津南1号地热井化学成分 （单位：mg/L）

T_s/℃	pH	TDS	Na^+	K^+	Ca^{2+}	Mg^{2+}
62	8.45	1938	567.1	9.3	21.2	4.2
Li	Cd	Sr	NH_4^+	CO_3^{2-}	HCO_3^-	SO_4^{2-}
na.	<0.001	na.	0.95	6	588.8	255.2
Cl^-	F^-	CO_2	SiO_2	HBO_2	As	化学类型
452	7.8	0	34.2	31.5	<0.001	Cl·HCO_3–Na

开发利用：主要用于温泉洗浴。

TJJ010 滨海1号地热井

位置：天津市滨海新区滨海新村院内。

井深：2020m。

孔径：0.3112m。

井口温度：64℃。

热储层特征：新近系馆陶组孔隙型热储。岩性上段主要以浅灰、灰黄色中粗砂岩和少量灰绿、灰白色粉细砂岩为主，局部砂岩泥质含量较高；中段以灰、灰绿色泥岩为主，质纯、细腻；下段主要以灰、浅黄、黄褐色砂岩为主，夹有少量杂色砂砾岩，多为棱角状，矿物成分以石英、燧石为主，含泥量较大。馆陶组顶板埋深1680m，揭露厚度314m，底板埋深1994m。孔隙度17.92%～23.91%、热储中部温度64℃、渗透率72.50～262.30mD、成井时流量112.8m^3/h，2014年供暖前水位埋深126.90m。

水化学成分：2010年9月28日取样测试（表3.14）。

表3.14　滨海1号地热井化学成分　　　　（单位：mg/L）

T_s/℃	pH	TDS	Na^+	K^+	Ca^{2+}	Mg^{2+}
64	8.25	1555.7	479.9	3.5	10.8	0.5
Li	Cd	Sr	NH_4^+	CO_3^{2-}	HCO_3^-	SO_4^{2-}
na.	<0.001	na.	0.2	0	442.4	244.2
Cl^-	F^-	CO_2	SiO_2	HBO_2	As	化学类型
335	6.51	2.2	39.4	23.82	<0.001	Cl·HCO_3–Na

开发利用：主要用于小区供暖、生活用水。

TJJ011 武清1号地热井

位置：天津市武清区杨村镇北运河西岸，杨村广厦小区内。

井深：2306.12m。

孔径：0.2445m。

井口温度：76℃。

热储层特征：新近系馆陶组孔隙型热储。岩性上段主要为灰、黄灰、灰绿色含砾粗砂岩、粉细砂岩与灰、灰绿、棕红色泥岩为不等厚互层；中段主要为棕红、棕色泥岩段，质纯较硬；下段主要为一砂砾岩段，砾径一般2～5mm，最大砾径20mm，分选性差，磨圆度中等。馆陶组顶板埋深为1766m，揭露厚度510m，底板埋深2276m。孔隙度22.50%～32.30%，热储中部温度78℃，渗透率219.00～949.40mD。成井时流量116.67m^3/h，2014年供暖前水位埋深125m。

水化学成分：2014年1月16日取样测试（表3.15）。

表3.15　武清1号地热井化学成分　　　　（单位：mg/L）

T_s/℃	pH	TDS	Na^+	K^+	Ca^{2+}	Mg^{2+}
75	8.47	923	246.2	3.1	3.6	0.4
Li	Cd	Sr	NH_4^+	CO_3^{2-}	HCO_3^-	SO_4^{2-}
0.056	<0.001	0.1	0.14	12	457.6	20.7
Cl^-	F^-	CO_2	SiO_2	HBO_2	As	化学类型
35.4	7.54	0	48.5	6.62	0.014	HCO_3–Na

开发利用： 主要用于供暖和生活用水。

TJJ012 宝坻1号地热井

位置： 天津市宝坻区里自沽农场。

井深： 2896.68m。

孔径： 0.152m。

井口温度： 100℃。

热储层特征： 蓟县系铁岭组基岩裂隙型热储。岩性主要为浅褐、灰白色石灰岩，浅褐、灰白色白云质灰岩和灰褐、浅褐色灰质白云岩，夹棕红、灰绿色泥岩薄层。铁岭组顶板埋深2643m，揭穿厚度253.68m，钻至2896.68m未穿。孔隙度3.11%～12.28%，热储中部温度104℃，渗透率0.31～32.37mD。成井时静水位埋深6.23m、流量155.25m³/h。

水化学成分： 2013年10月14日取样测试（表3.16）。

表3.16 宝坻1号地热井化学成分 （单位：mg/L）

T_s/℃	pH	TDS	Na^+	K^+	Ca^{2+}	Mg^{2+}
98	7.8	1048.2	209.7	54.4	32.9	6.3
Li	Cd	Sr	NH_4^+	CO_3^{2-}	HCO_3^-	SO_4^{2-}
1.086	<0.001	1.86	0.91	0	329.5	188.7
Cl^-	F^-	CO_2	SiO_2	HBO_2	As	化学类型
134.7	10	13.2	92	26.99	<0.001	HCO_3·SO_4·Cl-Na

开发利用： 主要用于供暖、农业种植养殖。

TJJ013 宁河1号地热井

位置： 天津市清河农场西区中国水城。

井深： 1915.55m。

孔径： 0.1778m。

井口温度： 63℃。

热储层特征： 新近系馆陶组孔隙型热储。岩性为上部以灰白、浅灰色粉砂岩为主，夹紫红色泥岩；中部为大段紫红色泥岩，间夹薄层浅灰色砂岩；下部以灰、灰绿色泥质砂岩，灰白色含砾粉砂岩为主，夹紫红色泥岩。馆陶组顶板埋深1500m，揭露厚度381m，底板埋深1881m。孔隙度9.24%～29.42%，热储中部温度65℃，渗透率9.52～764.83mD、成井时流量100.4m³/h，2014年供暖前水位埋深93.90m。

水化学成分： 2013年10月12日取样测试（表3.17）。

表3.17 宁河1号地热井化学成分 （单位：mg/L）

T_s/℃	pH	TDS	Na^+	K^+	Ca^{2+}	Mg^{2+}
51	8.65	834.4	235.5	1.1	3.1	0.2
Li	Cd	Sr	NH_4^+	CO_3^{2-}	HCO_3^-	SO_4^{2-}
0.048	<0.001	<0.1	0.28	18	445.4	55.4
Cl^-	F^-	CO_2	SiO_2	HBO_2	As	化学类型
44.3	4.7	0	31.4	3.66	0.002	HCO_3-Na

开发利用：主要用于供暖、温泉洗浴。

TJJ014 静海1号地热井

位置：天津市静海县唐官屯镇京福路169号内。

井深：2777.5m。

孔径：0.152m。

井口温度：84℃。

热储层特征：蓟县系雾迷山组裂隙型热储。岩性为灰、深灰色白云岩：色均，颜色自上而下为浅灰色至灰-深灰色，质纯，性硬脆，局部夹燧石条带，微晶-隐晶结构，瓷状断口，色浅者较色深者次生矿物发育，岩屑呈片状。雾迷山组顶板埋深2562m，揭露厚度215.5m，钻至2777.5m未穿。热储中部温度88℃，成井时流量100m^3/h，2014年供暖前水位埋深34.57m。

水化学成分：2014年1月9日取样测试（表3.18）。

表3.18 静海1号地热井化学成分 （单位：mg/L）

T_s/℃	pH	TDS	Na^+	K^+	Ca^{2+}	Mg^{2+}
84	7.47	5875.2	1519	89.5	346.2	84.8
Li	Cd	Sr	NH_4^+	CO_3^{2-}	HCO_3^-	SO_4^{2-}
7.722	<0.001	15.34	2.59	0	195.3	1383
Cl^-	F^-	CO_2	SiO_2	HBO_2	As	化学类型
2197.9	7.54	17.6	59.5	30.48	0.01	Cl·SO_4-Na

开发利用：主要用于供暖。

TJJ015 蓟县1号地热井

位置：蓟县居官屯村南。

井深：1203m。

孔径：0.133m。

井口温度：48℃。

热储层特征： 印支期花岗岩体（$\pi\eta o_5^1$）裂隙水。岩性为灰白色斑状石英二长岩，中、粗粒似斑状结构。斑晶含量约70%，粒经一般3～10mm，大者可达20mm；基质含量约30%，粒径一般为0.1～2mm。盘山岩体为一同源多期次侵入而形成的复合岩体，第三次的斑状石英二长岩是岩体的主体，出露面积最广。岩体顶板埋深61m，揭露热储厚度523m。裂隙率2.16%～6.74%，渗透率0.10～7.51mD。2012年9月成井时，自流量48m³/h，静水位高出地面12.9m，目前仍自流。

水化学成分： 2013年5月24日取样测试（表3.19）。

表3.19 蓟县1号地热井化学成分 （单位：mg/L）

T_s/℃	pH	TDS	Na^+	K^+	Ca^{2+}	Mg^{2+}
48	8.64	527.5	151	1.9	5.4	0.1
Li	Cd	Sr	NH_4^+	CO_3^{2-}	HCO_3^-	SO_4^{2-}
0.664	<0.001	0.49	<0.05	9	143.4	109.2
Cl^-	F^-	CO_2	SiO_2	HBO_2	As	化学类型
62	15.15	0	45.5	na.	<0.001	$HCO_3\cdot SO_4\cdot Cl$–Na

开发利用： 开凿目的用于温泉洗浴和疗养，目前尚未正式启用，仅有少量用于热带鱼苗的孵化。

第/四/章

河北省

第一节　地热资源及分布特征

一、地热资源形成特点及分布规律

河北省地热资源类型分为隆起山地型和沉积盆地型两大类。隆起山地型地热资源位于河北省北部和西部山区，大部以温泉出露于地表，部分以钻孔及水井中出现地下热水；沉积盆地型地热资源位于河北省平原区（华北平原），主要热储有新近系明化镇组热储、馆陶组热储和古生界、中—新元古界基岩热储，以钻孔及水井中出现地下热水为其特征（图4.1～图4. 3）。

（一）隆起山地型地热资源

河北省山区地热资源较为丰富，山区共发现温泉、地热异常区或地热田42处，其中基岩山区30处，山间盆地六处，山前地带五处。按《地热资源地质勘查规范》（GB 11615—2010）地热资源温度分级标准，属于中温地热资源（90～150℃）的两处，分别为承德市七家温泉和大店枫水湾；属于低温地热资源（25～90℃）的40处，其中，热水（60～90℃）八处，温热水（40～60℃）15处，温水（25～40℃）13处。涿鹿县温泉屯温泉已经干涸，朱庄温泉已经被水库淹没，涿鹿汤应寺温泉属军事禁地，没有实测，卢龙桃园已经填死。

为了更详细地反映山区热储的埋藏条件与热储特征，将山区热储层划分为断裂带开放型热储层、断裂带半圈闭型热储层和碳酸盐岩圈闭型热储层三类。

1.断裂带开放型热储层

主要分布在基岩山区及沟谷地带。热储层多为片麻岩、岩浆岩的断裂带及裂隙发育带，断裂带或裂隙发育带既是地下热水的赋存空间，又是地下热水的导水通道，呈脉状或带状分布，一般无弱透水层掩盖，地下热水主要通过深部断裂循环而上涌出地表，为开放型热储。该类型热储是山区常见的热储类型，其温泉和地热异常区数量为29处，占山区温泉和地热异常区总数量的69％，呈单泉或泉群分布。热水温度28～98℃，温泉流量相差悬殊，最小流量0.23m^3/h，最大流量37.5m^3/h。具有代表性的温泉有赤城汤泉、塘子庙温泉、遵化汤泉。

2.断裂带半圈闭型热储

主要分布在山间盆地及部分山前地带。热储层多为片麻岩、岩浆岩的断裂带及裂隙发育带，呈脉状或带状分布，地下热水主要通过深部断裂循环而上赋存在断裂带及裂隙发育带中。基岩热储层上

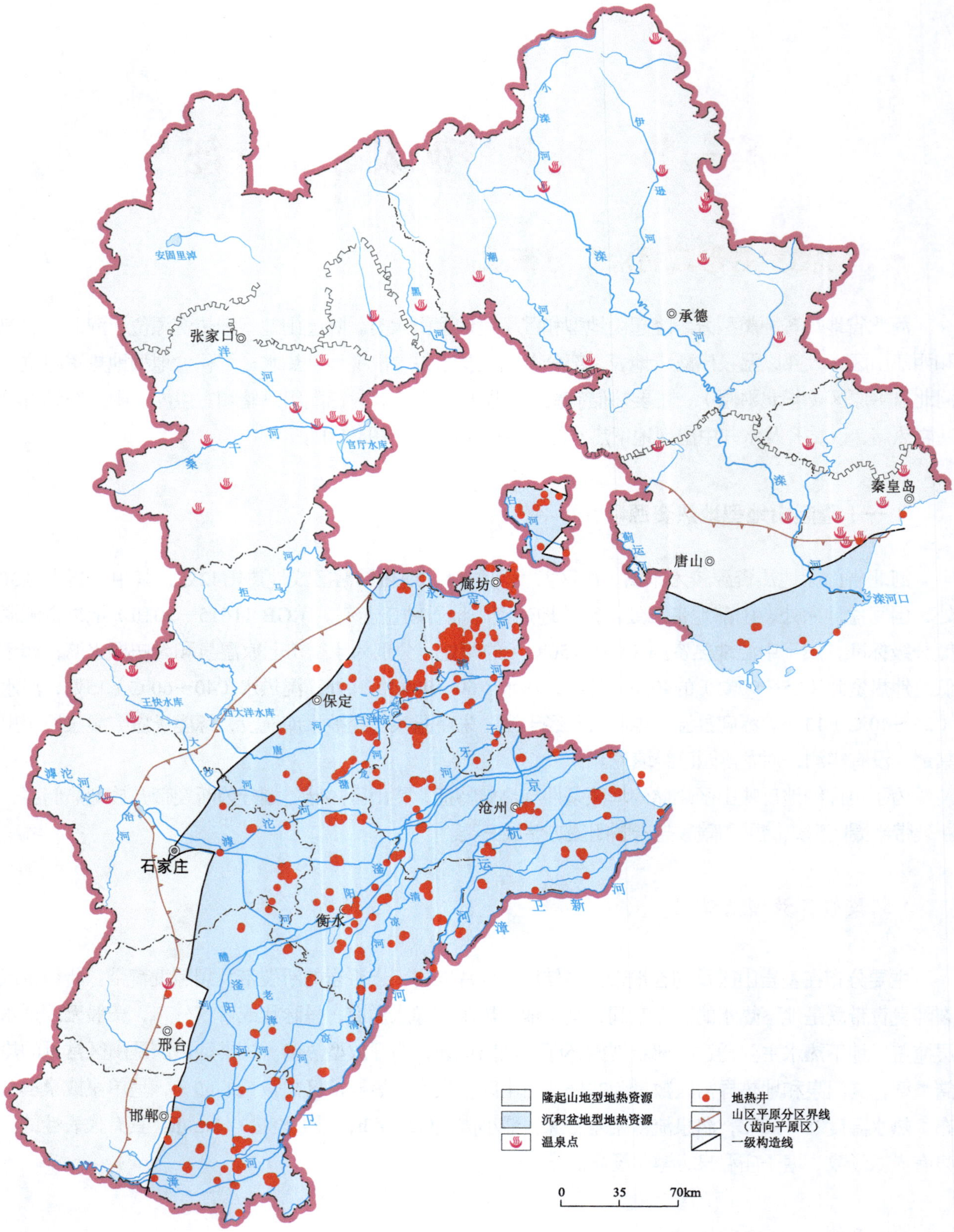

图 4.1　河北省地热资源类型分区图

部被一定厚度的第四系掩盖，第四系构成基岩热储的盖层，对基岩热水起到积热和保温的作用，同时第四系砂砾石层中地下水受基岩热水热传导影响，水温升高，形成第四系热储层，第四系热异常区呈片状或椭圆状，其长轴方向与深部断裂延伸方向一致。由于热储-盖层厚度较小，其保温隔热作用有限，将此种结构类型的热储称之为半圈闭型热储。其温泉和地热异常区数量为九处，占山区温泉和地热异常区总数量的20%。具有代表性的地热田为怀来后郝窑地热田、怀来五营梁地热田、昌黎晒甲坨地热田、滦县安各庄地热异常区等。

3.碳酸盐岩圈闭型热储层

主要分布在山间盆地和邯郸-邢台山前丘陵地区。新生界沉积层或中生界、古生界非可溶岩地层覆盖于深部碳酸盐岩地层之上，厚度数百米，构成热储-盖层。受深部热源影响，碳酸盐岩地层成为热储层。由于盆地规模狭小，盆地地下水处于积极交替循环之中，为低温地下水流所控制，热水水温一般较低（低于45℃）。碳酸盐岩地层厚度较大，岩溶裂隙较发育，涌水量较大。现已发现的地热田或地热异常区四处，代表性的是蔚县卜南堡地热异常区、阳原三马坊乡澡洗塘地热田和内丘东庞新村地热异常区。

（二）沉积盆地型地热资源

沉积盆地型地热资源主要分布在中朝准地台之华北断拗构造单元，赋存于古近系、新近系砂岩和古生界及中—新元古界的古潜山碳酸盐岩储水层中。主要热储层有新近系明化镇组热储层、馆陶组热储层和古生界、中—新元古界基岩热储层，由于均有厚度巨大的沉积层掩盖，属于圈闭型热储层。古近系在河北省内为一套湖相沉积的砂岩泥岩生油-含油地层，埋藏深度一般在1500～2000m以上，渗透性较差，地下水矿化度高（上部一般5～10g/L，下部一般10～30g/L），单井涌水量一般小于$50m^3/d$，不具备单独成井条件。

1.明化镇组热储层

盖层为第四系，第四系厚度一般350～500m，具有良好的保温隔热作用。明化镇组热储层，除山前一带温度较低（低于25℃的地热温度下限）不构成热储层外，其他平原区广泛分布。受基底构造影响，厚度变化较大，在冀中台陷地层厚度大部为500～1100m，在霸州市最厚可达1600m；在黄骅台陷厚度为600～1200m。底界埋深一般在1200～1400m，最深处可达1800～2000m，如深州、饶阳、霸州等地，而在平原南部的临清台陷，其底界埋深一般较浅，为1000m左右。明化镇组地层岩性以河流-浅湖相砂岩、泥岩互层为主。热储层由中细砂岩与含砾砂岩构成，一般单层厚度1～5m，最厚可达数十米，砂层占地层厚度比例一般在30%左右，有效孔隙度为23%～31%。单井涌水量一般1000～1500m^3/d，热水温度35～50℃，最高可达60℃，属于承压水；高温区主要分布在献县、肃宁、任丘、雄县、牛驼镇等地；地下热水水位埋深一般在30～50m。

2.馆陶组热储层

一般分布在河北平原的断陷部位，厚度200～900m，而在断凸部位大多缺失或厚度较薄，如雄县、固安、廊坊及沧县台拱的献县和大成一带缺失馆陶组。馆陶组热储底界埋深大部地区在1400～1600m，埋藏最深的地区为饶阳、霸州、深州等地，埋深达到2200～2400m。馆陶组岩性颗粒较粗，为河流-浅湖相含砾砂岩，底部普遍发育一层砾岩，该层底砾岩是馆陶组底部的标志层。馆陶组热储层单层厚度为3～13m，砂岩占地层厚度比例为40%～50%（黄骅台陷北部地区可达60%）。有效孔隙度为24%～33%。地热单井涌水量在平原区西部山前地区和沧州市附近小于1000m³/d，中东部地区一般大于1000m³/d，部分地区单井涌水量大于2000m³/d，单井涌水量较大的地区主要分布在辛集、南宫、清河以东至故城和黄骅以北等地。热水温度56～85℃，热水温度较高区主要分布在肃宁、安平、深州、任丘等地。第四系及新近系明化镇组构成馆陶组热储的盖层。

3.古生界热储层

1）奥陶系热储层

由奥陶系中统峰峰组、磁县组与马家沟组和奥陶系下统亮甲山组及冶里组碳酸盐岩构成，厚度600～800m，在构造高部位因剥蚀而缺失。主要分布于沧县台拱部分地区和冀中台陷的牛驼镇，临清台陷的宁晋以及黄骅台陷的黑龙村孔店等地。热储岩溶发育程度因其顶面盖层不同而有较大差异，古近系直接覆盖区比有石炭-二叠系覆盖区的裂隙岩溶率高。奥陶系热储层平均有效孔隙度为3%～4%，储层厚度占地层厚度的比例为20%左右，单井涌水量150～1500m³/d，水温可达34～73℃。该热储层是本区富水性较好的热储之一。

2）寒武系热储层

由寒武系上统凤山组及寒武系下统府君山组碳酸盐岩地层构成，主要分布于冀中台陷的霸县、临清台陷的宁晋和黄骅台陷的马头营台凸。属于岩溶裂隙型热储层，储层厚度占地层厚度的10%左右，平均有效孔隙度为3%～6%，井口水温70～78℃。

4.中上元古界热储层

1）蓟县系雾迷山组热储层

本组是一套浅海相沉积，岩性为白云岩、中部夹泥质白云岩，总厚度300～1000m以上，主要分布在牛驼镇断凸、沧县台拱、宁晋断凸一带，埋深800～2000m，高阳台凸埋深3000m左右。本热储大部分地区直接被古近系、新近系所覆盖，经历了漫长的地质时期剥蚀风化和淋滤作用，风化壳厚度较大，一般为20～30m，大者70m，岩溶裂隙发育，连通性好，热储层厚度占地层厚度的25%～64.2%，热储层平均有效孔隙度3%～6%。单井涌水量400～1500m³/d，井口水温达到60～80℃，最高可达104℃。该热储层是本区最好的基岩热储层。

2）长城系高于庄组热储层

主要分布于牛驼镇、河间等地，厚度420～980m，岩性为灰色白云岩、角砾岩、泥质白云岩，单井涌水量400～1500m^3/d，井口水温达到50～80℃。长城系下部的常州沟组砂岩也构成热水储层，衡水市衡热5井钻遇此层，单井涌水量84m^3/h，井口水温64℃。

二、地热资源量

（一）隆起山地型地热资源评价

隆起山地型地热流体储存量为$6.464\times10^8m^3$，地热流体资源量为$197.347\times10^{16}J$；地热流体可开采量为$1.13\times10^7m^3/a$，地热流体可开采热量为$1.956\times10^{12}kJ/a$，相当于标准煤$6.673\times10^4t/a$。

（二）沉积盆地型地热资源评价

首次将平原区地热资源分为四个热储层，并分别采用开采系数法、解析法以及回灌条件三种方法进行了可采量的计算。

河北省沉积盆地型地热资源量为$305408.9\times10^{16}J$，折合标准煤1042.351×10^8t；河北平原地热水储存量$55762.90\times10^8m^3$，其中明化镇热储的地下水储存量为$33818.26\times10^8m^3$，馆陶组热储的地下水储存量为$187699.1\times10^8m^3$，古生界（寒武-奥陶系）热储的地下水储存量为$1247.48\times10^8m^3$，中—新元古界（蓟县-长城系）热储的地下水储存量为$1927.314\times10^8m^3$。

开采系数法计算，地热水可开采量为$1736.398\times10^8m^3$，地热水可开采热量为$2425.421\times10^{16}J$；其中明化镇组的可采量为$1014.556\times10^8m^3$，馆陶组的可采量为$563.266\times10^8m^3$，古生界（寒武-奥陶系）热储的可采量为$62.379\times10^8m^3$，中—新元古界（蓟县-长城系）热储的可采量为$96.37\times10^8m^3$。

最大降深法（解析法）计算地热流体可采量，100年地热水可开采量为$7365.274\times10^8m^3$其中明化镇组的可采量为$4820.480\times10^8m^3$，馆陶组的可采量为$2253.05\times10^8m^3$，古生界（寒武-奥陶系）热储的可采量为$186.54\times10^8m^3$，中—新元古界（蓟县-长城系）热储的可采量为$105.204\times10^8m^3$。

考虑回灌条件计算，100年内地热水可开采量为$26306.72\times10^8m^3$，地热水可开采热量为$46310.85\times10^{16}J$，其中明化镇组的可采量为$11118.13\times10^8m^3$，馆陶组的可采量为$6184.140\times10^8m^3$，古生界（寒武-奥陶系）热储的可采量为$3743.687\times10^8m^3$，中—新元古界（蓟县-长城系）热储的可采量为$5260.762\times10^8m^3$。

1）按照构造单元进行统计

冀中台陷区：地热资源量为$126680\times10^{16}J$。地热水储存量为$23787.14\times10^8m^3$。沧县台拱区：地热储量为$51541.61\times10^{16}J$。地热水储存量为$4953.097\times10^8m^3$。黄骅台陷区：地热储量为$35971.25\times10^{16}J$。地热水储存量为$6630.627\times10^8m^3$。埕宁台拱区：地热储量为$8425.054\times10^{16}J$。地热水储存量为$867.579\times10^8m^3$。临清台陷区：地热储量为$80551.71\times10^{16}J$。地热水储存量为$18664.44\times10^8m^3$。内黄台拱区：地热储量为$2148.06\times10^{16}J$。地热水储存量为$865.596\times10^8m^3$。

2）按照热储温度进行统计

按照地热资源温度进行统计，25～40℃的地热资源量为$4.51\times10^{17}kJ$，折合标准煤$1.54\times10^{10}t$；地热流体储存量为$2.22\times10^{12}m^3$；地热流体可采量为$6.66\times10^8m^3/a$，可开采热量为$5.66\times10^{13}kJ/a$，折合标准煤$1.93\times10^6t/a$；考虑回灌条件下地热流体可开采量为$7.65\times10^9m^3/a$，可开采热量为$6.47\times10^{14}kJ/a$，

折合标准煤2.21×10^{7}t/a。40～60℃的地热资源量为9.65×10^{17}kJ，折合标准煤3.29×10^{10}t；地热流体储存量为$2.66\times10^{12}m^{3}$；地热流体可采量为$8.06\times10^{8}m^{3}/a$，可开采热量为1.14×10^{14}kJ/a，折合标准煤3.88×10^{6}t/a；考虑回灌条件下地热流体可开采量为$9.40\times10^{9}m^{3}/a$，可开采热量为1.34×10^{15}kJ/a，折合标准煤4.59×10^{7}t/a。60～90℃的地热资源量为8.56×10^{17}kJ，折合标准煤2.92×10^{10}t；地热流体储存量为$5.53\times10^{11}m^{3}$；地热流体可采量为$1.93\times10^{8}m^{3}/a$，可开采热量为4.73×10^{13}kJ/a，折合标准煤1.62×10^{6}t/a；考虑回灌条件下地热流体可开采量为$5.53\times10^{9}m^{3}/a$，可开采热量为1.36×10^{15}kJ/a，折合标准煤4.66×10^{7}t/a。90～150℃的地热资源量为7.82×10^{17}kJ，折合标准煤2.67×10^{10}t；地热流体储存量为$1.43\times10^{11}m^{3}$；地热流体可采量为$7.14\times10^{7}m^{3}/a$，可开采热量为2.48×10^{13}kJ/a，折合标准煤8.48×10^{5}t/a；考虑回灌条件下地热流体可开采量为$3.73\times10^{9}m^{3}/a$，可开采热量为1.27×10^{15}kJ/a，折合标准煤4.35×10^{7}t/a。

三、地热流体地球化学特征

（一）隆起山地型地热资源

河北省山区热储层多为太古宇片麻岩及中元古界白云岩，其化学成分比较单一，地热水一般无色、透明，水温30～90℃，大部分地区矿化度小于1g/L，个别地热点矿化度大于1g/L，集中分布在秦皇岛市，为3.1484～9.75671g/L。总硬度各地区差异比较大，位于秦皇岛市昌黎总硬度为1952mg/L，保定市阜平县城南庄为8mg/L。pH 7.54～9.97，水化学类型以SO_4-Na、Cl-Na、SO_4·Cl-Na型水为主，局部为HCO_3·SO_4-Na、Cl-Na·Ca、SO_4·CO_3·Cl-Na、HCO_3-Ca·Mg型水，属低矿化度的淡水或微咸水，硬度较小为软水-微硬水，多数为中性水，部分为弱碱性水。其总的特点是含氟量较高，一般为0.7～10mg/L，承德市大部分地热点氟含量都大于10mg/L，最高承德市围场县热水汤村可达25.32mg/L，张家口地区地热点氟含量较其他地区都较低，一般为0.7～3.04mg/L。

生活饮用水评价：山区地下热水的氟含量一般大于1.0mg/L，不能作为生活饮用水利用。除了氟以外，超标项目还有硫酸盐、pH、溶解性总固体和总硬度超标。河北省承德市滦平县巴克什营镇缸房村的太子泉、张家口蔚县盆地的碳酸盐岩圈闭型热储热水达到生活饮用水标准。

饮用天然矿泉水评价：山区地下热水的氟含量一般大于2.0mg/L，不能作为饮用天然矿泉水开发利用。河北省承德市滦平县巴克什营镇缸房村的太子泉、张家口蔚县盆地的碳酸盐岩圈闭型热储热水可作为饮用天然矿泉水开发利用。

理疗热矿水水质评价：山区温泉和地热井水质均达到理疗热矿水标准。除了蔚县-阳原盆地碳酸盐岩圈闭型热储热水的氟和偏硅酸含量均较低，如阳原县三马坊氟含量为1.26mg/L，达到医疗价值浓度；蔚县南洗冀的氟含量为0.7mg/L，未达到理疗热矿水标准；其他地热流体的氟含量均大于2mg/L，达到氟水命名浓度。大部分水质达到硅水命名浓度，部分达到锶水、硼水命名浓度，如秦皇岛市肖营镇汤杖子泉的偏硅酸含量分别为68.88mg/L和85.46mg/L，均达到硅水命名浓度；遵化汤泉乡果庄子泉为氟水-硅水-硼水。

渔业水质评价：山区地下热水一般氟含量大于1.0mg/L，部分热水的pH、硼、锌、含盐量的含量较高，不能直接用于水产养殖。太子泉的氟含量为0.93mg/L、蔚县南洗冀氟含量为0.7mg/L，水质符合标准，可用于水产养殖。

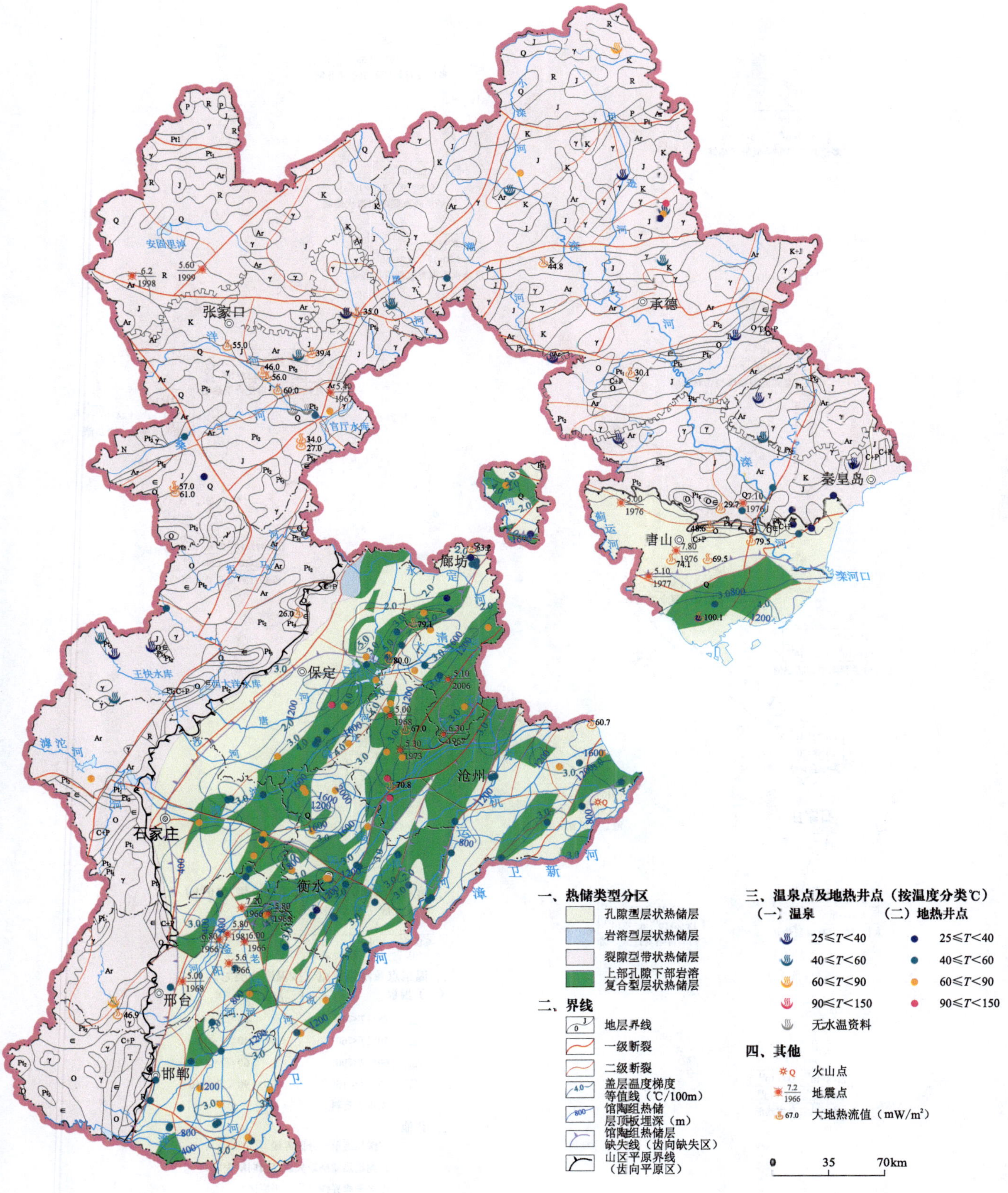

图 4.2 河北省地热地质图

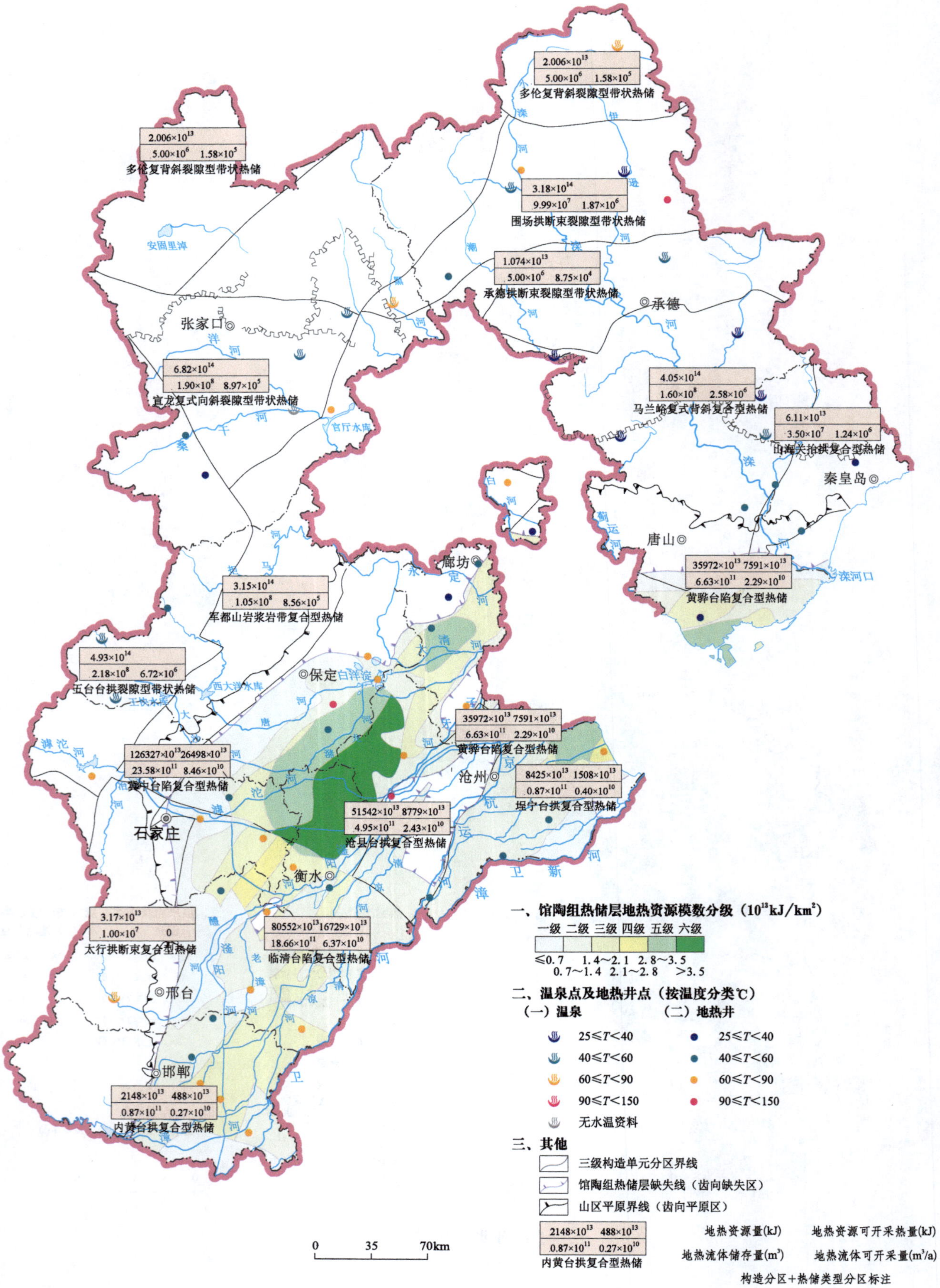

图 4.3 河北省地热资源分布图

农田灌溉水质评价：山区地下热水的氟含量一般大于3.0mg/L，pH一般大于8.5，水温一般大于35℃，不能作为农田灌溉水使用。滦平太子泉、蔚县南洗冀、承德市平泉县党坝镇南杖子热水水质符合农田灌溉水质标准，可作为农田灌溉用水开发利用。

地热水的腐蚀、结垢评价：山区秦皇岛市、唐山市、张家口市、承德市、保定市、石家庄市的地下热水大部分为非腐蚀性水或半腐蚀性水；秦皇岛的抚宁大泥河热水为腐蚀性水。山区热水均不产生碳酸钙垢。

（二）沉积盆地型地热资源

平原区水化学的基本特征、地下热水的同位素特征，可以反映地下热水的补给条件。从区域地球化学特征来看，本区地下热水总的径流方向是由西向东、由北向南两个径流方向，但由于各构造单元所处的地质构造和水文地质条件的不同，所反映的地下热水与总体方向略有差异。

河北省平原区地下热水水化学特征明显受补给、径流、排泄条件及地质构造的控制，从山前平原至中部平原、滨海平原，由新近系热储到深部基岩热储，水化学类型由HCO_3–Na型、HCO_3·Cl–Na型，逐渐过渡为Cl·HCO_3–Na型，最终到排泄区或封闭状态下变为Cl–Na型；矿化度从浅到深由小于3g/L增高到大于10g/L。

地下热水的补给来源主要为西部太行山、北部燕山基岩裸露区大气降水渗入，在静水压力作用下，向东、向南缓慢运移。各热储含水层之间都埋藏着较稳定的泥岩、页岩隔水层，水质动态基本稳定，热储层之间没有明显的水力联系。地下热水的排泄方式以人工开采为主，侧向径流为辅。

1.明化镇组热储层

在河北省平原区内广泛分布，含水层以河流相的中、细砂岩和砂砾岩沉积为主，为半开启的封闭环境，地热水为低温承压水。广泛接受现代降水和古降水的淋滤，地下水交替强烈，因此赋存其中的地热水为低温承压水，霸州–廊坊一带地热水矿化度小于1g/L，河北平原区除霸州–廊坊一带的其他地区矿化度基本在1.0～4.0g/L，水化学类型为HCO_3–Na型水。沧州黄骅–盐山–泊头–献县一带和邢台新河地区主要以Cl–Na型水为主，矿化度大于1.5g/L，其中沧州市盐山地区附近矿化度大于7g/L，如JHE37矿化度为7.5115g/L。个别地区水化学类型为HCO_3·Cl–Na型和Cl·HCO_3–Na型水，pH大部分在7.22～8.98，呈弱碱性。

地热水质量分级呈由西向东逐渐变差的趋势，其中廊坊市爱德堡医院地热流体质量评价等级为良好，其他大部分为较差。海兴滨海怡城小区的地热流体质量评价等级为极差，主要体现在矿化度、硬度、硫酸盐、氯化物的含量超标。

生活饮用水评价：除廊坊市爱德堡医院井达到生活饮用水标准外，其他不适宜作为生活饮用水，大部分地热水主要为F略有超标，另外还有部分溶解性总固体、pH、氯化物等超标。

饮用天然矿泉水评价：蠡县超越浴都和飞鸿浴业、廊坊市区的汇源名居小区和爱德堡医院、临西的国泰温泉城、冀州的温泉宾馆、辛集的鑫苑小区达到饮用矿泉水标准，其他均不适宜作为天然饮用矿泉水。

理疗热矿水水质评价：均达到理疗矿泉水有价值浓度标准。

渔业水质评价：除廊坊市的爱德堡医院井降温后可适宜渔业养殖，其他均不适宜渔业养殖。

农田灌溉水质评价：曹妃甸湿地会所地热井适宜农田灌溉、廊坊市爱德堡医院降温后可适宜农田灌溉，其他地热井大部分因为pH、F超标，部分为氯化物、B超标而不适宜农田灌溉。

地热水的腐蚀、结垢评价：大部分为非腐蚀性水且不产生碳酸钙垢。

2.馆陶组热储层

岩性以河流相的粉细砂岩、砂砾岩为主，为半封闭的水文地质环境，馆陶组热储除在牛驼镇断凸、大城断凸、沧县台拱及埕宁台拱部分缺失外，其余地区均有分布。其水化学类型以$Cl·HCO_3$-Na和Cl-Na型为主；$Cl·SO_4$-Na型和HCO_3-Na型水在邯郸市、广平、曲周以及唐山南部地区；河北平原南部的邯郸市出现$Cl·SO_4$-Na型和$HCO_3·Cl·SO_4$-Na型。霸州—雄县—高阳—肃宁—辛集—大名一线西部地区以及唐山地区矿化度小于2g/L，如JHE118为1.021g/L；其他大部分地区矿化度在2～6g/L，分布广泛；衡水—枣强—南宫一线地区矿化度比较高为6～9g/L，如JHE82为6.5237g/L。pH为7.1～8.75，呈弱碱性。

馆陶组热储层地热水质量分布规律：地热水质量分级呈由西北向东南逐渐变差的趋势，其中无极人和医院地热流体质量等级为良好，沧州、衡水的大部分以及邯郸市区周边地热流体质量等级为极差，主要体现在溶解性总固体、氯化物等超标。

生活饮用水评价：除了无极县人和医院地热井外均不适宜作为生活饮用水。

饮用天然矿泉水评价：无极县人和医院和迎宾小区、任丘的梅苑小区、邯郸溢淼生态农业、魏县紫荆花园、安平金水湾小区达到饮用天然矿泉水标准。达标项主要为偏硅酸、溶解性总固体、溴化物、碘化物、锶、锂等。其余地热井大部分为氟化物超标，少量B、Sr、混浊度超标，不适宜作为饮用天然矿泉水。

理疗热矿水水质评价：均达到理疗矿泉水有价值浓度标准。

3.古生界（寒武-奥陶系）热储层

寒武-奥陶系热储层主要分布在邢台市—广宗—南宫—辛集—晋州一线地区、唐海地区、廊坊大城县以及沧州黄骅市南皮县地区。矿化度为1～13g/L，如JHE119矿化度为12.4781g/L、JHE117矿化度为1.0865g/L、JHE106矿化度为7.7055g/L。水化学类型大部分为Cl-Na型水，局部有SO_4-Ca型、$Cl·HCO_3$-Na型水、SO_4-Na型水。仅邢台地区如JHE124井为SO_4-Ca型水，晋州地区水化学类型为$Cl·HCO_3$-Na型水，唐山市唐海地区为SO_4-Na型水。

古生界（寒武-奥陶系）热储层地热水质量分布规律：辛集、黄骅、南皮、宁晋和广宗的地热流体检测分析结果为极差，主要为溶解性总固体、氯化物以及挥发性酚超标所致；永清的地热流体质量评价等级为较差，主要体现在溶解性总固体、氯化物的含量超标。

生活饮用水评价：基岩热储均不适宜作为生活饮用水，主要超标项目为氯化物、溶解性总固体、氟化物，部分地热井为锰、铁、总硬度、挥发性酚等超标。

饮用天然矿泉水评价：唐海冀东油田物业公司井锶、偏硅酸含量达到饮用天然矿泉水标准，其他区域大部分为氟化物超标，部分为Ba、Sr、亚硝酸盐超标，不适宜作为饮用天然矿泉水。

理疗热矿水水质评价：均达到理疗矿泉水有价值浓度标准。

4.中—新元古界（蓟县–长城系）热储层

蓟县系雾迷山组热储层：在凸起区，基岩埋藏浅，易接受降水补给，矿化度较低，凹陷区基岩埋藏深，矿化度较高。在山前平原涿州及廊坊大厂夏垫镇一带矿化度最低，矿化度小于1g/L，水化学类型为HCO_3–Na型水、HCO_3–Na·Mg型水。容城—雄县—高阳—马村—献县一线地区矿化度在2～9g/L，水化学类型为Cl–Na型水。其中JHE49矿化度为8.0475g/L，水化学类型为Cl–Na型水。长城系热储主要分布于牛驼镇、河间、衡水等地，矿化度一般较大，水化学类型为Cl–Na型水。

中—新元古界（蓟县–长城系）热储层地热水质量分布规律：除了大厂区域地热流体检测质量分析结果为较差外，其他均为极差，主要体现在溶解性总固体、氯化物、硫酸盐以及挥发性酚的含量超标。

生活饮用水评价：均不适宜作为生活饮用水，主要超标项目为氯化物、溶解性总固体、氟化物，部分地热井为锰、铁、总硬度、挥发性酚等超标。

饮用天然矿泉水评价：氟化物超标，部分为Ba、Sr、亚硝酸盐超标，不适宜作为饮用天然矿泉水。

理疗热矿水水质评价：均达到理疗矿泉水有价值浓度标准。

四、地热资源开发利用历史及现状

河北省山区温泉由于有显著的理疗保健价值，开发利用历史悠久。早在2000年之前，人们就利用温泉洗浴和治疗疾病。如遵化市汤泉，春秋时代有“徐元城东有温泉，水出北蹊”之说；唐贞观二年（公元628年）在此建“福泉寺”和“福泉公馆”；宋辽时期，建肖太后梳妆楼。据“直隶遵化州志”和“蓟门温泉记”记载，明万历五年，有“官民异区、男女异域、风湿、寒痞胀之疾，坐汤半日可立疗焉……”记载。围场山湾子温泉，清朝皇帝率人到围场狩猎时，即利用热水汤泉洗浴。新中国成立后，山区诸多温泉建立了疗养院。改革开放后，随着人们对地热资源的认识不断增强，需求也不断增大，山区地热利用发展迅速，已逐步形成了涵盖旅游、疗养、洗浴、供暖、养殖、种植等多种方式的综合利用格局。部分温泉已成为了著名的特色旅游景点，每年吸引大量的省内外游客观光、旅游、疗养。山区温泉资源的开发为当地带来了一条致富之路，取得了良好的经济效益和社会效益。山区有小规模地热田或地热点42处，包括温泉52眼（目前利用46眼），水温28.0～98.0℃，地热井75眼（目前利用47眼），水温33.0～98.0℃，年开采量为$807\times10^4m^3$，主要利用形式为疗养、洗浴、供暖、种植、养殖等。现疗养洗浴人数约326.72×10^4人/a，供暖面积为68390m^2，养殖面积为1340.79亩，种植面积为5730亩。

河北省平原区地热开发利用从20世纪80年代起，随着新能源利用技术的推广、常规能源的紧张，地热能作为新能源的主要成员，显现出较好的社会效益和经济效益，同时随着水文地质、地热普查钻孔和石油勘探废弃井的增多，地热资源的研究程度不断提高，地方利用地热资源的积极性也不断高涨，平原区成为地热资源利用的主要地区。

截至2013年，全省平原区共有地热井939眼，其中已开发利用地热井521眼，年开采量$10935.39\times10^4m^3$，主要利用项目为供暖、洗浴、种植、养殖、康乐等。据统计，平原区供暖面积为$2123.814\times10^4m^2$，洗浴人数为639.45×10^4人/a，养殖面积为2217.7亩，种植面积为1950.3亩。另据石油部门资料，目前河北平原区尚有1000多眼列入报废井的石油探井、不准备再利用的油井和注水井可作为地热井开发利用。

第二节 温 泉

河北省山区有42处52个温泉，许多温泉具有悠久的开发历史和浓郁的文化底蕴，如遵化汤泉在2000年之前春秋时代就已发现和利用，有“徐元城东有温泉，水出北蹊”之说；唐贞观二年（公元628年）被唐太宗李世民赐名为“福泉”，在此建“福泉寺”和“福泉公馆”；明万历五年，有“官民异区、男女异域、风湿、寒痞胀之疾，坐汤半日可立疗焉……”记载。赤城汤泉在北魏郦道元《水经注》中记载：赤城的“温汤疗治百病”；隋唐时在温泉旁修辟道场，辽金时期亭榭不乏，元朝遭战争破坏，明宣德五年建瑞云禅寺，明万历六年直隶监察御史黄应苏立“关外第一泉”石碑；明、清及近代均有历史遗迹。平山温塘在隋朝时期已被开发利用，《平山县志》中有“望之黝黑，掬之洁白，浴之可以疗皮肤癣疥之疾”的记载。

历史上对地热资源利用主要是利用地热水的天然露头——温泉的直接利用，不进行地热资源的勘探、开采，利用方式也仅局限于洗浴，部分水质好的温泉也零星饮用。

改革开放后，随着人们对地热资源的认识不断增强，需求也不断增大，山区地热利用发展迅速，建立了诸多温泉疗养院，并大力发展旅游观光、休闲度假、医疗保健、疗养等综合开发项目，已逐步形成了涵盖旅游、疗养、洗浴、供暖、养殖、种植等多种方式的综合利用格局。部分温泉已成为了著名的特色旅游景点，每年吸引大量的省内外游客观光、旅游、疗养。

HEBQ001 遵化汤泉

位置：河北省唐山市遵化市汤泉满族乡果庄子（唐山总工会工人疗养院院内）。

概况：遵化汤泉位于华北地台燕山沉降带马兰峪背斜轴部偏南，马兰峪山字形的脊柱部位，温泉区出露的地层主要为新生界第四系沉积的松散岩类和太古宇迁西群马兰峪组变质岩类。第四系由洪坡积和残坡积的黏土、亚黏土夹碎石组成。太古宇迁西群马兰峪组主要为紫苏黑云角闪斜长片麻岩、麻粒岩，局部加有斜长角闪岩、磁铁石英岩透镜体和混合岩类。热源为断裂沟通的地下深部热能。遵化汤泉热储为太古宇马兰峪组变质岩中断层破碎带，地热异常呈带状分布。北部汤泉总池附近基岩裸露，汤泉总池的池底温度62℃，泉口温度36℃，泉水流量24.5m^3/h；南部被第四系覆盖，第四系厚度2～18m，有温泉出露，根据钻孔揭露的热储厚度90～230m，热储宽度与断层破碎带宽度基本一致，热水温度33～68℃，热水呈自流状态，在地形低处水位高出地表2.5～6.0m，富水性不均匀，涌水量44.86～85.03m^3/h；上覆第四系孔隙水温度一般17.7～28.0℃，利用价值较小。

水化学成分：2013年7月18日取样测试（表4.1）。

表4.1 遵化汤泉化学成分 (单位：mg/L)

T_s/℃	pH	TDS	Na^+	K^+	Ca^{2+}	Mg^{2+}
38	8.17	823.7	214.6	6.9	23.2	2.4
Li	Rn/(Bq/L)	Sr	NH_4^+	CO_3^{2-}	HCO_3^-	SO_4^{2-}
0.191	6.48	1.765	<0.04	2.4	107.4	314.5
Cl^-	F^-	CO_2	$HSiO_3$	HBO_2	As	化学类型
48.2	7.57	0	81.92	0.34	<0.01	SO_4-Na

开发利用：遵化汤泉水温38℃，流量1.1m³/h，2000年之前春秋时代就已发现和利用，1963年唐山市总工会在此修建工人疗养院，主要用于洗浴疗养，洗浴面积150m²，年均收入165万元。遵化汤泉属淡温泉，对运动系疾病、神经系疾病、皮肤病患者有疗效，富含氟、硫等14种对人体有益的微量元素及矿物质，具有很高的医疗保健作用，被称为“京东第一泉”，对全身机体有良好影响，对老年人尤为显著，因此有“返老还童泉”之称，带动了旅游业的发展（图4.4、图4.5）。

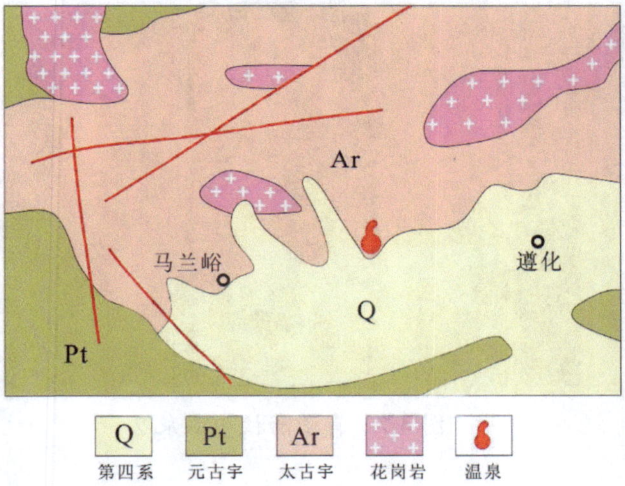

图 4.4 遵化汤泉区域地质略图

图 4.5 遵化汤泉

HEBQ002 肖营汤杖子温泉（代表三个温泉）

位置：河北省秦皇岛市青龙县肖营镇汤杖子村。

概况：肖营汤杖子温泉位于近南北向冲沟的西侧，四周为斑状花岗岩（$\pi\gamma_5^2$），裂隙发育。该泉位于北西向断裂的东边，断层倾向315°，断层的东边为大面积燕山期斑状花岗岩，西侧为太古宇拉马沟组变质岩。断层的发育，为温泉的出露提供了条件。

水化学成分：2013年7月26日取样测试（表4.2）。

表4.2 肖营汤杖子温泉1化学成分 （单位：mg/L）

T_S/℃	pH	TDS	Na^+	K^+	Ca^{2+}	Mg^{2+}
37.5	8.25	1086.7	266	6.6	68.9	0.5
Li	Rn/(Bq/L)	Sr	NH_4^+	CO_3^{2-}	HCO_3^-	SO_4^{2-}
0.243	23.03	1.098	<0.04	2.4	36.6	580.5
Cl^-	F^-	CO_2	$HsiO_3$	HBO_2	As	化学类型
65.2	6.47	0	68.88	0.44	<0.01	SO_4-Na

开发利用：肖营汤杖子温泉1：水温37.5℃，流量5.3m³/h，该泉1958年开始用于洗浴、疗养，年均洗浴人数2.9万人，年均收入15万元；疗养床位70个，年均收入10万元（图4.6）。肖营汤杖子温泉2：水温39.5℃，流量7.3m³/h，2000年开始用于洗浴，年均洗浴3.29万人次，年均收入32.9万元，对腰腿疼、关节疾病、皮肤病有一定疗效（图4.7）。肖营汤杖子温泉3：水温29.5℃，流量0.37m³/h，目前未利用。

图 4.6 肖营汤杖子温泉 1

图 4.7 肖营汤杖子温泉 2

HEBQ003 黑山嘴温泉

位置：河北省秦皇岛市抚宁县杜庄镇黑山嘴村360° 方向350m，柳江向斜西翼的东南角。泉位于汤河一东西向支流的北岸，高出河床2～3m。

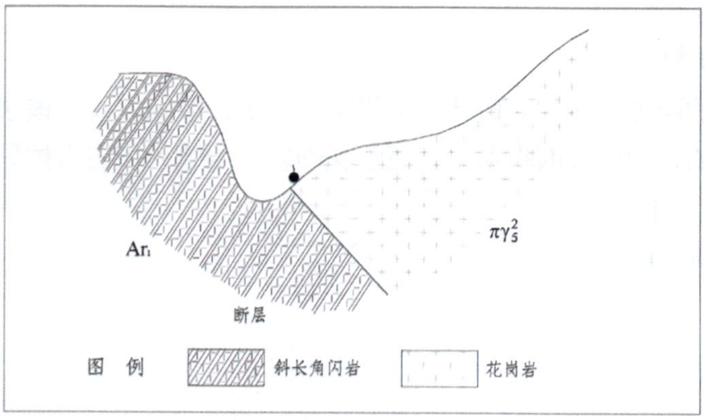

图 4.8 黑山嘴温泉剖面示意图

概况：泉水的东侧出露的是新元古界青白口群下马岭组的灰黑色页岩、粉砂岩及中粗粒石英净砂岩。泉的西侧为寒武系府君山组石灰岩，由于断层作用，该组石灰岩仅出露很少一部分，

从泉往西走约110m见一断层，该断层是柳观峪-秋子峪断裂的一支，连绵延续十几千米。该断层产状为120°∠72° ，上盘为

府君山组石灰岩，下盘为燕山期（$\pi\gamma_5^2$）花岗岩。断层的西盘大面积出露的是$\pi\gamma_5^2$花岗岩，构成了陡峭的山峰。沿泉附近河岸观察，泉西侧的河岸及河床中分布的也是$\pi\gamma_5^2$的花岗岩（图4.8）。

开发利用： 黑山嘴温泉水温40℃，流量8.0m^3/h，在1958年开始用于洗浴，免费，洗浴面积3m^2，年均7200人次。1996年开始养殖罗非鱼，养殖面积60m^2。

HEBQ004 边杖子温泉

位置： 河北省秦皇岛市青龙县八道河乡边杖子村305° 方向700m。

概况： 该泉位于南北向冲沟沟口西侧，出露于灰黑色斑状花岗岩（$\pi\gamma_2^2$）中，泉点以南400m处见花岗岩与太古宇接触带。花岗岩裂隙较为发育，有利于大气降水入渗补给，形成裂隙水，裂隙水经深部循环，在南部太古宇片麻岩的阻止下，向上涌出成泉（图4.9、图4.10）。

水化学成分： 2013年7月26日取样测试（表4.3）。

表4.3　边杖子温泉化学成分　（单位：mg/L）

T_s/℃	pH	TDS	Na^+	K^+	Ca^{2+}	Mg^{2+}
28	8.21	631.4	158.3	6.8	36.9	1.9
Li	Rn/(Bq/L)	Sr	NH_4^+	CO_3^{2-}	HCO_3^-	SO_4^{2-}
0.388	4.1	4.698	<0.04	2.4	56.1	289.3
Cl^-	F^-	CO_2	$HSiO_3$	HBO_2	As	化学类型
31.2	4.78	0	54.19	<0.2	<0.01	SO_4-Ca·Mg

开发利用： 该泉水温28℃，流量9.0m^3/h，用于洗浴养殖。

图 4.9　边杖子温泉图

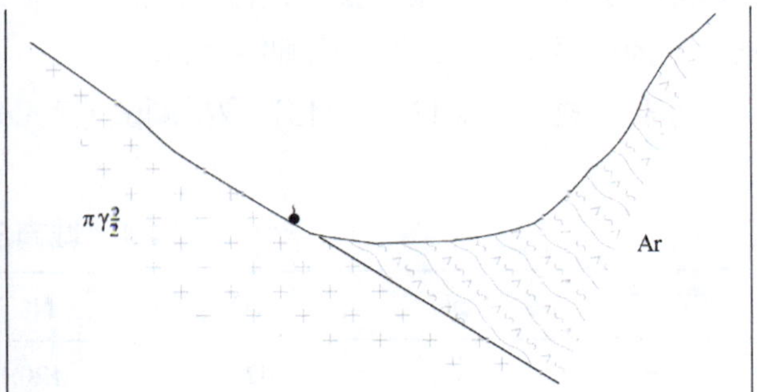

图 4.10　边杖子温泉剖面示意图

HEBQ005 朱庄温泉

位置： 河北省邢台市沙河市十里亭镇朱庄水库内。

概况： 朱庄温泉处于中朝准地台（Ⅰ级）山西断隆（Ⅱ级）太行拱断束（Ⅲ级）武安凹断束（Ⅳ级构造单元）中。该泉出露于北东向断层破碎带中，附近岩性为长城系串岭沟组紫红色砂岩，属低山剥蚀地貌。

开发利用：1945年修建朱庄水库前，该泉自流，用于洗浴，修建朱庄水库时，水库管理处扩泉为井，下入水泵，封闭井口，水库蓄水后，则淹没于水下，用水泵抽水洗浴。1988年后，因泵管断裂，无法修复，停止使用。据访问，该泉原来水温为75℃，治疗皮肤病效果良好（图4.11）。

图 4.11　朱庄温泉

HEBQ006 城南庄温泉

位置：河北省保定市阜平县城南庄镇温泉疗养院院内。

概况：城南庄温泉处于中朝准地台（Ⅰ级）山西断隆（Ⅱ级）五台台拱（Ⅲ级）阜平穹褶束（Ⅳ级构造单元）中。该泉出露于太古宇团泊口组片麻岩中，其北侧100m有一区域性逆断层及两条正断层，南为一平移断层，属低山剥蚀地貌。

水化学成分：2013年6月13日取样测试（表4.4）。

表4.4　城南庄温泉化学成分　　（单位：mg/L）

T_s/℃	pH	TDS	Na^+	K^+	Ca^{2+}	Mg^{2+}
49	9.6	424.2	120.1	3.8	2.4	0.5
Li	Rn/（Bq/L）	Sr	NH_4^+	CO_3^{2-}	HCO_3^-	SO_4^{2-}
0.127	2.58	0.155	<0.04	45.6	2.4	99.6
Cl^-	F^-	CO_2	$HSiO_3$	HBO_2	As	化学类型
38.3	12	0	122.8	<0.2	<0.01	$SO_4 \cdot CO_3$–Na

开发利用：城南庄温泉始于唐代，出水口水温常年保持在50°左右，春夏秋冬，流出来的水都清澈透明（是天然形成的泉眼，非打眼的温泉），专家检验测定，此温泉含丰富的硫、钙、镁、钾等多种元素，具有祛病强身、美容保健的功效，且对皮肤病、关节炎、胃病、腰腿痛等多种疾病有疗效，医疗价值很高，被人们称为“宝泉”“圣水”。1947年、1949年毛泽东、周恩来、刘少奇、朱德等中

央领导曾在此洗浴。1990年开始经营洗浴、游泳，水温49℃，流量4.54m³/h，洗浴面积400m²，每天平均150人次，每人次15元；游泳面积220m²，每年平均3000人次，每人次20元。经过重新装修改造，面貌焕然一新，这里有着青山绿水、新鲜空气，是修身养性的好地方（图4.12）。

图 4.12　城南庄温泉

图 4.13　下堡温泉

HEBQ007 下堡温泉

位置： 河北省保定市阜平县沙窝乡下堡东村北东1100m处。

概况： 下堡温泉处于中朝准地台（Ⅰ级）山西断隆（Ⅱ级）五台台拱（Ⅲ级）阜平穹褶束（Ⅳ级构造单元）中。该泉出露于北西向断裂带之上，附近岩性为太古宇团泊口组黑云斜长浅粒岩，构造裂隙较为发育，泉东侧有一小型水库，泉口在西山脚下，属低山剥蚀地貌。

水化学成分： 2013年6月13日取样测试（表4.5）。

表4.5　下堡温泉化学成分　　　　（单位：mg/L）

T_s/℃	pH	TDS	Na^+	K^+	Ca^{2+}	Mg^{2+}
39	9.25	875.1	268.2	12.3	12	0.5
Li	Rn/(Bq/L)	Sr	NH_4^+	CO_3^{2-}	HCO_3^-	SO_4^{2-}
0.208	0.67	1.451	<0.04	19.2	22	337.7
Cl^-	F^-	CO_2	$HSiO_3$	HBO_2	As	化学类型
92.2	16.5	0	112	0.3	<0.01	SO_4–Na

开发利用： 下堡温泉水温39℃，流量5.23m³/h。自1962年开始用于当地村民免费洗浴，洗浴面积约30m²，年均洗浴3.5万人次，目前还未开发（图4.13）。

HEBQ008 贝子温泉

位置： 河北省保定市阜平县吴王口乡贝子村北温塘寺内。

概况： 贝子温泉处于中朝准地台（Ⅰ级）山西断隆（Ⅱ级）五台台拱（Ⅲ级）阜平穹褶束（Ⅳ级构造单元）中。该泉出露于太古宇南营组中，岩性为片麻岩、浅粒岩，构造裂隙较为发育。泉口北、东、西侧地势较高，坡度50°～70°，沟南侧片麻岩产状215°∠46°，沟北片麻岩产状140°∠21°，推测有一断层经过这里，为温泉出露提供了条件（图4.14、图4.15）。

水化学成分： 2013年6月13日取样测试（表4.6）。

表4.6　贝子温泉化学成分　（单位：mg/L）

T_s/℃	pH	TDS	Na^+	K^+	Ca^{2+}	Mg^{2+}
59	9.3	773.5	224.4	6.7	4	1
Li	Rn/(Bq/L)	Sr	NH_4^+	CO_3^{2-}	HCO_3^-	SO_4^{2-}
0.304	2.77	0.491	0.37	21.6	53.7	264.9
Cl^-	F^-	CO_2	$HSiO_3$	HBO_2	As	化学类型
85.1	23	0	102.6	0.25	<0.01	SO_4-Na

开发利用： 贝子温泉水温59℃，流量10.8m^3/h。从唐朝开始就用于洗浴，1988年开始用于内部供暖，供暖面积10000m^{2}左右，2010年开始归保定市交通局招待所内部使用，目前还未对外开放。

图 4.14　贝子温泉

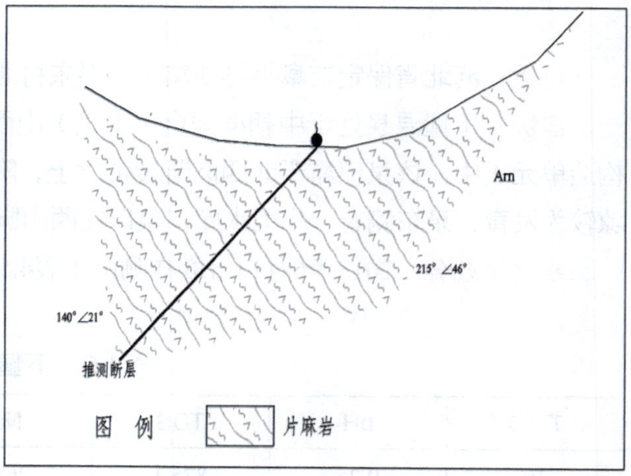

图 4.15　贝子温泉剖面示意图

HEBQ009 金龙洞温泉

位置： 河北省保定市阜平县大台乡金龙洞村西200m河谷拐弯处公路下。

概况： 金龙洞温泉处于中朝准地台（Ⅰ级）山西断隆（Ⅱ级）五台台拱（Ⅲ级）阜平穹褶束（Ⅳ级构造单元）的南部。该泉出露于北西向断裂带中，断层走向340°，倾向250°，倾角80°，断裂带宽约50m，上盘为寒武-奥陶系，下盘为太古宇阜平群（图4.16、图4.17）。

开发利用： 1964年因水利工程施工，河床抬高，地表水下渗到泉口，与泉水混合，使泉水温度降低。据访问，原来泉水温度约45℃。目前还未开发利用。

图 4.16　金龙洞温泉

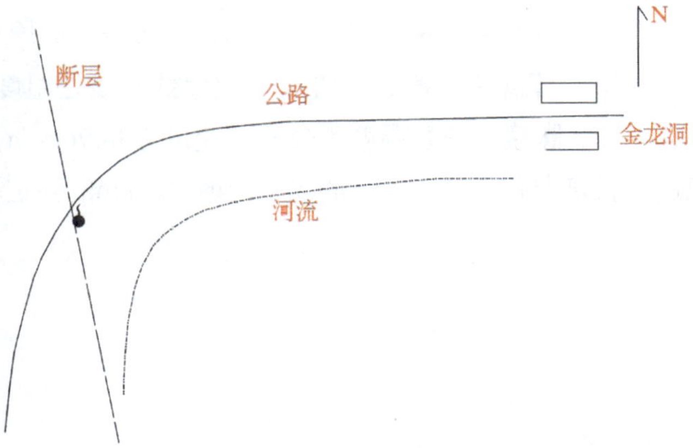

图 4.17　金龙洞温泉平面示意图

HEBQ010 总泉

位置：河北省张家口市赤城县城西4km，345省道南1km处周里沟的半山坡上。

概况：赤城温泉位于西北山地燕山西支余脉的一条北东-南西向狭长沟谷之中。赤城县境内有尚义-平泉深断裂通过，该深断裂西起尚义，过本县后东经古北口、承德至平泉，长约450km。该深断裂主要由密集的、平行排列的高角度逆断层、挤压破碎带组成宽1～5km的断裂带，形成了降水入渗的良好通道。以该断裂为界，一直处于南拗北隆状态。另有北北东向的赤城-大河南大断裂在赤城附近与东西向断裂垂直相交，还有赤城孙庄子-石灰窑断层与其交汇。这些构造控制了热水的上升通道，导致赤城温泉水溢出地表。温泉区主要出露太古宇和中生界，热水主要储存于燕山期斑状花岗岩中。赤城温泉的热源为深断裂沟通的地下深部热能以及花岗岩体的余热和反射性元素的衰变释放的热能（图4.18～图4.20）。

开发利用：早在北魏郦道元的《水经注》中就有记载。辽统和十八年（公元1000年）七月，萧太后长子、圣宗耶律隆绪曾驻此泉。明万历六年（公元1578年）直隶监察御史黄应苏在此立碑，将赤城温泉誉为“关外第一泉”。清康熙十一年（公元1672年）正月，圣祖玄烨帝陪其祖母来此洗浴治疗眼疾，康熙帝题写了“洗心”两字，字大如斗，并镌刻在石碑上，此碑

图 4.18　汤泉简介

尚在。公元前就用于洗浴，从1990年开始用于宾馆洗浴，洗浴面积400m^2，年均收入73万元，水中含有30多种微量元素，对风湿、类风湿、关节炎、肩周炎、风寒性腰腿疼、神经性、过敏性、脂溢性皮炎、湿疹、荨麻疹、癣、疥等有一定疗效。该处温度大于25℃的温泉有四个，称谓分别是总泉、胃泉、平泉、眼泉，总泉温度为68℃，流量为30.96m^3/h，总泉又称滚池。其水温、水量、水质多年保持稳定。温泉属高疗效矿泉，形成于距地表25km的稳定岩层中。

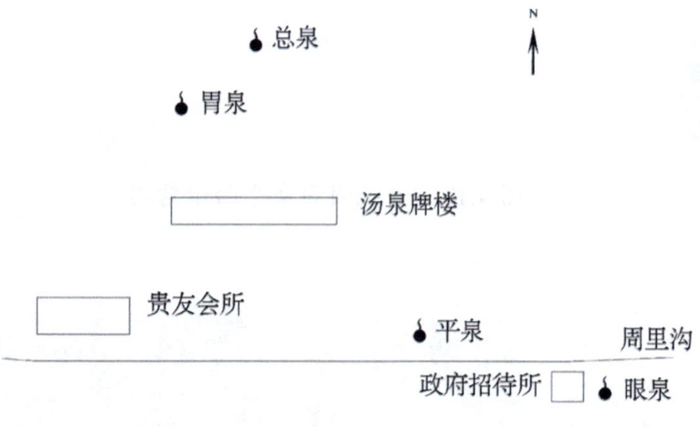

图 4.19 赤城汤泉平面分布示意图

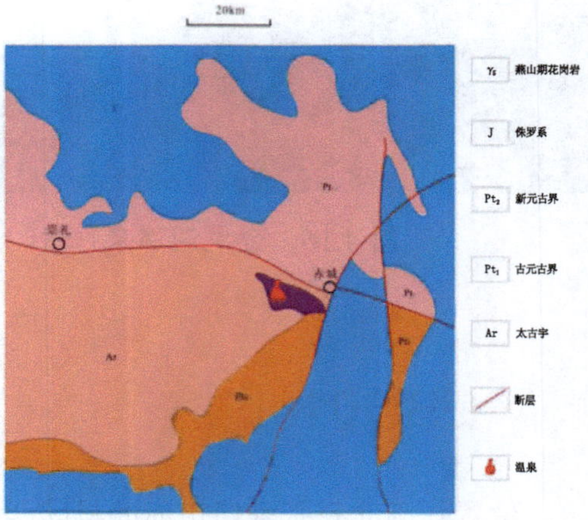

图 4.20 河北省赤城温泉构造示意图

HEBQ011 胃泉

位置： 河北省张家口市赤城县城西4km345省道南1km处周里沟的半山坡上，胃泉位于总泉之南30m处（图4.21、图4.22）。

概况： 同总泉。

水化学成分： 2013年6月1日取样测试（表4.7）。

表4.7 胃泉化学成分 （单位：mg/L）

T_s/℃	pH	TDS	Na^+	K^+	Ca^{2+}	Mg^{2+}
58	8.17	712.4	220.1	8.4	32.9	1
Li	**Rn/(Bq/L)**	**Sr**	NH_4^+	CO_3^{2-}	HCO_3^-	SO_4^{2-}
0.241	4.06	0.241	1.76	2.4	95.2	237.1
Cl^-	F^-	CO_2	$HSiO_3$	HBO_2	**As**	**化学类型**
39.7	1.76	0	96.13	<0.2	<0.01	SO_4-Na

开发利用： 温度为58℃，流量为4.98m^3/h。因为水中含有碳酸氢根和硫酸根离子，所以对慢性肠胃炎、胆囊炎、溃疡病、肠胃功能紊乱等都有一定疗效。该泉目前还未开发利用，当地居民和游客零星饮用。

图 4.21　胃泉简介

图 4.22　胃泉

HEBQ012 平泉

位置：河北省张家口市赤城县城西4km345省道南1km处周里沟的山脚下。

概况：同总泉。

水化学成分：温度为36℃，总碱度5.1，酸度7.8，是所有泉眼中含微量元素最高的一处温泉，钠、镁、碳酸氢根、硫酸根、铀、氡等元素的含量尤其高（据当地记录）（图4.23）。

开发利用：原流量为3.0m^3/h，现在几乎干涸，一直未利用。

图 4.23　平泉

HEBQ013 眼泉

位置：河北省张家口市赤城县城西4km345省道南1km处周里沟的山脚下，眼泉位于温泉宾馆大楼对面的南山坡上。

水化学成分：水中富含钙、镁、铁、镭、氧化镁等，泉上建有明目亭，长期用于洗眼，对治疗各种眼疾有一定作用，还能使近视、老花眼好转，洗后备觉明亮。

开发利用： 该泉目前还未开发利用（图4.24）。

图 4.24　眼泉

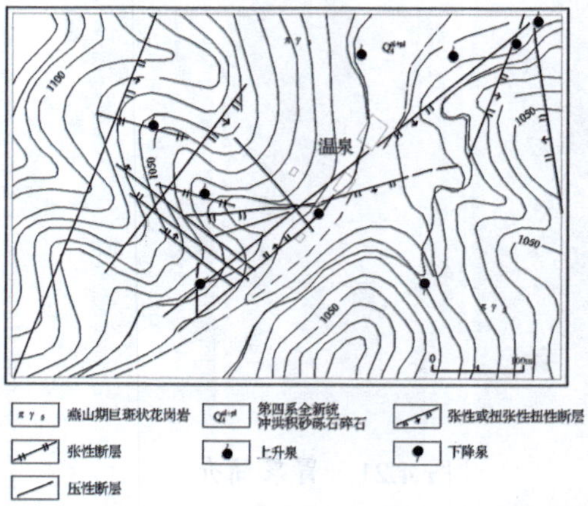

图 4.25　赤城汤泉地热田断裂与温泉出露关系图

HEBQ014 塘子庙温泉（代表26个温泉）

位置： 塘子庙温泉群位于河北省张家口市赤城县东万口乡塘子庙医院附近，距离赤城县城约45km112国道旁，南距北京147km，是连接张承两地、北京与内蒙古大草原中心纽带。

概况： 塘子庙温泉拥有悠久的历史，辽代曾建行宫，元朝时期也曾建造浴堂供贵族官员来此洗浴，清代修建多所庙宇，然而由于历史等原因，这些古建筑大多数在近代被毁，2007年9月锡林郭勒盟龙盛集团有限公司对塘子庙温泉地下热水进行开发，规划建设用地面积268.84亩，计划总投资1.5亿元人民币，建设期从2008年5月至2010年10月。主要建设项目包括：中、高档餐饮、住宿、会议接待场所；温泉浴疗、露天和室内四季泳池；人工湖、养生湖、垂钓堤及庭廊景观点；划船与漂流、冲浪、滑板、泥浴、沙滩、水上世界；生态植物园及采摘、自烹“农家乐”；戏曲、歌舞演绎苑等。《水经注》“沮阳东北六十里有大翮山、小翮山……右出温泉汤疗治万病……泉水炎热，倍胜诸汤，下足便烂……须别引消息用之。”足见塘子庙温泉在历史上水温和疗效都很高。这里浴池俱砌以白石，嵌以龙头，温泉从龙口泻入池中，汩汩常流，至今不竭，唯温度已降为42℃。因从断岩泄出，故多含矿物质，其中硫占32%。氟占16%。旧有汤泉观一座，泉碑一通，现遗址和残碑尚存。

该温泉为硫化氢高温矿泉水，内含多种对人体有益的高浓度化学成分和各种微量元素。主要有硫化氢、硼酸、钙、钾、碘、碳酸盐以及氢、氡、镭、铀等放射性元素，还含有大量的阴阳离子。对皮炎、湿疹、关节炎、末梢神经炎、外伤后遗症、慢性胃炎、血栓性静脉炎、喘息性气管炎及妇科疾病等具有一定的治疗效果。矿泉水浴还有促进新陈代谢、增强机体免疫、调整植物神经系统及养颜的功效，有一定的增进健康和延年益寿的功能，是不可多得的疗养胜地。

塘子庙温泉地下热水的形成是受深断裂控制和一级构造的制约。由于断层发育，岩层破碎，太古宇红旗营子群混合岩之间的接触带及岩石裂隙上升，地下热水沿张性断层侵入岩脉，出露地表形成现在的地下温泉群。该处属侵蚀剥蚀构造低中山区的山间沟谷地带。水温大于25℃的地热异常区范围呈南北向稍长中间向内收缩的椭圆形，面积0.072km^2。热储为太古宇混合岩构造裂隙带。泉出露于太古宇红土坡组（Arh）混合岩中，其构造裂隙发育。其水温、水量、水质多年保持稳定（图4.25）。

水化学成分：2013年6月2日取样测试（表4.8）。

表4.8　塘子庙温泉化学成分　　　　（单位：mg/L）

T_s/℃	pH	TDS	Na^+	K^+	Ca^{2+}	Mg^{2+}
—	7.61	953.5	271.6	8.4	21.6	1.9
Li	Rn/（Bq/L）	Sr	NH_4^+	CO_3^{2-}	HCO_3^-	SO_4^{2-}
0.556	2.31	0.845	3.04	0	104.9	366.8
Cl^-	F^-	CO_2	$HSiO_3$	HBO_2	As	化学类型
90.8	3.04	4.4	109.7	0.37	<0.01	SO_4-Na

开发利用：千百年来，塘子庙温泉一直被人们开发利用，该温泉在京、津、冀、蒙、吉享有盛誉。相传此地有温泉72眼，现在共有温泉26个。最高水温72℃，平均水温47.2℃。流量最大为$20m^3/h$，平均流量$2.39m^3/h$，总流量$59.74m^2/h$。其中21眼用于洗浴，一眼用于洗浴供暖，一眼用于当地居民洗衣服，三眼未利用（图4.26～图4.30）。

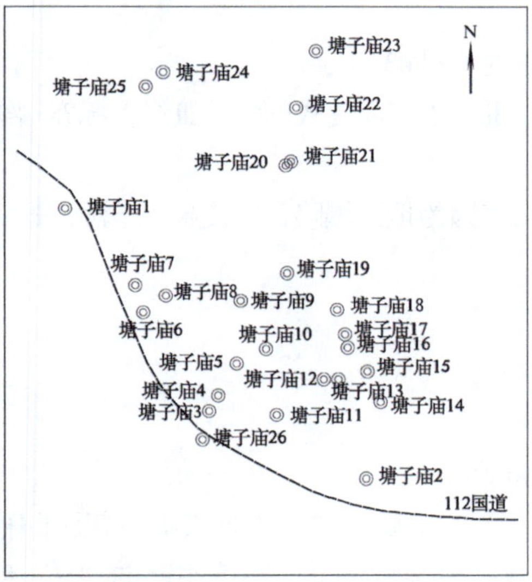

图 4.26　塘子庙温泉分布示意图

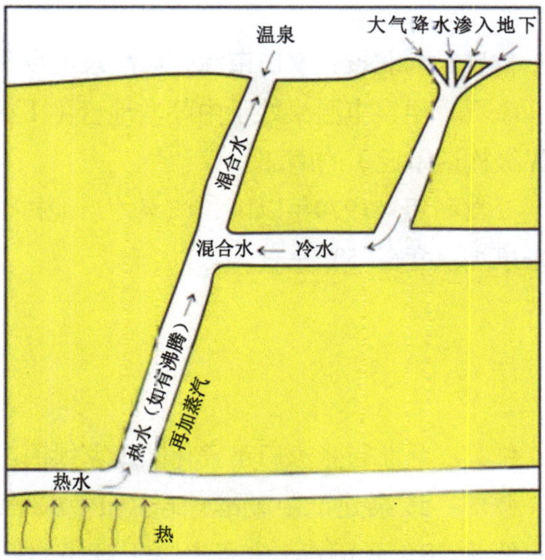

图 4.27　河北省塘子庙温泉构造示意图

图 4.28　塘子庙温泉 1

图 4.29　塘子庙温泉 9

图 4.30 塘子庙温泉 26

图 4.31 温泉屯温泉

HEBQ015 温泉屯温泉

位置： 河北省张家口市涿鹿县温泉屯乡温泉屯村温泉寺内（图4.31）。

概况： 温泉屯温泉处于中朝准地台（Ⅰ级）燕山台褶（Ⅱ级）宣龙复式向斜（Ⅲ级）涿鹿褶皱束（Ⅳ级构造单元）的南部。

开发利用： 1970年以前，该泉为当地村民生活用水，后来因为地面塌陷，致使泉水干涸，据访问原来泉水温度在45℃左右。

HEBQ016 白庙温泉

位置： 河北省张家口市宣化区庞家堡镇白庙村东南约2km处。

概况： 该泉处于中朝准地台（Ⅰ级）燕山台褶（Ⅱ级）宣龙复式向斜（Ⅲ级）下花园凹褶束（Ⅳ级构造单元）中。该泉出露于辉绿岩脉与太古宇片麻岩的接触带上，在近东西向“V”型冲沟的东头北侧，该处冲沟宽约10m，植被发育，属低山剥蚀地貌。温度为41℃，流量为0.838m^3/h（图4.32、图4.33）。

水化学成分： 2013年6月3日取样测试（表4.9）。

表4.9 白庙温泉化学成分 （单位：mg/L）

T_s/℃	pH	TDS	Na^+	K^+	Ca^{2+}	Mg^{2+}
41	8.57	663.1	196.3	3.8	11.2	1.9
Li	Rn/(Bq/L)	Sr	NH_4^+	CO_3^{2-}	HCO_3^-	SO_4^{2-}
0.265	2.41	0.364	2.8	7.2	107.4	231.1
Cl^-	F^-	CO_2	$HSiO_3$	HBO_2	As	化学类型
46.8	2.8	0	67.3	<0.2	<0.01	SO_4-Na

开发利用： 1992年开始用于洗浴，洗浴面积50m^2，年均收入5.5万元。

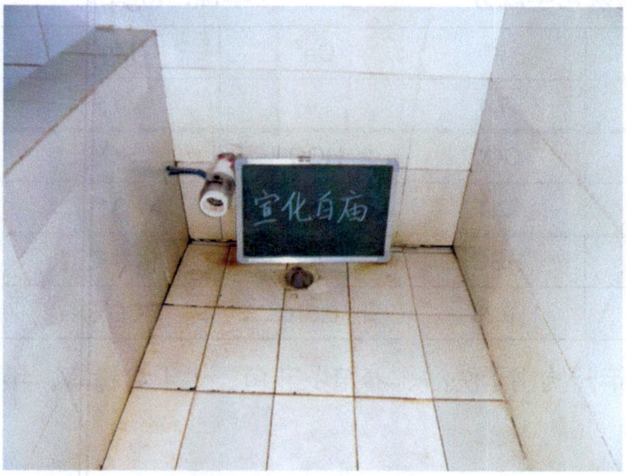

图 4.32　白庙温泉

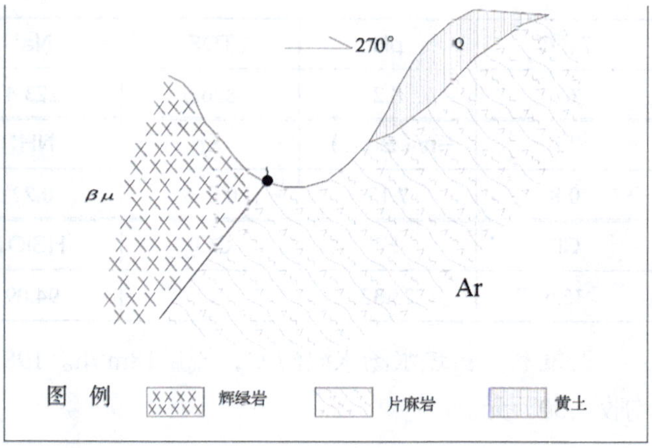

图 4.33　白庙温泉剖面示意图

HEBQ017 怀来暖泉

位置：河北省张家口市怀来县桑园镇暖泉村西北角。

概况：怀来暖泉处于中朝准地台（Ⅰ级）燕山台褶（Ⅱ级）宣龙复式向斜（Ⅲ级）下花园凹褶束（Ⅳ级构造单元）的西部。该泉位于怀来盆地南缘，出露于老君山背斜与怀来向斜的接触部位，附近岩性为蓟县系雾迷山组白云岩，构造裂隙较为发育，属低山剥蚀地貌。

开发利用：该泉1998年开始用于洗浴、养殖。洗浴面积30m^2，年均收入0.3万元。养殖面积20亩，年均收入2万元，2008年以后，由于泉南30m打了一口机井，春、夏浇地时泉则干涸，成为季节泉，冬季出水则较凉。据访问，原来泉水温度为38℃，流量11.59m^3/h（图4.34）。

图 4.34　怀来暖泉

HEBQ018 热水汤温泉

位置：河北省承德市围场县山湾子乡热水汤村。

概况：该泉出露于北西向阴河河谷的底部第四系砂砾石中，泉南为北北东向正断层破碎带，断层面产状290°∠85°和北北西向正断层，断层面产状240°∠65°，两断层在泉点附近交汇，断层破碎带为地下热水上涌提供了良好的运移通道，为温泉出露提供了条件。本区大地构造位置处于内蒙-大兴安岭褶皱系（I_1）、内蒙-海西晚期褶皱带（II_1^1）、多伦复背斜（III_1^1）、棋盘山中凹陷的北部边缘。

水化学成分：2013年6月20日取样测试。

表4.10 热水汤温泉化学成分 （单位：mg/L）

T_s/℃	pH	TDS	Na^+	K^+	Ca^{2+}	Mg^{2+}
67	8.2	826.5	223.4	7.4	4	0.5
Li	Rn/(Bq/L)	Sr	NH_4^+	CO_3^{2-}	HCO_3^-	SO_4^{2-}
0.8	7.19	0.238	0.22	2.4	424.7	31
Cl^-	F^-	CO_2	$HSiO_3$	HBO_2	As	化学类型
35.5	25.32	0	94.09	0.28	0.016	HCO_3-Na

开发利用：热水汤水温67℃，流量18m³/h。1987年开始用于洗浴、养殖罗非鱼、烘干淀粉等，年均收入50万元。

HEBQ019 瓜地温泉

位置：河北省承德市隆化县漠河沟门乡瓜地村。

概况：该泉出露于近南北向冲沟底部次石英斑岩体中，泉的北侧为太古宇变质岩（Ardn），南侧为一条走向45°的断裂构造，断裂切穿太古宇变质岩及石英斑岩体，构造裂隙发育，为地下热水向上运移提供了通道，给温泉出露创造了条件（图4.35、图4.36）。

水化学成分：2013年6月21日取样测试（表4.11）。

表4.11 瓜地温泉化学成分 （单位：mg/L）

T_s/℃	pH	TDS	Na^+	K^+	Ca^{2+}	Mg^{2+}
50	7.82	826.7	221.5	4.8	12.8	0.5
Li	Rn/(Bq/L)	Sr	NH_4^+	CO_3^{2-}	HCO_3^-	SO_4^{2-}
0.8	7.08	0.782	<0.04	0	248.9	226.9
Cl^-	F^-	CO_2	$HSiO_3$	HBO_2	As	化学类型
38.3	13.96	1.8	76.63	<0.2	<0.01	$SO_4 \cdot HCO_3$-Na

开发利用：水温50℃，流量19m³/h，用于洗浴，年均600人次。

图 4.35 瓜地温泉

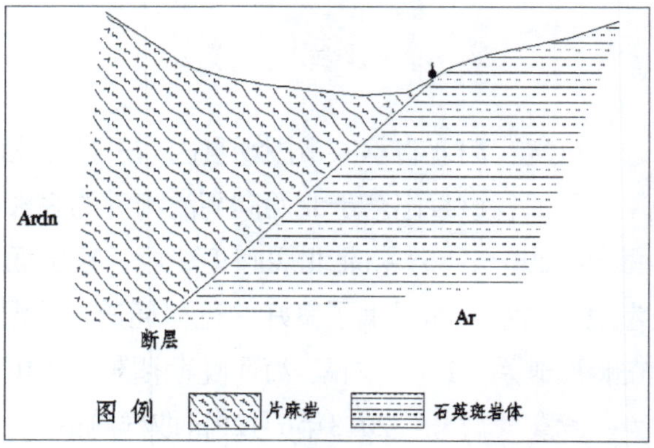

图 4.36 瓜地温泉剖面布置图

HEBQ020 汤沟门温泉

位置：河北省承德市隆化县唐三营乡汤沟门村。

概况：位于走向150° 冲沟北侧半山坡上，泉东侧500m有一走向60° 的区域性正断层，泉位于断层的下盘，推测该泉的形成可能与断层有关。附近基岩为燕山期钾长花岗岩，裂隙较为发育。

水化学成分：2013年6月19日取样测试（表4.12）。

图 4.37 汤沟门温泉

表4.12 汤沟门温泉化学成分 （单位：mg/L）

T_S/℃	pH	TDS	Na^+	K^+	Ca^{2+}	Mg^{2+}
36	8.4	756.4	203.2	3.6	13.6	0.5
Li	Rn/（Bq/L）	Sr	NH_4^+	CO_3^{2-}	HCO_3^-	SO_4^{2-}
0.595	29.7	0.782	<0.04	4.8	158.6	259.4
Cl^-	F^-	CO_2	$HSiO_3$	HBO_2	As	化学类型
41.1	11.35	0	78.24	<0.2	<0.01	$SO_4 \cdot HCO_3$-Na

开发利用：汤沟门温泉水温36℃，流量27.5m^3/h，1985年开始用于农田灌溉，灌溉面积10亩，年均收入3万元（图4.37）。

HEBQ021 康熙汤泉

位置：河北省承德市承德县头沟镇汤泉村。

概况：位于近南北向冲沟西侧，出露于大北沟组（K_1d）安山岩与石英正长岩（ξ_5^3）的接触带中，接触带岩石破碎，宽约25～30m，为热水向上运移提供了良好的通道，为温泉出露提供了条件（图4.38、图4.39）。

水化学成分：2013年6月18日取样测试（表4.13）。

表4.13 康熙汤泉化学成分 （单位：mg/L）

T_S/℃	pH	TDS	Na^+	K^+	Ca^{2+}	Mg^{2+}
40.5	8.2	670.2	182.1	2.9	21.6	1
Li	Rn/（Bq/L）	Sr	NH_4^+	CO_3^{2-}	HCO_3^-	SO_4^{2-}
0.425	7.57	2.279	<0.04	2.4	131.8	217.1
Cl^-	F^-	CO_2	$HSiO_3$	HBO_2	As	化学类型
49.6	10.52	0	66.43	<0.2	<0.01	SO_4-Na

开发利用： 1985年开始用于农田灌溉，灌溉玉米30亩，年均收入27万元；1988年开始用于洗浴、疗养，洗浴面积130m^2，年均收入9万元，疗养年均200人次。

图 4.38　康熙汤泉

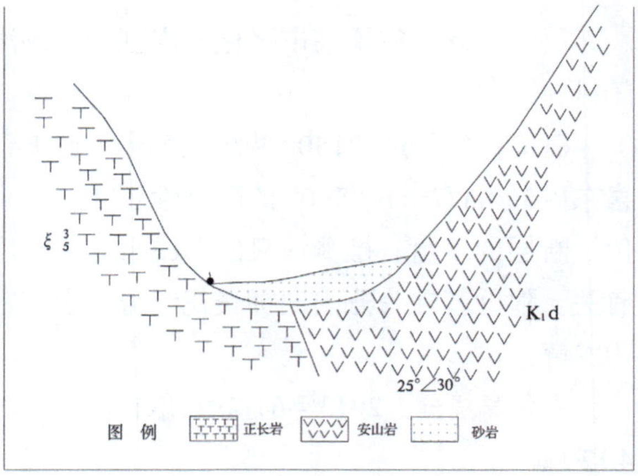

图 4.39　康熙汤泉剖面示意图

HEBQ022 太子泉温泉

图 4.40　太子泉温泉

位置： 河北省承德市滦平县巴克什营镇缸房村。

概况： 中朝准地台（Ⅰ级）燕山台褶（Ⅱ级）承德拱断束（Ⅲ级）大庙穹断束（Ⅳ级构造单元）中。在滦平县南部与密云县接壤处的著名旅游区金山岭长城脚下，出露于张家口-北京深大断裂带的附属断裂中，在长城脚下流出（图4.40）。

水化学成分： 2013年6月17日取样测试（表4.14）。

表4.14　太子泉温泉化学成分　（单位：mg/L）

T_s/℃	pH	TDS	Na^+	K^+	Ca^{2+}	Mg^{2+}
36	7.58	431.6	7.4	2.9	64.9	25.3
Li	Rn/(Bq/L)	Sr	NH_4^+	CO_3^{2-}	HCO_3^-	SO_4^{2-}
0.028	5.93	0.238	<0.04	0	231.9	27.6
Cl^-	F^-	CO_2	$HSiO_3$	HBO_2	As	化学类型
44	0.93	5.3	26.89	<0.2	<0.01	HCO_3-Ca·Mg

开发利用： 该泉原来用于生产矿泉水10多年，生产规模5×10^{4}m^3/a，现在因上游水库放水，泉水已渗入水库水，目前未利用。

HEBQ023 南杖子温泉

位置：河北省承德市平泉县党坝镇南杖子村。

概况：中朝准地台（Ⅰ级）燕山台褶（Ⅱ级）马兰峪复式背斜（Ⅲ级）宽城凹褶束（Ⅳ级构造单元）中。

水化学成分：2013年7月27日取样测试（表4.15）。

图 4.41 南杖子温泉

表4.15 南杖子温泉化学成分 （单位：mg/L）

T_s/℃	pH	TDS	Na^+	K^+	Ca^{2+}	Mg^{2+}
29	7.54	523.6	16.7	3.2	72.9	24.8
Li	Rn/(Bq/L)	Sr	NH_4^+	CO_3^{2-}	HCO_3^-	SO_4^{2-}
0.019	4.25	0.432	<0.04	0	283.1	53.7
Cl^-	F^-	CO_2	$HSiO_3$	HBO_2	As	化学类型
25.5	1.89	6.2	37.98	<0.2	<0.01	HCO_3-Ca·Mg

开发利用：水温29℃，由于砌坝堵死，水量极小，未利用（图4.41）。

HEBQ024 七家温泉（代表两个温泉）

位置：河北省承德市隆化县七家镇温泉村。

概况：内蒙地轴（$Ⅱ_1$）南侧，围场拱断束（$Ⅲ_{23}$）中喀喇沁台穹（V_{28}）西南隅，过河口紧密褶皱的断陷盆地西半部（V_{21}）；地处丰宁-隆化深断裂带北侧，即两家-锦山北东向断裂带上。该泉出露于近南北向冲沟的东侧，沟谷东侧为大北沟组安山岩产状340°∠30°，西侧为太古宇斜长角闪片麻岩，产状345°∠63°，推测沿河谷发育一断裂，为地下热水向上运移提供了通道，为温泉的出露提供了条件（图4.42、图4.43）。

水化学成分：2009年11月取样测试（表4.16）。

表4.16 七家温泉化学成分 （单位：mg/L）

T_s/℃	pH	TDS	Na^+	K^+	Ca^{2+}	Mg^{2+}
98	8.25	589.2	159.2	6.8	16	1
Li	Rn/(Bq/L)	Sr	NH_4^+	CO_3^{2-}	HCO_3^-	SO_4^{2-}
0.125	na.	0.21	<0.04	4.8	117.2	209.2
Cl^-	F^-	CO_2	$HSiO_3$	HBO_2	As	化学类型
28.4	2.68	0	128.2	<0.1	na.	SO_4·HCO_3-Na

开发利用：七家温泉1开发利用：现在已废弃。原水温98℃，流量10.0m^3/h。1998年开始免费供

暖，供暖面积1000m²；1988年开始用于洗浴，面积100m²，洗浴20人次/元，年均收入3.65万元；1990年开始用于农田灌溉，灌溉面积50亩，年均收入10万元；2001年开始用于养殖，养殖面积180m²，年均收入0.3万元。七家温泉2开发利用：1943年开始用于村民免费洗浴，水温55℃，流量8.0m³/h。洗浴面积20m²，年均洗浴10.95万人。

图 4.42　七家温泉

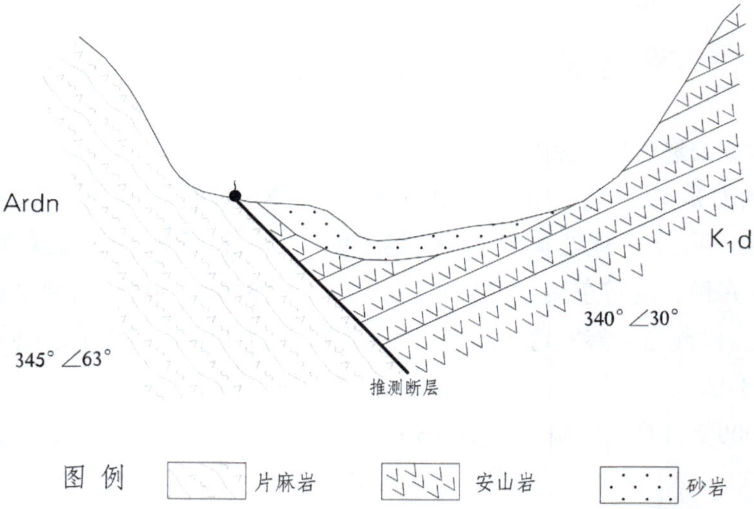

图 4.43　七家温泉剖面示意图

第三节 代表性地热井

HEBJ001 辛热7地热井

位置： 河北省石家庄市辛集市鑫苑小区。

井深： 1308.97m。

孔径： 0.1778m。

井口温度： 50.5℃。

热储层特征： 热储层为新近系明化镇组下部孔隙热储层，岩性特征为棕红、浅红色泥岩，浅黄、棕红色砂质泥岩以及浅灰、白色含砾砂岩，砾岩呈不等厚互层；浅棕红、浅棕色泥岩与灰白、杂色细砾岩，灰白、灰黄色含砾粗砂岩，粉砂岩呈不等厚互层。取水段为1098.8～1295.8m，含水层厚度197m。该井成井时静水位埋深34.2m，水量80m³/h，水温50.5℃。

水化学成分： 2013年11月29日取样测试（表4.17）。

表4.17 辛热7地热井化学成分 （单位：mg/L）

T_s/℃	pH	TDS	Na^+	K^+	Ca^{2+}	Mg^{2+}
50.5	8.29	1270.8	383.3	4.3	8.8	1.9
Li	Rn/（Bq/L）	Sr	NH_4^+	CO_3^{2-}	HCO_3^-	SO_4^{2-}
0.107	1.98	0.107	0.24	4.8	434.4	56.3
Cl^-	F^-	CO_2	$HSiO_3$	HBO_2	As	化学类型
340.3	1.83	0	44.78	1.32	<0.01	Cl·HCO_3-Na

开发利用： 由华北石油水电工程公司于2004年8月7日施工完成，2004年11月投入使用，主要用于鑫苑小区4.8×10⁴m³冬季供暖。

HEBJ002 晋18地热井

位置： 河北省邢台市宁晋县苏家庄镇毕家寨村北300m。

井深： 2134.63m。

井口温度： 73℃。

热储层特征： 热储层为奥陶系裂隙热储层，主要岩性为石灰岩。取水段1936.96～2134.63m，含水层总厚度197.67m。奥陶系揭露至2134.63m，揭露厚度201.63m；新近系东营组、中生界、二叠系、石炭系缺失。

水化学成分：2013年11月22日取样测试（表4.18）。

表4.18　晋18地热井化学成分　（单位：mg/L）

T_S/℃	pH	TDS	Na^+	K^+	Ca^{2+}	Mg^{2+}
73	7.81	3084.8	981.5	59.6	44.1	12.2
Li	Rn/(Bq/L)	Sr	NH_4^+	CO_3^{2-}	HCO_3^-	SO_4^{2-}
0.332	22.45	4.028	0.64	0	680.9	8.6
Cl^-	F^-	CO_2	$HSiO_3$	HBO_2	As	化学类型
1240.9	6.27	1.8	63.73	9.96	<0.01	Cl–Na

开发利用：2004年开始用于洗浴，洗浴面积1500m^2，平均每天300人，收费每人5元，有15家浴池共同利用。

HEBJ003 华御温泉度假村（SSDR4）地热井

位置：河北省廊坊市固安县牛驼镇林城村西金海温泉度假村。

井深：1408.84m。

井口温度：85℃。

热储层特征：热储层为蓟县系基岩，岩性为灰白、灰、灰黑色白云岩，含泥白云岩，灰质白云岩及砂岩白云岩，溶洞发育；绿色与黑色页岩；灰白色含燧石结核及燧石条带白云岩。取水段为1079.06～1402.63m，含水层厚度323.57m。该井成井时静水位21.99m，抽水实验最大出水量60m^3/h。本区钻遇地层如下：①第四系（Q）：底界埋藏深度为454.5m。由一套冲积、湖沼积泥亚砂土、亚黏土、黏土、粉细砂、细砂等相交替叠组成。②新近系明化镇组（Nm）：底界埋深1025.7m，主要为灰绿、灰黄色砂岩，含砾砂岩与浅紫红、褐紫色泥岩夹杂色含砂泥岩，局部富含铁锰质结核及灰质团块泥岩。③元古宇青白口系（Qn）：底界埋深1096.3m。上部为灰绿色薄层板状粉砂岩、含泥砂岩、泥页岩等，下部为灰绿、灰、灰黑色钙质泥岩、页岩，局部为黑色纸片状含碳质页岩与灰绿色粉砂质页岩互层。④元古宇蓟县系（Jx）：底界埋深1323.3m，该层未穿透，钻探至1408.84m。

水化学成分：2013年8月15日取样测试（表4.19）。

表4.19　华御温泉度假村地热井化学成分　（单位：mg/L）

T_S/℃	pH	TDS	Na^+	K^+	Ca^{2+}	Mg^{2+}
85	7.8	3041.6	1035.4	53.9	48.1	20.4
Li	Rn/(Bq/L)	Sr	NH_4^+	CO_3^{2-}	HCO_3^-	SO_4^{2-}
2.178	7.51	2.084	3.69	0	461.3	0.5
Cl^-	F^-	CO_2	$HSiO_3$	HBO_2	As	化学类型
1347.2	8.97	1.8	78.81	7.22	<0.01	Cl·HCO_3–Na

开发利用：由河北地勘局第四水文地质工程地质大队于1999年12月1日施工完成。自2002年11月投入使用，夏天洗浴、生活用水，冬季供暖、洗浴，服务面积30000m^2。

HEBJ004 衡热4地热井

位置：河北省衡水市招待处（迎宾馆内）。

井深：2204.47m。

孔径：0.1778m。

井口温度：70℃。

热储层特征：该井完钻深度2204.47m，成井深度2200.57m，取水段1260.26～2200.57m，利用热储层为元古宇长城系裂隙热储层。含水层厚度940.31m。涌水量60m³/h。钻遇地层：①第四系（Q）：底界埋深450m，为亚黏土、亚砂土、黏土夹砂层。②新近系明化镇组（Nm）：底界埋深1018.1m，为棕黄色泥岩为主夹浅灰色粗砂岩。③新近系馆陶组（Ng）：底界埋深1246.1m，为泥岩和砂岩互层，下部为大套棕红色泥岩夹薄层含砾砂岩。④元古宇长城系（Ch）：未揭穿，钻至2200.57m，岩性以灰、棕黄色白云岩，黑色泥页岩和灰绿色泥岩为主，顶部和底部见白云岩；灰白、棕红色石英砂岩为主，夹薄层深灰色泥页岩。

水化学成分：2009年11月取样测试（表4.20）。

表4.20 衡热4地热井化学成分 （单位：mg/L）

T_s/℃	pH	TDS	Na^+	K^+	Ca^{2+}	Mg^{2+}
70	6.28	4707.3	1309.9	111.1	228.5	60.8
Li	Rn	Sr	NH_4^+	CO_3^{2-}	HCO_3^-	SO_4^{2-}
0.624	na.	9.42	0.4	0	439.3	472.2
Cl^-	F^-	CO_2	$HSiO_3$	HBO_2	As	化学类型
2269	1.6	4.4	41.82	4.89	na.	Cl-Na

开发利用：由中国石油天然气总公司华北石油华源地热开发公司于1998年7月23日施工完成。2010年因宾馆拆迁，目前未利用。

HEBJ005 衡0104地热井

位置：河北省衡水市桃城区红旗大街三水院内。

井深：1706m。

孔径：0.273m。

井口温度：59℃。

热储层特征：衡0104地热井处于中朝准地台（Ⅰ级）华北断拗（Ⅱ级）冀中台陷（Ⅲ级）饶阳断凹（Ⅳ级构造单元）的东南部。热储层为新近系馆陶组和古近系沙河街组上部孔隙热储层，含水层厚度345m。该井成井时静水位埋深0.25m，单位涌水量3.59m³/（h·m）。本区缺失古近系东营组。钻遇地层如下：①第四系（Q）：底界埋深453.3m，由浅黄、灰黄、棕黄、黄棕、棕红色黏土，亚黏土，亚砂土和砂层组成，为河湖相沉积，结构松散。②新近系明化镇组（Nm）：底界埋深1206.4m，由棕黄、浅棕、棕红、灰绿色泥岩与砂岩不等厚互层，微固结-半固结，泥岩发育，属于河湖相沉积。

③新近系馆陶组（Ng）：底界埋深1388m，由灰白、灰绿、灰色砂岩，含砾砂岩与棕红、紫红、灰绿泥岩，砂质泥岩不等厚互层，砂岩集中发育，单层厚度大。④古近系沙河街组（Es）：未揭穿，钻至2002.59m，由砂质泥岩与砂岩等厚-不等厚互层。

水化学成分：2013年11月22日取样测试（表4.21）。

表4.21　衡0104地热井化学成分　（单位：mg/L）

T_S/℃	pH	TDS	Na^+	K^+	Ca^{2+}	Mg^{2+}
59	7.5	6424.5	1934	32.9	308.6	70.5
Li	Rn/(Bq/L)	Sr	NH_4^+	CO_3^{2-}	HCO_3^-	SO_4^{2-}
2.048	15.77	12.922	0.82	0	151.3	450.8
Cl^-	F^-	CO_2	$HSiO_3$	HBO_2	As	化学类型
3446	1.62	7.9	34.64	4.836	<0.01	Cl-Na

开发利用：由河北省地矿局第三水文工程地质大队于2001年9月18日施工完成。2001年11月投入使用，2011年前用于洗浴，日均200人，2011年后代替RH-1井供暖，供暖面积$2.245\times10^4m^2$。

HEBJ006 晒甲坨地热井

位置：秦皇岛市昌黎县晒甲坨乡晒甲坨村东南。

井深：301.05m。

井口温度：47.4℃。

热储层特征：孔深301.05m，第四系埋深134.32m，热储层底板位置为134.32～301.05m，热水储集层顶底板位置134.32～250m，孔内最高水温50.74℃，抽水试验水温48.9℃，孔底水温50.74℃，水位2.22m，自流量1.86L/s，抽水试验最大降深19.77m/h，流量17.10L/s，单位涌水量0.86L/(s·m)。该井地处燕山南麓山前地带，位于滦南-昌黎断裂和滦南-北戴河断裂之间。物探资料反映为明显的低阻区，地热异常区轴向与断裂走向基本一致。地热田面积$4.38km^2$。根据ZK14地热井资料，第四系厚度134.32m，岩性为砂、砾石与黏性土互层，其中55～134.32m为热储层（第四系沉积层热储层）；134.32～301.05m为岩浆岩，主要裂隙发育段为188.71～220.41m（基岩裂隙带热储层），于210.85m处开始涌水，终孔后水位高出地面2.22m，自流量$6.8m^3/h$。

水化学成分：2013年7月29日取样测试（表4.22）。

表4.22　晒甲坨地热井化学成分　（单位：mg/L）

T_S/℃	pH	TDS	Na^+	K^+	Ca^{2+}	Mg^{2+}
47.4	7.88	3148.4	769.2	24.6	372.7	2.4
Li	Rn/(Bq/L)	Sr	NH_4^+	CO_3^{2-}	HCO_3^-	SO_4^{2-}
0.493	23.99	18.794	<0.04	0	17.1	176.6
Cl^-	F^-	CO_2	$HSiO_3$	HBO_2	As	化学类型
1715.9	3.07	0.9	80.57	<0.2	<0.01	Cl·Na-Ca

开发利用：目前用于供暖洗浴。

第/五/章

山西省

第一节 地热资源及分布特征

山西省属于浅、中埋藏型中低温地热资源分布区，地热资源开发成本低，经济适宜性强。山西省地热资源贯穿南北，横跨东西，受地质构造、地层岩性及深部热源控制，地热分布很不均匀。根据控热构造和地热表现特征，山西共划分为46处地热田，总面积51119.408km²。其中盆地型地热异常区分布于汾渭地堑五大盆地内，包括40处地热田，面积21647.535km²，占全省地热田面积的42.3%；山地型地热田六处，面积29471.873km²，占全省地热田面积的57.7%。

一、地热资源形成特点及分布规律

山西是一个山地型高原，全省地貌由西向东分别为西部黄河东岸黄土高原、中西部吕梁褶皱断块隆起山地、东北部五台褶皱断块隆起山地、西南部中条山褶皱断块隆起山地、中部大同-太原-运城断陷盆地及东部太行褶皱断块隆起山地。山西储热岩层主要有：前寒武系由浅到深变质岩系，局部含大理岩及硅质石灰岩；古生界石灰岩系，中一上古生界为陆相及海陆交互相沉积，为山西主要含煤岩层；中生界陆相碎屑岩系；新生界多种成因及岩相的松散岩类沉积物；各构造期岩浆岩及变质岩系。

山西地处阴山东西构造带以南，秦岭东西构造带以北，为黄河东部和石家庄-安阳南北向构造带之间较活动的“山西陆台”。汾渭地堑为喜马拉雅期山西陆台形成的新裂陷，主要包括大同桑干河新裂陷、忻州滹沱河新裂陷、太原新裂陷、临汾和运城新裂陷，这五大新裂陷盆地是山西省主要控热构造发育带，也是山西省地热田的主要分布区。山西活动断裂大部发育于桑干-滹沱-汾河陆槽，而断裂带及隐伏活动断裂带主要分布于盆地周边或盆地内部的陷隆带两侧，各地热构造单元的地热地质条件均受这些活动断裂控制。

区内主要控热断裂包括：大同盆地受西北部洪涛山山前断裂及东南部恒山山前断裂控制；忻州盆地受北部五台山边山大断裂、西部云中山山前断裂和南部系舟山山前断裂控制；太原盆地受西边山断裂带、东边山断裂带及其内部亲贤地垒和汾河断裂控制；临汾盆地受西部吕梁山边山大断裂、东部太岳山-翔山（翼城东）山前大断裂、南部峨嵋台地北侧——紫金山山前断裂带控制；运城盆地受南部中条山前深大断裂带、北部峨嵋台地南侧——紫金山前断裂带控制。晋东台凹控制着沁水煤盆地热异常区；吕梁山鄂尔多斯断裂控制着鄂尔多斯盆地东缘地热异常区；恒山燕山断块控制着浑源汤头地热异常区；太行山穹状隆起控制着盂县寺平安地热异常区。

山西地热田多分布于大地热流值较高的中部断陷盆地区，盆地区地热田数量、密度远大于东西两侧山区；而盆地区尤以临汾、运城、忻州盆地地热表现集中，说明地热田分布与大地热流值的分布密切相关。在中部盆地区，居里等温面埋深一般为18～20km，大地热流值普遍高于1.7HFU（71mW/m²），地热表现活跃，其中临汾、忻定两大盆地大地热流值普遍大于1.9HFU（79.5mW/m²），为全省大地热流值的最高区域；而盆地两侧山区，居里等温面埋深增大，一般在28km以上，大地热流值一般都小于1.3HFU（$54.5mW/m^2$），低于全球平均大地热流值1.47HFU（$61.5mW/m^2$），地热表现不明显。

沉积盆地型各类热储地热田盖层地温梯度值在水平上分布不均匀，孔隙型松散盐类和岩溶型碳酸盐类层状热储层南部地温梯度值高于中北部，碎屑岩类裂隙型层状热储层中部地温梯度值高于南部；隆起山地型各类热储地热田盖层地温梯度值分布亦不均匀，岩溶型碳酸盐类层状热储层地温梯度值相对较低，裂隙型层状热储层地温梯度值相对岩溶型较高，裂隙型层状带状复合热储层地温梯度值最高，整体裂隙型热储层地温梯度值高于层状热储层。而在垂直方向上，孔隙型层状热储层（松散盐类）、裂隙型层状热储层（碎屑盐类）及裂隙型层状热储层（变质岩类）地热田由盖层到热储层的地温梯度一般呈递减趋势。岩溶型层状热储层（碳酸盐岩类）地热田由盖层到热储层的地温梯度一般呈递增趋势，在冷水干扰较大条件下地热田由盖层到热储层的地温梯度呈递减趋势。

山西省属于中低温传导-对流型地热资源，受地质构造、岩性、地层控制，可划分为隆起山地型地热资源和沉积盆地型地热资源两大类，区域划分为汾渭地堑沉积盆地型地热异常区和太行、吕梁山隆起山地型地热异常区。热储类型有沿断裂分布的带状热储层，沿断块隆起分布的层状热储和沿变质岩基底隆起分布的层状热储（图5.1、图5.2）。

1.隆起山地型地热资源分布特征

隆起山地型地热资源主要分布于恒山燕山断块浑源汤头地热田和太行山穹状隆起盂县寺平安地热田以及鄂尔多斯盆地东坡、沁水煤盆地等隆起盆地区，隆起山地型地热资源划分为六个地热田，61个地热计算分区。在地表局部以泉点（群）的形式出现，称之为温泉，其他大部分为地热钻孔。该区域共有温泉点（群）两处，早已消失，隆起山地型地热分布区调查地热井21眼。

（1）浑源汤头地热田位于山西省大同市浑源县城以南45km，北岳恒山脚下的王庄堡小盆地内，地热田面积约$152.647km^2$。地热类型具有带状和层状的双重特征，即产生于基岩裂隙中的层状裂隙水和第四系松散层中的孔隙水在重力作用下沿断裂带下渗至地壳深处的高温熔融层被加热，加热后的水沿断裂带向上通过对流加热基岩裂隙中的裂隙水和第四系松散层中的孔隙水，从而形成带状和层状的双重特征的热矿水。其主要热储层为太古宙黑云斜长片麻岩，盖层则为第四系松散层。地热田内共调查一处地热井，原为温泉，现已消失。井口出水温度61℃，属“热水”地热资源，单井涌水量$15m^3/h$，该热田属于“低温地热资源”分布区。

（2）盂县寺平安地热田位于太行山穹状隆起阳泉盂县梁家寨乡寺平安村东的滹沱河边，地处山西河北两省交界地带，地热田范围北起东峪口，南到活川口，沿活川口南北向压扭性逆断层分布，呈南北向纺锤状，南北长20km，东西宽2.5km，面积约$38.205km^2$。寺平安地热田地热来源于地壳深处的高温熔融层，地热类型具有带状和层状的双重特征，主要热储层为太古宙吕梁期伟晶岩，盖层则为第四系松散层。地热田内共调查七处地热井，原有温泉，现已消失。地热井单井涌水量为5～$30m^3/h$，平均单井涌水量为$18m^3/h$，井口水温44～62℃，属“温水”和“温热水”地热资源，该热田属于“低温地热资源”分布区。

（3）鄂尔多斯盆地东缘地热田位于吕梁山西侧临县-永和-吉县一带，沿黄河东岸呈条带状展布，为单斜构造地热异常区，热田面积$13774.626km^2$。受鄂尔多斯断陷盆地制约，热储层为奥陶系中统上、下马家沟组中厚层石灰岩、白云质灰岩，热储层有效厚度约300m，盖层为三叠系、二叠系、石

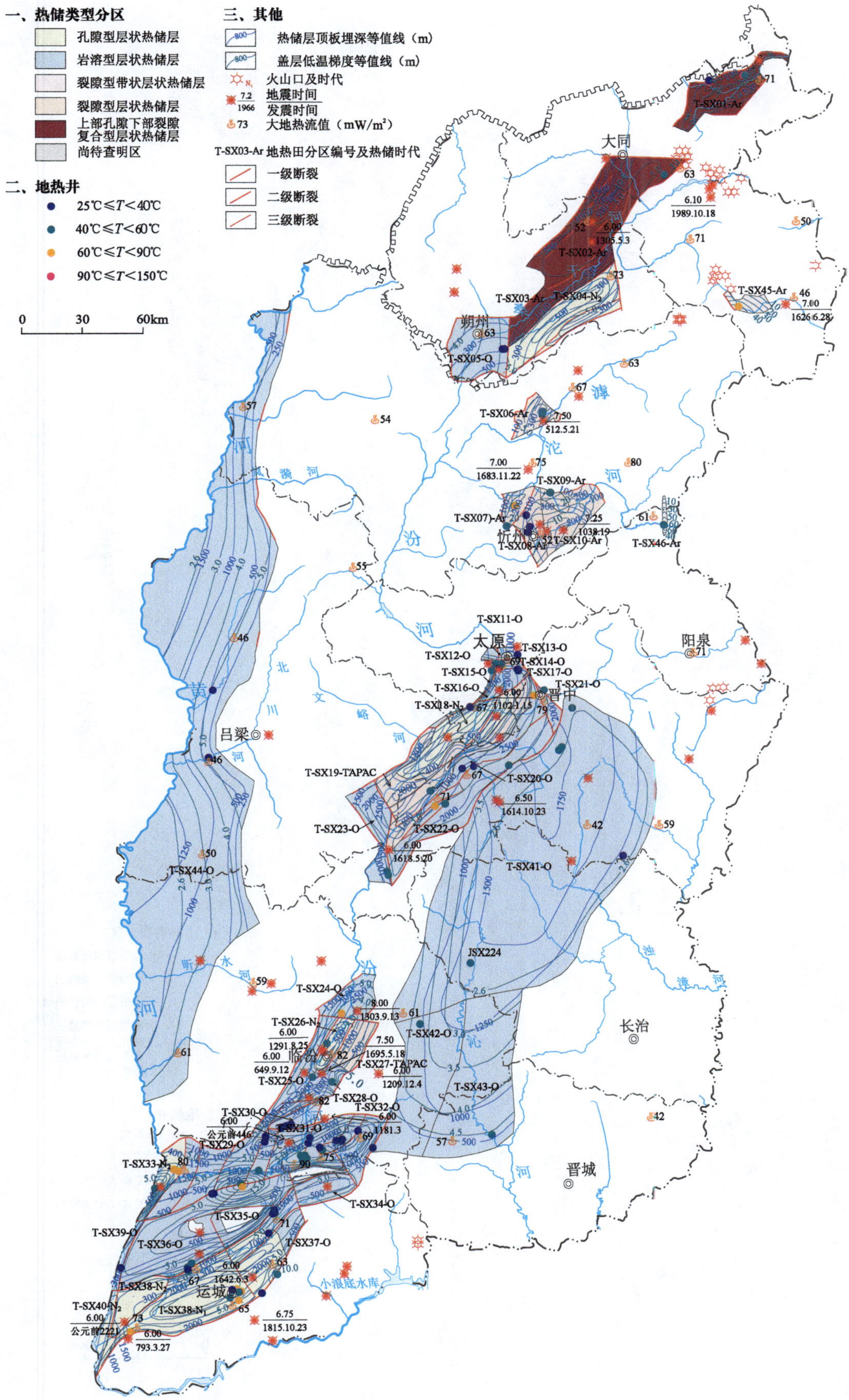

图 5.1 山西省地热地质图

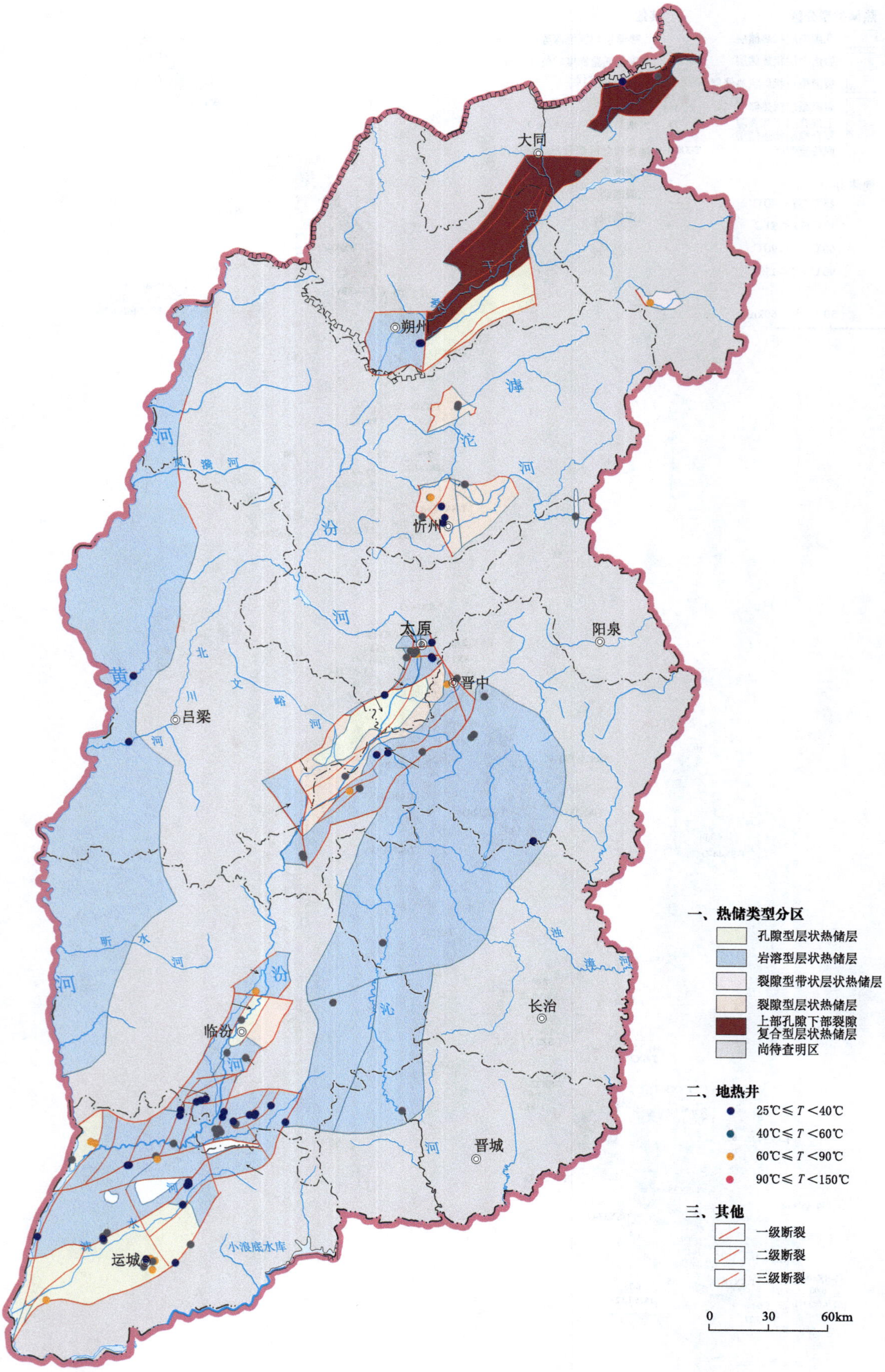

图 5.2　山西省热储类型分区图

炭系及第四系，厚度约2300～2600m。地热田内共调查五处地热井，全部位于吕梁市，临县四眼、柳林县一眼。现有地热井孔深600～805m，井口出水温度32～36℃，属“温水”地热资源，由于缺乏抽水资料，该热田单井涌水量无法统计，该热田属于“低温地热资源”分布区。

（4）沁水煤盆地地热田北部以榆次北山边山断裂至寿阳平头-盂县一带二叠系出露分布带为界；东部以阳泉、昔阳、和顺、左权蟠龙、襄垣五阳二叠系出露分布带转西南长治断陷盆地北、西部边界一直到高平寺庄—阳城周村一线为界；南部以阳城县城-阳城土沃一带二叠系出露线为界；西部以晋中断陷盆地边山断裂至介休洪山转向太岳山东部二叠系出露地层分布沿线一直到古县旧县-浮山、续鲁峪断裂为界，该地热田总面积15506.395km^2。依据盆地周边控热构造及凹陷（碎屑岩类沉积厚度）、基岩隆起程度分为三处地热田亚区，该地热田热储层为寒武-奥陶系石灰岩，属深埋自然增温型地热田。地热田内共调查七处地热井，其中晋中市灵石县一眼、榆次区两眼、太谷县两眼、临汾市古县一眼、晋城市沁水县一眼。现有地热井孔深1353～2520m，井口出水温度40～56℃，属“温水”“温热水”地热资源，榆社柳泉地热田V_{11}有地热井5眼，单井涌水量为40～45m^3/h；古县三合地热田V_{12}有地热井一眼，地热井单井涌水量为32m^3/h；沁水郑庄地热田V_{13}有地热井一眼，单井涌水量为62.5m^3/h，该热田属于“低温地热资源”分布区。

2.沉积盆地型地热资源分布特征

山西沉积盆地型地热资源主要分布于汾渭地堑中的五大断陷盆地（统称汾渭盆地），汾渭盆地划分为40处地热田，根据地热田所属行政区划和热储中部温度划分为253个地热田计算分区，地热田面积21647.535km^2。其中，大同盆地划分为5处地热田，50处地热田计算分区，面积5028.061km^2；忻州盆地划分为5处地热田，14处地热田计算分区，面积1458.231km^2；太原盆地划分为13处地热田，74处地热田计算分区，面积4932.824km^2；临汾盆地划分为10处地热田，56处地热田计算分区，面积4765.456km^2；运城盆地划分为7处地热田，59处地热田计算分区，面积5462.963km^2。

（1）大同盆地地热田边界主要受口泉-鹅毛口大断裂及恒山山前断裂所控制。喜马拉雅运动以来，山西地块受到强有力的拉张应力影响，使山西北部地区形成复式向斜和拉张裂陷。桑干河新裂陷内有与裂陷边缘断裂相平行、垂直或斜交的隐伏断（阶）块，将盆地基底切割成许多块段，由于断裂构造发育展布方向及不均匀下沉，盆地内形成次一级隆起与凹陷，将盆地区地热田切割成许多小块地热田。该热田热储层分别为变质岩，古近系、新近系砂岩及奥陶系石灰岩，变质岩顶板标高为200～780m，盆地区古近系、新近系砂岩顶板标高380m～1000m，奥陶系顶板标高750m左右。

根据盆地内断裂、隆起和凹陷分布情况和热储层的埋藏条件，大同盆地地热田划分为五个地热田亚区，分别为I_1天镇-阳高裂陷地热田、I_2毛家皂断凸地热田、I_3山阴断阶地热田、I_4马营庄断凹地热田、I_5朔县断凸地热田，总面积为5028.061km^2。

地热田内共调查28处地热井，其中大同市天镇县19眼、阳高县6眼、大同县1眼、朔州市朔城区2眼。地热井出口水温一般为25～45℃左右，局部达到60℃和101℃，最高达104℃。属“温水”“温热水”低温地热资源，局部属于“中温地热资源”。其中I_1区地热田有地热井25眼，单井涌水量一般为45～60m^3/h，少数达到75m^3/h；I_2区地热田有地热井1眼，单井涌水量为35m^3/h；I_3、I_4区地热田无地热井开发，I_5区地热田有2眼地热井，单井涌水量为8～25m^3/h，最高达100m^3/h；该热田属于“低温地热资源”分布区，局部属于“中温地热资源”分布区。

（2）忻州盆地地热田主要受边山断裂所控制，盆地内发育着与盆地边缘断裂相平行、垂直或斜交的隐伏断（阶）块并将盆地基底切割成许多块段，由于断裂构造不断发育和不均匀下沉，致使盆地内形成次一级隆起与凹陷，这些断裂将盆地切割成许多小块地热田。该地热田热储层主要为AsH变质岩，变质岩顶板标高为370～720m，变质岩热储-盖层为第四系和古近系、新近系（Q+N）松散层，盖层厚度一般在180～400m。

根据地热田所处构造部位、地层及温度场分布的差异性，将忻州盆地地热田划分为：$Ⅱ_1$大营地热田、$Ⅱ_2$奇村地热田、$Ⅱ_3$顿村地热田、$Ⅱ_4$汤头地热田、$Ⅱ_5$忻定地热田，地热田总面积为1458.231km^2。

地热田内共调查地热井31眼，其中，忻州市原平市六眼、忻府区20眼、定襄县五眼。地热井出口水温一般为35.4～55.8℃，局部达到58℃，最高达60℃，属“温热水”低温地热资源。其中，$Ⅱ_1$区地热田有地热井六眼，单井涌水量一般为20～60m^3/h；$Ⅱ_2$区地热田有地热井11眼，单井涌水量为20～50m^3/h；$Ⅱ_3$地热田有地热井九眼，单井涌水量为35～50m^3/h；$Ⅱ_4$地热田有地热井五眼，单井涌水量为20～45m^3/h，$Ⅱ_4$地热田有自流井一眼，位于山西省忻州市定襄县受录乡上汤头村东南，野外编号为JSX38（DX_2），自流量为25m^3/h，该热田属于“低温地热资源”分布区。

（3）太原盆地热田以西边山大断裂为西界，以东边山大断裂为东界，以三给地垒南边为北界，以三泉、东许断裂为南界。该热田热储层分别为二叠系和三叠系砂岩和古近系、新近系未胶结砂岩及奥陶系石灰岩。二叠系和三叠系砂岩顶板标高为-1230～-665m，盆地区古近系、新近系砂岩顶板标高205～330m，奥陶系顶板标高-1752～650m。

根据热储层、地温场分布情况及所处的构造部位的不同，将太原盆地地热田从北到南划分为11处地热田，即$Ⅲ_1$太原城区凹陷、$Ⅲ_2$西铭断阶、$Ⅲ_3$城东断阶、$Ⅲ_4$亲贤地垒、$Ⅲ_5$西边山断阶、$Ⅲ_6$晋源凹陷、$Ⅲ_7$黄陵-西温庄隆起、$Ⅲ_8$清交凹陷区、$Ⅲ_9$榆次东部断阶、$Ⅲ_{10}$候城-平遥断凹、$Ⅲ_{11}$孝义东部断阶地热田，总面积为4932.824km^2。

地热田内共调查28处地热井，其中太原市分布13眼、晋中市太谷县一眼、平遥县四眼、祈县四眼、榆次区四眼、灵石县两眼。地热井出口水温一般为31～58℃左右，局部达到63℃甚至达75℃，最高为81℃，属“温水”、“温热水”、“热水”低温地热资源。$Ⅲ_3$地热田有地热井两眼，地热井单井涌水量分别为30m^3/h（野外编号TY_7）、120m^3/h（野外编号TY_8）；$Ⅲ_4$区有地热井四眼，单井涌水量为60～70m^3/h，局部单井涌水量可达250m^3/h；$Ⅲ_5$区有地热井四眼，单井涌水量为60～80m^3/h，局部单井涌水量为105m^3/h；$Ⅲ_7$区有地热井两眼，单井涌水量为40～55m^3/h；$Ⅲ_{8b}$区有地热井三眼，单井涌水量为30～45m^3/h，有自流井一眼；$Ⅲ_{8c}$区有地热井三眼，单井涌水量为30～40m^3/h；$Ⅲ_9$区有地热井两眼，单井涌水量为40～50m^3/h；$Ⅲ_{10}$区有地热井三眼，单井涌水量为30～45m^3/h；$Ⅲ_{11}$区有地热井两眼，单井涌水量为30～50m^3/h；太原盆地内地热自流井有四眼，分别位于$Ⅲ_4$区地热井（编号为JSX_{71}，野外编号TY_2）和（编号JSX_{74}，野外编号TY_1）；位于$Ⅲ_5$区地热井（编号为JSX_{80}，野外编号TY_{13}），位于$Ⅲ_{8B}$区地热井（编号为JSX_{99}，野外编号PY_2），该热田属于“低温地热资源”分布区。

（4）临汾、运城新裂陷地热异常区边界条件主要受东西边山的吕梁山、霍山和中条山山前大断裂控制。喜马拉雅运动以来，受到强有力的拉张应力影响，使山西南部形成复式向斜和拉张断陷盆地。由于临汾运城盆地内断裂构造发育展布方向各异而且盆地不均匀沉降，裂陷内多形成次一级断裂，极易形成隆起和凹陷断块并将临汾运城新裂陷基底切割成大小块段，不同块段即可以分为一处地热田。该热田热储层分别为古近系、新近系未胶结砂岩及奥陶系石灰岩，局部为二叠系和三叠系砂岩。二叠系和三叠系砂岩顶板标高为-250～-280m，盆地区古近系、新近系砂、砾岩顶板标高-225～0m，奥陶系顶板标高-2230～500m。热储层上覆石炭系、二叠系、三叠系及古近系、新近系、第四系大部为泥岩、页岩和黏性土，具有良好的阻水隔热性能，构成良好的热储-盖层。

根据裂陷内断裂、隆起和凹陷分布情况以及热储层埋藏条件，临汾、运城盆地进一步划分为17处地热田（临汾盆地10处，运城盆地7处），热田总面积10228.419km²，其中临汾盆地热田面积4765.456km²，运城盆地热田面积5462.963km²。

临汾盆地地热田共调查80眼地热井，临汾市洪洞县一眼、尧都区八眼、襄汾县22眼、新绛县18眼、翼城县两眼、曲沃县12眼、侯马市五眼；运城市河津市七眼、万荣县一眼、稷山县四眼归于临汾地热田。地热井出口水温一般为25～60℃，属“温水”“温热水”低温地热资源。该热田中，$Ⅳ_1$地热田有地热井一眼，单井涌水量为30.17m³/h（野外编号HT1）；$Ⅳ_3$地热田有地热井两眼，地热井单井涌水量为20～30m³/h；$Ⅳ_5$区有地热井四眼，单井涌水量为60～70m³/h，其中位于临汾市尧都区贾得乡东亢村西20m的地热井单井涌水量可达100m³/h（野外编号YD_7）；$Ⅳ_6$区有地热井四眼，单井涌水量为35～50m³/h；$Ⅳ_7$区有地热井38眼，单井涌水量为45～65m³/h，局部单井涌水量可达80～130m³/h，主要位于临汾市襄汾县西贾乡-赵康镇附近涌水量最大；$Ⅳ_8$区有地热井八眼，单井涌水量为40～50m³/h，其中位于临汾市翼城县南梁镇牛家坡村和临汾市曲沃县高显镇高显村的地热井单井涌水量可达60～70m³/h；$Ⅳ_9$区有地热井11眼，单井涌水量为40～60m³/h。临汾盆地内地热自流井有10眼，其中$Ⅳ_1$区一眼、$Ⅳ_3$区两眼、$Ⅳ_8$区四眼、$Ⅳ_9$区一眼、$Ⅳ_{10}$区两眼，该热田属于“低温地热资源”分布区。

运城盆地地热田共调查37眼地热井，运城市闻喜县四眼、万荣县一眼、稷山县四眼、临猗县八眼、新绛县四眼、夏县七眼、盐湖区七眼、永济市一眼等。地热井出口水温一般为30～58℃，属“温水”“温热水”低温地热资源，局部区域出口水温高达61～68℃，属于“热水”低温地热资源。运城盆地内$Ⅴ_{11}$地热田有地热井五眼，单井涌水量为15～20m³/h；$Ⅴ_{12}$地热田有地热井11眼，地热井单井涌水量为35～50m³/h；$Ⅴ_{13}$区有地热井四眼，单井涌水量为30～45m³/h；$Ⅴ_{14}$区有地热井17眼，单井涌水量为40～60m³/h，其中盐湖区禹香苑小区（编号为JSX216、野外编号YC4）单井涌水量可达70m³/h，永济县河东大道海纳游泳馆西20m（编号为JSX223、野外编号YJ1），单井涌水量可达80m³/h，夏县南山底附近水量减少，降为20～35m³/h。运城盆地内地热自流井有1眼，位于运城市临猗县角杯镇杨范村西南冲沟，属$Ⅴ_{12}$地热田，水头高出地面5m。运城地热田属于“低温地热资源”分布区。

二、地热资源量

山西省的热储类型分为五类，一类为孔隙型层状热储层（松散盐类），以新近系（N_2）、古近系（E）砾岩、中粗粒砂岩为主，主要分布于大同、太原、临汾和运城盆地；二类为裂隙型层状热储层（变质岩类），主要为太古宇（Ar）、元古宇（Pt）变质岩，分布于大同、忻定两大盆地；三类为岩溶型层状热储层（碳酸盐岩类），主要为寒武系（Є）、中奥陶统（O_2）碳酸盐岩，分布于晋中、临汾、运城三个盆地和鄂尔多斯盆地东缘和沁水煤盆地；四类裂隙型层状热储层（碎屑盐类），主要为二叠系（P）、三叠系（T）砂页岩，仅分布于晋中、临汾盆地热田亚区内，分布范围小；五类为裂隙型带状层状复合热储层（变质岩类），主要为太古宇（Ar）变质岩，主要分布于大同浑源汤头和阳泉盂县寺坪安地热异常区。

山西省沉积盆地型地热资源第一类热储层为孔隙型层状热储层（松散盐类），主要为新近系（N_2，局部为N_1）和古近系（E），岩性主要为砾岩、中粗粒砂岩等。在计算深度范围内，地热资源量总计为2.009×10^{17}kJ，折合标准煤6.858×10^{9}t，地热资源可开采量合计为4.823×10^{16}kJ，折合标准煤1.646×10^{9}t，地热流体储存量为$3.483\times10^{11}m^3$，地热流体可开采量为$1.677\times10^{8}m^3/a$，地热流体可开采热量为3.180×10^{13}kJ/a，折合标准煤1.085×10^{6}t/a；在考虑回灌条件下，地热流体可开采量为$1.743\times10^{9}m^3/a$，地热流体可开采热量为3.336×10^{14}kJ/a，折合标准煤1.139×10^{7}t/a。

山西省沉积盆地型地热资源第二类热储层为裂隙型层状热储层（变质岩类），主要为太古宇、元古宇变质岩。在计算深度范围内，地热资源量总计为2.611×10^{16}kJ，折合标准煤8.910×10^{8}t，地热资源可开采量合计为2.611×10^{15}kJ，折合标准煤8.910×10^{7}t，地热流体储存量为$6.993\times10^{9}m^3$，地热流体可开采量为$7.668\times10^{5}m^3/a$，地热流体可开采热量为1.224×10^{11}kJ/a，折合标准煤4.177×10^{3}t/a；在考虑回灌条件下，地热流体可开采量为$3.187\times10^{8}m^3/a$，地热流体可开采热量为4.993×10^{13}kJ/a，折合标准煤1.704×10^{6}t/a。

山西省沉积盆地型地热资源第三类热储层为岩溶型层状热储层（碳酸盐岩类），主要为寒武系、中奥陶统碳酸盐岩，在计算深度范围内，地热资源量总计为5.190×10^{17}kJ，折合标准煤1.771×10^{10}t，地热资源可开采量合计为7.784×10^{16}kJ，折合标准煤2.657×10^{9}t，地热流体储存量为$6.873\times10^{11}m^3$，地热流体可开采量为$3.436\times10^{8}m^3/a$，地热流体可开采热量为7.770×10^{13}kJ/a，折合标准煤2.652×10^{6}t/a；在考虑回灌条件下，地热流体可开采量为$4.966\times10^{9}m^3/a$，地热流体可开采热量为1.021×10^{15}kJ/a，折合标准煤3.483×10^{7}t/a。

山西省沉积盆地型地热资源第四类热储层为裂隙性层状热储层（碎屑岩类），主要为二叠系、三叠系砂页岩等，在计算深度范围内，地热资源量总计为1.422×10^{17}kJ，折合标准煤4.853×10^{9}t，地热资源可开采量合计为1.422×10^{16}kJ，折合标准煤4.853×10^{8}t，地热流体储存量为$9.259\times10^{10}m^3$，地热流体可开采量为$1.029\times10^{7}m^3/a$，地热流体可开采热量为2.142×10^{12}kJ/a，折合标准煤7.309×10^{4}t/a；在考虑回灌条件下，地热流体可开采量为$1.175\times10^{9}m^3/a$，地热流体可开采热量为2.468×10^{14}kJ/a，折合标准煤8.423×10^{6}t/a。

山西省隆起盆地型地热资源包括岩溶型层状热储层（碳酸盐岩类），主要为中奥陶系碳酸盐岩，在计算深度范围内，地热资源量总计为8.738×10^{17}kJ，折合标准煤2.982×10^{10}t，地热资源可开采量合计为1.311×10^{17}kJ，折合标准煤4.473×10^{9}t，地热流体储存量为$1.835\times10^{12}m^3$，地热流体可开采量为$9.177\times10^{8}m^3/a$，地热流体可开采热量为1.322×10^{14}kJ/a，折合标准煤4.512×10^{6}t/a；在考虑回灌条件下，地热流体可开采量为$1.649\times10^{10}m^3/a$，地热流体可开采热量为2.296×10^{15}kJ/a，折合标准煤7.836×10^{7}t/a。

山西省隆起山地型地热资源主要为裂隙型带状层状复合热储层（变质岩类），地热资源总量为6.526×10^{15}kJ，折合标准煤2.227×10^{8}t，地热流体可开采量为$3.732\times10^{7}m^3/a$，地热流体可开采热量为4.415×10^{12}kJ/a，折合标准煤2.872×10^{5}t/a。

三、地热流体地球化学特征

1.地热流体水化学特征

1）隆起山地地热资源

从汤头地热田地热水水化学全分析结果看，汤头地热田热矿水属$SO_4\cdot Cl-Na$型水，其水质成分比较稳定。盂县寺平安地热田共测试了两组水质分析数据，热矿水水化学类型为$Cl \cdot SO_4$–Na型水。鄂尔多斯盆地东缘地热田未取样测试、区内水化学类型不详。沁水煤盆地地热田未取样测试、区内水化学类型不详。

2）沉积盆地地热资源

山西沉积盆地主要是汾渭沉积盆地。盆地地热田地热水水化学类型相对较复杂，各种类型的水均有分布，其中以$Cl \cdot SO_4$–Na型水最多，达到水样总量的26%；Cl–Na型水次之，达到水样总量的11%，$HCO_3 \cdot SO_4$–Na·Ca、$SO_4 \cdot Cl$–Na·Ca、$HCO_3 \cdot SO_4 \cdot Cl$–Na、$HCO_3 \cdot Cl$–Na型水所占样品比例均达到7%，以上水化学类型达到总水样数的65%。

其中，阳离子含量高的水化学类型有：Na型水60组，达到水样总量的60%；Na+Ca型水23组，达到水样总量的23%；Ca+Mg型水六组，达到水样总量的6%；Na+Mg型水四组，达到水样总量的4%；Na+Ca+Mg型水三组，水达到水样总量的3%。

其中阴离子含量高的水化学类型有：SO_4+Cl型水34组，达到水样总量的34%；HCO_3+SO_4型水16组；达到水样总量的16%；HCO_3+SO_4+Cl型水13组，达到水样总量的13%；SO_4型水12组，达到水样总量的12%；Cl型水11组，达到水样总量的11%。

2.理疗热矿水水质评价

山西省隆起山地型地热资源中理疗成分的数量和含量均少于沉积盆地型地热资源。其中，汾渭盆地低温地热区热矿水中理疗成分含量较高，除了溴、碘、钡以外，各成分均可以达到医疗热矿水的命名浓度。山西省地热田96%以上的水样富含氟、82%以上的水样富含偏硅酸、78%以上的水样富含偏硼酸；汾渭盆地区理疗成分较丰富，93%以上水样富含氟、79%以上的水样富含偏硅酸，75%以上的水样富含偏硼酸，以氟、偏硅酸、偏硼酸最为丰富，锶、铁、锂、氡次之。

氟、偏硼酸、偏硅酸这三种理疗成分在山西省境内的热矿水中含量丰富，几乎均有医疗价值，氟理疗成分几乎一半达到命名浓度；铁、锶、锂这三种理疗成分目前仅在沉积盆地型地热资源分布区；氡成分浓度具有理疗价值的热矿水则主要分布在盂县寺平安地热田和汾渭盆地区的局部地区；盂县寺平安热田除氡含量达到命名浓度外，其他理疗成分含量很少。

3.地热流体腐蚀性评价

隆起山地型盂县寺平安地热田和浑源汤头地热田地热流体基本为非腐蚀性水；汾渭盆地大部分地热田地热流体不具有腐蚀性，腐蚀性水和半腐蚀性水占测试水样的4%和7%，非腐蚀性水占到测试水样的86%。

4.地热流体结垢评价

本次所取地热流体样品中，锅垢很少及锅垢少的水样占32%，锅垢多及锅垢很多的水样占68%；各地热田中，汾渭盆地地热田水样结垢严重，结垢很多的水样分别占48%和20%，结垢很少，结垢少的水样分别占14%和15%，而隆起山地地热田水样结垢最少，结垢少及结垢很少的水样仅占3%。

四、地热资源开发利用历史及现状

1.开发利用历史

山西是古人类发源地之一，山西地热资源利用有着悠久的历史，据现有史料的文字记载已可推知，山西早在3000多年前就有地热利用的记载。依《恒山志·水志》中记载："其水东迁上曲阳县古城北，本岳牧朝宿之邑也。古者天子巡狩，常以岁十一月至于北岳，侯伯皆有汤沐，邑以自斋洁。周昭王南征不远，巡狩礼废，邑郭仍存。"可知北岳恒山位于山西省浑源县境内，11月的气温已较低，但仍能在水中沐浴，其水温定要高出此时当地气温很多，说明彼时此处已有古人利用地热温泉沐浴。

新中国成立前，山西没有一所温泉疗养院，地热利用仍停留在少数人洗浴及日常生活所用，至20世纪50年代，在国家提出温泉资源为人民群众服务的口号后，全国各地开始兴建疗养院。山西起步较晚，直到20世纪70年代，山西群众在打井开发地下热水的高潮中，发现了多处地下热水点，于70～80年代开始兴建疗养院，如浑源汤头温泉、忻州奇村温泉、盂县寺平安温泉、夏县南山底温泉疗养院等；在80～90年代地热水开始用于矿泉水开发、热带鱼养殖、大棚灌溉，如临汾东亢、榆次西窑的饮用矿泉水，清徐、新绛古堆的罗非鱼养殖等都很有名。

20世纪90年代以后，旅游业逐渐成为各地区重要的新型支柱产业。人们也逐渐从单纯走马观花式游山玩水的视觉旅游向追求身心健康、回归自然的感觉旅游转变，泡温泉无疑就是最能吸引游客的一个感觉旅游卖点，因此开发温泉旅游倍受开发商青睐。温泉旅游首先从海南、广东等地的大规模、高档次温泉旅游开发开始，然后全国各地紧跟潮流不断开发升级，呈现井喷式的温泉旅游开发态势。温泉旅游也成为90年代以后地下热水开发的主要趋势。

山西地下热水温度适宜，水质对人的身体有一定的疗养和保健作用，开发温泉旅游具有天然的优势，而山西又是一个旅游大省，有许多历史悠久的人文景观和独特的自然景观，因此开发温泉旅游是非常适宜的。当前，由于看到了山西温泉旅游的巨大市场和潜力，开发商积极投资山西温泉开发。这个时期在原有疗养院基础上进行了改造和升级的温泉度假村有：忻州奇村、浑源汤头、盂县寺平安、原平大营、夏县南山底温泉旅游度假村；进行了大规模开发利用的有：忻州顿村、太原神堂沟温泉度假村等。

2.开发利用现状

山西省地热资源属于"中低温地热资源"。截至2014年4月底，全省共确定地热田46处，其中40处位于沉积盆地区，6处位于隆起山地区。沉积盆地区内已开发的有29处，已利用的有24处；山地区已开发的有6处，已利用的有4处。山西此次共调查地热井224眼。大同盆地地热异常区调查地热井28眼；忻州地热异常区调查地热井31眼；太原盆地地热异常区调查地热井27眼；临汾盆地地热异常区调查地热井27眼；运城盆地地热异常区调查地热井37眼；隆起山地区调查地热井21眼等。

按照行政区域划分：

大同市共调查地热井27眼，其中开发利用的20眼。天镇县调查地热井19眼，16眼开发利用；阳高县调查地热井六眼，三眼开发利用；大同县调查地热井一眼未利用；浑源县调查地热井一眼并开发利用。

朔州市共调查地热井两眼并开发利用。

忻州市共调查地热井31眼，其中28眼开发利用。原平市调查地热井六眼均开发利用；定襄县调查地热井五眼，四眼开发利用；忻府区调查地热井20眼，18眼开发利用。

太原市调查地热井13眼，其中10眼开发利用。杏花岭区调查两眼并开发利用；万柏林区调查七眼均开发利用；小店区调查三眼未利用；清徐县调查一眼并开发利用。

晋中市调查地热井20眼，其中八眼开发利用。榆次区调查六眼，两眼开发利用；太谷县调查三眼未利用；祁县调查四眼，三眼开发利用；平遥县调查四眼，两眼开发利用；灵石县调查两眼，一眼开发利用；榆社县调查一眼未利用。

临汾市调查地热井51眼，其中40眼开发利用。洪洞县调查一眼并开发利用；古县调查一眼并开发利用；尧都区调查八眼，六眼开发利用；襄汾县调查22眼，19眼开发利用；翼城县调查两眼且开发利用；曲沃县调查12眼，八眼开发利用；侯马市调查五眼，三眼开发利用。

运城市调查地热井66眼，其中40眼开发利用。新绛县调查22眼，16眼开发利用；稷山县调查九眼，八眼开发利用；河津市调查七眼，五眼开发利用；万荣县调查一眼并开发利用；闻喜县调查四眼，两眼开发利用；夏县调查七眼均开发利用；临猗县调查八眼，五眼开发利用；盐湖区调查七眼，五眼开发利用；永济市调查一眼并开发利用。

吕梁市调查地热井五眼，均未利用，其中临县调查四眼，柳林县调查一眼。

阳泉市调查地热井七眼，全部分布在盂县，两眼开发利用。

长治市调查地热井一眼，位于沁源县，未利用。

晋城市调查地热井一眼，位于沁水县，未利用。

在调查的所有地热井中，25℃≤T<40℃“温水”地热井107眼，占总数的47.77%；40℃≤T<60℃“温热水”地热井99眼，占总数44.20%；60℃≤T<90℃“热水”地热井16眼，占总数7.14%；T>90℃“中温”地热井两眼，占总数0.89%。截至本次调查结束，全省达到“中温地热资源”的地热井有两处，分别位于大同盆地的天镇县和阳高县，野外编号为TZ6和YG3，井口出水温度分别为101℃和104℃。“低温地热资源”中达到“热水”级别的地热井一共16眼，分布在运城、太原、大同、临汾盆地热田和太行山穹状隆起带，而忻州盆地和沁水煤盆地已开采地热井以温热水和温水为主，鄂尔多斯盆地东缘调查的5眼地热井均为温水。各地热田调查的地热井中自流井有20眼，均位于盆地区。

目前全省地热资源开发利用形式有洗浴、医疗保健、休闲、娱乐、温泉度假、饮用、供暖、养殖、灌溉、地震监测等。已开发的224眼地热井中已经利用的有160眼，利用形式以农田灌溉、养殖、供水、饮用、工业用水、矿泉水生产的为主的有75眼，用于洗浴、疗养、游泳、供暖的有79眼，用于地震观测、水文监测的有六眼。剩余64眼地热井的现状为：报废、填埋、暂停使用或者不开采。

第二节 温 泉

SXQ001 浑源汤头温泉

位置：大同市浑源县王庄堡镇汤头温泉疗养院东50m，海拔1120m。

概况：地貌属隆起山地区冲洪积河谷及阶地区，热田周边地形起伏较大。温泉主要热储层为太古宙黑云斜长片麻岩，盖层则为第四系松散层。据物探推测，汤头地热田基岩热储层埋深由北向南逐渐加深，最深处达80m，其上覆盖着6.6～80m厚的第四系松散层，有效热储层厚度60m，热储温度60℃。

现温泉已消失，现地热井井深为63m，取水段顶底板埋深为50～63m，水位埋深为8.6m，水位标高为1111m，井口水温为61℃，单井涌水量为15m³/h。地热水水化学类型为SO_4·Cl-Na型水，矿化度为868.95mg/L。

温泉有益矿物质元素：H_3BO_3含量达到有医疗价值浓度，测试浓度为1.42mg/L，H_2SiO_3含量达到命名矿水浓度，测试浓度为113mg/L，F含量达到命名矿水浓度，测试浓度为13.4mg/L，是全省偏硅酸含量最高的热矿水。

水化学成分：2003年6月和2013年9月14日分别对温泉和地热井进行了取样测试（表5.1、表5.2）。

开发利用：汤头温泉开发利用已有2000多年历史，并以"能愈百疫"而闻名于世。温泉正式开发于1967年，由于热矿水医疗价值高，适合疗养理疗，到目前为止，汤头温泉主要用于疗养院疗养、洗浴和供暖（疗养院内部供暖），汤头温泉疗养院有床位150张，日用水量200m³左右。如果按日开采量1300m³计算，可以满足1550张床位的用水量，其潜力巨大（图5.3）。

表5.1 浑源汤头温泉化学成分（2003年6月） （单位：mg/L）

T_S/℃	pH	TDS	Na^+	K^+	Ca^{2+}	Mg^{2+}
62.5	8.1	905	130	nd.	4.16	5.22
Li	Rb	Sr	NH_4^+	CO_3^{2-}	HCO_3^-	SO_4^{2-}
na.	na.	na.	nd.	9.27	nd.	89.1
Cl^-	F^-	CO_2	SiO_2	HBO_2	$HAsO_3$	化学类型
135.9	15	na.	na.	na.	na.	Cl·SO_4-Na

表5.2 浑源汤头温泉化学成分（2013年9月14日） （单位：mg/L）

T_S/℃	pH	TDS	Na^+	K^+	Ca^{2+}	Mg^{2+}
61	8.81	897	260	8.44	17.5	0.62
Li	Rb	Sr	NH_4^+	CO_3^{2-}	HCO_3^-	SO_4^{2-}
0.178	na.	na.	<0.1	9.51	56.1	303
Cl^-	F^-	CO_2	SiO_2	HBO_2	$HAsO_3$	化学类型
145	13.4	0	nd.	1.42	0.0003	SO_4·Cl-Na

图 5.3 浑源汤头温泉变为地热井

SXQ002 盂县寺平安温泉

位置：阳泉市盂县梁家寨乡大崖庄村，海拔411m。

概况：地貌属中低山沟谷河流阶地。寺平安温泉热矿水的分布出露严格受构造与岩性控制，从热储层岩性上看，热水出露于太古宇龙华河群底部至榆林坪顶部的伟晶岩脉中；就构造而言，寺平安地热田热水属于隆起断裂型深循环脉状承压水。

原有温泉现已消失，现地热井井深120m，取水段顶底板埋深32～101m，水位埋深15m，水位标高396m，井口水温53.7℃，单井涌水量25m^3/h。水样测试水化学类型为Cl·SO_4-Na·Ca型水，矿化度1054.05mg/L。

温泉有益矿物质元素：H_3BO_3含量达到医疗价值浓度，测试浓度为3.08mg/L；H_2SiO_3含量达到命名矿水浓度，测试浓度为78.2mg/L；F^-含量达到命名矿水浓度，测试浓度为5.4mg/L。

水化学成分：2013年11月12日对地热井进行了取样测试（表5.3）。

开发利用：寺平安温泉开发利用已有1400多年历史，人称“神水”“热河”，以“能治百病”闻名。该井成井于1982年，自20世纪90年代成井开发利用以来，由于热矿水医疗价值高，适合疗养理疗。该井水温较高，水量较大，目前热矿水主要用于洗浴、游泳（图5.4）。

表5.3　盂县寺平安温泉化学成分　（单位：mg/L）

T_s/℃	pH	TDS	Na^+	K^+	Ca^{2+}	Mg^{2+}
53.7	8.32	1084	284	7.63	57.7	0.47
Li	Rb	Sr	NH_4^+	CO_3^{2-}	HCO_3^-	SO_4^{2-}
0.314	na.	na.	<0.1	3.8	59.9	313
Cl^-	F^-	CO_2	SiO_2	HBO_2	$HAsO_3$	化学类型
268	5.4	0	nd.	3.08	0.0011	$Cl·SO_4$–$Na·Ca$

图 5.4　盂县寺平安温泉变为地热井

第三节　代表性地热井

SXJ001 天镇马圈养地热井

位置： 天镇县谷前堡镇马圈痒村铁路以北500m。

井深： 500m。

孔径： 0.3m。

井口温度： 104℃。

热储层特征： 热储层为N_2+Ar，厚度为250m；盖层为Q，厚度为251.96m。取水段顶底板埋深300～500m，水位埋深1.0m，水位标高1058m，井口水温104℃，孔底温度116.5℃，单井涌水量840m^3/d左右。

水化学成分： 未进行取样测试。

开发利用： 地热井2009年成井后一直未利用。该井水温高、水量大，发展前景良好。该地热井不仅可以向城区供暖，也可以开发建造大型疗养院。

SXJ002 阳高平山地热井

位置： 山西省大同市阳高县罗文皂镇平山村。

井深： 178m。

孔径： 0.3m。

井口温度： 104℃。

热储层特征： 热储层为N_2+Ar，厚度为56.5m；盖层地质时代为Q，厚度为113.5m。取水段顶板埋深113.5m，水位埋深113.5m，水位标高1002m，井口水温104℃，单井涌水量50m^3/h左右。

水化学成分： 未进行取样测试。

开发利用： 地热井2009年成井后一直未利用。水温高，水量大，发展前景良好。该地热井不仅可以向城区供暖，也可以开发建造大型疗养院。

SXJ003 大同李汪涧地热井

位置： 大同市大同县瓜园乡李汪涧村西北100m。

井深： 605m。

孔径： 0.3m。

井口温度： 44℃。

热储层特征： 热储层为N_2+Ar，厚度为245m；盖层为Q，厚度为360m。取水段埋深315～605m，水位埋深1.78m，水位标高1018.28m，井口水温44℃，单井涌水量35m^3/h左右。

水化学成分： 2013年9月25日进行了取样测试（表5.4）。

表5.4 大同李汪涧地热井化学成分 （单位：mg/L）

T_S/℃	pH	TDS	Na^+	K^+	Ca^{2+}	Mg^{2+}
44	8.32	1454	438	4.46	21.5	7.46
Li	**Rb**	**Sr**	**NH_4^+**	**CO_3^{2-}**	**HCO_3^-**	**SO_4^{2-}**
0.0218	na.	na.	0.1	3.8	151	394
Cl^-	**F^-**	**CO_2**	**SiO_2**	**HBO_2**	**$HAsO_3$**	**化学类型**
369	0.5	0	nd.	3.68	0.0024	Cl·SO_4–Na

开发利用： 成井于2011年7月，目前未开发利用。该热水井水温较高，水量较大，适合进行洗浴疗养、游泳、种植等开发模式。

SXJ004 朔州福善庄地热井

位置： 朔州市朔城区福善庄乡福善庄村东400m。

井深： 900m。

孔径： 0.325m。

井口温度： 25℃。

热储层特征： 热储层为奥陶系石灰岩，厚度为560m；盖层为Q+N_2松散岩类地层，厚度为340m。取水段顶底板埋深340～900m。该井为自流井，水位埋深2m，水位标高1052m，井口水温25℃，单井自流量8m^3/h。

水化学成分： 2013年9月27日进行了取样测试（表5.5）。

表5.5　朔州福善庄地热井化学成分　　（单位：mg/L）

T_S/℃	pH	TDS	Na^+	K^+	Ca^{2+}	Mg^{2+}
21.9	8.26	432	20.9	1.76	51.5	25.6
Li	Rb	Sr	NH_4^+	CO_3^{2-}	HCO_3^-	SO_4^{2-}
0.0073	na.	na.	<0.1	4.27	235	59
Cl^-	F^-	CO_2	SiO_2	HBO_2	$HAsO_3$	化学类型
13.9	0.51	0	nd.	<0.37	0.0008	HCO_3-Ca·Mg

开发利用： 地热井成井于1983年，原用于农田灌溉，现主要用于生活饮用水。

SXJ005 原平新康力游泳馆地热井

位置： 山西省忻州市原平市沿沟乡王董堡里村新康力温泉游泳馆。

井深： 539.4m。

孔径： 0.127m。

井口温度： 55.8℃。

热储层特征： 热储层为Ar，厚度为55.53m；盖层为Q+N_2，厚度为483.83m。取水段顶底板埋深483.83～539.36m，水位埋深9.86m，水位标高828.14m，井口水温55.8℃，单井涌水量26m^3/h左右。

水化学成分： 2013年10月10日进行了取样测试（表5.6）。

表5.6　原平新康力游泳馆地热井化学成分　　（单位：mg/L）

T_S/℃	pH	TDS	Na^+	K^+	Ca^{2+}	Mg^{2+}
55.8	9.14	/	267	5.34	92.2	4.66

续表

Li	Rb	Sr	NH_4^+	CO_3^{2-}	HCO_3^-	SO_4^{2-}
0.0890	na.	na.	<0.1	12.8	0	221
Cl^-	F^-	CO_2	SiO_2	HBO_2	$HAsO_3$	化学类型
435	5.83	0	nd.	5.45	0.0003	Cl·SO_4–Na·Ca

开发利用：该井自1987年11月成井以来，由于热矿水医疗价值高，适合疗养、理疗，对身体有益处。开发利用以来，该井主要用于疗养、洗浴、游泳。

SXJ006 定襄上汤头地热井

位置：山西省忻州市定襄县受录乡上汤头村东南。

井深：150m。

孔径：0.3m。

井口温度：53.8℃。

热储层特征：热储层为Ar，厚度为80m；盖层为Q，厚度为70m。取水段顶底板埋深71～150m，水位埋深1.0m，水位标高774m，井口水温53.8℃，单井涌水量312m^3/d左右。

水化学成分：2013年9月28日进行了取样测试（表5.7）。

表5.7 定襄上汤头地热井化学成分 （单位：mg/L）

T_S/℃	pH	TDS	Na^+	K^+	Ca^{2+}	Mg^{2+}
53.8	8.21	2579	402	10.1	361	4.66
Li	Rb	Sr	NH_4^+	CO_3^{2-}	HCO_3^-	SO_4^{2-}
0.142	na.	na.	<0.1	2.14	15.2	1234
Cl^-	F^-	CO_2	SiO_2	HBO_2	$HAsO_3$	化学类型
422	5.11	0	nd.	2.62	0.0012	SO_4·Cl–Ca·Na

开发利用：自流井成井于2013年，至今尚未利用。由于热矿水医疗价值高，适合疗养、理疗，对身体有益处。该井水量较丰富，开发利用以疗养、洗浴、游泳为主。

SXJ007 忻州顿村村委会地热井

位置：山西省忻州市忻府区秦城乡顿村村委会院内。

井深：300m。

孔径：0.127m。

井口温度：42.3℃。

热储层特征：主要热储层为Ar，厚度为128.6m；盖层为Q+N_2，厚度为171.4m。取水段顶板埋深60.3m，水位埋深39.3m，水位标高756.7m。井口水温42.3℃，单井涌水量40m^3/h左右。

水化学成分：2013年10月12日进行了取样测试（表5.8）。

表5.8 忻州顿村村委会地热井化学成分 （单位：mg/L）

T_s/℃	pH	TDS	Na^+	K^+	Ca^{2+}	Mg^{2+}
42.3	7.88	/	284	6.86	155	1.4
Li	Rb	Sr	NH_4^+	CO_3^{2-}	HCO_3^-	SO_4^{2-}
0.0402	na.	na.	<0.1	0	73.5	691
Cl^-	F^-	CO_2	SiO_2	HBO_2	$HAsO_3$	化学类型
155	4.4	3.12	nd.	1.84	0.0002	SO_4–Na·Ca

开发利用：地热井成井于1998年，由于热矿水医疗价值高，适合疗养、洗浴，对身体有益处。该井水量丰富，成井后热矿水主要用于村民洗浴，推动了当地的农村生活条件的改善和生活水平的提高。

SXJ008 忻州卢野大队地热井

位置：山西省忻州市忻府区长征街道办事处卢野村大队澡堂西100m。

井深：450m。

孔径：0.273m。

井口温度：38℃。

热储层特征：热储层为Ar，厚度为215m；盖层为Q+N_2，厚度为210m。取水段顶底板埋深210～425m，水位埋深36.8m，水位标高757.2m，井口水温38℃，单井涌水量45m^3/h。

水化学成分：2013年10月24日进行了取样测试（表5.9）。

表5.9 忻州卢野大队地热井化学成分 （单位：mg/L）

T_s/℃	pH	TDS	Na^+	K^+	Ca^{2+}	Mg^{2+}
38	8.98	/	238	6.7	53	0.47
Li	Rb	Sr	NH_4^+	CO_3^{2-}	HCO_3^-	SO_4^{2-}
0.148	na.	na.	<0.1	7.6	9.67	287
Cl^-	F^-	CO_2	SiO_2	HBO_2	$HAsO_3$	化学类型
238	7.85	0	nd.	2.56	0.001	Cl·SO_4–Na

开发利用：热井成井于1988年，成井后热矿水主要用于洗浴，由于热矿水医疗价值高，适合疗养、洗浴，对身体有益处。该井水量丰富，推动了当地的经济发展，提高了当地的生活水平。

SXJ009 杏花岭杨家峪供水站地热井

位置：太原市杏花岭区杨家峪村供水站内。

井深： 1116m。

孔径： 0.127m。

井口温度： 33℃。

热储层特征： 热储层为O_2，厚度为310m；盖层为$Q+N_2+P+C$，厚度为806m。取水段顶板埋深806m，水位埋深120m，水位标高831m，井口水温33℃，单井涌水量120m^3/h左右。

水化学成分： 未进行取样测试。

开发利用： 地热井成井于1990年，热矿水主要用于生活饮用和农田灌溉，大大促进了当地的经济发展和生活水平的提高。

SXJ010 太原农展馆地热井

位置： 山西省太原市农展馆对面汇展宾馆院内。

孔径： 0.127m。

井口温度： 50℃。

热储层特征： 热储层为奥陶系石灰岩，厚度为310m；盖层为$Q+N_2+T_1+P_2+C$，厚度为1215.0m。取水段顶底板埋深1215.0～1690.5m，水位埋深1.5m，水位标高795.5m，井口水温50℃，单井自流量78m^3/h左右。

水化学成分： 2014年3月10日进行了取样测试（表5.10）。

表5.10 太原农展馆地热井化学成分 （单位：mg/L）

T_s/℃	pH	TDS	Na^+	K^+	Ca^{2+}	Mg^{2+}
50	7.52	2172	17.4	9.24	442	99.7
Li	Rb	Sr	NH_4^+	CO_3^{2-}	HCO_3^-	SO_4^{2-}
0.0649	na.	na.	<0.1	0	222	1318
Cl^-	F^-	CO_2	SiO_2	HBO_2	$HAsO_3$	化学类型
16.5	2.25	3.12	nd.	<0.29	0.0005	SO_4–Ca·Mg

开发利用： 热水井成井于2004年，热矿水主要为农展馆小区供暖，为小区的供热提供了环保而且节能的地热水资源。

SXJ011 山西旅游技术学院地热井

位置： 山西省太原市许坦街山西省旅游技术学院。

井深： 1167m

孔径： 0.325m。

井口温度： 32℃。

热储层特征： 热储层为奥陶系石灰岩，厚度为273.44m；盖层为$Q+N_2+T+P+C$，厚度为893.56m。

取水段顶底板埋深893.56～1167m，水位埋深150m，水位标高680m，井口水温32℃，单井自流量55m³/h左右。

水化学成分： 未进行取样测试。

开发利用： 地热井成井于1991年，现未开采，由于该井水量较大、水温较低，开发利用应以养殖、种植和饮用为主。

SXJ012 清徐平泉地热井

位置： 太原市清徐县清源镇平泉村东口。

井深： 100m。

孔径： 0.273m。

井口温度： 25℃。

热储层特征： 热储层为奥陶系石灰岩，厚度为20m；盖层为Q，厚度为80m。取水段埋深80m，该井为自流井，水位标高791m，井口水温25℃，单井涌水量85m³/h。

水化学成分： 2013年10月16日进行了取样测试（表5.11）。

表5.11 清徐平泉地热井化学成分 （单位：mg/L）

T_s/℃	pH	TDS	Na^+	K^+	Ca^{2+}	Mg^{2+}
25	7.25	1446	41.6	2.1	264	70.3
Li	Rb	Sr	NH_4^+	CO_3^{2-}	HCO_3^-	SO_4^{2-}
0.0454	na.	na.	<0.1	0	234	775
Cl^-	F^-	CO_2	SiO_2	HBO_2	$HAsO_3$	化学类型
19.1	1.4	11.7	nd.	<0.266	<0.0002	SO_4–Ca·Mg

开发利用： 地热井成井于2013年8月，由于水温低、水量大，热矿水主要用于农田灌溉。

SXJ013 榆次全润园小区地热井

位置： 晋中市榆次区安宁东街北全润园小区内。

井深： 2703m。

孔径： 0.127m。

井口温度： 58℃。

热储层特征： 热储层厚度为300m；盖层为Q+N+T+P+C，厚度为2400m。取水段顶底板埋深2400～2700m，水位埋深192.4m，水位标高667.6m，井口水温58℃，单井涌水量40m³/h左右。

水化学成分： 未进行取样测试。

开发利用： 地热井成井于2011年，热矿水主要用于小区的洗浴、供暖用水。

SXJ014 榆次经纬总厂地热井

位置：晋中市榆次区经纬总厂办公大楼东50m。

井深：2983.66m。

孔径：0.127～0.178m。

井口温度：75℃。

热储层特征：热储层为奥陶系石灰岩，厚度为343.66m；盖层为第四系、古近系、新近系及二叠系、三叠系、石炭系砂页岩，厚度为2640m。取水段顶底板埋深2640～2983.66m，水位埋深185.1m，水位标高600m，井口水温75℃，单井涌水量30.76m^3/h。

水化学成分：未进行取样测试。

开发利用：地热井成井于2009年10月12日，成井后一直未利用。

SXJ015 太谷梅苑山庄地热井

位置：晋中市太谷县梅苑山庄东湖宾馆后山顶。

井深：2520m。

孔径：0.273m。

井口温度：56℃。

热储层特征：热储层为奥陶系，厚度为658m；盖层为Q+T+P+C，厚度为1850m。取水段顶底板埋深1850～2580m，水位埋深260m，水位标高741m，井口水温56℃，单井涌水量40m^3/h。

水化学成分：未进行取样测试。

开发利用：地热井成井于2011年12月，至今未利用。由于水温较高、水量较大，该热矿水计划用于游泳、洗浴等。

SXJ016 祁县永兴庄地热井

位置：晋中市祁县西六支乡永兴庄村。

井深：3000m。

孔径：0.273m。

井口温度：33℃。

热储层特征：热储层为奥陶系，厚度为400m；盖层为Q+N+T+P+C，厚度为2600m。取水段顶底板埋深2600～3000m，水位埋深40.3m，水位标高725m，井口水温33℃，单井涌水量45m^3/h左右。

水化学成分：未进行取样测试。

开发利用：地热井成井于2012年，由于水温较低、水量较大，主要用于永兴庄村村民用水，现已停用。

SXJ017 平遥南梁村西南地热井

位置：山西省晋中市平遥县杜家庄乡南梁庄村西南1000m。

井深：2675m。

孔径：0.273m。

井口温度：54℃。

热储层特征：热储层为二叠系，厚度为980m；盖层为$Q+N_2+T$，厚度为1695m。取水段顶底板埋深1695～2675m，水位埋深2m，水位标高744m，井口水温54℃，单井涌水量45m^3/h左右。

水化学成分：2013年10月16日进行了取样测试（表5.12）。

表5.12 平遥南梁村西南地热井化学成分 （单位：mg/L）

T_S/℃	pH	TDS	Na^+	K^+	Ca^{2+}	Mg^{2+}
54	8.08	3312	888	4.56	96.1	34
Li	Rb	Sr	NH_4^+	CO_3^{2-}	HCO_3^-	SO_4^{2-}
0.0724	na.	na.	0.6	—	389	1599
Cl^-	F^-	CO_2	SiO_2	HBO_2	$HAsO_3$	化学类型
219	3.8	0.78	nd.	0.94	0.014	SO_4–Na

开发利用：该井成井于2005年，由于热矿水医疗价值高，水温较高、水量较大，适合疗养、理疗。地热井未利用，建议热矿水开发利用方向为洗浴、游泳及疗养。

SXJ018 灵石崇宁堡西北地热井

位置：晋中市灵石县静升镇静升村崇宁堡西北。

井深：1904m。

孔径：0.127m。

井口温度：42℃。

热储层特征：热储层为奥陶系石灰岩，厚度为487m；盖层为Q+P+C，厚度为1403m。取水段埋深1403m，水位埋深377m，水位标高580m，井口水温42℃，单井涌水量32m^3/h左右。

水化学成分：未进行取样测试。

开发利用：地热井成井于2009年，热矿水主要用于洗浴、疗养。

SXJ019 洪洞南段玉皇庙地热井

位置：山西省临汾市洪洞县辛村镇南段村西玉皇庙东50m。

井深：2650.96m。

孔径：0.152m。

井口温度： 75℃。

热储层特征： 热储层为奥陶系，厚度为527.96m；盖层为$Q+N_2+P+C$，厚度为2123m。取水段顶底板埋深2296.34～2650.96m，水位埋深1.5m，水位标高485.8m，井口水温75℃，单井涌水量30.7m³/h左右。

水化学成分： 2013年12月6日进行了取样测试（表5.13）。

表5.13　洪洞南段玉皇庙地热井化学成分　　　（单位：mg/L）

T_S/℃	pH	TDS	Na^+	K^+	Ca^{2+}	Mg^{2+}
58.4	7.5	2887	193	27.2	508	107
Li	Rb	Sr	NH_4^+	CO_3^{2-}	HCO_3^-	SO_4^{2-}
0.514	na.	na.	0.24	0	143	1422
Cl^-	F^-	CO_2	SiO_2	HBO_2	$HAsO_3$	化学类型
407	3	7.79	nd.	3.53	<0.0002	SO_4·Cl-Ca

开发利用： 地热井自2009年开发利用以来，热矿水主要用于温泉洗浴、蘑菇种植，有力地促进了当地的经济发展。

SXJ020 古县三合村地热井

位置： 山西省临汾市古县石必乡三合村天上人间温泉度假村。

井深： 1658.18m。

孔径： 0.191m。

井口温度： 46℃。

热储层特征： 热储层主要为奥陶系，厚度为558.18m；盖层为T+P+C，厚度为981m，取水段顶底板埋深1100～1658m，水位埋深245.6m，水位标高604.4m，井口水温46℃，单井涌水量32m³/h。

水化学成分： 未进行取样测试。

开发利用： 地热井成井于2008年，热矿水开发主要用于温泉洗浴、游泳、养鱼等，地热开发利用为发展当地经济发挥了较为重要的推动作用，产生了较好的经济效益和社会效益。

SXJ021 尧都西芦汾河大桥地热井

位置： 山西省临汾市尧都区屯里镇西芦村汾河大桥北。

井深： 1206.33m。

孔径： 0.245m。

井口温度： 45℃。

热储层特征： 热储层为新近系，厚度为455m；盖层为Q，厚度为405m。取水段顶底板埋深741～1196.58m，水位埋深0.5m，水位标高428.5m，井口水温45℃，单井涌水量20.3m³/h。

水化学成分： 未进行取样测试。

开发利用： 地热井于2007年4月29日成井，原为自流井，现已停止自流。热矿水用于旅游、洗浴，现阶段暂停使用。

SXJ022 尧都东亢村供水大院地热井

位置：山西省临汾市尧都区西贾乡东亢村供水大院西北200m。

井深：230m。

孔径：0.273m。

井口温度：34℃。

热储层特征：热储层厚度为110m；盖层为Q，厚度为120m。开采层段范围120～230m，水位埋深74.1m，水位标高401.9m，井口水温34℃，单井涌水量80m³/h。

水化学成分：2013年10月16日进行了取样测试（表5.14）。

表5.14 尧都东亢村供水大院地热井化学成分 （单位：mg/L）

T_S/℃	pH	TDS	Na^+	K^+	Ca^{2+}	Mg^{2+}
34	8.26	1184	222	8.56	75.3	31.2
Li	Rb	Sr	NH_4^+	CO_3^{2-}	HCO_3^-	SO_4^{2-}
0.154	na.	na.	<0.1	3.8	284	422
Cl^-	F^-	CO_2	SiO_2	HBO_2	$HAsO_3$	化学类型
86.6	1.5	0	nd.	4.14	0.0008	SO_4·HCO_3–Na

开发利用：地热井于1990年成井，由于热矿水温度较低、水量较大，主要用于东亢村村民饮用及农业灌溉。

SXJ023 襄汾德西毛东北地热井

位置：临汾市襄汾县西贾乡德西毛村东北约250m。

井深：386.3m。

孔径：0.191～0.244m。

井口温度：38.0℃。

热储层特征：热储层为奥陶系，厚度为248.3m；盖层为Q+N_2，厚度为138m。取水段顶底板埋深138～386.3m，水位埋深78.5m，水位标高422.2m，井口水温38.0℃，单井涌水量65m³/h。

水化学成分：2013年7月3日进行了取样测试（表5.15）。

表5.15 襄汾德西毛东北地热井化学成分 （单位：mg/L）

T_S/℃	pH	TDS	Na^+	K^+	Ca^{2+}	Mg^{2+}
38	7.75	1546	314	14.2	134	37.2
Li	Rb	Sr	NH_4^+	CO_3^{2-}	HCO_3^-	SO_4^{2-}
0.406	na.	na.	<0.1	0	209	364
Cl^-	F^-	CO_2	SiO_2	HBO_2	$HAsO_3$	化学类型
461	1.56	3.89	nd.	<0.266	0.0002	Cl·SO_4–Na·Ca

开发利用：地热井于1976年成井，由于水量较大、水温不高，开发利用以来主要用于农业灌溉。

SXJ024 曲沃太子滩地热井

位置：山西省临汾市曲沃县乐昌镇太子滩。

井深：1570m。

孔径：0.178m。

井口温度：46℃。

热储层特征：热储层为奥陶系，厚度为270m；盖层为$Q+N_2+C$，厚度为1300m。取水段顶底板埋深1300～1570m，水位埋深0m，水位标高440m，井口水温46℃，单井涌水量100m³/h。

水化学成分：2013年10月16日进行了取样测试（表5.16）。

表5.16　曲沃太子滩地热井化学成分　　（单位：mg/L）

T_s/℃	pH	TDS	Na^+	K^+	Ca^{2+}	Mg^{2+}
46	8.04	996	110	7.37	112	38.4
Li	Rb	Sr	NH_4^+	CO_3^{2-}	HCO_3^-	SO_4^{2-}
0.0782	na.	na.	<0.1	0	282	358
Cl^-	F^-	CO_2	SiO_2^-	HBO_2	$HAsO_3$	化学类型
51.7	3	0.78	nd.	1.56	<0.0002	SO_4·HCO_3–Ca·Na

开发利用：该地热井自2002年成井以来，热矿水主要用于曲沃太子滩度假村所有的洗浴中心、游泳馆和养鱼场，水量较丰富，大力推动了太子滩的区域经济发展。

SXJ025 侯马御泽园温泉地热井

位置：山西省临汾市侯马市张村乡南西庄村御泽园温泉游泳馆。

井深：1498m。

孔径：0.191m。

井口温度：49.5℃。

热储层特征：热储层为奥陶系，厚度为477m；盖层为$Q+N_2$，厚度为1018m。取水段顶底板埋深1021～1498m，水位埋深1m，水位标高437m，井口水温49.5℃，单井涌水量50m³/h。

水化学成分：2013年12月4日进行了取样测试（表5.17）。

表5.17　侯马御泽园温泉地热井化学成分　　（单位：mg/L）

T_s/℃	pH	TDS	Na^+	K^+	Ca^{2+}	Mg^{2+}
49.5	8.17	860	201	11	30.8	12.5

续表

Li	Rb	Sr	NH_4^+	CO_3^{2-}	HCO_3^-	SO_4^{2-}
0.156	na.	na.	<0.01	0	219	296
Cl^-	F^-	CO_2	SiO_2	HBO_2	$HAsO_3$	化学类型
65.3	2.22	24.9	nd.	1.88	<0.0002	$SO_4 \cdot HCO_3-Na$

开发利用：该井于2002年成井以来，由于热矿水水温较高、水量较大，含有对身体有益的微量元素，适合用于洗浴、游泳、供暖。

SXJ026 新绛古堆村地热井

位置：山西省运城市新绛县泽掌镇古堆村鱼塘。

井深：80m。

孔径：0.3m。

井口温度：27℃。

热储层特征：热储层为寒武系，厚度为50.9m；盖层为第四系，厚度为12.5m。取水段顶底板埋深29.1～80m，水位埋深29.1m，水位标高419.9m，井口水温27℃，单井涌水量60m³/h。

水化学成分：2013年12月28日进行了取样测试（表5.18）。

表5.18 新绛古堆村地热井化学成分 （单位：mg/L）

T_s/℃	pH	TDS	Na^+	K^+	Ca^{2+}	Mg^{2+}
27	7.72	902	96.3	5.65	103	37.4
Li	Rb	Sr	NH_4^+	CO_3^{2-}	HCO_3^-	SO_4^{2-}
0.0162	na.	na.	<0.1	0	265	251
Cl^-	F^-	CO_2	SiO_2	HBO_2	$HAsO_3$	化学类型
105	1.1	1.56	nd.	1.33	0.0012	$SO_4 \cdot HCO_3-Ca \cdot Na$

开发利用：该井成井于1999年，由于水温较低、水量较大，主要用于养殖罗非鱼等鱼类。

SXJ027 新绛北池村西地热井

位置：山西省运城市新绛县阳王镇北池村村西。

井深：150m。

孔径：0.273m。

井口温度：67.5℃。

热储层特征：热储层为Ar，厚度为19m；盖层为Q，厚度为120m。取水段顶底板埋深131～150m，水位埋深130.3m，水位标高415m，井口水温41℃，单井涌水量13m³/h。

水化学成分：2013年7月12日进行了取样测试（表5.19）。

表5.19 新绛北池村西地热井化学成分 （单位：mg/L）

T_s/℃	pH	TDS	Na^+	K^+	Ca^{2+}	Mg^{2+}
41	7.55	3909	396	50.5	610	101
Li	Rb	Sr	NH_4^+	CO_3^{2-}	HCO_3^-	SO_4^{2-}
0.0312	na.	na.	<0.1	0	199	2206
Cl^-	F^-	CO_2	SiO_2	HBO_2	$HAsO_3$	化学类型
280	2.48	5.45	nd.	14.2	0.0007	HCO_3-Na·Mg

开发利用：该井成井于1982年，虽然水温较高、水量较小，开发利用以来，主要用于洗浴和生活饮用。

SXJ028 河津金港龙湾生态酒店地热井

位置：山西省运城市河津市金港龙湾生态酒店。

井深：1673.5m。

孔径：0.133m。

井口温度：60℃。

热储层特征：热储层为新近系，厚度为256m；盖层为Q，厚度为500m。取水段顶底板埋深1400～1656m，水位埋深12m，水位标高375m，井口水温60℃，单井涌水量66m³/h。

水化学成分：2014年1月18日进行了取样测试（表5.20）。

表5.20 河津金港龙湾生态酒店地热井化学成分 （单位：mg/L）

T_s/℃	pH	TDS	Na^+	K^+	Ca^{2+}	Mg^{2+}
60	8.51	1953	573	52.8	26.7	2.49
Li	Rb	Sr	NH_4^+	CO_3^{2-}	HCO_3^-	SO_4^{2-}
0.111	—	—	0.4	3.82	295	443
Cl^-	F^-	CO_2	SiO_2	HBO_2	$HAsO_3$	化学类型
501	2.18	0	—	3.3	0.017	SO_4·Cl-Na

开发利用：地热井成井于2012年，热矿水水温较高、水量较大，主要为金港龙湾生态园酒店洗浴、游泳、供暖提供热水。

SXJ029 万荣西滩温泉度假村地热井

位置：山西省运城市万荣县裴庄乡孙石村西滩温泉度假村。

井深：1801m

孔径：0.216m

井口温度：44.5℃

热储层特征： 热储层为新近系，厚度为450.6m；盖层为Q，厚度为695.0m。取水段顶底板埋深1331.7～1782.3m，水位埋深3.9m，水位标高365.3m，井口水温44.5℃，单井涌水量40.35m³/h。

水化学成分： 2014年1月18日进行了取样测试（表5.21）。

表5.21 万荣西滩温泉度假村地热井化学成分 （单位：mg/L）

T_s/℃	pH	TDS	Na^+	K^+	Ca^{2+}	Mg^{2+}
44.5	8.62	2097	630	29.8	14.4	9.97
Li	Rb	Sr	NH_4^+	CO_3^{2-}	HCO_3^-	SO_4^{2-}
0.0492	na.	na.	0.1	7.64	361	456
Cl^-	F^-	CO_2	SiO_2	HBO_2	$HAsO_3$	化学类型
522	2.66	0	nd.	6.86	0.0029	$Cl\cdot SO_4$-Na

开发利用： 地热井成井于2009年5月5日，热矿水温度较高、水量较大，含有对人体有益的微量元素，主要用于温泉洗浴、游泳等开发，地热开发利用有力地推动了当地经济发展，产生了较好的经济效益和社会效益。

SXJ030 临猗许家窑天河宾馆地热井

位置： 山西省运城市临猗县城关镇许家窑村天河宾馆。

井深： 451m。

孔径： 0.273m。

井口温度： 54℃。

热储层特征： 热储层为奥陶系，厚度为48m；盖层为Q+N_2，厚度为403m。取水段埋深403m，水位埋深65.8m，水位标高362.2m，井口水温54℃，单井涌水量35m³/h。

水化学成分： 2014年1月15日进行了取样测试（表5.22）。

表5.22 临猗许家窑天河宾馆地热井化学成分 （单位：mg/L）

T_s/℃	pH	TDS	Na^+	K^+	Ca^{2+}	Mg^{2+}
54	8.06	2324	638	11.2	95.6	35.5
Li	Rb	Sr	NH_4^+	CO_3^{2-}	HCO_3^-	SO_4^{2-}
0.332	na.	na.	<0.1	0	169	369
Cl^-	F^-	CO_2	SiO_2	HBO_2	$HAsO_3$	化学类型
871	1.78	0.78	nd.	5.33	0.0008	Cl-Na

开发利用： 地热井自1995年成井以来，水温较高、水量较大，含有对人体有益的微量元素，热矿水主要用于游泳、洗浴、农灌，大大促进了当地的经济发展。

SXJ031 临猗杨范村西南地热井

位置：山西省运城市临猗县角杯镇杨范村西南冲沟。

井深：1420.3m。

孔径：0.219m。

井口温度：30℃。

热储层特征：热储层为O+Є+Ar，厚度为480m；盖层为$Q+N_2$，厚度为317m。取水段顶板埋深320.19m，水位埋深5m，水位标高359.6m，井口水温30℃，单井涌水量357m^3/h左右。

水化学成分：2014年1月16日进行了取样测试（表5.23）。

表5.23 临猗杨范村西南地热井化学成分 （单位：mg/L）

T_S/℃	pH	TDS	Na^+	K^+	Ca^{2+}	Mg^{2+}
30	7.85	1054	162	6.76	60	56
Li	Rb	Sr	NH_4^+	CO_3^{2-}	HCO_3^-	SO_4^{2-}
0.124	na.	na.	0.24	0	261	310
Cl^-	F^-	CO_2	SiO_2	HBO_2	$HAsO_3$	化学类型
166	1.4	2.34	nd.	1.9	<0.0002	$SO_4·Cl·HCO_3$–Na·Mg

开发利用：此井2011年12月建井，水温偏低、水量较大，到目前为止未开发利用。

SXJ032 盐湖水岸华庭小区西门地热井

位置：山西省运城市盐湖区水岸华庭小区西门。

井深：3205m。

孔径：0.14m。

井口温度：63℃。

热储层特征：热储层为N_2+N_1，厚度为830m；盖层为Q，厚度为800m。取水段顶板埋深2350m，水位埋深31.5m，水位标高368.5m，井口水温63℃，单井涌水量65m^3/h左右。

水化学成分：2014年1月14日进行了取样测试（表5.24）。

表5.24 盐湖水岸华庭小区西门地热井化学成分 （单位：mg/L）

T_S/℃	pH	TDS	Na^+	K^+	Ca^{2+}	Mg^{2+}
63	7.89	16462	5088	33.6	611	146
Li	Rb	Sr	NH_4^+	CO_3^{2-}	HCO_3^-	SO_4^{2-}
0.948	na.	na.	4	0	165	2783
Cl^-	F^-	CO_2	SiO_2	HBO_2	$HAsO_3$	化学类型
7575	1.61	3.89	nd.	42.6	0.0067	Cl–Na

开发利用：地热井自2008年开发利用以来，水温较高、水量较大，含有对人体有益的微量元素，热矿水主要用于水岸华庭小区供暖以及居民洗浴，地热水的开发利用大大地提高了小区居民的生活水平。

SXJ033 永济海纳游泳馆西地热井

位置：山西省运城市永济市河东大道海纳游泳馆西20m。

井深：2452.5m。

孔径：0.178m。

井口温度：62℃。

热储层特征：热储层为N_2+Ar，厚度为394.5m；盖层为Q，厚度为445m，取水段顶底板埋深1310～2452.5m，水位埋深55m，水位标高316m，井口水温62℃，单井涌水量83m^3/h左右。

水化学成分：2013年10月16日进行了取样测试（表5.25）。

表5.25 永济海纳游泳馆西地热井化学成分 （单位：mg/L）

T_S/℃	pH	TDS	Na^+	K^+	Ca^{2+}	Mg^{2+}
62	7.71	21330	6598	7.48	781	299
Li	Rb	Sr	NH_4^+	CO_3^{2-}	HCO_3^-	SO_4^{2-}
0.9156	na.	na.	6	0	163	3054
Cl^-	F^-	CO_2	SiO_2	HBO_2	$HAsO_3$	化学类型
10361	1.53	4.67	nd.	41.6	0.02	Cl-Na

开发利用：地热井成井于2007年3月，地热井水温高、水量大，含有对人体有益的微量元素，热矿水开发主要用于温泉洗浴、游泳、供暖等，地热开发利用为发展当地经济发挥了极为重要的推动作用，产生了较好的经济效益和社会效益。

SXJ034 临县沙垣湫水河边地热井

位置：吕梁市临县林家坪镇沙垣村湫水河边。

井深：645m。

孔径：0.127m。

井口温度：33℃。

热储层特征：热储层为奥陶系，厚度为135m；盖层为Q+P+C，厚度为510m。取水段顶底板埋深510～645m，水位埋深5.0m，水位标高800m，井口水温33℃。

水化学成分：未进行取样测试。

开发利用：该井成井于1985年，为煤田勘探孔，现已报废、填埋。

SXJ035 沁源永苑农业生态园地热井

位置：长治市沁源县城区西南永苑农业生态有限公司。

井深：1900.58m。

孔径：0.192～0.325m。

井口温度：46.0℃。

热储层特征：热储层为奥陶系，厚度为503.28m；盖层为Q+T+P+C，厚度为1397.3m。取水段顶底板埋深1400～1900.58m，水位埋深377.23m，水位标高655.77m，井口水温46.0℃，单井涌水量20m^3/h左右。

水化学成分：未进行取样测试。

开发利用：该井成井于2014年4月，地热水水温较高、水量一般，适合洗浴、游泳等开发项目。现在还未利用。

SXJ036 沁水郑庄西大村地热井

位置：山西省晋城市沁水县郑庄镇西大村。

井深：1547.5m。

孔径：0.193～0.215m。

井口温度：46℃。

热储层特征：热储层为O+Є，厚度为803.5m；盖层为Q+P+C，厚度为609.45m。取水段顶底板埋深744～1547.5m，水位埋深3.1m，水位标高624m，井口水温46℃，单井涌水量62.5m^3/h。

水化学成分：未进行取样测试。

开发利用：该井于2005年成井，一直未利用，由于地热井水温较高、水量较大，适宜用于洗浴、疗养、游泳等开发方式。

第/六/章

内蒙古自治区

第一节 地热资源及分布特征

一、地热资源形成特点及分布规律

内蒙古自治区地处祖国北部边疆，东与黑龙江、吉林、辽宁三省接壤，南与河北、山西、陕西、宁夏相连，西与甘肃为邻，北与蒙古、俄罗斯两国交界，东西长约2500km，南北宽约1700km，总土地面积为$118.3\times10^4km^2$，占全国总面积的12.3%，在全国各省、市、自治区中名列第三位。呈狭长弧形由东北向西南方向延伸。其地理坐标为北纬37° 24′～53° 23′，东经97° 12′～126° 04′。行政区划分为九市三盟，即自治区首府呼和浩特市以及包头市、乌海市、赤峰市、通辽市、鄂尔多斯市、呼伦贝尔市、乌兰察布市、巴彦淖尔市、锡林郭勒盟、兴安盟和阿拉善盟。

内蒙古自治区地下热水资源比较丰富，主要有隆起山地型地热田和沉积盆地型地热田两种类型。现已发现的隆起山地型地热田共六处，为阿尔山地热田、克什克腾地热田、宁城地热田、敖汉地热田、凉城岱海地热田、乌拉特前期大佘太地热田，沉积盆地型地热田主要有河套盆地、鄂尔多斯盆地、二连盆地群及西辽河盆地，均属中低温热水。其中阿尔山热矿泉分布于大兴安岭山地西侧，克什克腾地热田、宁城地热田、敖汉地热田分布于大兴安岭西南边缘与阴山东段，岱海地热田分布于大青山地南侧，河套盆地、鄂尔多斯盆地及西辽河盆地地热田分布在平原及内蒙古自治区高平原地带。其地热成因主要分为两类，阿尔山、克什克腾、宁城、敖汉、岱海及乌拉特前期大佘太地热田的分布与各种主要扭动构造体系和活动性断裂关系密切，其分布规律严格受地质构造、特别是巨型扭动构造体系的控制，该类地热田水温根据地热条件不同变化较大，一般在40～90℃左右，地热埋藏浅，涌水量较小，研究程度较高。而河套盆地、鄂尔多斯盆地、二连盆地群及西辽河盆地地热田是由地热增温及有较大的地热储存空间、良好的盖层和充足的补给源来，该类地热田水温一般根据热储层的埋深不同而变化，热储层在1000m时，温度在40～50℃，2000m时，温度在60～70℃，3000m时，温度在80～90℃，此类地热埋藏深，涌水量较大，研究程度较低。隆起山地型地热田热储类型主要为带状，沉积盆地型地热田热储类型主要为层状。全区地热资源及其分布特征见图6.1内蒙古自治区地热地质图、图6.2河套盆地-鄂尔多斯盆地地热地质图以及图6.3西辽河盆地地热地质图。

（一）隆起山地型地热资源形成特点及分布规律

1.大兴安岭山地西部地热田

位于阿尔山河-洮儿河流域一带，呈北东向展布。主要出露于兴安盟阿尔山市，热水泉28眼，水温25～48℃，是我国著名的五大名泉之一。热水中含有几十种矿物质和稀有元素，具有一定的医疗价值。地热田开发利用较早，新中国成立后建起了疗养院，现已具有相当规模。全国各地的病患者纷纷前往接受泉浴治疗。

该热水带处于中、新生代北北东向深大断裂与东西向大断裂交汇地带，岩性为侏罗系火山岩。该地区断裂带的发育为沟通深部热储创造了有利条件，同时也为热水上移过程中与围岩接触发生热液交替，溶解围岩化学成分创造了条件，形成了具有医疗、保健功效的优质重碳酸钠型天然含锂、锶、氡的热硅酸矿水。

2.大兴安岭西南边缘和阴山东段地热田

该段位于大兴安岭西南边缘和阴山东段，呈北西向展布。为前古生代的古老变质岩及中生代火山杂岩与海西期、燕山期侵入岩等组成的中低山、丘陵区。

地热田主要出露于赤峰市克什克腾旗热水汤、敖汉旗热水汤、宁城县热水汤等地，温泉与钻孔揭露热水温度在51～94℃，尤其宁城热水水温达82～94℃。水化学类型为Cl-Na、SO_4-Na、SO_4·HCO_3-Na型水。水中天然锶、锂、偏硅酸、氡等元素含量达到矿泉水标准，而且热水中其他盐类成分、特殊组分和微量元素含量均较高。具有较高的医疗价值，据当地疗养院治愈实例表明，地热田对于治疗胃病、促进小儿发育、健壮骨骼、软化主动脉硬化、治疗心血管病等有一定疗效。

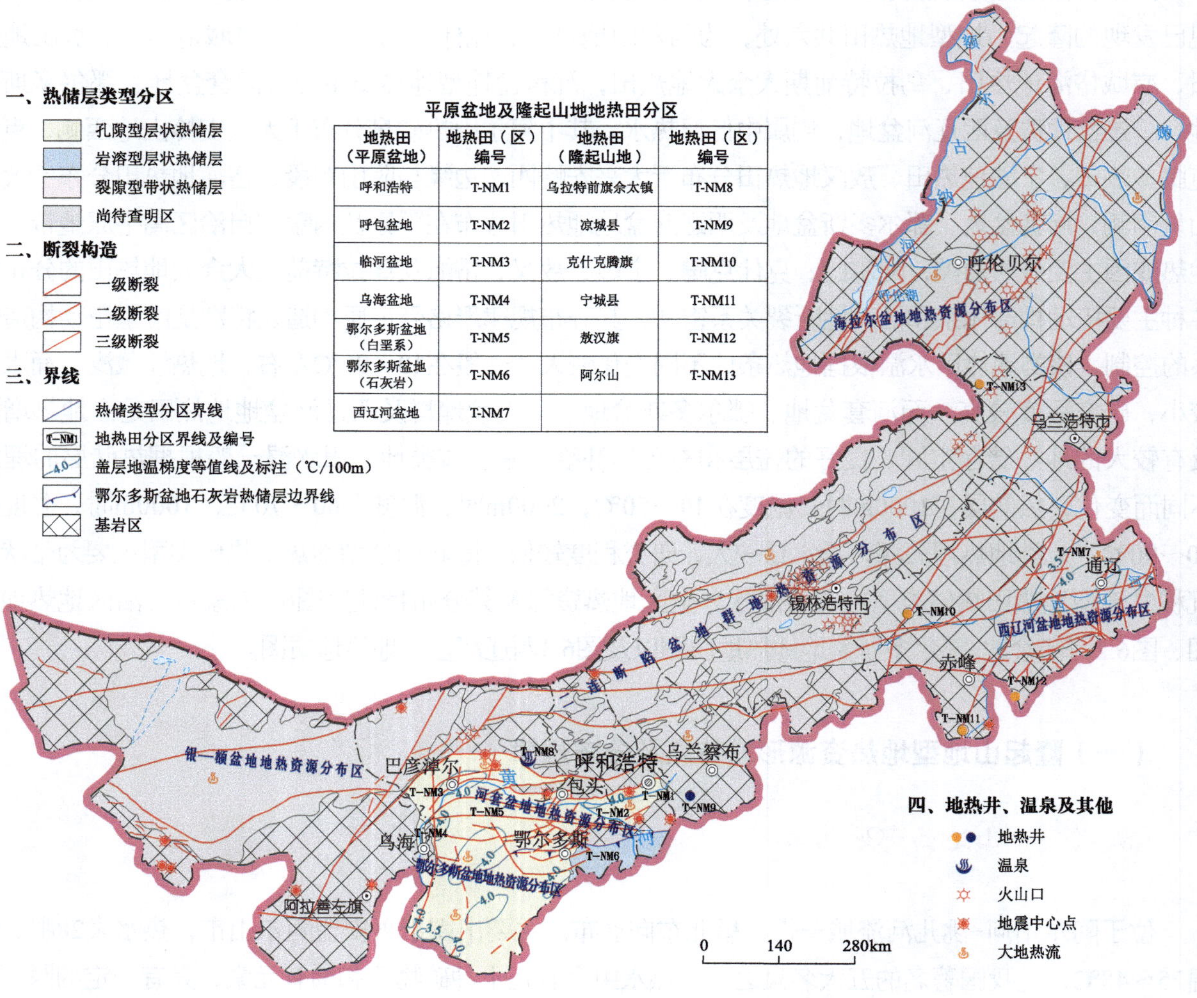

平原盆地及隆起山地地热田分区

地热田（平原盆地）	地热田（区）编号	地热田（隆起山地）	地热田（区）编号
呼和浩特	T-NM1	乌拉特前旗佘太镇	T-NM8
呼包盆地	T-NM2	凉城县	T-NM9
临河盆地	T-NM3	克什克腾旗	T-NM10
乌海盆地	T-NM4	宁城县	T-NM11
鄂尔多斯盆地（白垩系）	T-NM5	敖汉旗	T-NM12
鄂尔多斯盆地（石灰岩）	T-NM6	阿尔山	T-NM13
西辽河盆地	T-NM7		

图 6.1 内蒙古自治区地热地质图

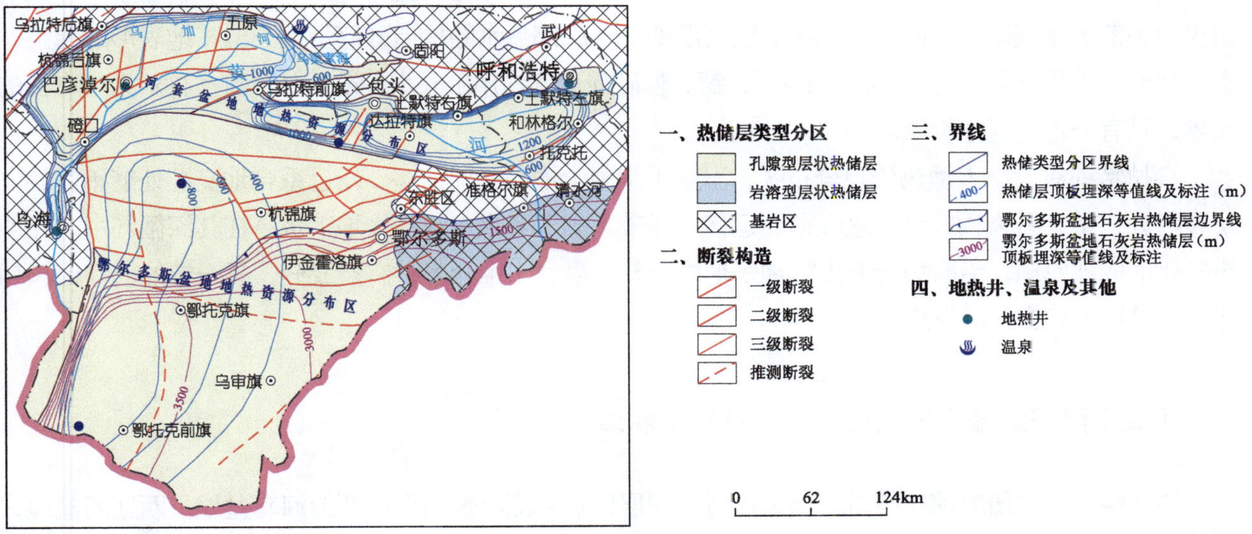

图 6.2　河套盆地－鄂尔多斯盆地地热地质图

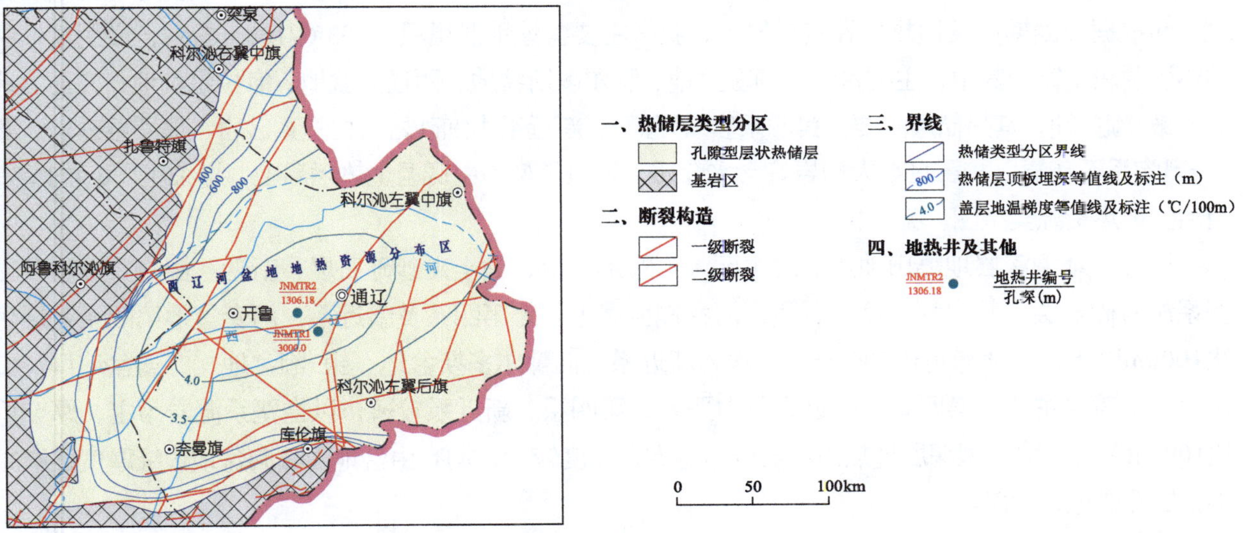

图 6.3　西辽河盆地地热地质图

该段处于区域性阴山纬向构造、大兴安岭新华夏构造及蒙古东南边缘弧形构造三大复杂构造带交汇地带，新老构造极为发育，大断裂较多，规模宏大，继承性活动强烈，中生代以来，各种岩浆活动、地震活动频繁，为地热田的形成创造了有利的条件。尤其是沿深大断裂带的北东向、北北东向活动断裂与北西向或东西向活动断裂交汇部位，更易形成地热田。其次，地热田来源是由于深大断裂沟通了地下深部热储，使深循环水得以加温变为高温热水，并沿断裂上升出露地表。该带内地形切割强烈、沟谷发育、地下水丰富，地下深部循环水有足够的补给来源。

3.山前平原型地热田

分布于凉城岱海盆地边缘，乌拉特前旗山前大佘太及呼市山前小瓦窑等地。由于受山前大断裂的影响，地热田在山前平原断裂及次级断裂交汇部位出露。凉城岱海盆地地热田赋存于新近系中，位于蛮汉山山前继承基底深大断裂与次级断裂交汇部位，深部热水经构造破碎带上升出露地表形成温泉，水温38℃，水化学类型为HCO_3·Cl-Na型，锶、偏硅酸达到饮用矿泉水标准，并含有多种对人体有益的元素，具有一定的医疗价值。

乌拉特前旗大佘太地热资源分布区，出露于阴山山地与南部白垩、新近系台地交汇处继承性的大断裂附近，由大断裂构成地下水赋存、运移的通道。大气降水入渗补给地下水，在其深循环中，经加热矿化形成地热田，沿断裂上升出露地表形成上升温泉。水中含多种有益成分，具一定的医疗保健功能，对常见疾病有防治作用。

（二）沉积盆地型地热形成特点及分布规律

该区深层地热研究深度较浅，现进行过的深层地热资源勘查工作主要为河套盆地及西辽河盆地，且其研究程度较低，地热田分布及规模不清。而我区由于区域辽阔，沉积了大面积的中生代盆地，这些盆地下面除中生代地层外，还沉积有中生代以前的大理岩及石灰岩，其中中生代地层孔隙、裂隙较发育，而大理岩、石灰岩又有溶隙、溶洞发育，这些地层含水性、透水性较好，构成盆地主要地热储层。而根据石油勘探及地热钻孔资料显示，我区主要盆地地温增温均在3℃/100m左右，说明盆地中地热资源较丰富。其中，主要盆地有河套盆地、鄂尔多斯盆地、西辽河盆地、海拉尔盆地、二连盆地群及银-额盆地，其热储层主要是第四系砂-砂砾石、新近系中细砂岩、白垩系砂岩、侏罗系砂岩、寒武-奥陶系石灰岩以和震旦系大理岩等含水介质，地热类型为中低温地热增温型，详细见图6.4内蒙古自治区地热资源类型图。

该区盆地型深层地热田地热盖层主要为第四系粉土、黏土夹砂砾石层，新近系泥岩、砂岩及白垩系泥岩砂岩层，其中河套盆地、西辽河盆地盖层主要为第四系及新近系，河套盆地第四系盖层可达1000m以上，其北部可达2000m，其次为新近系；而鄂尔多斯盆地、银-额盆地、二连盆地群及海拉尔盆地盖层主要为第四系、新近系及白垩系，第四系、新近系较薄，以白垩系泥岩为主，厚度可达1000m以上。盆地型深层地热田盖层分布稳定，厚度较大，均有由盆地中心向盆地边缘厚度逐渐减小，岩性变粗之规律。

由于该区盆地较多，其成因各异，地热条件也不尽相同，形成地热储层也不一样，其中河套盆地、鄂尔多斯盆地规模较单一，而海拉尔盆地、西辽河盆地、二连盆地及银-额盆地均为多个小盆地组合而成的盆地群，各盆地由于沉积环境不同，构造地热储层的条件也不同。

河套盆地热储层以新近系粉细砂层为主，北部为第四系砂、砂砾石，埋深为1000～2000m，热储层厚度200～300m，出水温度50～60℃，涌水量在2000m^3/d左右。主要分布于西部临河盆地，向东热储层变薄，在包头东河区东南部及土右旗一带也有分布。在东部呼和浩特地区，由于基底抬升，新近系变薄，埋深小于1200m，厚度较小，以泥岩为主，为很好的地热盖层，呼和浩特市区下部分布有不稳定的震旦系大理岩层，其埋深在2000～2800m左右，南部埋深深、北部埋深浅，厚度大于300m，其溶隙、溶洞较发育，为呼和浩特市较好的热储层，出水温度60～90℃，涌水量在500～1500m^3/d，热储条件较好，但由于热储层中为裂隙、溶隙水，其施工过程中往往容易堵塞含水层，减小涌水量。

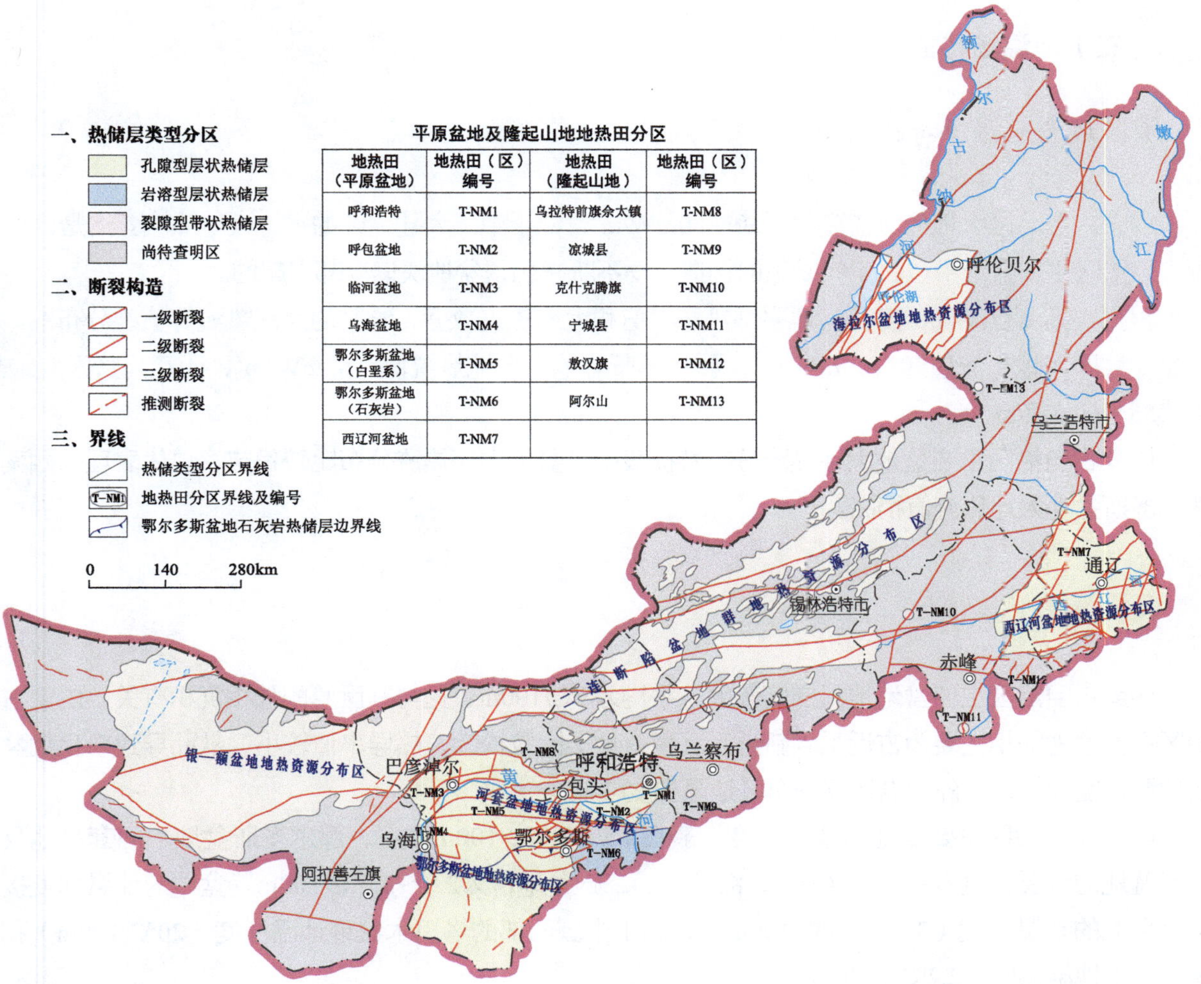

地热田（平原盆地）	地热田（区）编号	地热田（隆起山地）	地热田（区）编号
呼和浩特	T-NM1	乌拉特前旗余太镇	T-NM8
呼包盆地	T-NM2	凉城县	T-NM9
临河盆地	T-NM3	克什克腾旗	T-NM10
乌海盆地	T-NM4	宁城县	T-NM11
鄂尔多斯盆地（白垩系）	T-NM5	敖汉旗	T-NM12
鄂尔多斯盆地（石灰岩）	T-NM6	阿尔山	T-NM13
西辽河盆地	T-NM7		

图 6.4　内蒙古自治区地热资源类型图

鄂尔多斯高原盆地在构造上为一以中生界为主，轴向南北，轴心偏西，东缓西陡的不对称向斜盆地。地热条件受其影响较大，就热储层而言，其分布随所处向斜盆地部位的不同有很大差异。在盆地南部，寒武-奥陶系石灰岩埋藏相对较深，一般埋深在2800～3500m左右，使寒武-奥陶系石灰岩构成良好的热储层，鄂尔多斯盆地的北部杭锦旗西部，热储层以侏罗系砂岩含水岩系为主，呈南北向分布，出水温度40～60℃，涌水量在1000～1500m^3/d。

西辽河盆地位于自治区东部，属松辽平原的西部边缘，为中新生代断凹陷盆地群，各盆地相对规模较小，主要由陆家堡凹陷、哲中凹陷及钱家店凹陷组成，陆家堡凹陷、哲中凹陷基底埋深较大，最大埋深可达3000m，其热储层主要为白垩系细砂岩，厚度较小，涌水量不大，热储温度在40～50℃。

综上所述，内蒙古自治区地热主要集中于河套盆地及鄂尔多斯盆地，其盆地规模大，热储层分布稳定，而西辽河盆地、海拉尔盆地、二连盆地及银-额盆地均为一系列小的盆地构成，其规模相对较小，地热储层受盆地构造严格控制。到目前为止河套盆地、鄂尔多斯盆地、西辽河盆地成功打出地热井，最高温度达62℃，均属中低温地热田，盆地内主要地热储层为新近系砂岩、白垩系砂岩、侏罗系砂岩及大理岩。

（三）地温场特征

1.区域大地热流特征

内蒙古自治区大地热流值变化于50～60mW/m^2，低于中国大陆地区的平均大地热流。这是由于内蒙古自治区主要盆地中、新生代以来的构造活动不断减弱，盆地快速冷却引起的。

根据实际测量温度梯度及盆地平均热导率值和大地热流数据，绘制的大地热流等值线分布图，河套盆地地区大地热流值50～60mW/m^2，鄂尔多斯盆地区大地热流值为63mW/m^2，西辽河盆区大地热流值55～60mW/m^2。

内蒙古自治区主要盆地大地热流分布特征表明，盆地内部热流分布比较稳定，总体表现为西南部鄂尔多斯盆地大地热流值稍高。

2.区域地温场特征

内蒙古自治区主要盆地地温梯度较大，平均为3℃/100m，这与其巨厚的陆相沉积有关。内蒙古自治区主要盆地陆相主要为古近系到新近系沉积，地层比较松散，热导率值较小，从而导致新生代盆地区地温梯度较大，而外围老地层分布区地温梯度较低。

内蒙古自治区主要盆地的地温梯度一般在2.5～4.0℃/100m左右，鄂尔多斯盆地、河套盆地及西辽河盆地的地温梯度多在3.5～4.0℃，海拉尔、二连盆地群为2.0～3.5℃/100m。盆地的地温梯度接近华北平原的地温梯度（3.3～3.5℃/100m），高于中国西部的塔里木盆地地温梯度（20℃/100m）和准噶尔盆地地温梯度（2.2℃/100m）。

内蒙古自治区主要盆地的地温和地温梯度的分布情况，清楚的反映了区域地质构造的性质和两者之间的密切关系，地温梯度的高值带往往对应构造活动带，并且与隆起、断陷、沉降过程有关。内蒙古自治区主要盆地的沉积地层的岩性结构对地温的分布也有影响，特别纵向上作用更为明显。

（四）地热资源区域分布、热源、热储层及盖层特征

1.隆起山地型地热资源区域分布、热源、热储层及盖层特征

隆起山地型地热资源埋藏较浅，来自于构造、地震、岩浆活动产生断裂构造带，由于大气降水渗入流经构造破碎带，将其热量携带而出，形成浅层地热田。浅层地热主要是近期地下深处岩浆侵入或喷发带来的地热源。尤其是沿区域深大断裂带，现代地震活动频繁地区，大气降水经过入渗，沿断裂破碎带经地壳深处流经岩浆热源或新生界前地层中，地下水被加热成高温水逐渐向浅部运移出露地表，形成温泉。

从前人勘察资料可知，该区绝大部分地下热水均分布在区域性纬向构造、弧形构造和新华夏构造三大复杂构造带内或断裂带和次级构造断裂带交汇部位附近，这些深大断裂规模宏大，长达数百公里，深数千米。因受构造运动影响，断裂多次活动甚至延续至今，导致岩浆侵入或喷发，形成中低山

区，而沿这些大构造又次生一些小的构造，这类构造虽延伸短，但切割深，其将地表入渗的大气降水与侵入岩沟通，为热水赋存、运移与出露地表提供了极好的通道。

1）盖层

热储层上部的覆盖层，即相对隔热层，在该区各热水点厚度各地不等，一般在同一地区覆盖层越厚，热量就越不易散失，水温就越高，且稳定。在一些无盖层的储热层，经长期水热活动，使上覆松散沉积物发生水热蚀变或矿水所含矿物质发生沉淀形成封闭盖层。而我区热水温度均小于100℃，为局部地热异常显示的低温地热区。其覆盖层在基岩地区，厚度一般较小，多数为第四系松散沉积物，由第四系粉土、粉质黏土构成，如阿尔山、克什克腾旗、敖汉旗及宁城县地热田，而凉城县及乌拉特前旗地热田盖层除第四系外，还有新近系及白垩系泥岩、粉砂岩盖层（图6.5）。

2）热储层

该区出露的地热水的热储层主要为古老的前震旦系或太古宇片麻岩、混合岩、板岩及海西期、燕山期侵入花岗岩破碎带及破碎带上部基岩风化壳。因它们形成时代古老、厚度较大，历经多次多期构造活动，区域性深大断裂及伴生或次生多级构造断裂极为发育，尤其是深大断裂往往沟通地下深部的热源，使大量热源沿断裂通道向上运移或扩散而逐渐储存于古老岩层或岩体表层风化壳之中，构造断裂破碎带及岩石风化壳又是基岩地下水最有利的储水和储热场所，是构成我区浅层地热田的主要热储层。例如，阿尔山地下热水储存于侏罗系火山岩断层破碎带中，克什克腾热水储存于燕山期花岗岩构造破碎带及花岗岩上部风化壳和第四系下部砂砾石中，敖汉旗热水储存在海西期花岗岩中，宁城县热水储存于前震旦系片麻岩构造破碎带及片麻岩上部风化壳中（图6.6），由于此类构造带发育较小，因而表现为浅层地热田规模较小，可采量较小，一般均小于2000m^3/d以下。

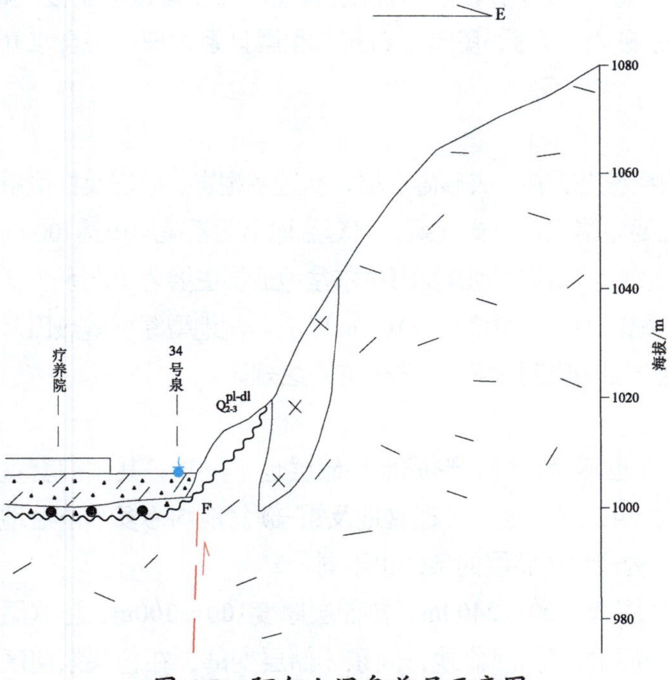

图 6.5 阿尔山温泉盖层示意图

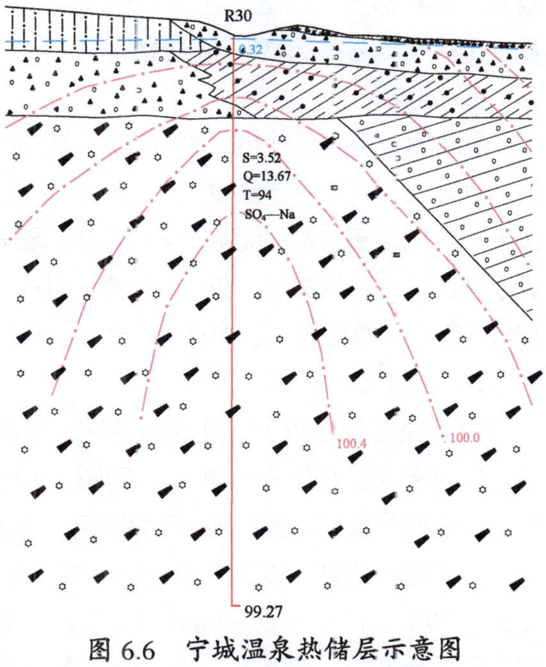

图 6.6 宁城温泉热储层示意图

3）热源

内蒙古自治区浅层地热资源均分布于山区或山前倾斜平原区，其热源主要为山区侵入岩，这些侵入岩均出露或隐伏于温泉周边的低山丘陵区，其形成期较新，侵入岩体内蕴含有较高的热量，并发育深切断层，使得大气降水或地表水沿深断裂向这些侵入岩体渗透，吸收岩体中的热量，向下游渗透形成温泉。如宁城地热主要热源来自周边侏罗系九佛堂组侵入岩，大气降水沿近南北向的F_1、F_2断裂向温泉出露的冲沟中径流，在冲沟中形成温泉。而阿尔山温泉主要热源来自其东北部的侏罗系火山口，大气降水沿火山口环状断裂渗入侵入岩体后东西向径流，西部形成阿尔山温泉，东部形成银江沟温泉，由于断裂切割深度及大气降水渗透途径不同，造成东西两侧温泉温度不同。

浅层地热田分布及出露特点分析，断裂构造是形成浅层地热田的主要因素之一。但要形成地热田断裂通道，必须具备断裂的导水性和深切性，前者保证大气降水沿构造径流，后者使地下径流能够到达深部热源，使地下水获得必要的热能。形成地热通道的断裂一般为张-扭性断裂，其往往在温泉出露处被其他断裂错动或终止，使地热通道改道，地下水上涌形成温泉。此类断裂一般延伸较短，控制流域面积较小，因而形成的地热田规模也较小。

2.沉积盆地型地热资源区域分布、热源、热储层及盖层特征

沉积盆地型地热资源埋藏较深，主要来源地热增温，主要有河套盆地、鄂尔多斯盆地、西辽河盆地、海拉尔盆地。该区深层地热研究深度较浅，现进行过的深层地热田勘查工作主要为呼包盆地，且其研究程度较低，地热田分布及规模不清。而我区由于区域辽阔，沉积了大面积的中生代盆地，这些盆地下面除中生代地层外，还沉积有中生代以前的大理岩及石灰岩，其中，中生代地层孔隙、裂隙较发育，而大理岩、石灰岩又有溶隙、溶洞发育，这些地层含水性、透水性较好，构成盆地主要地热储层。而根据石油勘探资料显示，该区主要盆地地温增温均在3℃/100m左右，说明盆地中地热资源较丰富。其中，主要盆地有河套盆地、鄂尔多斯盆地、西辽河盆地、海拉尔盆地、二连盆地群及银-额盆地。其热储层主要是新近系中细砂岩、白垩系砂岩及寒武-奥陶系石灰岩和震旦系大理岩等含水介质。地热类型为中低温地热增温型。

1）盖层

该区盆地型深层地热田地热盖层主要为第四系粉土、黏土夹砂砾石层，新近系泥岩、砂岩及白垩系泥岩砂岩层，其中河套盆地、西辽河盆地盖层主要为第四系及新近系，河套盆地第四系盖层可达1000m以上，其次为新近系；而鄂尔多斯盆地、银-额盆地、二连盆地群及海拉尔盆地盖层主要为第四系、新近系及白垩系，第四系、新近系较薄，以白垩系泥岩为主，厚度可达1000m以上。盆地型深层地热田盖层分布稳定，厚度较大，均有由盆地中心向盆地边缘厚度逐渐减小，岩性变粗之规律。

2）热储层

由于该区盆地较多，其成因各异，地热条件也不尽相同，形成地热储层也不一样，其中河套盆地、鄂尔多斯盆地规模较单一，而海拉尔盆地、西辽河盆地、二连盆地及银-额盆地均为多个小盆地组合而成的盆地群，各盆地由于沉积环境不同，构造地热储层的条件也不同。

河套盆地热储层以新近系粉细砂层为主，埋深为1200～2400m，热储层厚度100～300m，出水温度50～70℃，涌水量在2000m^3/d左右，主要分布于西部临河盆地，向东热储层变薄，在包头东河区东南部及土右旗一带也有分布；而在东部呼和浩特地区由于基底抬升，新近系地层变薄，埋深小于1200m，厚度较小，以泥岩为主，为很好的地热盖层，呼和浩特市区下部分布有不稳定的震旦系大理岩层，其埋深在2000～2800m左右，南部埋深大，北部埋深浅，厚度大于300m，其溶隙、溶洞较发育，为呼和浩特市较好的热储层，出水温度60～90℃，涌水量在500～1500m^3/d，热储条件较好，但

由于热储层为裂隙、溶隙水，其施工过程中往往容易堵塞含水层，减小涌水量（图6.7）。

鄂尔多斯高原在构造上为一以中生界为主，轴向南北，轴心偏西，东缓西陡的不对称向斜盆地。地热条件受其影响较大，就地热储层而言，其分布随所处向斜盆地部位的不同有很大差异。在盆地南部，寒武-奥陶系石灰岩埋藏相对较浅，一般埋深在2800～3500m左右，使寒武-奥陶系石灰岩构成良好的地热储层。而北部杭锦旗西部，热储层以白垩系砂岩含水岩系为主，呈南北向分布，出水温度40～60℃，涌水量在1000～1500m³/d。主要由厚层白垩系砂岩、砂砾岩组成（图6.8）。

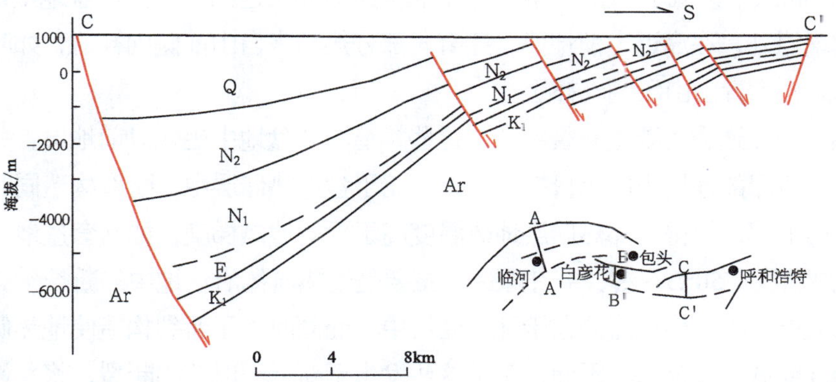

图 6.7　河套盆地横剖面图

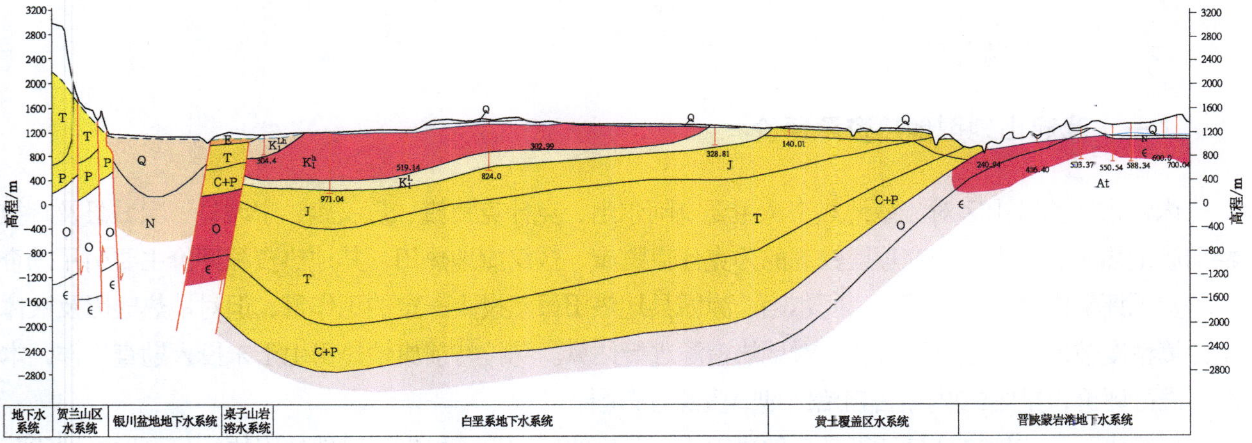

图 6.8　鄂尔多斯高原东西向剖面图

西辽河盆地位于内蒙古自治区东部，属松辽平原的西部边缘，为中新生代断凹陷盆地群，各盆地相对规模较小，主要由陆家堡凹陷、哲中凹陷及钱家店凹陷组成，陆家堡凹陷、哲中凹陷基底埋深较大，最大埋深可达3000m，其热储主要为中部白垩系，埋深在1000～1400m，厚度变化较大，涌水量小于1000m³/d，但降深较大，一般大于200m，热储温度在45～50℃。

与西辽河盆地相似，海拉尔盆地也由有一系列近北东向的断陷盆地组成，但海拉尔盆地是背斜与向斜相间呈北东向排列，从西而东相间排列着扎赉诺尔拗陷、嵯岗隆起、贝尔湖拗陷、巴彦山隆起和呼和湖凹陷，形成三凹二隆的构造格局。其热储层主要分布于以贝尔湖为代表的三个凹陷内，呈近南北分布，埋深在2000～3000m，热储层主要由兴安群及铜体庙群下部砂岩构成，热储规模受盆地的制约相对较小，热储温度在60～90℃，涌水量不详。

二连盆地群位于内蒙古中段北部地区，呈北东-南西向展布，长约1000km，宽约20～200km，面积约18×10^4km^2。二连盆地群分布着113个中生代陆相盆地。这些盆地集中分布在白音呼硕拗陷带、马尼特拗陷带、浑善达克拗陷带、乌尼特拗陷带、川井拗陷带以及隆起带上。单个盆地的长轴方向多为北东-北北东向，长度一般为几十公里，宽度一般为15～20km，面积一般为1000km^2。

3）热源

盆地型地热田热源主要来自地球正常增温，我区盆地型地热田3000m深处均在90～100℃，属正常地热增温，所不同的是该区盆地地热田由于受构造及盖层的影响，1000m左右地热增温要大于3℃的正常增温，而1000m以下又低于3℃的正常增温，但在3000m又达到正常值。盆地型地热田热源除来自盆地下部的正常增温外，在靠近山前地段，还有一部分热源来自山前侧向补给，如呼和浩特市地热，有一部分地热源来自大青山山区侧向补给。

盆地型地热田地热通道主要是断裂构造，这些构造深切盆地中生代以前地层，并沿断裂构造形成破碎带，地下热流将深部地层中的热量携带而上，储于盆地热储层中。断裂构造同时也将下部热量随地热流体带到热储上部，使得上部热储层地热温度高于平均地热梯度，如河套盆地、鄂尔多斯盆地在地下1000m处地热温度在50℃左右，究其原因，主要是地热流体沿盆地中的断裂破碎带将深部热量携带而上，遇上部盖层所阻，使热流滞留于地热储层中，而同时由于断裂构造使地热储层上下沟通，热储层下部地热梯度要低于正常值。因而，正是这些发生于新近纪以前的断裂，将盆地深部地热传导，使得该区盆地蕴藏有较丰富的地热资源。

二、地热资源量

（一）隆起山地型地热资源评价

内蒙古自治区山区对流型地热资源主要有阿尔山、克什克腾旗、敖汉旗、宁城县、凉城县及乌拉特前旗地热田。其中，研究程度较高的为克什克腾旗、敖汉旗地热田，其地热资源评价主要引用勘查资料资源评价内容。而宁城县、阿尔山、凉城县地热田虽然投入一定的工作量，但对地热成因及液体量计算精度较差，仅通过已有资料对地热资源进行估算。乌拉特前旗地热田由于未投入勘查工作，本次不进行评价，见图6.9内蒙古自治区地热资源分布图。

隆起山地型的地热储量计算是在地热田综合分析的基础上，根据形成地热田的热源、地热地质条件和地热流体的特征建立计算模型。分别计算地热田热储的固体与流体体积中储存的地热能与地热流体储存总量、流体可采热量、开采量，根据天然补给量论证流体可开采量的保证程度。隆起山地型地热资源评价数据见表6.1。

表6.1　隆起山地型地热资源量评价计算表

地区	热储温度/℃	基准温度/℃	热储量/kJ	流体可采量/（m^3/a）	流体可采热量/（kJ/a）
克什克腾旗	72	10	1.53×10^{12}	5.25×10^5	7.98×10^{10}
敖汉旗	60	11	1.55×10^{12}	3.73×10^5	9.05×10^{10}
宁城县	92	11	1.99×10^{14}	4.84×10^5	1.64×10^{11}
阿尔山	48	8	1.23×10^{14}	4.64×10^5	7.30×10^{10}

续表

地区	热储温度 /℃	基准温度 /℃	热储量 /kJ	流体可采量 /(m³/a)	流体可采热量 /(kJ/a)
凉城县	38	10	8.56×10^{13}	4.38×10^{5}	5.48×10^{10}
合计			4.10×10^{14}	2.28×10^{6}	4.52×10^{11}

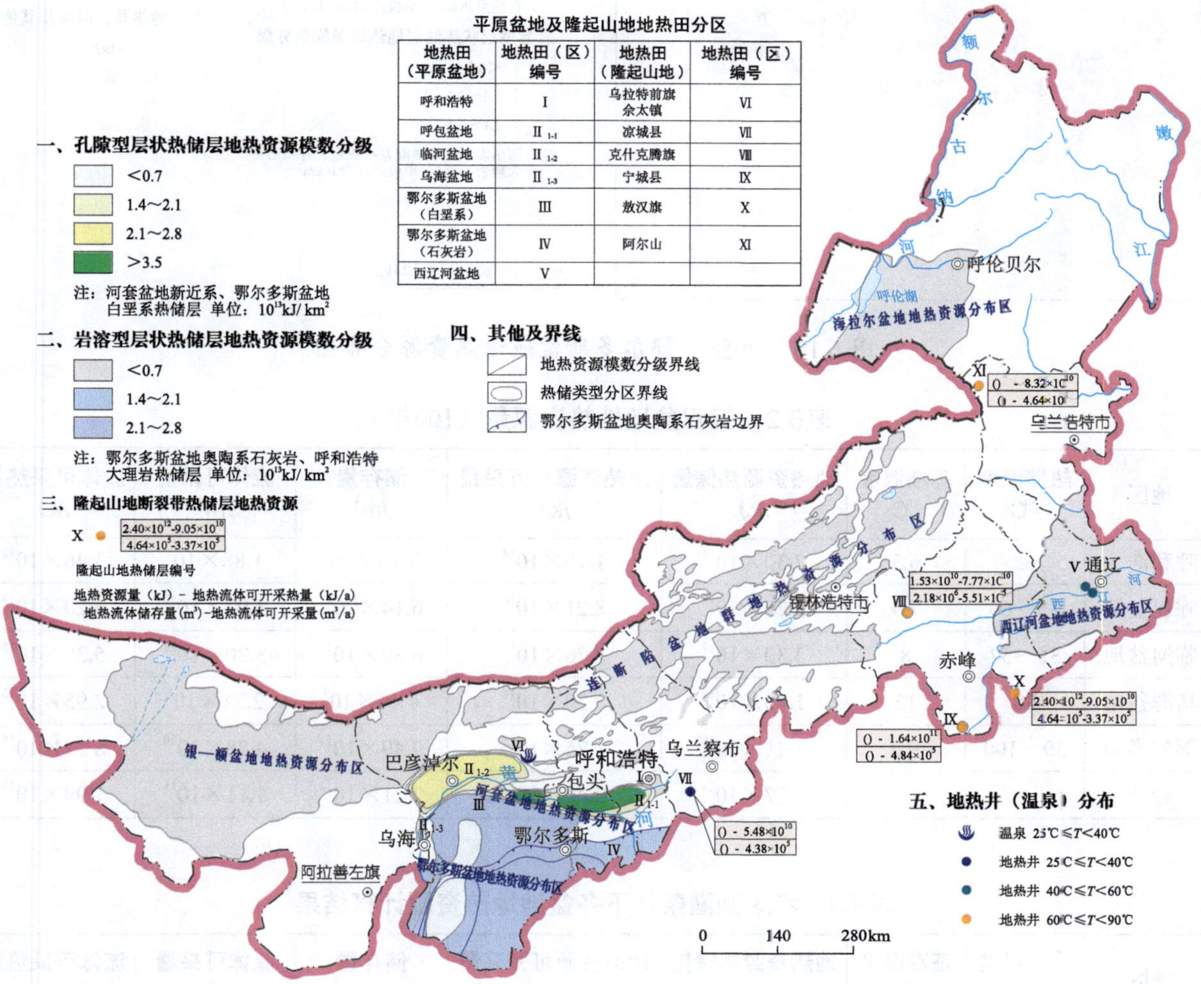

图 6.9 内蒙古自治区地热资源分布图

（二）沉积盆地型地热资源评价

自2008年开始，该区在河套盆地、西辽河盆地、鄂尔多斯盆地、海拉尔盆地投入了大量勘查资金，进行了盆地型地热资源的普查与勘探，其主要成果是在河套盆地中发现新近系含水层蕴藏有巨大地热资源量，西辽河盆地蕴藏一定的地热储量，而海拉尔盆地虽发现在白垩系含水层中有地热资源存在，但其开发量较小，鄂尔多斯盆地虽未正式完成地热钻孔施工，但也在前期白垩系地下水勘查及石油普查中发现有较好的地热异常，总体看内蒙古自治区盆地型地热资源研究程度较低，精度按资源评价要求还达不到，故本次仅对河套盆地、西辽河盆地、鄂尔多斯盆地（白垩系）地热资源作了估算，对鄂尔多斯盆地（石灰岩）地热资源进行预估算。沉积盆地型地热资源量评价数据见表6.2、表6.3，图6.10。

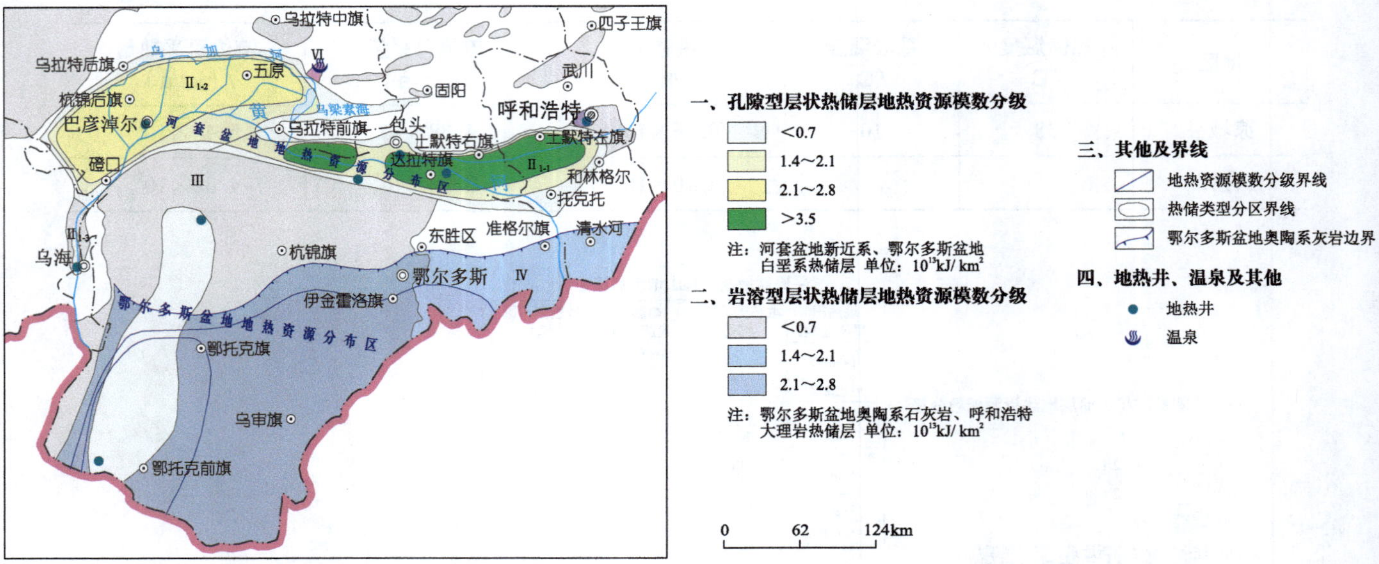

图 6.10　河套－鄂尔多斯盆地地热资源分布图

表6.2　沉积盆地地热资源量（100年）

地区	热储温度/℃	基准温度/℃	地热资源热储量/kJ	地热资源可开采量/kJ	储存量/m³	流体可采量/m³	流体可采热量/kJ
呼和浩特	62	6.3	7.30×10^{14}	1.10×10^{14}	3.75×10^{8}	1.88×10^{7}	3.46×10^{12}
呼包盆地	35～64	7.9	3.28×10^{17}	8.21×10^{16}	6.14×10^{11}	3.07×10^{10}	6.20×10^{13}
临河盆地	35～57	8	3.30×10^{17}	8.26×10^{16}	6.39×10^{11}	3.20×10^{10}	5.39×10^{15}
乌海盆地	48	12	1.40×10^{15}	3.50×10^{14}	4.46×10^{9}	2.23×10^{8}	2.95×10^{13}
鄂尔多斯	30～100	9.0	1.11×10^{18}	1.75×10^{17}	9.49×10^{11}	4.78×10^{10}	8.27×10^{15}
合计			1.77×10^{18}	3.40×10^{17}	2.21×10^{12}	1.11×10^{11}	1.99×10^{16}

表6.3　考虑回灌条件下各盆地地热资源计算结果

地区	热储温度/℃	基准温度/℃	地热资源热储量/kJ	地热资源可开采量/kJ	储存量/m³	流体可采量/(m³/d)	流体可采热量/(kJ/d)
呼和浩特	62	6.3	7.30×10^{14}	1.10×10^{14}	3.75×10^{8}	2.18×10^{4}	4.03×10^{9}
呼包盆地	35～64	7.9	3.28×10^{17}	8.21×10^{16}	6.14×10^{11}	6.23×10^{6}	1.25×10^{12}
临河盆地	35～57	8	3.30×10^{17}	8.26×10^{16}	6.39×10^{11}	8.16×10^{6}	1.37×10^{12}
乌海盆地	48	12	1.40×10^{15}	3.50×10^{14}	4.46×10^{9}	3.93×10^{4}	5.21×10^{9}
鄂尔多斯	30	9.0	1.11×10^{18}	1.75×10^{17}	9.49×10^{11}	2.61×10^{7}	5.45×10^{12}
合计			1.77×10^{18}	3.40×10^{17}	2.21×10^{12}	4.05×10^{7}	8.07×10^{12}

三、地热流体地球化学特征

内蒙古自治区地热资源主要分山地对流型地热资源和沉积盆地型地热资源，由于其成因的不同，地热流体所含成分也不尽相同，地热流体质量也不同，出水温度在50～90℃，按照“规范（GB 11615—2010）”属于低温地热资源的热水，水中多项离子均已超标，不能饮用，主要用于地热供暖，洗浴疗养及种植、养殖等领域，现逐步向产业化发展。地热资作为一种清洁能源，负荷能力强，稳定性好，逐渐渗透到各个利用领域。而对地热资源流体水质进行科学评价，可以为地热资源合理开发利用和保护提供理论依据。因此，本次对山地对流型地热资源和沉积盆地型地热资源进行了水质分析，包括医疗矿泉水评价、饮用矿泉水评价、农业灌溉用水评价、渔业用水评价、工业用水评价五种用途的评价。

（一）地热水水质

1.隆起山地型地热田

主要分布于大兴安岭南缘和山前地带，该类地热水pH在8.35～8.8，属弱碱性水；矿化度为0.34～0.86g/L，属淡水；总硬度为86.07～342.30mg/L，属软水；水温38～92℃，属低温地热资源热水，可用于生活、取暖和锅炉用水；水中主要阳离子：K^+含量为3.63～13.85mg/L、Na^+含量为78.41～324.4mg/L、Ca^{2+}含量为2.47～55.45mg/L、Mg^{2+}含量为0.008～46.41mg/L、铁离子含量0～0.1mg/L。水中主要阴离子：Cl^-含量为48.32～127.9mg/L、SO_4^{2-}含量为60.86～460.4mg/L、HCO_3^-含量为105.1～417.4mg/L。

2.沉积盆地型地热资田

内蒙古自治区现已基本查明的沉积盆地型地热田主要为河套盆地，其地热储层以新近系砂岩为主，分为呼包盆地及临河盆地，两盆地虽地热储层相同，均为新近系砂岩，但地热水水质相差较大。呼包盆地地热水pH在8.1～8.33，属弱碱性水；矿化度为1.76～2.95g/L，属微咸水；总硬度为117.1～277.75mg/L，属软水；水温57～64℃，属低温地热资源热水，可用于洗浴、取暖和锅炉用水；水中主要阳离子：K^+含量为3.6～6.6mg/L、Na^+含量为948.6～1150.0mg/L、Ca^{2+}含量为44.9～89.2mg/L、Mg^{2+}含量为3.2～13.4mg/L、铁离子含量0.21～0.6mg/L。水中主要阴离子：Cl^-含量为118.0～1178.7mg/L、SO_4^{2-}含量为302.6～324.2mg/L、HCO_3^-含量为396.6～1061.7mg/L。临河盆地LR1钻孔地热水pH为7.3，属弱碱性水；矿化度为46.58g/L，为卤水；总硬度为8354mg/L；水温57℃，属低温地热资源热水，可用于洗浴、取暖；水中主要阳离子：K^+含量为45.62mg/L、Na^+含量为14330mg/L、Ca^{2+}含量为2148mg/L、Mg^{2+}含量为726.5mg/L、铁离子含量0.0055mg/L。水中主要阴离子：Cl^-含量为25224mg/L、SO_4^{2-}含量为4050mg/L、HCO_3^-含量为79.43mg/L。

（二）生活饮用水评价

全区现有地热田资料分析，地热水均不能直接饮用，山地对流型地热田主要为氟离子大大超过生活饮用水卫生标准，而沉积盆地型地热田除氟离子超标外，其氯化物、硫酸盐、氟、溶解性总固体等指标也均超过生活饮用水卫生标准，不能直接饮用。

（三）热矿水评价

根据《地热资源勘查规范》（GB/T 11615—2010）中附录E——医疗热矿水水质标准和对我区地热井田实测结果，山地对流型地热田热水中氟、偏硅酸、氡和温度达到命名矿水浓度，可命名为氟、偏硅酸、氡水，另外热水中还检测出其他对人体有益的微量元素，这些元素呈离子状态，容易被皮肤吸收进入肌体发挥作用。

沉积盆地型地热田除氟离子含量达到或接近氟水外，其他值均达不到医疗热矿水命名浓度，只有临河盆地中溴、碘、锶达到医疗热矿水命名浓度。另外，热水中还检测出Ba、Fe、Zn、Se等对人体有益的微量元素。

四、地热资源开发利用历史及现状

（一）地热资源开发利用历史

1.隆起山地型地热资源开发利用历史

克什克腾旗热水塘温泉位于内蒙古克什克腾旗30km处，距赤峰230km，距经棚镇东北30km处的热水温泉疗养旅游区，已经开发利用有一千多年的历史了，相传在一千多年前，有一个叫嘎尔灯拉喜的僧人，为了选建寺庙的地址，走得马病人乏，过一道小溪，人马皆陷泥水中，只见马大口饮水，僧人亦捧水欲饮，手入水发现溪水炽热烫手，饮水后，顿觉神清气爽，疲倦尽去，马亦恢复元气，强壮如初。于是嘎尔灯拉喜依山傍泉建起了阿尔善寺（可译为温泉寺或甘露寺），挖井成池，砌石设浴，四方牧民慕名而来，沐浴祛疾，遂视为“神水”“圣水”，取名“嘎拉达斯汰”（意为“火热的泉”或“火水泉”）。后来，寺更名为“荟祥寺”。清圣祖康熙皇帝曾为荟祥寺题写匾额，如今已不复存在，只留下遗址屹立在风雨中向人们诉说着千年的沧桑，证实着远古的历史。

该温泉水清澈，透明，水温46～83℃，洗浴后皮肤有润滑感，具有止痛、消炎、镇静、去疲劳等多种作用，对许多适应证有一定疗效，如慢性气管炎、轻度肺气肿、高血压、动脉硬化、冠心病、脑血管意外恢复期；慢性静脉炎、血栓闭塞性脉管炎、各种神经麻痹、神经炎、神经痛及神经官能症；风湿性关节炎、风湿痛、坐骨神经痛、骨质增生、肢体麻木、肌炎、各种慢性劳损、慢性胃炎、胃及十二指肠溃疡；牛皮癣、神经性皮炎、湿疹、蛇皮、荨麻疹等，同时对治疗妇科疾病也有一定疗效。

宁城热水温泉位于宁城县热水镇，距承德150km，距北京380km，距赤峰110km，国道平双公路从区内通过。热水温泉资源得天独厚。中心孔泉水温高达97℃，是全国水温最高的温泉之一。泉水中含多种微量元素，对许多疾病有很好的辅助疗效。该温泉开发利用已有千余年的历史，早在辽代，辽太宗及后继皇帝先后来此沐浴。元代鲁王册封热水塘温泉为“神泉”“圣水”。清康熙帝巡视塞外时也曾在此沐浴，至今留有康熙沐井遗址。现已在其遗址上建起了“圣泉亭”，成为度假村一景。目前旅游度假区内已建成20多家不同规格档次的疗养院、度假宾馆、商务会展中心等，有床位近2000个。交通、通信和各种健身休闲、娱乐设施较为完备。热水镇已被建设部列为全国500家城镇建设重点。集疗养、旅游、度假为一体的花园式城镇建设初具规模。

敖汉温泉已有二百多年的历史，据说早在乾隆年间，就已经被开发利用，当地至今还流传着这样的故事：一游方道士化缘至二龙山下，口渴难耐，疲惫不堪，迷迷糊糊中忽听空中炸雷般一声响。惊醒处，一泉眼云雾蒸腾。道士以为奇，捧水浇身，顿感清爽，温泉从此形成。后来人们就在热水涌出口挖个露天大坑，自然沐浴。人们又回到露天大坑里沐浴。当时人们只以为是有水“神”，有了大病小灾，多到温泉里泡几次，病也就好得差不多了，并不知道水的治病机理。

经研究敖汉温泉是地球断裂和破碎带在花岗岩的构造裂缝中冒出地表的高温热水，严格受构造控制，以脉状或线状分布，热水汤温泉泉水清澈透明，洗浴后皮肤有润滑感。范围$2km^2$，属含硅酸、硫酸、重碳酸钠型矿泉水。水温为66℃，热水涌出量为$1480m^3/d$。泉水含20多种微量化学元素，是国内发现的含氡量最高的医疗矿泉，具有较高的医疗作用。它对风湿、类风湿、皮肤病有疗效；对脉管炎、神经炎、肢体麻木、前列腺炎、心血管疾病、妇科疾病有一定疗效；对消化系统慢性疾病有一定疗效，饮、浴并用效果更佳。

敖汉温泉属中矿化度，含硅酸、硫酸、重碳酸钠型矿泉水。水温为66℃，范围为$0.11km^2$，泉水中含20多种化学元素，其中氡含量为232.47Bq/L，是目前全国温泉水中含氡最高者。

阿尔山温泉位于内蒙古大兴安岭中段西麓，蒙古语“阿尔山”意为“圣水”。有42个泉眼，泉区方圆仅$1km^2$。各泉水温差别明显（1～48℃），所含化学成分各不相同，可分别治疗几十种慢性病。对风湿性关节炎、类风湿、牛皮癣、慢性湿疹、神经性皮炎、高胃酸性胃炎、溃疡病以及高血压、脑血栓后遗症等都有一定疗效，有“圣泉”之称。在矿泉群北部建有占地$13.8\times10^4m^2$的疗养院。每年盛夏时节，远近蒙古族人民多有自带蒙古包来此沐浴疗养者。温泉附近村多林密，苍松白桦掩盖山岭，谷内遮翳不见天日，山珍药材遍地丛生，旅游和疗养可同时分享，因此吸引众多游客。

凉城岱海温泉位于内蒙古凉城岱海北面，又名马刨泉，是内蒙古境内五大温泉之一。温泉位于凉城县三苏木乡中水塘村，因传说康熙巡边时，坐骑在此刨泉解渴而传名。过去这里一直是喇嘛、贵族沐浴和疗养的场所，现已建成温泉度假村。岱海温泉储量丰富，单井日涌水量1500余m^3，水温38℃，含有锶、锂、硅、硒等17种对人体有益的微量元素，为重碳酸钠型弱矿化热水，对治疗各种皮肤病以及风湿性腰腿疼等具有良好疗效。如今，岱海周围已被开发成旅游区。旅游区由岱海及周边滩涂、湿地、草原、山林地、温泉、电厂、古人类文化遗址等组成，总面积约$470km^2$，由1个旅游中心、8个功能分区、5个旅游码头、12个旅游景点构成，年接待人数超过12万人。

2.沉积盆地型地热资源开发利用历史

内蒙古自治区沉积盆地型地热资源开发利用较晚，位于鄂尔多斯盆地的伊克乌素地热井为20世纪80年代长庆油田在伊克乌素石油勘查过程中遗留下来的石油勘查孔，最初该钻孔自流量可达$1200m^3/d$，而到目前只有$100m^3/d$左右，由于其地理位置较偏，没有形成规模利用。

位于呼和浩特市地矿局院内的HR1地热井是我区第一眼沉积盆地型地热资源勘查孔，其终孔时间2000年，由于施工工艺和技术水平的限制，该孔涌水量只有$200m^3/d$左右，且矿化度较高，现仅用于洗浴，每天利用量小于$100m^3/d$，规模较小。

（二）地热资源开发利用现状

内蒙古自治区地热资源开发利用由于地热条件的不同，开发利用程度也不尽相同。山地对流型地热资源由于最早为天然出露，很早就被人类发现并利用，最初仅仅是利用天然温泉进行洗浴，开发利用规模较小，随着近几年人们生活水平不断提高，草原旅游人数不断增加，对温泉开采程度逐年加大，原有天然温泉流量已远远满足不了现状需求，地热钻孔代替了温泉，开采量也达到了最大，其中阿尔山温泉、克什克腾旗热水塘温泉、宁城热水温泉、敖汉温泉及凉城岱海温泉现状开采量已达到或基本达到允许开采量，温泉地下水水位已出现不同程度的下降，而乌拉特前期大余太地热温泉由于水温较低，现处于未开发利用状态。沉积盆地型地热资源开发利用由于开发利用时间较短，开发点较少，现只有呼和浩特市地矿局院内HR1地热孔在利用，该孔由于成井工艺问题，涌水量较小，经过10年的开发利用，该井仍处于自流阶段，地下水水位没有明显下降，尚有开发潜力。由于我区沉积盆地型地热资源仍处于勘查阶段，开采点较少，开发利用程度较低，开采潜力较大。

第二节　温　　泉

NMQ001 阿尔山温泉

位置：内蒙古自治区兴安盟阿尔山市，交通主要有白城—伊尔施铁路和203省道自南向北在阿尔山市西穿过。

概况：温泉中心海拔1032m，出露的地貌为阿尔山河谷洼地与中低山接触地带处，在阿尔山地堑东侧断裂集中出露，含水层为侏罗系凝灰岩，属开启式活动构造断裂型成因的深部循环高温热水（图6.11）。由三个温泉群组成，包括海神集团开发的阿尔山温泉群、金江沟温泉群、银江沟温泉群，三处共探明温泉泉眼76眼，其中海神集团旗下的中国温泉博物馆内有37眼，外部有11眼，共48眼（图6.12）。金江沟温泉群和银江沟温泉群分别有17眼和5眼。另外还有一个单独的特大五里泉，涌水量达1054m^3/d，现已被北京蓝海集团开发。海神集团开发的阿尔山温泉属于偏硅酸泉，以上升泉为主。单泉涌水量为10～20m^3/d；总涌水量达720m^3/d，多年来基本保持不变。

金江沟温泉群位于阿尔山市东北60km处，水温可高达47℃。银江沟温泉距阿尔山市温泉街东北8km，温泉群出露于沟谷西侧湿地与草坡交界之处，有泉眼五处，水温27.7℃。

1999年，天津地热勘查开发院在该区施工一眼钻孔，孔深288m，揭露三个热储层，第一热储层44.07～54.17m，水温45℃；第二热储层81.99～96.39m，水温47℃；第三热储层210～243m，水温49℃。自流水位2.60m，自流量20m^3/h，。单井涌水量960m^3/d时主孔降深2.14m。

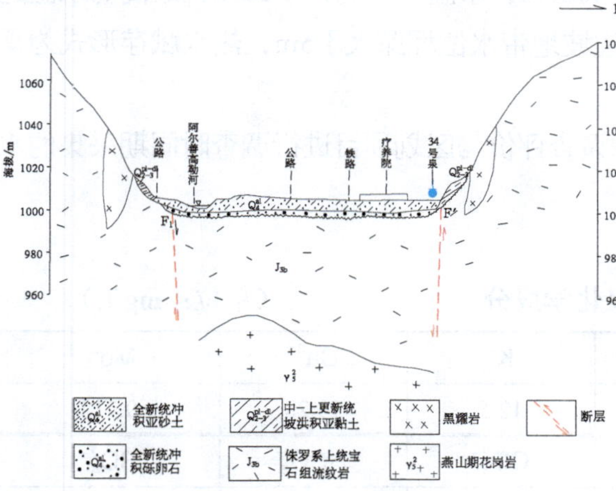

图 6.11　阿尔山34号温泉剖面图

图 6.12　阿尔山中国温泉博物馆

水化学成分： 2013年10月，内蒙古自治区地热资源调查评价与区划项目进行调查时采集的水样化学成分分析结果见表6.4。

表6.4　阿尔山温泉化学成分　　（单位：mg/L）

T_s/℃	pH	TDS	Na^+	K^+	Ca^{2+}	Mg^{2+}
48	8.46	645.78	183.8	2.73	7.07	0.001
Li	Rb	Cs	NH_4^+	CO_3^{2-}	HCO_3^-	SO_4^{2-}
0.616	na.	na.	0	11.81	312.3	99.45
Cl^-	F^-	CO_2	SiO_2	HBC_2	As	化学类型
23.34	9.5	0	0.216	58.1	0	HCO_3-Na

开发利用： 阿尔山市泉群富含多种矿物质，温度为1～48℃，冷泉只有1℃，热泉最高48℃。泉群对风湿类、心脑血管类、皮肤病有着一定疗效，现已建成温泉旅游、矿泉疗养一条龙的旅游疗养院，保健医疗价值很高，开发前景十分可观。

NMQ002 敖汉旗温泉

位置： 内蒙古自治区赤峰市敖汉旗林家地乡热水汤村，热水汤是一个行政自然村，位于新惠—朝阳公路上，其北距敖汉旗人民政府所在地新惠镇45km，南距辽宁省朝阳市60km，西北距赤峰市150km，通往周边地区的公路四通八达。

概况： 地热异常分布范围北到汤西沟北坡，西到死人沟沟头，东至沙河河谷东坡，面积0.37km²，地貌为低山丘陵谷地，海拔700～710m。主要用于温泉疗养。地热田出露的地貌为死人沟与汤西沟的交汇部位，地热类型为隆起带断裂型，在构造上属于阴山东西向复杂构造带与新华夏构造体系大兴安岭褶皱带交接的隆起部位，控热构造主要是死人沟断裂破碎带。热储-盖层的岩性由第四系粉质黏土、粉土、砂砾石和侏罗系成岩好的砂砾岩、泥岩组成，盖层厚度为13.75～17.69m。花岗岩断裂破碎带和上部的砂砾岩、凝灰岩构成热储层。该区地热以钻孔揭露形式呈现，热储层岩性以中细粒花岗岩、砂砾岩和凝灰岩为主，单井涌水量500～900m^3/d，水温一般均大于60℃，最高的水温达66℃，水位埋深在沟谷区高出地表2.1～2.4m，在丘陵边坡地带水位埋深大于5m，热水赋存形式为承压水。

水化学成分：2013年10月，内蒙古自治区地热资源调查评价与区划项目进行调查时同期采集的水样化学成分分析结果见表6.5。

表6.5　敖汉旗温泉化学成分　（单位：mg/L）

T_S/℃	pH	TDS	Na^+	K^+	Ca^{2+}	Mg^{2+}
60	8.5	889.92	257.4	12.5	13.28	0.712
Li	Rb	Cs	NH_4^+	CO_3^{2-}	HCO_3^-	SO_4^{2-}
0.787	na.	na.	0	11.81	271.7	266.8
Cl^-	F^-	CO_2	SiO_2	HBO_2	As	化学类型
55.06	8.66	0	na.	na.	0	$SO_4{\cdot}HCO_3$-Na

开发利用：早在乾隆三十八年（1773年）以前，温泉就已被当地农牧民利用，那时只是在温泉涌出口处挖一个大坑，人们就在坑里洗浴，曰为“坐汤”。因其有祛病之功效，故被誉为“神汤”。后来，贝子府王爷主持对温泉露天洗浴大坑进行了修整，在温泉出水处开凿一眼井，用石条砌成八角形，井底出水处盖一五孔石板，从此，人们又到井下洗浴。新中国成立以后，温泉才得以真正开发利用。1958年敖汉旗人民政府在此建立了“荣复军人疗养院”，后易名为“敖汉旗温泉疗养院”，1995年又更名为“敖汉旗热水汤疗养院”，1998年命名为“敖汉温泉度假村”（图6.13）。

敖汉温泉属中矿化度，含硅酸、硫酸、重碳酸钠型矿泉水。水温为66℃，范围为0.11km^2，泉水中含20多种化学元素，其中氡含量为232.47Bq/L，是目前全国温泉水中含氡最高者。

但由于地热水的过度开发利用，2013年10月考察时发现，部分地热井已没有了自流现象，用3寸泵每天抽水5～6h，出水量约700m^3/d（图6.14）。

2005年内蒙古自治区第十地质矿产开发院在该地区施工钻孔七眼，其中，心部位的ZK4号孔深180.48m，降深2.78m时涌水量542.42m^3/d，水位埋深2.19m，含水层厚度35.70m，含水层岩性为砂砾岩、凝灰岩、花岗岩破碎带，水温64℃。

图 6.13　敖汉旗温泉高压氧舱运动馆

图 6.14　敖汉旗 ZK4 号孔抽水

NMQ003 克什克腾旗热水汤温泉

位置： 内蒙古自治区赤峰市克什克腾旗热水汤镇热水开发区，区内交通较方便，集宁—通辽铁路经过本区，主要公路为林西—经棚和通往黄岗梁旅游区公路从本区穿过。热水汤西距经棚镇30km，东距林西镇亦30km。面积60km^2，地貌为黄岗梁中低山区，海拔1000～1600m。

概况： 热水汤地热资源属山区开放型基岩隆起带低温地热资源热水、温热水。来自西北部黄岗山脉山区地下水沿断裂裂隙向下入渗，形成深部循环水，受地温加热后，沿断裂破碎带上升进入地热田热储，形成地热流体。

该区地热还多以钻孔揭露形式呈现，热储盖层主要由第四系黄土状粉土、砂卵石及粉质黏土构成，平均盖层厚度35.84m。热储层岩性以花岗岩破碎带为主，并经水热蚀变作用后，使地下热水颜色变为黄绿、淡蓝色，地热异常区水温一般在48.8～72℃，单井涌水量200～500m^3/d，为承压型低温热水。

2007年内蒙古自治区第十地质矿产开发院在该地区进行地热资源详查时施工钻孔四眼，其中ZK3号孔深65.39m，降深31.17m时涌水量385.17m^3/d，承压水压力较大，产生了自流，自流水位4.50m，含水层厚度27.09m，含水层岩性为以花岗岩破碎带为主，水温44.5℃（图6.15）。

水化学成分： 2013年10月，内蒙古自治区地热资源调查评价与区划项目进行调查时采集的水样化学成分分析结果见表6.6。

表6.6 克什克腾旗热水汤温泉化学成分 （单位：mg/L）

T_S/℃	pH	TDS	Na^+	K^+	Ca^{2+}	Mg^{2+}
72	8.75	395.41	130.3	4.29	2.99	0.008
Li	Rb	Cs	NH_4^+	CO_3^{2-}	HCO_3^-	SO_4^{2-}
0.476	na.	na.	0.011	29.53	102.1	60.86
Cl^-	F^-	CO_2	SiO_2	HBO_2	As	化学类型
64.43	15.55	0	na.	na.	0.072	Cl·HCO_3-Na

开发利用： 康熙二十九年（1690年），康熙皇帝亲征噶尔丹，取得乌兰布统之战的胜利后，曾到热水沐浴，至今还留有“康熙浴井”遗址。康熙皇帝曾说“此为圣水，宝似金汤”。清康熙二十五年乾隆驾幸热水，专程沐浴，至今留有其遗址。辽太宗耶律德光曾专程来温泉洗浴。元代廿居应昌的鲁王封此泉为“神泉”“圣水”。1930年，活佛九世班禅曲吉尼玛来经棚庆宁寺讲经时，曾到热水温泉洗浴。

该温泉水清澈，透明，水温46～83℃，洗浴后皮肤有润滑感，具有止痛、消炎、镇静、去疲劳等多种作用，对许多适应证有一定疗效，包括慢性气管炎、轻度肺气肿、高血压、动脉硬化、冠心病、脑血管意外恢复期；慢性静脉炎、血栓闭塞性脉管炎、各种神经麻痹、神经炎、神经痛及神经官能症；风湿性关节炎、风湿痛、坐骨神经痛、骨质增生、肢体麻木、肌炎、各种慢性劳损、慢性胃炎、胃及十二指肠溃疡；牛皮癣、神经性皮炎、湿疹、蛇皮、荨麻疹等，同时对治疗妇科疾病也有明显疗效。现开发利用主要以温泉医疗和洗浴为主（图6.16）。

图 6.15　克什克腾热水汤 ZK3 号孔抽水试验

图 6.16　克什克腾热水汤采用热水洗浴的民政宾馆

NMQ004 宁城县热水镇温泉

位置：内蒙古自治区赤峰市宁城县西南热水乡，距宁城县天义镇约90km。区内交通较方便，至天义镇有二级公路相连。面积约$0.4km^2$。地貌为低山丘陵，海拔800～1100m。

概况：地热田在构造上属于阴山东西复杂构造带的北缘，八里罕大断裂的次级近东西向张性-张扭性断裂，是地下热水赋存和运动的良好场所，尤为构造线相交处，岩石破碎，导水性好，是热水出露地表的良好通道。该地热田发现时有热水点五处，其中两处热水泉出露于第四纪地层中，发现时以上升泉的形式喷出地表，热水泉近东西排列，相距160m，水温60～85℃，自流量较小，但随着开发利用和气候条件的改变，现已不自流。

热储盖层主要由第四系黏土、粉质黏土层及侏罗系火山碎屑岩，它既是区内的隔水层，又是隔热层，热储层岩性以构造破碎带的各类片麻岩及火山碎屑岩为主（图6.17）。热水类型属于高温裂隙水，具有承压性质。后经钻孔揭露，地热区分布呈椭圆形，由热中心向外围，水温由高变低，中心位置孔水温达99℃。

1973年辽宁省地质局水文地质大队在该地区进行地热资源普查时施工钻孔七眼，其中位于热中心的R30号钻孔深99.27m，降深3.50m时涌水量$13.67m^3/d$，水位距地面0.32m，水温94℃。

水化学成分：2013年10月，内蒙古自治区地热资源调查评价与区划项目进行调查时采集的水样分析结果见表6.7。

表6.7　宁城县热水镇温泉化学成分　（单位：mg/L）

T_S/℃	pH	TDS	Na^+	K^+	Ca^{2+}	Mg^{2+}
92	8.35	920.34	260.8	13.85	27.91	0.035
Li	Rb	Cs	NH_4^+	CO_3^{2-}	HCO_3^-	SO_4^{2-}
0.542	na.	na.	0	0	105.1	460.4
Cl^-	F^-	CO_2	SiO_2	HBO_2	As	化学类型
48.32	9.29	2.13	na.	na.	0	SO_4-Na

开发利用：该温泉开发利用已有千余年的历史，早在辽代，辽太宗及后继皇帝先后来此沐浴。元代鲁王册封热水塘温泉为“神泉”“圣水”。清康熙帝巡视塞外时也曾在此沐浴，至今留有康熙沐井遗址。现已在其遗址上建起了“圣泉亭”，成为度假村一景。在度假村周围十几公里的范围内，有烟波浩渺、鸟飞鱼跃的打虎石水库，有辽代名山福峰山；有汉代右北平郡遗址；有保存完整的藏传佛教寺院法轮寺；有层峦叠翠、鸟鸣兽走的黑里河林区，可满足旅游者的多种观光需求。目前旅游度假区内已建成20多家不同规格档次的疗养院、度假宾馆、商务会展中心等，有床位近2000张。交通、通信和各种健身休闲、娱乐设施较为完备。热水镇已被建设部列为全国500家城镇建设重点。集疗养、旅游、度假为一体的花园式城镇建设初具规模。现开发利用主要以医疗保健和洗浴为主（图6.18）。

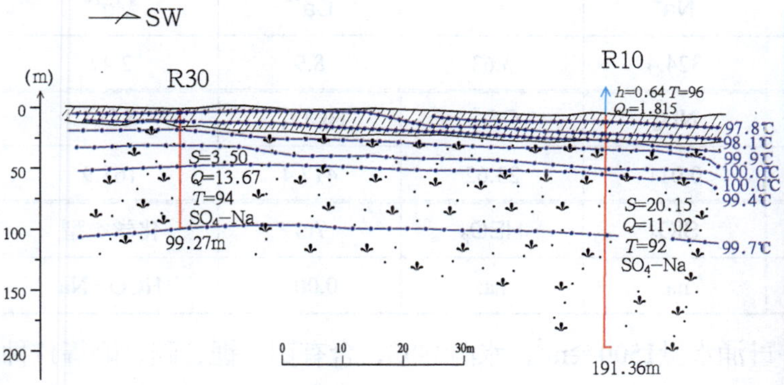

图 6.17　宁城热水镇 R30-R10 地热横剖面图

图 6.18　宁城县热水镇第一眼自流热水泉

NMQ005 凉城县中水镇温泉

位置：内蒙古自治区乌兰察布市凉城县岱海镇中水塘村的凉城—集宁公路上，其西距凉城人民政府所在地岱海镇13km，东北距集宁区75km，东南距丰镇市70km，通往周边地区的公路四通八达，交通畅通便利。海拔1200～1500m，地貌为低山丘陵，海拔800～1100m。

概况：中水塘地热以温泉和地热井形式分布于中水塘村南侧，呈北东约30°～40°方向长条展布。热储盖层为新近系与第四系的砂质泥岩、泥岩与砂砾石、粉质黏土层，厚度在242m以上。热储层为太古宇桑干群变质岩类和太古宙早期侵入岩及其断层破碎带，地热通道为北西向断裂所致，为断层破碎带与基岩裂隙热水。温泉受北东向压性断层和北西向张性断层所控制。为一纯构造型的中低温地热田。在热水孔成井前，温泉附近有数十处见有气泡不断上逸，泉水随之溢出（图6.19）。

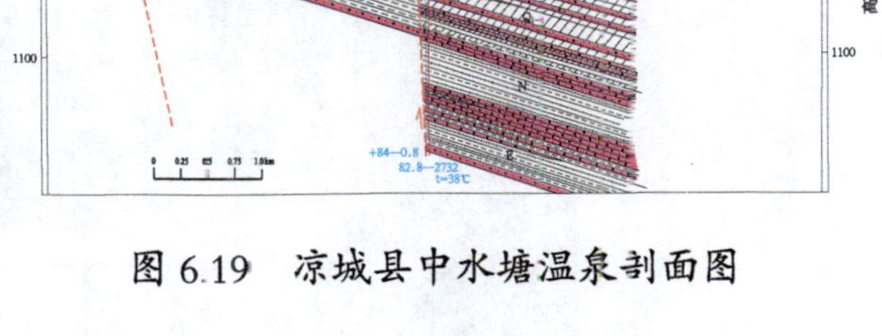

图 6.19　凉城县中水塘温泉剖面图

1972年地方政府为了开发利用温泉，曾爆破扩泉，并深挖至9m，当时测得流量10m³/d，水温25～27℃，9m深处水温31℃。目前因热水孔成井开采，温泉水位已下降至地表以下，热水孔位于温泉西南方约150m处。其孔口最高水温为38℃，水头高度经四次涌水试验，计算得在地面上84m，为高水头的承压自流水，自流量2732.4m³/d，由于长年开采及当时成孔质量影响，该热水井涌水量逐渐减小，现已不足1500m³/d。

2013年内蒙古自治区第一水文地质工程地质勘查院在该地区进行地热资源详查时施工钻孔两眼，其中DR2钻孔孔深150.01m，自流，流量3500m³/d，出水温度33℃。

水化学成分：2013年10月，内蒙古自治区地热资源调查评价与区划项目进行调查时采集的水样分析结果见表6.8。

表6.8 凉城县中水塘温泉化学成分 （单位：mg/L）

T_s/℃	pH	TDS	Na^+	K^+	Ca^{2+}	Mg^{2+}
38	8.8	656.79	324.4	3.63	8.9	2.47
Li	Rb	Cs	NH_4^+	CO_3^{2-}	HCO_3^-	SO_4^{2-}
0.238	na.	na.	0.011	23.62	417.4	163.9
Cl^-	F^-	CO_2	SiO_2	HBO_2	As	化学类型
127.9	10.38	0	na.	na.	0.002	HCO_3-Na

开发利用：岱海温泉储量丰富，单井日涌水量1500余m³，水温38℃，含有锶、锂、硅、硒等17种对人体有益的微量元素，为重碳酸钠型弱矿化热水，对治疗各种皮肤病以及风湿性腰腿疼等具有良好疗效。如今，岱海周围已被开发成旅游区。旅游区由岱海及周边滩涂、湿地、草原、山林地、温泉、电厂、古人类文化遗址等组成，总面积约470km²，由一个旅游中心、八个功能分区、五个旅游码头、12个旅游景点构成，年接待人数超过12万人。现已建成温泉度假村，主要用以医疗保健和洗浴，同时发展种植与养殖业（图6.20）。

图 6.20 凉城县中水塘温泉宾馆

第三节 代表性地热井

NMJ001 呼和浩特市地热井

位置：内蒙古自治区呼和浩特市赛罕区呼伦南路旧地勘局后院，交通十分便利。地热田为盆地地热增温型，内蒙古自治区第一水文地质工程地质勘察院1999年施工的HR1地热井。

井深：3005.00m。

孔径：311mm。

井口温度：55℃。

热储层特征：热储层主要为太古宇乌拉山群和二道洼群的厚层大理岩层，深度在2700～3000m，累计厚度大于250m。盖层为500～2500m巨厚的中生界侏罗系、白垩系、新生界新近系泥岩夹薄层粉砂岩层。地下热源有充足的补给源，地热井位于东南北三面环山，向西南开口的呼和浩特盆地，其南北均有厚层砂砾岩及大理岩层出露，为良好的含水岩体，其通过下部地层及山前断裂向深部地层补给地下水，创造了良好的地热通道。

水化学成分：2004年7月，NMJ001地热井取样化学成分分析结果见表6.9，现在NMJ001地热井已经开发利用。

表6.9 呼和浩特市地热井化学成分 （单位：mg/L）

T_s/℃	pH	TDS	Na^+	K^+	Ca^{2+}	Mg^{2+}
57	7.85	14099	4555	239	464.4	161.7
Li	Rb	Cs	NH_4^+	CO_3^{2-}	HCO_3^-	SO_4^{2-}
nd.	na.	na.	3.94	0	3072	648.4
Cl^-	F^-	CO_2	SiO_2	HBO_2	As	化学类型
6472	2.4	400.3	nd.	nd.	nd.	Cl-Na

开发利用：该井成井后，在其上建成了呼和浩特市首个采用地热井洗浴的水月城宾馆，经过近10年的开发利用，水温基本上保持在55℃，出水量为200m³/d，降深至地层以下350m时涌水量为340m³/d左右。

NMJ002 呼和浩特市哈素海地热井

位置：行政区划隶属于内蒙古自治区呼和浩特市土默特左旗，有“塞外西湖”之称，地理位置在呼和浩特市、包头市之间，东距呼和浩特市70km，西距包头市80km，交通十分便利。

井深：3368.95m。

孔径：311mm。

井口温度：53℃。

热储层特征：新近系上新统、中新统、渐新统热储层，其埋深在1277～2162.8m，含水层累计厚度45.3m。上新统、中新统含水层厚度40.7m，渗透率为15.5～129.5mD，孔隙度为18.6%～29.4%，泥质含量为3.6%～39.8%，导热性和透水性较好，温度也较高，是较理想的热储层。根据测井资料，该热储层温度44～58℃，平均热储温度为50℃；地温梯度为3.07～3.23℃/100m，平均地温梯度3.17℃/100m。因此，新近系上新统、中新统含水岩组为工作区最主要热储层。古近系渐新统含水岩组厚度4.6m，渗透率为1.3～6.3mD，孔隙度为8.2%～13.8%，导热性和透水性较差，虽地层温度较高，但不作为热储层。

白垩系、侏罗系热储层厚度薄，孔隙度为1.8%～6.1%，渗透率为0.1～0.2mD，泥质含量为3.6%～29.6%，白垩系、侏罗系孔隙度小、泥质含量高、渗透性差、富水性差，平均地温梯度3.11℃/100m。

水化学成分：2010年12月，NMJ002地热井竣工抽水试验初期采集的水样分析结果见表6.10，现地热井开发正在进行论证，以后逐步展开利用。

表6.10 呼和浩特市哈素海地热井化学成分 （单位：mg/L）

T_s/℃	pH	TDS	Na^+	K^+	Ca^{2+}	Mg^{2+}
53	7.15	3745.85	1433	10.2	88.8	18.6
Li	Rb	Cs	NH_4^+	CO_3^{2-}	HCO_3^-	SO_4^{2-}
nd.	na.	na.	17.63	0	394.3	30.4
Cl^-	F^-	CO_2	SiO_2	HBO_2	As	化学类型
2146	nd.	6.36	nd.	nd.	0.024	Cl-Na

开发利用：地热井矿化度3.952g/L，水化学类型为Cl-Na型。水中偏硅酸的含量均达到医疗热矿水的命名标准，水中溴、碘、硼含量达到或超过矿水浓度和有医疗价值浓度，可命名为氯化钠型中性的含溴、碘、硼的硅型温热医疗矿水。同时，HR3地热井热水中还检测出F、Sr、Li、Ba、Fe、Zn、Se、Co、V、Mo、Mn、Ni、Cu、Ai等多种对人体有益的微量元素，可用于医疗、洗浴等。现地热井正在配合旅游度假进行开发利用。

NMJ003 呼和浩特市乌素图地热井

位置：内蒙古自治区呼和浩特市回民区金川开发区，交通十分便利，京包铁路、京—藏（新）高速（G6、G7）、110国道从南侧通过，另有乡级公路和村级小油路与周边村镇相连。

井深：2503m。

孔径：311mm。

井口温度：62℃。

热储层特征：地热井在地貌上位于大青山山前倾斜平原的上部地带，在构造上位于呼和拗陷盆地的北部，为盆地型地热增温型地热田。盆地内中生界和新生界沉积厚度较大，埋藏较深，下部为中元古界马家店群大理岩。热储层主要为中元古界马家店群大理岩，埋深在2198.8m至2389.0m，单层最大厚度8.1m，最小厚度4.1m，有效厚度23.2m。盖层为第四系粉质黏土和新近系厚层泥岩，黏土渗透性差，厚层泥岩胶结程度好、渗透性差、导热率低。地热通道主要为深部断裂带与次级构造的交汇部位。

水化学成分：2011年11月，NMJ003地热井竣工抽水试验初期采集的水样化学成分分析结果见表6.11。现地热井开发正在进行论证，以后逐步展开利用。

表6.11　呼和浩特市乌素图地热井化学成分　　（单位：mg/L）

T_S/℃	pH	TDS	Na^+	K^+	Ca^{2+}	Mg^{2+}
63	9	9513.5	2474	220.2	6.66	126.2
Li	Rb	Cs	NH_4^+	CO_3^{2-}	HCO_3^-	SO_4^{2-}
0.935	na.	na.	0.14	441.3	2363	514.6
Cl^-	F^-	CO_2	SiO_2	HBO_2	As	化学类型
2136	1.2	0	nd.	8.22	nd.	$Cl·HCO_3$-Na

开发利用：单井涌水量为668.16m^3/d，地热井矿化度7.401～8.332g/L，pH 7.22～9.00，总硬度（以$CaCO_3$计）为536.1～940.8mg/L，水化学类型为$Cl·HCO_3$-Na型。水温度达到医疗热矿水的命名标准，水中偏硅酸、偏硼酸、溴的含量达到或超过矿水浓度和有医疗价值浓度，可命名为温水型医疗热矿水。同时，HR4地热井热水中还检测出Sr、Li、Ba、Fe、Zn、Se、Co、V、Mo、Mn、Ni、Cu、Ai等多种对人体有益的微量元素，可用于洗浴、医疗等。同时可以开发嬉水乐园、康乐中心、会议中心、疗养中心、温泉饭店、高级宾馆等一系列娱乐旅游项目，现地热井正在配合旅游度假进行开发利用。

NMJ004 包头市滨海新区地热井

位置：内蒙古自治区包头市滨海新区西部，紧邻包头市麻池镇，交通便利。2010年内蒙古自治区第一水文地质工程地质勘查院在该处施工一眼地热井。

井深：2604.34m。

孔径：311mm。

井口温度：70.8℃。

热储层特征：该地热井为盆地型地热增温型地热井。热储层主要为新近系上新统、中新统细砂岩、粉砂岩为主要含水岩层，深度在1577.69～2604.34m，累积厚度约厚度283.0m。盖层为第四系黏土、粉质黏土、粉细砂，新近系上新统上部泥岩、粉细砂岩。地热通道除靠地层导热性进行地温传导外，主要靠断裂进行热流传导，断裂构造主要包括大青山断裂、兰阿断裂、鄂尔多斯北缘断裂、乌拉山山前断裂以及本次物探工作探明的$F_{3'}$、$F_{1'}$、$F_{4'}$和$F_{0'}$断裂，各深大断裂的交汇处，均会给地下热水资源上涌创造了极有利的条件，是热流传导的主要通道。

水化学成分：2010年10月，地热井抽水试验结束前采集的水样化学成分分析结果见表6.12，该孔现未进行开发利用。

表6.12　包头市滨海新区地热井化学成分　　（单位：mg/L）

T_s/℃	pH	TDS	Na^+	K^+	Ca^{2+}	Mg^{2+}
70.8	8.1	2730.7	979.4	4.89	43.19	2.26
Li	Rb	Cs	NH_4^+	CO_3^{2-}	HCO_3^-	SO_4^{2-}
0.094	na.	na.	1	0	434.6	299
Cl^-	F^-	CO_2	SiO_2	HBO_2	As	化学类型
1080	5	4	nd.	37.8	nd.	Cl-Na

开发利用：该地热井矿化度3.73g/L，水化学类型为Cl-Na型。水中锶、偏硅酸、碘、硼含量达到或超过矿水浓度和有医疗价值浓度，为氯化钠型中性的含锶、溴、碘、硼的硅型温热医疗矿水。同时高矿化水也是盐化工的重要原料，综合利用可产生很高的效益。现地热井开发正在进行论证，以后逐步展开利用。

NMJ005 临河地热井

位置：内蒙古自治区巴彦淖尔市临河新区，交通十分便利，京包铁路、京—藏（新）高速（G6、G7）、110国道从临河区通过，另有县乡级公路与相邻旗县及周边乡镇相连。2011年内蒙古自治区地质调查院在临河施工LR1号地热孔。

井深：2012.00m。

孔径：311mm。

井口温度：57℃。

热储层特征：地热田为盆地型地热增温型，热储层主要为新近系上新统含水岩层，岩性主要为细砂岩、粉细砂岩，深度在1180～1981m，厚度累计可达189.3m。盖层为第四系黏土、粉土层，累积厚度约900m。地热通道为近东西及近南北向控制的正断层，形成深部热流上升通道。热源为深部承压含水岩组水温异常显示出的地热场。新近系上新统含水岩组埋深在1180～1981m，含水层累计厚度189.3m，导热性和透水性较好。有效热储层温度59～78.65℃，平均温度64℃；地温梯度为3.07～3.60℃/100m，平均地温梯度3.56℃/100m，经抽水试验，地下水水位埋深10.5m，降深43m时涌水量为2268.72m³/d（受泵型额定功率限制）。

水化学成分：2013年10月，内蒙古自治区地热资源调查评价与区划项目进行调查时采集的水样化学成分分析结果见表6.13。

表6.13　临河地热井化学成分　　（单位：mg/L）

T_s/℃	pH	TDS	Na^+	K^+	Ca^{2+}	Mg^{2+}
57	7.26	40751.27	13900	178.9	1969	25.21
Li	Rb	Cs	NH_4^+	CO_3^{2-}	HCO_3^-	SO_4^{2-}
3.15	na.	na.	3.68	0	75.07	381.6

续表

Cl^-	F^-	CO_2	SiO_2	HBO_2	As	化学类型
24292	1.15	51.23	na.	nd.	0	Cl–Na

开发利用：临河地热井矿化度47.27g/L，水化学类型为Cl–Na型。水中锶、偏硅酸、溴、碘、硼含量达到或超过矿水浓度和有医疗价值浓度，为氯化钠型中性的含锶、溴、碘、硼的硅型温热医疗矿水。同时高矿化水也是盐化工的重要原料，综合利用可产生很高的效益。地热井开发正在进行论证，以后逐步展开利用。

NMJ006 鄂尔多斯市树林召地热井

位置：内蒙古自治区鄂尔多斯市达拉特旗树林召镇，交通便利，包（包头）—茂（茂名）高速公路、210国道、包（包头）—神（神木）铁路南北向纵贯树林召。2012年6月内蒙古自治区第二水文地质工程地质勘查院在该处施工一眼地热井。

井深：2601.88m。

孔径：311mm。

井口温度：64.6℃。

热储层特征：地热井为盆地地热增温型地热井。热储层主要为新近系上新统、中新统细砂岩、粉砂岩为主要含水岩层，含水层导热性和透水性较好，埋深在1073.86～2601.88m，取水层段为1891.18～2601.88m，含水层累计厚度187.30m。盖层为第四系粉砂、粉土、淤泥质粉砂及黏土层。地热通道除靠地层导热性进行地温传导外，主要靠断裂进行热流传导，近东西向和近南北向两组交互断裂，给地下热水资源上涌创造极有利的条件，是热流传导的主要通道。

水化学成分：2012年6月，NMJ006地热井抽水试验结束前采集的水样化学成分分析结果见表6.14。

表6.14 鄂尔多斯市树林召地热井化学成分 （单位：mg/L）

T_s/℃	pH	TDS	Na^+	K^+	Ca^{2+}	Mg^{2+}
63	8.33	2608.98	948.6	3.6	89.2	13.4
Li	Rb	Cs	NH_4^+	CO_3^{2-}	HCO_3^-	SO_4^{2-}
na.	na.	na.	1.3	0	396.6	324.2
Cl^-	F^-	CO_2	SiO_2	HBO_2	As	化学类型
1178.7	2.6	3.96	na.	na.	<0.01	Cl–Na

开发利用：该井承压自流，静水头+55m，自流量2472m^3/d；矿化度1.76g/L，水化学类型为Cl–Na型，总硬度（以$CaCO_3$计）为277.75mg/L，pH为8.33。该地热井水中氟、偏硅酸的含量达到医疗热矿水的命名标准，可命名为氟–偏硅酸型温热医疗矿水。同时，地热井热水中还检测出Ba、Fe、Zn等对人体有益的微量元素，可用于医疗、洗浴等，现开发利用正在进行中。

NMJ007 杭锦旗伊克乌素地热井

位置：内蒙古自治区鄂尔多斯市杭绵旗伊克乌素苏木政府驻地1.5km，距离杭绵旗政府所在地锡尼镇约80km，交通不甚便利，只有砂石路与锡尼镇相连。1977年华北石油局三普大队在此施工一眼深井。

井深：3447.8m。

孔径：311mm。

井口温度：55℃。

热储层特征：通过对钻孔结构及区域地质条件的分析，该地热井为盆地型地热增温型地热井。地热井位于鄂尔多斯盆地北缘，在构造上为一以中生界为主，轴向南北，轴心偏西，东缓西陡的不对称向斜盆地，盆地内沉积了厚度较大的白垩系，热储层主要为白垩系洛河组砂岩、粉细砂岩含水岩层，含水层厚度多在100～300m，单井涌水量一般为600～1700m³/d。盖层为白垩系棕红色夹灰绿色砾岩、砂砾岩、小斜层理砂岩夹砾岩，厚度在500～700m。地热通道主要靠地层导热性进行地温传导，同时也依靠断裂进行热流传导。热源主要来自盆地内部熔融物质的水热活动所致。

水化学成分：2013年10月，内蒙古自治区地热资源调查评价与区划项目进行调查时采集的水样化学成分分析结果见表6.15。

表6.15 杭锦旗伊克乌素地热井化学成分 （单位：mg/L）

T_S/℃	pH	TDS	Na^+	K^+	Ca^{2+}	Mg^{2+}
38	7.86	6294.365	1700	6.48	397.8	25.59
Li	Rb	Cs	NH_4^+	CO_3^{2-}	HCO_3^-	SO_4^{2-}
0.081	na.	na.	0.162	0	54.05	3425
Cl^-	F^-	CO_2	SiO_2	HBO_2	As	化学类型
736.3	1.4	2.13	na.	na.	0.003	SO_4-Na

开发利用：该地热井1977年华北石油钻孔显示，地热井水化学类型为SO_4-Na水，pH为7.7，富含偏硅酸、锶、氟、锂、溴、碘、锌等多种微量元素，对心脏病、风湿病、皮肤病等有一定疗效，具有较高的医疗价值，可供医疗洗浴等，现已建成小规模的温泉度假村。

NMJ008 乌海市地热井

位置：内蒙古自治区乌海市滨河区市政府西100m。乌海市为内蒙古自治区的直辖市，位于自治区的西部，交通十分便利，京包铁路、京一藏高速（G6）、110国道从该区通过。2010年内蒙古自治区第八地质矿产勘查开发院在该区施工WH01地热孔。

井深：2094.45m。

孔径：311mm。

井口温度：44℃。

热储层特征：该地热田为盆地型地热增温型。热储层主要为新近系上新统含水岩层，岩性主要为以砂岩、砂砾岩为主，深度在774～2000m，热储层共计12层，单层最大厚度为14.1m，总厚度60m，盖层为第四系黏土、粉质黏土层。地热通道为桌子山-岗德尔山深大断裂及次一级断裂构造。

水化学成分：2010年12月，NMJ008地热井竣工抽水试验后采集的水样化学成分分析结果见表6.16。

表6.16　乌海市地热井化学成分　　（单位：mg/L）

T_s/℃	pH	TDS	Na^+	K^+	Ca^{2+}	Mg^{2+}
48	7.64	6108.35	1824	12.32	177.4	54.18
Li	Rb	Cs	NH_4^+	CO_3^{2-}	HCO_3^-	SO_4^{2-}
0.221	na.	na.	0.28	0	166.7	1763
Cl^-	F^-	CO_2	SiO_2	HBO_2	As	化学类型
1979	1.48	4.8	nd.	na.	nd.	$Cl·SO_4$–Na

开发利用：该地热井矿化度6.31g/L，水化学类型为$Cl·SO_4$–Na型，水中偏硅酸、偏硼酸、碘的含量均达到矿水浓度标准，水中硅、碘、硼、氟含量有医疗价值浓度，命名为氯硫酸钠型中性的含溴、碘、硼的温热医疗矿水。同时，WH01地热井热水中还检测出Zn、Se、Co、V、Mo、Ni、Cu等多种对人体有益的微量元素，具有较高的医疗价值，可供医疗洗浴等，现未开发利用。

第/七/章

辽宁省

第一节　地热资源及分布特征

一、地热资源形成特点及分布规律

辽宁省地热资源存在两种类型，即隆起山地对流型地热资源和沉积盆地传导型地热资源。

（一）隆起山地对流型地热资源形成特点及分布规律

1.辽东丘陵山区

该区中元古代后处于隆起状态，主要发育的深大断层为北东向鸭绿江、金州、庄河-桓仁和寒岭-偏岭等深大断裂带，沿深大断裂带出露温泉，最高水温98℃，温泉热储岩性多为花岗岩构造破碎带。

在三叠纪时由于受印支运动的影响，台隆处于活化阶段，有大面积的印支期花岗岩侵入。燕山期时由于受滨太平洋活动带的影响，北北东向、北西向、近南北向等一系列断裂活动强烈，形成众多的大小不等的断陷盆地，并有中酸性岩体侵入。中生代的构造活动、花岗岩的侵入是胶辽台隆对流型地热形成的基础；新生代深大的断层呈继承性活动（沿断层有地震活动），特别是沿历史上岩浆活动强烈的金州岩石圈深大断裂温泉的出露是断层沟通深部热源的反映。深大断层及其次生断裂，构成了辽东对流型地热田热能的上涌通道，热储层主要受次级构造控制，在断层带和多条多方向断层的交汇部位形成热储，其埋深一般在几十米至几百米之内。

2.辽西丘陵山区

该区北东、北北东向断裂发育，构成一系列北东-北北东向隆起与断（拗）陷盆地相间地构造格局。火山活动强烈，沿隆起带及其边缘有中酸性岩体侵入。地壳厚度呈西厚东薄变化，处于地幔隆起带，大地热流值受岩石圈的热状态控制，并与地质构造及地壳活动性有着密切关系。燕山台褶带东段辽西地区七个大地热流值统计结果平均值为54.8mW/m^2，非异常地区地温梯度在1.7～2.7℃/100m，莫霍面深度34～36km，与地幔隆起有很好的对应关系。辽西展布的深大断裂有锦州-哈尔套、凌源-北票、朝阳-药王庙、西平坡-锦西、张家营子-刀尔登、朱碌科-中三家子等。深大断层和其次生断裂构成了辽西对流型地热田热能的上涌通道且与火山岩浆频繁、强烈活动有关，热储层岩性多为花岗岩、安山岩、玄武岩、流纹岩及混合花岗岩等火成岩。热储层主要受次级构造控制，在断层带和多条多方向断层的交汇部位形成热储，其埋深一般在几十米至几百米之内（图7.1）。

辽宁省深部断裂一览表

断裂带名称	编号	方向
凌源-北票断裂带	(1)	东西向
新开岭-锦西断裂带	(2)	
丹东-庄河断裂带	(3)	
海城-宽甸断裂带	(4)	
阜新-山海关断裂带	(5)	北东-北北东
彰武-黑山断裂带	(6)	
法库-盘山断裂带	(7)	
开原-营口断裂带	(8)	
浑河断裂带	(9)	
抚顺-瓦房店断裂带	(10)	
本溪-岫岩断裂带	(11)	
义县-大洼断裂带	(12)	北西向
昌图-新宾断裂带	(13)	

辽宁省主要断裂一览表

断裂名称	编号	断裂名称	编号	断裂名称	编号
赤峰-开原	1	庄河-恒仁	14	新宾聂尔库-雅河	27
凌源-北票-沙河	2	刘家河-青堆子	15	海城析木城-岫岩	28
太平庄-迟家杖子	3	四平街-凤城	16	碧流河	29
要路沟-锦西	4	寒岭-偏岭	17	章党-柴河堡	30
明水	5	鸭绿江	18	辽阳	31
海城-草河口	6	太平哨	19	岚崮	32
复州-达子营	7	张家营子-叨尔登	20	金岭寺-羊山盆地西缘	33
抚顺-营口	8	朱碌科-中三家	21	汤神庙盆地西缘	34
二界沟	9	朝阳-药王庙	22	郭家店盆地西缘	35
威远堡-盘山	10	哈尔套-锦州	23	边杖子盆地西缘	36
辽中-大洼	11	西平坡-锦西	24	金州-登沙河	37
昌图-开原	12	北票-义县	25	颜家沟-大营子	38
金州	13	柳河	26	大巴-瓦子峪-后三角山	39

图 7.1 辽宁省地热地质图

隆起山地对流型地热成矿带在全省分布有七个（图7.2）。

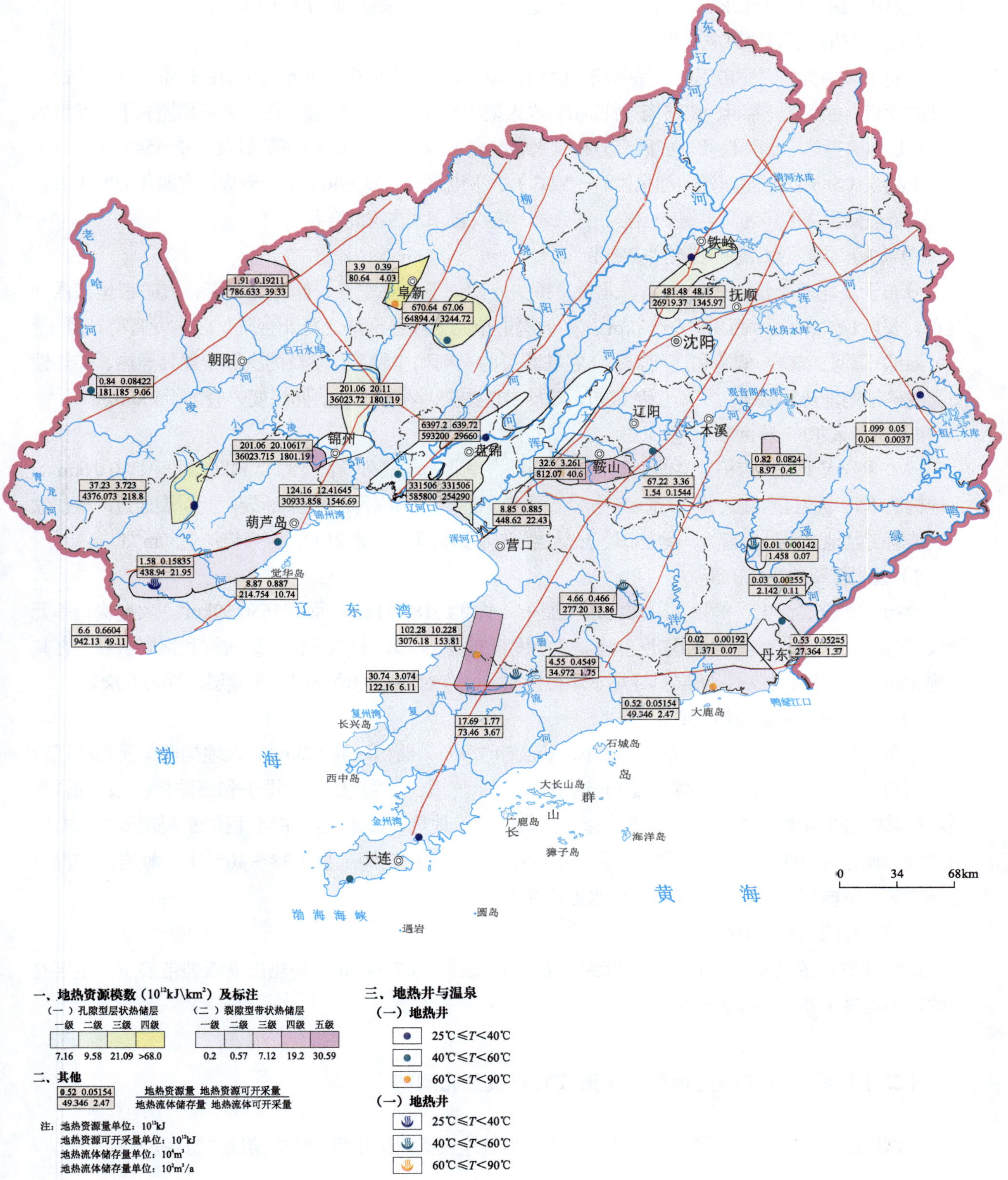

图 7.2　辽宁省地热资源类型分区图

1）赤峰-开原断裂地热成矿带

该成矿带分布于我省西北部边缘地带，面积大约1334km²。大地构造单元（三级）为建平台拱，主要控热构造为赤峰-开原超岩石圈断裂，受此断裂的控制和影响，次级断裂发育。热储岩性为花岗岩，地热田面积均小于0.5km²，热水井井口水温33℃，现状开采量50～100m³/d。

2）绥中凸起断裂地热成矿带

分布于绥中县、兴城市南部，呈带状，面积1826.25km²。大地构造单元为燕山台褶带之绥中凸起。凸起内发育有西平坡-锦西、要路沟-锦西和明水大型压性-压剪性壳断裂。在其影响和控制下，发育的次级断层具有导热、储热性质。成矿带分布有兴城温泉（69℃）、明水新庄子温泉（52～54℃）、高家岭汤上温泉（58℃）、范家汤口温泉（47～52℃）、下屯温泉（25～30℃）、老虎汀温泉（33℃）等。该成矿带热储层岩性多为义县组安山岩、玄武岩、流纹岩和太古宙混合花岗岩。

3）寒岭-偏岭岩石圈断裂地热成矿带

分布于高坨子、汤岗子、小屯、北台、桥头、南甸子、卧龙寺、偏岭等一带，成矿带呈东西向展布，长度145.29km，面积5166.18km²。大地构造单元为胶辽台隆之复州台陷。区内发育有抚顺-营口、海城-草河、寒岭-偏岭和辽河断裂。在其断裂的影响和控制下，发育的次级断层具导热、储热性质。成矿带内地热田基本上沿断裂带展布，热储岩性主要为花岗岩，热储深度一般小于500m。

4）新宾聂尔库-雅河断裂地热成矿带

成矿区分布于本溪市桓仁县城北侧大川和渔场，呈北西向展布，长度约32.14km，面积380.07km²。大地构造单元为胶辽台隆之营口-宽甸台拱。新宾聂尔库-雅河壳断裂为控热断裂。此断裂通过的桓仁盆地、姜家街盆地交汇处出露大川地热田，热储层为断裂破碎带，水温21℃，温泉自流量50m³/d。

5）金州断裂地热成矿带

分布于安波、许屯、熊岳，呈北北东向展布，长度约181.21km，面积5650.69km²。大地构造单元为胶辽台隆之营口-宽甸台拱和复州台陷。区内发育有金州、复州-达子营、碧流河和岚崮断裂，在其影响和控制下，发育的次级断层具导热、储热性质，赋存对流型的地热田，热储层岩性为花岗岩。

6）庄河-桓仁断裂地热成矿带

分布于步云山、仙人洞，北东向展布，长度54.79km，面积6648.02km²。大地构造单元为胶辽台隆之营口-宽甸台拱。区内发育有复州-达子营、庄河-桓仁、刘家河-青堆子和海城析木城-岫岩断裂。在其断裂的影响和控制下，发育有诸多次级断层。地热田基本上沿庄河-桓仁断裂带展布，有庄河步云山温泉（50℃）、岫岩丁家沟温泉（50℃）、岫岩山东沟温泉（38～40℃）、岫岩汤沟温泉（36℃）、凤城汪家堡子温泉46℃等热水点（井）。

7）鸭绿江断裂地热成矿带

该断裂成矿带呈北东向展布，长度约31.65km，面积2367.94km²。地热田沿断裂带展布，主要有凤城东汤温泉（78℃）等热水泉点（井）。

（二）沉积盆地传导型地热资源形成特点及分布规律

依据热储类型的不同，可分为构造裂隙带状热储地热资源和孔隙层状热储地热资源。

1.构造裂隙带状热储

地热资源分布主要与岩浆活动强烈的深大断层有关。特别是形成断陷、拗陷的深大断裂构造和其次级断裂破碎带是其地下热水赋存运移通道和介质。在渗透性良好的储水导水构造（主干断层）甚至发生补给区的热量对流被带走在排泄区的中浅部形成异常。

一般构造有利部位带状热储的中中生代盆地在有带状（或在部分砂岩体、碳酸盐岩岩溶层位构成层状热储）热储，大地热流值普遍在30～60mW/m^2。辽南大连市元古宙盆地大地热流较低，多为20～40mW/m^2，地温梯度普遍在0.8～1.50℃/100m；燕山台褶带东段相对辽东胶辽台隆北段岩石地层年轻，其大地热流值为54.80mW/m^2。

2.孔隙层状热储

下辽河平原为区内典型的孔隙型层状热储。新生代盆地地下热水赋存的层位(如古近系、新近系的砂砾岩层)连续、厚度稳定，构成层状热储层，下辽河盆地中岩石圈厚度最薄，上地幔隆起最高，其大地热流值最高(下辽河盆地37个大地热流值的平均值为63.21mW/m^2，最高可达83.14mW/m^2)。区域上新近系地温梯度平均值为2.714℃/100m。古近系平均地温梯度值为3.8℃/100m，前古近系地温梯度各地区梯度变化较大，平均值为3.11℃/100m。盆地内的断层和内部的凹陷、凸起控制着地温的分布。

沉积盆地传导型地热资源在全省共有11个成矿区，前中生代、中生代成矿区八个，新生代成矿区三个（图7.2）。

1）凌源三十家子白垩纪盆地地热成矿区

分布于凌源市三十家子、万元店、凌源市城区地带，面积1055.14km^2。大地构造单元为地台的朝阳穹褶断束，为中生代白垩纪盆地。张家营子-叨尔登壳断裂带、凌源-北票-沙河岩石圈断裂带贯穿盆地，其中上部义县组安山岩、玄武岩、流纹岩构成盖层，下部古生界和中、新元古界岩石构造破碎带为热储层。在北东、北北东向断裂发育的万元店地区出露温泉，泉水水温47℃。地温梯度在3.5～4.0℃/100m。

2）喀左-四官营子-朝阳白垩纪盆地地热成矿区

分布于四官营子、喀左县城、四合当木头城、西大营子一带，面积4464.0km^2。大地构造单元为地台的朝阳穹褶断束，为中生代白垩纪盆地。九佛堂组、义县组和土城子组构成地热田盖层，盆地深部的碳酸盐岩构造破碎带为主要带状热储层位。朱碌科-中三家壳断裂，在西缘通过，燕山期有过火山喷发。在喀左县小营子地热井揭露1780m以下构造破碎热储井口水温66℃，自流量2600m^3/d；喀左盆地经煤田勘探甘招钻孔（孔深500m）揭露，地下水自流水温28℃。

3）金岭寺-羊山侏罗纪盆地地热成矿区

分布于辽宁西部，行政大部分隶属朝阳市朝阳县、喀左县，面积5230.52km^2。大地构造单元为燕山台皱带之朝阳穹褶断束。该区域分布有朝阳-药王庙断裂，在其影响和控制下发育有次级断层，断层带及影响带具导热、储热性质，具带状热储特征。该盆地热储-盖层为侏罗纪的页岩、粉砂岩、砾岩、安山岩、玄武岩、角砾岩。主要热储层为寒武和奥陶系的石灰岩、白云质灰岩、角砾状白云岩。经建昌县药王庙孔深1400m钻孔揭露，地热流体具承压性，自流高度约57m，井口温度38℃。

4）阜新-义县-锦州白垩纪盆地地热成矿区

位于阜新、锦州地区，为北东向展布的盆地，面积4323.92km^2。

阜新-义县-锦州盆地内构造较复杂，断裂较发育，以北北东、东西向的断裂对盆地的陷落、火山喷发和基底构造形成起着控制作用。阜新-义县盆地第四系和中生界白垩系共同构成热储-盖层，岩性以泥岩、砂岩及安山岩为主。主要热储层为蓟县系雾迷山组、长城系高于庄组的的碳酸盐岩，在构造发育部位的白垩系九佛堂组蚀变白云岩、砂岩等也是良好的储热层。位于阜新盆地的东梁地段经井深1800m钻孔揭露，单井涌水量达2100m^3/d，水温68℃，储热层为九佛堂组白云质泥岩、白云质含泥粉砂岩。

锦州盆地为中生代断陷盆地，处于中部鼻状幔隆区的西部弧形彰武-菊花岛幔凸区，地温梯度1.70～3.93℃/100m。盆地基底断裂较发育，锦州-哈尔套、华子山断裂和百股-帽山壳断裂通过，总体显示为两隆夹一凹的构造格局。位于盆地边缘的北汤河子温泉水温32℃，储热层为高于庄组白云岩，厚度大于250m。白垩系孙家湾组泥质砾岩、粉砂岩和义县组安山岩构成锦州盆地热储层的盖层。

5）彰武-黑山中生代盆地地热成矿区

成矿区位于阜新市以东、新民市以西、北宁市以北的北东向条带状地区，面积约3184km^2，行政区划隶属于阜新市彰武县、锦州市黑山县。

该地带分布彰武-黑山、赤峰-开原、凌源-北票-沙河断裂，在此断裂的影响和控制下，次级构造较发育。深部（一般大于1000m）隐伏元古宙碳酸盐类地层，是良好的热储。上部的中生代及新生代地层组成热储-盖层。

6）沈北-汎河盆地地热成矿区

沈北和汎河盆地分布于沈阳市以北、铁岭市以南呈北东向带状展布，面积838km²。

（1）沈北盆地。

沈北盆地属古近纪大陆裂谷型盆地，位于辽宁中部鼻状幔隆区的抚顺-长兴幔凸之上，开原-营口断裂带在盆地中部通过，断裂构造发育。盆地上部发育巨厚的新生界第四系及古近系、新近系，岩性以泥岩、砂岩为主，夹钙质页岩、油页岩及煤层等，为热储-盖层，厚度一般在500～1500m。下部隐伏中元古界长城系、蓟县系、青白口系和古生界的碳酸盐岩，为良好的热储层。已实施的两眼地热井揭露，井深2100～2510m，日出水量1200m^{3}左右，井口温度63～70℃。

（2）汎河盆地。

汎河盆地大地构造位置处于胶辽台隆铁岭-靖宇台拱凡河凹陷内。威远堡-盘山岩石圈断层带与开原-营口断裂带在盆地内交汇，是地下热水形成和储存的有利部位。盆地1000m以下深度发育中、新元古界碳酸盐岩，是主要的热储层。盆地上部发育中生界粉砂岩、细砂岩、砾岩、泥岩，构成汎河盆地热储-盖层。已实施的井深2501.08m的地热井，井口水温36℃，水量4320m^3/d。

7）康平-铁岭中生代盆地地热成矿区

分布于昌图县、开原市、法库县、铁岭县部分地区，面积6650km^2。成矿区包括康平、铁法和法库盆地，大地构造单元为。区内分布有赤峰-开原、凌源-北票-沙河等断裂，次级构造发育，构成导热通道。盆地1000～3000m深度内，多分布有一定厚度的中生界砂岩、砂砾岩，构成热储层（带）。上部中生代火山沉积岩为康平-铁岭中生代盆地的热储-盖层。

8）庄河白垩纪盆地地热成矿区

成矿区分布于庄河市区一带，面积172.69km^2。

大地构造单元为胶辽台隆之营口-宽甸台拱，城子坦断块。盆地内通过庄河-桓仁控热断裂，次级构造发育，成为热储的主要地层为元古宙青白口系，地温梯度为3.2℃/100m。盖层为桂云花组的火山岩和普兰店组砂页岩，地温梯度为4.2℃/100m。已实施两眼地热井，其中庄河暖水屯地热井井深2000m，井口水温41.8℃，单井涌水量730m^3/d。

9）大连市区元古宙盆地地热成矿区

分布在旅顺口区老铁山、盐场、龙王塘、甘井子区凌水、华南广场、西岗、中山、沙河口、金州、大连经济技术开发区及瓦房店等地，面积473.79km^2。

大地构造单元为胶辽台隆之复州-大连凹陷。主要出露地层为太古宇城子坦组，元古宇永宁组、南芬组、桥头组、长岭子组等。元古宙地层经过多期次的构造运动，深大的金州断裂通过，次级断裂发育，主要热储层有桥头组、长岭子组组成，地温梯度为0.8～1.5℃/100m，为典型的传导型地热，目前盆地热成矿区已成功打出了十几眼深部地热井，勘查深度在1500～3545m，地热井的深度决定了井口水温，井深在1500～2000m的地热井井口水温在26～30℃，单井涌水量不超过400m^3/d；井深大于2500m的地热井井口水温超过35℃，单井涌水量在800m^3/d左右。已探明的甘井子华南广场、旅顺口区白银山地热井的井深均超过3000m，井口水温分别是52℃、53℃。

10）下辽河新生代盆地地热成矿区

下辽河新生代盆地所属大地构造单元为中朝准地台-华北断拗-下辽河断陷-下辽河断凹。沉积有巨厚的古近系、新近系，可分为三个热储系统，即上部为新近系热储系统、中部为古近系热储系统、下部为古潜山热储系统，分布面积6336km^2。地温梯度在2.5～6.0℃/100m。

新近系热储系统，盖层以明化镇组泥岩为主，热储层有馆陶组砂岩、砂砾岩构成，埋深500～1000m，井口水温25～50℃，单井涌水量一般在1000～2500m^3/d。

古近系热储层包括东营组、沙河街组砂岩层，已经成岩，孔隙性、渗透性较差，含水层且处于封闭或半封闭状态，单井涌水量一般较低为150～1100m^3/d。

古潜山热储层，由下古生界和中、新元古界海相碳酸盐岩组成，地下水赋存于碳酸盐岩的溶隙中。地层自上而下有二叠系、石炭系、奥陶系、寒武系、青白口系、蓟县系及长城系。特点是埋藏深、水温高（60～90℃）、储层厚度大，油井射孔后取得的单井涌水量一般在70～270m^3/d。

11）大民屯新生代盆地地热成矿区

大民屯新生代盆地（凹陷）行政区划属新民市兴隆堡、法哈牛等乡镇，面积1000km^2。大地构造单元为华北断拗-下辽河断陷，大民屯新生代盆地在古近纪时为大陆裂谷，是地幔隆起带。

大民屯凹陷热储层主要为古近系沙河街组、东营组碎屑岩，地温梯度一般2.35～4.12℃/100m，前当堡地段地温异常表现明显，古近系东营组800m井深地温为34.3℃；沙一段1300m井深地温52.4℃，3400m井深地温达130.9℃。在沙四段泥岩与房身泡组火山岩界面处地温梯度突增至6℃/100m。砂岩孔隙度为18%～30%，渗透率1～2825mD，单井涌水量达1000m^3/d以上。

二、地热资源量

辽宁省地热资源量丰富（图7.3）。其中隆起山地型地热资源主要分布在丹东、葫芦岛、营口、本溪、大连、鞍山、朝阳和辽阳地区。经计算，地热资源总量约为398.42×10^{12}kJ，地热流体可开采量约为567.7096m^3/d，地热流体可开采热量约为2.5×10^{10}kJ/a。

沉积盆地传导型地热资源主要分布在锦州、下辽河平原、沈阳地区。经计算，地热资源总量约为43261.28×10^{12}kJ，地热资源可开采量约为4326.13×10^{12}kJ，地热流体储存量约为59967.04×10^{6}m^3，开采系数法计算的地热流体可开采量约为2998.35×10^{4}m^3/a，地热流体可开采热量约为256921.8×10^{7}kJ/a，考虑回灌条件下的地热流体可开采量约为97325.56×10^{4}m^3/a，地热流体可开采热量约为8122895.2×10^{7}kJ/a。

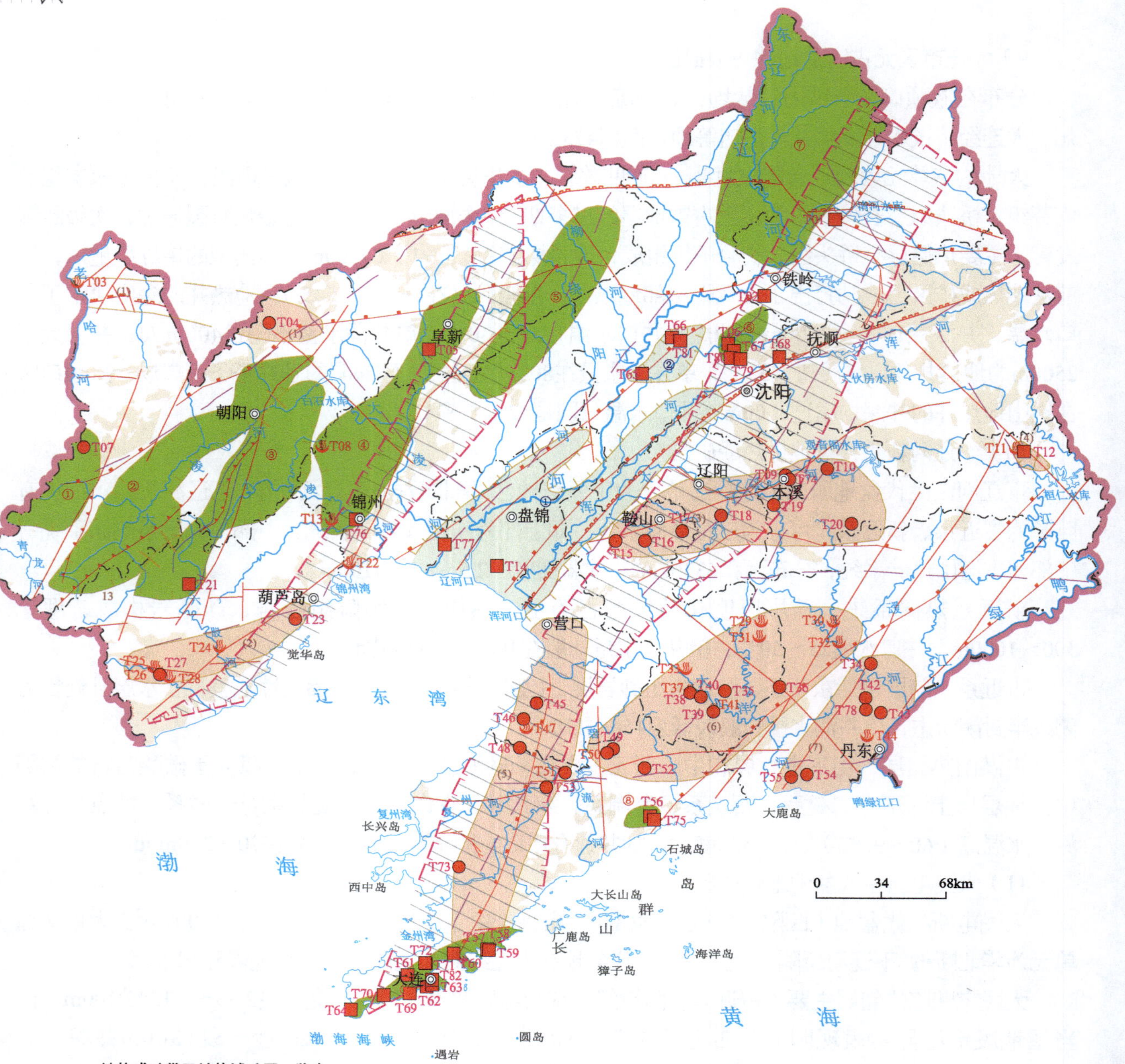

地热成矿带及地热城矿区一览表

地热类型		地热成矿带（区）编号	地热成矿带（区）名称
隆起山地对流型地热成矿带		(1)	赤峰–开原断裂地热成矿带
		(2)	绥中凸起断裂地热成矿带
		(3)	寒岭–偏岭岩石圈断裂地热成矿带
		(4)	新宾聂尔库–雅河断裂地热成矿带
		(5)	金州深大断裂地热成矿带
		(6)	庄河–桓仁断裂地热成矿带
		(7)	鸭绿江断裂地热成矿带
沉积盆地传导型地热成矿区	前中、中生代	①	凌源三十家子白垩纪盆地地热成矿区
		②	喀左–四官营子–朝阳白垩纪盆地地热成矿区
		③	金岭寺–羊山侏罗纪盆地地热成矿区
		④	阜新–义县–锦州白垩纪盆地地热成矿区
		⑤	彰武–黑山盆地地热成矿区
		⑥	沈北盆地地热成矿区
		⑦	康平–铁岭中生代盆地地热成矿区
		⑧	庄河白垩纪盆地地热成矿区
		⑨	大连市区元古宙盆地地热成矿区
	新生代	①	下辽河新生代盆地地热成矿区
		②	大民屯新生代盆地地热成矿区

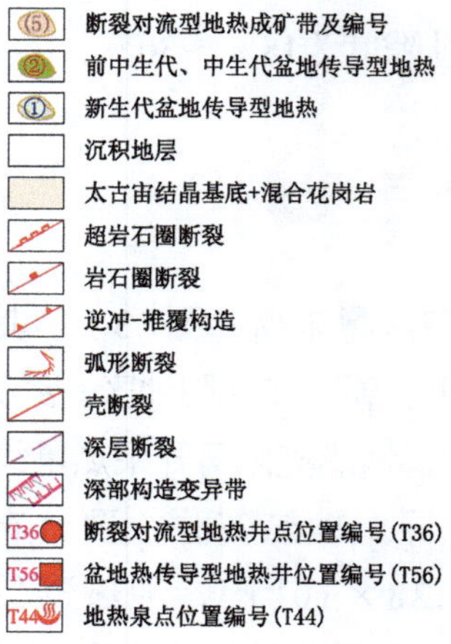

图 7.3 地热资源分布图

三、地热流体地球化学特征

1.地热流体水化学类型

辽宁省地热流体水化学类型种类较多，空间分布规律比较复杂，但总体来说以HCO_3-Na型、$HCO_3\cdot SO_4$-Na型以及SO_4-Na型为主，分布面积较广。

隆起山地对流型地热成矿带中新宾聂尔库-雅河断裂地热成矿带主要为HCO_3-Ca·Mg型水，寒岭-偏岭岩石圈断裂地热成矿带、赤峰-开原断裂地热成矿带主要为HCO_3-Na型水以及$HCO_3\cdot SO_4$-Na型水，SO_4-Na型水则主要分布于绥中凸起断裂带地热成矿带的西部与庄河-桓仁断裂地热成矿带北部地区，Cl-Na型水与Cl-Na·Ca型水主要分布于沿海地区的金州断裂地热成矿带的北部、绥中凸起断裂地热成矿带的东部与鸭绿江断裂地热成矿带东部地区。

盆地传导型地热成矿区中，下辽河新生代盆地地热成矿区、彰武-黑山中生代盆地地热成矿区主要为HCO_3-Na型水以及HCO_3-Na·Ca型水，沈北-汎河盆地地热成矿区、金岭寺-羊山侏罗纪盆地地热成矿区与凌源三十家子白垩纪盆地地热成矿区主要为HCO_3-Na型水以及$HCO_3\cdot SO_4$-Na型水。

2.地热流体TDS

辽宁省地热流体的TDS总体分布趋势为下辽河平原区较低，小于3000mg/L，辽东、辽西低山丘陵区局部地区较高，而辽南沿海地区地热流体的TDS最高，大于10000mg/L。采集的101个地热流体样品的TDS为197～19213mg/L，主要介于淡水和咸水之间，其中属淡水样品83个、微咸水样品六个、咸水样品10个、盐水样品两个。

隆起山地对流型地热成矿带中赤峰-开原断裂地热成矿带、寒岭-偏岭岩石圈断裂地热成矿带的地热流体TDS较低，普遍为淡水-微咸水；绥中凸起断裂带地热成矿带东部、庄河-桓仁断裂地热成矿带南部与鸭绿江断裂地热成矿带南部地热流体的TDS较高为咸水。金州断裂地热成矿带的南部地热流体的TDS均高于10000mg/L，属盐水。

盆地传导型地热成矿区中凌源三十家子白垩纪盆地地热成矿区、金岭寺-羊山侏罗纪盆地地热成矿区、下辽河新生代盆地地热成矿区与沈北-汎河盆地地热成矿区的地热流体TDS较低，普遍为淡水-微咸水；阜新-义县-锦州白垩系盆地地热成矿区北部的地热流体TDS较高为咸水。

3.地热流体质量

1）理疗热矿水评价

（1）氟（F）。

通过地热流体水化学分析结果可知，本区地热流体F含量为0.08～9.5mg/L，多为高氟水。在采集的100个地热流体样品中，F含量达到命名矿水浓度，即大于2mg/L的有76个，为氟水，主要分布在绥中凸起断裂带地热成矿带、阜新-义县-锦州白垩系盆地地热成矿区、沈北-汎河盆地地热成矿区、寒岭-偏岭岩石圈断裂地热成矿带、金州断裂地热成矿带、庄河-桓仁断裂地热成矿带、鸭绿江断裂地热成矿带。庄河市蓉花山乡蓉花村山后屯地热田与大洼县西安乡高坎村地热田中地热流体F含量均为1.6mg/L，达到了有医疗价值浓度的1mg/L。

（2）锶（Sr）。

根据水化学分析结果，区内仅九处地热田的Sr含量达到理疗热矿水水质标准，含量为12.5～219mg/L，达到命名矿水浓度，属锶水。

（3）偏硼酸（HBO_2）。

根据水分析结果，100个地热流体样品中偏硼酸含量达到理疗热矿水水质标准的有26个。其分布比较分散，在各地热成矿带中均有不同程度的分布。其中含量达到50mgL，即含量达到命名矿水浓度的有两处，位于阜新市东梁镇东梁油库北德1、2号井，偏硼酸含量分别为116mg/L与117mg/L；含量达到矿水浓度的有两处，位于沈阳虎石台治安村01号井和沈阳市沈北新区治安村02号井，偏硼酸含量分别为7.6mg/L与20mg/L；其他22个地热田的偏硼酸含量为1.2~3.3mg/L，达到了有医疗价值浓度。

（4）溴（Br）。

根据水分析结果，溴含量达到理疗热矿水水质标准的有七个，主要分布辽南沿海地区与辽东低山丘陵区的鸭绿江流域。大连市旅顺口区香格里汤温泉地热流体Br含量为31.1mg/L，达到了命名矿水浓度，为溴水。其他六处地热田地热流体的Br含量为5.3～22.5mg/L，达到了矿水浓度。

（5）锂（Li）。

根据水分析结果，区内地热流体Li含量达到理疗热矿水水质标准的有八个，其中大连市旅顺口区香格里汤温泉地热流体Li含量为6.8mg/L，达到了命名矿水浓度，为锂水。其他七处地热田地热流体的Li含量为1.0～2.6mg/L，达到了矿水浓度。

（6）偏硅酸（H_2SiO_4）。

通过地热流体水化学分析结果可知，该区大部分地热流体偏硅酸含量较高，为25.6～142mg/L。在采集的100个地热流体样品中，偏硅酸含量达到命名矿水浓度，即大于50mg/L的有65个，为硅水，主要分布在绥中凸起断裂带地热成矿带、寒岭-偏岭岩石圈断裂地热成矿带、金州断裂地热成矿带、庄河-桓仁断裂地热成矿带与鸭绿江断裂地热成矿带。偏硅酸含量达到矿水浓度，即大于25mg/L的有26个，主要分布下辽河新生代盆地地热成矿区。

2）工业提取物评价

根据热矿水矿物原料提取工业指标，分析采集的100个地热流体样品，各项均未达到标准，辽宁省内地热流体尚不具备工业矿物原料提取条件。

3）腐蚀性评价

辽宁省内大部分地热成矿带的地热流体为非腐蚀性水。非半腐蚀性地热流体分布在绥中凸起断裂带地热成矿带东部、阜新-义县-锦州白垩系盆地地热成矿区北部、新宾聂尔库-雅河断裂地热成矿带与庄河-桓仁断裂地热成矿带东部地区。

4）结垢趋势评价

辽宁省内仅阜新-义县-锦州白垩系盆地地热成矿区北部的地热流体为可能结垢的地热流体，但地热流体不具有腐蚀性。其他地地热成矿带均为不结垢的地热流体。在不结垢的地热流体中，绥中凸起断裂带地热成矿带的东部、金州断裂地热成矿带的西北部、鸭绿江断裂地热成矿带的西南部地热流体具有强腐蚀性；阜新-义县-锦州白垩系盆地地热成矿区北部的地热流体具有弱腐蚀性。

四、地热资源开发利用历史及现状

辽宁省地热资源的开发利用历史悠久，据相关资料记载丹东五龙背、东汤、鞍山汤岗子温泉早在唐朝便应用于洗浴，距今已有1250余年的历史。20世纪50年代初期就建立了一批疗养基地，到了70年代，对地热的利用有了新的发展，除又扩建一批新的疗养基地外，在农业和工业上开始有小规模的应用。

1954年，开始对葫芦岛市兴城温泉做过调查，并进行了初探。

1961年，开始进行了营口市盖县熊岳温泉水文地质普查工作，发现热泉溢出。

1966年，开展了鞍山市汤岗子矿泉水资源勘查，发现了汤岗子热矿水。

1972年，开展了大连市新金县（现普兰店）安波地热水文地质普查，通过地面调查、浅孔测温圈定地热异常区，经过物探勘测确定井位，施工一眼井深210m的普查井，单井涌水量2000m³/d，井口水温68℃，这是此地热田的第一深孔。

1973年，对葫芦岛绥中县明水乡老虎汀温泉、下屯温泉的温度、分布位置做过初步调查，同年调查的还有明水满族乡的地热资源。

1974～1976年，进一步对熊岳温泉进行水文地质勘探，实施地面调查、测温圈定异常，钻探查证，施工勘查孔一处，井深270m，单井涌水量1200m³/d，井口水温78℃，主要用于洗浴理疗，少量用于取暖及渔业养殖方面。期间发现的还有海城西荒地地热田，处于边探边开发利用的阶段。

1976年，对大连庄河地区的地热资源进行水文地质普查勘探，步云山温泉已被当地县疗养院开发利用，单井涌水量800m³/d，同期普查的还有俭汤温泉。

1978年，发现兴城铁路疗养院已简单用于洗浴。

1980年，开展了丹东市五龙背温泉水文地质勘查，泉区便已有各类引水点23处，其中12处钻探成井，早年修建用于引水，泉区有大型疗养院两处，主要用于浴疗，少量用于取暖；同年对炮手营子温泉进行了水文地质初查，在曾施工的六个浅孔中，只有一孔见到热水；凤城东沟温泉、汪家堡温泉也是在这期间发现并逐渐开发利用的。同年对营口盖县双台子思拉堡地段进行了地热勘查，单井涌水量2000m³/d，井口水温高达92℃，这是当时省内超过90℃水温的第一地热田。

1982年，在对鞍山市岫岩县地热资源调查时，发现了汤池屯温泉、汪家街温泉、狄家堡子温泉、丁家沟温泉、仙人嘴温泉、汤沟温泉。同年发现的还有阜新市东梁镇地热资源。

1982～1984年，本溪汤池沟地热资源被发现，并在汤池沟林场疗养院内施工一眼热水井，用于医疗保健。

1987年，对兴城地区的地热资源进行了进一步的水文地质勘察，为地热井的施工、开发利用提供依据。同年对本溪市桓仁县温泉也进行了初步调查。

1993年，对丹东五龙背温泉进行了详查及评价，温泉资源开采量达2500m³/d，水温65℃，为著名的荣军疗养院提供了资源储备。同年，先后对大连步云山乡的汤沿村、小姜屯地区进行了地热资源的普查，为今后的开发利用提供依据。

1995年，对岫岩仙人嘴温泉进行了详查，提出开发利用方案。

1996年，重点对凤城东沟温泉进行了勘察评价，进行了开发远景研究，主要用于医疗保健。

1997年，对汤岗子、千山地热资源进行了地热详查，为汤岗子医院、千山养老院的地热井施工提供依据。同年对本溪地热资源的开发远景进行研究。并且开始对盘锦市新近系地热资源进行调查评价，为今后的开发利用奠定基础。

1998年，对岫岩县丁家沟地区进行了地热调查与地热井的施工，开始进行了简单的洗浴等开发利用。

1999年，对大连庄河蓉花山温泉进行地下热水普查，仅被当地村民用于洗浴、养殖。同年对海城西荒地地热田进行了详查，计划多眼地热井施工并开发利用。

2000年以后，营口市盖州市、鞍山市海城、葫芦岛市绥中等地区均开始施工多眼地热井进行大量的开发利用，分布在水厂、疗养院、洗浴场所等地，主要用于旅游疗养，地热供暖、养殖产业等方面。

省内地热资源的开发利用，在以热矿水医疗、疗养保健为主的基础上，已经朝着多方位、多行业方向发展，广泛应用在温泉洗浴、温泉游泳；冬季取暖；大棚种菜、育苗，温室花卉；养殖养鱼；木材业的浸泡等。同时地热矿泉水已进入酒店、星级宾馆及旅游、度假村等。据不完全统计，全省地热田主要进行开发利用一是疗养院、温泉宾馆、温泉酒店（酒家）、温泉农家乐、洗浴中心等共计398家，床位31505张，游泳池（馆）57处；二是渔业养殖，养殖水面1200m^2/a；三是温室种植三处，计450亩；四是取暖面积8000m^2/a；五是药厂干燥两处，木材烘干一处等。

目前，全省已有13个城市发现地热资源，共有地热田（井）79处。据资料统计，已经形成规模或初具规模开发的地热田（井）27处；开发规模较小或零星小规模开发利用的12处；其余地热田（点）是处在尚未开发利用，或在勘查、立项或建设阶段。辽宁省大大小小有83个中、新生代盆地，面积达10000km^2，但是勘查开发的程度还是较低，蕴藏丰富巨大的地热资源潜力，且省内大部分地热资源的地热流体盈余量大于零，具有极大的开发利用潜力。

第二节　温　泉

LNQ001 汤池屯温泉

图 7.4　汤池屯温泉

位置： 鞍山市岫岩县清源山镇汤沟村汤池屯。

概况： 温泉出露于丘陵下的农田附近，出露面积6m^2，地表岩性为亚砂土含碎石，温泉水的流出状态为线状渗流，无气泡、涌砂现象，无间断性流量变化。泉点高程191.9m，泉水温度35℃，流量3.5m^3/h，无泉华和热水蚀变现象（图7.4）。

水化学成分： 未做水分析。

开发利用： 未开发利用。

LNQ002 汪家街温泉

位置：鞍山市岫岩县清凉山镇爱泉村汪家街。

概况：温泉出露于丘陵下的农田附近，出露面积8.5m^2，地表岩性为亚砂土含碎石，温泉水的流出状态为线状渗流，无气泡、涌砂现象，无间断性流量变化。泉点高程194.3m，泉水温度36℃，流量5m^3/h，无泉华和热水蚀变现象出现（图7.5）。

水化学成分：未做水分析。

开发利用：未开发利用。

图 7.5　汪家街温泉

LNQ003 狄家堡子温泉

位置：鞍山市岫岩县前营子乡狄家堡子村。

概况：温泉出露于低山脚下一处较为平坦的荒地中，出露面积4m^2，地表岩性为亚砂土含碎石，温泉水的流出状态为线状渗流，无气泡、涌砂现象，无间断性流量变化。泉点高程276m，泉水温度55℃，流量0.4m^3/h，无泉华和热水蚀变现象出现（图7.6）。

水化学成分：2013年9月，经取样测试，温泉水化学成分见表7.1。

表7.1　狄家堡子温泉化学成分　　（单位：mg/L）

T_S/℃	pH	TDS	Na^+	K^+	Ca^{2+}	Mg^{2+}
55	9	312	68.3	1.3	3	0.62
Li	Rb	Cs	NH_4^+	CO_3^{2-}	HCO_3^-	SO_4^{2-}
0.04	<0.01	na.	<0.05	17.3	52.8	43.8

续表

Cl^-	F^-	CO_2	SiO_2	HBO_2	As	化学类型
13.9	12	0	67.2	<0.05	<0.0005	CO_3-Na

开发利用：未开发利用。

图 7.6　狄家堡子温泉

LNQ004 丁家沟温泉

位置：鞍山市岫岩县前营子乡仙人嘴村丁家沟组。

概况：原温泉出露点位于于丘陵脚下的农田地附近，出露面积3m^2，地表岩性为亚砂土含碎石，据调查访问，原温泉水的流出状态呈线状渗流，无气泡、涌砂现象，无间断性流量变化。泉点位高程185m，水温度57℃，流量0.85m^3/h，无泉华和热水蚀变现象出现。

水化学成分：2013年9月，经取样测试，温泉水化学成分见表7.2。

表7.2　丁家沟温泉化学成分　　　（单位：mg/L）

T_s/℃	pH	TDS	Na^+	K^+	Ca^{2+}	Mg^{2+}
57	9	312	68.3	1.3	3	0.62
Li	**Rb**	**Cs**	NH_4^+	CO_3^{2-}	HCO_3^-	SO_4^{2-}
0.04	<0.01	na.	<0.05	17.3	52.8	43.8
Cl^-	F^-	CO_2	SiO_2	HBO_2	**As**	**化学类型**
13.9	12	0	67.2	<0.05	<0.0005	CO_3-Na

开发利用：为扩大温泉水的利用，原泉水出露点已于1995年施工改建成热水井，泉流量消失，井的开采量为85m^3/d。

LNQ005 仙人嘴温泉

位置：鞍山市岫岩县前营子乡仙人嘴村。

概况：原温泉出露点位于于丘陵谷坡下的农田地附近，出露面积3m^2，地表岩性为亚砂土含碎石，据调查访问，原温泉出水口的流出状态呈线状渗流，无气泡、涌砂现象，无间断性流量变化。泉点高程186.5m，泉水温度56℃，流量0.80m^3/h，无泉华和热水蚀变现象出现。

水化学成分：2013年9月，经取样测试，温泉水化学成分见表7.3。

表7.3 仙人嘴温泉化学成分 （单位：mg/L）

T_s/℃	pH	TDS	Na^+	K^+	Ca^{2+}	Mg^{2+}
56	7.2	442	56.8	2	15.2	3.1
Li	Rb	Cs	NH_4^+	CO_3^{2-}	HCO_3^-	SO_4^{2-}
0.07	<0.01	na.	<0.05	0	70.4	63.2
Cl^-	F^-	CO_2	SiO_2	HBO_2	As	化学类型
26.1	6.3	1.8	47.8	0.28	<0.0005	$SO_4·HCO_3$-Na

开发利用：为扩大温泉水的利用，原泉水出露点已于1990年施工改建成热水井，之后泉流量消失，井的开采量为1250m^3/d。

LNQ006 汤沟温泉

位置：鞍山市岫岩县哈达碑乡汤沟村。

概况：据调查访问，原温泉出露点位于于丘陵谷坡下的农田地附近，出露面积2.5m^2，地表岩性为亚砂土含碎石，原温泉出水口的流出状态呈线状渗流，无气泡、涌砂现象，无间断性流量变化。泉点高程252m，泉水温度53℃，流量0.95m^3/h，无泉华和热水蚀变现象。

水化学组分：2013年9月，经取样测试，温泉水化学成分见表7.4。

表7.4 汤沟温泉化学成分 （单位：mg/L）

T_s/℃	pH	TDS	N_a^+	K^+	Ca^{2+}	Mg^{2+}
53	7.8	570	146	6.8	7.1	0.62
Li	Rb	Cs	NH_4^+	CO_3^{2-}	HCO_3^-	SO_4^{2-}
0.35	<0.01	na.	<0.05	5.8	135	156
Cl^-	F^-	CO_2	SiO_2	HBO_2	As	化学类型
27.8	7.5	0	72.1	0.93	<0.0005	$SO_4·HCO_3$-Na

开发利用：为扩大温泉水的利用，原泉水出露点已于1998年施工改建成热水井，之后泉流量消失，井的开采量为900m^3/d。

LNQ007 蓉花村温泉

位置：大连庄河市蓉花乡蓉花村。

概况：温泉出露于丘间谷底的坡脚下，出露面积2m²，地表岩性为强风化的花岗闪长岩，温泉出水口流出状态为上涌状，无气泡、涌砂现象，无间断性流量变化。泉点高程161m，泉水温度38℃，流量40m³/h，无泉华和热水蚀变现象（图7.7）。

水化学成分：2013年9月，经取样测试，温泉水化学成分见表7.5。

表7.5　蓉花村温泉化学成分　（单位：mg/L）

T_S/℃	pH	TDS	Na^+	K^+	Ca^{2+}	Mg^{2+}
38	9.05	242	34.1	1.6	12.2	0.62
Li	Rb	Cs	NH_4^+	CO_3^{2-}	HCO_3^-	SO_4^{2-}
0.03	<0.01	na.	<0.05	5.8	52.8	41.3
Cl^-	F^-	CO_2	SiO_2	HBO_2	As	化学类型
8.7	1.6	0	64	<0.05	<0.0005	$SO_4·HCO_3$-Na

开发利用：未开发利用。

图 7.7　蓉花村温泉

LNQ008 步云山温泉1

位置：大连庄河市步云山乡温泉村。

概况：温泉出露于山间谷地内，出露面积6m²，地表岩性为亚砂土夹碎石，温泉出水口的流出状态为线状渗流，无气泡、涌砂现象，无间断性流量变化。泉点高程221.5m，泉水温度60℃，流量1.25m³/h，无泉华和热水蚀变现象（图7.8）。

水化学成分： 2013年8月，经取样测试，温泉水化学成分见表7.6。

表7.6 步云山温泉1化学成分 （单位：mg/L）

T_s/℃	pH	TDS	Na^+	K^+	Ca^{2+}	Mg^{2+}
60	9.3	240	50.3	0.8	2	0.62
Li	Rb	Cs	NH_4^+	CO_3^{2-}	HCO_3^-	SO_4^{2-}
0.06	<0.01	na.	<0.05	23.1	58.7	7.3
Cl^-	F^-	CO_2	SiO_2	HBO_2	As	化学类型
13.9	13.5	0	55.8	<0.05	<0.0005	HCO_3-Na

开发利用： 未开发利用。

图 7.8 步云山温泉 1

LNQ009 步云山温泉2

位置： 大连庄河市步云山乡温泉村。

概况： 据调查访问，原温泉出露点位于山间谷地内，出露面积2m²，泉口周边地表岩性为亚砂土含碎石，原温泉出水口的流出状态呈线状渗流，无气泡、涌沙现象，无间断性流量变化。泉点高程222m，泉水温度57℃，流量0.98m³/h，无泉华和热水蚀变现象。

水化学成分： 2013年8月，经取样测试，温泉水化学成分见表7.7。

表7.7 步云山温泉2化学成分 （单位：mg/L）

T_s/℃	pH	TDS	Na^+	K^+	Ca^{2+}	Mg^{2+}
57	9.3	240	50.3	0.9	2	0.62
Li	Rb	Cs	NH_4^+	CO_3^{2-}	HCO_3^-	SO_4^{2-}
0.06	<0.01	na.	0.1	28.9	41.1	12.2
Cl^-	F^-	CO_2	SiO_2	HBO_2	As	化学类型
15.6	13.5	0	65.6	0.16	<0.0005	HCO_3-Na

开发利用：为扩大温泉水的利用，泉水出露点于1998年经施工改建，已成热水井，泉水流量之后消失，井开采量为1100m^3/d。

LNQ010 步云山温泉3

位置：大连庄河市步云山乡温泉村。

概况：据调查访问，原温泉出露点位于山间谷地内，出露面积4m^2，泉口周边地表岩性为亚砂土含碎石，原温泉出水口的流出状态呈线状渗流，无气泡、涌砂现象，无间断性流量变化。泉点高程223.5m，泉水温度52℃，流量1.5m^3/h，无泉华和热水蚀变现象。

水化学成分：2013年8月，经取样测试，温泉水化学成分见表7.8。

表7.8 步云山温泉3化学成分 （单位：mg/L）

T_s/℃	pH	TDS	Na^+	K^+	Ca^{2+}	Mg^{2+}
52	9.3	240	80.1	1.6	4.1	0.62
Li	Rb	Cs	NH_4^+	CO_3^{2-}	HCO_3^-	SO_4^{2-}
0.05	<0.01	na.	<0.05	23.1	64.5	48.6
Cl^-	F^-	CO_2	SiO_2	HBO_2	As	化学类型
17.4	13.5	0	75.3	0.16	<0.0005	HCO_3-Na

开发利用：为扩大温泉的利用，2001年，原温泉水出露点经实施工改建，已成地热供水井，泉流量随之消失，热水井开采量为1000m^3/d。

LNQ011 俭汤镇温泉

位置：大连普兰店俭汤镇温泉公园。

概况：温泉出露于低山丘陵的坡脚下，泉口地表岩性为强风化中细粒花岗岩，温泉水的流出状态为涓涓细流，未见气泡、涌砂现象，无间断性流量变化。泉点高程249m，泉水温度54℃，流量2.5m^3/h。温泉出露点已做封盖保护，周围无泉华和热水蚀变现象出现（图7.9）。

水化学成分：2013年8月，经取样测试，温泉水化学成分见表7.9。

表7.9 俭汤镇温泉化学成分 （单位：mg/L）

T_s/℃	pH	TDS	Na^+	K^+	Ca^{2+}	Mg^{2+}
54	7.48	951	183	11	41.6	6.8
Li	Rb	Cs	NH_4^+	CO_3^{2-}	HCO_3^-	SO_4^{2-}
0.18	<0.01	na.	<0.05	0	498	60.8
Cl^-	F^-	CO_2	SiO_2	HBO_2	As	化学类型
29.5	6	19.4	86.2	0.85	<0.0005	SO_4·HCO_3–Na

开发利用： 未开发利用。

图 7.9 俭汤镇温泉

LNQ012 地热站温泉

位置： 大连普兰店安波镇地热站院内。

概况： 温泉点出露于丘陵的坡脚下，据调查访问，明代万历年间百姓自掘即出喷泉，调查期间，温泉口已改建成热水供应井并保护在有护罩的砖井内，温泉何时消失不详。1984年，经国家地质部门鉴定，水温73℃，日供水量3000t（图7.10）。

水化学成分： 2013年8月，经取样测试，温泉水化学成分见表7.10。

表7.10 地热站温泉化学成分 （单位：mg/L）

T_s/℃	pH	TDS	Na^+	K^-	Ca^{2+}	Mg^{2+}
50	8.35	132	123	3.6	4.1	0.62

续表

Li	Rb	Cs	NH_4^+	CO_3^{2-}	HCO_3^-	SO_4^{2-}
0.06	<0.01	na.	0.12	17.5	124	75.4
Cl^-	F^-	CO_2	SiO_2	HBO_2	As	化学类型
36.5	12.5	0	69.9	0.36	<0.0005	HCO_3–Na

开发利用： 未开发利用。

图 7.10　地热站温泉

LNQ013 下屯温泉

位置： 绥中县明水乡下屯村。

概况： 温泉出露于丘陵山地的坡脚下，出露面积3m^2，泉口周边地表岩性为亚砂土混砾石，温泉出水口流出状态为上涌状，无气泡、涌砂现象，无间断性流量变化。泉点高程137m，泉水温度32℃，流量100m^3/h，无泉华和热水蚀变现象（图7.11）。

水化学组分： 2013年7月，经取样测试，温泉水化学成分见表7.11。

表7.11　下屯温泉化学成分　（单位：mg/L）

T_S/℃	pH	TDS	Na^+	K^+	Ca^{2+}	Mg^{2+}
32	9.3	323	83.2	2.8	8	3
Li	Rb	Cs	NH_4^+	CO_3^{2-}	HCO_3^-	SO_4^{2-}
0.1	<0.01	na.	<0.05	11.7	59.2	103
Cl^-	F^-	CO_2	SiO_2	HBO_2	As	化学类型
17.4	8.5	0	41.2	0.32	<0.0005	$HCO_3 \cdot SO_4$–Na

开发利用：未开发利用。

图 7.11 下屯温泉

LNQ014 老虎汀温泉

位置：绥中县明水乡老虎汀。

概况：温泉出露于丘陵山地的坡脚下，出露面积0.5m²，泉口周边地表岩性为亚砂土混碎石，温泉出水口流出状态为细流，未见气泡、涌砂现象，无间断性流量变化。泉点高程149m，泉水温度25.5℃，流量1.5m³/h（图7.12）。

水化学成分：2013年7月，经取样测试，温泉水化学成分见表7.12。

表7.12 老虎汀温泉化学成分 （单位：mg/L）

T_s/℃	pH	TDS	Na^+	K^+	Ca^{2+}	Mg^{2+}
25.5	9.3	361	98.6	2.5	8	0.61
Li	Rb	Cs	NH_4^+	CO_3^{2-}	HCO_3^-	SO_4^{2-}
0.1	<0.01	na.	<0.05	11.7	59.2	122
Cl^-	F^-	CO_2	SiO_2	HBO_2	As	化学类型
17.4	11	0	45.6	0.28	<0.0005	HCO_3·SO_4–Na

开发利用：未开发利用。

图 7.12　老虎汀温泉

LNQ015 东沟温泉1

位置： 凤城市草河区山东沟。

概况： 温泉点出露于丘间谷地中的平缓地带，据调查访问，出露面积$2m^2$，泉点周边地表岩性为亚砂土混碎石，原温泉出水口流出状态呈线状渗流，无气泡、涌砂现象，无间断性流量变化。泉点高程104m，泉水温度38℃，流量$12m^3/h$，无泉华和热水蚀变现象。

水化学成分： 2013年10月，经取样测试，温泉水化学成分见表7.13。

表7.13　东沟温泉1化学成分　（单位：mg/L）

T_S/℃	pH	TDS	Na^+	K^+	Ca^{2+}	Mg^{2+}
38	7.6	618	98.6	2.5	8	0.61
Li	Rb	Cs	NH_4^+	CO_3^{2-}	HCO_3^-	SO_4^{2-}
0.1	<0.01	na.	<0.05	11.7	59.2	122
Cl^-	F^-	CO_2	SiO_2	HBO_2	As	化学类型
17.4	7.5	1.8	45.6	0.28	<0.0005	SO_4-Na

开发利用： 为扩大温泉水的利用，泉水出露点已于1997年施工改建成热水供应井，泉流量消失，井的开采量为$100m^3/d$。

LNQ016 东沟温泉2

位置： 凤城市草河区山东沟。

概况： 温泉点出露于丘间谷地中的平缓地带，出露面积不详，泉点周边地表岩性为亚砂土混碎石，原温泉出水口流出状态不详。泉点高程105.55m，调查泉水温度38℃，流量10m³/h。

水化学成分： 2013年10月，经取样测试，温泉水化学成分见表7.14。

表7.14 东沟温泉2化学成分 （单位：mg/L）

T_s/℃	pH	TDS	Na^+	K^+	Ca^{2+}	Mg^{2+}
38	7.6	618	132	6	31.2	1.2
Li	Rb	Cs	NH_4^+	CO_3^{2-}	HCO_3^-	SO_4^{2-}
0.15	<0.01	na.	<0.05	5.8	82.1	200
Cl^-	F^-	CO_2	SiO_2	HBO_2	As	化学类型
38.2	7.5	0	59	0.57	<0.0005	SO_4-Na

开发利用： 为扩大温泉水的利用，泉水出露点已于1998年施工改建成热水井，泉流量消失时间不详，井的开采量为550m³/d。

LNQ017 东沟温泉3

位置： 凤城市草河区山东沟。

概况： 温泉点出露于丘间谷地中的平缓地带，原出露面积不详，泉点周边地表岩性为亚砂土混碎石，调查温泉水温38℃，原温泉出水口流出状态呈缓流状，泉流量10m³/h。泉点高程106.5m，无泉华和热水蚀变现象。

水化学组分： 2013年10月，经取样测试，温泉水化学成分见表7.15。

表7.15 东沟温泉3化学成分 （单位：mg/L）

T_s/℃	pH	TDS	Na^+	K^+	Ca^{2+}	Mg^{2+}
38	7.6	618	131	4.5	29.2	1.2
Li	Rb	Cs	NH_4^+	CO_3^{2-}	HCO_3^-	SO_4^{2-}
0.12	<0.01	na.	<0.05	5.8	99.7	205
Cl^-	F^-	CO_2	SiO_2	HBO_2	As	化学类型
31.3	7.5	0	57.5	0.53	<0.0005	SO_4-Na

开发利用： 为扩大温泉水的利用，泉水出露点于1989年经施工改建已成热水供应站，泉水流量消失时间不详，热水井开采量为500m³/d。

LNQ018 汪家堡温泉

位置： 丹东凤城市刘家河乡汪家堡镇。

概况： 泉点出露于沟谷中的坡脚处，出露面积3m²，泉口周边地表岩性为弱风化花岗岩，原温泉出水口的流出状态呈线状渗流，无气泡、涌砂现象，无间断性流量变化。泉点高程175m，泉水温度46℃，流量12m³/h，无泉华和热水蚀变现象。

水化学成分： 2013年11月，经取样测试，温泉水化学成分见表7.16。

表7.16 汪家堡温泉化学成分 （单位：mg/L）

T_S/℃	pH	TDS	Na^+	K^+	Ca^{2+}	Mg^{2+}
46	8.96	1014	210	4	106	1.8
Li	Rb	Cs	NH_4^+	CO_3^{2-}	HCO_3^-	SO_4^{2-}
0.2	<0.01	na.	<0.05	5.8	41.1	458
Cl^-	F^-	CO_2	SiO_2	HBO_2	As	化学类型
122	4	0	45.9	2.6	<0.0005	HCO_3·SO_4–Na

开发利用： 为扩大温泉水的利用，原泉点位置于1995年经施工改建已成热水供应站，之后泉水慢慢消失，热水井开采量为1300m³/d。

LNQ019 大川村温泉

位置： 桓仁县黑沟乡大川村鱼苗繁殖场。

概况： 泉点出露于山间沟谷中的坡脚处，出露面积2m²，泉口周边地表岩性亚砂土含碎石，原温泉出水口的流出状态呈线状渗流，无气泡、涌砂现象，无间断性流量变化。泉点高程372m，泉水温度27℃，流量11m³/h，无泉华和热水蚀变现象。

水化学组分： 2013年9月，经取样测试，温泉水化学成分见表7.17。

表7.17 大川村温泉化学成分 （单位：mg/L）

T_S/℃	pH	TDS	Na^+	K^+	Ca^{2+}	Mg^{2+}
27	8.83	286	2.3	1.1	35.5	19.1
Li	Rb	Cs	NH_4^+	CO_3^{2-}	HCO_3^-	SO_4^{2-}
<0.01	<0.01	na.	<0.05	11.7	178	4.9
Cl^-	F^-	CO_2	SiO_2	HBO_2	As	化学类型
3.5	0.28	0	22.2	0.41	<0.0005	HCO_3·SO_4–Na

开发利用： 为扩大温泉水的利用，原泉点位经施工改建已成养鱼池热水供应井，改建时间不详。之后，泉水流量消失，热水井开采量为500m³/d。

第三节 代表性地热井

LNJ001 汤岗子区医院1号井

位置：鞍山市汤岗子区医院院内。

井深：183m。

孔径：0.2m。

井口温度：72℃。

热储层特征：储岩岩层为燕山期花岗岩。热储顶板埋深65m，底板埋深183m。热储层厚度118m，孔隙度0.03，热储中部温度75℃，渗透系数20m/d，水位10.2m，热水流量33.3m^3/h。

水化学成分：经取样测试，水化学成分见表7.18。

表7.18 汤岗子区医院1号井化学成分 （单位：mg/L）

T_s/℃	pH	TDS	Na^+	K^+	Ca^{2+}	Mg^{2+}
72	9.26	603	155	4.4	5.1	0.62
Li	Rb	Cs	NH_4^+	CO_3^{2-}	HCO_3^-	SO_4^{2-}
0.16	na.	na.	<0.05	23.1	82.1	153
Cl^-	F^-	CO_2	SiO_2	HBO_2	As	化学类型
52.1	15	0	90.8	1.1	<0.0005	SO_4·Cl–Na

开发利用：主要为医疗保健。

LNJ002 千山温泉疗养院地热井

位置：鞍山市钢铁集团公司千山温泉疗养院院内。

井深：300m。

孔径：0.325m。

井口温度：65℃。

热储层特征：热储岩性为太古宙花岗岩。热储顶板埋深14m，底板埋深220m。热储层厚度206m，孔隙度0.04，热储中部温度65℃，渗透系数22m/d，水位8.2m，热水流量95m^3/h。

水化学成分：经取样测试，水化学成分见表7.19。

表7.19 千山温泉疗养院地热井化学成分 （单位：mg/L）

T_S/℃	pH	TDS	Na^+	K^+	Ca^{2+}	Mg^{2+}
65	8.91	709	192	6	8.1	1.8
Li	Rb	Cs	NH_4^+	CO_3^{2-}	HCO_3^-	SO_4^{2-}
0.26	na.	na.	＜0.05	11.5	147	182
Cl^-	F^-	CO_2	SiO_2	HBO_2	As	化学类型
57.4	17	0	74.2	2.5	＜0.0005	HCO_3·SO_4–Na

开发利用：主要为医疗保健及其他。

LNJ003 老干部管理局地热井

位置：海城市西荒地村老干部管理局院内。

井深：230m。

孔径：0.2m。

井口温度：84℃。

热储层特征：热储岩性为燕山期花岗岩。热储顶板埋深153m，底板埋深73m。热储层厚度77m，孔隙度0.05，热储中部温度50℃，渗透系数21m/d，水位3.5m，热水流量34.1m³/h。

水化学成分：经取样测试，水化学成分见表7.20。

表7.20 老干部管理局地热井化学成分 （单位：mg/L）

T_S/℃	pH	TDS	Na^+	K^+	Ca^{2+}	Mg^{2+}
84	9.33	696	178	5.6	5.1	0.62
Li	Rb	Cs	NH_4^+	CO_3^{2-}	HCO_3^-	SO_4^{2-}
0.12	na.	na.	＜0.05	17.3	70.4	197
Cl^-	F^-	CO_2	SiO_2	HBO_2	As	化学类型
67.8	17	0	108	1.1	1	SO_4·HCO_3–Na

开发利用：主要为医疗保健及其他。

LNJ004 西荒地村天籁谷洗浴中心地热井

位置：海城市西荒地村天籁谷洗浴中心院内。

井深：220m。

孔径：0.2m。

井口温度：82℃。

热储层特征：热储岩性为燕山期黑云花岗岩。热储顶板埋深120m，底板埋深220m。热储层厚度100m，孔隙度0.05，热储中部温度84℃，渗透系数22m/d，水位3.5m，热水流量45.2m³/h。

水化学成分：经取样测试，水化学成分见表7.21。

表7.21 西荒地村天籁谷洗浴中心地热井化学成分 （单位：mg/L）

T_s/℃	pH	TDS	Na^+	K^+	Ca^{2+}	Mg^{2+}
82	8.6	656	160	4.2	15.2	0.52
Li	Rb	Cs	NH_4^+	CO_3^{2-}	HCO_3^-	SO_4^{2-}
0.1	na.	na.	<0.05	5.8	111	151
Cl^-	F^-	CO_2	SiO_2	HBO_2	As	化学类型
55.6	16	0	108	0.81	<0.0005	$HCO_3 \cdot SO_4$–Na

开发利用：主要为医疗保健及其他。

LNJ005 汤河镇柳河村1号井

位置：辽阳市弓长岭区汤河镇柳河村。

井深：220m。

孔径：0.2m。

井口温度：82℃。

热储层特征：热储岩性为太古宙混合花岗岩。热储顶板埋深7.5m，底板埋深68.1m。热储层厚度60.7m，孔隙度0.05，热储中部温度55℃，渗透系数25m/d，水位8.6m，热水流量83.33m^3/h。

水化学成分：经取样测试，水化学成分见表7.22。

表7.22 汤河镇柳河村1号井化学成分 （单位：mg/L）

T_s/℃	pH	TDS	Na^+	K^+	Ca^{2+}	Mg^{2+}
82	7.97	1105	298	16	13.2	0.62
Li	Rb	Cs	NH_4^+	CO_3^{2-}	HCO_3^-	SO_4^{2-}
0.3	na.	na.	<0.05	0	182	399
Cl^-	F^-	CO_2	SiO_2	HBO_2	As	化学类型
101	8	1.8	66.7	3	<0.0005	$HCO_3 \cdot SO_4 \cdot Cl$–Na

开发利用：主要为医疗保健及其他。

LNJ006 熊岳镇08号井

位置：营口市鲅鱼圈区熊岳镇。

井深：520m。

孔径：0.17m。

井口温度：76℃。

热储层特征：热储岩性为燕山期花岗岩。热储顶板埋深70m，底板埋深500m。热储层厚度430m，孔隙度0.04，热储中部温度77℃，渗透系数17m/d，水位9.4m，热水流量80m³/h。

水化学成分：经取样测试，水化学成分见表7.23。

表7.23　熊岳镇08号井化学成分　（单位：mg/L）

T_s/℃	pH	TDS	Na^+	K^+	Ca^{2+}	Mg^{2+}
76	7.64	950	226	12	50.7	3.1
Li	Rb	Cs	NH_4^+	CO_3^{2-}	HCO_3^-	SO_4^{2-}
0.2	na.	na.	<0.05	0	164	246
Cl^-	F^-	CO_2	SiO_2	HBO_2	As	化学类型
174	7	0	51.7	0.39	<0.0005	$HCO_3 \cdot SO_4 \cdot Cl-Na$

开发利用：主要为医疗保健。

LNJ007 普兰店安波镇地热井

位置：大连普兰店安波镇地热站院内。

井深：320m。

孔径：0.168m。

井口温度：67℃。

热储层特征：热储岩性为侏罗纪花岗岩、花岗闪长岩。热储顶板埋深139m，底板埋深298m。热储层厚度159m，孔隙度0.005，热储中部温度70℃，渗透系数20m/d，水位7.8m，热水流量69.29m³/h。

水化学成分：经取样测试，水化学成分见表7.24。

表7.24　普兰店安波镇地热井化学成分　（单位：mg/L）

T_s/℃	pH	TDS	Na^+	K^+	Ca^{2+}	Mg^{2+}
67	9.16	488	123	3.6	4.1	0.62
Li	Rb	Cs	NH_4^+	CO_3^{2-}	HCO_3^-	SO_4^{2-}
0.06	na.	na.	0.12	17.5	124	246
Cl^-	F^-	CO_2	SiO_2	HBO_2	As	化学类型
36.5	12	0	69.9	0.36	<0.0005	$HCO_3 \cdot SO_4-Na$

开发利用：主要为医疗保健。

LNJ008 凤城东汤镇地热井

位置：丹东凤城市东汤镇。

井深：125m。

孔径：0.219m。

井口温度： 67℃。

热储层特征： 热储岩性为燕山期花岗岩。热储顶板埋深37m，底板埋深40m。热储层厚度3m，孔隙度0.08，热储中部温度79℃，渗透系数25m/d，水位4.5m，热水流量152m³/h。

水化学成分： 经取样测试，水化学成分见表7.25。

表7.25　凤城东汤镇地热井化学成分　　（单位：mg/L）

T_s/℃	pH	TDS	Na^+	K^+	Ca^{2+}	Mg^{2+}
67	8.8	444	84	3.9	10.1	0.61
Li	Rb	Cs	NH_4^+	CO_3^{2-}	HCO_3^-	SO_4^{2-}
0.13	na.	na.	<0.05	11.5	123	57.8
Cl^-	F^-	CO_2	SiO_2	HBO_2	As	化学类型
13.9	9	0	98.5	0.5	<0.0005	HCO_3·SO_4–Na

开发利用： 主要为医疗保健。

LNJ009 五龙背铁路疗养院地热井

位置： 丹东市五龙背铁路疗养院内。

井深： 200m。

孔径： 0.168m。

井口温度： 69℃。

热储层特征： 热储岩性为燕山期花岗岩。热储顶板埋深64m，底板埋深73m。热储层厚度9m，孔隙度0.05，热储中部温度52℃，渗透系数21m/d，水位3.2m，热水流量54.9m³/h。

水化学成分： 经取样测试，水化学成分见表7.26。

表7.26　五龙背铁路疗养院地热井化学成分　　（单位：mg/L）

T_s/℃	pH	TDS	Na^+	K^+	Ca^{2+}	Mg^{2+}
69	8.8	414	84	2.2	8	3.7
Li	Rb	Cs	NH_4^+	CO_3^{2-}	HCO_3^-	SO_4^{2-}
0.04	na.	na.	<0.05	11.5	106	33.7
Cl^-	F^-	CO_2	SiO_2	HBO_2	As	化学类型
29.5	9	0	70.4	0.24	<0.0005	HCO_3–Na·Ca

开发利用： 主要为医疗保健。

LNJ010 本溪县汤池沟地热井

位置： 本溪市本溪县汤沟。

井深： 157.4m。

孔径： 0.152m。

井口温度： 65℃。

热储层特征： 热储岩性为流纹岩。热储顶板埋深37.58m，底板埋深117.9m。热储层厚度48m，孔隙度0.0142，热储中部温度75℃，渗透系数40m/d，水位11m，热水流量45m³/h。

水化学成分： 经取样测试，水化学成分见表7.27。

表7.27 本溪县汤池沟地热井化学成分 （单位：mg/L）

T_s/℃	pH	TDS	Na^+	K^+	Ca^{2+}	Mg^{2+}
65	9.33	352	84.8	2.6	4.1	0.62
Li	Rb	Cs	NH_4^+	CO_3^{2-}	HCO_3^-	SO_4^{2-}
0.19	na.	na.	<0.05	17.5	82.9	41.3
Cl^-	F^-	CO_2	SiO_2	HBO_2	As	化学类型
20.9	12.5	0	63.5	0.49	<0.0005	$HCO_3 \cdot SO_4$-Na

开发利用： 主要为医疗保健。

LNJ011 兴城市铁路疗养院地热井

位置： 兴城市铁路疗养院内。

井深： 299.3m。

孔径： 0.219m。

井口温度： 64℃。

热储层特征： 热储岩性为流纹岩。热储顶板埋深15.6m，底板埋深279.1m。热储层厚度263.5m；孔隙度0.028，热储中部温度65℃，渗透系数27m/d，水位6.5m，热水流量78m³/h。

水化学成分： 经取样测试，水化学成分见表7.28。

表7.28 兴城市铁路疗养院地热井化学成分 （单位：mg/L）

T_s/℃	pH	TDS	Na^+	K^+	Ca^{2+}	Mg^{2+}
64	7.2	4432	1090	47	44.7	3.1
Li	Rb	Cs	NH_4^+	CO_3^{2-}	HCO_3^-	SO_4^{2-}
1.1	na.	na.	<0.05	0	47.4	426
Cl^-	F^-	CO_2	SiO_2	HBO_2	As	化学类型
2259	3.5	3.5	83.8	1.2	<0.0005	Cl-Na·Ca

开发利用： 主要为医疗保健。

LNJ012 明水满族乡新庄子地热井

位置： 葫芦岛市绥中县明水满族乡新庄子，地理坐标：东经119° 54′ 51.1″，北纬40° 19′ 40.7″。

井深： 130m。

孔径： 0.219m。

井口温度： 48℃。

热储层特征： 热储岩性为白垩纪流纹岩。热储顶板埋深2m，底板埋深4.5m。热储层厚度2.5m，孔隙度0.08，热储中部温度50℃，渗透系数29m/d，水位8.5m，热水流量38.3m³/h。

水化学成分： 经取样测试，水化学成分见表7.29。

表7.29 明水满族乡新庄子地热井化学成分 （单位：mg/L）

T_s/℃	pH	TDS	Na^+	K^+	Ca^{2+}	Mg^{2+}
48	7.55	280	48.7	1.1	15	0.61
Li	Rb	Cs	NH_4^+	CO_3^{2-}	HCO_3^-	SO_4^{2-}
0.1	na.	na.	<0.05	0	107	28.8
Cl^-	F^-	CO_2	SiO_2	HBO_2	As	化学类型
8.7	8	3.5	42.6	0.89	<0.0005	HCO_3·SO_4–Na

开发利用： 主要为医疗保健。

LNJ013 东梁油库北1号地热井

位置： 阜新市东梁镇东梁油库北。

井深： 1900m。

孔径： 0.215m。

井口温度： 70℃。

热储层特征： 热储岩性为白垩纪砂岩、砾岩。热储顶板埋深1160m，底板埋深1800m。热储层厚度630m，孔隙度0.08，热储中部温度70℃，渗透系数32m/d，水位11.5m，热水流量42.7m³/h。

水化学成分： 经取样测试，水化学成分见表7.30。

表7.30 东梁油库北1号地热井化学成分 （单位：mg/L）

T_s/℃	pH	TDS	Na^+	K^+	Ca^{2+}	Mg^{2+}
70	8.71	4860	1477	20	3	0.62
Li	Rb	Cs	NH_4^+	CO_3^{2-}	HCO_3^-	SO_4^{2-}
2.6	na.	na.	<0.05	127	2511	426
Cl^-	F^-	CO_2	SiO_2	HBO_2	As	化学类型
608	30	0	52.7	116	<0.0005	HCO_3·SO_4–Na

开发利用： 主要为医疗保健及其他。

LNJ014 大洼乡生产街地热井

位置：盘锦市大洼县大洼乡生产街，地理坐标：东经122° 03′ 30.4″，北纬41° 00′ 06.7″。

井深：1182m。

孔径：0.2m。

井口温度：43℃。

热储层特征：热储岩性为古近系、新近系砂岩砾岩。热储顶板埋深860m，底板埋深1182m。热储层厚度322m，孔隙度0.08，热储中部温度43℃，渗透系数22m/d，水位31.8m，热水流量40m³/h。

水化学成分：经取样测试，水化学成分见表7.31。

表7.31　大洼乡生产街地热井化学成分　（单位：mg/L）

T_s/℃	pH	TDS	Na^+	K^+	Ca^{2+}	Mg^{2+}
43	7.87	691	169	0.9	11.2	1.8
Li	Rb	Cs	NH_4^+	CO_3^{2-}	HCO_3^-	SO_4^{2-}
0.01	na.	na.	<0.05	0	387	48.6
Cl^-	F^-	CO_2	SiO_2	HBO_2	As	化学类型
24.3	0.8	6.2	36.4	0.32	<0.0005	HCO_3·SO_4–Na

开发利用：主要为医疗保健及其他。

第/八/章

吉林省

吉林省地热资源目前开发利用程度较低，且分布集中。在已开发的地热资源中，只有很少部分属于高温地热资源区，其他都属于中低温地热资源区。随着社会经济的不断发展，对于既经济又环保的地热资源需求也不断增加，吉林省目前也为有序的开发利用节能环保的地热资源制定相关政策，为更好的开发利用地热资源做出努力。

第一节　地热资源及分布特征

一、地热资源形成特点及分布规律

1.地热地质背景

根据2013年吉林省地热资源调查资料，地热资源的形成和分布，受地质构造特点和构造所处部位的控制，也与近期的岩浆活动密切相关。吉林省经历了多次地壳运动，在各个地质发展阶段和各个时期的地壳运动中，均形成了一系列规模不等、性质不同的深部断裂。吉林省境内将断裂按切割地壳深度和规模大小、控岩控矿作用以及展布形态等大致可分为超岩石圈断裂一条，岩石圈断裂五条，壳断裂33条，其余均为一般断裂和其他断裂。在盆谷地区及其周围构造密度最大，其次是老岭山区，东部山区的其他地区构造零星分布，在平原区构造分布较少（图8.1）。

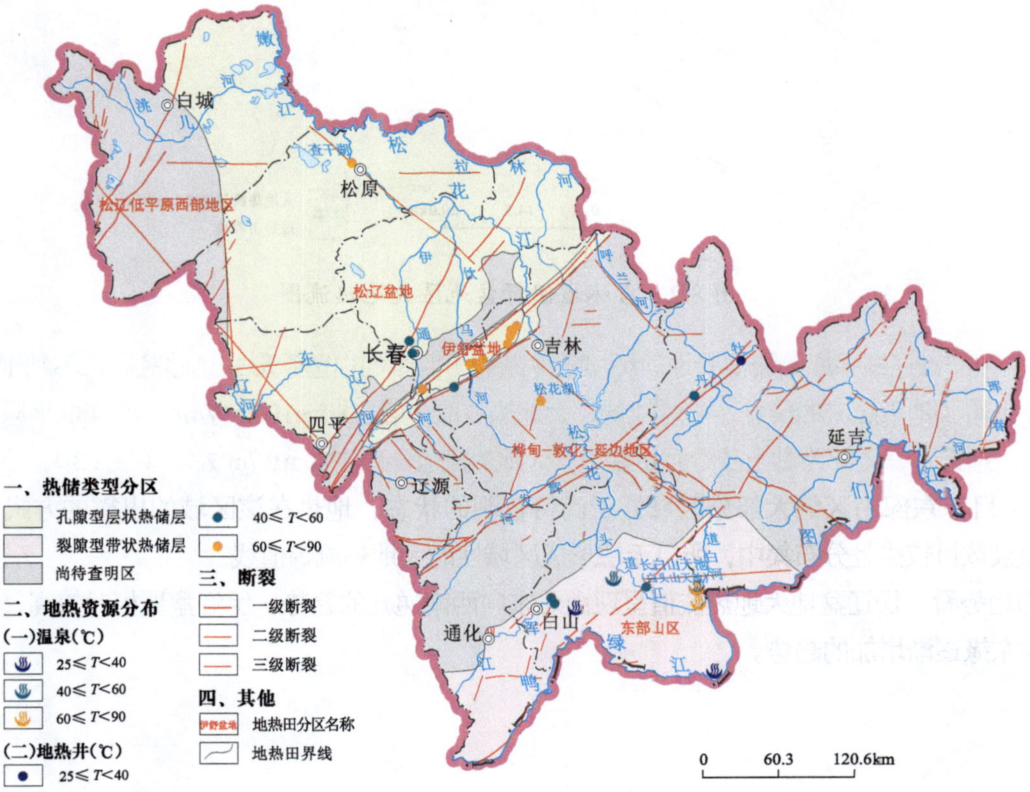

图 8.1　吉林省地热地质图

吉林省东部长白山区地热田以构造裂隙发育的第四系更新统白头山组粗面岩等火山熔岩为主，新生代火山活动形成地下岩浆房，并与深部构造断裂相沟通，在岩浆房的高温高热烘烤下，经高压释放溢出地表形成温泉。

沉积盆地型地热田，深大活动性断裂构成了深部地幔热源和上部热储层的热力通道，并通过沉积层孔隙传递热量，将地下水加热形成地热水，成为该区域的主要热源。随深度的增加自然增温，也为增温型地热田。沉积盆地区多以人工凿井的方式开发地热水。

2.大地热流特征

吉林省大地热流值具有明显的分带特点：

（1）山前过渡带伊舒盆地大地热流值79.70～116.82mW/m^2，并呈现由西部边缘向部东边缘逐渐增大的趋势（图8.2）。

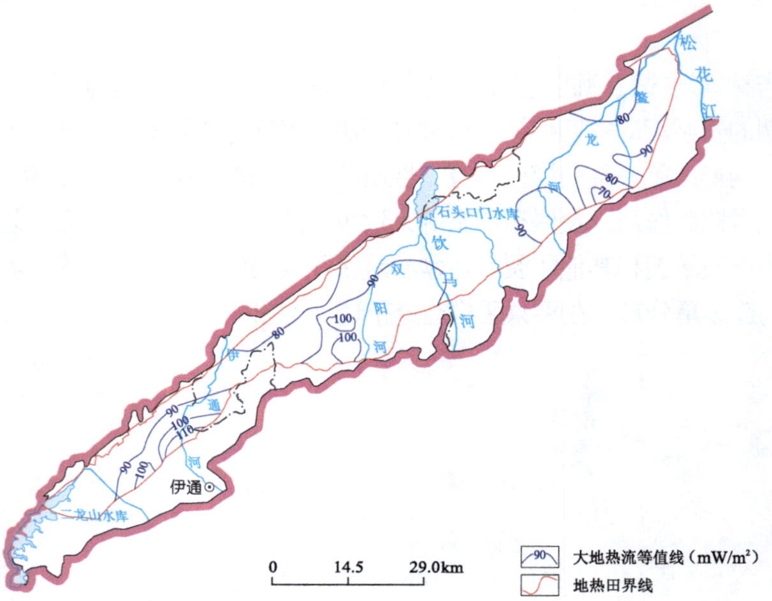

图 8.2　吉林省伊舒盆地区大地热流图

（2）中部松辽高平原热流值受地质环境条件制约，巨厚的白垩系形成热储盖层，不利于大地热流的释放，阻碍了地下热流的传导，相对较低，大地热流值一般在80～100mW/m^2。西部低平原发育较厚的古近系、新近系，上部为黏土及淤泥质黏土，大地热流值一般在80mW/m^{2}左右（图8.3）。

（3）目前东部山区绝大部分区域处于尚待查明的状态，地热在该区域的出露的方式为天然温泉，但温泉数目较少且分布集中，所以无法形成区域性的大地热流等值线。

总的趋势看，松辽盆地大地热流值呈现由北东向西南递减的趋势，伊舒盆地相对较高，并呈现出由西缘向东缘逐渐增加的趋势。

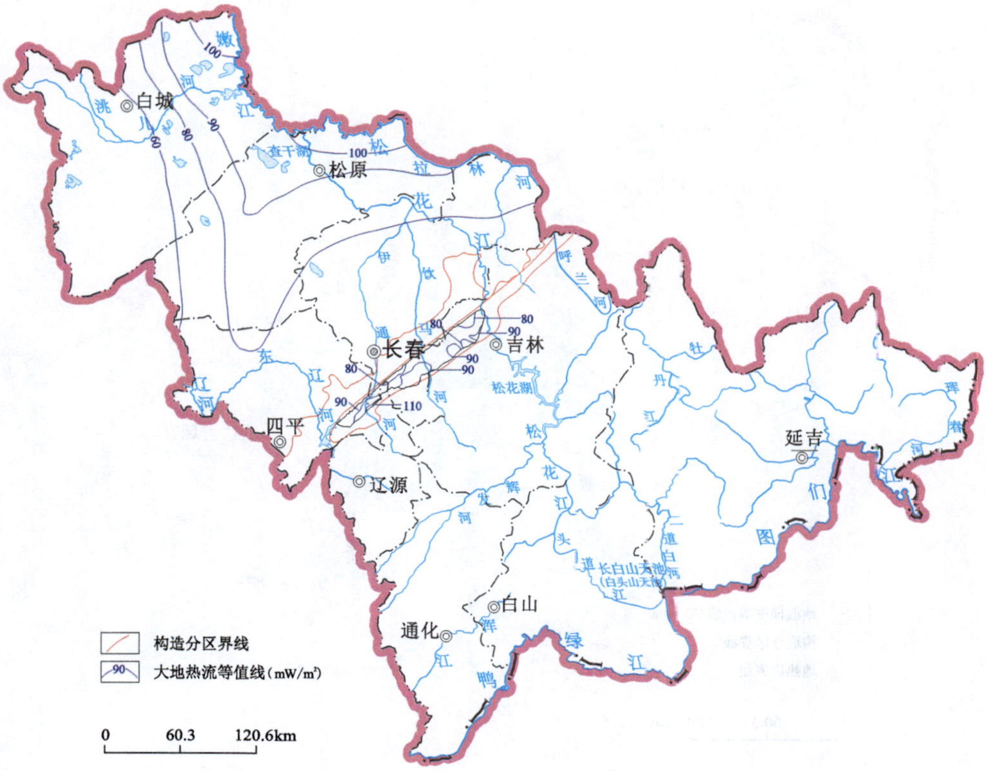

图 8.3　吉林省沉积盆地区大地热流等值线示意图

3.地温梯度特征

（1）吉林省伊舒盆地地热田区地热井测井资料反映垂向地热梯度值一般为3.0～4.5℃/100m（图8.4）。

图 8.4　吉林省伊舒盆地区地温梯度图

图 8.5 吉林省沉积盆地区地温梯度示意图

图 8.6 吉林省地热资源类型分区图

（2）松辽盆地石油勘探程度较高，但获取的相关地热流体数据参数有限，该区域的地温梯度等值线图根据搜集的文献资料确定（图8.5）。

（3）东部山区为温泉出露，数目较少且分布集中，无法形成地温梯度等值线。

从吉林省地温梯度情况看，松辽平原区地温梯度由东北向西南递减；伊舒盆地区地温梯度从盆地东部边缘向西部边缘递减，最高值在东南边缘处。

4.地热资源类型划分及特征

根据地热资源形成与控制其分布的主要地质条件，吉林省地热资源主要分为两种类型，即隆起山地型和沉积盆地型。按地热田的区域分布特点具体分为东部山区隆起山地型、伊舒沉积盆地型、松辽沉积盆地型（图8.6）。

隆起山地型地热区主要分布于吉林省东部及东南部的长白山北坡、西坡以及长白县、临江市、抚松县等地。热源为沿断裂构造向上辐射的地幔热源，或是喷发后的火山余热，并接受大气降水及地表水等补给和深循环条件下，经深部高温烘烤产生高压并溢出地表形成温泉，特别是长白山天池温泉是由地热资源形成的较高的地温场区。热储层是裂隙、岩溶发育的集安群大理岩，盖层为新生代的火山岩，热储-盖层厚度与盆地区相比较薄，一般在300～600m，温泉水温度在35～79℃。根据2013年调查资料以及化学温标计算，东部山区热储温度在88.04～194.28℃。

吉林省伊舒盆地，是吉林省主要的地热异常区，盆地边部的西缘、东缘深断裂是该区的构造主体。热储层被巨厚的新生代沉积物封存于深处的含水层中，成为沉积盆地型、增温型地热田。热储层为古近系，岩性为砂岩、砂砾岩等碎屑岩类。热储-盖层为较厚的第四系与巨厚的新近系泥质岩层，最厚可达1000m（图8.7）。基底多为花岗岩、凝灰岩等基岩。新构造运动形成的断裂带不断地将近期火山活动产生的热量向上传导，并通过沉积层孔隙传递热量，将地下水加热形成地热水，地热流体温度可达36～76℃。地下热水的补给来源是上部常温层地下水的越流补给（沿断裂带）、顺单斜构造侧向径流补给。多以人工凿井的方式开发地热水，目前开发利用程度相对较高。

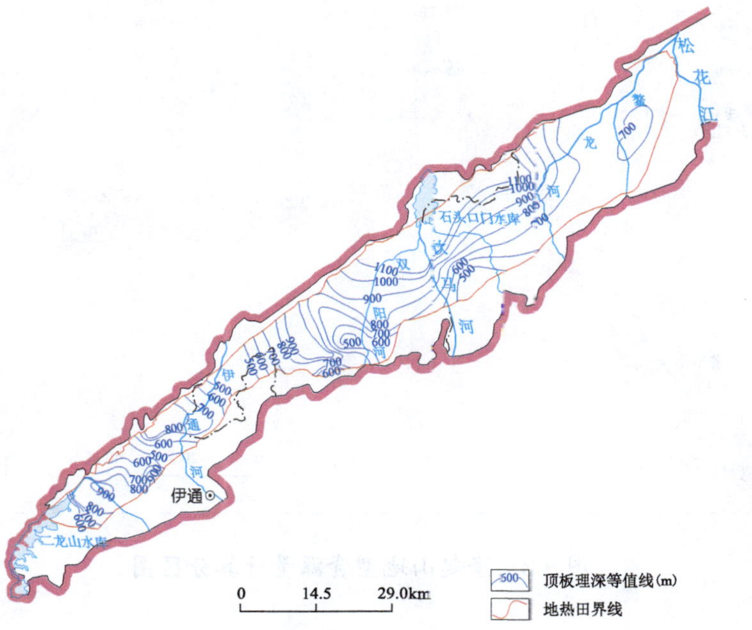

图 8.7　伊舒盆地热储层顶板埋深等值线图

松辽盆地沉积型地热田，热源为随深度增加的自然增温以及深大断裂向上传导的地幔热源。根据文献资料，热储层为白垩系的嫩江组、姚家组、青山口组、泉头组砂岩、砂砾岩等碎屑岩类，同时受深部构造裂隙发育程度控制。热储-盖层为白垩系泥质岩类。基底为花岗岩或花岗闪长岩等硬质碎屑岩。该区地下热储层埋深大，富水性中等，热储温度52～61℃，相对于伊舒盆地略低。由于受地质环境制约，地热水中油气混合，需要进行油气分离处理，因此开发利用比较困难，目前仅限于石油部门勘探石油开发，地热资源尚未开发利用。

二、地热资源量

1.隆起山地型地热资源

由于东部山区没有做过关于地热的勘查，所以储量计算范围根据泉口的位置，中低温地热资源按照1km^{3}范围来圈定；高温地热资源按照6km^3（面积1.5km^2，厚度4km）范围作为发电潜力计算范围。吉林省隆起山地型共有五个计算分区，其中高温地热资源区有两个，中低温地热资源区有三个，如图8.8所示。

图 8.8　隆起山地型资源量计算分区图

1）高温地热资源（表8.1）

表8.1 隆起山地型高温地热资源发电潜力评价表（热储温度大于150℃）

计算分区编号	温泉名称	热储温度/℃	发电潜力/J	30年发电潜力/MW	30年发电潜力合计/MW
1	长白山北坡二道白河热储带	194.28	6.64×10^{16}	70.18	136.39
2	长白山西坡梯子河热储带	187.69	6.26×10^{16}	66.21	

综合以上计算结果，吉林省30年发电潜力合计为136.39MW，发电潜力巨大。

2）中低温地热资源

从表8.2可以看出，吉林省隆起山地型中低温地热资源共有三块区域，分别为抚松县仙人桥热储带、长白县十八道沟热储带、临江市花山热储带，共有地热资源量为8.0144×10^{14}kJ，折合标准煤为27353077.46t；地热流体可开采量为969622.50m^3/a；地热流体可开采热量1.4446×10^{11}kJ/a，折合标准煤4930.34t。

表8.2 隆起山地型中低温地热资源量计算结果表

温度分级/℃	计算分区编号	计算子区	地热流体可开采量/（m^3/a）	地热流体可开采热量/（kJ/a）	折合标准煤/（t/a）	地热资源量/kJ	折合标准煤/t
90～150	3	抚松县仙人桥热储带	634078.00	1.0732×10^{11}	3662.83	3.2204×10^{14}	10991069.42
	4	长白县十八道沟热储带	226044.50	2.4412×10^{10}	833.17	2.8752×10^{14}	9813126.16
	小计		860122.50	1.3173×10^{11}	4496.00	6.0956×10^{14}	20804195.58
60～90	5	临江市花山热储带	109500.00	1.2726×10^{10}	434.34	1.9188×10^{14}	6548881.88
总计			969622.50	1.4446×10^{11}	4930.34	8.0144×10^{14}	27353077.46

3）地热资源模数

地热资源模数表示单位面积上地热资源量的大小，以此来衡量地热资源的丰富程度。隆起山地区的资源量分布情况见图8.9。

从图中可以看出，抚松县仙人桥热储带的地热资源模数是最大的，为3.22×10^{14}kJ/（$km^2\cdot a$），表明地热资源最丰富、量最大；其次是长白县十八道沟热储带，地热资源模数为2.88×10^{14}kJ/（$km^2\cdot a$）；最小的是临江市花山热储带，地热资源模数为1.92×10^{14}kJ/（$km^2\cdot a$）。

长白山北坡与西坡，属于高温地热资源，具有很大的热储热能，发电潜力巨大，且北坡发电潜力大于西坡。

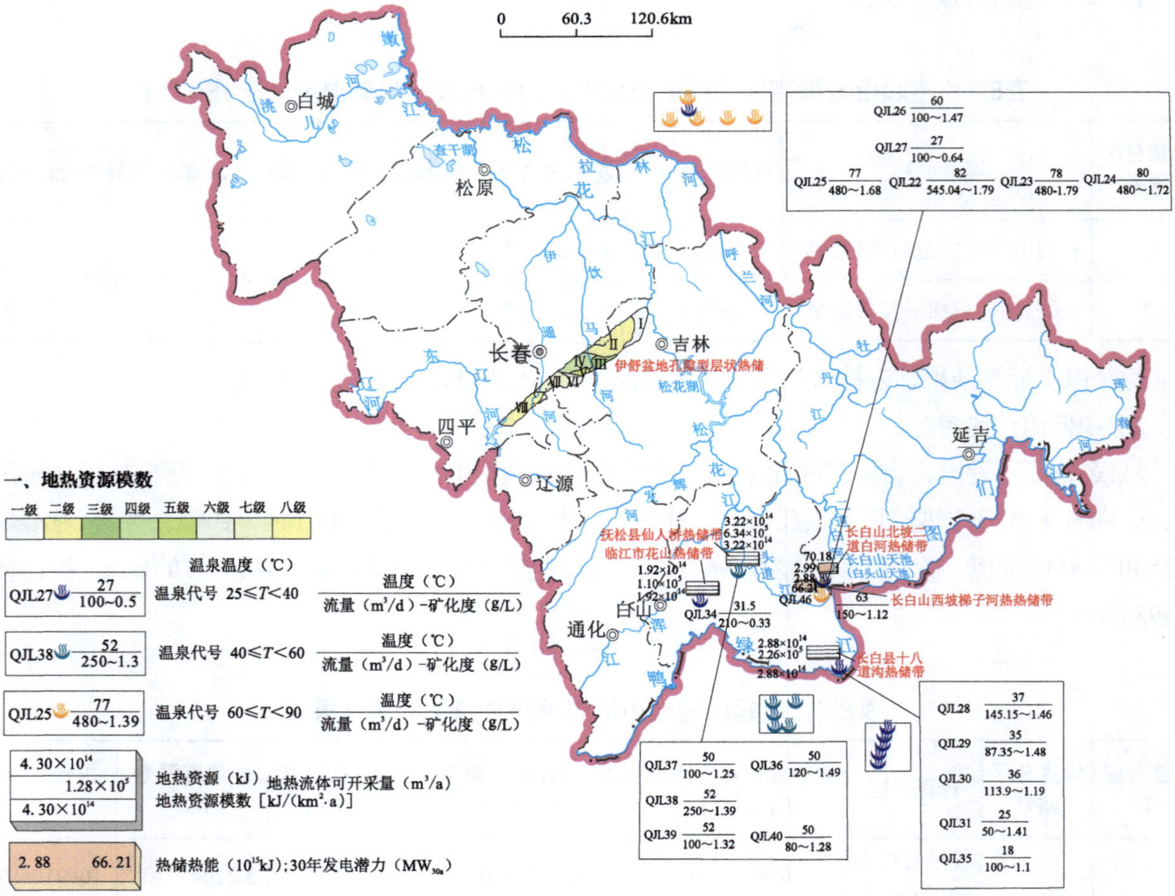

图 8.9 吉林省隆起山地区地热资源分布图

4）地热流体热量潜力模数

采用地热流体热量潜力模数指标来衡量地热资源开发利用潜力。从计算结果表8.3可以看出，长白县十八道沟热储带潜力最大，潜力模数为2.44117×10^{10}kJ/（km²·a），表明该区域未来开发利用潜力最大；临江市花山热储带的潜力模数次之，为6.19977×10^{9}kJ/（km²·a）；抚松县仙人桥热储带潜力最小，为1.08804×10^{8}kJ/（km²·a）。

表8.3 吉林省隆起山地区各构造区潜力模数表

计算参数 / 构造分区	地热流体热量潜力模数/［kJ/（km²·a）］
抚松县仙人桥热储带	1.08804×10^{8}
长白县十八道沟热储带	2.44117×10^{10}
临江市花山热储带	6.19977×10^{9}

2.沉积盆地型地热资源

（1）目前为止，松辽盆地内没有成功的地热井。根据调查，该区新建两眼地热井（查干湖及宁江区），水量及水温均不理想，达不到开发利用程度。此次不对该区进行资源量的计算，但这并不说明该区不存在地热资源，根据文献资料以及松辽盆地的黑龙江部分，该区域还是有开发利用前景的。

（2）吉林省伊舒盆地区的地热主要集中在古近系热储层，根据该区构造单元分区情况，共划分为八个构造分区，27个计算分区进行资源量的计算，如图8.10所示。

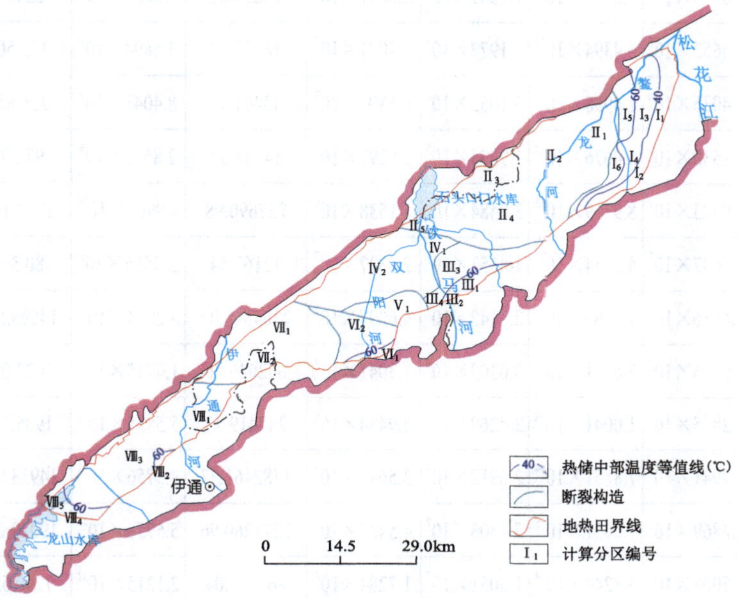

图 8.10 伊舒盆地资源量计算分区图

从表8.4可以看出，吉林省伊舒盆地地热田共有地热资源量9.5159×10^{16}kJ，折合标准煤3.2477×10^{9}t；地热资源可开采量1.6050×10^{16}kJ，折合标准煤5.4779×10^{8}t；地热流体储存量$7.3503 \times 10^{10}m^{3}$；地热流体可开采量36751359.84$m^{3}$/a；地热流体可开采热量$9.2575 \times 10^{12}$kJ/a，折合标准煤315956.54t/a；考虑回灌条件下地热流体可开采量$6.2367 \times 10^{8}m^{3}$/a；考虑回灌条件下地热流体可开采热量$1.5556 \times 10^{14}$kJ/a，折合标准煤5309139.15t/a。还可以得出，回灌条件下地热流体可开采量是无回灌条件下地热流体可开采量的17倍，即回灌条件下可增加地热流体的可开采量。

表8.4 伊舒盆地地热资源量计算结果表

温度分级/℃	计算子区	地热资源量/kJ	折合标准煤/t	地热资源可开采量/kJ	折合标准煤/t	地热流体储存量/m^3	地热流体可开采量/（m^3/a）	地热流体可开采热量/（kJ/a）	折合标准煤/（t/a）	回灌条件下地热流体可开采量/（m^3/a）	回灌条件下地热流体可开采热量/（kJ/a）
25～40	Ⅰ1	2.7416×10^{14}	9.3571×10^{6}	4.1124×10^{13}	1.4036×10^{6}	3.9892×10^{8}	199457.85	2.3204×10^{10}	791.96	4.3166×10^{6}	5.0219×10^{11}
	Ⅰ2	1.8788×10^{14}	6.4124×10^{6}	2.8183×10^{13}	9.6187×10^{5}	2.7338×10^{8}	136689.60	1.5902×10^{10}	542.74	2.9582×10^{6}	3.4415×10^{11}

续表

温度分级/℃	计算子区	地热资源量/kJ	折合标准煤/t	地热资源可开采量/kJ	折合标准煤/t	地热流体储存量/m^3	地热流体可开采量/(m^3/a)	地热流体可开采热量/(kJ/a)	折合标准煤/(t/a)	回灌条件下地热流体可开采量/(m^3/a)	回灌条件下地热流体可开采热量/(kJ/a)
小计		4.6205×10^{14}	1.5769×10^{7}	6.9307×10^{13}	2.3654×10^{6}	6.7229×10^{8}	336147.44	3.9107×10^{10}	1334.70	7.2748×10^{6}	8.4634×10^{11}
40～60	Ⅰ3	1.3749×10^{15}	4.6926×10^{7}	2.0624×10^{14}	7.0389×10^{6}	1.3311×10^{9}	665529.03	1.1544×10^{11}	3939.87	1.3525×10^{7}	2.3459×10^{12}
	Ⅰ4	5.3885×10^{14}	1.8391×10^{7}	8.0828×10^{13}	2.7586×10^{6}	5.2166×10^{8}	260829.58	4.5242×10^{10}	1544.09	5.3005×10^{6}	9.1938×10^{11}
	Ⅲ1	1.6480×10^{15}	5.6245×10^{7}	3.2959×10^{14}	1.1249×10^{7}	2.0651×10^{9}	1032546.25	1.9995×10^{11}	6824.34	1.4298×10^{7}	2.7688×10^{12}
	Ⅲ2	4.2929×10^{13}	1.4652×10^{6}	6.4394×10^{12}	2.1977×10^{5}	3.7071×10^{7}	18535.33	3.5894×10^{9}	122.50	3.7292×10^{5}	7.2216×10^{10}
	Ⅵ1	9.9723×10^{13}	3.4035×10^{6}	1.4958×10^{13}	5.1053×10^{5}	8.6804×10^{7}	43401.96	8.4048×10^{9}	286.85	8.6489×10^{5}	1.6749×10^{11}
	Ⅷ2	3.3784×10^{13}	1.1530×10^{6}	5.0676×10^{12}	1.7295×10^{5}	2.8297×10^{7}	14148.33	2.8535×10^{9}	97.39	2.7977×10^{5}	5.6425×10^{10}
	Ⅷ4	5.9546×10^{14}	2.0323×10^{7}	8.9319×10^{13}	3.0484×10^{6}	5.1538×10^{8}	257690.98	4.9902×10^{10}	1703.14	5.1703×10^{6}	1.0012×10^{12}
	Ⅷ5	2.8036×10^{13}	9.5687×10^{5}	4.2054×10^{12}	1.4353×10^{5}	2.4327×10^{7}	12163.54	2.3555×10^{9}	80.39	2.4331×10^{5}	4.7117×10^{10}
小计		4.3617×10^{15}	1.4886×10^{8}	7.3665×10^{14}	2.5142×10^{7}	4.6097×10^{9}	2304845.01	4.2774×10^{11}	14598.58	4.0054×10^{7}	7.3786×10^{12}
60～90	Ⅰ5	1.7640×10^{15}	6.0206×10^{7}	2.6461×10^{14}	9.0309×10^{6}	1.3041×10^{9}	652046.26	1.4715×10^{11}	5022.09	1.2918×10^{7}	2.9152×10^{12}
	Ⅰ6	6.6937×10^{14}	2.2845×10^{7}	1.0041×10^{14}	3.4268×10^{6}	4.9484×10^{8}	247419.42	5.5835×10^{10}	1905.63	4.9018×10^{6}	1.1062×10^{12}
	Ⅱ1	5.2567×10^{15}	1.7941×10^{8}	7.8851×10^{14}	2.6912×10^{7}	3.5649×10^{9}	1782461.33	4.3756×10^{11}	14933.93	3.5087×10^{7}	8.6133×10^{12}
	Ⅱ2	6.7005×10^{15}	2.2869×10^{8}	1.0051×10^{15}	3.4303×10^{7}	4.5425×10^{9}	2271260.96	5.5756×10^{11}	19029.22	4.4727×10^{7}	1.0980×10^{13}
	Ⅱ3	2.5493×10^{15}	8.7008×10^{7}	3.8240×10^{14}	1.3051×10^{7}	1.7284×10^{9}	864207.04	2.1215×10^{11}	7240.55	1.7017×10^{7}	4.1774×10^{12}
	Ⅱ4	1.3751×10^{16}	4.6931×10^{8}	2.0626×10^{15}	7.0396×10^{7}	8.8778×10^{9}	4438885.62	1.1422×10^{12}	38981.83	8.7191×10^{7}	2.2435×10^{13}
	Ⅱ5	5.3368×10^{14}	1.8214×10^{7}	8.0051×10^{13}	2.7321×10^{6}	3.4437×10^{8}	172184.09	4.4305×10^{10}	1512.10	3.3843×10^{6}	8.7081×10^{11}
	Ⅲ3	8.4402×10^{15}	2.8806×10^{8}	1.6880×10^{15}	5.7613×10^{7}	8.0440×10^{9}	4021998.32	1.0191×10^{12}	34781.46	5.4343×10^{7}	1.3770×10^{13}
	Ⅲ4	5.2160×10^{14}	1.7802×10^{7}	7.8240×10^{13}	2.6703×10^{6}	4.0723×10^{8}	203615.69	4.3510×10^{10}	1484.98	4.0588×10^{6}	8.6731×10^{11}
	Ⅳ1	2.6073×10^{15}	8.8988×10^{7}	5.2147×10^{14}	1.7798×10^{7}	2.2706×10^{9}	1135308.03	3.1434×10^{11}	10728.40	1.5236×10^{7}	4.2186×10^{12}
	Ⅳ2	1.8354×10^{16}	6.2640×10^{8}	3.6707×10^{15}	1.2528×10^{8}	1.6035×10^{10}	8017261.00	2.2198×10^{12}	75761.25	1.0714×10^{8}	2.9665×10^{13}
	Ⅴ	4.4786×10^{15}	1.5285×10^{8}	8.9573×10^{14}	3.0571×10^{7}	3.9678×10^{9}	1983884.01	5.4155×10^{11}	18482.93	2.6557×10^{7}	7.2493×10^{12}
	Ⅵ2	2.7541×10^{15}	9.3997×10^{7}	4.1312×10^{14}	1.4100×10^{7}	1.9648×10^{9}	982388.96	2.2950×10^{11}	7832.76	1.9413×10^{7}	4.5352×10^{12}
	Ⅶ1	7.4762×10^{15}	2.5516×10^{8}	1.1214×10^{15}	3.8274×10^{7}	5.0698×10^{9}	2534907.26	6.2228×10^{11}	21238.11	4.9902×10^{7}	1.2250×10^{13}
	Ⅶ2	1.0074×10^{15}	3.4383×10^{7}	1.5111×10^{14}	5.1574×10^{6}	6.8310×10^{8}	341548.92	8.3844×10^{10}	2861.59	6.7245×10^{6}	1.6507×10^{12}
	Ⅷ1	2.5231×10^{15}	8.6112×10^{7}	3.7846×10^{14}	1.2917×10^{7}	1.7387×10^{9}	869366.27	2.0999×10^{11}	7166.77	1.7145×10^{7}	4.1412×10^{12}
	Ⅷ3	1.0948×10^{16}	3.7367×10^{8}	1.6423×10^{15}	5.6050×10^{7}	7.1832×10^{9}	3591624.20	9.1005×10^{11}	31059.67	7.0596×10^{7}	1.7888×10^{13}
小计		9.0335×10^{16}	3.0831×10^{9}	1.5244×10^{16}	5.2028×10^{8}	6.8221×10^{10}	34110367.38	8.7907×10^{12}	300023.26	5.7635×10^{8}	1.4733×10^{14}
总计		9.5159×10^{16}	3.2477×10^{9}	1.6050×10^{16}	5.4779×10^{8}	7.3503×10^{10}	36751359.84	9.2575×10^{12}	315956.54	6.2367×10^{8}	1.5556×10^{14}

3）地热资源模数

伊舒盆地区的资源量分布情况见图8.11。从图中可以看出，中部地热资源模数级别高，沉积盆地区的东北、西南两侧级别较低，表明中部地热资源最丰富、量最大，两侧地热资源量较小。

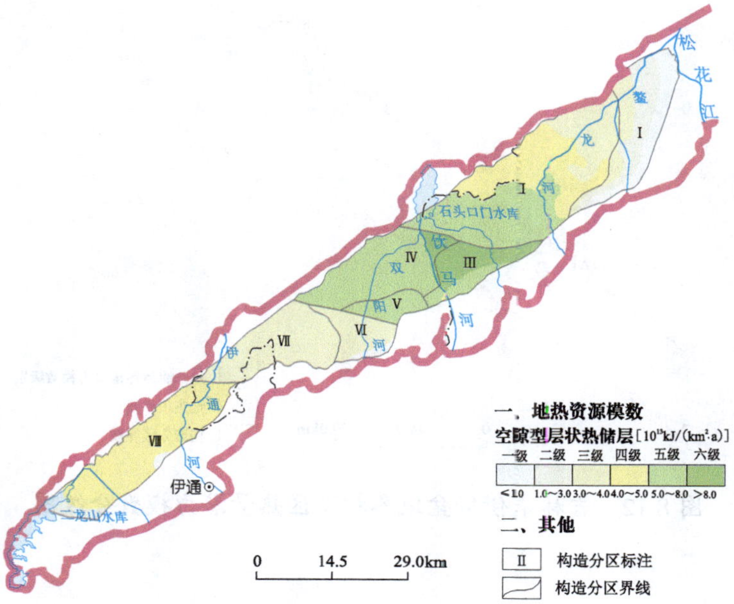

图 8.11 吉林省伊舒盆地区地热资源分布图

4）地热流体热量潜力模数

从表8.5及图8.12可以看出，沉积盆地区的东北、西南两侧潜力模数偏小，中间部分潜力模数偏大，即沉积盆地区中间区域开发利用潜力相对较大。此外，还可以看出，沉积盆地西部比东部开发利用潜力模数较大，这也与伊舒盆地是一个向西倾斜的单倾构造相照应。

表8.5 伊舒盆地区各构造区热量潜力模数分级表

计算参数 / 各构造区	地热流体热量潜力模数 /[kJ/(km²·a)]	潜力模数分级结果	潜力模数分级界线
Ⅳ构造区	9.60525×10^{9}	六级	$>9.50\times10^{9}$
Ⅴ构造区	9.18532×10^{9}	五级	$7.00\times10^{9}\sim9.50\times10^{9}$
Ⅲ构造区	8.98168×10^{9}		
Ⅱ构造区	3.78044×10^{9}	四级	$3.50\times10^{9}\sim7.00\times10^{9}$
Ⅷ构造区	3.51805×10^{9}		
Ⅶ构造区	3.05701×10^{9}	三级	$3.00\times10^{9}\sim3.50\times10^{9}$
Ⅵ构造区	2.38140×10^{9}	二级	$2.00\times10^{9}\sim3.00\times10^{9}$
Ⅰ构造区	1.21100×10^{9}	一级	$<2.00\times10^{9}$

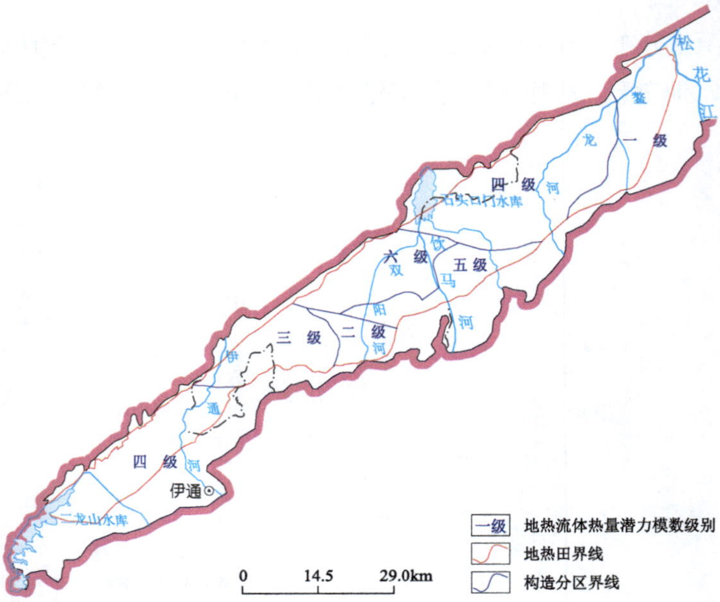

图 8.12 吉林省伊舒盆地各构造区热量潜力模数分级图

三、地热流体地球化学特征

1.地热流体水化学特征

（1）隆起山地型地热流体主要受新生代火山喷发及深部构造断裂控制，同时分布地域不同也有一定的差别（表8.6）。

从表8.6可以得出，隆起山地区pH、TDS在不同地区变化范围较大，水化学类型也存在较大差异。

表8.6 隆起山地区地热流体水化学特征

地区	pH	TDS/（mg/L）	化学类型
长白山北坡二道白河热储带	7.44～8.17	482.26～1320.42	HCO_3-Na
长白山西坡梯子河热储带	7.85	837.91	HCO_3-Na
抚松县仙人桥热储带	8.01～8.18	1087.23～1292.62	SO_4·HCO_3-Na
长白县十八道沟热储带	7.61～8.03	822.79～1112.30	HCO_3-Na
临江市花山热储带	7.84	234.41	HCO_3-Ca·Mg

（2）根据本次调查采取地热流体水样分析，伊舒盆地区水化学特征见表8.7；松辽盆地区目前地热资源勘查程度低，本次调查只采取到了三处地热流体样品，水化学特征见表8.7。

从表8.7可以得出，沉积盆地区的pH、TDS都较高，地热水的碱性较强，特别是松辽盆地区地热水的TDS，量都在3000mg/L以上；伊舒盆地与松辽盆地水化学类型差别较大，有着不同的水化学类型。

表8.7 沉积盆地区地热流体水化学特征

地区		pH	TDS/(mg/L)	化学类型
伊舒盆地		7.88～8.84	406.04～2216.05	HCO_3-Na
松辽盆地	长春雁鸣湖地热井	9.27	4792.44	Cl-Na
	长春南湖宾馆地热井	8.03	5960.65	Cl·HCO_3-Na
	松原市宁江区地热井	8.49	3456.06	Cl-Na

2.地热流体质量评价

1）理疗热矿泉水评价

吉林省内地热流体大多数达到命名氟水矿水浓度，氟含量达3～11mg/L；绝大多数地热流体中矿化度都超标；绝大多数地热流体偏硅酸及偏硼酸均达到具有医疗价值浓度或矿水浓度或命名矿水浓度；东部山区抚松仙人桥两处地热流体氡含量分别达到有医疗价值浓度、矿水浓度；松辽盆地的个别地热流体的碘、锂达到医疗价值浓度。

2）天然饮用矿泉水评价

吉林省地热流体中限量指标氟的含量普遍超标，氟含量达到3～11mg/L，不适宜饮用。

吉林省伊舒盆地区，地热流体普遍氟含量超标，个别的可见物、色度、亚硝酸盐、氰化物、挥发酚超标；偏硅酸、锶、溶解性总固体普遍达到饮用天然矿泉水标准，个别达到硒、锂达到标准。

松辽盆地区，地热流体普遍挥发酚、氟超标，个别地热流体的可见物、浊度、色度、硼酸盐、亚硝酸盐超标；偏硅酸、锶、锂、溶解性总固体普遍达到标准，个别的硒、碘达到饮用天然矿泉水标准。

东部山区，大多数地热流体的氟、挥发酚超标，个别的氰化物、可见物超标，但该地区没有亚硝酸盐超标；偏硅酸、锂、溶解性总固体普遍达到标准，只有抚松仙人桥区硒、锶达到饮用天然矿泉水标准。

3）农业灌溉用水评价

依据《农田灌溉水质标准》GB 5084—85，对地热流体按二类农业灌溉用水进行初步评价，其中地热流体温度过高，需进行换热处理达到35℃时即符合农田灌溉用水标准。评价结果表明，东部山区大多数地热流体除水温超标外，其他指标均满足标准；伊舒盆地区，水温全部超标，大多数地热流体的pH都超标，其他均满足标准；松辽盆地区，水温全部超标，除个别地热流体的氯化物超标外，其他均符合标准。

4）渔业用水评价

东部山区氟化物普遍超标，只有抚松仙人桥地区个别地热流体锌超标；伊舒盆地区，pH、氟化物普遍超标，个别地热流体的铜含量超标；松辽盆地区，氟化物超标，个别地热流体的砷、铜、铅超标。

5）地热流体腐蚀性评价

根据评价指标，除临江市花山老三队温泉、松原一号水样点属于半腐蚀性水外，其他水样点均属于非腐蚀性水，即松辽盆地区、临江地区部分水样具有半腐蚀性，其他地区水样均不具有腐蚀性。

6）热矿水矿物原料提取评价

根据水质分析化验检测报告，吉林省地热流体均达不到热矿水矿物原料提取工业指标。

四、地热资源开发利用历史及现状

1.开发利用历史及现状

吉林省地热资源开发利用早期仅为温泉洗浴，东部山区抚松仙人桥温泉疗养院开发利用地热资源较早，主要为保健医疗洗浴。伊舒盆地区是近些年来地热开发利用的主要区域，其利用程度相对单一。随着社会经济的不断发展，目前地热资源开发利用更注重综合性开发利用，主要以旅游度假、温泉洗浴、休闲养老及温室供暖、农业种植等（图8.13）。例如，吉林圣德泉养老度假新城、双阳御龙泉度假村、吉林神农温泉度假村等均已对外开放营业，既促进了地方经济发展又满足了民众的需求，取得了良好的经济效益和社会效益。有些地域目前正在规划开发建设，如吉林万昌安置农场、吉林玉汤泉、吉林桦皮厂乔屯等地，都在有序建设中。

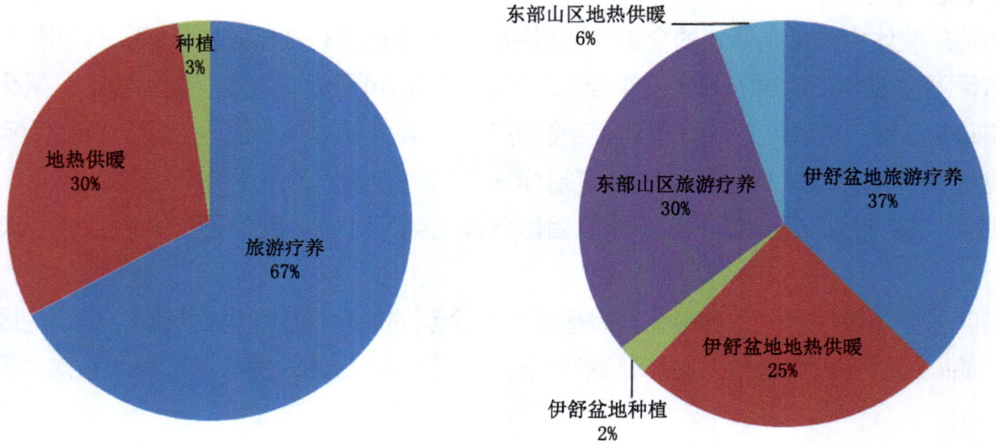

图 8.13　吉林省地热流体热量开发利用现状比例图

从图8.13可知，吉林省目前的开发利用主要集中在旅游疗养、地热供暖、温室种植三个方面，其中最主要的利用方向是旅游疗养。

2.开发利用潜力

1）开采系数

由于吉林省隆起山地型地热资源，温泉较少，单点进行的计算，开采热量与允许开采热量比值为100%，用开采系数法评价开发利用潜力不合适。因此，吉林省只对伊舒盆地区进行热量开采系数的计算。伊舒盆地地热田的地热流体热量开采系数为3.00%，小于40%，因此属于极具开采潜力区。

2）潜力模数

长白县十八道沟热储带潜力最大，潜力模数为2.44117×10^{10}kJ/（km^2·a）；伊舒盆地区整体潜力模数为4.51732×10^9kJ/（km^2·a），略小于临江市花山热储带的潜力模数6.19977×10^9kJ/（km^2·a）；抚松县仙人桥热储带潜力最小，为1.08804×10^8kJ/（km^2·a）。

由于长白山北坡、西坡区域，属于高温地热资源区，无法进行潜力模数的计算，但根据目前它们的流量是东部山区流量最大的，所以其开发利用潜力巨大。

3）勘探价值

伊舒盆地地热田虽然开发利用企业集中，开发利用程度相对较高，但开采量有限，因此，按目前调查情况分析仍为极具开采潜力区、鼓励开采区，且为近期可勘探地区。

长白山北坡二道白河热储带、长白山西坡梯子河热储带、长白县十八道沟热储带为未来五年可勘探区，且为鼓励开采区；抚松县仙人桥热储带，为未来五年可勘探地区，且为控制开采区；临江市花山热储带，为未来五年可勘探地区，且为限制开采区；松辽盆地区为未来二十年可勘探地区，且为鼓励开采区；桦甸-敦化-延边地区目前为尚待查明区；松辽低平原西部地区，属于无勘探价值地区。

第二节　温　　泉

JLQ001 长白山北坡聚龙温泉1号（代表六个温泉）

位置：吉林省延边州安图县长白山脚下瀑布北峡谷底部。

概况：在面积约1km^2范围内，出露具一定规模的地热温泉多处，出口水温在60～79℃，温度最高的为1号温泉。由二道白河驱车40余公里到达长白山北坡温泉群，温泉群南距离长白山瀑布约1km，两侧山峰林立，悬崖陡峭，海拔高程1980m。温泉出露区域由大面积新生代火山岩覆盖．岩性为第四系全新统冰场组粗面凝灰岩及火山角砾岩。温泉水由火山喷发形成断裂并沿裂隙流出地表，形成近似长方形穴体，泉水在底部上涌形成柱形水花。由于常年涌流，泉周围形成黄绿色泉华，冬季泉群周边雾气蒸腾。经现场测温，该温泉冬季水温达78℃，流量3.24L/s，是泉群中最大的。由于温泉群呈星状分布且多以散流形式溢出地表，热流体汇集不集中，故单体温泉流量受限。由于该温泉水温高达79℃，温泉水煮鸡蛋已成为该区旅游一大特色，是吉林省乃至全国知名的长白山区旅游胜地，目前由长白山管委会管辖（图8.14～图8.16）。

水化学成分：2013年10月10日取样测试（表8.8）。

表8.8　长白山北坡聚龙温泉1号化学成分　（单位：mg/L）

T_S/℃	pH	TDS	Na^+	K^-	Ca^{2+}	Mg^{2+}
79	7.44	1320.42	387.93	22.26	37.5	2.42
Li	H_2S	H_2SiO_3	NH_4^+	CO_3^{2-}	HCO_3^-	SO_4^{2-}
0.59	0.044	366.64	0.16	0	931.3	8.8
Cl^-	F^-	CO_2	SiO_2	HBO_2	As	化学类型
106.53	6.2	24.25	282.03	7.7	0.025	HCO_3-Na

开发利用： 目前在此泉群处（以该温泉为主），每年开发$10.8\times10^4m^3/a$的地热流体用于旅游疗养、地热供暖。

图 8.14　长白山北坡聚龙泉群

图 8.15　长白山北坡聚龙温泉 1 号

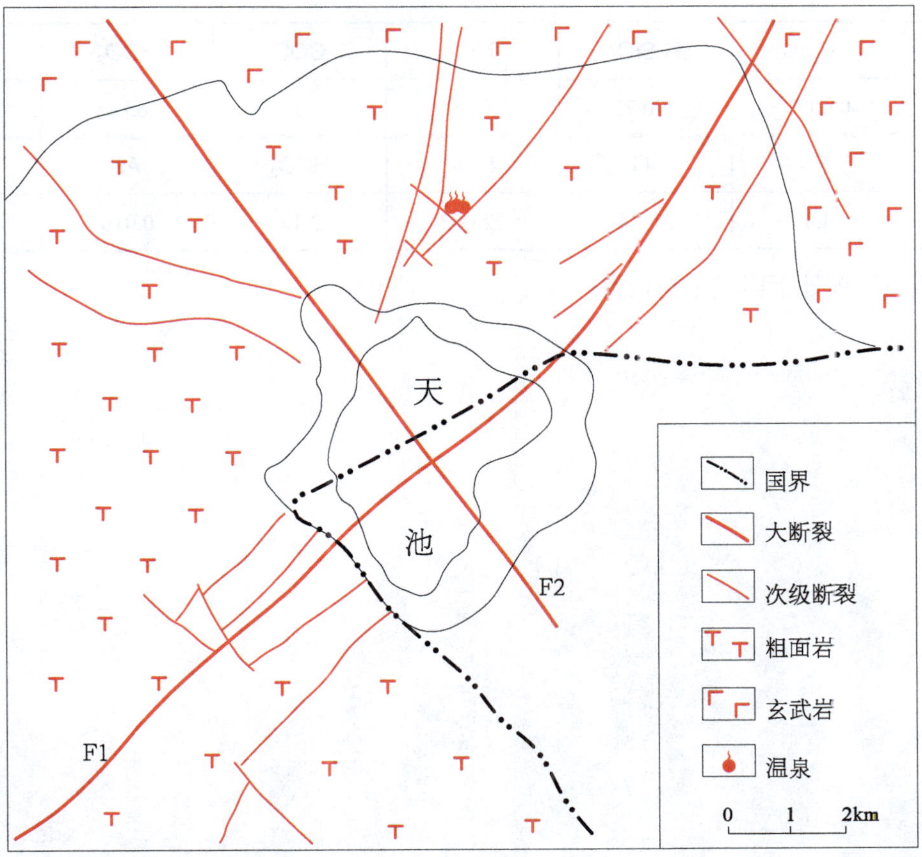

图 8.16 长白山天池地质略图

JLQ002 长白山西坡梯子河温泉

位置：吉林省延边州安图县长白山西坡梯子河畔。

概况：由二道白河驱车50km左右一路上坡到达梯子河畔，海拔高程1602m。在群山峻岭环抱的梯子河畔，河水宽约30m，水流稳中见急，在几十平方米范围内，有多处温泉出露。在调查中了解到，由于山体自然崩塌，已有多处小型温泉已被掩埋断流或改道流淌，另有几处规模较小的温泉分布于周边汇入河流，其中一处较大的温泉发育于梯子河岸边。冬季时节，温泉周边笼罩在浓重的白色雾气之中，犹如进入仙境一般。温泉出露地层为第四系更新统白头山组粗面质火山角砾岩，温泉水由火山喷发形成断裂并沿裂隙流出地表，汇入梯子河，温泉水温度63℃，单泉流量1.74L/s。另外长白山著名的锦江大峡谷就分布于此，山高谷险、景色秀美，夏季鲜花盛开林木茂盛，冬季皑皑白雪、晶莹剔透，是吉林省长白山天池西区旅游胜地，目前由长白山池西区管委会管辖（图8.17、图8.18）。

水化学成分：2013年11月13日取样测试（表8.9）。

表8.9 长白山西坡梯子河温泉化学成分 （单位：mg/L）

T_s/℃	pH	TDS	Na^+	K^+	Ca^{2+}	Mg^{2+}
63	7.85	837.91	192.71	17.43	21.12	12.32

续表

Li	H_2s	H_2SiO_3	NH_4^+	CO_3^{2-}	HCO_3^-	SO_4^{2-}
0.38	0.0021	290.71	0.05	0	565.35	46.34
Cl^-	F^-	CO_2	SiO_2	HBO_2	As	化学类型
34.99	4.4	20.24	223.62	3.12	0.016	HCO_3-Na

开发利用：目前处于自然流淌状态。

图 8.17 长白山西坡梯子河温泉

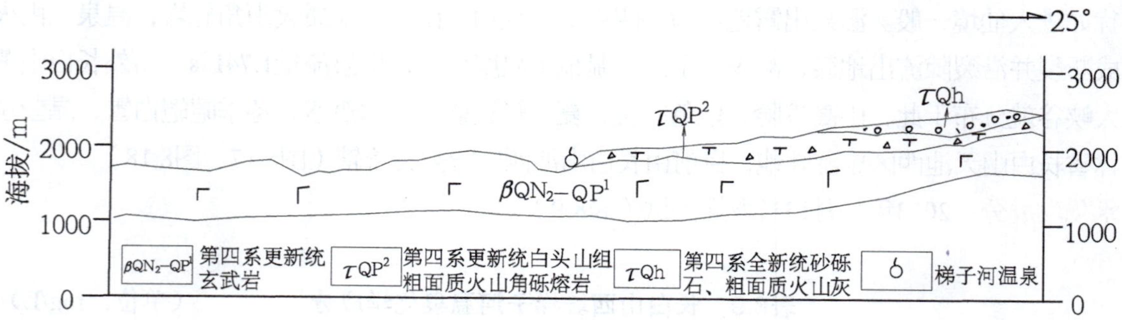

图 8.18 长白山西坡梯子河温泉地质剖面示意图

JLQ003 长白县十八道沟温泉2号（代表五个温泉）

位置：吉林省白山市长白县马鹿沟镇十八道沟村南行2.5km处。

概况：长白县十八道沟温泉属于长白山区火山喷发后形成的多数地热温泉之一。地处新生代火山岩大面积覆盖区域，温泉出露岩性为新近系中新统马鞍山组砂岩及砾岩，温泉水由火山喷发形成断裂并沿裂隙流出地表。在地势险峻，奇峰献巧，风光秀丽，景色宜人的霞峰峻岭中，出露多处温泉，几处温泉相距百米之间，温泉水温25～37℃。几处温泉流量各不相同，第二个泉口成为露天浴池，第三个泉口修成室内浴池，其他几处温泉呈自然流淌状态，泉水汇入十八道沟河。前期规划建设温泉洗浴场馆，由于客观原因，工程搁浅，至今尚未被利用，其场馆旧址还在（图8.19、图8.20）。

水化学成分：2013年10月11日取样测试（表8.10）。

表8.10　长白县十八道沟温泉2号化学成分　　（单位：mg/L）

T_s/℃	pH	TDS	Na^+	K^+	Ca^{2+}	Mg^{2+}
35	8.03	1112.3	336.2	14	41.49	10.65
Li	H_2S	H_2SiO_3	NH_4^+	CO_3^{2-}	HCO_3^-	SO_4^{2-}
0.86	0.0085	113.23	0.01	0	734.77	133.12
Cl^-	F^-	CO_2	SiO_2	HBO_2	As	化学类型
112.37	7.7	4.85	87.1	5.8	0.0023	HCO_3-Na

开发利用：目前处于自然流淌状态。

图 8.19　长白县十八道沟温泉 2 号

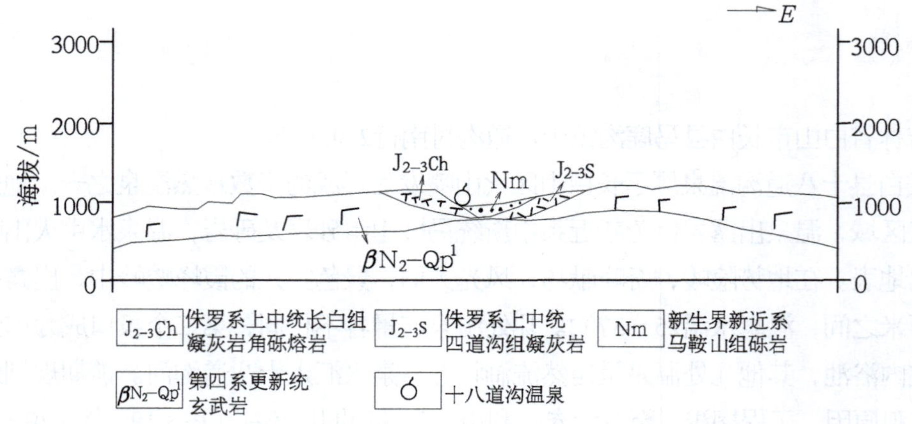

图 8.20 长白县十八道沟温泉地质剖面示意图

JLQ004 临江市花山镇老三队温泉

位置：吉林省白山市临江市西北部的老岭山脉中。

概况：距临江市约30km，海拔高程598m。热储层岩性为古元古界珍珠门组白云质大理岩，盖层为第四系残坡积物及珍珠门组上部的绿泥片岩和二云片岩。温泉所处部位构造裂隙发育，以张性断层为主，断层切割深、规模大，其中北西向断层切割了北东向断层。构造裂隙为地热水的形成与赋存提供了良好的通道与空间，温泉水温度31.5℃，温泉流量2.43L/s。山庄游泳馆配套齐全，已对外营业多年，也是吉林省内东部山区温泉旅游洗浴知名地之一（图8.21、图8.22）。

水化学成分：2013年10月15日取样测试（表8.11）。

表8.11 临江市花山镇老三队温泉化学成分 （单位：mg/L）

T_s/℃	pH	TDS	Na^+	K^+	Ca^{2+}	Mg^{2+}
31.5	7.84	234.41	6.5	0.83	38.3	18.87
Li	H_2S	H_2SiO_3	NH_4^+	CO_3^{2-}	HCO_3^-	SO_4^{2-}
0.0063	0.0092	47.84	0	0	195.93	26.03
Cl^-	F^-	CO_2	SiO_2	HBO_2	As	化学类型
4.26	0.19	3.31	36.8	0.085	0.0019	HCO_3-Ca·Mg

开发利用：目前在此泉处，每年开发$7.3\times10^4m^3/a$的地热流体用于旅游疗养。

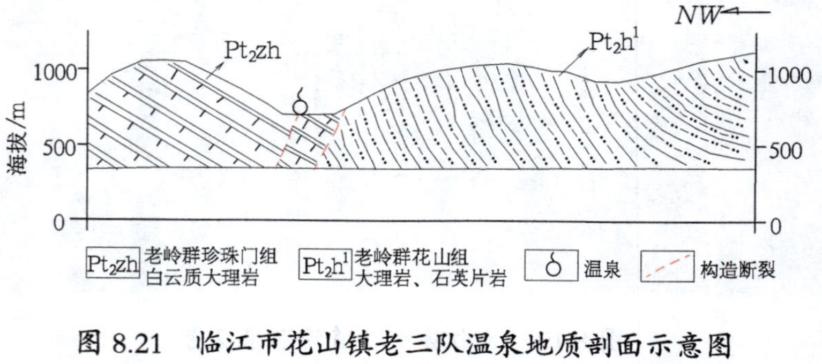

图 8.21 临江市花山镇老三队温泉地质剖面示意图

图 8.22　临江市花山镇老三队温泉

JLQ005 抚松县仙人桥镇铁路疗养院温泉（代表五个温泉）

位置：吉林省白山市抚松县仙人桥镇西南7km。

概况：东邻长白山天池的白云峰，南隔鸭绿江与朝鲜毗邻。经通白线铁路和公路与白山市、临江市、通化市相通，属长白山森林生态系统区，是吉林省的东南边陲。距离抚松县100km，海拔高程540m，为新生代火山岩大面积覆盖区域，热储层岩性为侏罗系中统长白组安山质角砾凝灰岩。出露自然温泉群，温泉水由深部断裂并沿裂隙流出地表。该温泉热水温度50℃，温泉流量1.16L/s，含多种对人体有益的微量元素。现已建成五所不同规模的温泉疗养院，温泉热水大部分用于洗浴和医疗保健，含放射性元素氡18.29～82.7Bq/L，水温50～52℃，总开采量1737.2m^3/d。抚松县正着力推进温泉疗养院资源整合步伐，把温泉建成国内外著名的旅游、疗养、休闲度假中心（图8.23～图8.25）。

水化学成分：2013年10月17日取样测试（表8.12）。

表8.12　抚松县仙人桥镇铁路疗养院温泉化学成分　　　　（单位：mg/L）

T_s/℃	pH	TDS	Na^+	K^+	Ca^{2+}	Mg^{2+}
50	8.18	1087.23	310	13.08	55.79	4.3
Li	H_2S	H_2SiO_3	NH_4^+	CO_3^{2-}	HCO_3^-	SO_4^{2-}
0.61	0.0041	93.78	0	0	334.12	343.48
Cl^-	F^-	CO_2	SiO_2	HBO_2	As	化学类型
112.86	6.8	2.13	72.14	3.89	0.0039	$SO_4 \cdot HCO_3$-Na

此外，该温泉的氡含量达到82.7Bq/L，已达到理疗热矿泉水的矿水浓度；锶、硒含量分别达到1.02mg/L、0.017mg/L，均已达到天然饮用矿泉水水质标准。

开发利用：目前在此泉群处，每年开发63.4078×10^{4}m^3/a的地热流体用于旅游疗养。

图 8.23　抚松县仙人桥镇温泉度假村地貌景观图

图 8.24　抚松县仙人桥镇铁路疗养院温泉

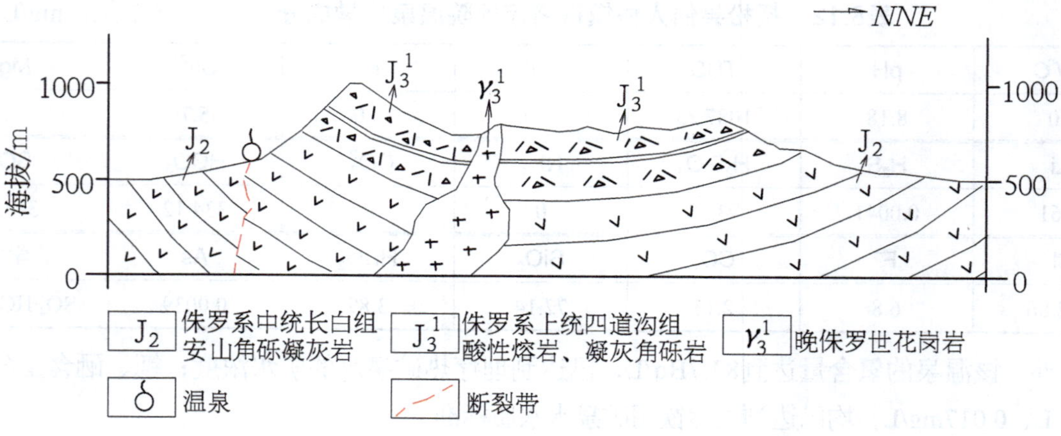

图 8.25　抚松县仙人桥镇温泉群地质剖面示意图

第三节 代表性地热井

JLJ001 吉林省安置农场ZK1地热井

位置：吉林省吉林市永吉县万昌镇张家屯。

井深：1900m。

孔径：0.18m。

井口温度：63℃。

热储层特征：目前该区内有三眼地热井，最远相距750m左右，其水量及水温基本相近。地热井处于伊舒盆地，热储-盖层厚度807m，热储层顶板埋深847m，底板埋深1749m，热储层岩性为古近系灰绿色泥岩与杂色砂砾岩互层，夹棕黄色薄层粉砂质泥岩以及灰白色中细砂岩。热储层累计厚度389m，孔隙率为0.1，渗透系数为0.41m/d，热储层温度65℃，涌水量960m^3/d。井口高程是193.4m，静止水位是198.9m，即地热井自然水头压力达地面上5.5m，该井四季自流，水温稳定，洗浴感觉有滑润感，长期流水处形成青苔。

水化学成分：2013年8月15日取样测试（表8.13）。

表8.13 吉林省安置农场ZK1地热井化学成分 （单位：mg/L）

T_s/℃	pH	TDS	Na^+	K^+	Ca^{2+}	Mg^{2+}
63	8.69	1097.93	434.34	5.28	2.87	0.77
Li	H_2S	H_2SiO_3	NH_4^+	CO_3^{2-}	HCO_3^-	SO_4^{2-}
0.043	0.102	67.7	2.16	177.58	787.99	0
Cl^-	F^-	CO_2	SiO_2	HBO_2	As	化学类型
19.18	7	0	52.08	1.26	0.0015	$HCO_3 \cdot CO_3$–Na

此外，该地热井的锶含量达到0.27mg/L，已达到天然饮用矿泉水水质标准。

开发利用：目前在此地热井处，每年开发34.5×10^{4}m^3/a的地热流体，用于地热供暖。

JLJ002 圣德泉昌22-1地热井

位置：吉林省吉林市船营区搜登站镇圣德泉养老度假新城。

井深：1825m。

孔径：0.173m。

井口温度：59℃。

热储层特征：位于伊舒盆地的东北部，属于盆地内次一级构造岔路河断陷的波泥河-太平凹陷与孤店斜坡过渡带。热储-盖层厚度963m，热储层顶板埋深1033m，底板埋深1496m，热储层岩性为古近系灰绿色的砂岩。热储层累计厚度228m，热储层温度62℃，涌水量960m^3/d。井口高程是200.21m，静止水位是195.81m，即地热井的水位埋深是4.40m。

水化学成分：2013年10月24日取样测试（表8.14）。

表8.14 圣德泉昌22-1地热井化学成分 （单位：mg/L）

T_s/℃	pH	TDS	Na^+	K^+	Ca^{2+}	Mg^{2+}
59	8.84	406.04	122	1.83	2.39	3.39
Li	H_2S	H_2SiO_3	NH_4^+	CO_3^{2-}	HCO_3^-	SO_4^{2-}
0.022	0.03	68.46	0.37	27.58	287.91	44.15
Cl^-	F^-	CO_2	SiO_2	HBO_2	As	化学类型
6.09	0.71	0	52.66	0.53	0.0019	HCO_3-Na

本次调查了解到，区内有11眼地热井，但多数尚未开采，处于封闭状态。现主要开采昌22-1井和昌22-2井，本次地热流体取样也只取到了这两个。

开发利用：目前在这两处地热井，每年共开发21.9×10^{4}m^3/a的地热流体，用于旅游疗养、地热供暖、温室种植。

JLJ003 神农温泉2号地热井

位置：吉林省吉林市昌邑区孤店子镇神农庄园温泉度假村。

井深：1500m。

孔径：0.23m。

井口温度：53℃。

热储层特征：地热井处于伊舒盆地，现有地热井两眼，井距约300m。热储-盖层厚度1035m，热储层顶板埋深1070m，底板埋深1375m，热储层岩性为古近系绿色细砂岩，弱胶结，疏松。热储层累计厚度122.4m，热储层温度63℃，涌水量360m^3/d。井口高程是203m。

水化学成分：2013年8月30日取样测试（表8.15）。

表8.15 神农温泉2号地热井化学成分 （单位：mg/L）

T_s/℃	pH	TDS	Na^+	K^+	Ca^{2+}	Mg^{2+}
53	8.75	874.83	336.73	3.67	2.39	1.94
Li	H_2S	H_2SiO_3	NH_4^+	CO_3^{2-}	HCO_3^-	SO_4^{2-}
0.036	0.004	56.1	1.45	96.14	720.59	18.36
Cl^-	F^-	CO_2	SiO_2	HBO_2	As	化学类型
7.3	3	0	43.15	1.38	0.0017	HCO_3-Na

开发利用：目前在此地热井处，每年开发$8.76\times10^4m^3/a$的地热流体，用于旅游疗养。

JLJ004 御龙温泉地热井

位置：吉林省长春市双阳区杨家村御龙温泉度假村。

井深：1500m。

孔径：0.22m。

井口温度：37℃。

热储层特征：地处伊舒盆地边缘，热储盖层厚度760m，热储层顶板埋深800m，底板埋深1200m，热储层岩性为古近系灰黑色的泥质粉砂岩。热储层累计厚度250m，热储层温度42℃，涌水量$165m^3/d$。井口高程是202.5m。

水化学成分：2013年8月21日取样测试（表8.16）。

表8.16　御龙温泉地热井化学成分　（单位：mg/L）

T_s/℃	pH	TDS	Na^+	K^+	Ca^{2+}	Mg^{2+}
37	8.19	1656.06	673.47	8.88	3.19	1.45
Li	H_2S	H_2SiO_3	NH_4^+	CO_3^{2-}	HCO_3^-	SO_4^{2-}
0.34	0.305	49.32	0	0	1607.4	12.24
Cl^-	F^-	CO_2	SiO_2	HBO_2	As	化学类型
100.68	11	4.2	37.94	5.88	0.0027	HCO_3-Na

此外，该地热井的锶含量达到0.34mg/L，已达到天然饮用矿泉水水质标准。

开发利用：目前在此地热井处，每年开发$5.48\times10^4m^3/a$的地热流体，用于旅游疗养。

JLJ005 天怡温泉地热井

位置：吉林省长春市南关区大南镇东胜村。

井深：1750m。

孔径：0.18m。

井口温度：58℃。

热储层特征：地处伊舒槽地大南凹陷，热储盖层厚度481.9m，热储层顶板埋深511.9m，底板埋深1742m，热储层岩性为古近系中粗砂岩及砂砾岩。热储层累计厚度61.6m，孔隙率为0.1，渗透系数为0.41m/d，热储层温度60.5℃，涌水量$200m^3/d$。井口高程是251.5m。

水化学成分：2013年8月13日取样测试（表8.17）。

表8.17　天怡温泉地热井化学成分　（单位：mg/L）

T_s/℃	pH	TDS	Na^+	K^+	Ca^{2+}	Mg^{2+}
58	7.88	911.03	360	7.79	9.26	1.65

续表

Li	H_2S	H_2SiO_3	NH_4^+	CO_3^{2-}	HCO_3^-	SO_4^{2-}
0.068	0.013	39	1.14	0	871.41	28.3
Cl^-	F^-	CO_2	SiO_2	HBO_2	As	化学类型
29.22	4.8	6.46	30	1.5	0.0062	HCO_3-Na

此外，该地热井的锶、碘化物含量分别达到0.38mg/L、0.36mg/L，均已达到天然饮用矿泉水水质标准。

开发利用： 目前在此地热井处，每年开发$3.65\times10^4m^3/a$的地热流体，用于旅游疗养。

JLJ006 敦化雁鸣湖温泉地热井

位置： 吉林省延边州敦化市东北部雁鸣湖镇。

井深： 1500m。

孔径： 0.18m。

井口温度： 25℃。

热储层特征： 地处敦化-密山断裂带之上，地热井周边为大范围第四系玄武岩所覆盖，热水来自地下深部构造裂隙及破碎带，热储层岩性为新近系中新统土门子组砂砾岩，底部为侏罗系中统帽儿山组角砾凝灰岩夹安山岩。热储-盖层厚度480m，热储层顶板埋深500m，底板埋深1400m，热储层累计厚度110m，孔隙率为0.1，热储层温度38℃，涌水量$200m^3/d$。井口高程是415m。

水化学成分： 2013年9月24日取样测试（表8.18）。

表8.18 敦化雁鸣湖温泉地热井化学成分 （单位：mg/L）

T_S/℃	pH	TDS	Na^+	K^+	Ca^{2+}	Mg^{2+}
25	8.11	1152.86	438.06	4	9.9	1.55
Li	H_2S	H_2SiO_3	NH_4^+	CO_3^{2-}	HCO_3^-	SO_4^{2-}
0.019	0.032	3.74	1.77	0	105.6	8.8
Cl^-	F^-	CO_2	SiO_2	HBO_2	As	化学类型
623.94	6.8	1.42	2.88	2.72	0.00021	Cl-Na

此外，该地热井的锶含量达到0.47mg/L，已达到天然饮用矿泉水水质标准。

开发利用： 目前处于建设期。

JLJ007 育林新村地热井

位置： 吉林省白山市江源区咋子镇育林新村。

井深： 2000m。

孔径： 0.173m。

井口温度： 27℃。

热储层特征： 地处吉林省东部山区，热储-盖层厚度1300m，热储层顶板埋深1300m，底板埋深2000m，热储层岩性为白垩系下统灰白色砂岩、紫色砾岩。热储层累计厚度300m，热储层温度51℃，涌水量300m³/d。井口高程是651.5m。

水化学成分： 2013年10月15日取样测试（表8.19）。

表8.19　育林新村地热井化学成分　（单位：mg/L）

T_s/℃	pH	TDS	Na^+	K^+	Ca^{2+}	Mg^{2+}
27	8.21	250.62	12.69	1.67	37.5	21.4
Li	H_2S	H_2SiO_3	NH_4^+	CO_3^{2-}	HCO_3^-	SO_4^{2-}
0.018	0.0072	30.11	0	0	216.87	19.51
Cl^-	F^-	CO_2	SiO_2	HBO_2	As	化学类型
5.48	0.24	3.63	23.16	0.19	0.00033	HCO_3-Ca·Mg

开发利用： 目前在此地热井处，每年开发$5.4\times10^4m^3/a$的地热流体，用于地热供暖。

JLJ008 南湖宾馆地热井

位置： 吉林省长春市市辖区南湖宾馆。

井深： 1680m。

孔径： 0.18m。

井口温度： 32℃。

热储层特征： 地处松辽盆地边缘地带，热储层岩性为侏罗系上统的凝灰质砂岩、砂砾岩。热储-盖层厚度585m，热储层顶板埋深600m，底板埋深1212m，热储层累计厚度204m，热储层温度55.6℃，涌水量72m³/d。井口高程是249m。

水化学成分： 2013年10月18日取样测试（表8.20）。

表8.20　南湖宾馆地热井化学成分　（单位：mg/L）

T_s/℃	pH	TDS	Na^+	K^+	Ca^{2+}	Mg^{2+}
32	8.03	5960.65	2176.92	16.53	140.45	2.9
Li	H_2S	H_2SiO_3	NH_4^+	CO_3^{2-}	HCO_3^-	SO_4^{2-}
1.36	0.063	36.06	0.03	0	2406.13	583.33
Cl^-	F^-	CO_2	SiO_2	HBO_2	As	化学类型
1799.4	3.8	23.2	27.74	6.97	0.0014	Cl·HCO_3-Na

此外，该地热井的锶、碘化物含量分别达到1.57mg/L、1.79mg/L，均已达到天然饮用矿泉水水质标准；碘化物含量达到1.79mg/L，已达到理疗热矿泉水的矿水浓度；硒的含量达到0.114mg/L，已超过天然饮用矿泉水水质标准。

开发利用： 目前处于未利用状态。

JLJ009 松原1号地热井

位置：吉林省松原市宁江区农林村西北2km。

井深：1960m。

孔径：0.173m。

井口温度：45℃。

热储层特征：地处松辽盆地，热储层岩性为白垩系的砂岩、粉砂岩及砂砾岩。热储-盖层厚度960m，热储层顶板埋深1000m，底板埋深1600m，热储层累计厚度200m，热储层温度55℃，涌水量12m^3/d。井口高程是140m。

水化学成分：2013年12月4日取样测试（表8.21）。

表8.21 松原1号地热井化学成分（单位：mg/L）

T_s/℃	pH	TDS	Na^+	K^+	Ca^{2+}	Mg^{2+}
45	8.49	3456.06	1119.23	10.63	168.98	1.77
Li	H_2S	H_2SiO_3	NH_4^+	CO_3^{2-}	HCO_3^-	SO_4^{2-}
1.87	0.034	58.88	0.38	14.71	14.96	292.07
Cl^-	F^-	CO_2	SiO_2	HBO_2	As	化学类型
1788.1	4.8	0	45.29	32.83	0.18	Cl-Na

此外，该地热井的锶、碘化物含量分别达到3.66mg/L、2.29mg/L，均已达到天然饮用矿泉水水质标准；碘化物含量达到2.29mg/L，已达到理疗热矿泉水的矿水浓度；硼的含量达到8.10mg/L，已超过天然饮用矿泉水水质标准。

开发利用：目前处于未利用状态。

第/九/章

黑龙江省

第一节　地热资源及分布特征

一、地热资源形成特点及分布规律

黑龙江省地热地质条件复杂，勘查程度差异较大。松嫩平原地区勘查程度较高，已探明储量，为已查明地热田；其他地区勘查程度均较低，仅部分地区有少量地热井控制，为地热资源前景区。

松嫩平原地区自20世纪70年代以来施工105眼地热井，并结合收集的180眼石油井的测温和地层资料能够比较准确的分析松嫩平原的成热地质背景和地下热水的特征。

地热资源前景区是在小比例尺（相当于1：100万或1：50万）区域调查的基础上，根据某些地热现象，浅层地温等物探资料，并基于一般的地热地质条件和理论，对其存在地热资源潜力进行评价。可分为地热资源勘查前景较好的远景地热资源分布区和地热资源勘查前景一般的远景地热资源分布区。

地热资源勘查前景较好的地热异常区有五个大区，即三江盆地地热区、兴凯湖盆地地热区、孙吴嘉荫盆地地热区、敦密断裂（地堑）地热区、依舒断裂（地堑）地热区。由石油钻探证实这五个大区地质构造和地层有利于地热资源形成。以上地区除敦密断裂（地堑）地热区镜泊湖段地热田外，还没有投入专门的地热钻探工作，因此地热水量、水温、水质还不清楚。

地热资源勘查前景一般的远景地热资源分布区有六个大区，即漠河盆地地热区、勃利盆地地热区、鸡西盆地、宁安盆地地热区、五大连池区块和镜泊湖区块（图9.1）。

1.松嫩平原地热区

黑龙江省目前最大的地热田分布于松辽盆地北部的松嫩平原地区，也是地热资源勘查资料较为丰富的地热田。

1）区域构造

区域内构造格局具体划分为西部斜坡区、北部倾没区、中央拗陷区、东北隆起区和东南隆起区五个构造单元，其中，中央拗陷区包括的次级构造单元有黑鱼泡凹陷、明水阶地、龙虎泡-大安阶地、齐家-古龙凹陷、大庆长垣、三肇凹陷和朝阳沟阶地及长岭凹陷和扶余隆起带的北部边缘地区，北部倾没区包括的次级构造单元有嫩江阶地、依安凹陷、三兴背斜带、克山依龙背斜带、乾元背斜带和乌裕尔凹陷；东北隆起区包括的次级构造单元有海伦隆起带、绥棱背斜带、绥化凹陷、庆安隆起带和呼兰隆起带；东南隆起区包括的次级构造有长春岭背斜带、宾县-三府凹陷、青山口隆起带、榆树-德惠凹陷。

2）主要热储结构

松嫩平原地热田位于松辽大型沉积盆地的北部，其是由上部盖层、中部热储层和下部热传导层构成的地热系统。盖层由第四系、古近系、新近系和白垩系的明水组、四方台组、嫩江组等组成；

主要热储层组合自上而下依次为：

姚家组—青山口组热储组合：该热储组合是以由上部嫩江组和下部青山口组一段（青一段）两套区域性隔水层所夹持的各种类型的砂体为主的热储组合。岩性特征为灰白色粉砂岩、细砂岩和泥质粉砂岩互层为主。砂岩在中上部发育，单层厚度大，下部不发育，多为薄层砂岩。据以往岩性分布和压力测试资料分析可知，青山口组和姚家组之间的连通性比较好，其组段之间不存在区域性的隔水层。因此，可将青山口组和姚家组划分为同一热储组合。

泉头组热储组合：该热储组合主要由泉三、四段组成，是以由上部青一段泥岩和下部泉头组一、二段泥岩两套地层为区域性隔水层所夹持的砂岩体为主的有效热储组合。主要岩性特征为粉砂质泥岩与紫灰、绿灰色粉砂岩、粉细砂岩、泥质粉砂岩呈略等厚互层。沉积环境为强氧化-弱还原的河流环境。

热传导层为白垩系泉头组下部登娄库组、侏罗系、石炭-二叠系及侵入地层的花岗岩等。

图 9.1 黑龙江省地热地质图

3）区域大地热流特征

通过分析前人对松嫩平原及其外围地区热导率及地温梯度的测试结果可知，大地热流高值区普遍分布在盆地的中部，最高值为95mW/m²，其周围地区热流相对偏低，最低在40mW/m²左右。盆地热流的总平均值为68.24mW/m²，高于63mW/m²（全球大地热流平均值）。现有的大地热流实际测量值以位于中央拗陷区南部的齐家古龙凹陷（古507井-95mW/m²）、大庆长垣（杏4井-84.15mW/m²）、三肇凹陷（同深1井-80.81mW/m²）及朝阳沟阶地（青1井-80.39mW/m²）处大地热流值比较高，相对而言在盆地的西部及滨北地区大地热流值较低（44.38～69.50mW/m²）。从整体上来看，松嫩平原大地热流值的分布是以齐家-古龙凹陷为高值中心向周围地区不断降低的。

4）区域地温场特征

（1）地温梯度。

通过统计分析松嫩平原上百口探井（多为油气探井和地热探井，少部分参考前人已研究的资料，且选取的探井在全区均有不同程度的分布）的实测井温资料，可得出松嫩平原地区的平均地温梯度为4.2℃/100m。虽然不同地区的地温梯度分布具有一定的差异性，但是大部分地区的地温梯度均在3.5℃/100m（地温梯度超过3.5℃/100m视为地热异常区）之上，所以松嫩平原大部分地区仍表现出较高的地温场特征。

（2）热储温度。

①姚家组顶板地温场特征。

姚家组顶板埋深在600～1600m，温度在25～60℃。地温场受其地层埋深分布的影响。该地温场的相对高值区主要集中在松嫩平原地区的中部和西南部，其地温场的总体展布形态呈一近北北东向延伸的条带，而且条带的中部地区地温较高，并逐渐向东西两侧降低。

整个地温场的温度高值区处位于中央拗陷区南部的齐家古龙凹陷、大庆长垣、三肇凹陷等地，最高温度可达65℃以上，而地温场的低值区主要位于西部斜坡区的齐齐哈尔-富裕及以西地区、北部倾没区北部的依安-克山-克东-拜泉及以北地区、东北隆起区的望奎-绥化-呼兰及以东地区、东南隆起区的哈尔滨-五常一带，地温普遍小于30℃，另外位于研究区中部的林甸、杜蒙、大庆、安达等地地温分布中等，普遍在40～60℃。

②青山口组顶板地温场特征。

青山口组顶埋深700～1700m，温度在30～75℃，青山口组地温场的总体形态与姚家组相似，其也受其地层埋深的影响。与姚家组顶板地温场相比，青山口组顶板地温场仅是温度场有所升高，而且整个地温场的高值区仍然分布于中央拗陷区南部，地温场的整体展布形态亦呈北北东向展布，温度一般在55℃以上，最高温度在75℃以上。西部斜坡区的齐齐哈尔-富裕一带温度仍然相对较低，温度一般小于35℃，而该构造区的杜蒙一带温度则较高，在55℃左右；北部倾没区北部、东北隆起区及东南隆起区的地温分布也相对较低，温度普遍小于35℃；而且林甸及大庆等地的温度亦有所增加，温度在45～65℃。

③泉头组顶板地温场特征。

泉头组顶板埋深900～1900m，温度在35～95℃，地温场分布亦受地层分布的影响，总体形态呈北北东方向展布，最高的地温场仍分布在其南部，温度达95℃以上，东北隆起区及西部斜坡区的低温范围逐渐缩小，小于35℃的低温区逐渐靠近盆地的边缘地带；林甸、杜蒙、大庆等地的温度普遍升高，分布在60～85℃。

2.三江、兴凯湖盆地地热区

三江盆地远景地热区位于黑龙江省东北部，西起佳木斯、东至乌苏里江、南抵完达山麓、北临黑龙江，与俄罗斯隔江相望。总面积约90370km^2。三江中新生代断（拗）陷盆地莫霍面埋深在30～35km，新生代沉积了1200m厚的古近系、新近系砂砾岩及50～300m厚第四系砂砾石层。部分地带基底花岗岩放射性元素蜕变释热及活动断裂摩擦生热聚热均为热源条件，深大断裂是导热通道。热储埋藏于侏罗系上统东荣组、白垩系下统城子河组、穆棱组。东荣组：砂质岩占54.9%，以泥质粉砂岩至粗砂岩为主，厚约711m，孔隙度0.67%～6.34%，平均2.33%，渗透率0.01～0.08mD，平均0.031mD；城子河组：砂质岩占41.8%，以泥粉砂岩-细砂岩为主，厚约508m，孔隙度3.14%～18.65%，渗透率0.01～0.18mD；穆棱组；砂质岩占36.8%，以泥粉-细砂岩为主，累厚约192m，多数含泥质较多，孔隙度6%～10%，平均8%，渗透率0.06mD，煤井206井孔隙度7.25%，渗透率1.1mD。该区具有良好的碎屑岩热储层，唯盖层局部不连续，如基底隆起直露地表，造成热流的局部散失，但其影响范围有限，佳木斯市发现热异常是一证明，因此三江盆地具备了成生地热（地下热水）资源的地质构造条件。

兴凯湖盆地地热异常区位于黑龙江省东部，北接完达山，东临俄罗斯锡霍特山脉，面积约6500km^2。兴凯湖盆地砂岩成因类型主要为滨浅湖滩坝、冲积扇扇中辫状水道砂体。七虎林河拗陷发育了滨浅湖相、冲积扇相和扇三角洲相，砂岩储层物性较好，砂岩累计厚度为84.27m，单砂层最大厚度为21.02m，砂层一般厚度为7m，就储集性能而言，为兴凯湖盆地的有利热储地区。

3.孙吴–嘉荫盆地地热区

孙吴-嘉荫盆地位于黑龙江省东北部，天山-兴蒙造山带东部，松辽地块北端，为一个中、新生代叠合盆地。我国境内面积约14270km^2。孙吴-嘉荫盆地中生代地层沉积厚度多为2200～2499m，孙吴-嘉荫盆地，可作为热储层的岩石类型有碎屑岩、火山碎屑岩和火山熔岩。盆地内碎屑岩主要发育在淘淇河组、永安村组、太平林场组、渔亮子组、乌云组和孙吴组中，火山碎屑岩和火山熔岩主要发育在宁远村组。永安村组孔隙度最大值为30.9%，平均值为17.80%，渗透率最大值为786.00mD，平均值为393.04mD，为中孔高渗储层。淘淇河组孔隙度最大值为32.8%，平均值为16.50%，渗透率最大值为209.00mD，平均值为16.98mD，为中孔中渗储层。中生代地层为含油地层，可与松嫩平原中含油地层对比，也是一个含油盆地，石油能大量形成并保存的温度区间是65.5～148.9℃，因此，可以说明嘉荫盆地有松嫩平原相似的地热地质条件，具有勘探地热资源的前景。

4.依兰–舒兰地堑地热区

依兰-舒兰地堑（简称依-舒地堑）是依兰-伊通地堑在黑龙江省境内的一部分，向南延入吉林省境内，向北伸入俄罗斯境内，呈北东向狭条状展布。分为五个次级构造单元，即汤原断陷、依兰断隆、方正断陷、尚志断隆、胜利断陷。基底为前中生代地层，盖层为白垩系与古近系。依舒地堑沉积盖层主要包括白垩系、古近系、新近系和第四系。其中，古近系是本区地热资源勘探的主要目的层，为一套陆相碎屑沉积，沉积厚度达3000m以上。2014年1月在通河县乌鸦泡镇五四村施工一眼地热井（通热1井），根据通热1井水质分析成果，通过地球化学温标（钾镁地热温标）估算热储温度，计算结果为60℃。由此推算地温梯度为3.25℃/100m。高于地球表层平均地温梯度值（3.0℃/100m）。热储层主要是热古近系渐新统宝泉岭组二段、一段，热储顶板埋深1524.00m，底板埋深1792.40m。依据测井资料热储累计厚度为207.70m。热储平均温度53.2℃。孔隙度平均值为20.96%。

5.敦化–密山地堑地热区

敦化–密山地堑在辽、吉两省境内，均为地堑式构造形态。进入黑龙江省过镜泊湖至宁安南部，并且该断裂带向东北沿北东向延展，经下城子、鸡东、密山至虎头过乌苏里江进入俄罗斯境内。敦密断陷带由于各二级构造沉积地层厚度不一，所以敦密断陷带内热储分布也是不均。目前只在镜泊断陷内发现有两个地层控制钻孔，现根据其地层资料推测敦密断陷带热储特征。敦参1井为石油探井，井深3176m。镜泊湖地热1号井为地热探井，井深1580m。揭露的热储层为中新统土门子组下部（埋深952m以下的层位）和始新统—渐新统珲春组中所沉积的砂岩及砂砾岩层。热水储存于砂岩、砂砾岩的孔隙及由断裂构造运动而产生的裂隙中。钻探揭露热储层24层，其中土门子组19层，累计厚度180.2m，热储层岩性为含砾粗砂岩、细–中砂岩，平均孔隙度21.16%，平均渗透率220.25mD，富水性中等；珲春组5层，累计厚度31.8m。土门子组和珲春组热储层在敦密地堑–镜泊湖段地热田内广泛分布，属可开发利用热储层。

6.漠河盆地地热区

漠河盆地位于黑龙江省的北部，分属漠河、呼玛、塔河三县管辖。该区西南克鲁多河上游651高地有一火山口，喷发时期为中生代晚侏罗世—早白垩世，以酸性火山活动为主，以爆发–溢出–侵出作用为主，火山作用较强，在额木尔河上游形成了一个火山断陷沉积。故在该区有望找到较好的地热资源。漠河盆地总体上为双层结构，盆地基底由古元古界兴华渡口群、古生界下泥盆统和古生代花岗岩等构成，沉积盖层主要是中–上侏罗统，推测热储主要目的层为绣峰组、二十二站组、额木尔河组，热储层岩性主要为长石砂岩、长石岩屑砂岩、砂砾岩。但目前在漠河盆地北部有一眼地热井属于干孔没有出水，本次没有对这一区块资源量进行评价。

7.鸡西盆地、勃利盆地和宁安盆地地热区

鸡西盆地、勃利盆地和宁安盆地位于敦密地堑以西，处于老爷岭地块中，均为中生代断陷盆地，基底为新元古界区域变质岩、混合岩。中生代中期断裂剧烈活动伴有多次火山喷发，形成数个断陷盆地，陆相含煤碎屑岩沉积。煤需要在适当压力和一定温度条件下（60～80℃）木质逐步炭化形成，说明盖层封闭条件好；同时深断裂发育，存在深部热流上涌的热储构造背景。盖层是由泥岩、粉砂岩组成的隔水层，由西向东厚度加大，最大厚度可达数百米，由北向南厚度变薄。从全区来看是连续完整的隔水层。热储层为古近系下部永庆组砂砾岩孔隙含水层，底板为中生界上侏罗统风化壳或麻山群古风化壳，该组含水层岩性多为中、粗砂岩及砾岩，砾径在10～20mm，厚度随基底起伏变化较大，

薄者数米，厚者160m，一般厚度30～80m。根据荣华区的80-水2号孔的抽水试验资料，含水层埋深为383～420m。单位涌水量0.731L/s，渗透系数2.84m/d，水位标高169.66m，孔口地面标高169.51m。可自溢出地表。水温25℃。82-水6-2孔：含水层埋深462～525m。单位涌水量0.235L/（s·m），渗透系数0.537m/d。水位标高172.19m，埋深16.68m，冬季抽水温度28℃。双鸭山尖山子矿井测温计算的梯度为3.57℃/100m；鸡西平洋镇钻孔深800m温度为48℃（梯度5.67℃/100m）；鸡西市城南钻孔深1000m，温度62℃（梯度近6℃/100m）；平麻80-2孔深740m，温度66℃。故古近系下部永庆组含水层可能成为良好的热储层。

8.五大连池和境泊湖近代火山岩浆型地热区

五大连池地热异常区位于五大连池市五大连池自然保护区笔架山-卧虎山一带，面积108km^2。五大连池地热区基底为新元古代—古生代早寒武系北宽河组黑云片岩、黑云石英片岩、二云石英片岩、二云片岩夹绿泥绢云片岩、石英岩、红柱石片岩、碳酸盐化安山岩等及印支期花岗岩，受到后期改造相当剧烈，被块断错动和大量岩浆活动所复杂化。中新生代沉积盖层由东向西逐渐增厚，东部W9孔160.30m，西部W1孔大于349.45m。区内卧虎山-火烧山断裂、北格拉球山-药泉山断裂及他们的伴生断裂是地下水热水的运移和导热通道。从五大连池地区的W9、W3、W16井中测温资料来看：孔深未超过500m的情况下，地温梯度分别达到4.6℃/100m、4.0℃/100m、2.7℃/100m，以W9井（工作区西北2000m）为最高。区内低温热水主要储存于新元古代—古生代早寒武系北宽河组低变质岩及印支期花岗岩断裂破碎带中。唯此在断裂裂隙破碎充水地带有希望找到中高温地下热水田。

境泊湖地热田位于宁安市镜泊湖区段，热水储存于土门子组和珲春组的砂岩、砂砾岩的孔隙及由断裂构造运动而产生的裂隙中。2009年，黑龙江省第一地质勘察院在宁安市镜泊乡复兴村南1500米处施工1眼地热井（镜泊湖地热1井），井深2001.14m，抽水试验水位降深20m，出水量1080m^3/d，水温48℃。

二、地热资源量

1.松嫩平原地热田

地热田同时满足埋深在4000m以内，热储层温度25℃以上和单井出水量大于20m^3/h的条件，可将松嫩平原地热田划分为十个构造单元，黑龙江省的热储层温度分为25～40℃、40～60℃、60～90℃、90～150℃四个不同温度范围。按照三个主要热储层再结合温度范围对松嫩平原地热田进行分区评价。

根据已有地热井和石油以及煤田部门的相关试水结果确定的评价资源量所需的计算参数，将参数带入计算模型，计算得到松嫩平原地热田按构造单元、热储层和温度等级划分的计算区块的地热资源量、地热流体储存量；用最大降深法求得的地热流体可开采量、地热流体存储量地热流体可开采热量；考虑回灌条件下的允许开采量，计算结果见表9.1。

表9.1 地热能储量计算结果一览表

热储类型分区	热储层	温度分级/℃	计算分区	地热资源量/kJ	地热资源可开采量/kJ	地热流体储存量/m^3	地热流体可开采量/(m^3/a)	地热流体可开采热量/(kJ/a)	考虑回灌条件下地热流体可开采量/(m^3/a)	考虑回灌条件下地热流体可开采热量/(kJ/a)
西部背斜区Ⅰ	姚家组	25～40	1	1.39×10^{16}	1.39×10^{15}	4.26×10^{10}	5.7×10^{6}	7.01×10^{11}	2.07×10^{8}	2.54×10^{13}
		40～60	2	3.11×10^{16}	3.11×10^{15}	5.76×10^{10}	3.93×10^{6}	7.7×10^{11}	2.69×10^{8}	5.27×10^{13}
		60～90	3	2.22×10^{16}	2.22×10^{15}	3.09×10^{10}	1.84×10^{6}	4.76×10^{11}	1.42×10^{8}	3.65×10^{13}
	青山口组	25～40	4	2.37×10^{16}	2.37×10^{15}	7.35×10^{10}	4.29×10^{6}	5.27×10^{11}	3.62×10^{8}	4.44×10^{13}
		40～60	5	3.77×10^{16}	3.77×10^{15}	7.43×10^{10}	5.09×10^{6}	9.95×10^{11}	3.25×10^{8}	6.36×10^{13}
		60～90	6	8.88×10^{15}	8.88×10^{14}	2.26×10^{10}	2.77×10^{6}	5.41×10^{11}	6.27×10^{7}	1.22×10^{13}
	泉头组	40～60	7	2.33×10^{16}	2.33×10^{15}	3.27×10^{10}	1.41×10^{7}	3.81×10^{12}	1.38×10^{8}	3.73×10^{13}
		60～90	8	3.35×10^{16}	3.35×10^{15}	4.38×10^{10}	4.27×10^{6}	1.27×10^{12}	1.75×10^{8}	5.22×10^{13}
乾元构造带Ⅱ-5	姚家组	25～40	9	3.28×10^{15}	3.28×10^{14}	1.72×10^{10}	2.11×10^{6}	2.69×10^{11}	2.71×10^{7}	3.45×10^{12}
	青山口组	25～40	10	4.75×10^{15}	4.75×10^{14}	1.89×10^{10}	1.81×10^{6}	2.3×10^{11}	6.2×10^{7}	7.9×10^{12}
		40～60	11	2.66×10^{16}	2.66×10^{15}	6.18×10^{10}	1.82×10^{6}	3.3×10^{11}	2.62×10^{8}	4.74×10^{13}
	泉头组	25～40	12	8.88×10^{14}	8.88×10^{13}	4.96×10^{9}	1.02×10^{7}	1.32×10^{12}	6.13×10^{6}	7.88×10^{11}
		40～60	13	2.68×10^{16}	2.68×10^{15}	5.31×10^{10}	9.61×10^{6}	1.93×10^{12}	2.28×10^{8}	4.59×10^{13}
		60～90	14	1.33×10^{16}	1.33×10^{15}	1.95×10^{10}	5.97×10^{6}	1.62×10^{12}	8×10^{7}	2.17×10^{13}
乌裕尔凹陷Ⅱ-6	姚家组	25～40	15	3.73×10^{15}	3.73×10^{14}	1.37×10^{10}	6.14×10^{6}	8.81×10^{11}	4.18×10^{7}	6×10^{12}
		40～60	16	2.35×10^{15}	2.35×10^{14}	6.55×10^{9}	2.24×10^{5}	4.23×10^{11}	1.89×10^{7}	3.57×10^{12}
	青山口组	40～60	17	9.64×10^{15}	9.64×10^{14}	2.6×10^{10}	1.15×10^{7}	2.31×10^{12}	7.35×10^{7}	1.48×10^{13}
	泉头组	40～60	18	1.46×10^{16}	1.46×10^{15}	2.12×10^{10}	4.84×10^{5}	1.13×10^{12}	9.9×10^{7}	2.31×10^{13}
		60～90	19	1.24×10^{16}	1.24×10^{15}	1.58×10^{10}	4.16×10^{5}	1.11×10^{12}	7.26×10^{7}	1.93×10^{13}
黑鱼泡凹陷Ⅲ-1	姚家组	25～40	20	3.09×10^{15}	3.09×10^{14}	8.21×10^{9}	9.14×10^{5}	1.37×10^{11}	3.72×10^{7}	5.56×10^{12}
		40～60	21	2.35×10^{16}	2.35×10^{15}	4.9×10^{10}	2.12×10^{6}	4.04×10^{11}	2.11×10^{8}	4.04×10^{13}
	青山口组	40～60	22	2.56×10^{16}	2.56×10^{15}	4×10^{10}	1.98×10^{6}	4.26×10^{11}	2.01×10^{8}	4.31×10^{13}
		60～90	23	2.19×10^{16}	2.19×10^{15}	2.99×10^{10}	1.75×10^{6}	4.3×10^{11}	1.47×10^{8}	3.62×10^{13}
	泉头组	60～90	24	1.49×10^{16}	1.49×10^{15}	1.93×10^{10}	7.33×10^{6}	2.1×10^{12}	7.76×10^{7}	2.22×10^{13}
明水阶地Ⅲ-2	姚家组	25～40	25	3.11×10^{14}	3.11×10^{13}	1.45×10^{9}	7.15×10^{5}	1.01×10^{11}	2.26×10^{6}	3.2×10^{11}
		40～60	26	3.48×10^{15}	3.48×10^{14}	1.54×10^{10}	1.21×10^{6}	2.27×10^{11}	9.06×10^{6}	1.7×10^{12}
	青山口组	25～40	27	2.65×10^{15}	2.65×10^{14}	7.14×10^{9}	4.17×10^{5}	6.41×10^{10}	3.05×10^{7}	4.69×10^{12}
		40～60	28	3.24×10^{16}	3.24×10^{15}	7.53×10^{10}	9.59×10^{6}	1.87×10^{12}	2.62×10^{8}	5.1×10^{13}
		60～90	29	2.79×10^{15}	2.79×10^{14}	4.59×10^{9}	5.98×10^{5}	1.65×10^{11}	1.52×10^{7}	4.2×10^{12}
	泉头组	60～90	30	3.5×10^{16}	3.5×10^{15}	5.31×10^{10}	1.5×10^{7}	4.14×10^{12}	1.86×10^{8}	5.12×10^{13}
龙虎泡红岗子阶地Ⅲ-3	姚家组	60～90	31	1.1×10^{16}	1.1×10^{15}	1.65×10^{10}	1.84×10^{6}	5.15×10^{11}	5.78×10^{7}	1.62×10^{13}
	青山口组	60～90	32	1.92×10^{16}	1.92×10^{15}	2.3×10^{10}	1.53×10^{6}	4.92×10^{11}	9.47×10^{7}	3.05×10^{13}
	泉头组	60～90	33	1.06×10^{17}	1.06×10^{16}	1.21×10^{11}	1.13×10^{6}	3.86×10^{11}	4.8×10^{8}	1.64×10^{14}
		90～150	34	1.08×10^{16}	1.08×10^{15}	1.1×10^{10}	1.02×10^{6}	3.91×10^{11}	4.3×10^{7}	1.64×10^{13}
齐家古龙凹陷Ⅲ-4	姚家组	40～60	35	2.79×10^{16}	2.79×10^{15}	5.03×10^{10}	1.22×10^{6}	2.65×10^{11}	2.18×10^{8}	4.74×10^{13}
		40～60	36	6.09×10^{15}	6.09×10^{14}	1.1×10^{10}	6.54×10^{5}	1.42×10^{11}	4.76×10^{7}	1.03×10^{13}
		60-90	37	2.44×10^{15}	2.44×10^{14}	4.81×10^{9}	1.99×10^{6}	5.57×10^{11}	1.06×10^{7}	2.95×10^{12}
	青山口组	40～60	38	4.05×10^{16}	4.05×10^{15}	5.52×10^{10}	5.38×10^{5}	1.28×10^{11}	2.9×10^{8}	6.89×10^{13}
		60～90	39	1.32×10^{17}	1.32×10^{16}	1.45×10^{11}	3.46×106	1.03×10^{12}	7.22×10^{3}	2.16×10^{14}
	泉头组	60～90	40	1.09×10^{15}	1.09×10^{14}	1.17×10^{9}	2.27×10^{5}	7.25×10^{10}	5.28×10^{5}	1.68×10^{12}
		90～150	41	2.71×10^{16}	2.71×10^{15}	2.42×10^{10}	2.22×10^{6}	8.6×10^{11}	1.07×10^{8}	4.13×10^{13}

续表

热储类型分区	热储层	温度分级/℃	计算分区	地热资源量/kJ	地热资源可开采量/kJ	地热流体储存量/m^3	地热流体可开采量/(m^3/a)	地热流体可开采热量/(kJ/a)	考虑回灌条件下地热流体可开采量/(m^3/a)	考虑回灌条件下地热流体可开采热量/(kJ/a)
大庆长垣Ⅲ-5	姚家组	40~60	42	3.16×10^{16}	3.16×10^{15}	5.7×10^{10}	2.28×10^{6}	4.96×10^{11}	2.47×10^{8}	5.37×10^{13}
		60~90	43	3.01×10^{15}	3.01×10^{14}	4.88×10^{9}	8.39×10^{5}	2.03×10^{11}	2.08×10^{7}	5.04×10^{12}
	青山口组	60~90	44	6.41×10^{16}	6.41×10^{15}	7.6×10^{10}	2.8×10^{6}	7.78×10^{11}	3.8×10^{8}	1.06×10^{14}
	泉头组	60~90	45	1.13×10^{16}	1.13×10^{15}	1.22×10^{10}	1.52×10^{6}	4.86×10^{11}	5.47×10^{7}	1.74×10^{13}
		90~150	46	7.8×10^{15}	7.8×10^{14}	6.95×10^{9}	8.7×10^{5}	3.37×10^{11}	3.07×10^{7}	1.19×10^{13}
三肇凹陷Ⅲ-6	嫩江组	40~60	47	3.58×10^{16}	3.58×10^{15}	5.16×10^{10}	5.87×10^{6}	1.18×10^{12}	3.02×10^{8}	6.08×10^{13}
	姚家组	40~60	48	3.91×10^{16}	3.91×10^{15}	5.93×10^{10}	1.32×10^{7}	2.85×10^{12}	3.01×10^{8}	6.48×10^{13}
	青山口组	40~60	49	4.39×10^{15}	4.39×10^{14}	8.69×10^{9}	3.29×10^{6}	7.68×10^{11}	2.66×10^{7}	6.2×10^{12}
		60~90	50	6.85×10^{15}	6.85×10^{14}	1.15×10^{10}	4.37×10^{6}	1.2×10^{12}	3.45×10^{7}	9.48×10^{12}
	泉头组	60~90	51	5.26×10^{16}	5.26×10^{15}	5.7×10^{10}	6.19×10^{6}	1.89×10^{12}	2.75×10^{8}	8.36×10^{13}
绥化凹陷Ⅳ3	姚家组	25~40	52	1.66×10^{15}	1.66×10^{14}	4.2×10^{9}	4.64×10^{6}	5.8×10^{11}	2.52×10^{7}	3.14×10^{12}
		40~60	53	7.03×10^{15}	7.03×10^{14}	1.23×10^{10}	6.2×10^{5}	1.08×10^{11}	7.15×10^{7}	1.25×10^{13}
	青山口组	25~40	54	9.67×10^{14}	9.67×10^{13}	2.94×10^{9}	1.02×10^{6}	1.28×10^{11}	1.4×10^{7}	1.75×10^{12}
		40~60	55	2.83×10^{15}	2.83×10^{14}	5.09×10^{9}	9.12×10^{5}	1.8×10^{11}	2.44×10^{7}	4.82×10^{12}
	泉头组	25~40	56	4.72×10^{15}	4.72×10^{14}	1.04×10^{10}	2.47×10^{6}	3.74×10^{11}	5.72×10^{7}	8.68×10^{12}
		40~60	57	3.47×10^{16}	3.47×10^{15}	5.93×10^{10}	2.99×10^{6}	5.9×10^{11}	3.07×10^{8}	6.06×10^{13}
		60~90	58	6.43×10^{16}	6.43×10^{15}	7.52×10^{10}	3.17×10^{6}	9.14×10^{11}	3.7×10^{8}	1.07×10^{14}
总　计				1.24×10^{18}	1.24×10^{17}	1.92×10^{12}	2.17×10^{8}	4.86×10^{13}	8.45×10^{9}	2.01×10^{15}

2.地热资源前景区

黑龙江省的地热资源前景区的地热勘查工作投入较少，各地热田基本没有地热井控制，只能根据收集的石油和煤田部门的相关资料进行粗略的估算，所以本次只能采用热储法对各前景地热田进行评价。计算所得的地热资源总量和可采资源量以及折合的标准煤的量见表9.2。

表9.2　各地热资源前景区地热能储量计算结果一览表

地热资源前景区	热储中热能总量（Q）/kJ	可开采出热能储量（Q_{wh}）/kJ	折合成标准煤量/t
三江盆地地热田	2.24×10^{18}	1.12×10^{17}	6.37×10^{9}
兴凯湖盆地地热田	4.08×10^{17}	1.02×10^{17}	5.8×10^{9}
孙吴嘉荫盆地地热田	5.91×10^{17}	5.91×10^{16}	3.36×10^{9}
依舒地堑地热田	7.76×10^{16}	1.94×10^{16}	1.1×10^{9}
敦密地堑镜泊湖段地热田	5.14×10^{16}	1.29×10^{16}	4.41×10^{8}
鸡西盆地地热田	8.33×10^{16}	4.16×10^{15}	2.37×10^{8}
勃利盆地地热田	2.4×10^{17}	1.2×10^{16}	6.84×10^{8}
宁安盆地地热田	9.07×10^{16}	4.53×10^{15}	2.5×10^{8}

黑龙江省的地热资源分布情况按照地热资源模数进行的分区如图9.2所示。

图 9.2 黑龙江省地热资源分布图

三、地热流体地球化学特征

据黑龙江省地热井分布的实际情况，本次取样主要在松嫩平原地区，所以水化学特征也只是对松嫩平原进行了研究。据所收集松嫩平原内多口石油探井在该组段试油出水时的水矿化度值，研究松嫩平原地区姚家组—青二、三段热储区域水化学场特征。水的矿化度值为1500～4500mg/L，按地下水化学分类方法中的舒卡列夫分类对该区地下水的化学类型进行了分类，则该水化学场中地下水的化学类型主要为HCO_3–Na型和Cl–Na型，局部地区存在HCO_3·Cl–Na型和Cl·HCO_3–Na型水。泉三、四段热储区域水化学场特征水的矿化度值在4500～12000mg/L，按舒卡列夫分类方法对该区地下水的化学类型进行分类，则该水化学场中地下水的化学类型主要为Cl–Na型水。与姚家组—青山口组地层相比，泉三、四段地层的封闭性较好，且其水动力条件及溶滤交替的作用也明显下降。

取样分析的地热井中有49眼井的部分成分达到了医疗价值浓度，主要的化学成分为偏硅酸和偏硼酸，有30眼井达到了命名矿水的浓度。主要的化学成分为F^-。

通过对松嫩平原地热井的同位素采样工作并结合收集的1986年到2004年的大气降雨、河流地表水、潜水、承压水同位素数据，共收集了^{18}O、D、T、^{14}C、^{13}C测试数据116个，经分析研究大小兴安岭山区应该是松嫩平原地热田地热水的主要补给区。侧向补给量极为微小，地热水基本上为不可再生的静储量。

四、地热资源开发利用历史及现状

1.开发利用历史

黑龙江省热资源埋藏在地表以下1000～3000m深地段，且地热地质条件复杂，需投入很大勘查工作量才能查清其分布情况和地热资源总量。我省自20世纪70年代开始进行地热资源勘查工作，首先在林甸县进行，此后相继在哈尔滨市区、大庆市区、杜尔伯特蒙古族自治县、肇源县、齐齐哈尔市区、肇州县、绥化市、汤原县、五大连池地区、镜泊湖地区、海林市、漠河县等地开展了地热资源勘查工作。

黑龙江省地热能资源的开发利用中，林甸县走在了前列，在地热供热、采暖、医疗保健、温泉旅游、温室种植等方面取得了实效，有力地带动了地区的经济发展，为我国高纬度、高寒地区地热能资源的开发利用起到了良好的示范作用。2004年6月23日，中国矿业联合会下发文件中矿联【2004】55号，命名黑龙江省林甸县为“中国温泉之乡”。

2.开发利用现状

黑龙江省目前开发利用地热井56眼，主要分布在松嫩平原中。按地域分布，林甸县有34眼，其中以供暖为主兼供洗浴用水的井有19眼，蔬菜大棚供暖用水的井有12眼，专门温泉洗浴用水的井有三眼。杜尔伯特蒙古族自治县有四眼，供温泉洗浴用水。大庆市有10眼，其中供温泉洗浴用水的井有九眼，用于供暖的有一眼，计划供暖用水的井有21眼。2014年冬季可投入供暖使用。绥化市有两眼，供温泉洗浴用水的井有一眼，供暖用水的井有一眼。齐齐哈尔市有四眼，供温泉洗浴用水的井有两眼，供暖用水的井有两眼。富裕县有一眼用于温泉洗浴。

3.开发利用潜力

根据各计算区块的地热流体开采系数、中心水降深和热量潜力模数三个指标结合来确定地热资源开发利用潜力，经计算只有林甸县城区域属于严重超采区，其余区块均属于极具开采潜力区。敦密地堑镜泊湖段地热田、三江盆地地热田、兴凯湖盆地地热田、孙吴-嘉荫盆地地热田、依兰-舒兰地堑地热田、敦化-密山地堑地热田、漠河盆地地热田、勃利盆地地热田、鸡西盆地地热田、宁安盆地地热田、五大连池近代火山岩浆型地热田和镜泊湖近代火山岩浆型地热田由于都没有开发利用所以各地热田均属于极具开采潜力区，按地热资源保护分区均为鼓励开采区（图9.3）。

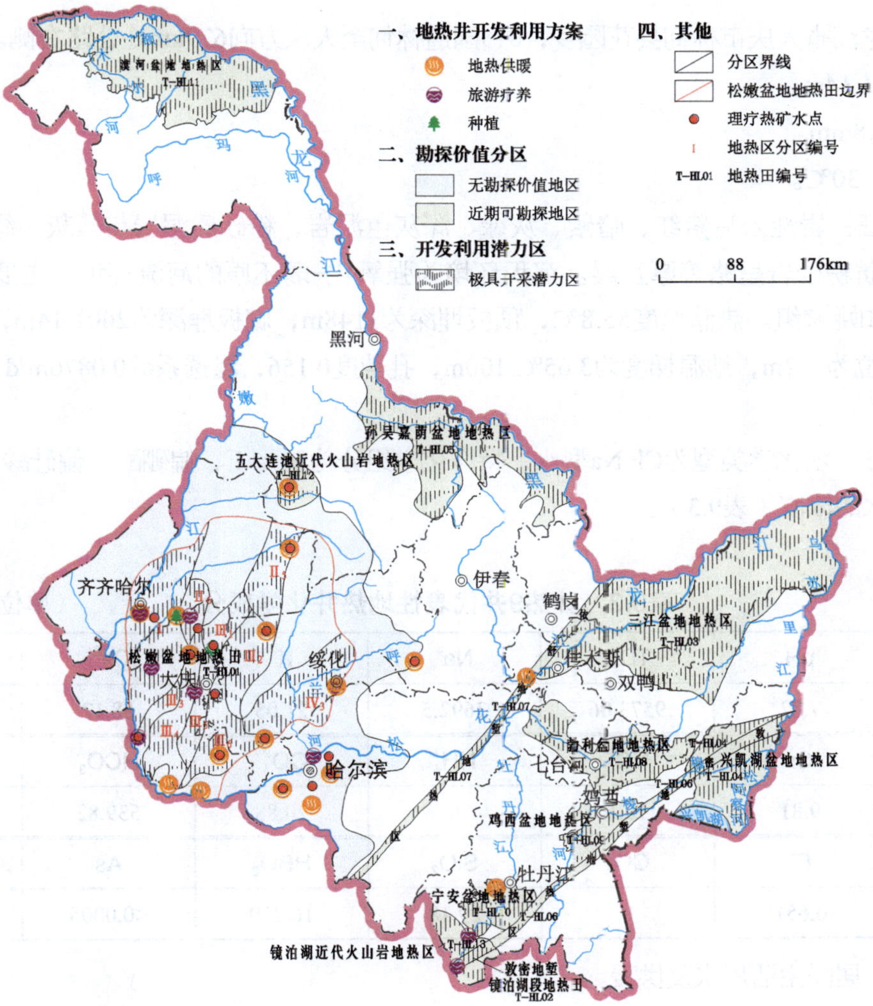

图 9.3 黑龙江省开发利用潜力区划图

第二节 代表性地热井

根据根据我省的实际情况，代表性地热井选取井温大于25℃，井深小于4000m，查明热储层的埋深和岩性，且有抽水试验数据及水样分析数据的地热井。其主要的信息如下：

HLJ001 林热9井

位置：黑龙江省大庆市林甸县花园乡，015国道林甸至大庆方向679km处公路右侧。

井深：2001.14m。

孔径：177.8mm。

井口温度：30℃。

热储层特征：岩性为暗紫红、暗紫、灰绿、深灰色泥岩，粉砂质泥岩与紫灰、绿灰色粉砂岩，粉细砂岩，泥质粉砂岩呈略等厚互层。沉积环境为强氧化-弱还原的河流环境。主要为白垩系泉头组、青山口组和姚家组。热储温度55.8℃，顶板埋深为1148m，底板埋深为2001.14m，热储层厚度为133m。静止水位为-22m，地温梯度为3.65℃/100m，孔隙度0.156，渗透系数0.0876m/d，20m降深涌水量为33.75m³/h。

水化学成分：水化学类型为Cl-Na型水，特殊化学组分为Br^-、I^-、偏硼酸、偏硅酸。其中I^-的含量达到了命名矿水的浓度（表9.3）。

表9.3 林热9井代表性地热井化学成分 （单位：mg/L）

Pb	pH	TDS	Na^+	K^+	Ca^{2+}	Mg^{2+}
<0.001	7.82	9573.06	3692.5	21.05	58.12	10.33
Li	Sr	NO_3^-	NH_4^+	CO_3^{2-}	HCO_3^-	SO_4^{2-}
0.822	9.81	10.1	6	20.88	539.82	1.5
Cl^-	F^-	CO_2	SiO_2	HBO_2	As	化学类型
5180.57	0.651	0	29.18	16.229	<0.0005	Cl-Na

开发利用：居民生活用水及供暖。

HLJ002 林热10井

位置：黑龙江省大庆市林甸县红旗镇，201省道林甸至泰康方向9km处公路右侧。

井深：2002.21m。

孔径：177.8mm。

井口温度：53.5℃。

热储层特征：岩性为上中部为灰白色粉砂岩、细砂岩夹紫红、灰绿、灰色泥岩，下部分为绿灰、灰色泥岩夹灰白色粉砂岩薄层（呈略等厚互层）。主要为白垩系泉头组、青山口组和姚家组。热储温度57.85℃，顶板埋深为1085m，底板埋深为2002.21m，热储层厚度为203.7m。静止水位为-12.9m，地温梯度为3.49℃/100m，孔隙度0.15，渗透系数0.19m/d，20m降深涌水量为14m^3/h。最大降深52.3m，最大涌水量55.74m^3/h。

水化学成分：水化学类型为HCO_3-Na型水，特殊化学组分为F^-、偏硼酸、偏硅酸。其中F^-的含量达到了命名矿水的浓度（表9.4）。

表9.4　林热10井代表性地热井化学成分　　（单位：mg/L）

Pb	pH	TDS	Na^+	K^+	Ca^{2+}	Mg^{2+}
<0.001	8.04	2416.79	739	4.04	5.01	2.43
Li	**Sr**	**NO_3^-**	**NH_4^+**	**CO_3^{2-}**	**HCO_3^-**	**SO_4^{2-}**
0.141	0.591	1.01	0.96	68.59	1294.9	2.5
Cl^-	**F^-**	**CO_2**	**SiO_2**	**HBO_2**	**As**	**化学类型**
267.95	5.24	0	24.9	15.418	0.0029	HCO_3-Na

开发利用：居民生活用水及供暖。

HLJ003 林热11井

位置：黑龙江省大庆市林甸县长青林场。

井深：2300.68m。

孔径：177.8mm。

井口温度：58℃。

热储层特征：岩性为灰色泥岩与灰白色粉细砂岩，呈不等厚互层。主要为白垩系泉头组、青山口组和姚家组。热储温度67℃，顶板埋深为1560m，底板埋深为2002.21m，热储层厚度为147.8m。静止水位为-38m，地温梯度为3.8℃/100m，孔隙度0.15，渗透系数0.0898m/d，20m降深涌水量为33.77m^3/h。最大降深75.24m，最大涌水量130.2m^3/h。

水化学成分：水化学类型为Cl-Na型水，特殊化学组分为F^-、偏硼酸、偏硅酸（表9.5）。

表9.5　林热11井代表性地热井化学成分　　（单位：mg/L）

Pb	pH	TDS	Na^+	K^-	Ca^{2+}	Mg^{2+}
<0.001	7.86	6768.99	2437	17.95	34.07	3.65
Li	**Sr**	**NO_3^-**	**NH_4^+**	**CO_3^{2-}**	**HCO_3^-**	**SO_4^{2-}**
0.625	5.9	6.86	0.5	34.27	766.74	12

续表

Cl^-	F^-	CO_2	SiO_2	HBO_2	As	化学类型
3416.96	1.372	0	29.9	33.324	<0.0005	Cl-Na

开发利用：该井目前开发利用情况为温室大棚种植。

HLJ004 林热12井

位置：黑龙江省大庆市林甸县国富村长青林场。

井深：1997.2m。

孔径：177.8mm。

井口温度：50℃。

热储层特征：岩性为粉上部为灰白色粉砂岩，夹灰褐色泥岩；下部为灰绿色粉砂岩夹灰白色泥岩。主要为白垩系泉头组、青山口组和姚家组。热储温度68℃，顶板埋深为1005m，底板埋深为1997m，热储层厚度为279.4m。静止水位为-1.24m，地温梯度为3.5℃/100m，孔隙度0.21，渗透系数0.1615m/d，最大降深75.24m，最大涌水量130.2m³/h。

水化学成分：水化学类型为HCO_3·Cl-Na型水，特殊化学组分为F^-、偏硼酸、偏硅酸。其中F^-的含量达到了命名矿水的浓度（表9.6）。

表9.6　林热12井代表性地热井化学成分　　（单位：mg/L）

Pb	pH	TDS	Na^+	K^+	Ca^{2+}	Mg^{2+}
0.001	8.24	2562.79	758	3.35	14.03	0
Li	**Sr**	**NO_3^-**	**NH_4^+**	**CO_3^{2-}**	**HCO_3^-**	**SO_4^{2-}**
0.142	0.54	3.03	1.32	80.53	1337.37	10.8
Cl^-	**F^-**	**CO_2**	**SiO_2**	**HBO_2**	**As**	**化学类型**
324	4.63	0	24.97	20.895	0.00107	HCO_3·Cl-Na

开发利用：该井目前开发利用情况为居民生活用水及供暖。

HLJ005 林热14井

位置：黑龙江省大庆市林甸县长青林场。

井深：2298m。

孔径：177.8mm。

井口温度：49℃。

热储层特征：岩性为上部灰黑色泥岩为主，岩屑成分以石英、黑云母为主，接触式胶结，中下部为浅紫红色泥岩，断口细腻，夹少许白色粉砂岩。主要为白垩系泉头组、青山口组和姚家组。热储温度75℃，顶板埋深为1594m，底板埋深为2298m，热储层厚度为266.5m。静止水位为0m，地温梯度为2.74℃/100m，孔隙度0.2，渗透系数0.0631m/d，最大降深131.14m，最大涌水量为51.21m³/h。

水化学成分：水化学类型为Cl-Na型水，特殊化学组分为F^-、偏硼酸、偏硅酸（表9.7）。

表9.7　林热14井代表性地热井化学成分　（单位：mg/L）

Pb	pH	TDS	Na^+	K^+	Ca^{2+}	Mg^{2+}
0.0017	7.91	5400.69	1860	14.5	26.41	4.16
Li	Sr	NO_3^-	NH_4^+	CO_3^{2-}	HCO_3^-	SO_4^{2-}
0.458	6.313	5.76	3.3	24.57	818.48	5.3
Cl^-	F^-	CO_2	SiO_2	HBO_2	As	化学类型
2607.32	1.84	0	27.4	41.629	0.00117	Cl-Na

开发利用：该井目前开发利用情况为温室大棚种植。

HLJ006 林热15井

位置：黑龙江省大庆市林甸县长青林场。

井深：2300m。

孔径：177.8mm。

井口温度：58℃。

热储层特征：岩性为以黑色泥岩为主，夹杂少量白色粉砂岩，泥岩为泥质结构，块状构造，性脆，质纯，遇水软化，易造浆。粉砂岩为粉砂质结构，块状构造，致密易碎。主要为白垩系泉头组、青山口组和姚家组。热储温度69.5℃，顶板埋深为1560m，底板埋深为2300m，热储层厚度为204.6m。静止水位为-22m，地温梯度为2.79℃/100m，孔隙度0.21，渗透系数0.0743m/d，最大降深119.35m，最大涌水量51.24m^3/h。

水化学成分：水化学类型为Cl-Na型水，特殊化学组分为Ba、Br^-、I^-、偏硼酸、偏硅酸（表9.8）。

表9.8　林热15井代表性地热井化学成分　（单位：mg/L）

Pb	pH	TDS	Na^+	K^+	Ca^{2+}	Mg^{2+}
0.0038	7.94	7207.97	2570	19.95	25.05	2.43
Li	Sr	NO_3^-	NH_4^+	CO_3^{2-}	HCO_3^-	SO_4^{2-}
0.634	7.471	6.94	4.4	17.88	749.04	3.5
Cl^-	F^-	CO_2	SiO_2	HBO_2	As	化学类型
3774.22	0.12	0	32.2	21.301	0.00063	Cl-Na

开发利用：该井目前开发利用情况为温室大棚种植。

HLJ007 林热16井

位置：黑龙江省大庆市林甸县长青林场。

井深：2305.9m。

孔径：177.8mm。

井口温度：55℃。

热储层特征：岩性为泥岩与砂岩互层状分布，泥岩为泥质结构，块状构造，成岩较好，硬度较大，粉砂岩：薄层分布，粉砂质结构块状构造分选一般，磨圆次圆状，胶结较致密，含水性较好。主要为白垩系泉头组、青山口组和姚家组。热储温度67℃，顶板埋深为1528m，底板埋深为2305.9m，热储层厚度为192.3m。静止水位为0m，地温梯度为3.06℃/100m，孔隙度0.16，渗透系数0.0925m/d，最大降深99m，最大涌水量55.34m³/h。

水化学成分：水化学类型为Cl-Na型水，特殊化学组分为Br^-、I^-、偏硼酸、偏硅酸（表9.9）。

表9.9 林热16井代表性地热井化学成分 （单位：mg/L）

Pb	pH	TDS	Na^+	K^+	Ca^{2+}	Mg^{2+}
<0.001	7.74	6708.22	2390	13.35	28.06	3.65
Li	**Sr**	**NO_3^-**	**NH_4^+**	**CO_3^{2-}**	**HCO_3^-**	**SO_4^{2-}**
0.47	4.922	7.93	4.5	0	7.93	87.5
Cl^-	**F^-**	**CO_2**	**SiO_2**	**HBO_2**	**As**	**化学类型**
3348.64	0.52	4.02	30.11	6.897	0.00072	Cl-Na

开发利用：该井目前开发利用情况为温室大棚种植。

HLJ008 林热17井

位置：黑龙江省大庆市林甸县长青林场。

井深：2500m。

孔径：177.8mm。

井口温度：60℃。

热储层特征：岩性为上部为泥岩与粉砂岩互层，泥岩灰黑色，泥质结构，块状构造，粉砂岩白色，粉砂结构，块状构造，中部有泥岩夹层，灰黑色，下部为泥岩与粉砂岩互层。主要为白垩系泉头组、青山口组和姚家组。热储温度76℃，顶板埋深为1558m，底板埋深为2500m，热储层厚度为243.3m。静止水位为0m，地温梯度为2.76℃/100m，孔隙度0.16，渗透系数0.058m/d，最大降深139.3m，最大涌水量54.5m³/h。

水化学成分：水化学类型为$Cl\cdot HCO_3$-Na型水，特殊化学组分为F^-、Br^-、I^-、偏硼酸、偏硅酸（表9.10）。

表9.10 林热17井代表性地热井化学成分 （单位：mg/L）

Pb	pH	TDS	Na^+	K^+	Ca^{2+}	Mg^{2+}
0.0017	7.91	5398.75	1860	14.5	26.05	4.25

续表

Li	Sr	NO_3^-	NH_4^+	CO_3^{2-}	HCO_3^-	SO_4^{2-}
0.458	6.313	5.76	3.3	35.8	827.88	5.3
Cl^-	F^-	CO_2	SiO_2	HBO_2	As	化学类型
2585.02	1.84	0	27.4	29.517	0.00117	$Cl·HCO_3$-Na

开发利用：该井目前开发利用情况为温室大棚种植。

HLJ009 林热18井

位置：黑龙江省大庆市林甸县长青林场。

井深：2300m。

孔径：177.8mm。

井口温度：59℃。

热储层特征：岩性为白色粉砂岩与砖红、灰黑色泥岩互层。泥岩为泥质结构块状构造，性脆，质纯，遇水软化，粉砂岩为粉砂结构，块状构造，致密，易碎。主要为白垩系泉头组、青山口组和姚家组。热储温度74.5℃，顶板埋深为1560m，底板埋深为2300m，热储层厚度为257.2m。静止水位为0m，地温梯度为2.79℃/100m，孔隙度0.2，渗透系数0.0408m/d，最大降深151.67m，最大涌水量51.24m^3/h。

水化学成分：水化学类型为Cl-Na型水，特殊化学组分为Br^-、I^-、偏硼酸、偏硅酸（表9.11）。

表9.11　林热18井代表性地热井化学成分　（单位：mg/L）

Pb	pH	TDS	Na^+	K^+	Ca^{2+}	Mg^{2+}
<0.001	7.84	6995.24	2460	26.7	39.08	2.43
Li	Sr	NO_3^-	NH_4^+	CO_3^{2-}	HCO_3^-	SO_4^{2-}
0.572	6.47	7.47	4.4	29.82	776.32	4.5
Cl^-	F^-	CO_2	SiO_2	HBO_2	As	化学类型
3611.35	0.175	0	30.79	20.591	0.0037	Cl-Na

开发利用：该井目前开发利用情况为温室大棚种植。

HLJ010 杜热10井

位置：黑龙江省大庆市杜尔伯特蒙古族自治县西南连环湖景区西北约2km。

井深：1600m。

孔径：177.8mm。

井口温度：44℃。

热储层特征：岩性为暗紫红、暗紫、灰绿、深灰色泥岩，粉砂质泥岩与紫灰、绿灰色粉砂岩，粉细砂岩，泥质粉砂岩呈略等厚互层。构造位置为松辽盆地西部斜坡区泰康隆起。主要为白垩系泉头组、青山口组和姚家组。热储温度56℃，顶板埋深为1042m，底板埋深为1512m，热储层厚度为172m。静止水位为-19m，地温梯度为4.45℃/100m，孔隙度0.2，渗透系数0.097m/d，最大降深67.5m，最大涌水量67.83m^3/h。

水化学成分： 水化学类型为SO_4·Cl-Na型水，特殊化学组分为F^-、Li、I^-、偏硼酸、偏硅酸。其中，F^-的含量达到了命名矿水的浓度（表9.12）。

表9.12 杜热10井代表性地热井化学成分（单位：mg/L）

Pb	pH	TDS	Na^+	K^+	Ca^{2+}	Mg^{2+}
0.007	7.72	16431.86	5295	14.05	330.66	15.2
Li	Sr	NO_3^-	NH_4^+	CO_3^{2-}	HCO_3^-	SO_4^{2-}
1.766	3.518	5.43	4.6	0	331.08	8400
Cl^-	F^-	CO_2	SiO_2	HBO_2	As	化学类型
1989.62	3.675	10.36	23.15	12.781	0.00806	SO_4·Cl-Na

开发利用： 该井目前开发利用情况为酒店洗浴疗养。

HLJ011 霍1井

位置： 黑龙江省大庆市让胡路区四牧场六队东1.5km星火温泉度假村。

井深： 1948.5m。

孔径： 177.8mm。

井口温度： 56℃。

热储层特征： 岩性为灰白色砂岩、红色泥岩与粉砂岩。主要为白垩系泉头组、青山口组和姚家组。热储温度63.5℃，顶板埋深为1295.4m，底板埋深为1948.5m，热储层厚度为88m。静止水位为-59.58m，地温梯度为3.64℃/100m，孔隙度0.12，渗透系数0.0941m/d，最大降深150.83m，最大涌水量42.3m^3/h。

水化学成分： 水化学类型为Cl·HCO_3-Na型水，特殊化学组分为F^-、偏硼酸、偏硅酸（表9.13）。

表9.13 霍1井代表性地热井化学成分（单位：mg/L）

Pb	pH	TDS	Na^+	K^+	Ca^{2+}	Mg^{2+}
<0.001	8.04	4472.96	1467	11	10.02	2.43
Li	Sr	NO_3^-	NH_4^+	CO_3^{2-}	HCO_3^-	SO_4^{2-}
0.391	2.159	2.72	2.8	35.8	1319.19	<0.5
Cl^-	F^-	CO_2	SiO_2	HBO_2	As	化学类型
1590.24	1.82	0	29.68	18.664	0.00083	Cl·HCO_3-Na

开发利用： 该井目前开发利用情况为酒店洗浴疗养。

HLJ012 龙热1井

位置： 黑龙江省大庆市林甸县花园乡，015国道林甸至大庆方向679km处公路右侧

井深： 1900m。

孔径： 177.8mm。

井口温度： 50℃。

热储层特征： 岩性为绿灰、灰色泥质粉砂岩与绿灰色泥岩、灰黑色粉砂质泥岩、含钙泥质粉砂岩、灰色粉砂岩、细砂岩呈不等厚互层。主要为白垩系泉头组、青山口组和姚家组。热储温度57.7℃，顶板埋深为1490m，底板埋深为1900m，热储层厚度为84m。静止水位为31.4m，地温梯度为3℃/100m，孔隙度0.184，渗透系数0.0112m/d，最大降深230m，最大涌水量5.06m^3/h。

水化学成分： 水化学类型为Cl-Na型水，特殊化学组分为F^-、Br^-、I^-、Fe、偏硼酸、偏硅酸。其中，F^-和Fe的含量达到了命名矿水的浓度（表9.14）。

表9.14 龙热1井代表性地热井化学成分 （单位：mg/L）

Pb	pH	TDS	Na^+	K^+	Ca^{2+}	Mg^{2+}
0.002	7.9	6135.83	2063	15.25	15.03	2.43
Li	**Sr**	**NO_3^-**	**NH_4^+**	**CO_3^{2-}**	**HCO_3^-**	**SO_4^{2-}**
0.648	1.912	7.97	5.7	44.74	1543.55	7
Cl^-	**F^-**	**CO_2**	**SiO_2**	**HBO_2**	**As**	**化学类型**
2383.61	2.18	0	29.58	23.938	0.00401	Cl-Na

开发利用： 该井目前开发利用情况为旅游疗养。

HLJ013 龙热2井

位置： 黑龙江省大庆龙凤区中北部的五湖新区。

井深： 1900m。

孔径： 177.8mm。

井口温度： 47℃。

热储层特征： 岩性为灰黑、绿灰色泥岩，粉砂质泥岩与绿灰、灰色泥质粉砂岩，含钙泥质粉砂岩、灰色粉砂岩细砂岩呈不等厚互层。主要为白垩系泉头组、青山口组和姚家组。热储温度57.7℃，顶板埋深为1028m，底板埋深为1454m，热储层厚度为82m。静止水位为28.5m，地温梯度为3℃/100m，孔隙度0.184，渗透系数0.0112m/d，自流流量7m^3/h。

水化学成分： 水化学类型为Cl-Na型水，特殊化学组分为Br^-、I^-、偏硼酸、偏硅酸。其中，I^-的含量达到了命名矿水的浓度（表9.15）。

表9.15　龙热2井代表性地热井化学成分　　（单位：mg/L）

Pb	pH	TDS	Na^+	K^+	Ca^{2+}	Mg^{2+}
0.0467	8.01	5449.5	1945	14.28	12.02	3.65
Li	Sr	NO_3^-	NH_4^+	CO_3^{2-}	HCO_3^-	SO_4^{2-}
0.672	1.553	7.97	5.5	98.42	1164.51	17.5
Cl^-	F^-	CO_2	SiO_2	HBO_2	As	化学类型
2149.8	0.778	0	24.46	25.409	0.00371	Cl-Na

开发利用：该井目前开发利用情况为旅游疗养。

HLJ014 龙热3井

位置：黑龙江省大庆市龙凤区湿地，国府酒店东南20m。

井深：1900m。

孔径：177.8mm。

井口温度：25℃。

热储层特征：岩性为紫红、灰、深灰、绿灰色泥岩，粉砂质泥岩与灰、浅灰色泥质粉砂岩、粉砂岩呈略等厚互层。主要为白垩系泉头组、青山口组和姚家组。热储温度57.7℃，顶板埋深为1500m，底板埋深为1900m，热储层厚度为75.8m。静止水位为31.4m，地温梯度为3℃/100m，孔隙度0.129，渗透系数0.0144m/d，最大降深228.5m，最大涌水量4.29m³/h。

水化学成分：水化学类型为Cl-Na型水，特殊化学组分为F^-、Br^-、I^-、偏硼酸、偏硅酸（表9.16）。

表9.16　龙热3井代表性地热井化学成分　　（单位：mg/L）

Pb	pH	TDS	Na^+	K^+	Ca^{2+}	Mg^{2+}
0.00143	7.8	5789.19	1973.68	10.49	14.57	1.03
Li	Sr	NO_3^-	NH_4^+	CO_3^{2-}	HCO_3^-	SO_4^{2-}
0.8421	4.6105	3.01	5	0	1560.77	16.82
Cl^-	F^-	CO_2	SiO_2	HBO_2	As	化学类型
2174.46	2	17.1	27.36	22.505	0.00767	Cl-Na

开发利用：该井目前开发利用情况为温泉洗浴疗养。

HLJ015 让热1井

位置：黑龙江省大庆市让胡路区星火牧场小学校院内。

井深：2000m。

孔径：177.8mm。

井口温度：61℃。

热储层特征：岩性为暗红色泥岩夹灰白色粉砂岩夹层。含水层两层，富水性中等，累计厚度13.6m。主要为白垩系泉头组、青山口组和姚家组。热储温度62.5℃，顶板埋深为1200m，底板埋深为2001.1m，热储层厚度为93m。静止水位为-29m，地温梯度为2.88℃/100m，孔隙度0.184，渗透系数0.0941m/d，最大降深224m，最大涌水量55.34m³/h。

水化学成分：水化学类型为Cl-Na型水，特殊化学组分为F⁻、Sr、Br⁻、I⁻、偏硼酸、偏硅酸（表9.17）。

表9.17 让热1井代表性地热井化学成分 （单位：mg/L）

Pb	pH	TDS	Na^+	K^+	Ca^{2+}	Mg^{2+}
<0.001	7.84	7715.09	2726	23.25	39.08	3.56
Li	**Sr**	**NO_3^-**	**NH_4^+**	**CO_3^{2-}**	**HCO_3^-**	**SO_4^{2-}**
0.861	10.894	8.46	6.6	11.94	821.84	7.5
Cl^-	**F^-**	**CO_2**	**SiO_2**	**HBO_2**	**As**	**化学类型**
4028.17	1.5	0	35.2	14.404	0.00233	Cl-Na

开发利用：该井目前开发利用情况为居民生活用水及供暖。

HLJ016 州热1井

位置：黑龙江省大庆市林甸县花园乡，015国道林甸至大庆方向679km处公路右侧。

井深：2000.25m。

孔径：177.8mm。

井口温度：28℃。

热储层特征：岩性为岩性为灰绿、灰黑、深灰色泥岩，灰色泥质粉砂岩和粉砂岩。主要为白垩系泉头组、青山口组和姚家组。热储温度37.7℃，顶板埋深为1426m，底板埋深为2000.25m，热储层厚度为43.1m。静止水位为0m，地温梯度为3.37℃/100m，孔隙度0.23，渗透系数0.1126m/d，最大降深292.1m，最大涌水量20.23m³/h。

水化学成分：水化学类型为HCO_3·Cl-Na型水，矿化度9413mg/L，特殊化学组分为F⁻、偏硅酸、偏硼酸。其中，F⁻的含量达到命名矿水的浓度（表9.18）。

表9.18 州热1井代表性地热井化学成分 （单位：mg/L）

Pb	pH	TDS	Na^+	K^+	Ca^{2+}	Mg^{2+}
0.0012	9.17	1437.31	412.5	4.2	6.01	1.22
Li	**Sr**	**NO_3^-**	**NH_4^+**	**CO_3^{2-}**	**HCO_3^-**	**SO_4^{2-}**
0.133	<0.05	4.32	1.4	41.77	661.12	30.5
Cl^-	**F^-**	**CO_2**	**SiO_2**	**HBO_2**	**As**	**化学类型**
234.7	4.16	0	29.1	8.094	0.0095	HCO_3·Cl-Na

开发利用： 该井目前开发利用情况为居民生活用水及供暖。

HLJ017 齐热1井

位置： 黑龙江省齐齐哈尔市铁锋区扎龙乡哈拉乌苏村北约400m。

井深： 1600m。

孔径： 177.8mm。

井口温度： 47℃。

热储层特征： 岩性为岩性为暗紫色、灰绿色泥岩，灰、绿灰色泥质粉砂岩与灰色粉砂岩，灰白、灰绿色细砂岩组成正旋回序列。属河流相沉积。主要为白垩系泉头组、青山口组和姚家组。热储温度45℃，顶板埋深为940m，底板埋深为1415m，热储层厚度为133m。静止水位为-43m，地温梯度为4.38℃/100m，孔隙度0.3133，渗透系数0.27m/d，最大降深120m，最大涌水量115m^3/h。

水化学成分： 水化学类型为HCO_3·Cl-Na型水，特殊化学组分为F^-、偏硼酸、偏硅酸（表9.19）。

表9.19 齐热1井代表性地热井化学成分 （单位：mg/L）

Pb	pH	TDS	Na^+	K^+	Ca^{2+}	Mg^{2+}
<0.001	8.4	3484.15	1054.4	4.33	4.01	0.61
Li	**Sr**	**NO_3^-**	**NH_4^+**	**CO_3^{2-}**	**HCO_3^-**	**SO_4^{2-}**
0.438	0.594	0.81	0.7	5.97	1586.01	2.8
Cl^-	**F^-**	**CO_2**	**SiO_2**	**HBO_2**	**As**	**化学类型**
796.88	5	0	21.37	9.809	0.00667	HCO_3·Cl-Na

开发利用： 该井目前开发利用情况为温泉洗浴。

HLJ018 运建热1井

位置： 黑龙江省齐齐哈尔市建华区劳动湖北大桥东南约100m。

井深： 1360m。

孔径： 177.8mm。

井口温度： 32℃。

热储层特征： 岩性为紫红、深灰、灰绿色泥岩与浅灰色粉砂质泥岩，泥质岩，灰白色粉-细砂岩组成不等厚互层，与下伏地层为整合接触。属氧化-弱还原条件下的河流相-滨浅湖相沉积。主要为白垩系泉头组、青山口组和姚家组。热储温度39.9℃，顶板埋深为1095m，底板埋深为1253m，热储层厚度为47m。静止水位为-43m，地温梯度为3.4℃/100m，孔隙度0.2，渗透系数0.444m/d，最大降深130m，最大涌水量85m^3/h。

水化学成分： 水化学类型为Cl·HCO_3-Na型水，特殊化学组分为F^-、I^-、偏硼酸。其中，I^-的含量达到命名矿水的浓度（表9.20）。

表9.20 运建热1井代表性地热井化学成分 （单位：mg/L）

Pb	pH	TDS	Na^+	K^+	Ca^{2+}	Mg^{2+}
<0.001	8.1	2962.37	943.32	3.66	10.02	3.04
Li	Sr	NO_3^-	NH_4^+	CO_3^{2-}	HCO_3^-	SO_4^{2-}
0.342	0.626	0.12	<0.02	0	927.95	2.02
Cl^-	F^-	CO_2	SiO_2	HBO_2	As	化学类型
994.78	1.72	0	16.31	10.142	0.01	$Cl\cdot HCO_3$–Na

开发利用：该井目前开发利用情况为温泉洗浴、供暖。

HLJ019 QR1井

位置：黑龙江省齐齐哈尔市建华区中华南路185号。

井深：1145.2m。

孔径：177.8mm。

井口温度：36℃。

热储层特征：岩性为灰色粉砂岩，成分均一，由长石、石英颗粒组成，泥质胶结，较致密坚硬。主要为白垩系泉头组、青山口组和姚家组。热储温度38.9℃，顶板埋深为757.7m，底板埋深为1039.3m，热储层厚度为196.20m。静止水位为-44m，地温梯度为4.37℃/100m，孔隙度0.3133，渗透系数0.27m/d，最大降深103.71m，最大涌水量100m³/h。

水化学成分：水化学类型为$HCO_3\cdot Cl$–Na型水，特殊化学组分为I^-和偏硼酸（表9.21）。

表9.21 QR1井代表性地热井化学成分 （单位：mg/L）

Pb	pH	TDS	Na^+	K^+	Ca^{2+}	Mg^{2+}
<0.001	8.5	3182.26	963.8	5.44	8.02	15.8
Li	Sr	NO_3^-	NH_4^+	CO_3^{2-}	HCO_3^-	SO_4^{2-}
0.363	0.559	0.77	2.33	41.77	1249.38	<0.5
Cl^-	F^-	CO_2	SiO_2	HBO_2	As	化学类型
875.69	0.92	0	16.77	7.575	0.00057	$HCO_3\cdot Cl$–Na

开发利用：该井目前开发利用情况为居民生活用水及供暖。

HLJ020 克热1井

位置：黑龙江省克东县克东镇西侧。

井深：1701.27m。

孔径：177.8mm。

井口温度：26℃。

热储层特征：岩性为石英砂岩，白色，等粒结构，块状构造，质块纯，夹泥岩薄层，褐色、暗紫色。主要为白垩系泉头组、青山口组和姚家组。热储温度42℃，顶板埋深为424m，底板埋深为772m，热储层厚度为133m。静止水位为-46m，地温梯度为2.97℃/100m，孔隙度0.28，渗透系数0.39m/d，最大降深69.94m，最大涌水量43.17m³/h。

水化学成分：水化学类型为HCO_3.Cl-Na型水，F^-的含量达到命名矿水的浓度（表9.22）。

表9.22　克热1井代表性地热井化学成分　（单位：mg/L）

Pb	pH	TDS	Na^+	K^+	Ca^{2+}	Mg^{2+}
<0.001	8.53	934.64	290	1.13	3.91	0
Li	Sr	NO_3^-	NH_4^+	CO_3^{2-}	HCO_3^-	SO_4^{2-}
0.072	0.146	1.55	0.22	30.73	443.59	8.2
Cl^-	F^-	CO_2	SiO_2	HBO_2	As	化学类型
138.83	3.245	nd.	na.	na.	0.0041	HCO_3.Cl-Na

开发利用：该井目前开发利用情况为未利用，建议可用于供暖。

HLJ021 绥热1井

位置：黑龙江省绥化市鑫威小区。

井深：2001.14m。

孔径：177.8mm。

井口温度：55℃。

热储层特征：岩性为棕红、紫红、灰绿色泥岩与棕红、浅灰色含砾砂岩，灰绿色细砂岩及棕红色泥质砂岩呈不等厚互层。主要为白垩系泉头组、青山口组和姚家组。热储温度58.02℃，顶板埋深为1053.2m，底板埋深为1544.2m，热储层厚度为101.3m。静止水位为14.45m，地温梯度为4.64℃/100m，孔隙度0.2，渗透系数0.052m/d，最大降深198.48m，最大涌水量22.6m³/h。

水化学成分：水化学类型为Cl-Na型水，特殊化学组分为F^-、偏硅酸、偏硼酸。其中，F^-的含量达到命名矿水的浓度（表9.23）。

表9.23　绥热1井代表性地热井化学成分　（单位：mg/L）

Pb	pH	TDS	Na^+	K^+	Ca^{2+}	Mg^{2+}
0.0052	7.12	1716.56	629	5.21	7.01	0.61
Li	Sr	NO_3^-	NH_4^+	CO_3^{2-}	HCO_3^-	SO_4^{2-}
0.645	0.645	2.56	1.48	0	110.38	50
Cl^-	F^-	CO_2	SiO_2	HBO_2	As	化学类型
865.05	7.4	2.07	35.95	10.752	0.30055	Cl-Na

开发利用：该井目前开发利用情况为未利用。

HLJ022 绥热3井

位置：黑龙江省绥化市城区太平岗。

井深：1801m。

孔径：177.8mm。

井口温度：52℃。

热储层特征：岩性为砖红、灰、紫红色泥岩与细砂岩互层。主要为白垩系泉头组、青山口组和姚家组。热储温度52℃，顶板埋深为630m，底板埋深为1575m，热储层厚度为59.1m。静止水位为14m，地温梯度为4.64℃/100m，孔隙度0.185，渗透系数0.0819m/d，最大降深177.4m，最大涌水量25.67m³/h。

水化学成分：水化学类型为Cl·HCO₃–Na型水，特殊化学组分为F^-、I^-、偏硅酸、偏硼酸。其中F^-的含量达到命名矿水的浓度（表9.24）。

表9.24　绥热3井代表性地热井化学成分　　（单位：mg/L）

Pb	pH	TDS	Na^+	K^+	Ca^{2+}	Mg^{2+}
0.0051	8.3	2135.57	671	3.89	25.05	2.43
Li	Sr	NO_3^-	NH_4^+	CO_3^{2-}	HCO_3^-	SO_4^{2-}
0.425	0.665	9.31	0.72	29.82	327.54	430
Cl^-	F^-	CO_2	SiO_2	HBO_2	As	化学类型
595.47	4.85	0	33.45	17.62	0.02515	$Cl·HCO_3$–Na

开发利用：该井目前开发利用情况为温泉洗浴。

HLJ023 中盟热1井

位置：黑龙江省绥化市中盟热电厂厂区内西侧。

井深：1932m。

孔径：177.8mm。

井口温度：44℃。

热储层特征：岩性为灰绿、紫红色泥岩，粉砂质泥岩，深灰色含砂泥岩，粉砂质泥岩与灰色泥质粉砂岩、粉砂岩、含泥粉砂岩、含钙泥质粉砂岩、粉砂岩、灰白色钙质粉砂岩、深灰色泥质粉砂岩、粉砂岩、含钙粉砂岩呈不等厚互层。主要为白垩系泉头组、青山口组和姚家组。热储温度52℃，顶板埋深为601.6m，底板埋深为1528m，热储层厚度为134.2m。静止水位为–19m，地温梯度为3.24℃/100m，孔隙度0.18，渗透系数0.01m/d，最大降深161.58m，最大涌水量7.01m³/h。

水化学成分：水化学类型为Cl–Na型水，特殊化学组分为偏硅酸（表9.25）。

表9.25 中盟热1井代表性地热井化学成分 （单位：mg/L）

Pb	pH	TDS	Na^+	K^+	Ca^{2+}	Mg^{2+}
0.037	7.16	2018.53	682	3.87	14.03	1.82
Li	Sr	NO_3^-	NH_4^+	CO_3^{2-}	HCO_3^-	SO_4^{2-}
0.284	0.37	4.76	0.06	0	292.88	65
Cl^-	F^-	CO_2	SiO_2	HBO_2	As	化学类型
850.13	na.	nd.	32	na.	0.03	Cl-Na

开发利用：该井目前开发利用情况为水量少未利用。

HLJ024 幸福城热1井

位置：黑龙江省绥化市四百对面农垦小区内。

井深：1808.67m。

孔径：177.8mm。

井口温度：57℃。

热储层特征：岩性为暗灰绿色粉砂岩。成分以石英、长石为主，磨圆呈次圆状棱角。主要为白垩系泉头组、青山口组和姚家组。热储温度60℃，顶板埋深为1049.3m，底板埋深为1726.9m，热储层厚度为114.5m。静止水位为0m，地温梯度为4.13℃/100m，孔隙度0.12，渗透系数0.02m/d，最大降深240.62m，最大涌水量20.7m^3/h。

水化学成分：水化学类型为HCO_3·Cl-Na型水，特殊化学组分为偏硅酸（表9.26）。

表9.26 幸福城热1井代表性地热井化学成分 （单位：mg/L）

Pb	pH	TDS	Na^+	K^+	Ca^{2+}	Mg^{2+}
0.036	7.3	2437.02	702.25	4.98	12.02	2.43
Li	Sr	NO_3^-	NH_4^+	CO_3^{2-}	HCO_3^-	SO_4^{2-}
0.6	0.382	12.48	2.5	0	558.31	400
Cl^-	F^-	CO_2	SiO_2	HBO_2	As	化学类型
533.6	na.	nd.	28	na.	na.	HCO_3·Cl-Na

开发利用：该井目前开发利用情况为生活用水和供暖。

HLJ025 明热1井

位置：黑龙江省明水县明水镇。

井深：2000m。

孔径：177.8mm。

井口温度：50℃。

热储层特征：岩性为上部为绿灰、紫红色泥岩，夹粉砂质泥岩、灰色泥质粉砂岩、粉砂岩与细砂岩；下部大段黑灰、灰白色泥岩，夹泥质粉砂岩与粉细砂岩；中部发育泥质粉砂岩、粉砂岩、粉细砂岩，灰、灰白色粉砂质泥岩。主要为白垩系泉头组、青山口组和姚家组。热储温度62.6℃，顶板埋深为1288.9m，底板埋深为1800.9m，热储层厚度为102.5m。静止水位为61.8m，地温梯度为3.5℃/100m，孔隙度0.241m/d，渗透系数0.061，最大降深146.76m，最大涌水量30.12m³/h。

水化学成分：水化学类型为Cl·HCO_3−Na型水，特殊化学组分为F^-、Br^-、I^-、偏硼酸、偏硅酸（表9.27）。

表9.27　明热1井代表性地热井化学成分　　（单位：mg/L）

Pb	pH	TDS	Na^+	K^+	Ca^{2+}	Mg^{2+}
0.0046	7.86	6763.3	2262	12.15	13.03	4.86
Li	Sr	NO_3^-	NH_4^+	CO_3^{2-}	HCO_3^-	SO_4^{2-}
0.426	3.584	5.39	0.66	152.1	1861.99	13.2
Cl^-	F^-	CO_2	SiO_2	HBO_2	As	化学类型
2397.65	1.355	0	32.11	10.752	0.0375	Cl·HCO_3−Na

开发利用：该井目前开发利用情况为居民生活用水及供暖。

HLJ026 肇东地热1号井

位置：黑龙江省大庆市林甸县花园乡，015国道林甸至大庆方向679km处公路右侧。

井深：2001.99m。

孔径：177.8mm。

井口温度：28℃。

热储层特征：岩性为灰、灰白色砂岩与灰、灰黑色泥岩不等厚互层。泥岩：泥质结构，块状构造，致密且硬度较高，泥质胶结，为隔水层；砂岩：砂质结构块状构造。矿物成分以石英长石为主。富水性较好，为热储目的层。主要为白垩系泉头组、青山口组和姚家组。热储温度37.7℃，顶板埋深为1310m，底板埋深为1736m，热储层厚度为61m。静止水位为0m，地温梯度为2.76℃/100m，孔隙度0.16，渗透系数0.02m/d，最大降深372.3m，最大涌水量13.03m³/h。

水化学成分：水化学类型为Cl·HCO_3−Na型水，特殊化学组分为F^-、偏硼酸。其中，F^-的含量达到命名矿水的浓度（表9.28）。

表9.28　肇东地热1号井代表性地热井化学成分　　（单位：mg/L）

Pb	pH	TDS	Na^+	K^+	Ca^{2+}	Mg^{2+}
0.044	7.56	2849.99	936.5	2.15	12.02	2.43
Li	Sr	NO_3^-	NH_4^+	CO_3^{2-}	HCO_3^-	SO_4^{2-}
0.311	0.458	7	1.7	0	701.7	14

续表

Cl^-	F^-	CO_2	SiO_2	HBO_2	As	化学类型
1117.69	2.55	nd.	12	7.575	0.005	$Cl·HCO_3$-Na

开发利用： 该井目前开发利用情况为居民生活用水及供暖。

HLJ027 哈热1井

位置： 黑龙江省哈尔滨市阎家岗农场西北。

井深： 2878m。

孔径： 177.8mm。

井口温度： 39℃。

热储层特征： 岩性为灰色泥岩，质较纯，性脆，呈片状，易造浆，部分部纯，含砂，是强还原-还原环境下的沉积产物，与下伏地层呈整合接触。主要为白垩系泉头组、青山口组和姚家组。热储温度52.3℃，顶板埋深为654.4m，底板埋深为1750m，热储层厚度为68.4m。静止水位为51m，地温梯度为3.67℃/100m，孔隙度0.14，渗透系数0.016m/d，最大降深276.89m，最大涌水量0.55m^3/h。

水化学成分： 水化学类型为$Cl·HCO_3$-Na型水，特殊化学组分为Sr、Ba、Li、I^-、Fe、偏硼酸、偏硅酸。其中，Li、Br^-、I^-、Fe、偏硼酸的含量达到命名矿水的浓度（表9.29）。

表9.29　哈热1井代表性地热井化学成分　　（单位：mg/L）

Pb	pH	TDS	Na^+	K^+	Ca^{2+}	Mg^{2+}
0.0941	7.9	9515.24	3140	57.5	260.52	19.45
Li	**Sr**	**NO_3^-**	**NH_4^+**	**CO_3^{2-}**	**HCO_3^-**	**SO_4^{2-}**
6.475	14.865	42.54	7	29.82	1122.04	162.5
Cl^-	**F^-**	**CO_2**	**SiO_2**	**HBO_2**	**As**	**化学类型**
4572.83	0.73	0	37.68	61.671	0.00797	$Cl·HCO_3$-Na

开发利用： 该井目前开发利用情况为水量少未利用。

HLJ028 白渔泡

位置： 黑龙江省哈尔滨市道外区巨源镇白渔泡湿地公园内。

井深： 2000m。

孔径： 177.8mm。

井口温度： 43℃。

热储层特征： 岩性为灰绿色泥岩、紫红色泥岩、粉砂质泥岩，与灰绿色泥质粉砂岩、粉砂岩呈不等厚互层。主要为白垩系泉头组、青山口组和姚家组。热储温度52℃，顶板埋深为678m，底板埋深为2000m，热储层厚度为126.4m。静止水位为-2.35m，地温梯度为3.42℃/100m，孔隙度0.226，渗透系数0.016m/d，最大降深325m，最大涌水量5.9m³/h。

水化学成分：水化学类型为Cl-Na型水，特殊化学组分为Li、偏硼酸（表9.30）。

表9.30　白渔泡代表性地热井化学成分　（单位：mg/L）

Pb	pH	TDS	Na^+	K^+	Ca^{2+}	Mg^{2+}
<0.001	8.17	7186.06	2004	8.38	333.31	12.25
Li	Sr	NO_3^-	NH_4^+	CO_3^{2-}	HCO_3^-	SO_4^{2-}
1.116	5.616	10.88	2.5	6	118.74	3250
Cl^-	F^-	CO_2	SiO_2	HBO_2	As	化学类型
1406.78	0.08	0	24.7	9.575	0.01278	Cl-Na

开发利用：该井目前开发利用情况为封井未利用。

HLJ029 双热1井

位置：黑龙江省双城市公正乡有利村偏西500m处。

井深：2100m。

孔径：177.8mm。

井口温度：27℃。

热储层特征：岩性为上部为紫红色泥岩、粉砂质泥岩，偶夹灰色粉砂岩互层，下部为大段紫红色泥岩。主要为白垩系泉头组、青山口组和姚家组。热储温度52℃，顶板埋深为1649.6m，底板埋深为1953.3m，热储层厚度为72.7m。静止水位为6.7m，地温梯度为2.83℃/100m，孔隙度0.26，渗透系数0.01m/d，最大降深150.27m，最大涌水量2.1m³/h。

水化学成分：水化学类型为HCO_3·Cl-Na型水，特殊化学组分为Fe、偏硅酸。并且Fe含量达到了命名矿水的浓度（表9.31）。

表9.31　双热1井代表性地热井化学成分　（单位：mg/L）

Pb	pH	TDS	Na^+	K^+	Ca^{2+}	Mg^{2+}
0.032	8.4	1442.48	592	82.5	10.02	6.08
Li	Sr	NO_3^-	NH_4^+	CO_3^{2-}	HCO_3^-	SO_4^{2-}
<0.05	0.215	12.72	0.5	198.03	494.24	90
Cl^-	F^-	CO_2	SiO_2	HBO_2	As	化学类型
376.23	na.	nd.	24	na.	<0.005	HCO_3·Cl-Na

开发利用：该井目前开发利用情况为居民生活用水及供暖。

HLJ030 镜泊湖地热1号井

位置：黑龙江省宁安市镜泊乡复兴村南1500m。

井深：2001.14m。

孔径：177.8mm。

井口温度：48℃。

热储层特征：岩性为中-细粒砂岩、少量粉砂岩。热储层为中-上新统土门子组下部层和始新统—渐新统珲春组中所沉积的砂岩及砂砾岩层。热水储存于砂岩、砂砾岩的孔隙及由断裂构造运动而产生的裂隙中。热储温度48℃，顶板埋深为981.5m，底板埋深为1579m，热储层厚度为133m。静止水位为11.23m，地温梯度为3.2℃/100m，孔隙度0.21，渗透系数0.135m/d，最大降深150.83m，最大涌水量42.3m^3/h。

水化学成分：水化学类型为HCO_3−Na·Ca型水。特殊化学组分为F^-、偏硅酸（表9.32）。

表9.32 镜泊湖地热1号井代表性地热井化学成分 （单位：mg/L）

Pb	pH	TDS	Na^+	K^+	Ca^{2+}	Mg^{2+}
<0.01	7.1	922	245	387.24	58.12	14.9
Al^{3+}	Zn	Cs	NH_4^+	CO_3^{2-}	HCO_3^-	SO_4^{2-}
<0.05	0.00019	0.00047	0.08	19.06	586	84
Cl^-	F^-	CO_2	SiO_2	HBO_2	As	化学类型
78.83	4.03	7.75	26.75	1.12	na.	HCO_3−Na·Ca

开发利用：该井目前开发利用情况为旅游疗养。

HLJ031 桃热1井

位置：黑龙江省伊春市桃山镇3km处。

井深：2001.14m。

孔径：177.8mm。

井口温度：22℃。

热储层特征：岩性为泥岩：泥质极细粒结构，块状构造，矿物成分由黏土矿物组成，岩心成柱状。柱长在5～30cm，砾岩：灰白色，砂砾状结构，块状构造，矿物成分主要由石英长石岩石碎屑所组成，砂含量约占65%，砾石约占34%，砾石砾径多在2～5mm，岩心成柱状。主要为白垩系泉头组、青山口组和姚家组。热储温度42℃，顶板埋深为844.6m，底板埋深为1055.4m，热储层厚度为198.4m。静止水位为2.5m，地温梯度为3.65℃/100m，孔隙度15.6，渗透系数0.0876m/d，最大降深27m，最大涌水量14.4m^3/h。

水化学成分：水化学类型为HCO_3·Cl–Na型水，特殊化学组分为Fe，并且含量达到了命名矿水的浓度（表9.33）。

表9.33　桃热1井代表性地热井化学成分　（单位：mg/L）

Pb	pH	TDS	Na^+	K^+	Ca^{2+}	Mg^{2+}
0.127	8.36	550.19	127.15	8.39	12.02	1.22
Li	Sr	NO_3^-	NH_4^+	CO_3^{2-}	HCO_3^-	SO_4^{2-}
0.42	0.468	37.7	0.1	21	259.32	<0.5
Cl^-	F^-	CO_2	SiO_2	HBO_2	As	化学类型
44.32	<0.1	nd.	15	na.	0.005	HCO_3·Cl–Na

开发利用：该井目前开发利用情况为居民生活用水及供暖。

第 / 十 / 章

陕西省

第一节 地热资源及分布特征

一、地热资源形成特点及分布规律

（一）地质构造及地层特点

该省域地壳块体复杂，由北而南横跨中朝准地台、秦岭褶皱系及扬子准地台三大地质构造单元。各期地层较齐全，岩浆出露面积近$2.7\times10^4km^2$，占全省的13.5%。不同性质、不同规模断裂构造发育，尤其区域性深大断裂多是各级构造单元的控制边界（图10.1）。反映地壳厚薄之莫霍面，北部中朝准地台和南部扬子准地台略浅，分别为42～43km和42～45km，中部秦岭褶皱系则较深，达43～48km。从地热资源蕴藏必须之热储、盖层、流体通道和热源四大要素分析，自北而南三大构造单元地热地质条件优劣不一。

中朝准地台：在本省的三级构造单元是陕北台凹（陕北高原）和渭河断凹（关中盆地）。前者，为一大型长轴走向近南北之向斜构造，基底为太古宙—元古宙深度变质岩系，在中部延安一带为一隆起区；古生界寒武系、奥陶系之上中石炭统—白垩系厚约5000～6000m；除南缘断裂构造较发育外，其余广大地区褶皱和断裂稀少，无岩浆活动，但受基底隆起上地幔高温物质上涌影响，深部热流顺着地层向上运移传导，在靖边、吴起、延安一带隆起核部区域聚集形成高地温场区，深2000～3000m白垩系、侏罗系碎屑岩类地温达40～100℃，地幔梯度2.5～3.1℃/100m。后者，为新生代复杂的地堑式断块凹陷，其基底在北山山前地带以古生界碳酸盐岩类为主，以南至秦岭北麓为中元古界或太古宙变质岩类，新生界盖层厚3000～7000m，北薄南厚，其中新近系、古近系碎屑岩类厚约2000～6000m；基底断裂有百余条，尤其南、北山前深、大断裂带断距达数千米，继承性活动强烈，传导深部热量性能好，加之西安、渭南故市一带断陷深，地壳莫霍面（地温900～1000℃）较浅，仅30～33km，反映深层温度界面的居里面（地温769℃）埋深只有18～20km，说明关中盆地深部具有高温背景。显见，从热储及盖层到流体通道和热源，关中盆地是本省域沉积盆地地热资源最具潜力一带。

秦岭褶皱系和扬子准地台：统称陕南秦巴山区，共同特征是前新生界巨厚，岩浆活动频繁，变质作用复杂，褶皱、断裂发育，山间断陷盆地规模较小，面积多为30～2001km^2，仅汉中盆地在1500km^2左右；新生界一般厚400～1000m，仅山阳及漫川盆地较厚，约1000～1700m。根据区域断裂构造分析，这些山间盆地都为深大断裂所控制，但由于新生界盖层较薄，故保温储热条件劣于关中盆地。有资料表明，在基底构造有利部位如不同走向断裂交汇地带存在地热异常或有潜伏地热流体存在。例如，汉中盆地西端勉县郭家湾在第四系之下断裂带埋藏有地热流体，井深250m，取得下震旦统硅质白云岩岩溶裂隙热储层，温度达58.2℃的地热流体。

（二）大地热流值特征

图 10.1 陕西省地热地质图

一是，陕北台凹大部分热流值较接近，在65～68mW/m^{2}左右；渭河断凹大地热流值不但明显高于陕北台凹，且热流值高低悬殊，高低值相差28.7～40.5mW/m^2。这一现象与二者基底断裂发育导热强弱有关，前者断裂稀少，基底相对较完整，沟通深部热源性较弱；而后者断裂非常发育，基底破碎，尤其深大基底断裂多切入岩石圈有利于沟通深部热源，故出现高热流值，进一步印证渭河断凹地热地质条件优于陕北台凹。

二是，渭河断凹较低热流值55.5～68.0mW/m^{2}者多属碎屑岩类孔隙裂隙热储，地热井流体温度都在51～59.8℃以上，与之相比陕北台凹榆林市绥德、米脂、子洲、靖边及延安市宝塔、安塞、子长、延川等地带大地热流值普遍在65.2～68.0mW/m^{2}左右，说明这一区域深部中生界碎屑岩类存在地热异常，可能蕴藏有低中温流体资源。

三是，大地热流值高低变化与地壳莫霍面埋深关系成反比，高热流值地带地壳莫霍面埋藏较浅，低热流值则反之。如渭河断凹热流值普遍为高值，平均值达69.62mW/m^2，莫霍面埋深浅于43km，在西安凹陷、故市凹陷埋深仅30～35km，莫霍面越浅提供的热量就越大，而陕北台凹热流值普遍在65～68mW/m^2，平均热流值为63.84mW/m^2，较渭河断凹平均热流值低5.36mW/m^2，相应其下伏莫霍面埋藏较深达42～45km，进而说明其深部热量及热传导性能弱于渭河断凹。

（三）地温梯度场特征

陕西省除渭河断凹大部分专门进行过1：25万地热资源调查（西安地区1：10万）外，其余各构造单元至今均未开展地热调查，加之以往一般水文地质勘查勿视地热资料的编录，因此地热资料缺乏，涉及地热资源只能以渭河断凹为重点，如地温梯度、地温等值线只有在渭河断凹可呈面状展布，陕北台凹和陕南秦巴山区上不清楚。

渭河断凹大部分地区水平方向地温场分布展示如下特征：

（1）由断凹中心向南北两侧地温由高渐低，尤其在西安凹陷分布明显，如深1000m和4000m等温线图，分别由大于60℃和160℃向两侧渐低为35～45℃和125～140℃。

（2）同一热储同一深度地温在断裂带者偏高，尤其处不同断裂之交汇部位地温明显高于其他地带。如在秦岭山前余下断阶沣峪口地带和北山前富平-蒲城断阶之兴镇-蒲城县城地带，分属松散岩类孔隙热储和碳酸盐岩类岩溶裂隙热储，彼此都分别有两组以上不同走向断裂切错交汇，导热条件好，形成相对高地温场：沣峪口深1000m地温高于90℃，深496.8～581.0m地热井井口流体即达68.3～91℃；兴镇-蒲城县城附近深1000m地温高于65℃，深300.38～380.18m地热井流体温度已达31～32℃。

（3）受热储岩层性质、热物理性质不同影响，同一深度碎屑岩类孔隙裂隙热储分布区地温总体高于碳酸盐岩类岩溶裂隙热储分布区。例如，深1000m地温，前者普遍在40～59.7℃以上，最高达126.8℃；后者一般为30～40℃左右，最高为59～85℃。

在垂直方向变化主要有两个特征：

一是，不同构造单元不同热储地温在垂直方向变化的共同特征是随深度增加地温渐增高，二者呈正相关关系。

二是，不同构造单元、不同热储、不同构造部位，同一地温之等温面不是一区域平面，而是起伏不平波谷状展布；而同一构造单元、相同热储之等温起伏略小，基本为一似平面。如以50℃地温为例，由西部眉县浅凹到东部故市凹陷等温面深度由1000～1330m渐变为828～900m，从北部扶风-礼泉断阶经西安凹陷至余下断阶，等温面深度由1200m渐变为1280m左右；彼此相差17～430m和80m，而在故市凹陷碎屑岩类孔隙热储渭南市区-华阴间长65km内，50℃等温面基本在828～923m上下。

另外，据煤田勘查及"鄂尔多斯盆地地下水勘查研究"部分资料表明，陕北台凹榆林-子长-南泥湾-富县以西、葫芦河以北近$2.7\times10^4km^2$局部地段和吴堡县黄河以西宋家川镇-薛下村乡一带约45～50km^2存在地热异常，地温场特征有差异。

除上述，在秦岭褶皱系之山阳断凹、月河断凹及扬子准地台汉中断凹，面积分别为30～180km^2和1500km^2左右，共同特点是都受深大断裂控制，新生界盖层厚500～900m，其中汉中断凹西部梁山一带厚度逾1000m，局部深150～209m的机井口水温17.5～19℃，地温梯度3.0～4.9℃/100m，显地热异常。因缺乏深部勘探，初步分析认为这些断凹应赋存有地热资源，热储可能为碎屑岩类孔隙裂隙与变质岩裂隙叠覆型。在能源缺乏的秦巴山区，地热资源值得寻取勘探。

（四）地热资源类型特征

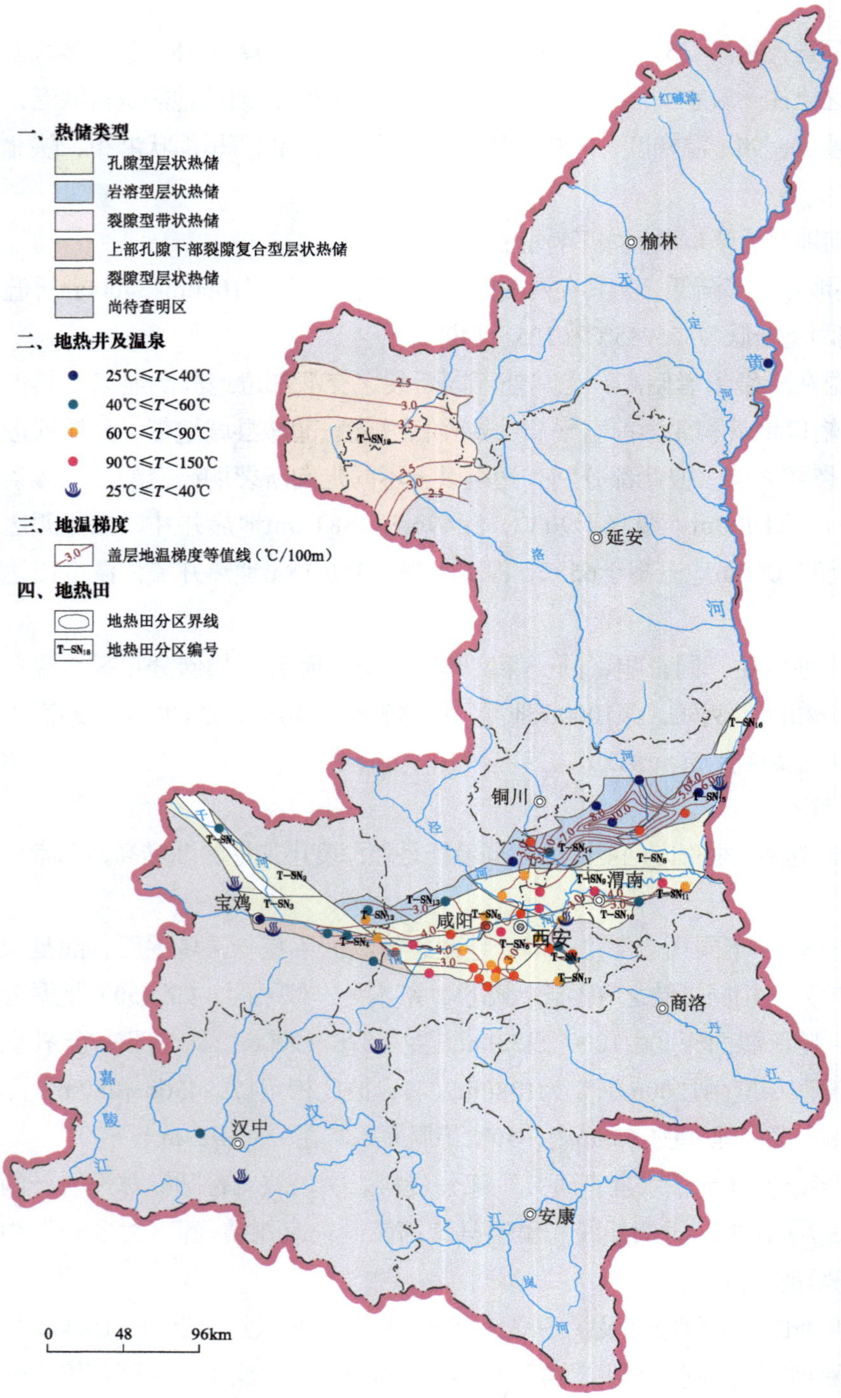

图 10.2 陕西省地热资源类型分区图

本省域地热资源主要分布于关中盆地（渭河断凹）及陕北黄土高原（陕北台凹），秦巴山地（秦岭褶皱系及扬子准地台）亦有零星分布。秦巴山地地热资源属隆起山地型，其主要的热储类型为裂隙型带状，局部有温泉出露呈点状分布。关中盆地和陕北黄土高原地热资源属沉积盆地型，其热储类型有四大类：孔隙型层状热储、岩溶型层状热储、上部孔隙下部裂隙复合型层状热储和裂隙型层状热储（图10.2）；秦川群、三门组除风积黄土层外，皆为水成沉积，地层展布在横向存在着同期异相的交错渐变特征，在纵向同一地貌单元内相同成因的岩层由老而新叠覆，颗粒上粗下细。其中冲积、冲洪积、冲湖积砂质岩层孔隙发育，是一很好的保温储热盖层。

根据热储类型、地质构造、热储埋藏深度、开发利用现状等，再结合行政单元，陕西省地热资源分为18个地热田，总面积28966.46km^2。其中裂隙型热储地热流体主要赋存于秦岭山前变质岩构造裂隙中，出露及开发主要分布于眉县西汤峪、蓝田东汤峪、宝鸡温水沟和临潼华清池四个地段，本次仅将开采规模、分布范围较大的蓝田东汤峪裂隙型热储（T-SN17）作为一个地热田在图上表示出来，其他三个地段仅用文字进行描述；孔隙型层状热储、岩溶型层状热储和上部孔隙下部裂隙复合型层状热储分布于关中盆地，共划分为16个地热田（T-SN1—16）；裂隙型层状热储分布于陕北黄土高原的靖边、定边、吴起、志丹一带约8735.85km²（T-SN18）。

裂隙型带状热储地热资源热储层为太古宙变质岩及中元古界宽坪群片岩、大理岩等之裂隙，断裂带构造裂隙虽较发育但分布不均，不同地段地热井地热流体量大小悬殊。大体可划分四个段。第一段，由宝鸡南侧的石坝河至周至县的马召镇，属宝鸡凸起的南部，热储层为中元古界宽坪群变质岩及印支期花岗岩。这一段为地热流体提供的储存空间极为有限，但沿秦岭山前大断裂与北西向断裂构造复合部位，有温泉出露，如宝鸡温水沟，温泉温度30.5℃；眉县汤峪温泉，温度60℃，目前已断流。第二段，由周至县马召镇至长安区东大乡，属西安凹陷的南部，热储层为中元古界宽坪群变质岩类。靠近秦岭山前新生界厚度逐渐变薄，风化裂隙发育，在1100～1300m左右可钻遇秦岭山前断裂破碎带，为地热流体的储存和运移提供了较好的条件，单井地热流体量40m³/h左右，井口温度55℃左右。如周至县楼观台森林公园地热井（JSN174），构造上处于西安凹陷南部，秦岭北缘断裂北侧，成井深度1701.2m，开采热储层段为1257.95～1701.23m元古宇宽坪群石英片岩构造裂隙，温度55℃。第三段，由长安区东大至华县瓜坡镇，属临蓝凸起，热储层在秦岭山前为中元古界宽坪群变质岩，在骊山前华清池为太古宙变质岩。地势起伏相对较大，河谷切割深，为地热流体储存和运移提供的条件差异较大，单井出地热流体量10～70m³/h，井口温度40～70℃。在局部有温泉出露，如临潼华清池温泉，温度42℃；蓝田汤峪温泉，温度49～58℃。第四段，由华县瓜坡镇至潼关县太要镇，属于故市凹陷的南缘，热储层为太古宙变质岩类。目前还没有开发利用该热储层的地热井，未有温泉出露，地热资源资料较少，有待今后勘查研究。

岩溶型层状热储地热资源热储层主要为震旦系、寒武系和奥陶系石灰岩、白云质石灰岩，地热流体多为25～40℃或小于60℃之温水或温热水，构造及岩溶裂隙发育强弱不同，单井地热流体量大小悬殊，一般为25.13～478.30m³/h。

孔隙层状型热储地热资源热储层是新近系张家坡组、蓝田灞河组及高陵群各种砂质岩层孔隙、裂隙，蓝田灞河组是近年开采的主要目的层。本类型热储可采地热流体总量为5.82×10^8m³，井深1160.0～4505.0m，井口地热流体51～127℃，属低温或中温地热资源，单井地热流体量25.7～272.52m³/h。

二、地热资源量

（一）隆起山地型地热资源量

地热资源量采用体积法评价，隆起山地型地热资源量为1.10×10^{15}kJ，相当于3.75×10^7t标准煤燃烧产生的热量（图10.3），详见表10.1。

表10.1　隆起山地型地热资源量一览表

地热分区	地热资源储量/10^{14}kJ	折合标准煤/10^6（t/a）	地热流体可采量/10^4（m³/a）	地热流体可采热量/10^9（kJ/a）	折合标准煤/（t/a）
$T\text{-}SN_{17}$	0.54	1.84	5.26	5.23	179
眉县汤峪	2.95	10.10	51.20	122.00	4160

续表

地热分区	地热资源储量 /10^{14}kJ	折合标准煤 /10^6（t/a）	地热流体可采量 /10^4（m^3/a）	地热流体可采热量 /10^9（kJ/a）	折合标准煤 /（t/a）
佛坪龙草坪	2.04	6.97	3.90	2.10	71.7
临潼华清池	1.68	5.72	44.10	62.50	2130
南郑牟家坝	1.48	5.06	3.43	1.48	50.4
勉县郭家湾	2.34	8.00	23.10	39.50	1350

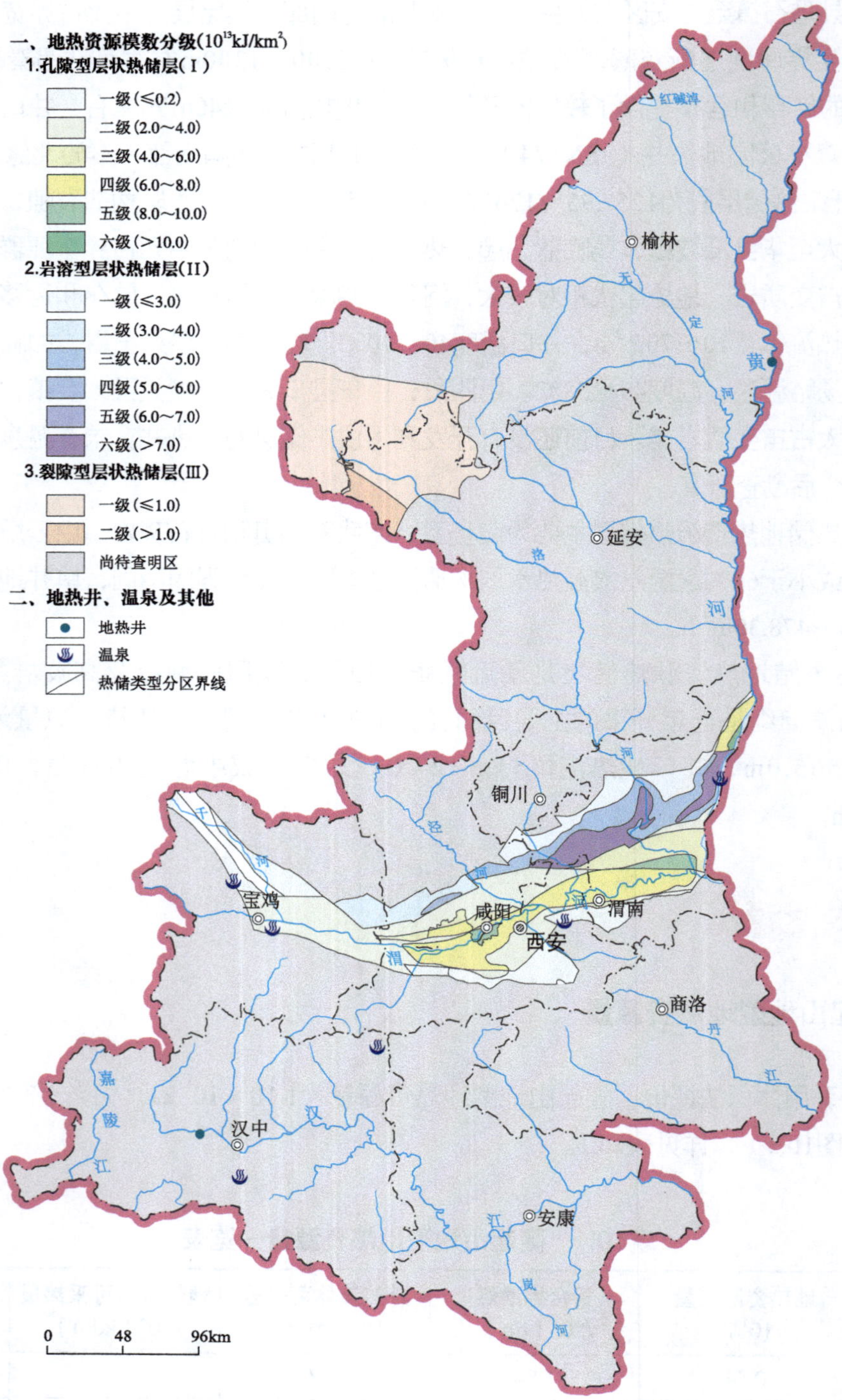

图 10.3 陕西省地热资源分布图（主要热储层）

（二）沉积盆地型地热资源量

沉积盆地型地热资源热储层包括：新近系张家坡组砂岩、新近系蓝田灞河组砂岩、新近系高陵群砂岩、寒武-奥陶系石灰岩、白垩系洛河组砂岩及中元古界宽坪群片麻岩。各热储层的地热资源量见表10.2。

表10.2 沉积盆地型地热资源量一览表

热储层	地热资源量 $/10^{17}kJ$	地热资源可开采量 $/10^{16}kJ$	地热流体储存量 $/10^{11}m^3$	地热流体可开采量 $/10^7$（m^3/a）
新近系张家坡组	2.34	5.84	4.73	18.90
新近系蓝田灞河组	5.00	12.50	6.27	25.10
新近系高陵群	2.62	6.55	2.56	10.20
寒武-奥陶系	2.99	4.49	13.70	68.40
中元古界宽坪群	0.11	0.05	0.15	0.15
白垩系洛河组	0.90	0.72	0.39	5.77
合计	13.90	30.10	31.2	129.00

分别采用动态分析法、最大允许降深法及开采系数法评价地热流体可开采量，评价结果见表10.3。动态分析法所评价出的地热流体可开采量在三者中最小，开采系数法评价的结果最大，而最大允许降深法评价的结果介于两者之间。考虑到地热流体的补给，地热流体可开采量按开采系数法评价的结果取值。考虑到回灌条件下，地热流体可采量为常规开采的十余倍。

表10.3 采用不同方法评价的地热流体可开采量结果一览表 （单位：$10^7m^3/a$）

热储层	动态分析法	最大允许降深法	开采系数法	考虑回灌条件下
新近系张家坡组	1.37	15.20	18.90	248.00
新近系蓝田灞河组	1.82	27.70	25.10	325.00
新近系高陵群	0.74	8.78	10.20	126.00
寒武-奥陶系	3.97	20.20	68.40	426.00
中元古界宽坪群	0.04	0.18	0.15	11.20
白垩系洛河组	1.12	13.90	5.77	257.00
合计	9.06	85.90	129.00	1390.00

地热流体可开采热量评价结果见表10.4。

表10.4 地热流体可开采热量评价结果一览表 （单位：10^{13}kJ/a）

热储层	动态分析法	最大允许降深法	开采系数法（取值）	考虑回灌条件下
新近系张家坡组	0.22	2.36	2.97	38.20
新近系蓝田灞河组	0.44	6.78	6.12	79.00
新近系高陵群	0.24	2.78	3.36	40.90
寒武-奥陶系	0.62	3.21	10.70	60.90
中元古界宽坪群	0.01	0.03	0.03	1.91
白垩系洛河组	0.08	1.02	0.42	18.80
合计	1.61	16.20	23.60	240.00

陕西省地热资源总储量为1.39×10^{18}kJ，地热资源开采量为3.01×10^{17}kJ，地热流体储存量为$3.12\times10^{12}m^3$，地热流体可开采量为$1.29\times10^{9}m^3/a$，地热流体可开采热量为2.36×10^{14}kJ/a，考虑回灌条件下地热流体可开采量和地热流体可开采热量分别为$1.39\times10^{10}m^3/a$和2.40×10^{15}kJ/a。

三、地热流体地球化学特征

（一）不同热储类型地热流体地球化学特征

1.裂隙型带状热储

该热储地热流体共有六个水化学类型，相对集中的SO_4-Na型水占该热储水化学类型约39%，其他水化学类型只是零星出现。该热储地热流体阳离子以Na离子为主，其含量均在80%以上。在该热储地热流体化学类型样品中阳离子为单一Na的占水样总数91%，仅有一个样为Na、Ca离子组合，占样品总数的9%。阴离子是以SO_4离子为主，个别情况下与HCO_3或Cl离子组合，呈现以SO_4离子为主体的类型组合。该类型热储地热流体中，由浅到深水化学类型由$HCO_3\cdot SO_4$-Na型向$SO_4\cdot HCO_3$-Na型、$SO_4\cdot$Cl-Na型、Cl$\cdot SO_4$-Na型、Cl-Na型水转化。

2.岩溶型层状热储

该热储地热流体在本省主要集中分布在关中盆地以北岩溶分布区，其地热流体水化学类型在东部岩溶区主要为$SO_4\cdot HCO_3\cdot$Cl-Na$\cdot$Ca型，占该热储地热流体化学类型的46.7%，表现为其三个主要阴离子互换组合，阳离子以Na$\cdot$Ca或Ca$\cdot$Na为主，其次为$HCO_3\cdot SO_4$-Ca$\cdot$Na$\cdot$Mg型。西部岩溶区水化学类型未出现阴离子三项的组合，而以$HCO_3\cdot$Cl-Na$\cdot$Ca为主。陕北吴堡县薛下乡横沟岩溶型层状热储地热勘探孔水质和关中盆地有较大差异，水化学类型为Cl-Na$\cdot$Ca型，矿化度7040.8mg/L，硬度2227.1mg/L，pH为7.89，水质腐蚀性强烈，并有较强烈H_2S气味。陕南勉县郭家湾温泉地热井水化学类型为$HCO_3\cdot SO_4$-Ca$\cdot$Mg型，矿化度596mg/L，硬度300mg/L，pH为7.56。在岩溶型层状热储地热流体中矿化度一般在

617～1200mg/L，硬度在245～485mg/L，pH为7.3～8.22。

3.孔隙型层状热储

该热储地热流体水化学类型共有七种，其中单一型离子类型为Cl-Na型，双重复合类型的$HCO_3 \cdot SO_4$-Na型、$SO_4 \cdot Cl$-Na型较多。其数量分别占该热储流体的28%、25.7%和18.6%，其次还有SO_4-Na型、HCO_3-Na型、$Cl \cdot HCO_3$-Na型水。多重复合型$HCO_3 \cdot Cl \cdot SO_4$-Na型也占4.3%。从关中盆地孔隙型层状热储地热流体矿化度平面分布看，渭南临渭-华阴一带矿化度普遍较高，平均都在4000mg/L以上，其中华县华洲JSN189井为33733.4mg/L，华阴市051基地JSN73井为27922.5mg/L。华阴北客站JSN4井23514mg/L，其次在咸阳秦都区，泾河工业园区也有不少水点矿化度超过5000mg/L。随着深度增加，矿化度也明显增大。

（二）地热流体质量评价

1.地热水医疗热矿泉水质评价

该省具医疗热矿水命名的水点以氟水、硅水、硼水为多，并以关中盆地孔隙型层状热储地热流体中含量较高，类型较多，而且温度也高，适合于医疗、洗浴业的发展，其他热储差之。

2.碳钢腐蚀性评价

在杨凌-咸阳地热田（T-SN5）、西安凹陷地热田（T-SN6）和固市凹陷（T-SN9）地热田中部分热水井地热流体对碳钢具严重腐蚀性，特别是渭南以东地段腐蚀指数很高，在利用时应注意。

3.混凝土腐蚀性评价

对混凝土腐蚀评价按岩土工程勘察规范（50021-2001-2009）Ⅱ类环境指标进行衡量。评价结果，在103个样品中具有中等腐蚀性的水点约占5%，弱腐蚀性水点占16%，而大部分为无腐蚀性水。总之，全省大部分地热流体对混凝土腐蚀性为无腐蚀性-弱腐蚀性。

4.地热流体碳酸钙结垢判断

本次对地热流体碳酸钙结垢判断是利用鲁兹诺指数来进行计算，大部分地热流体结垢趋势为轻微-不结垢，中等结垢较少，非常严重结垢的井点只有一处，为西安市区北关的未央路双龙小区JFN99号井。由于一处井点不具代表性，因此，在该区域利用地热资源时，应采取水样进行化验，针对结垢程度采取必要的处理措施。

5.地热流体作为饮用水的水质评价

根据《地下水质量标准》（GB/T 14848—93）中地下水按五类划分，以饮用的角度评价本区地热流体质量采用Ⅲ类水指标来进行比较评判。作为地下热水，通常含有一些不宜饮用的组分，但由于本省渭北岩溶型层状热储低温地热流体已作为当地居民生活用水主要水源，因而只对岩溶型层状热储地热流体进行饮用水质评价。

本次岩溶型层状热储地热流体共采集到16个样品，除陕南勉县郭家湾属低温温热水、陕北吴堡县薛下乡属低温温水外，其余均分布于渭北岩溶区，属低温温水和低温温热水。根据水质分析结果，总硬度和溶解性固体均有14%，硫酸盐有36%的样品超过地下水三类标准。超标项目最多的是氟化物，占全部样品的86%。含量一般在1.10～1.4mg/L，个别较高，但不超过2mg/L。

其他有害元素含量均小于地下水Ⅲ类水标准，因此渭北岩溶型层状热储低温热水水质相对较好，是解决北部旱塬区群众生活用水重要水源。

6.农业灌溉和养殖业水质进行评价

1）种植业用水水质评价

对本省来说大部分种植农作物为旱地作物，主要为小麦、玉米、油菜。本次水质检测结果表明：

在渭北岩溶型层状热储中低温地热流体中，除个别水点含盐量略有超标外，其他项目均符合农业灌溉用水水质基本控制性和选择性标准。

在裂隙型带状热储地热流体中，大部分项目符合农业灌溉用水水质标准。但有16%水点的含盐量或氯化物超过基本控制标准，有80%水点中的氟化物超过灌溉用水水质选择性控制标准。总体分析认为，该热储热流体质量基本符合灌溉用水水质标准。

在孔隙型层状热储地热流体中，有70%以上水点中的含盐量超过1000mg/L，其中47%以上水点含盐量超过2000mg/L。另外，还有38%水点中的氯化物，13%水点中的硫化物，25%水点中的pH，49%水点中的砷超过灌溉用水水质基本控制项目标准。并有95%水点中的氟化物超过选择性控制标准。因此孔隙型层状热储热水不宜直接作为农业灌溉用水，特别是蔬菜、瓜果类的种植。

2）养殖业用水水质评价

根据现状调查，利用地下热水养殖水产品种主要以罗非鱼、鲳鱼、鲤鱼为主，采用直接利用地下热水方式。

依据渔业水质标准，结合水质检测结果，按不同热储划分评价如下：

岩溶型层状热储地热流体除部分水点氟化物略超标外，其余项目均符合渔业水质标准。

裂隙型带状热储和上部孔隙下部裂隙复合型热储地热流体中有83%氟化物超标，并有少量水点挥发酚、铜、砷和pH超标，因此，这两类热储地热流体不适宜养殖鱼类食用产品。

孔隙型层状热储地热流体温度有较大差异，水化学成分变化也较大，大部分样品测试结果表明，有一项或多项超过渔业水质标准，其中pH有25%的水点超标，汞、砷、铜也分别有22%、48%、38%的水点超标。氟化物的超标基本覆盖所有样品，最高超出标准的17.4倍，超出十倍的水点也达11%。根据前人对已利用地下热水养殖鱼类的养殖场不同鱼类调查研究表明，我省利用热水养殖的鱼类肉体中F含量普遍超出国家《农业品安全质量无公害水产品安全要求》（GB 18406.4—2001）限量标准，有的超出近十倍，其他有害元素也偶有超标现象，而不同鱼类无大差异。这说明鱼类对水中有害元素无法自身排泄，而在体内集存，随着养殖时间越长，富集含量越大，因此孔隙型层状热储地热流体不宜直接利用进行渔业养殖。

四、地热资源开发利用历史及现状

（一）地热开发利用历史沿革

陕西省地热资源开发历史较早，其主要源于自然条件下的温泉出露，有著名的临潼华清温泉，蓝田县东汤峪石门温泉，眉县西汤峪的凤泉等都是历史上有名的温泉，早已被人们利用，特别是华清池更因唐代大诗人白居易“春寒赐浴华清池，温泉水滑洗凝脂”的诗句而闻名于世。温泉主要集中于关中盆地，20世纪80年代，经调查全省共有温泉九处，分别为蓝田县东汤峪温泉（水温56℃）、眉县西汤峪温泉（水温63℃）、宝鸡市温水沟温泉（水温31℃）、宝鸡市米家山温泉（水温31℃）、乾县龙岩寺温泉（水温31℃）、蒲城县袁家坡温泉（水温31℃）、常乐温泉（水温41℃）、合阳县瀵泉（水温29℃）、临潼华清池温泉（水温42℃）、佛坪县龙草坪温泉（水温28℃）、勉县郭家湾温泉（水温57℃）。但由于地热流体补给减少、开发利用量大及开发利用方式改变（新建地热井）等原因，蓝田东汤峪温泉、眉县西汤峪温泉、乾县龙岩寺温泉、蒲城县袁家坡温泉、常乐温泉、勉县郭家湾温泉已消亡。2013年调查时南郑牟家坝臭泉温度由1986年的24.6℃升高为25.4℃，因此，目前陕西省温泉共六处。

以打井形式主动开发地热流体的人类活动，始于20世纪70年代，1972年在蓝田县石门汤附近，陕西省汤峪疗养院凿的一眼机井，深度627m，水温57℃，为陕西省内第一眼人工开凿的热水井，也开创了全省人工开发利用地热资源的先河。

20世纪80年代有关专业单位对西安地区进行了地热普查。这一阶段为探索起步阶段，共凿热水井11眼，包括孔隙型层状热储层（如西安南部、东郊）、裂隙型带状热储层（临潼、蓝田、长安区山前）和岩溶型层状热储层（蒲城袁家坡、大荔永红等），开采井深度从数十米到上千米不等，水温在25～63.9℃，地热流体主要用于洗浴、疗养。而渭北岩溶型层状热储低温热水多用于解决渭北旱塬区城乡居民生活用水。之后地热水开发利用年开采井数以每年5～7眼而增长，总数约60眼，主要分布在西安、长安地区，井深多在600～1000m，有少数超过1000m，水温在25～56℃，相对较低，主要用于洗浴、旅游、疗养等，渭北旱塬区的蒲城、大荔、合阳井数增加也很快，主要解决缺水地区生活用水问题，井深均不超过800m，利用水温多在25～40℃，个别达46℃。这期间在陕北吴堡县横沟村煤炭勘探中，首次打出水温37℃，流量5000m^3/d的低温岩溶型热储水。在秦岭以南汉中市勉县郭家湾村也打出井深250m，井口水温58℃、流量1200m^3/d的低温岩溶型热水井，供当地旅游开发，群众洗浴。

20世纪90年代是地热开发的高潮期。这一时期由于勘探设备的改善，先进钻探技术和施工工艺的引入，地热井开采深度不断加深，凿井速度大幅提高，打井区域从以西安、咸阳为中心向周至、户县、扶风以及渭南市区和二华扩展，井深大多在2000～3000m，西安、咸阳、长安井深多在2000m，个别超过3000m，井口水温在70～100℃。地热流体的利用主要以供暖、洗浴、疗养、旅游为主。

2000年后，地热流体的开发进入相对平稳阶段，年开采井数增加量在十眼左右，西安、咸阳、长安、临潼仍是地热资源主要开发区。2007年后，地方政府颁布了有关地热开发利用法规后，西安市区、临潼区新开发地热井的速度逐渐变慢，而咸阳市区以及周边（泾阳、三原、兴平、杨凌等）地区、渭南城区及华阴、华县等地区开发热情加速升温。特别是在2010年后，打井深度多在3000m以上，最深达4505m（咸阳中国银行）。井口水温因深度不同而不同，一般1800m以浅井水温45～60℃，井深1800～3000m的水温在68～96℃；井深超过3000m的水温在90～105℃，最高水温达127℃（咸阳中国银行）。地热水主要用于供暖、洗浴、旅游、疗养，渭北岩溶型层状热储低温地热流体主要用于城镇、农村生活用水和工业用水。

（二）开发利用潜力

根据本次调查统计，截至2013年，全省共有地热水开采井487眼，地热温泉点六处，地热流体开采量$8329.14\times10^4m^3/a$，而大部分地热开采井集中在关中盆地区。特别是在咸阳和西安城区一带，地热井分布密集，地热流体开采量大，属于超采区。

张家坡组和高陵群热储层地热资源潜力在杨凌-咸阳断阶地热田（T-SN5）、西安凹陷地热田（T-SN6）、固市断凹地热田（T-SN9）及渭南断阶地热田（T-SN10）较大，这与地热田的地热资源储量分布特征较为吻合。总体呈现出地热资源储量大的地热田其地热资源开发利用潜力也较大。

蓝田灞河组热储层地热资源开发利用潜力在宝鸡断凸地热田（T-SN3）和韩城断阶地热田（T-SN16）最大，杨凌-咸阳断阶地热田（T-SN5）、西安凹陷地热田（T-SN6）、大荔断阶地热田（T-SN8）和固市断凹地热田（T-SN9）次之，主要是因为地热资源潜力和地热资源现状开发利用程度密切相关，蓝田灞河组为主要开采热储层，本层开采强度大，因此呈现出此种特征。

综上，在杨凌-咸阳断阶地热田（T-SN5）、西安凹陷地热田（T-SN6）、大荔断阶地热田（T-SN8）和固市断凹地热田（T-SN9）地热资源开发利用潜力大，具有较好的开发利用前景。

在固市凹陷地热田（T-SN9）中部区域高陵群热储层热储中部温度大于150℃，具有发电潜力，据技术要求，对此区域地热发电潜力进行评价，其30年发电潜力为464.11MW。

第二节 温 泉

SNQ001 华清池温泉

位置：西安市临潼区骊山风景名胜区内骊山西北麓，海拔540m。

概况：据史载早在六千年前之新石器时代，骊山脚下姜寨人已建池沐浴，至西周时期，周幽王就在此修建骊宫，秦始皇时期又砌石起宇，取名“骊山汤”；尔后改朝换代都不同程度使用。至唐玄宗李隆基天宝（公元747年）又大肆扩建，治汤井为池，环山列宫，改名“华清宫”。因华清宫在温泉之上，故谓“华清池”，后人俗称华清池即来因于此。“春寒赐浴华清池，温泉水滑洗凝脂”。脍炙人口的唐诗《长恨歌》至今仍广为传颂，可见，华清池的风采主要是有使用久远的温泉。如今，骊山华清池的古遗今迹，更是中外游客向往之地，华清宫御汤遗址博物馆观客如织。

华清池温泉原有四处泉眼，总流量113.65m³/h，温度41～44.5℃，是骊山地质构造的产物。骊山是关中盆地腹部中生代中晚期的断裂凸起，面积约80km²，太古宇太华群深度质岩、白垩纪侵入的二长花岗岩构成其主体，四周被新生界所围，且断裂发育；其中，骊山北麓走向340°～345°、倾向北东、倾角70°，断裂深切太古宙变质岩，破碎带宽近百米，北盘被新生界所埋，其西段被3～4条长数百米之走向近南北、倾向西、倾角70°～80°的正断层截错，华清池温泉就出露于其间三元洞断层与走向340°～345°断裂交汇部位，渗入骊山的降水在深约1300～1400m处增温受压沿断裂浮升，呈上升泉从第四系全新统洪积层中涌出（图10.4）。随需求量增大影响，目前华清池温泉自溢常态少见。

水化学成分：化学类型为SO_4·Cl–Na，矿化度1019.7mg/L，pH为7.7，氟、偏硅酸和氡含量分别为5.88mg/L、54.9mg/L和207.6Bq/L（表10.5），前两者达到理疗热矿水命名浓度，分别为氟水、硅水，后者是陕西省域除氟水、硅水外唯一氡达矿水浓度的温泉。

表10.5　华清池温泉化学成分表　　（单位：mg/L）

T_S/℃	pH	TDS	Na^+	K^+	Ca^{2+}	Mg^{2+}
42	7.7	1019.7	268.8	15.3	45.1	0.02
Li	**Rb**	**Sr**	**NH_4^+**	**CO_3^{2-}**	**HCO_3^-**	**SO_4^{2-}**
0.105	na.	1.16	0.02	0	179.4	269.9
Cl^-	**F^-**	**CO_2**	**SiO_2**	**HBO_2**	**As**	**化学类型**
173	5.88	5.9	42.2	4	0.006	SO_4·Cl-Na

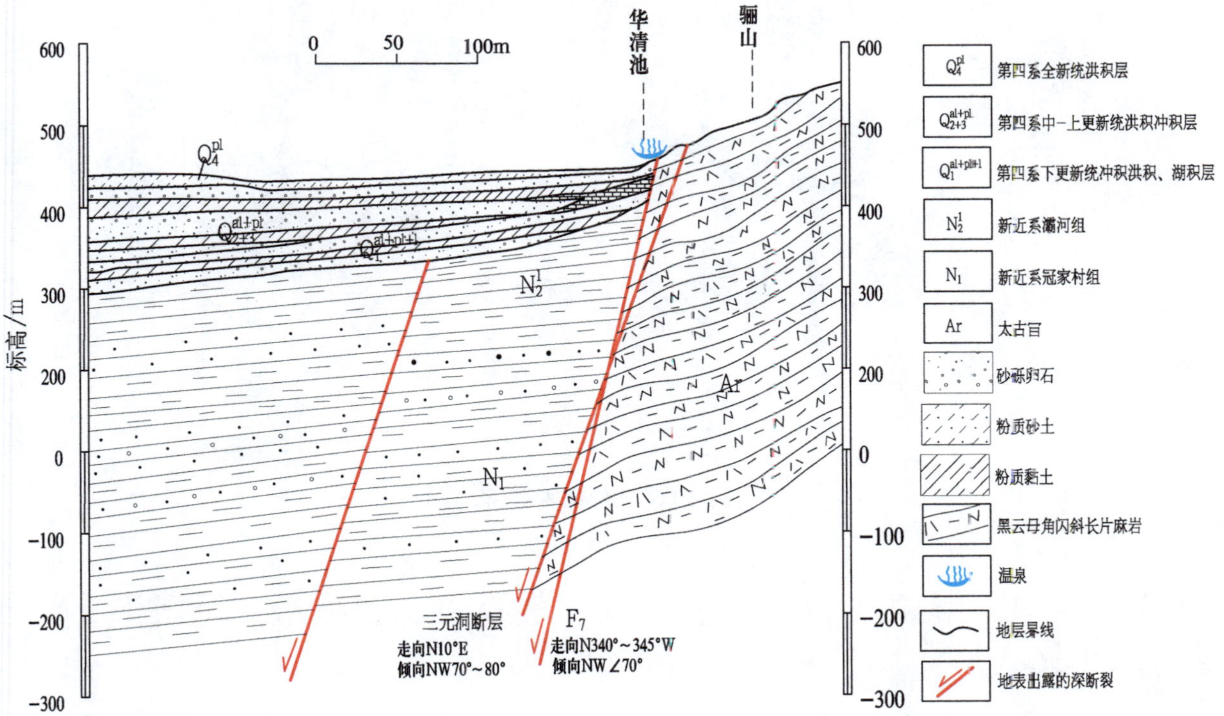

图10.4　华清池成因模式示意图

开发利用：地热流体含多种特殊化学组分，目前对神经系统的神经官能症、神经障碍症、呼吸器官病、胃肠病、各种风湿、皮肤病、外科创伤及妇科病等三十多种病症有显著或较好疗效。用于洗浴、康乐、疗养（图10.5、图10.6）。

图 10.5　华清池贵妃泉

图 10.6　华清池 $4^{\#}$ 泉

SNQ002 瀵泉大瀵泉、小瀵泉、东瀵泉、西瀵泉、马瀵泉、妇女泉、吴王泉（代表七个泉）

位置：渭南市合阳县洽川镇东王村东200m，黄河高漫滩，海拔356m。

概况：瀵，水从地面下喷出漫溢之意，瀵泉即地下喷泉也。恰揭示寓意该泉深部存在成瀵之特殊地质背景。瀵泉所处区域地质构造为渭河断凹东部次级构造单元东王凸起，南、北分别有礼泉-三原-党睦-许庄-临漪一级深断裂（F_4）和韦庄-韩城二级断裂（F_{29}）控制，东部沿黄河左岸有走向北北东断裂所挡；凸起内还发育4～5条走向北东三级断裂，形成垒、堑相间断块沿断裂奥陶系中统马家沟组（O_2m）白云岩、峰峰组白云质灰岩破碎岩溶、裂隙发育，对沟通和存储地热流体极有利。而且，东王凸起又恰处北山前碳酸盐岩岩溶型层状热储地热流体区域性向东、南东黄河方向径流排泄的下游，地热流体富集，在南、东部断裂的隔阻下，受深部强大压力影响，在东王村一带断层附近溢出成上升泉（图10.7、图10.8）。

水化学成分：地热流体化学类型为$SO_4 \cdot HCO_3 \cdot Cl-Na \cdot Ca$，pH为8.17，矿化度1026mg/L，总硬度373mg/L，氟、二氧化硅和锶含量分别为1.95mg/L、20.4mg/L（偏硅酸26.5mg/L）和3.43mg/L（表10.6），其中偏硅酸和锶达到饮用天然矿泉水标准。

表10.6 瀵泉化学成分表 （单位：mg/L）

T_s/℃	pH	TDS	Na^+	K^+	Ca^{2+}	Mg^{2+}
29.5	8.17	1026	158	5.92	86.2	38.3
Li	Rb	Sr	NH_4^+	CO_3^{2-}	HCO_3^-	SO_4^{2-}
0.08	na.	3.43	0.06	0	259	310
Cl^-	F^-	CO_2	SiO_2	HBO_2	As	化学类型
148	1.95	6.6	20.4	3.16	0.001	$SO_4 \cdot HCO_3 \cdot Cl-Na \cdot Ca$

开发利用：该泉地热流体除养殖、灌溉外，泄于黄河河漫滩湿地（图10.7）。

图 10.7 瀵泉溢出形成的湖面

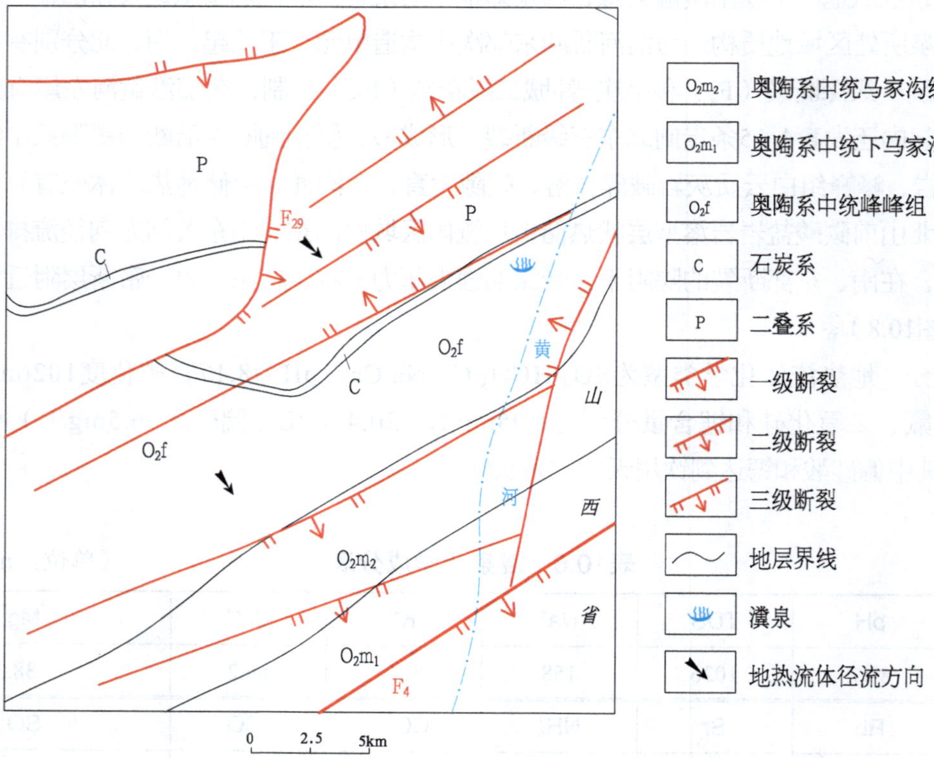

图 10.8 瀵泉地区前新生界地质构造图

SNQ003 温水沟温泉

位置： 宝鸡市渭滨区马营镇温水沟上游秦岭北麓，由温水沟村沿公路西南行约3km即达，海拔757m。

概况： 位于秦岭北麓一级深断裂（F_1）被次级走向北西断裂交汇切错部位，构造裂隙发育，中生代早期侵入之二长花岗岩受断裂影响呈碎块状碎裂二长花岗岩；在温水沟右岸破碎带温泉热流体共有九处泉眼，温度28～30.5℃，实测汇流量为18.187m³/h；30余年来流量、温度及地热流体化学组分动态稳定（图10.9，表10.7）。

表10.7 温水沟温泉流量、温度、化学组分历史比较表

项目	时间	
	1972年4月	2006年5月
流量/（m^3/h）	18	18.187
温度/℃	29～30.5	28～30.5
F/（mg/L）	7	7.94
SiO_2/（mg/L）	35.2	39.4
矿化度/（mg/L）	280	328.8
pH	7.5	7.8
化学类型	HCO_3-Na·Ca	HCO_3-Na·Ca

水化学成分：地热流体化学类型为HCO_3-Na·Ca，pH为8.17，矿化度1026mg/L，总硬度373mg/L，地热流体中二氧化硅和氟含量分别达理疗用矿泉水标准，为硅水和氟水（表10.8）。

表10.8　温水沟温泉化学成分表　　（单位：mg/L）

T_s/℃	pH	TDS	Na^+	K^+	Ca^{2+}	Mg^{2+}
28.9	7.55	419	81.7	2.22	28.1	4.8
Li	Rb	Sr	NH_4^+	CO_3^{2-}	HCO_3^-	SO_4^{2-}
0.05	na.	<0.05	0.15	0	159	67.2
Cl^-	F^-	CO_2	SiO_2	HBO_2	As	化学类型
28.4	0.38	6.6	35.6	<0.8	<0.001	HCO_3·SO_4-Na·Ca

开发利用：用于养殖，灌溉（图10.9、图10.10）。

图 10.9　温水沟温泉汇合流量

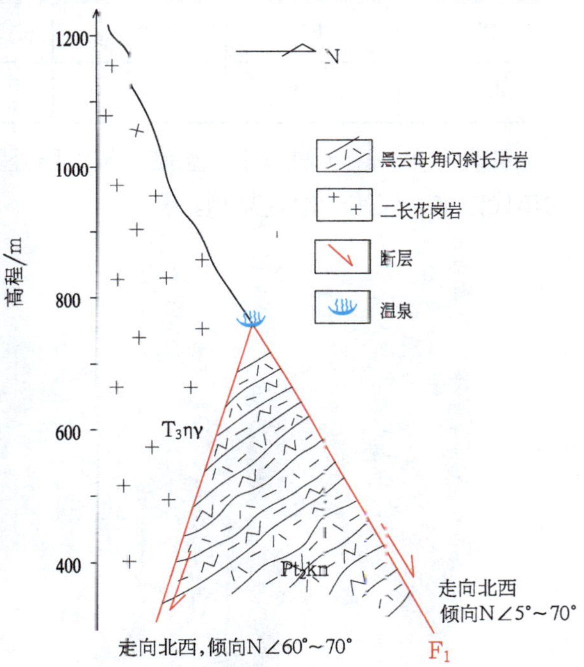

图 10.10　温水沟温泉地质剖面示意图

SNQ004 米家山温泉

位置：宝鸡市陈仓区县功镇南关村西北1.5km处，海拔950m，沿山径可达（图10.11）。

概况：该泉是陕西省唯一出露于碎屑岩孔隙型层状热储的温泉。分别于1979年和2011年对该温泉实际测量获得流量4.428m^3/h和5.436m^3/h，温度28.9℃和29℃，时隔32年地热流体量、温度动态基本稳定。米家山温泉所在地为区域性桃园-龟川基底大断裂（F_9）带，走向北西，倾向北东，倾角

60°～80°，正断层，断层面清晰，岩层破碎，线性及羽状裂隙发育，曾发生4.75级地震。其东侧（下降盘）基底之上泥质或钙质胶结的白垩系砂砾岩厚约1300～1500m以上，地热流体赋存条件较差。米家山以西广大山区岩体中地下水沿各种裂隙或层面由西向东径流，途中在深约1000～1500m被来自深部热传导增温增压，至南关村一带断裂破碎带，受东侧渗透性差之白垩系阻挡，地热流体沿断裂面上升溢出成泉（图10.12、图10.13）。

水化学成分：化学类型SO_4-Na，矿化度738.6～755.5mg/L，pH为8.27，二氧化硅和氟含量分别为59.8mg/L和11.12mg/L（表10.9），均达到理疗热矿水命名标准，为氟水和硅水。

表10.9　米家山温泉化学成分表　　（单位：mg/L）

T_s/℃	pH	TDS	Na^+	K^+	Ca^{2+}	Mg^{2+}
59	8.27	752.1	168	6.15	32.1	1.8
Li	Rb	Sr	NH_4^+	CO_3^{2-}	HCO_3^-	SO_4^{2-}
0.13	na.	3.67	0.46	0	64.1	377
Cl^-	F^-	CO_2	SiO_2	HBO_2	As	化学类型
46.1	11.7	0	63.7	1.9	0.001	SO_4-Na

开发利用：由于流量小、温度低加之所处坡陡，交通不便，该温泉无法作养殖等农用，自20世纪70年代以来，仅用于地震监测。

图10.11　米家山温泉（现为地震台监测点）

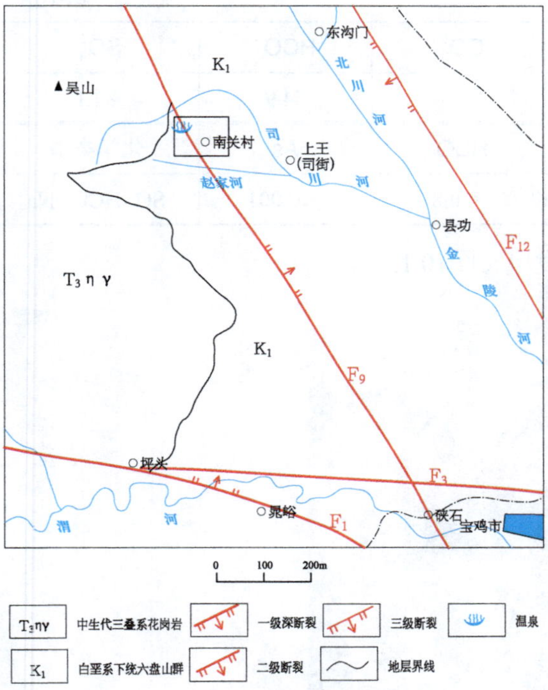

图 10.12 米家山温泉地区构造图

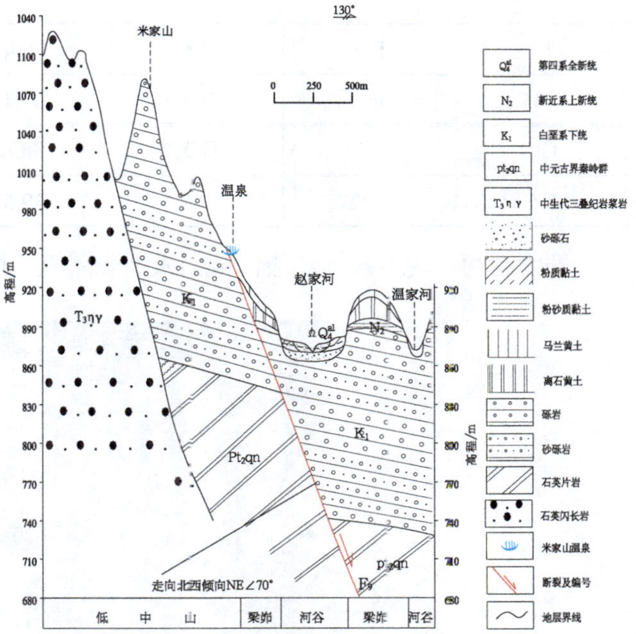

图 10.13 米家山温泉地质剖面图

SNQ005 庙沟温泉

位置： 汉中市佛坪县长角坝镇龙草坪村东南3km处，海拔1129m。

概况： 该泉所处区域地质构造单元属秦岭褶皱系留凤关-金鸡岭褶皱束范围，分布地层古老，多为震旦系—石炭系各类岩层，中生代侵入岩大面积出露，断裂构造复杂。温泉周围3～5km²地层为寒武-奥陶系混合岩，有石墨、石英、黑云母片麻岩和大理岩等，总厚1300余米。其中，大理岩为巨厚层状，厚564.8m，裂隙发育，庙沟温泉就出露于一组走向330°、宽8～14cm的长裂隙中，呈股状涌出，流量4.45m³/h，温度30.5℃（图10.14、图10.15）。

水化学成分： 化学类型为$SO_4 \cdot HCO_3$-Na，矿化度24.4～25.5mg/L（表10.10），具轻微硫化氢气味，有乳白色薄膜沉淀。

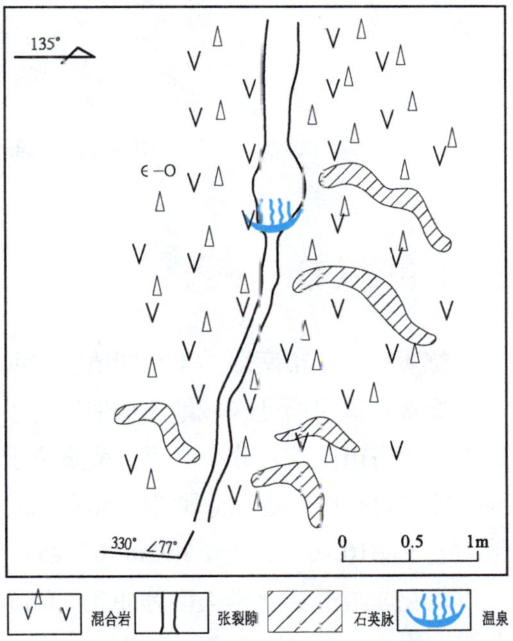

图 10.14 庙沟温泉地质剖面示意图

表10.10 庙沟温泉化学成分表 （单位：mg/L）

T_S/℃	pH	TDS	Na^+	K^+	Ca^{2+}	Mg^{2+}
28.6	8.52	255	60.2	0.97	4	0

续表

Li	Rb	Sr	NH_4^+	CO_3^{2-}	HCO_3^-	SO_4^{2-}
0.05	na.	<0.05	0.84	3	54.9	84.1
Cl^-	F^-	CO_2	SiO_2	HBO_2	As	化学类型
3.5	5.22	0	39.5	<0.8	<0.001	$SO_4 \cdot HCO_3$-Na

开发利用：现该泉地热流体被引入地表溪流，用于发电（图10.15）。

图 10.15　庙沟温泉从厚层大理岩裂隙中涌出

SNQ006 臭泉

位置：汉中市南郑县牟家坝镇曹家坝村南400m沟中，海拔601m。

概况：该泉所处区域地质构造属扬子准地台之汉南凸起，分布地层除局部中元古界—志留系各岩层外，元古宙侵入岩分布广泛。臭泉位于汉南凸起的南部边缘，所在地层为震旦系灯影组硅质灰岩，泉口处发育有两条走向分别为北北东和北西的断层相互交汇，硅质灰岩岩层裂隙密集，地热流体即随隙而溢（图10.16），流量3.92m^3/h，25.4～26℃（图10.16、图10.17）。

水化学成分：化学类型为HCO_3-Ca·Mg，矿化度255mg/L（表10.11），具有浓郁硫化氢味及乳白色沉淀物，“臭泉”之谓因于此。

表10.11　臭泉化学成分表　（单位：mg/L）

T_S/℃	pH	TDS	Na^+	K^+	Ca^{2+}	Mg^{2+}
25.4	7.88	255	9.74	0.94	34.1	10.9

续表

Li	Rb	Sr	NH_4^+	CO_3^{2-}	HCO_3^-	SO_4^{2-}
0.01	na.	0.23	0.25	0	153	4.8
Cl^-	F^-	CO_2	SiO_2	HBO_2	As	化学类型
5.3	6.58	8.8	23.3	0.8	<0.001	HCO_3-Ca·Mg

开发利用：尚未被开发利用，村民偶尔用于洗浴。

图 10.16 臭泉从断层破碎面涌出

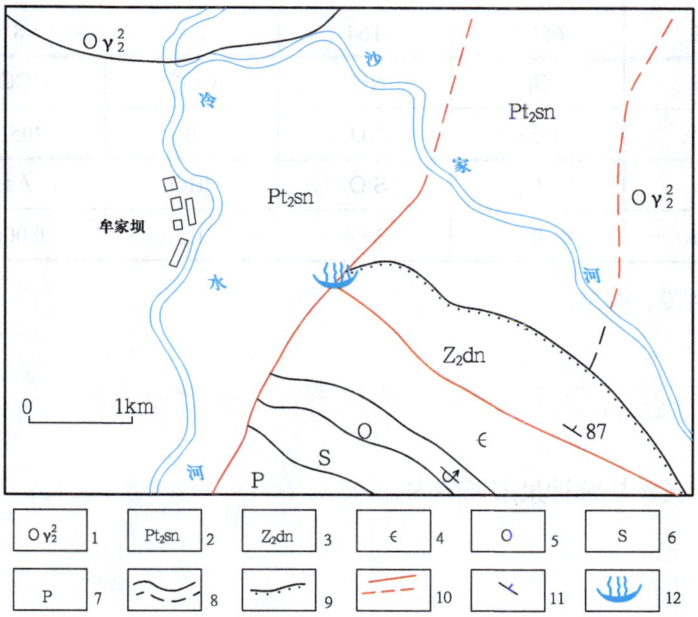

图 10.17 臭泉成因模式图

1.新元古界斜长花岗岩；2.中元古界三花石群变质岩；3.震旦系灯影组硅质灰岩；4.下寒武统页岩；5.奥陶系泥灰岩；6.志留系页岩；7.二叠系石灰岩；8.地质界线及推测地质界线；9.不整合接触界线；10.断裂及推测断裂；11.岩层产状；12.温泉

第三节 代表性地热井

SNJ001 宝鸡市龙湖新区地热井

位置： 宝鸡市岐山县龙湖新区。

井深： 1462.0m。

孔径： 600mm。

井口温度： 60.0℃。

热储层特征： 为上部孔隙下部裂隙复合型热储，总厚度1111m；上部热储层是新近系蓝田灞河组，顶底板埋深为35.1m和989.85m，岩性为砂岩、细砂岩、泥岩，孔隙度16.7%，渗透系数0.28m/d；下部为中元古界宽坪群，顶底板埋深为989.85m和1462.0m，岩性以黑色云母片麻岩为主，孔隙度15%；混合水位埋深13.2m，地温梯度3℃/100m，单位涌水量为0.95m^3/（m·h）。

水化学成分： 见表10.12。

表10.12 宝鸡市龙湖新区地热井化学成分表 （单位：mg/L）

T_s/℃	pH	TDS	Na^+	K^+	Ca^{2+}	Mg^{2+}
60	8.39	656.6	164	2.5	8	1.2
Li	Rb	Sr	NH_4^+	CO_3^{2-}	HCO_3^-	SO_4^{2-}
<0.01	na.	0.53	<0.03	0	305.1	91.3
Cl^-	F^-	CO_2	SiO_2	HBO_2	As	化学类型
53.2	2.51	0	25.8	1.3	0.006	HCO_3-Na

开发利用： 用于供暖、洗浴。

SNJ002 西安市蓝田县汤峪镇神泉浴场地热井

位置： 西安市蓝田县汤峪镇神泉浴场院内。

井深： 600m。

孔径： 600mm。

井口温度： 65.0℃。

热储层特征： 为裂隙型带状热储，总厚度574.5m；主要热储层为中元古界花岗岩，顶底板埋深为73.4m和600.0m，岩性以花岗闪长岩为主，孔隙度10%；混合水位埋深3.68m，热储中部温度71℃，单位涌水量为1.00m^3/（m·h）。

水化学成分： 见表10.13。

表10.13　西安市蓝田县汤峪镇神泉浴场地热井化学成分表　（单位：mg/L）

T_S/℃	pH	TDS	Na^+	K^+	Ca^{2+}	Mg^{2+}
65	8.76	496.8	120	6.44	9	0.6
Li	Rb	Sr	NH_4^+	CO_3^{2-}	HCO_3^-	SO_4^{2-}
0.13	na.	0.58	0.14	3	97.6	192.1
Cl^-	F^-	CO_2	SiO_2	HBO_2	As	化学类型
12.4	11.7	0	63.3	1.7	0.004	SO_4–Na

开发利用： 用于洗浴。

SNJ003 渭南市华阴市兵器工业051基地地热井

位置： 渭南市华阴市兵器工业051基地院内。

井深： 2600.0m。

孔径： 600mm。

井口温度： 105℃。

热储层特征： 孔隙型层状热储，总厚度1100m；主要热储层为新近系蓝田灞河组，顶底板埋深为1500m和2600m，岩性以粗砂岩为主，少量中细砂岩，孔隙度16.4%～20.8%；混合水位埋深68m，热储中部温度84℃，单位涌水量为3.53m^3/（m·h）。

水化学成分： 见表10.14。

表10.14　渭南市华阴市兵器工业051基地地热井化学成分表　（单位：mg/L）

T_S/℃	pH	TDS	Na^+	K^+	Ca^{2+}	Mg^{2+}
105	7.3	27922.5	7921	150	2625.2	24.3
Li	Rb	Sr	NH_4^+	CO_3^{2-}	HCO_3^-	SO_4^{2-}
0.98	na.	102.38	0.46	0	112.9	204.1
Cl^-	F^-	CO_2	SiO_2	HBO_2	As	化学类型
16661.5	3.23	20.8	73.7	360.6	0.072	Cl–Na·Ca

开发利用： 用于洗浴、供暖。

SNJ004 育红2号地热井

位置： 大荔县城西北23km段家乡育红村。

井深： 297.88m。

孔径：600mm。

井口温度：41℃。

热储层特征：岩溶型层状热储，总厚度10.58m；主要热储层为奥陶系中统峰峰组，顶底板埋深为287.3m和297.88m，岩性为厚层灰质白云岩、石灰岩，溶洞发育，孔隙度50%；混合水位埋深28.16m，热储中部温度50℃，自流量454.13m³/h。

水化学成分：见表10.15。

表10.15 育红2号地热井化学成分表 （单位：mg/L）

T_s/℃	pH	TDS	Na^+	K^+	Ca^{2+}	Mg^{2+}
41	8.2	1103	170	10.9	96.2	38.9
Li	Rb	Sr	NH_4^+	CO_3^{2-}	HCO_3^-	SO_4^{2-}
0.08	na.	3.3	<0.03	0	302	279
Cl^-	F^-	CO_2	SiO_2	HBO_2	As	化学类型
154	1.9	8.8	20	2.64	0.001	$SO_4 \cdot HCO_3 \cdot Cl-Na \cdot Ca$

开发利用：用于饮水、洗浴。

SNJ005 横沟地热井

位置：榆林市吴堡县北部薛下村乡横沟村。

井深：648.61m。

孔径：600mm。

井口温度：32℃。

热储层特征：岩溶型层状热储，总厚度10.58m；热储层为奥陶系中统马家沟组，顶底板埋深为537.91m和648.61m，岩性为石灰岩、灰质白云岩和白云质灰岩，溶隙、溶孔、溶洞发育；混合水位埋深0m，热储中部温度62.3℃，自流量336.17m³/h。

水化学成分：见表10.16。

表10.16 横沟地热井化学成分表 （单位：mg/L）

T_s/℃	pH	TDS	Na^+	K^+	Ca^{2+}	Mg^{2+}
32	7.89	7040.8	1593	26.4	681.4	127.6
Li	Rb	Sr	NH_4^+	CO_3^{2-}	HCO_3^-	SO_4^{2-}
0.2	na.	4.78	0.1	0	213.6	1248.8
Cl^-	F^-	CO_2	SiO_2	HBO_2	As	化学类型
2853.7	2.34	11	19.4	7	<0.001	$Cl-Na \cdot Ca$

开发利用：未被开发，村民偶尔用于洗浴。

SNJ006 郭家湾地热井

位置：汉中市勉县郭家湾村。

井深：250.27m。

孔径：600mm。

井口温度：58.2℃。

热储层特征：碳酸盐岩岩溶型层状热储，受断裂控制，总厚度183.77m；热储层为震旦系陡山沱组，顶底板埋深为66.5m和250.27m，岩性为硅质灰岩、泥灰岩，溶隙、溶孔、溶洞发育；混合水位埋深2.55m，热储中部温度100.7℃，单位涌水量22.54m³/（m·h）。

水化学成分：见表10.17。

表10.17 郭家湾地热井化学成分表 （单位：mg/L）

T_s/℃	pH	TDS	Na^+	K^+	Ca^{2+}	Mg^{2+}
58.2	7.56	596	22.8	3.11	80.1	24.3
Li	Rb	Sr	NH_4^+	CO_3^{2-}	HCO_3^-	SO_4^{2-}
0.02	na.	0.23	0.23	0	219	135
Cl^-	F^-	CO_2	SiO_2	HBO_2	As	化学类型
10.6	4.55	11	48.8	0.8	<0.001	$HCO_3 \cdot SO_4$–Ca·Mg

开发利用：用于洗浴。

第/十/一/章

甘肃省

第一节　地热资源及分布特征

一、地热资源形成特点及分布规律

甘肃省大地热流值有南高北低的特点，南部祁连山区大地热流值70～80mW/m^2，西秦岭及北山地区为60～70mW/m^2，河西走廊及鄂尔多斯盆地小于60mW/m^2。

地温场与大地热流值具有相似的变化特征。北山地区地温梯度较低，小于2.0℃/100m。祁连山区及西秦岭地温梯度2.0～2.5℃/100m，清水县-天水市-成县一带地温梯度较高，达4.0℃/100m。河西走廊沉积盆地地温梯度2.0～2.5℃/100m，其中敦煌盆地、张液盆地、酒泉盆地局部较高，达3.5℃/100m。兰州盆地、靖远-会宁盆地较高，兰州盆地为4.0℃/100m，靖远-会宁盆地为3.0℃/100m。鄂尔多斯盆地地温梯度自西向东逐渐增大，磴口-平凉断裂以西的西缘褶断带小于2.0℃/100m，以东的白垩系盆地2.5～3.5℃/100m，子午岭以东大于3.5℃/100m。

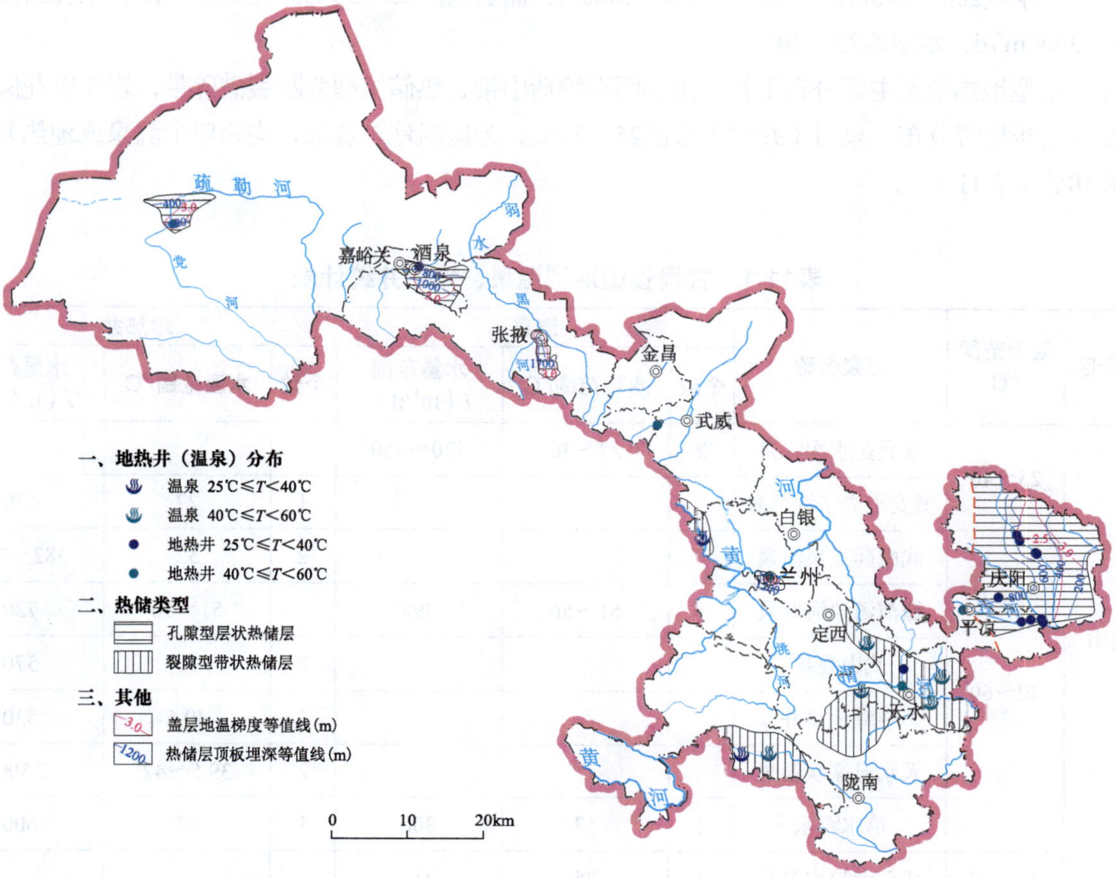

图 11.1　甘肃省地热地质图

甘肃省温泉和地热异常孔已有57处，其中40～60℃中低温热水11处，25～40℃低温热水20处，15～<25℃热水异常点26处。全省有温泉13处，40～60℃中低温热水3处，25～<40℃低温热水3处，15～<25℃热水异常点7处。地热井44处，40～60℃中低温热水8处，25～<40℃低温热水17处，15～<25℃热水异常点19处。

甘肃省地热资源类型可分为沉积盆地型和隆起山地型地热资源（图11.1）。沉积盆地地热资源分布于河西走廊诸盆地、兰州盆地、鄂尔多斯盆地，热储类型为孔隙型层状热储，热储层时代自元古宙至新生代均有发育。

河西走廊沉积盆地热储层为中生界及新生界，新生界热储层为新近系白杨河组（N_1b），岩性为砂岩、泥质砂岩，热储层顶板埋深700～1700m，盖层为第四系砂砾石、新近系中上部泥岩，热储温度50℃，井口水温40℃。中生界热储层为侏罗系下统（J_1），岩性为细砂岩，热储层顶板埋深400～600m，盖层为第四系砂砾石、新近系泥岩，热储层温度45℃，井口水温39℃。

兰州盆地热储为元古宇皋兰群及新生界，新生界热储层为古近系西柳沟组（E_1x），岩性为砂岩、泥质砂岩，热储层顶板埋深1230m，盖层为第四系砂砾石，新近系红色泥岩、砂质泥岩，热储层温度52～57℃。元古宇皋兰群热储岩性为深变质片岩、片麻岩，热储层顶板埋深1730m，温度57～62℃，井口水温42～46℃。

鄂尔多斯盆地热储为中生界白垩系下统，岩性为保安群下部洛河组（K_1l）层状砂岩、砂砾岩。热储层在盆地东部边缘地带裸露地表，其他地区埋藏于上覆环河组、罗汉洞组及第四系黄土层之下，热储层平均厚度200～400m，顶板埋深800～1400m，储层温度25～55℃。在盆地中部，钻孔自流量可达100～3000m^3/d，水温为25～30℃。

隆起山型地热资源主要分布于祁连山和西秦岭造山带，热储类型为断裂破碎带，岩性以花岗岩为主，温泉沿断裂带分布，泉口（井口）水温25～57℃，为低温地热资源，均为单个温泉或地热井，全省共有10处（表11.1）。

表11.1 甘肃省山地型温泉、地热井统计表

构造分区	温度范围/℃	温泉名称	温泉			地热井		
			个数	水温范围/℃	水量范围/(m^3/d)	个数	水温范围/℃	水量范围/(m^3/d)
祁连山	25～40	永登药水沟温泉	2	27～36	420～450			
		秦安于夫子沟温泉				1	27	430
	40～60	武威药王泉温泉				2	52	382～736
		通渭汤池河温泉	1	51～56	498	2	51～56	720
		武山温泉				2	57	570
		中滩地热井				1	40.6	530
		天水温家峡温泉				2	39.5～42	3500
		清水温泉	1	53	300	1	53	600
西秦岭	25～40	迭部卡拉沟温泉	1	25	216			
	40～60	迭部旺藏温泉	1	43	52～603			

二、地热资源量

以构造为基本单元，按不同温度分沉积盆地型及隆起山地型划分计算分区，按构造全省划分为5个大的构造单元，即敦煌-玉门构造区、酒泉-武威-静宁构造区、鄂尔多斯构造区、托莱山-西宁构造区及西秦岭构造区。按沉积盆地型及隆起山地型进一步划分为10个地热田，沉积盆地型分别为敦煌热田、酒泉热田、张掖热田，兰州热田及鄂尔多斯热田，隆起山地型分别为药王泉热田、窑街热田、通渭-清水热田、甘谷-礼县热田及迭部热田（表11.2、表11.3，图11.2）。

表11.2 沉积盆地地热资源评价计算区划分

构造单元	热储层	计算分区
敦煌-玉门构造区（I_1）	侏罗系（J_1）	敦煌热田（T-GS03）
酒泉-武威-静宁构造区（II_1）	新近系白杨河组（$\mathrm{N}_1\mathrm{b}$）	酒泉热田（T-GS01）
		张掖热田（T-GS02）
鄂尔多斯构造区（II_2）	白垩系（K）	鄂尔多斯热日（T-GS05）
托莱山-西宁构造区（III_1）	古近系西柳沟组（$\mathrm{E}_1\mathrm{x}$）	兰州热田（T-GS04）
	元古宇皋兰群（Pt_2）	

表11.3 隆起山地地热资源评价计算区划分

构造单元	计算分区	
酒泉-武威-静宁构造区（II_1）	药王泉热田（T-GS06）	武威药王泉温泉
托莱山-西宁构造区（III_1）	窑街热田（T-GS07）	永登药水沟温泉
	通渭-清水热田（T-GS08）	通渭汤池河温泉
		秦安于夫子沟温泉
		天水中滩地热井
		清水汤浴沟温泉
		天水温家峡地热井
西秦岭构造区（IV_1）	甘谷-礼县热田（T-GS09）	武山温泉
	迭部热田（T-GS10）	迭部旺藏温泉
		迭部卡拉沟温泉

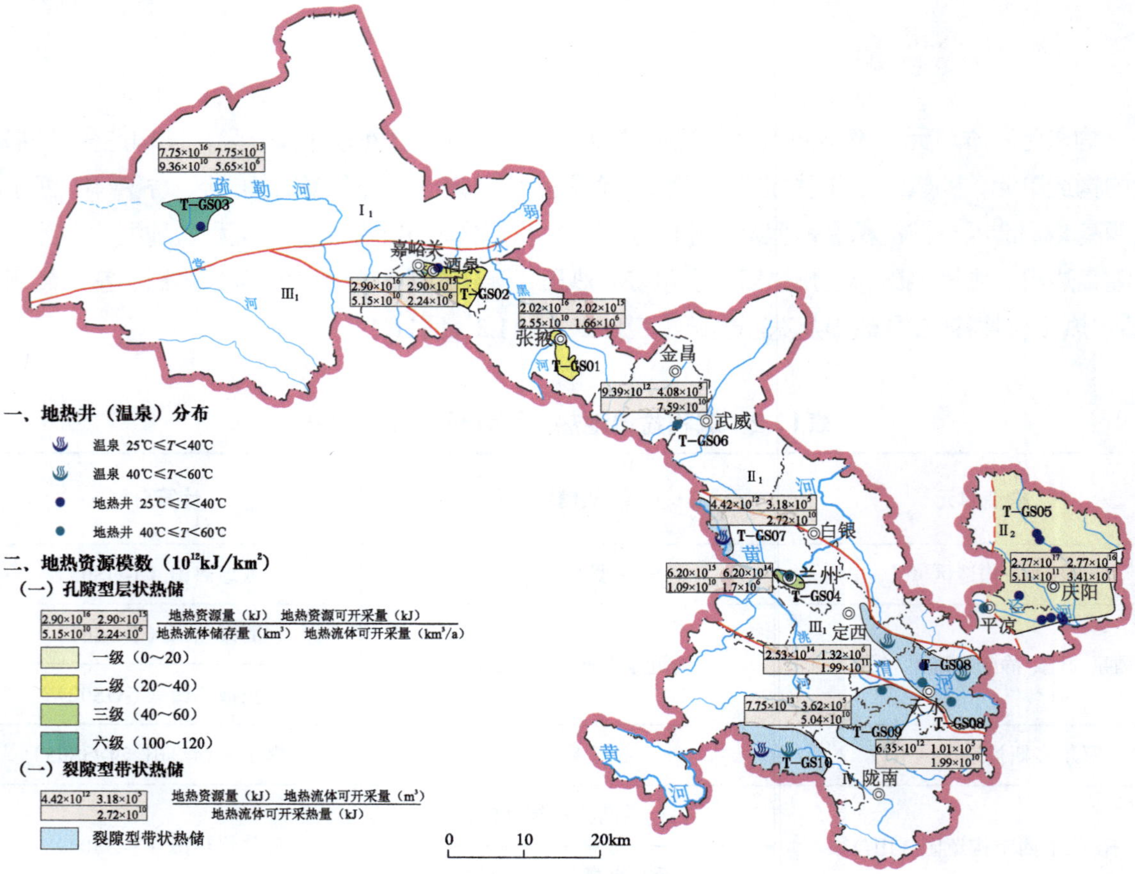

图 11.2 地热资源分布图

1.隆起山地型

甘肃省五处隆起山地型地热田地热资源总量为3.50×10^{14}kJ，地热流体开采量为2.89×10^{5}m^3/a，地热流体可开采量为2.51×10^{6}m^3/a，地热流体可开采热量为3.73×10^{11}kJ/a。

2.沉积盆地型

新近系热储分布于酒泉热田及张掖热田，地热资源量为4.92×10^{16}kJ，地热资源可开采量为4.92×10^{15}kJ，地热流体储存量为7.70×10^{10}m^3，地热流体可开采量为3.90×10^{6}m^3/a，地热流体可开采热量为6.64×10^{11}kJ/a。考虑回灌条件下地热流体可开采量为4.97×10^{8}m^3/a，可开采热量为8.06×10^{13}kJ/a。

古近系热储分布于兰州热田，地热资源总量为6.20×10^{15}kJ，地热资源可开采量为6.20×10^{14}kJ，地热流体储存量为1.09×10^{10}m^3，地热流体可开采量为1.70×10^{6}m^3/a，地热流体可开采热量为3.38×10^{11}kJ/a。考虑回灌条件下地热流体可开采量为4.90×10^{7}m^3/a，可开采热量为9.73×10^{12}kJ/a。

白垩系热储分布于鄂尔多斯热田，地热资源总量为2.77×10^{17}kJ，地热资源可开采量为

2.77×10^{16}kJ，地热流体储存量为$5.11\times10^{11}m^3$，地热流体可开采量为$3.41\times10^7m^3/a$，地热流体可开采热量为3.28×10^{12}kJ/a。考虑回灌条件下地热流体可开采量为$5.20\times10^9m^3/a$，可开采热量为5.00×10^{14}kJ/a。

侏罗系热储分布于敦煌热田，地热资源总量为7.75×10^{16}kJ，地热资源可开采量为7.75×10^{15}kJ，地热流体储存量为$9.36\times10^{10}m^3$，地热流体可开采量为$5.65\times10^6m^3/a$，地热流体可开采热量为1.08×10^{12}kJ/a。考虑回灌条件下地热流体可开采量为$6.67\times10^8m^3/a$，可开采热量为1.27×10^{12}kJ/a。

元古宇皋兰群热储分布于兰州热田，地热资源总量为5.98×1014kJ，地热资源可开采量为5.98×10^{13}kJ，地热流体储存量为$1.12\times10^9m^3$，地热流体可开采量为$5.35\times10^5m^3/a$，地热流体可开采热量为1.06×10^{11}kJ/a。考虑回灌条件下地热流体可开采量为$4.64\times10^6m^3/a$，可开采热量为9.22×10^{11}kJ/a。

主要沉积盆地地热田地热资源总量为4.11×10^{17}kJ，地热资源可开采量为4.11×10^{16}kJ，地热流体储存量为$6.93\times10^{11}m^3$，地热流体可开采量为$4.59\times10^7m^3/a$，地热流体可开采热量为5.46×10^{12}kJ/a。考虑回灌条件下地热流体可开采量为$6.41\times10^9m^3/a$，地热流体可开采热量为7.18×10^{14}kJ/a。

三、地热流体地球化学特征

沉积盆地地热田地热流体水化学类型以$SO_4\cdot HCO_3$–Na、$Cl\cdot SO_4$–Na、Cl–Na型为主，阴离子以Cl^-、SO_4^{2-}为主，阳离子以Na^+为主。溶解性总固体变化较大，其中河西走廊各地热田及鄂尔多斯地热田小于3g/L，而兰州地热田较大，最大达48.2g/L。

隆起山地地热田地热流体水化学类型以$Cl\cdot SO_4$–Na、$SO_4\cdot HCO_3$–Na、$SO_4\cdot HCO_3$–$Ca\cdot Mg$型为主，阴离子以Cl^-、SO_4^{2-}为主，阳离子以Na^+、Ca^{2+}、Mg^{2+}为主。溶解性总固体均小于2g/L，其中迭部旺藏温泉、武山温泉、天水温峡地热井为小于1g/L的淡水。

1.理疗热矿水评价

甘肃省10处地热田地热流体达到或超过有医疗价值浓度的组分主要有氟离子、偏硅酸及偏硼酸，兰州热田溴达到矿水浓度，而锶达到命名矿水浓度（表11.4）。

表11.4 理疗热矿水评价表

地热田	水样编号	氟离子	偏硅酸	偏硼酸	溴	锶	锂	矿水名称
兰州热田 DR33 DR34 DR41	DR32	医疗		矿水	矿水	命名		锶水
	医疗		医疗	矿水	命名		锶水	
		命名	矿水		命名		硅酸-锶水	
	命名	命名	矿水				氟水	

续表

地热田		水样编号	氟离子	偏硅酸	偏硼酸	溴	锶	锂	矿水名称
鄂尔多斯热田 DR22 DR31 DR47		DR18		矿水					
			矿水						
		命名	矿水					氟水	
				矿水					
窑街热田	药水沟	DR35	医疗	命名					硅酸水
	龙王沟	DR36	命名	矿水					氟水
药王泉热田	武威药王泉	DR37	命名	命名	医疗				硅酸-氟水
通渭-清水热田	通渭汤池河温泉	DR43	命名	命名	医疗				硅酸-氟水
		DR01	命名	命名					硅酸-氟水
		DR42	命名	命名	医疗				硅酸-氟水
	秦安于夫子沟	DR13	命名						氟水
	中滩地热井	DR08		矿水					
	清水汤浴温泉	DR12	命名	命名					硅酸-氟水
	天水温家峡温泉	DR10	命名	命名					硅酸-氟水
		DR11	命名	命名					硅酸-氟水
甘谷-礼县热田	武山温泉	DR04	命名	命名					硅酸-氟水
		DR05	命名	命名					硅酸-氟水
迭部热田	迭部旺藏	DR16	命名	矿水			命名		氟-锶水
	迭部卡拉沟	DR15	命名	命名				矿水	硅酸-氟-锂水

2.工业提取物评价

甘肃省各地热田地热流体所含的碘、溴、锂等有用矿物组分均未达到工业利用可提取有用元素最低含量标准。

3.地热流体腐蚀性评价

沉积盆地型地热田新近系热储层地热流体腐蚀系数为0.12，为腐蚀性水；古近系热储层地热流体腐蚀系数5.85～15.93，为腐蚀性水；白垩系热储层地热流体腐蚀系数-1.11～-3.48，为非腐蚀性水；侏罗系热储层地热流体腐蚀系数0.1，为腐蚀性水；元古宇皋兰群热储层地热流体腐蚀系数为5.5～16，为腐蚀性水。

隆起山地地热田地热流体中，窑街热田腐蚀系数为0.2～6.33，为腐蚀性水。通渭-清水热田除通渭汤池河温泉腐蚀系数为-0.2～-0.36，为半腐蚀性水，其余地热田腐蚀系数为-0.91～-54，为非腐蚀性水。

四、地热资源开发利用历史及现状

甘肃省地热资源开发利用历史悠久，开发利用较早的温泉有通渭汤池河温泉、武山温泉及清水温泉。通渭温泉历史悠久，据北魏郦道元《水经注》（卷十七）记载："温水自黑水峡至岑峡，南北十一水注之，北则温谷水，导平襄县南山温溪，东北流经平襄故城南"。因泉水日夜涌冒，顺山谷自然流失，故温泉被当地人叫"汤地河"。武山温泉是古宁远八景之一，历史悠久，是全国矿泉疗养向往地之一。被当地人视为"神水"，纷纷前来洗浴治病。清水温泉历史悠久，相传这里建有龙神庙一座，今庙宇已毁，现存温泉石碑两通。一通为诗碑，刻于明崇祯十五年（1642年），诗曰："水性原皆冷，此泉何独温?天留千载泽，池贮四时春。善洗身心病，蒸销眼耳尘。好乘天际马，洒鬣暖吴民。"另一通为清乾隆十六年（1752年）所刻，内容除赞美温泉外，还记述了温泉龙神庙的扩建情况。从明代诗碑可见，温泉在明代是陇上胜迹之一，列为清水八景之中。

甘肃省地热资源勘查始于20世纪60年代，地质、地震、石油、煤炭等部门在区内开展了不同精度的地热地质工作。地热钻探则始于20世纪80年代，从1980年起不同部门先后在武山温泉、平凉城西三天门、广城山庄、天水温家峡、通渭汤池河、武威药王泉、榆中胡家营、兰州、白银平川、敦煌煌伊塘湖、天水中滩、秦安于夫子等地开展地热勘查工作，施工了地热钻孔，基本查明了上述地区热储类型及水文地质条件。

我省五处沉积盆地型地热田及10处隆起山地型温泉（地热井）中，作为地热资源开发利用的仅八处。沉积盆地型地热田开发利用的有三处，分别是敦煌热田、兰州热田及鄂尔多斯热田，鄂尔多斯盆地洛河组热储地下水大部分作为生活、灌溉用水，仅有两眼井作为地热开发利用。隆起山地型地热田开发利用的有五处，分别是武威药王泉、通渭汤池河温泉、天水温家峡地热井、清水汤浴温泉、武山温泉。已开发利用的温泉及地热井主要用于旅游疗养。

五处沉积盆地型地热田均为极具开采潜力区，而10处隆起山地型温泉（地热井）中，除武山温泉为采补平衡区外，其余均为极具开采潜力区。

第二节 温 泉

GSQ001 药王泉温泉

位置： 药王泉温泉位于武威市西南44km西营河河谷区。

概况： 药王泉地处祁连山中低山区，位于西营河谷，海拔2060～2080m，西营河在地热田附近为宽谷段，河谷宽100～500m，发育Ⅰ、Ⅱ级阶地，两侧山体为加里东花岗岩，河谷内沉积有10～15m的第四系砾卵石、漂石。下伏为加里东花岗岩体，也是地热储层。地热田区地势南高北低。南部为中高山区，降水较多，山地基岩裸露，沟壑纵横，岩石风化裂隙和构造裂隙发育，有充沛的地下水补给来源。地下水在天然水力坡度作用下沿区域性断裂构造和裂隙发育带向下流动，流至地层深部热储层时，加温后成为热水。地层深部热矿水径流至药王泉地区，在断层处溢出地表，形成药王泉热矿泉水（图11.3）。泉口水温52℃。

水化学成分： 2014年11月采集的泉水样品，测试结果见表11.5。

表11.5 药王泉温泉化学成分 （单位：mg/L）

T_S/℃	pH	TDS	Na^+	K^+	Ca^{2+}	Mg^{2+}
52	8.1	1546	480	19	29.7	2.7
Li	Rb	Cs	NH_4^+	CO_3^{2-}	HCO_3^-	SO_4^{2-}
0.64	na.	na.	0.07	0	1.44	470.7
Cl^-	F^-	CO_2	SiO_2	HBO_2	As	化学类型
421.9	7.3	1.8	78.5	3.2	0.07	$Cl\cdot SO_4$–Na

开发利用： 1995年在药王泉附近施工探采结合井两眼，井深分别为81.23m、89.47m，其间距为49.5m。井底温度为58.5℃、59.5℃，井水抽出井口温度分别为56℃、54℃。经钻探及测井，热矿水主要赋存于花岗岩构造裂隙中。热矿水为深循环基岩裂隙水，具承压水性质。抽水试验，单井出水量为382m³/d、736m³/d。温泉及地热井用于旅游疗养。

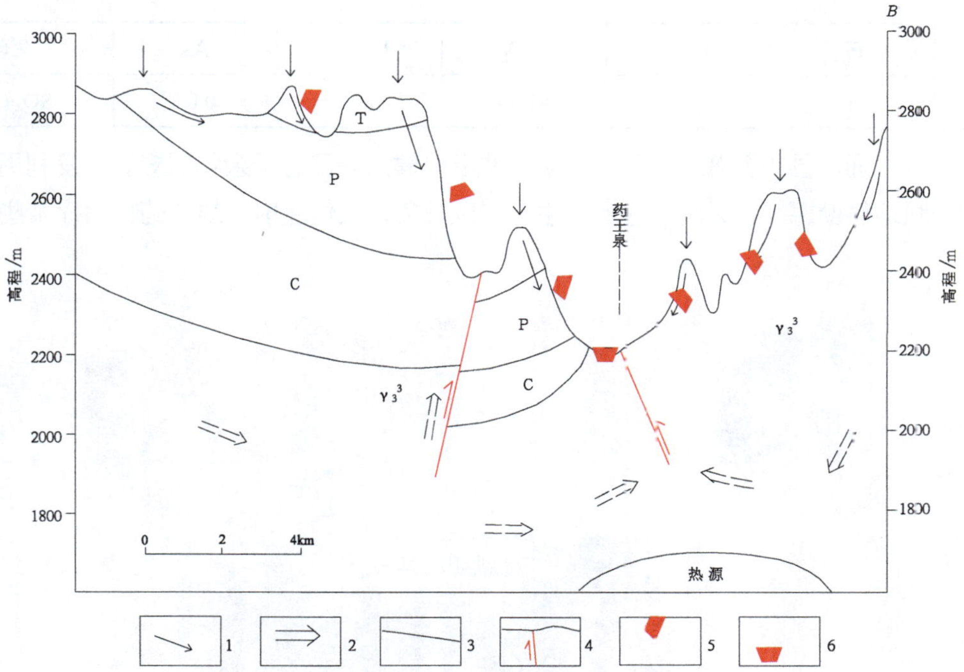

图 11.3 药王泉热矿水成因示意图（据魏余广）

1.地下水浅循环系统；2.地下水深循环系统；

3.地层界线；4.断层；5.冷水下降泉；6.热水上升泉

GSQ002 汤池河温泉

位置： 汤池河温泉位于定西市通渭县城西南8km的汤池河谷地中。

概况： 汤池河温泉热储为印支期华家岭花岗岩（γ_5^1）与长城系片麻岩接触的北西向断裂带。汤池河温泉群主要由四个泉点组成，出露于海西期花岗岩体内，水温48.2～52.0℃，总流量11.038L/s，流量动态基本稳定。汤1号泉位于泉群南部的浴池院中（图11.4），呈沸腾状翻滚涌出，泉口经人工混凝土围砌改造，呈高1.2m，边长2m的正方形，水深2.5m，流量5.768L/s，水温52℃，多年来水温、流量均很稳定，已被截引利用。汤2号泉出露于浴池院北冲沟中，水温51℃，流量3.34L/s；汤3、4号泉位于汤2号泉东80m冲沟沟底，并排流淌，两泉流量1.93L/s（图11.4）。

1998年在汤池河温泉附近施工探采结合井一眼，井深为500.18m。热储岩性为印支西期花岗岩及蓟县系角闪片岩、混合质片麻岩，地下热水储存于其构造裂隙中。抽水试验，单井出水量为1126m³/d。

水化学成分： 2014年12月采集的热水样品，测试结果见表11.6。

表11.6 汤池河温泉化学成分 （单位：mg/L）

T_s/℃	pH	TDS	Na^+	K^+	Ca^{2+}	Mg^{2+}
56	7.68	1644	397.7	8.98	142.9	4.12
Li	Rb	Cs	NH_4^+	CO_3^{2-}	HCO_3^-	SO_4^{2-}
0.509	na.	na.	0.26	0	42.25	747.5

续表

Cl⁻	F⁻	CO_2	SiO_2	HBO_2	As	化学类型
306	5	2	41.34	3.07	0.07	SO_4·Cl-Na·Ca

开发利用：《通渭县志》载，汤池河温泉水洗浴保健治病已有千余年历史。开发利用的有汤池河一个泉点和一眼地热勘探井，以洗浴疗养为主，辅以针灸，穴位注射，结合药物治疗某些疑难杂症，疗效显著。

图 11.4　汤池河温泉

GSQ003 武山温泉

位置：武山温泉位于天水市武山县温泉乡，天兰铁路洛门站南约12km，聂河右岸大汤沟和小汤沟中。

概况：武山温泉处于南北向构造带与西秦岭造山带、祁连造山带交叉部位。周边出露有第四系、新近系、白垩系、泥盆系和元古宇（Pt）前长城系。岩浆岩发育，有印支期花岗岩（γ_5^1）和海西期花岗岩（γ_4）。花岗岩侵入于泥盆系浅变质砂岩、板岩与元古宇前长城系接触带中。印支中粗粒花岗岩为热储层。温泉乡大汤沟两侧有温泉八眼（图11.5），小汤沟口有温泉四眼，呈带状分布，受断裂构造控制。泉水直接从花岗岩节理裂隙或透过坡积层溢出，流经大、小汤沟排泄到聂河大汤沟。八眼温泉单泉流量很小，总流量约2.5L/s。泉水温度为40～57℃，属中低温热水。

温泉附近施工热水井两眼，1号热水井，位于大汤沟2号泉之西80m。水头高1m时，自流量1.02L/s。井口水温55℃，井底水温57℃。终孔孔深110.15m。2号热水井，位于1号井之西43m，断裂破碎带东侧断层上盘大汤沟南岸山坡上，高于沟底30m。井深154.39m，孔深79.1m时，地下热水自流，水头高度30m。水头高度0.6m时，自流量8.39L/s，井口水温57℃，井底温度59℃。

水化学成分：2014年10月采集的热水样品，测试结果见表11.7。

表11.7 武山温泉化学成分 （单位：mg/L）

T_S/℃	pH	TDS	Na^+	K^+	Ca^{2+}	Mg^{2+}
57	8.88	298	109	1.91	4.93	0.28
Li	Rb	Cs	NH_4^+	CO_3^{2-}	HCO_3^-	SO_4^{2-}
0.495	na.	na.	0.3	9.23	131.46	74.5
Cl^-	F^-	CO_2	SiO_2	HBO_2	As	化学类型
14	13.6	0	51.38	na.	0.011	$HCO_3 \cdot SO_4$-Na

开发利用：武山温泉附近建有疗养院两处，利用两眼地热井开采热水，用于旅游疗养。

图11.5 武山温泉

GSQ004 温家峡温泉

位置：温家峡温泉位于天水市麦积区街子镇温泉峡口，市区东南54km。

概况：温家峡温泉处于西秦岭复合造山带北部北秦岭构造带和南北向构造带交叉部位。出露地层有第四系、古近系、白垩系、古生界李子园群、元古宇牛头河群变质岩。岩浆岩发育，有中生代燕山期花岗岩（γ_5）和古生代海西期花岗岩（γ_4）。温家峡温泉，出露于北北东向温家庄断裂东侧。温家庄断裂切割深，破碎带宽约50m，走向北35°～40°东，倾向南东，倾角80°～85°，具压扭性。温家峡地热田，热储为古生界牛头河群黑云斜长片麻岩及黑云石英片岩夹白云质大理岩，总厚400～900m，热储兼有层状和带状特征，地质构造条件比较复杂。在北西向温家峡谷中，约1000m的距离内有四处温泉（图11.6），呈带状分布。地下温热水沿古生界牛头河群片麻岩节理或片麻岩与花岗岩脉接触处以上升泉的形式溢出地面，直接排泄于峡谷中。

泉水温度为19～24℃，单泉流量为0.4～1.0L/s。泉口有较浓的硫化氢气味。在温泉西北70m和250m处施工地热井两眼。1号井深370m，热储为片麻岩与花岗岩脉接触带，井底水温42℃。2号井深500m，热储为片麻岩，井底水温44℃，属低温地热水，水头高出地面，流量41.6L/s。

水化学成分：2014年10月采集的热水样品，测试结果见表11.8。

表11.8　温家峡温泉化学成分　（单位：mg/L）

T_S/℃	pH	TDS	Na^+	K^+	Ca^{2+}	Mg^{2+}
42	8.98	453	158.8	1.79	4.71	0.22
Li	Rb	Cs	NH_4^+	CO_3^{2-}	HCO_3^-	SO_4^{2-}
0.1	na.	na.	0.19	13.85	136.15	0.22
Cl^-	F^-	CO_2	SiO_2	HBO_2	As	化学类型
13.6	8.4	0	41.77	na.	nd.	SO_4·HCO_3-Na

开发利用：温家峡温泉附近建有疗养院一处，利用两眼地热井开采热水，用于旅游疗养。

图 11.6　温家峡温泉

GSQ005 汤浴温泉

位置：汤浴温泉位于天水市清水县东北约7.5km，温泉出露在汤浴河下游沟内（图11.7）。

概况：清水温泉热储为古生代海西期花岗岩断裂带，受断裂构造控制。地下温热水在汤浴河下游河谷中，从花岗岩断裂带涌出成温泉，流经河床排入汤浴河。在汤浴河下游东岸Ⅰ级阶地上，由温热水溢出形成南北长达100m的沼泽。泉水透明，微呈蓝色，略有H_2S臭味。泉口水温53℃，属低温地热水，泉水流量2.5L/s。

2000年6月在泉旁花岗岩中施工热水井一眼，井深125.7m，日出水量700m^3。抽水试验降深

12.6m，出水量为6.94L/s。在主孔抽水时，泉水流量微有减少。

水化学成分：2014年10月采集的热水样品，测试结果见表11.9。

表11.9　汤浴温泉化学成分　（单位：mg/L）

T_s/℃	pH	TDS	Na^+	K^+	Ca^{2+}	Mg^{2+}
53	8.13	1266	304.7	9.9	98.19	2.17
Li	Rb	Cs	NH_4^+	CO_3^{2-}	HCO_3^-	SO_4^{2-}
0.29	na.	na.	0.21	0	65.73	717.83
Cl^-	F^-	CO_2	SiO_2	HBO_2	As	化学类型
84	5.8	1	52.11	na.	nd.	SO_4-Na·Ca

开发利用：清水汤浴温泉闻名遐迩，盛誉源远，属全国十三大名泉之一。20世纪60年代在这里就建立了矿泉疗养院，是我省几处疗养胜地之一。

图 11.7　汤浴温泉

GSQ006 旺藏温泉

位置：旺藏温泉位于甘南藏族自治州迭部县境内的白龙江畔。

概况：温泉处在白龙江中游的高山峡谷中，白龙江由西向东径流，深切在岷、迭两山脉之间。南部岷山在这一带海拔2560～3584m。北部迭山为2390～3360m，白龙江在温泉一带宽18～20m，海拔2280m。

旺藏温泉为一大型泉群，出露在白龙江南北两侧，分述如下：1号泉出露在白龙江南岸，由两个单泉组成。顺江边一字排列，称为东、西两泉，西泉出露在江边白云质灰岩形成的陡坎下，高出江面0.3m，距江边约2m（图11.8）。泉水从坎下白云质灰岩与青灰色石灰岩接触面裂隙中呈大股流出，隙中有溶蚀现象。该泉水温31℃，流量6.984L/s。东泉距西泉20m，距江边5.5m，高出江面1.4m。从一直立的灰白色白云质灰岩坎下裂隙中分流出，泉水流量为0.60lL/s，水温31℃。2号泉也出自江边，泉口距江面0.2m，泉水从白云质灰岩与青灰色石灰岩接触面裂隙中流出，水温30.5℃，流量1.815L/s。3号泉为一散流状泉群，出露在2号泉以西约20m江北岸边，泉流出自漫滩边的卵石缝中和江边裸露基岩裂缝中，流量均很小，总流量0.687L/s，水温在26～28℃。白龙江处于丰水期时，泉群全部淹没于江水中。

水化学成分：2014年10月采集的热水样品，测试结果见表11.10。

表11.10　旺藏温泉化学成分　（单位：mg/L）

T_S/℃	pH	TDS	Na^+	K^+	Ca^{2+}	Mg^{2+}
43	7.2	881	72.47	5.23	133.3	63.08
Li	Rb	Cs	NH_4^+	CO_3^{2-}	HCO_3^-	SO_4^{2-}
0.101	na.	na.	0.21	0	399.06	377.85
Cl^-	F^-	CO_2	SiO_2	HBO_2	As	化学类型
23.2	2.2	4	21.47	na.	nd.	$SO_4 \cdot HCO_3$-$Ca \cdot Mg$

开发利用：该温泉主要用于当地牧民洗浴，尚未开发利用。

图 11.8　旺藏温泉

第三节　代表性地热井

GSJ001 伊塘湖地热井

位置：敦煌市东北20km的伊塘湖。

井深：1600m。

孔径：200mm。

井口温度：42℃。

热储层特征：位于敦煌盆地，中新生界沉积层由第四系、新近系和侏罗系上统（J_3）泥岩、砂质泥岩、泥质砂岩组成盆地型地热田保温盖层，侏罗系下统（J_1）砂岩为盆地型地热田热储层，热储顶板埋深600m，热储层厚度400m，热储中部温度51.5～57.6℃。地热水为承压水，水头高出地面，井口水温42℃。

水化学成分：2014年11月采集的热水样品，测试结果见表11.11。

表11.11　伊塘湖地热井水化学成分　（单位：mg/L）

T_s/℃	pH	TDS	Na^+	K^+	Ca^{2+}	Mg^{2+}
42	8.2	1807	504	3.4	81.8	33.1
Li	Rb	Cs	NH_4^+	CO_3^{2-}	HCO_3^-	SO_4^{2-}
nd.	na.	na.	0.03	0	158.6	514.9
Cl^-	F^-	CO_2	SiO_2	HBO_2	As	化学类型
570.8	0.6	0.7	4.69	na.	nd.	Cl·SO_4-Mg

开发利用：伊塘湖地热井距市区较远，加之开发利用不够，地热井成井后处于封闭状态。由于伊塘湖地热井勘探表明敦煌盆地存在地下热水，2000年以来，先后在市区内施工两眼地热井，均打出了热水，水温30～47℃，降深20m涌水量达349.1m^3/d。

GSJ002 运通大厦地热井

位置：运通大厦地热井位于兰州市七里河区运通大厦。

井深：1957.1m。

孔径：200mm。

井口温度：45℃。

热储层特征： 地热井位于黄河河谷盆地，发育多级阶地，河谷内沉积有大于200m厚的第四系砾石层。运通大厦地热勘探井，于2003年12月25日终孔验收。勘探孔钻进深度2003.1m，成井深度1957.1m，涌水量504m³/d，井口水温45℃。埋深240m以浅是第四系砂砾石层；240～1230m是古近系中上部的一套棕红色泥岩、砂质泥岩为主夹砂岩、砂砾岩地层，透水性不好，形成盖层，地温梯度4.2℃/100m；埋深1230～1636m为古近系下部西柳沟组（E_1x）厚层状粗砂岩-粉细砂岩夹薄层泥岩，埋深1630～1730m为白垩系河口群厚层状砂砾岩夹细砂岩以及1730～1770m以下的元古宇皋兰群顶部的风化构造裂隙带构成热储层，地温梯度2.5℃/100m，热储层厚600m，含水层累计厚度300m左右，是拗陷深部含水层位。元古宙皋兰群的片岩、片麻岩构成地热田的基底。

水化学成分： 2014年11月采集的热水样品，测试结果见表11.12。

表11.12 运通大厦地热井水化学成分 （单位：mg/L）

T_s/℃	pH	TDS	Na^+	K^+	Ca^{2+}	Mg^{2+}
45	7.8	4577	1439	13.1	74.1	15.8
Li	Rb	Cs	NH_4^+	CO_3^{2-}	HCO_3^-	SO_4^{2-}
0.22	na.	na.	nd.	0	253.8	2233
Cl^-	F^-	CO_2	SiO_2	HBO_2	As	化学类型
597.7	2.42	8.8	38.9	11.22	0.007	SO_4-Na

开发利用： 运通大厦地热井用于洗浴疗养。

第/十/二/章

宁夏回族自治区

第一节 地热资源及分布特征

一、地热资源形成特点及分布规律

（一）地热地质条件

从地层、构造、岩石圈厚度、地壳厚度、岩石圈速度结构、莫霍面、居里面、重力、磁场、大地热流、地温梯度场特征等方面，概略阐述宁夏地热资源形成的地热地质条件。

1.地层特征

按照宁夏所处大地构造位置，以主构造期（早古生代—三叠纪）古构造格局为基础，结合地层发育状况、沉积序列、沉积建造及古生物群等因素，将宁夏综合地层划分为一个地层大区，即华北-柴达木地层大区；三个地层区，分别为祁连地层区、阿拉善地层区和华北地层区。宁夏的地层出露齐全，自新生界至元古宙均有分布。前新生界主要出露于贺兰山、卫宁北山、牛首山、罗山、青龙山、香山、南华山、西华山及六盘山等基岩山区。中生界主要分布于灵（武）盐（池）台地及宁南黄土高原区，大至以六盘山为界，东部为下白垩统保安群，西部属下白垩统六盘山群，在青铜峡市庙山湖地区分布有下白垩统庙山湖组山麓-河湖相地层。新生界广泛分布，新近系（缺失上新统）、古近系（缺失古新统）广布山前和山间盆地中，往往形成山前红岩台地、红岩丘陵和新近纪、古近纪沉积盆地。第四系自早更新世至全新世皆有沉积，十分发育，分布广泛；以成因类型而论，可分为流水、风力、重力及寒冻等若干系列，尤以盆地（平原）中的河湖相堆积、山麓地带的洪积、黄土堆积最为发育；黄土堆积自早更新世延续至全新世，披覆在不同高度、不同地层之上。宁夏火成岩不发育，仅在局部地段见有。银川平原4000m以浅热储层为新近系干沟河组、红柳沟组，古近系清水营组，奥陶系马家沟组，其中，红柳沟组为主要热储层。

2.区域构造特点

宁夏地处华北陆块和秦祁昆造山带的接合部位，属稳定块体与活动带之间的过渡地区。宁夏大地构造可划分为一个一级构造单元（柴达木-华北板块），三个二级构造单元（华北陆块、阿拉善微陆块、祁连早古生代造山带），三个三级构造单元（鄂尔多斯地块、腾格里早古生代增生楔和北祁连中元古代—早古生代弧盆系）对地热影响较大的构造为盆地和断裂，包括银川盆地、鄂尔多斯中新生代凹陷，深大断裂包括贺兰山东麓断裂、黄河-灵武断裂、西华山-南华山北东麓活动断裂、天景山北麓-尖山墩东麓活动断裂、烟筒山北东麓活动断裂带、牛首山-罗山东麓-三关口活动断裂带；这些深陷盆地和深大断裂是储存、传导、流通深部地热的主要载体和途径。另有研究表明阿拉善微陆块显生宙热构造突出，发育很多碱性的岩浆岩，二叠纪亦发育很多的熔岩，中新生代推覆运动强烈，甚至将这些古岩层推到了新近系、古近系以上，宁夏境内阿拉善微陆块的腾格里增生契为古岩层，很可能是潜在的热源。

3.区域地球物理场特征

（1）岩石圈速度结构：到目前为止，宁夏境内共有五条地震测深剖面，分别为阿拉善左旗-定边剖面、银川断陷盆地剖面、永登-平凉剖面、兰州-靖边剖面、西吉-中卫剖面，其成果为研究宁夏地区岩石圈速度结构提供了重要科学依据。

阿拉善左旗-定边剖面跨越的银川平原新生代地层沉积厚大约8km，上地壳界面明显下拗，与新生代以来银川地堑强烈断陷和巨大厚度的新生代沉积一致。银川地堑上地幔明显隆起6km左右，但是隆起顶部并不与盆地沉降中心相对应，而向东偏至黄河附近。这种特征可能是莫霍面向上隆起导致地壳厚度显著变小。同时在下地壳中有一个长度近80km的低速异常透镜体，最小速度6.0km/s，厚度10～15km，推测是强烈混合岩化，并伴随局部熔融作用所致（图12.1）。

银川断陷盆地剖面北西-南东向穿过银川地堑内发育的贺兰山东麓断裂、银川-平罗断裂和黄河断裂。从多组反射震相上分析，银川断陷沉积地层包括新生界和及早古生界，地层位置清晰，断裂显著明了，具有明显的变质岩的特点。贺兰山东麓断裂及黄河断裂是构成银川平原地质构造的两大重要断裂，并在深部约28km处交汇，随后继续向下延伸贯穿莫霍面。同时银川盆地莫霍面上隆并不正对着银川盆地中心部位，而是向东偏离，表现出西侧缓东侧陡的特征，反映地幔物质从西下方向东上方运动的特征。在下地壳部位发育低速体，可能是已固结了的燕山期花岗岩体。鄂尔多斯克拉通块体基底与阿拉善左旗分界断层为小松山断裂，中生代为向鄂尔多斯块体逆冲推覆的大型断层。

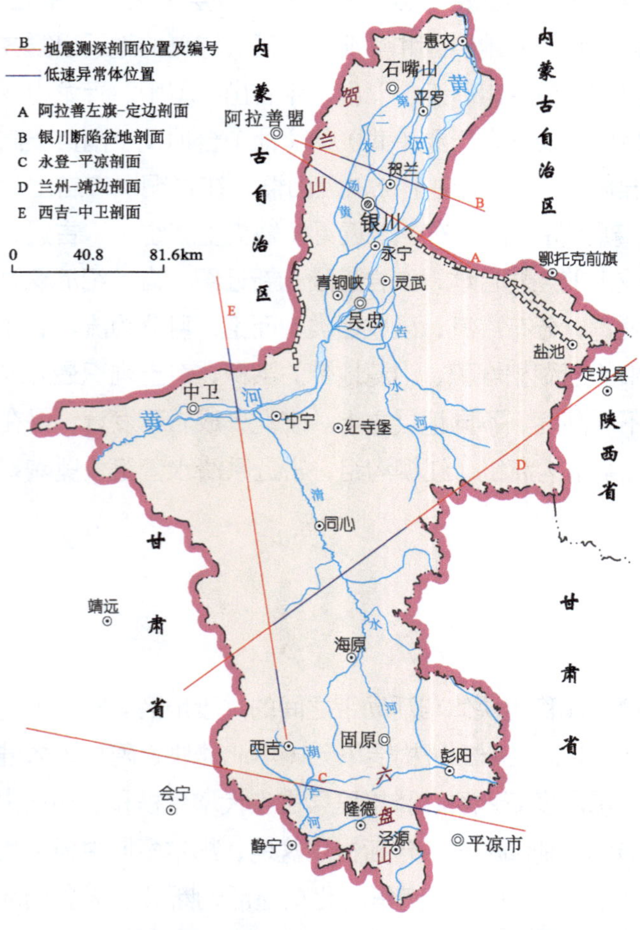

图 12.1 地震测深解译低阻异常体分布示意图

六盘山加里东时期的造山运动形成的岩石圈地震测速显示，在永登-平凉剖面的六盘山固原下方存在一个低速异常体，厚度约11km，速度是5.9km/s；在异常体下方，大约30km处便是莫霍面，莫霍面隆起上升。王椿镛等（1995年）分析认为，在六盘山中、下地壳上隆，与六盘山地形呈正相关关系，形成细颈构造，呈现自下而上仰冲推覆形态。

沿兰州-靖边剖面莫霍面自南西向北东地壳厚度逐渐变薄，并在海原附近起伏较大。同心以南速度结构变化得更趋复杂化，在会宁和海原至同心间C界面上方出现了一个低速层。并且该剖面在海原附近莫霍面顶面埋深较两侧浅，显示有上隆的趋势。

沿西吉-中卫剖面在海原、兴仁堡、香山、中卫之间的区域和其北、南两边所构成的三个区域的岩石圈速度结构在垂向上和水平上都有清晰的不均匀性，在海原、兴仁堡下方莫霍面隆升5km左右，其向北及向南两边的上地壳中均存在低速异常体，在中卫以北的地壳下面大致10～15km处，在西吉下方约20km及约40km处的位置上。推断在地壳和莫霍面之间有两条断裂，分别为海原断裂和中卫-同心断裂。

综合五条剖面解释成果，发现出现低速异常体的下方或附近通常存在莫霍面隆升，并遗留构造活动痕迹，若近期构造活动频繁的地区或该异常体仍是熔融状态的刚性岩体。

（2）区域重磁异常：重力场能很好反映一个地区的地球物理特性。通过向上或者向下延拓消除了表层不均匀体的影响，能突出的反映深处地质异常情况。通过宁夏成矿带地球物理调查项目成果分析可知：第一，银川盆地、西吉盆地、中卫西北边及呈现条带状的等值线，重力值一般高，反映出河道或者地下含水地层被高密度的砂砾石所充填。第二，南北古脊梁地区整体呈现条带状的等值线，重力值较高，反映出中性及基性的早期岩层的入侵和高密度岩层形成古潜山带。第三，海源盆地呈现圈闭状的重力等值线，重力值最高，反映出下部很可能是中性到基性的侵入岩或者第四系覆盖物下方的基岩向上隆起，基岩的密度比较大，加之海源地区存在海源断裂地震带，属于新构造活动区，故而海原地区可能是地热的存在区。

弱的磁异常常反映沉积层的厚度，强的磁异常通常反映变质岩系或者中基性火成岩的侵入体。据宁夏成矿带地球物理调查项目成果分析：银川平原、卫宁地区、瑶山-大罗山黄土丘陵区都显示有比较好的沉积覆盖层，厚的沉积盖层是地热蓄积的保障；西吉地区、南华山-西华山地区及附近的海原、青铜峡地区都显示出不同类型的火成岩的入侵，火成岩往往是热源。

4.岩石圈结构构造

（1）莫霍面结构特征：宁夏莫霍面的埋深表现为东部浅、西部深、北边浅、南部深的趋势，深度的展布有以下几个特点：第一，银川地堑周围地区及南部弧形构造带莫霍面等深线梯度变化大，反映了莫霍面起伏较为剧烈。第二，从银川开始由南到北及东北部，莫霍面呈现隆起上升样，莫霍面最浅的地方埋深38km左右。第三，西吉和中卫两处的莫霍面呈凹陷状，深度分别为50km和47km。第四，东侧的鄂尔多斯地块区和贺兰山以西的阿拉善微陆块区莫霍面等深线密度稀疏，梯度变化平缓，莫霍面的埋深在40～43km范围。鄂尔多斯块体是一个稳定的克拉通。地热的存在依赖于地质活动由此，从莫霍面分析，其埋深越浅，地质活动越强烈，地壳基底处的温度也就越高，高温持续的也就越久，银川盆地这方面的热储条件较好，宁南弧形构造带次之，西吉地区、中卫地区及鄂尔多斯台地不理想。

（2）地壳结构及厚度变化：根据地震测深剖面资料，推断宁夏及其附近地壳厚度变化特征，可概括总结为：①地壳总厚度总体趋势是南部大于北部。由于南部处于青藏高原北东边缘向鄂尔多斯地块稳定区的过渡地带，其地壳厚度介于青藏高原（厚度约60km）与稳定区（约42km）之间；北部银川地区地壳总厚度小于40km。②贺兰山西侧的阿拉善微陆块总体地壳结构比较简单。上地壳约厚15km，中地壳的深度范围在15～25km，下地壳的深度范围在25～45km，地壳总厚度42～46km，莫霍面自西向东有逐渐变浅之趋势。③处于鄂尔多斯西缘裂陷带的银川盆地，新生代沉积厚度达8km，上地壳厚度为11～15km，其界面明显下拗，与新生代以来银川地堑强烈断陷和巨大厚度的新生代沉积一致。中地壳深度在15～24km，下地壳厚度为14～24km，莫霍面埋深37～40km。银川地堑上地幔明显隆起6km左右，但隆起顶部并不与盆地沉降中心相对应，而向东偏至黄河附近。④鄂尔多斯拗陷区，壳幔结构简单，具有整体稳定的特点。在宁夏盐池一带上地壳厚度11～12km；中地壳为一匀速层，厚度8～10km；下地壳厚度为18～22km，莫霍面深度40～43km。⑤中祁连加里东造山带沉积盖层厚度2.5～4km；上地壳东厚西薄，厚度14～19.5km；中地壳厚度为12～17km；下地壳由西向东减薄，厚度为10～21km。地壳总厚度为45～52km。⑥北祁连加里东造山带沉积盖层厚度2.5～4km，上地壳较厚为19～23km，中地壳厚度为9.5～12.5km，下地壳较薄为7～12.5km，最薄处位于六盘山。地壳总厚度为42～44km。六盘山附近的深大断裂是中国东西两大构造单元的分界线。与其两侧地壳结构不同，上地壳巨厚，比中、下地壳总厚度还大，而下地壳变薄，最薄处只有7.0km。⑦鄂尔多斯西缘裂陷带沉积盖层厚度为2km左右，上地壳厚度约17km，中地壳厚度14km，下地壳厚度为12km。地壳总厚度46km。地壳厚度侧面反映了莫霍面的埋深情况，通过对比地震测深和重力法得到的地壳厚度图发现，虽略有差异，但都反映出莫霍面在中卫和西吉呈现凹陷态，在海原、盐池、彭阳、银川平原呈隆升态，是地热存在的一种潜在的表征。

（3）岩石圈厚度特征：宁夏处于中国东西岩石圈变化高的过渡带，依据地球物理资料来看，本区不同的地质构造单元，岩石圈厚度差异变化明显。鄂尔多斯地块和阿拉善地微陆块的电性层横向变化平缓，成层和整体性好，表明这两个地块较为完整，相对稳定，在很长的地质历史时期内较少受到形变破裂，地球物理解释岩石圈厚度在110～130km。岩石圈埋深分布情况表现为东、西两侧埋深较深，深度约在100km，银川盆地和六盘山-海原断裂周围埋深较浅，约在80km。宁夏北部，岩石圈厚度约在62～85km；灵武以东，属鄂尔多斯地块区，岩石圈厚度较大，在123～131km；宁夏中部，鄂尔多斯地块区，岩石圈厚度在107～110km；腾格里增生楔（走廊过渡带），岩石圈厚度相对较大，在115～136km。宁夏南部，固原以东彭阳地区，岩石圈厚度在77～89km；固原以西西吉地区，岩石圈厚度相对较小，约为74km。

（4）居里面特征：当地下岩层达到一定温度（530～560℃）后，就会发生消磁现象而失去磁性。居里面既是无磁界面，又是等温界面，这一特性使居里面成为研究深部热状态的重要表征。宁夏居里面总体表现为西浅东深，深度约24～29km，银川平原由西南向北东由浅变深，深度约为25～30km，宁南约为26～32km，在中卫、中宁、青铜峡构成的三角区内埋深很浅，约24km，是地热可能存在的一个有利信息。

5.区域地温梯度场特征

银川平原Y1、Y3和NSR-1井出水温度分别为67.5℃、55.0℃和68.0℃，利用地热井测温数据确定了三口地热井的地温梯度，其算术平均值分别为2.19℃/100m、1.92℃/100m和2.25℃/100m。地温垂向特征表现为随深度增大而升高，浅层部分在100m以内地温波动比较大，之后波动变小；深层部分地温梯度变化较为平稳，在3000m左右地温可达到80℃以上。银川平原盖层地温梯度4.0℃/100m的区域分布于银川、贺兰、永宁三地，呈串珠状北北东向分布，与平原走向基本一致，为中低温地热田范围；地温梯度为2.0～4.0℃/100m的区域分布于平罗-银川-永宁一带的中部深陷区；贺兰山东麓及吴忠、青铜峡、陶乐、惠农等平原边缘地区地温梯度均小于2.0℃/100m。

6.大地热流特征

大地热流是单位时间内以热传导的方式通过单位面积并流向地表的热量，是地球内部热情况在地表的反映。全球大地热流值的平均值为63mW/m²。宁夏现有三口地热井均分布于银川平原，其中Y1、Y3地热井获得实测导热率，其大地热流值值分别为57.78mW/m²、56.10mW/m²。地幔热流和地壳热流的热贡献分别为60%和40%，地表热流主要来源于地幔热流，明显具有构造活动区热结构特征。

银川平原Y3和Y1地热井地温从西（Y3）向东（Y1）有逐渐增高的趋势，平均地温梯度由1.92℃/100m增大至2.19℃/100m，平均大地热流值由56.10mW/m²增大至57.78mW/m²，出水温度由55.0℃增大至67.5℃，与浅层地温分布规律相一致。

（二）地热资源分布规律

1.地热资源类型的区域分布

利用宁夏大地电磁测深剖面测量项目完成的宽频大地电磁资料，结合上述地热地质条件，确定和推测的宁夏地热储区域共有七处（图12.2）。除银川平原地热田（T-NX01）外，其余六处均为分布在宁南弧形构造带的地热尚待查明区，包括卫宁北山地热尚待查明区（T-NX02）、卫宁平原以南牛首山-罗山冲断带地热尚待查明区（T-NX03）、罗山山间平原地热尚待查明区（T-NX04）、天环向斜地热尚待查明区（T-NX05）、烟筒山-窑山断裂带地热尚待查明区（T-NX06）、西华山-六盘山冲断带及附近的腾格里增生楔地热尚待查明区（T-NX07）。

1）T-NX01：银川平原地热田

据Y1、Y3、NSR-1地热井井下岩性和测温资料，银川平原地热田内第四系沉积物松散，结构较粗，存在地温大于25℃的孔隙性热储，但分布很小，不构成热储层。按地层垂向可划分出新近系干河沟组、新近系红柳沟组、古近系清水营组、奥陶系马家沟组四个热储层，各热储层在平原的不同部位其顶板埋深及热储层厚度各不相同。新近系和古近系是主要的热储层，岩性以砂岩层为主，砂泥比大于0.5，为裂隙型层状热储，热储层上方各有一较好盖层，盖层岩性以泥岩层为主，砂泥比小于0.5，为相对隔水层或保温层；平原内奥陶系在局部存在可开采的裂隙型层状热储，其上为厚约50m风化壳，残余成分主要为硅质泥岩。

2）T-NX02：包括卫宁北山地热尚待查明区

20世纪80年代，ZK9102井打出地热水，水温40℃，但这口井在随后消失，此后也没有在该区域在发现热水。卫宁北山地区正是构造活动强烈的地区，其南边的天景山北麓-尖墩山东麓为第四纪以来新构造运动活跃断裂；历史上该尚待查明区内发生大地震三次，分别发生在1627年、1709年、1945年，震级6级、7级、6级，为断裂主导的对流型地热系统。

3）T-NX03：卫宁平原以南牛首山-罗山冲断带地热尚待查明区

位于牛首山和烟筒山-瑶山断裂之间的平原区，第四系厚度较大，下伏新近系中新统含水性较好，与沉积盆地型地热田相似，属沉积盆地孔隙性地热田。

4）T-NX04：罗山山间平原地热尚待查明区

罗山下方为低阻高导区，显示地层含水较好，埋藏较深，分布上位于第四纪以来活动强烈的牛首山-罗山东麓-三关口活动断裂带旁，为断裂主导的对流型地热系统。

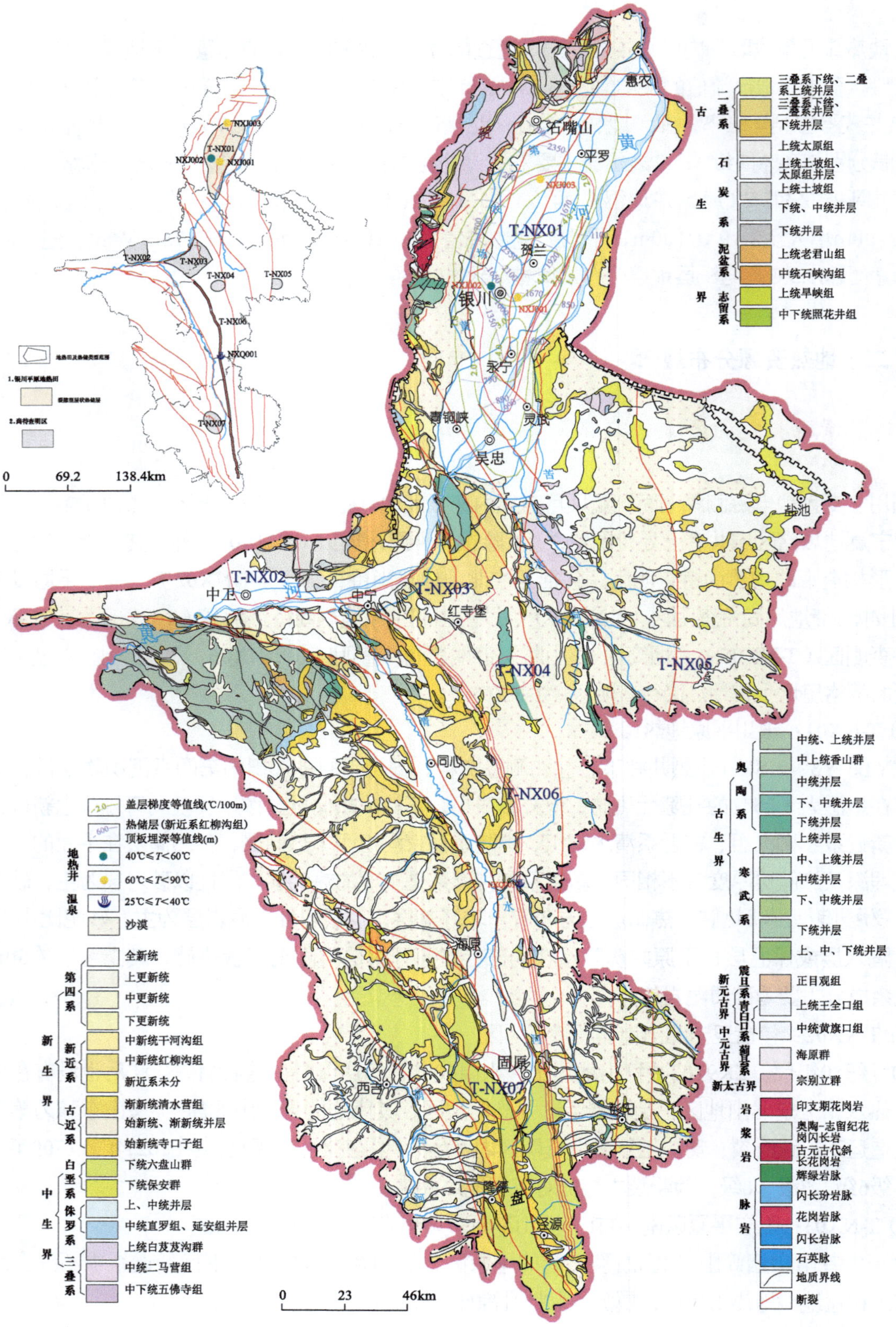

图 12.2　宁夏回族自治区地热地质图

5）T-NX05：天环向斜地热尚待查明区

位于车道-阿色浪断裂东边天环向斜的左翼，向斜翼部地层比中间老，两翼出露白垩系，裂隙含水。

6）T-NX06：烟筒山-窑山断裂带地热尚待查明区

位于烟筒山-瑶山断裂带，该断裂带1622年在双井附近发生7级地震一次。它属于腾格里增生契的一部分，沿断裂带出露地层以白垩系为主，零星有侏罗纪地层出露。该断裂带上从北往南依次双井泉出水温度23℃、楼房沟泉出水温度19℃，都高出当地年平均气温，与开放性地热田类似，为低温地热资源，属断裂带开放式地热田。

7）T-NX07：西华山-六盘山冲断带及附近的腾格里增生楔地热尚待查明区

位于硝口的六盘山断裂带上，北边月亮山东北麓断裂第四纪以来活动强烈。该地热田下方和附近的腾格里增生楔下方均为低阻高导区，显示富水，埋深大，历史上两次6级地震分别发生在1306年、1921年，为断裂主导的对流型地热系统。

2.银川平原地热田热储特征

干河沟组热储层在平原中部深陷区地层厚度最大，平均为1200m；东部斜坡凹陷区为750m；其他构造区该组地层厚度约为100m至300m。该组地层岩性为灰白、浅黄色中细粒砂砾岩、粗砂岩夹棕黄、浅棕色泥岩，砂质泥岩，含较为丰富的碳化植物化石。中部深陷区和东部斜坡凹陷区温度较高，基本为40～60℃，其他构造分区内温度约25～40℃。水质水平上由山前向平原中心矿化度变大，垂向上从浅部到深部水质变差。

红柳沟组热储层在包括中部深陷区和东部斜坡凹陷区的平原中部地层厚度最大，可达1200～2500m，平原四周地层厚度较薄，为300～500m。该组地层岩性为上部浅灰、浅棕色细粒砂岩夹浅棕、深色砂质泥岩，砂岩局部含砾石，下部浅灰、灰色泥岩、粉砂质泥岩夹中细砂岩，向下泥岩变为灰绿至黄绿色，有时砂岩中也含砾石。裂隙含水，整体富水性较好。中部深陷区和东部斜坡凹陷区温度较高，基本为60～90℃范围，中部深陷区局部温度高于90℃，其他构造分区内温度在40～60℃范围内。水质水平上由山前向平原中心矿化度变大，垂向上从浅部到深部水质变差。

清水营组热储层和干河沟组厚度分布规律相似，平原中部厚度较大为1500m，在东部斜坡凹陷区西边局部厚度可达1900m，其他区域地层厚度约为400～800m。岩性为棕红、酱红色泥岩和砂质泥岩，灰白、灰绿、棕红等杂色砂砾岩、砂岩、粉砂岩互层，砂岩钙质胶结，局部夹少量泥灰岩。裂隙含水，整体富水性较好。中部深陷区和东部斜坡凹陷区温度较高，可达90～150℃，东部斜坡隆起区北部温度为60～90℃，其他区域温度在40～60℃范围内。水质水平上由山前向平原中心矿化度变大，垂向上从浅部到深部水质变差。

奥陶系马家沟组热储层，由银参2井揭露出地层1986～2037.8m，厚51.8m（未见底）。上部为风化壳，残余成分主要为硅质泥岩，含少量燧石，下部为硅质白云岩。根据地热资源评价要求垂向上的评价深度至少评价至埋深4000m的深度处，而西部斜坡区、东部隆起区和南部斜坡区清水营组底板埋深均小于4000m，故西部斜坡区、东部隆起区和南部斜坡区清水营组底板埋深均为4000m，同时后续的资源量计算根据Y1、Y3、NSR-1及银参2井参数推测估计至4000m深度处。该热储层裂隙含水，属于地下水深部循环系统，富水一般，水质较差。

由地热井的抽水资料，Y1、Y3、NSR-1地热井的稳定出水量分别为400.8m³/d、1430.0m³/d、1997.8m³/d，开采层段位于新近系和古近系砂岩层，富水性除Y1井附近区域外，其他区域良好。垂向上随埋深的增大，地应力也相应增大，岩石裂隙逐渐减小，热储层的富水性会随深度逐渐衰减较大，Y3地热井开采试段埋深2115.75～2971.65m，单井出水量1430.0m³/d，Y1井开采试段埋深2682.41～3077.80m，单井出水量试验后期仅维持在400.8m³/d，比Y3井开采试段加深了566.66m，虽然热水温度上升了12.5℃，但水量上难以满足需要，银川平原垂向上具体的富水性临界深度还有待以后实际钻孔资料探明。NSR-1开采试段2519.4～3240.1m，单井出水量为1997.8m³/d，试水深度最大，出水量最好，地热储条件较好。

二、地热资源量

由于宁夏隆起山地型地热田范围均为推测的尚待查明区，地热露头（泉）点泉口温度除臭温泉（又称双井温泉）历史测温中有大于25℃记录外，其余均不符合温泉定义，工作过程中采用不同的化学温标方法计算的热储温度结果差异性也很大，与实际温标之间相差也达10～30℃，资源量计算并不可靠。故本次工作仅对银川平原地热田（T-NX01）运用热储法地热资源量进行了初步评价（图12.3），计算结果为：地热流体储存量为6915.71×10^8m³，地热资源量为3113.89×10^{14}kJ，地热资源可开采量为680.23×10^{14}kJ，地热流体可开采量为331.21×10^8m³，地热流体可开采热量为1630.87×10^8kJ/d；考虑回灌条件下允许开采量为7.37×10^6m³/d，地热流体可开采热量为136.55×10^{10}kJ/d。银川平原可替代的常规能源量为338.60×10^4t/a标准煤，可减少排放多少8.08×10^6t/a二氧化碳、减少排放5.76×10^4t/a二氧化硫，可减少排放2.03×10^4t/a氮氧化物，可减少排放2.71×10^4t/a悬浮质粉尘、3.39×10^5t/a固体废弃物的排放量。

从热储层来看，新近系红柳沟组热储资源量最好，其次为古近系清水营组，具体为：

新近系干河沟组地热流体储存量为3728.8×10^8m³，地热资源量为815.59×10^{14}kJ，地热资源可开采量为182.32×10^{14}kJ，地热流体可开采量为203.91×10^8m³，地热流体可开采热量为516.13×10^8kJ/d；考虑回灌条件下允许开采量为3.709×10^6m³/d，地热流体可开采热量为37.804×10^{10}kJ/d。

新近系红柳沟组地热流体储存量为2421.55×10^8m³，地热资源量为1315.88×10^{14}kJ，地热资源可开采量为114.81×10^{14}kJ，地热流体可开采量为328.97×10^8m³，地热流体可开采热量为727.34×10^8kJ/d；考虑回灌条件下允许开采量为2.547×10^6m³/d，地热流体可开采热量为57.024×10^{10}kJ/d。

古近系清水营组地热流体储存量为709.87×10^8m³，地热资源量为816.72×10^{14}kJ，地热资源可开采量为33.53×10^{14}kJ，地热流体可开采量为122.52×10^8m³，地热流体可开采热量为383.08×10^8kJ/d；考虑回灌条件下允许开采量为0.857×10^6m³/d，地热流体可开采热量为34.392×10^{10}kJ/d。

奥陶系马家沟组地热流体储存量为55.49×10^8m³，地热资源量为165.67×10^{14}kJ，地热资源可开采量为0.562×10^{14}kJ，地热流体可开采量为4.85×10^8m³，地热流体可开采热量为4.33×10^8kJ/d；考虑回灌条件下允许开采量为0.257×10^6m³/d，地热流体可开采热量为7.331×10^{10}kJ/d。

热储类型分区	热储层	计算分区	地热资源量/10^{16}kJ	地热资源可开采量/10^{16}kJ	地热流体储存量/10^9m^3	地热流体可开采量/10^6(m^3/a)	地热流体可开采热量/10^8(kJ/d)	考虑回灌条件Q允/10^6(m^3/d)	地热流体可开采热量/10^{12}(kJ/a)
西部斜坡区	红柳沟组	Ⅱ 1	0.351	0.088	10.068	3.02	12.173	0.109	5.873
中部深陷区	红柳沟组	Ⅱ 2-1	5.078	1.27	80.7	40.35	287.561	0.836	79.421
		Ⅱ 2-2	0.593	0.148	7.295	3.647	33.574	0.075	9.18
东部斜坡凹陷区	红柳沟组	Ⅱ 3-1	0.121	0.03	2.578	1.289	6.872	0.027	1.928
		Ⅱ 3-2	5.175	1.294	86.691	43.345	294.286	0.9	81.449
		Ⅱ 3-3	1.32	0.33	33.496	16.748	75.059	0.357	21.325
东部斜坡隆起区	红柳沟组	Ⅱ 4-1	0.062	0.016	2.152	0.646	2.117	0.024	1.033
		Ⅱ 4-2	0.126	0.032	3.473	1.042	4.302	0.037	2.053
南部斜坡区	红柳沟组	Ⅱ 5-1	0.311	0.078	14.955	4.486	10.655	0.174	5.517
		Ⅱ 5-2	0.022	0.005	0.747	0.224	0.737	0.008	0.363

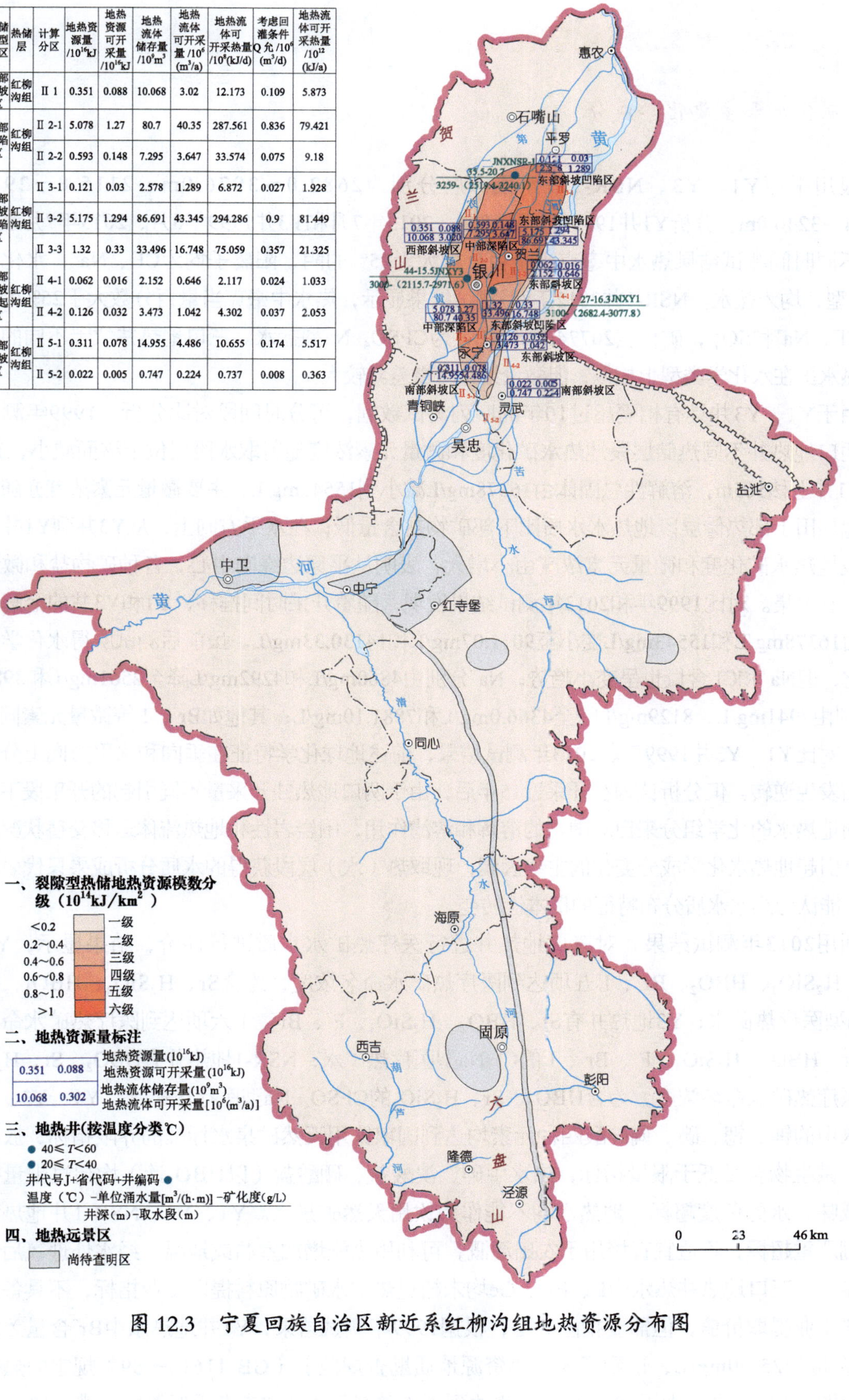

图 12.3　宁夏回族自治区新近系红柳沟组地热资源分布图

三、地热流体地球化学特征

1.矿化度和主要化学成分

银川平原Y1、Y3、NSR-1取水段深度分别为2682.0～3076.0m、2115.8～2971.7m和2519.4～3240.0m。分析Y1井1999年2月、8月，2013年7月和Y3井1999年6月、2013年7月水质测试结果，不同时间测试结果热水中毫克当量百分数大于25%的阴、阳离子均为Cl^-、Na^+，水化学类型为Cl−Na型，均为盐水。NSR-1井2012年8月测试结果显示，热水中毫克当量百分数大于25%的阴、阳离子为Cl^-、Na^+和SO_4^{2-}，矿化度20774.13mg/L，为Cl·SO_4−Na型盐水。三口地热井位于不同的构造单元中，热水虽在水化学类型上相似，但微量组分含量差异较大。

由于Y1、Y3井具有相隔超过10年的序列测试数据，可分时间段对比分析。1999年测试结果显示，两口地热井不同热储层段地热水矿化度和微量元素浓度随着取水段层位上移而减小，Y3井取水段比Y1井上移565m，溶解性总固体由16378mg/L减小到15543mg/L，主要微量元素浓度亦随之减小，表明地热田上部热储层段地热水水质比下部矿物盐含量低；在水平方向上，从Y3井到Y1井，同一热储层段地热水矿化度和微量元素浓度由小增大，表明从平原边缘向中心，各种矿物盐和微量元素在平原中心聚集。对比1999年和2013年测试结果发现，随着开采时间推移，Y1和Y3井的溶解性总固体分别由16378mg/L和15543mg/L变小至9011.07mg/L和14130.33mg/L。虽前后测试所得水化学类型未发生变化，但Na^+和Cl^-含量也呈变小趋势；Na^+分别由4860mg/L和4292mg/L降至2561mg/L和3987mg/L；Cl^-分别由7941mg/L、8129mg/L降至4366.0mg/L和7881.10mg/L；其他如Br^-、I^-等微量元素同样呈变小趋势；对比Y1、Y3井1999年、2013年测试结果，前述地球化学特征在垂向和水平方向上分带性在数据层面发生逆转。但分析认为在开采近15年后，由于两口地热井开采量不同引起的开采段下移速率不同，而地热水的化学组分来自对围岩的溶解和溶滤作用，围岩岩性和地热流体运移交替状况及温度高低，是引起地热水化学成分变化的主要因素，现取热（水）层段获得的水质分析成果只代表现阶段结果，不能认为热水水质分布特征的根本性转变。

利用2013年测试结果，对三口地热井进行医疗热矿水水质进行评价，结果显示，Y1地热井有Sr、H_2SiO_3、HBO_2、Br^-、I^-五项达到医疗热矿水命名浓度，为含Sr、H_2SiO_4、HBO_2、Br^-、I^-的Cl−Na型医疗热矿水；Y3地热井有Sr、HBO_2、H_2SiO_3、F^-、Br^-、I^-六项达到医疗热矿水命名浓度，为含Sr、HBO_2、H_2SiO_3、F^-、Br^-、I^-的Cl−Na型医疗热矿水；NSR-1地热井有HBO_2、Sr、H_2SiO_3三项达到医疗热矿水命名浓度，为含HBO_2、Sr、H_2SiO_3的Cl·SO_4−Na型医疗热矿水。Y1、Y3、NSR-1井地热水中的锂、锶、碘、偏硅酸四种元素均达到国家饮用天然矿泉水标准的界限指标，放射性、污染物、微生物含量低于限量指标，热水中砷、溴酸盐、硼酸盐（以HBO_2计）均超过限量指标，口感为咸味，水的色度超标，地热水均不能作为饮用天然矿泉水。Y1、Y3、NSR-1井地热水中氯化物和硼严重超标，不适宜直接用于农田灌溉，可利用热能增加室温或地温。经水处理氧后，可用于水产养殖。三口地热井热水中I^-、Br^-、Ge均未超过热矿水矿物原料提取工业指标，不具备热矿水矿物原料工业提取价值，但需要指出的是，根据1999年测试结果，Y1井地热水中Br^-含量为33.60mg/L、I^-含量为25.00mg/L，达到了《地热资源地质勘查规范》（GB 11615—89）规定的热矿水矿物原料提取标准（I^-含量大于20mg/L），也达到了《矿产工业要求参考手册》中，碘（12mg/L）和溴

（20～50mg/L）综合回收工业品位。

臭温泉矿化度为1.979g/L，水化学类型为Cl·SO_4–Na型，泉水中H_2SiO_3、Br、Sr、HBO_2达到医疗热矿水浓度指标。

2.地下热水形成及补给条件的地球化学分析

1）银川平原地热田

地热田内大气降水、黄河水、浅层地下水和地热水氢氧同位素具有如下特征：①区内大气降水、黄河水、浅层地下水 δD和 $δ^{18}O$和地热水较均匀地分布在克雷格雨水线附近，说明是大气降水起源。Y3和Y1井地热水 δD和 $δ^{18}O$值位于克雷格雨水线右下方，反映出不同程度的富集 $δ^{18}O$，具有平原埋藏水的特征。②根据Y1、Y3井地热水的实测数据计算，补给区的高程1650～2400m，可能是盆地边缘的山地。从地貌条件分析，贺兰山最高海拔3556m，山体大部分都在2000m以上，考虑到一定的汇水区面积，贺兰山区应该是银川地热田地热水的主要补给区。③从Y1和Y3井所处位置、地热水出水温度及地热水 δD和 $δ^{18}O$数值看出，从Y3井往东到Y1井，地热水出水温度由55℃升高到67.5℃，地热水 δD值由−79‰增大到−59‰，$δ^{18}O$值由−9.3‰增大到−6.5‰，反映出地下热水流向为自西向东，受贺兰山冷水渗混作用和山前冷水带的影响，水温顺流向逐渐升高，山前冷水带的影响由强逐渐减弱，由于银川平原为一狭长平原，这种现象对平原整体地温场都有影响，只是在山前表现的愈加强烈，而往东到平原中部，随着垂向上岩层自重压力的加大和固结程度的提高以及深部热源条件相对变好，地热水流动缓慢，山前冷水带的降温作用逐渐减弱，地热水温度也随之升高，侧向补给量变的极为微小，地热水基本上为不可再生的静储量。④ $δ^{18}O$值高反映水温高，$δ^{18}O$值低反映水温低。但是2013年的同位素测试资料显示Y1井和Y3井地热水 δD值没有变化，都是−85‰，$δ^{18}O$值分别为−10‰和−9‰，相比2006年资料，同位素分布规律发生变化，地下水流场可能由于Y1地热井的开采而发生变化，导致其他低热量流体的注入，但这点有待以后查明。

2）宁南弧形构造带地热田

2013年对宁南弧形构造带内楼房沟泉、臭温泉、泪泉、庙山湖泉、鸽子山泉等温度较高的泉点取样测试，结果显示 δD和 $δ^{18}O$多分布在克雷格雨水线附近，说明补给来源因为大气降水。除楼房沟泉外，其余均分布在克雷格雨线右下方地热水区域内，臭温泉离克雷格雨水线较远，显示的热水效果较好，实际调查的泉水温度也最高。中卫市沙坡头景区的泪泉 δD和 $δ^{18}O$出离其他泉点聚集区域一定距离，δD和 $δ^{18}O$值较大，说明地下水可能与岩石中的矿物发生 $δ^{18}O$交换。

3.地热水的年龄确定

银川平原的Y3井热水的^{14}C视年龄为22120年，Y1井的^{14}C视年龄为25270年，说明地热水的形成是在晚更新世末期，Y1井2680m深度以下地热水^{3}H值为小于0.5TU，同样说明为古水，热水基本不受现代水循环影响。从两口地热井的年龄和分布位置可知，地热水的补给和运动方向是从西部向东部运动，进一步支持了银川盆地地热系统属于贺兰山区补给的大气降水深循环加热型的水热系统这一观点。宁南弧形构造带的鸽子山泉、臭温泉、楼房沟泉均处在腾格里增生契，地下水年龄均较大，^{14}C视年龄分别为30180a、31620a和34230a，呈由北向南地下水年龄逐渐增大的特点，推断宁南弧形构造带地下水南部较老、北部较新，可能由北向南沿裂隙径流。

四、地热资源开发利用历史及现状

宁夏仅有温泉一处，为位于固原市原州区北部甘城乡的臭温泉，无开发利用史。其他温度较高的泉点除太阳山泉有开发史外，其余如楼房沟泉、泪泉、庙山湖泉、鸽子山泉、灵武大泉、暖泉等泉点也均无开发利用历史。据史书记载，早在1400多年前，人们就发现了太阳山温泉。北魏地理学家郦道元在《水经注》中记载："县东有温泉，泉东有盐池"，这个温泉就是指今同心县韦州镇的太阳山温泉。到了明朝，太阳山温泉已经成为韦州至灵州（今吴忠市利通区）"七百里旱海"中一处有名的风景区了。目前太阳山泉开挖成一个大湖，为太阳山工业园增色。宁夏现有三口地热井中，银川市Y1、Y3地热井钻进成功后相继投入使用，使用方向均为洗浴疗养。银川市Y1地热井由宁夏天力温泉旅游开发有限公司开发成御泉湾洗浴中心，地热水与自来水1：1配用，供一200m^{2}的浴池和120个房间洗浴使用，每年开采量0.6×10^{4}m^3，接纳80000人次，年产值600万元。银川市Y3地热井由宁夏银川市西夏区火车站铁神洗浴中心开发，供一16m^{2}的浴池洗浴使用，每年开采量0.18×10^{4}m^3，接纳20000人次，年产值50万元。沙湖NSR-1地热井钻进成功即封孔，处于待开发阶段。

第二节 温 泉

宁夏温泉露头较少。以前人资料为准，区内水温大于25℃的温泉仅有一处，即臭温泉；以本项目野外调查资料为准，则区内无水温大于25℃的泉点出露。为保证资料的翔实和真实可靠，同时参考历史和本次调查资料，对臭温泉进行文字描述和记录，其余楼房沟泉、泪泉、庙山湖泉、鸽子山泉、灵武大泉、暖泉、太阳山泉等泉水温度高于当地平均气温5℃的泉点仅列表记述（表12.1）。

表12.1 宁夏泉水温度高于当地平均气温5℃的泉点

泉点名称	历史资料水温/℃	本次调查水温/℃	流量/（m^3/d）	水化学类型	备注
臭温泉	25.5～27	23	1584	$Cl\cdot SO_4$-Na	
楼房沟泉	23.7	19	163.64	$SO_4\cdot HCO_3$-Na	
泪泉		15.5	48	HCO_3-Ca·Mg·Na	
庙山湖泉	13.5～20	15	2760	$Cl\cdot SO_4$-Na	
鸽子山泉	17.2～23	19	1225	$Cl\cdot SO_4\cdot HCO_3$-Na	
灵武大泉	15.5		147.7	$Cl\cdot SO_4$-Na	已消失
暖泉	14.0		480	HCO_3-Ca	已消失
太阳山泉	21		6000	$Cl\cdot SO_4$-Na	已消失

NXQ001 臭温泉

位置：宁夏回族自治区固原市原州区甘城乡西约7.2km双井沟（石景河）沟道中，泉点东南约750m为龙家滩村。

概况：臭温泉地处宁夏南部黄土丘陵区、地形起伏，烟筒山–窑山断裂于温泉东约1km处呈南北向发育。泉点处微地貌为双井子沟南岸二级阶地陡坎，泉口高程1449m，沟谷中沉积物为第四系全新统冲积层之灰色砾石、砂、黏质砂土。泉点西侧陡坎处呈近南北向出露有约长1.1km下白垩系马东山组蓝灰色粉砂岩夹泥灰岩。在臭温泉附近约100m^{2}的泥岩裂隙中有多个泉水涌出，与臭温泉共同构成断层上升泉泉群（图12.4），单泉最大流量可达78m^3/d。各类历史资料中泉口水温记述各有不同，“宁夏回族自治区综合水文地质图说明书（1：50万）”（1982年6月）记录的温度为25.5℃，“宁夏地热远景调查及银川平原地热资源评价成果报告”（2006年10月）记录的温度为26～27℃，2013年7月25日，实测温度23.0℃。同位素特征方面，δD为−88‰、δ^{18}O为−9.5‰，分布在全国克雷格雨水线偏下方区域，且相对较远，显示的热水效果较好。^{14}C现代碳百分数为（2.18±0.4）%、表观年龄为（31.62±1.51）ka。

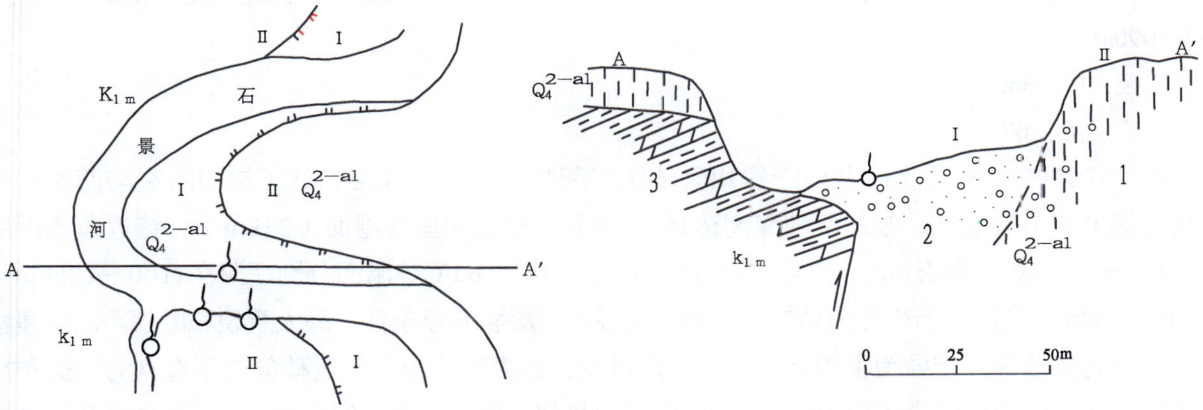

图 12.4　原州区北甘城子双井沟臭温泉成因图

1.全新统上部黏质砂土夹砾石；2.全新统上部砂砾石；3.下白垩统马东山组泥岩、泥灰岩

水化学成分：2013年7月25日进行取样测试（表12.2）。

表12.2　臭温泉化学成分　（单位：mg/L）

T_s/℃	pH	TDS	Na^+	K^-	Ca^{2+}	Mg^{2+}
23	7.22	19690.01	6667	163.8	252.9	67.8
Li	I^-	Br^-	NH_4^+	CO_3^{2-}	HCO_3^-	SO_4^{2-}
3.797	0.75	5	9.8	0	911.71	7280
Cl^-	F^-	CO_2	H_2SiO_3	HBO_2	$HAsO_3$	化学类型
4751.56	5.54	15.5	38.53	100.7	0.003	SO_4·Cl–Na

开发利用： 未开发。

第三节　代表性地热井

自1988年宁夏矿产地质调查所在中卫市黄石坡沟金银矿普查工程中，在ZK9102孔中发现温度达到40℃左右的地热水，至2012年石嘴山沙湖NSR-1地热井钻井完成，宁夏境内共有四口钻孔发现地热水。ZK9102孔在完成金银矿普查及后续的地热调查工作后即封孔消失，银川市Y1、Y3地热井和石嘴山沙湖NSR-1地热井先后成井并得以保存或开发利用。本节即选择这三口地热井进行记述。

NXJ001 银川市Y1地热井

位置： 宁夏银川市兴庆区宁夏国土资源调查监测院家属院内，海拔高程1110m。

井深： 银川市Y1地热井是宁夏施工的第一口地热井，1999年4月验收，钻进深度3100.88m，成井深度3090m。

孔径： 0.216m。

井口温度： 67.5℃。

热储层特征： 银川市Y1井位于银川盆地银川凹陷东南斜坡地带，处于银川断裂与西湖断裂的复合部位和上盘区域，银川断裂深度达10～29km，穿越居里等温面（27km），接近莫霍面深度（36km），成为深部热流向传导或对流的通道。40℃、60℃等温面分别埋深在1100～1250m、2830～3000m。巨厚的新生界为地热水创造了良好的盖层和储存条件，深大断裂和深部高温地幔物质上涌及其伴随的以传导为主的大地热流作用机制，为深部热流向上运移创造了有利的通道和热源条件。地热资源形成模式为大地热流供热-层控热储-侧向径流补给型，属中低温热水型地热资源，总体上具备地热资源形成的“储、盖、通、源条件”。该井在1010～1100m、1898～2468m、2468～2528m盖层岩性以泥岩为主，砂泥比小于0.5，为相对隔水层或保温层。在1100～1898m、1932～2468m、2528～3078m有三个热储层，热储量岩性以砂岩为主，砂泥比大于0.5。自井深2507.0～3076.0m测井解释含水层45层307.3m，单层厚度最大20.0m，最小2.6m。地层电阻率最大7.6Ω·m，一般2.5～4.0Ω·m；泥质含量最大38.0%，一般8.5%～12.5%，最小3.7%。实测砂岩热导率：2225m处为2.87TCU［0.4186W/（m·K）］、2536m处为10.06TCU、2815m处为6.04TCU、3095m处为9.04TCU。该井取热层段选在2682.00～3076.00m、此间有效砂岩共26层184.0m，其中含砾砂层8层52.0m，细砂岩18层132.0m。该井3100m井底瞬时温度65℃、静态地温78℃、出水温度67.5℃，井口出水温度与取水段平均地温相差无几，基本代表了取水段热储层中部的地温。单井出水量400.8m^3/d。同位素：δD为-85‰、$\delta^{18}O$为-10.0‰，^{14}C现代碳百分数为（4.71±0.91）%、表观年龄为（25.27±1.59）ka。

水化学成分： 1999年2月取样测试（表12.3）。

表12.3　银川Y1地热井化学成分（1999年2月）　　（单位：mg/L）

T_S/℃	pH	TDS	Na^+	K^+	Ca^{2+}	Mg^{2+}
67.5	7	16378	4860	66.84	869.33	164.42
Li	I^-	Br^-	NH_4^+	CO_3^{2-}	HCO_3^-	SO_4^{2-}
1.14	25	33.6	3.5	0	143.76	2145.4
Cl^-	F^-	CO_2	H_2SiO_3	HBO_2	$HAsO_3$	化学类型
7941	1.1	52.27	56.7	—	—	Cl-Na

2013年7月30日取样测试（表12.4）。

表12.4　银川Y1地热井化学成分（2013年7月30日）　　（单位：mg/L）

T_S/℃	pH	TDS	Na^+	K^+	Ca^{2+}	Mg^{2+}
27	7.48	9011.07	2561	16.6	450	182.7
Li	I^-	Br^-	NH_4^+	CO_3^{2-}	HCO_3^-	SO_4^{2-}
0.497	2.6	5.1	0.2	0	142.61	1324
Cl^-	F^-	CO_2	H_2SiO_3	HBO_2	$HAsO_3$	化学类型
4366.09	0.97	8	32.55	30.21	0.015	Cl-Na

开发利用：现由宁夏天力温泉旅游开发有限公司的子公司开发为御泉湾洗浴中心。

NXJ002 银川市Y3地热井

位置：银川市西夏区火车站铁路家属院内（西夏火车站铁神洗浴中心），海拔高程1109m。

井深：银川Y3地热井是宁夏施工的第二口地热井，1999年6月1日建井，钻进深度3000m，成井深度3000m。

孔径：0.216m。

井口温度：55.0℃。

热储层特征：银川市Y3地热井位于银川盆地银川凹陷中部深陷区，处于芦花台断裂东侧上盘区域，芦花台断裂是银川凹陷西部斜坡带与中部凹陷的分界断裂，接近居里等温面（27km）和莫霍面深度（36km），有利于深部热流向传导。新生界厚达7000m，3000m深度内第四厚885m，新近系厚度大于2115m。大致在955m、1660m、2062m左右及以下，有三个盖层和三个热储层，40℃等温面埋深在1100～1250m，60℃等温面埋深在2830～3000m。巨厚的新生界为地热水创造了良好的盖层和储存条件，深大断裂和深部高温地幔物质上涌及其伴随的以传导为主的大地热流作用机制，为深部热流向上运移创造了有利的通道和热源条件。地热资源形成模式为大地热流供热-层控热储-侧向径流补给，属中低温热水型地热资源，总体上具备地热资源形成的“储、盖、通、源条件”。该井地层为砂泥岩互层，没有大套泥岩，缺少理想的隔热保温盖层，这也是Y3井温度不高的主要原因。在955～1035m、1660～1705m、2062～2115m，盖层岩性以泥岩为主，砂泥比小于0.5，为相对隔水或保温层。在1035～1660m、1705～2062m、2115～3000m有三个热储层，热储量岩性以砂岩为主，砂泥比大于0.5。自井深2025.2～2972.4m，共解释含水层75层521.0m，单层厚度最大19.6m，最小1.4m。电阻率最大6.5Ω·m，最小2.2Ω·m；声波时差最大335μs/m，最小270μs/m；声波孔隙度23.65%，最小15.0%；泥质含量最大19.0%，最小5.0%；渗透率最大406.2mD，最小27.1mD。实测砂岩热导率：1017m处热导率为1.10TCU、1795m处热导率为1.28TCU、2403m处热导率为1.38TCU、2884m处泥岩热导率为2.71TCU。据地层岩性特征、储层物性参数，该井取热层段选在2115.75～2971.65m，该层段综合解释厚度67层460.6m，有效砂岩厚度358.0m，其中含砾砂层3层30.8m，细砂岩32层193.6m。单层厚度最大19.6m，最小1.4m。该井3000m井底瞬时温度57.6℃、修正地温70.23℃、井口出水温度55.0℃，井口出水温度与取水段平均地温相差无几，基本代表了取水段热储层中部的地温。静止水位埋深3.85m，降深17.55m，单井出水量1430.0m^3/d。地热水主要赋存于新近系碎屑岩类含水岩组中，由于地下热水在深部与高含盐量的围岩长期作用，形成了高矿化地热水。单井出水量1430.0m^3/d。同位素：δD为-85‰、δ^{18}O为-9.0‰，^{14}C测得表观年龄为（14.36±0.34）ka。

水化学成分：1999年6月取样测试（表12.5）。

表12.5 银川Y3地热井化学成分（1999年6月） （单位：mg/L）

T_S/℃	pH	TDS	Na^+	K^+	Ca^{2+}	Mg^{2+}
55	7.55	15543	4292	45.2	946.9	263.9
Li	I^-	Br^-	NH_4^+	CO_3^{2-}	HCO_3^-	SO_4^{2-}
1.3275	4.2	10.5	4.8	0	140.3	1718
Cl^-	F^-	CO_2	H_2SiO_3	HBO_2	$HAsO_3$	化学类型
8129	1.35	6.6	39.6	—	—	Cl-Na

2013年7月30日取样测试（表12.6）。

表12.6 银川Y3地热井化学成分（2013年7月30日） （单位：mg/L）

T_S/℃	pH	TDS	Na^+	K^+	Ca^{2+}	Mg^{2+}
44	7.5	14130.33	3987	22.2	820	250
Li	I^-	Br^-	NH_4^+	CO_3^{2-}	HCO_3^-	SO_4^{2-}
0.827	4.25	8.8	0.3	0	132.99	1052
Cl^-	F^-	CO_2	H_2SiO_3	HBO_2	$HAsO_3$	化学类型
7881.1	1.02	8	33.12	28.2	0.045	Cl-Na

开发利用：现由宁夏银川市西夏区火车站铁神洗浴中心开发，建有一个16m^{2}的浴池供水，井口水温44℃，每年开采量0.18×10^{4}m^3，接纳20000人次，年产值50万元，无重复利用。

NXJ003 石嘴山沙湖NSR-1地热井

位置：宁夏回族自治区石嘴山市平罗县沙湖旅游区北端，海拔高程1090m。

井深：2012年6月18日建井，成井深度3258.99m。

孔径：0.216m。

井口温度：68℃。

热储层特征：石嘴山沙湖NSR-1地热井位于银川盆地银川凹陷中部深陷区的北段，西距芦花台断裂5km，东距银川断裂2km，银川断裂深度达10～29km，穿越居里等温面（27km），接近莫霍面深度（36km），成为深部热流向传导或对流的通道。3258.99m深度内，0～1093.60m为第四系、1093.60～1632.50m为新近系干河沟组、1632.50～2957.50m为新近系彰恩堡组、2957.50～3258.99m为古近系。大致在1500m、1910m、2150m、2330m左右及以下，有四个保温层（隔水层）和四个热储层。巨厚的新生界为地热水创造了良好的盖层和储存条件，深大断裂和深部高温地幔物质上涌及其伴随的以传导为主的大地热流作用机制，为深部热流向上运移创造了有利的通道和热源条件。地热资源形成模式为大地热流供热-层控热储-侧向径流补给型，属中低温热水型地热资源，总体上具备地热资源形成的“储、盖、通、源条件”（图12.5）。石嘴山NSR-1井自井深281.9～3258.99m，地球物理测井解释207层砂层，砂层总厚度为1617.50m，平均单层厚度7.81m，单层最大厚度67.6m，单层最小厚度1.0m；砂岩电阻率为1.60～108.58Ω·m，声波时差为248.97～531.12μs/m，孔隙度16.44%～55.88%，渗透率5.78～13795.66mD；根据岩屑录井资料，在1492～1760m、1908～1938m、2146～2154m、2328～3260m泥岩增多，岩性为灰、灰褐、棕黄、棕红色泥岩，间夹厚层、薄层细砂岩、粉砂岩。停钻泥浆静止24小时后测定井温，井深1000m处温度为32.76℃，2000m处温度为51.14℃，井底3260m处温度为81.07℃。取水段布设在2519.4～3240.1m，砂厚比41.16%～47.29%，地球物理测井解释55层砂层，砂岩总厚度为355.7m，平均单层厚度6.47m；砂岩电阻率为1.60～3.67Ω·m，声波时差为248.97～334.46μs/m，孔隙度16.44%～34.25%，渗透率5.78～613.27mD；地下静止水位埋深24.50m，降深50.42m，单井出水量2083.92m^3/d。

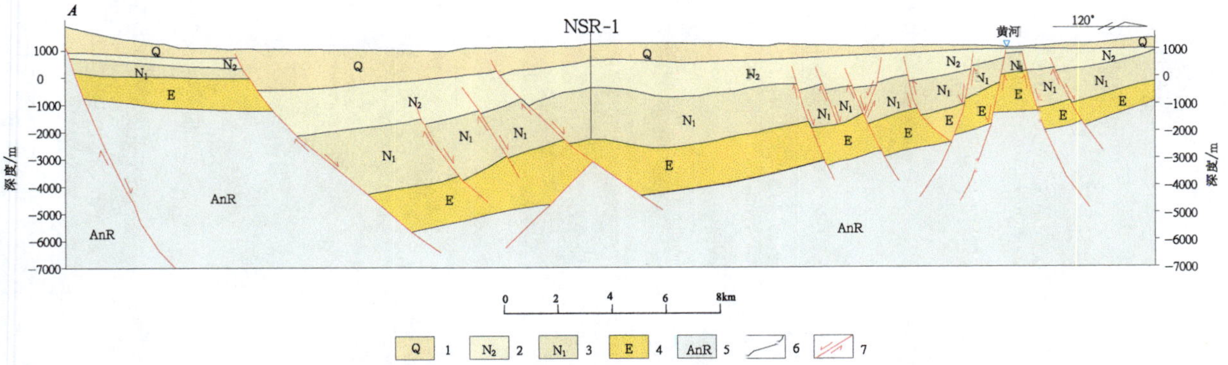

图12.5　石嘴山沙湖NSR-1地热井地热成因剖面图

1.第四系；2.新近系干河沟组；3.新近系彰恩堡组；

4.古近系；5.前古近系；6.地层界线；7.物探推测裂线

水化学成分：2012年8月12日测试（表12.7）。

表12.7 石嘴山NSR-1地热井化学成分 （单位：mg/L）

T_s/℃	pH	TDS	Na^+	K^+	Ca^{2+}	Mg^{2+}
68	7.03	20774	6008.75	36	361.75	376
Li	Rb	Cs	NH_4^+	CO_3^{2-}	HCO_3^-	SO_4^{2-}
—	—	—	5	—	161.11	3643.75
Cl^-	F^-	CO_2	H_2SiO_3	HBO_2	Hg	化学类型
9703.17	0.78	—	55.62	—	0.0001	Cl-Na

开发利用：未开发。

第/十/三/章

青海省

第一节　地热资源及分布特征

一、地热资源形成特点及分布规律

青海省地质构造复杂，新构造运动较强烈，地热资源种类齐全，地下热水、浅层地温能、干热岩三种类型均有发现。地热资源分布广泛，六州一地一市均有不同程度的分布。全省已发现水温15℃以上的地热异常点84处，其中水温90℃以上的温泉两处（贵德扎仓寺温泉93.5℃、班玛县柯柯河温泉90℃），60～90℃的温泉11处，主要位于玉树地区及海南州地区，40～60℃的温泉10个，主要位于海北州地区，15～40℃的温泉61处，主要位于海东及其他地区。

根据青海省地下热水的水动力条件、储藏条件、地质结构及导热系统，省内的地热资源类型主要分为：沉积盆地传导型及隆起山地对流型（图13.1）。

1）沉积盆地传导型

据目前勘查程度，该类型的地热资源主要分布在青海东部的西宁、共和、贵德盆地，该地区地热资源丰富、开发利用价值较高，其他诸多山间小盆地内地热条件不清，有待尽快查明。

（1）西宁盆地。

中新生代断陷盆地，盆地基底由古生界变质岩及加里东期花岗岩组成。其上沉积着巨厚的中新生界泥岩、砂岩、砂砾岩及第四系黄土堆积物，凸起区厚度750～2000m，凹陷区厚度大于3000m。为地热水的形成和赋存提供了良好的储盖条件。热储顶板埋深在大堡子-西宁隆起相对较浅，为459.59～692.58m，在总寨拗陷和双树拗陷明显变深，为1200～1556.60m。储层平均厚度220.81m。岩性为砂岩、砂砾岩，平均砂厚比73.134%，平均水温53.98℃，地下热水多为高矿化度的承压自流水。

（2）共和盆地。

共和盆地为新近纪初形成的断陷盆地。盆地周边受山前深大断裂控制，挽近期构造运动强烈，山体隆升，盆地大幅度下降，沉积了巨厚的第四系堆积物和新近系湖相堆积物，其上部为泥岩、砂质泥岩互层，下部为褐红色砂质泥岩夹砂砾岩。为地热水的形成和赋存提供了良好的储-盖条件。

有开发利用价值的热储埋深在697m，盖层岩性为第四系下更新统亚黏土，热储岩性为新近系上新统、中新统泥岩、中细砂岩，热储段长度506m，热流体量大于1000m^3/d，1200m处实测井温83℃。

（3）贵德盆地。

贵德盆地是印支构造运动发生发展起来的断陷盆地，盆地周边均受深大断裂控制。盆地基底由三叠系地层和印支期花岗岩组成。其上沉积着厚度大于4500m的中新生界泥岩、砂岩、砂砾岩及第四系黄土堆积物。为地热水的形成和赋存提供了良好的储-盖条件。

有开发利用价值的热储顶板埋深200m，热储层段为200～600m，岩性主要为砂岩。热流体水头高出地面12.40m，出水量为1500m^3/d，水温为37～41℃，属低温热储。

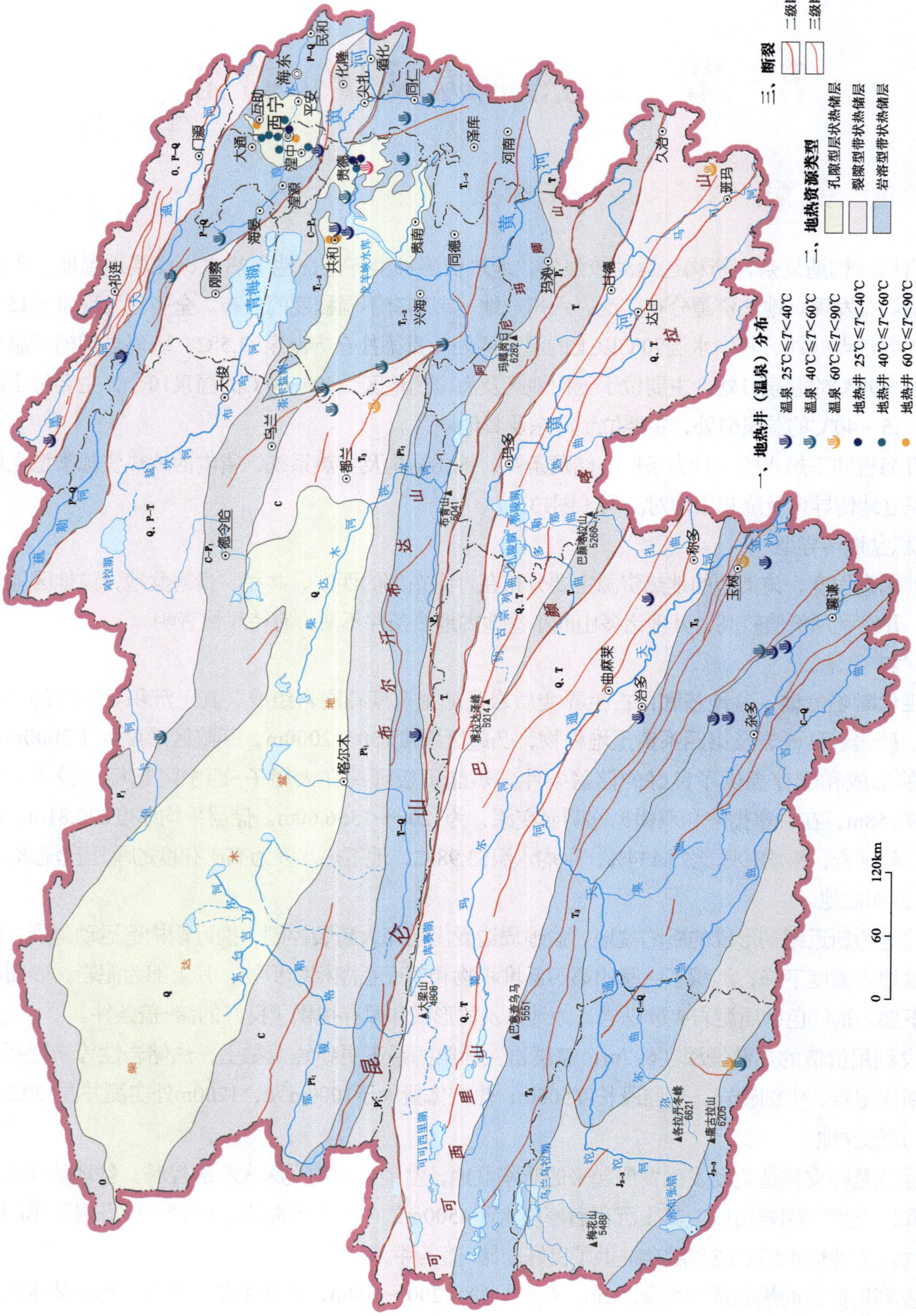

图 13.1 青海省地热地质图

2）隆起山地对流型

大多分布在盆地周边山区地带，以温泉的形式岩断裂带排出地表，主要受控于省内的北西西向断裂，呈线状分布（图13.2）。其中温泉水温高、地热资源丰富的地区位于鄂拉山沿乌兰-兴海温泉构造岩浆岩带及当家寺-过马营-多的瓦里贡山构造岩浆岩带。温泉沿两条构造岩浆岩带线状分布，水温42～93.5℃，热储岩性为印支期花岗岩。

二、地热资源量

全省地热资源总量为1.43×10^{20}J，折合标准煤8.10×10^{9}t；可开采地热资源总量为1.40×10^{17}J/a，折合标准煤7.98×10^{6}t/a。其中，山地对流型地热区地热资源量为6.54×10^{18}J，折合标准煤3.72×10^{8}t，可开采地热资源总量为1.27×10^{15}J/a，折合标准煤7.25×10^{4}t/a；盆地传导型地热区地热资源量为1.36×10^{20}J，折合标准煤7.73×10^{9}t；可开采地热资源总量为1.39×10^{17}J/a，折合标准煤7.91×10^{6}t/a。

全省地热水资源总储存量为$1.25\times10^{11}m^3$，总可开采量为$2.38\times10^{7}m^3/a$（按100年开采设计）。其中，山地对流型地热区地热资源储量为$3.79\times10^{9}m^3$，可开采量为$6.16\times10^{6}m^3/a$；盆地传导型地热区地热资源储量为$1.21\times10^{11}m^3$，可开采量为$1.76\times10^{7}m^3/a$。

可见，青海省地热资源储量主要以盆地传导型地热占主导地位，山地对流型地热区的资源量较小，其中盆地传导型地热储量占总量的97%，山地对流型地热储量占总量的3%；盆地传导型地热可开采量几乎占总开采量的100%，而山地对流型地热可开采量相比于盆地传导型地热可以忽略不计。

三、地热流体水化学特征

青海省地热资源热流体质量千差万别的，西宁盆地和柴达木盆地地热流体矿化度高一般大于20g/L，热水阴离子主要以Cl^-、SO_4^{2-}、HCO_3^-为主，Cl^-含量5104～15992mg/L，SO_4^{2-}含量4113～12007mg/L，HCO_3^-含量265～1414mg/L；阳离子以Na^+、Ca^{2+}为主，Na^+含量2312～14330mg/L，Ca^{2+}含量120～567mg/L；矿化度0.16～6.21g/L；pH为7.35～7.82，水化学类型较复杂，变化较大，主要有Cl-Na、Cl-Na·Ca、HCO_3-Na·Ca等。贵德盆地地热流体矿化度最低，一般小于1g/L。共和盆地及山地对流型地热流体矿化度一般小于3g/L。青海省地热流体的矿物组成大部分都有一项或数项达到理疗矿水水质标准，用于洗浴有理疗作用。

四、地热资源开发利用现状

青海省对地热资源的调查研究始于20世纪70年代末，总的研究投入不高，系统研究少，主要为点上调查研究。着重对人口较密集、经济较发达的西宁市、贵德县进行了地热资源勘查。2000年以后，国土资源部、省国土资源厅加大了对地热资源的勘查力度，先后投资3000多万元，在西宁、共和、贵德、海晏、互助等地开展了地热资源勘查，提交了“青海省西宁市地下热水资源调查评价报告”等一批成果资料，为今后的开发利用奠定了扎实的基础。

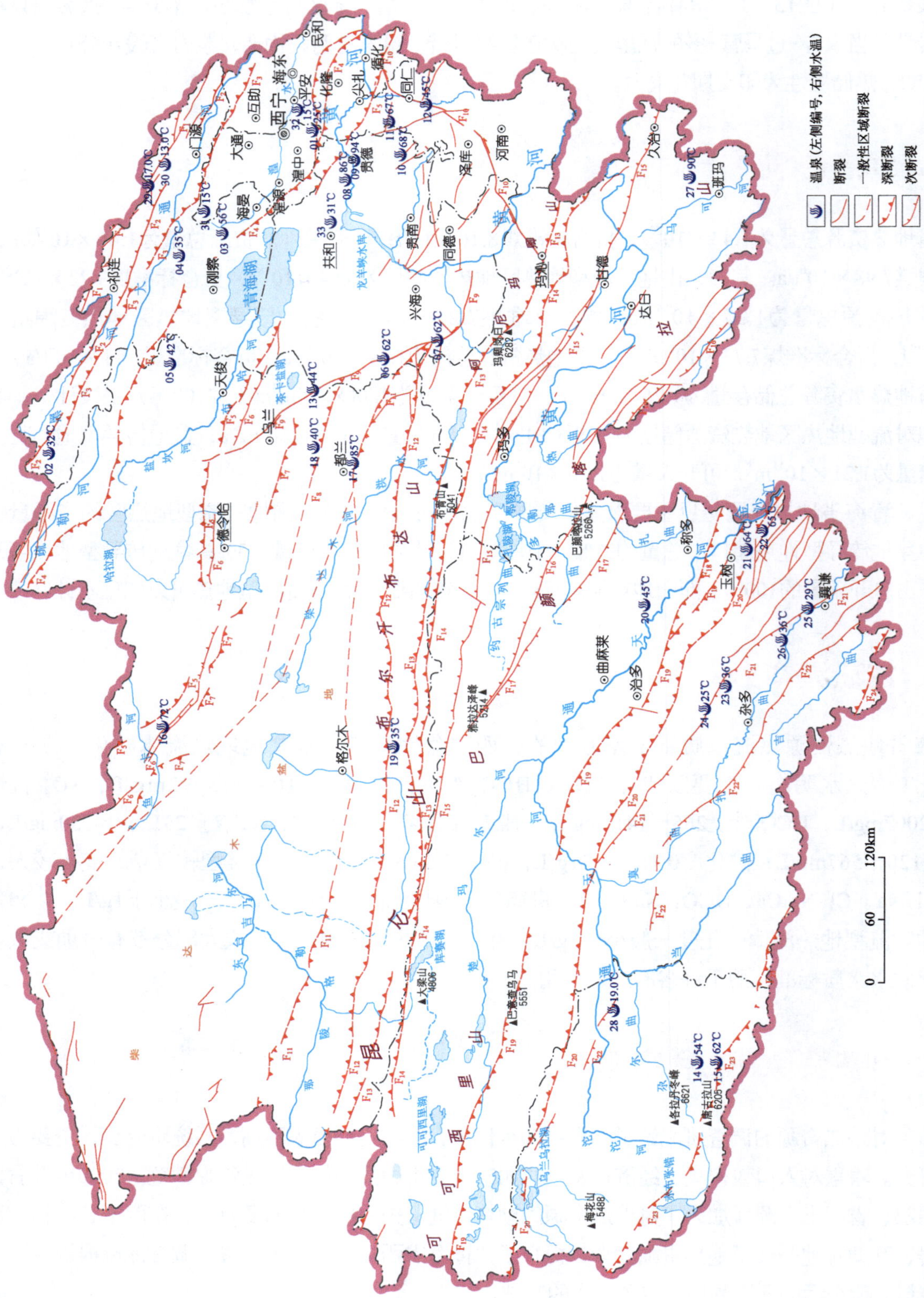

图 13.2 青海省主要温泉分布图

目前，青海地热资源开发利用限于洗浴、医疗、游泳等方面，对地热资源的开发利用程度偏低，仍停留在开发利用初级阶段，仅在一些交通方便的温泉附近陆续建起了浴池、疗养院和游泳馆，解决当地百姓的洗涤、洗浴问题。近几年施工的地热井尚未得到有效开发利用，处于“只探不采”状态。2012年冬季瑞锦湖畔家园利用施工的三眼地热井通过热交换后向小区住户供暖，供暖面积达$3\times10^4m^2$，供暖效果良好，填补了我省利用地下热水资源供暖的空白。

第二节 温 泉

QHQ001 药水滩温泉

位置： 南川河上游马鸡沟沟口，宁贵公路7km处。

概况： 温泉出露于北东向顺河张性–张扭性断裂与北西向拉脊山北坡深断裂交汇处。众多的温泉在宽约400m，长约1100m的河谷区内呈片状散布，泉口水温10～25℃。泉水穿过数米厚的第四纪砂砾石层出露地表，形成大面积的沼泽湿地和积水洼地，并在泉口发育数米厚的钙质泉华。有些泉水从泉华孔洞中向上喷涌。在河谷两侧基岩坡麓15m左右高度上，有古泉华分布，表明古温泉的出露高度、分布面积比现今要高，范围广。

水化学成分： 药水滩温泉泉水无色透明，地下热水通过温泉、钻孔涌出地面时常伴有CO_2、N_2和H_2S等气体发出“嗞嗞”的响声。2012年10月9日对该温泉进行了取样测试（表13.1）。

表13.1 药水滩温泉化学成分 （单位：mg/L）

T_s/℃	pH	TDS	Na^+	K^+	Ca^{2+}	Mg^{2+}
25	7.03	1221	47.42	3.75	285.7	88.42
Li	Pb	Sr	NH_4^+	CO_3^{2-}	HCO_3^-	SO_4^{2-}
0.044	0.042	0.544	<0.024	0	1221	153
Cl^-	F^-	CO_2	SiO_2	HBO_2	As	化学类型
9.1	<0.1	156.1	27.61	1.6	0.002	HCO_3–Na

开发利用： 21世纪初，当地政府于温泉旁修建浴室、疗养院，以期依托其得天独厚的地热资源优势，将药水滩开发为旅游景点，但后期由于多方原因，疗养院已倒闭，现今一片废墟。

QHQ002 托勒河温泉

位置： 祁连县托勒河上游沟谷。

概 况： 温泉所处沟谷呈北西向，中断转向南西。经冰川作用，形成“U”型谷，宽约100～150m，两岸发育Ⅰ级阶地，阶坎高约2.5～3.0m，沟谷两侧山高坡陡，山脊呈锯齿状，植被零星覆盖。泉点出露于河谷左侧漫滩与Ⅰ级阶地接触处，高出河床约1.0m。泉水自砂砾卵石层中流出，根据周围地质条件分析，初步认为基岩裂隙水经断裂带向地下渗流，北西向断裂与南西向断裂为剪切性或压扭性，切割较深，属深大断裂，沟通地下热源。当地下水沿断裂向下渗流过程中，受热并承压，并沿断裂喷出地表形成温泉。泉华台高出河床约2.0m，致密坚硬，其单层厚约0.1～0.2m。泉水自钙质泉华台处呈股状流出，径流约100m后，顺地势流入托勒河中。利用流速仪测得泉群总流量为6.229L/s。

水化学成分：泉水清澈透明，具较浓的H_2S气味，微酸，泉口水温32℃。2012年10月24日对该温泉进行了取样测试（表13.2）。

表13.2 托勒河温泉化学成分 （单位：mg/L）

T_S/℃	pH	TDS	Na^+	K^+	Ca^{2+}	Mg^{2+}
32	7.18	1221	46	7	290.58	51.03
Li	Pb	Sr	NH_4^+	CO_3^{2-}	HCO_3^-	SO_4^{2-}
0.044	0.01	0.544	0	0	970.22	177.71
Cl^-	F^-	CO_2	SiO_2	HBO_2	As	化学类型
30.49	4.47	8.8	120	132.5	0.24	HCO_3-Na

开发利用：该泉地处地广人稀的牧区，开发利用程度极低，仅为附近居民洗浴所用，完全处于天然状态（图13.3）。

图 13.3 托勒河温泉

QHQ003 西海温泉

位置：海晏县甘子河热水大队东侧的基岩山体山脚处。

概况： 温泉所处的基岩山体呈孤山状，相对高差100m，山顶浑圆，基岩裸露，植被稀疏。该温泉属上升泉，其出露于新元古界上部（Pt_2b）深灰色白云质灰岩、千枚岩与红褐色块状石英岩分界面上，并为北东向张扭性断裂所分割。包呼图南、北两条压扭性断裂均作北西向延伸，并交接于热水煤矿温泉处，与北东向断裂构成“X”形构造格式。在构造复合部位，岩层破碎，裂隙发育，泉水出露最多，水温最高。

西海温泉与夏格日山隔河相望，被称为“西海第一神泉”，现有九处泉眼，一字形分布在1km长的直线上，泉水四季喷涌不竭，水色清澈明亮，水温56℃，利月三角堰测得泉水流量为6.416L/s。

水化学成分： 泉水清澈透明，具较浓的H_2S气味，微酸。2012年10月24日对该温泉进行了取样测试（表13.3）。

表13.3 西海温泉化学成分 （单位：mg/L）

T_S/℃	pH	TDS	Na^+	K^+	Ca^{2+}	Mg^{2+}
56	7.46	607.08	28	9	153.31	31.71
Li	Pb	Sr	NH_4^+	CO_3^{2-}	HCO_3^-	SO_4^{2-}
0.044	0.01	0.544	0.08	0	549.18	96.06
Cl^-	F^-	CO_2	SiO_2	HBO_2	As	化学类型
10.64	3.2	10.56	120	132.5	0	HCO_3-Na

开发利用： 每年夏秋季节，游客如织，都来此治疗和沐浴。传说释迦牟尼曾在热水泉中饮马，并跪地用手捧水喝，故留下遗址“跪饮石”，石上留有一大手印和稍后的两个膝印，所以被当地藏族群众奉为“神泉”。泉边有一转经厅，泉水的能量推动经轮不停地转动，以祈求风调雨顺，吉祥如意。远处连绵起伏的大山顶上堆积着洁白的冬雪；近处从热水泉中升腾的雾气，如烟、如纱、如云袅袅上升，在倾泻的霞光中，云烟不断变化着姿态和色彩，仿佛置身于一种神秘的境界垦。

QHQ004 热水煤矿温泉

位置： 刚察县热水煤矿四矿西6km的温泉沟入哈里根河处。

概况： 温泉北侧的基岩山体呈孤山状，出露于哈里根河河漫滩，出露面积约$0.5km^2$，基岩裸露，植被稀疏。温泉南侧的哈里根河河宽约3m，水流平缓，自西向东径流。温泉出露于哈里根河床一近东西向深大断裂上盘的震旦系（Zj）部位，出露带延长方向与断层走向基本一致，类型属断裂上升泉。泉口处出露地层岩性为震旦系蓟县系石灰岩，灰黑色，层状构造，鲕状结构，岩层破碎，溶蚀孔洞发育，岩层产状为142°∠21°。

温泉出露带呈北西西向，长1.5km，共有泉眼11处。泉群区被第四纪砂砾卵石层所覆盖。只有取样处的泉直接从震旦系（Zj）石灰岩裂隙中涌出，水温最高46℃，利用流速仪测得泉水流量为10.23L/s。泉口附近普遍有钙质泉华沉积，厚1.4～2.3m，单层厚1.5～5.0cm。

水化学成分： 泉水无色、透明，有浓烈的H_2S嗅和涩辛味，水温一般为30～35℃。2012年10月22日对该温泉进行了取样测试（表13.4）。

表13.4 热水煤矿温泉化学成分 （单位：mg/L）

T_s/℃	pH	TDS	Na^+	K^+	Ca^{2+}	Mg^{2+}
35	7.2	988.65	60	28	250.5	38.88
Li	Pb	Sr	NH_4^+	CO_3^{2-}	HCO_3^-	SO_4^{2-}
0.044	0	0.544	0.08	0	958.01	105.67
Cl^-	F^-	CO_2	SiO_2	HBO_2	As	化学类型
24.82	1.2	11.44	120	132.5	0.01	HCO_3-Ca

开发利用：温泉地处偏僻，未得到产生经济效益的开发利用，仅被当地居民于泉眼处搭建简易帐篷作为洗浴用水。据访问，经常沐浴，可以治疗关节炎、皮肤病，具有很好的医疗保健效果（图13.4）。

图 13.4 热水煤矿温泉

QHQ005 江仓煤矿温泉

位置：刚察县江仓煤矿附近大通河左岸山前倾斜平原近后缘处的一侵蚀残山顶部。

概况：温泉所处的山前倾斜平原宽约8～10km，较平坦，以6°～8°坡度微倾于大通河，地表发育有大面积冻胀草丘，冰缘地貌较为发育。侵蚀残丘宽约500m，长800m，呈穹窿状孤立分布，此山全部由钙质泉华沉积形成。

温泉属断裂上升泉，出露于北西西向主干压性深大断裂与北北东向压扭性断裂的接合部位。泉水受高压沿深大断裂破碎带上升溢出形成。

水化学成分：泉水呈片状溢出，共有泉眼15个，泉眼展布方向基本与断层走向一致，呈“串珠状”排列。泉水清澈透明，随泉水上涌有气体溢出，具H_2S臭味，苦涩，水温42℃。

开发利用：温泉地处偏僻，未得到产生经济效益的开发利用，仅被当地居民用于洗浴。温泉位于距江仓煤矿12km的偏远地区，交通极为不便（图13.5）。

图 13.5　江仓煤矿温泉

QHQ006 桑持沟温泉

位置：兴海县温泉镇北部桑持沟沟谷内。

概况：沟谷呈“U”型，宽约30m，两侧基岩裸露，山坡坡度较缓，地貌上属较小的缓坡谷。沟谷两侧基岩山体出露地层岩性为印支期花岗岩，新鲜面为肉红色，表层较为风化，支离破碎，节理裂隙发育。据以往地质资料及实地调查，区域内控制温泉出露的断裂为虎达断裂，其为区内一级构造，属北北西向河西系构造体系，断裂面上有糜棱岩、绿泥化等蚀变现象。在破碎带中有灰白、灰黑色断层泥、角砾岩，属压扭性断裂。

温泉属断裂上升泉，其出露于北北西向虎达断裂构成的小山间沟谷内，表层为风华较强烈的薄层碎石层，其下部为中生代粗颗粒黑云母花岗岩，其与温泉乡温泉是在同一构造条件控制下形成分布的。泉水呈股状于山体坡脚流出，泉周有锈红色泉华沉积，并见有泉水上涌，翻起成花，利用三角堰测得单泉流量为0.018～0.07L/s，总流量为2.245L/s。

水化学成分：泉水清澈透明，具H_2S气味，酸涩，水温52～62℃。2013年4月25日对该温泉进行了取样测试（表13.5）。

表13.5　桑持沟温泉化学成分　（单位：mg/L）

T_s/℃	pH	TDS	Na^+	K^+	Ca^{2+}	Mg^{2+}
62	7.85	1071.55	308	24	40.08	4.86
Li	Pb	Sr	NH_4^+	CO_3^{2-}	HCO_3^-	SO_4^{2-}
0.044	0	0.544	0.52	0	146.45	427.47
Cl^-	F^-	CO_2	SiO_2	HBO_2	As	化学类型
184.34	4	4.4	120	132.5	0.02	SO_4-Ca

开发利用：温泉地处偏僻，未得到产生经济效益的开发利用，完全处于天然状态。

QHQ007 温泉乡温泉

位置：兴海县温泉镇一冲沟沟谷内。

概况：温泉所处沟谷呈“U”型，宽约30m，河床阶地陡坎高约5m。沟谷两侧基岩山体出露地层岩性为三叠系（T），新鲜面为肉红色，表层较为风化，支离破碎，节理裂隙发育。据以往地质资料及实地调查，区域内控制温泉出露的断裂为虎达断裂，其为区内一级构造，属北北西向河西系构造体系，断裂面上有糜棱岩、绿泥化等蚀变现象。在破碎带中有灰白、灰黑色断层泥、角砾岩，属压扭性断裂。

温泉属断裂上升泉，其出露于北北西向虎达断裂构成的小山间沟谷内，表层为风华较强烈的薄层碎石层，其下部为中生代粗颗粒黑云母花岗岩，其与温泉乡温泉是在同一构造条件控制下形成分布的。温泉出露在现代河床阶地后缘上更新统冰水堆积的陡坎之下，大致呈N30°～60°E向展布，共出露泉点17处，泉水呈股状于砂砾卵石层中流出，利用流速仪测得泉群总流量为24.56L/s。

水化学成分：清澈透明，微具H_2S气味，微涩，水温20～62℃。2012年10月29日对该温泉进行了取样测试（表13.6）。

表13.6 温泉乡温泉化学成分 （单位：mg/L）

T_s/℃	pH	TDS	Na^+	K^+	Ca^{2+}	Mg^{2+}
62	7.86	835.36	246	17	32.06	3.65
Li	Pb	Sr	NH_4^+	CO_3^{2-}	HCO_3^-	SO_4^{2-}
0.044	0	0.544	0	0	164.75	305.47
Cl^-	F^-	CO_2	SiO_2	HBO_2	As	化学类型
141.8	4	8.8	120	132.5	0.004	SO_4-Ca

开发利用：温泉地处温泉镇，目前未得到产生经济效益的开发利用，仅被镇上居民用于洗浴，开发利用程度极低，完全处于天然状态（图13.6）。

图13.6 温泉乡温泉

QHQ008 曲乃亥温泉

位置：贵德县罗汉堂乡曲乃亥热水沟沟口。

概况：沟谷呈“V”型，宽约50m，两侧基岩山体挺拔陡峭。基岩山体出露地层岩性为印支期花岗闪长岩，以岩株形态产出。其穿插于三叠系（T）砂岩中，裂隙较为发育。可见四组裂隙。据以往地质资料及本次野外实地调查，温泉处发育两组断裂：一组为北东向顺河断裂，性质不明；另一组为北西向断裂，呈335°方向展布，倾角近于直立。沿断裂带可见花岗岩或三叠系泥岩、新近系砂泥岩之中，破碎带宽约1～2m，牵引褶曲发育，断面上有水平擦痕。

温泉属断裂上升泉，其从印支期花岗闪长岩断裂破碎带的裂隙中涌出。后期岩脉沿裂隙侵入，冷凝后收缩产生的成岩裂隙为热泉出露创造了条件。北西西向深大断裂提供了热源通道。温泉呈片状散布在长150m、宽10m左右的峡谷谷底、谷坡及岩壁上，有的高出谷底1～3m，泉眼达20多处，单泉流量0.1L/s，总流量为1.046L/s。

水化学成分：泉水无色、透明，具H_2S味，微臭，水温16～86℃，泉口处有墨绿色化学物沉积。2013年4月24日对该温泉进行了取样测试（表13.7）。

表13.7 曲乃亥温泉化学成分 （单位：mg/L）

T_s/℃	pH	TDS	Na^+	K^+	Ca^{2+}	Mg^{2+}
86	7.83	1715.11	548	77.4	34.07	1.21
Li	Pb	Sr	NH_4^+	CO_3^{2-}	HCO_3^-	SO_4^{2-}
0.044	0	0.544	0.32	0	79.33	259.36
Cl^-	F^-	CO_2	SiO_2	HBO_2	As	化学类型
748	4	8.8	120	132.5	0.1	Cl-Na

开发利用：温泉位于偏僻地区，其开发利用程度极低，仅限当地村民于泉眼处搭建简易帐篷洗浴，完全处于天然状态（图13.7）。

图 13.7 曲乃亥温泉

QHQ009 扎仓寺温泉

位置：贵德县城西南约15km处热水沟。

概况：温泉出露处的地层岩性为第四系中更新统冰碛漂砾，砾石成分以花岗岩为主，砾石层泥砂质胶结。温泉西南侧出露地层为三叠系（T）砂岩及侵入该地层中的印支期花岗岩，东北侧被大面积新近系（N）砂泥岩占据。

温泉属断裂上升泉，完全受构造断裂控制。泉水出露于北北西向深大断裂与北东向张扭性断裂交汇部位。由于北北西向断裂发生于软硬岩层之间，处于下盘的新近系泥岩在受强烈的挤压后，形成了地下热水的阻水屏障，上盘花岗岩性脆，形成一定规模的破碎带，构造裂隙极为发育，为深部地下热水的深循环提供了径流通道。

水化学成分：温泉沿沟谷呈线状分布。泉水无色透明，微有H_2S气味，水温最高为94℃，最低为30℃。2013年4月23日对该温泉进行了取样测试（表13.8）。

表13.8　扎仓寺温泉化学成分　　（单位：mg/L）

T_S/℃	pH	TDS	Na^+	K^+	Ca^{2+}	Mg^{2+}
94	8.56	1438.48	417	34	34.07	1.21
Li	Pb	Sr	NH_4^+	CO_3^{2-}	HCO_3^-	SO_4^{2-}
0.044	0	0.544	0.2	12	36.61	533.13
Cl^-	F^-	CO_2	SiO_2	HBO_2	As	化学类型
354.5	3.6	0	120	132.5	0.03	SO_4-Ca

开发利用：温泉的利用可上溯到几百年前的洗浴用史。有规模的开发利用起于1989～1990年，由省发改委在贵德县城建成贵德温泉宾馆，用直径89mm钢管将温泉水引入温泉宾馆游泳池，产生了良好的社会经济效益（图13.8）。

图 13.8　扎仓寺温泉

QHQ010 新街温泉

位置： 贵德县新街乡南部莫渠沟上游山区前缘沟谷中。

概况： 温泉所处沟谷呈“V”型，宽约100m，两侧山体山势陡峭，基岩裸露。温泉处沟谷两侧山体出露地层为三叠系（T）下统砂板岩，其与东侧的新近系（N）泥岩不整合接触。据以往地质资料，温泉处所在区域主要发育两组断裂：一组为北北西向压性断裂；另一组为北西向张性断裂。由于构造作用，岩石破碎，节理裂隙以走向320°、335°两组最为发育。

温泉属断裂上升泉，完全受构造断裂控制。泉水出露于北北西向构造与北西向“交接”、“归并”，复合部位的北北西向断裂构造线上。其中，北北西向压扭性深大断裂为地下水的深循环提供了条件，北西向断裂则为地下水运移创造了良好途径。

温泉出露在三叠系（T）砂板岩中，沿北北西向构造裂隙呈线状溢出，溢出带长达50m，共有泉眼10处，单泉流量0.039～0.102L/s，总流量0.836L/s。

水化学成分： 泉水清澈透明、具有H_2S气味，水温在35～68℃，泉眼附近有乳白色及墨绿色的化学沉淀物。2013年4月23日对该温泉进行了取样测试（表13.9）。

表13.9　新街温泉化学成分　（单位：mg/L）

T_s/℃	pH	TDS	Na^+	K^+	Ca^{2+}	Mg^{2+}
68	8.45	586.04	180	13	10.02	2.43
Li	Pb	Sr	NH_4^+	CO_3^{2-}	HCO_3^-	SO_4^{2-}
0.044	0	0.544	0.16	6	115.94	264.17
Cl^-	F^-	CO_2	SiO_2	HBO_2	As	化学类型
46.08	3.2	0	120	132.5	0	SO_4-Na

开发利用： 温泉的开发利用仅限于当地村民的洗浴，开发利用程度极低，完全处于天然状态。据村民介绍，经常用该温泉水沐浴，可治疗皮肤病及关节炎，具有一定的医疗价值（图13.9）。

图 13.9　新街温泉

QHQ011 兰采温泉

位置：同仁县羊智河中上游兰采公社南，隆务古曲河上游河谷中。

概况：河谷切割强烈，为峡谷状，两侧基岩山体挺拔陡峭。河谷具有流水侵蚀型谷中谷特征，上层谷较宽，并保留着上更新统冲洪积砂砾石层，与现代河床高差约60m，构成局部的堆积侵蚀基座阶地。温泉所处沟谷内出露地层较为单一，为印支期花岗斑岩。泉水出露处节理裂隙发育，支离破碎。

温泉属断裂上升泉，主要受兰采区域性南北向大断裂控制。泉水出露于兰采区域性南北向断裂上，该断裂长达27km，走向5°～355°左右，倾角较陡（75°～85°），属典型的复合性断裂。由于两盘逆冲派生着压扭性帚状节理，并具有宽10～30m的挤压破碎带，泉顺沟谷沿南北向压性断裂破碎带分布。温泉沿主干断裂两侧走向40°～65°、300°～320°两组“X”节理裂隙中呈线状和片状溢出，泉眼很不固定，大部分悬挂在河床两侧的陡壁上。温泉总流量为0.27L/s。

水化学成分：泉水清澈透明、具H_2S气味、酸涩，水温32～67℃。2013年4月23日对该温泉进行了取样测试（表13.10）。

表13.10 兰采温泉化学成分 （单位：mg/L）

T_s/℃	pH	TDS	Na^+	K^+	Ca^{2+}	Mg^{2+}
68	8.45	586.04	180	13	10.02	2.43
Li	Pb	Sr	NH_4^+	CO_3^{2-}	HCO_3^-	SO_4^{2-}
0.044	0	0.544	0.16	6	115.94	264.17
Cl^-	F^-	CO_2	SiO_2	HBO_2	As	化学类型
46.08	3.2	0	120	132.5	0	SO_4-Na

开发利用：温泉地处偏僻，未得到有效开发利用，仅限于附近居民洗浴，开发利用程度极低，完全处于天然状态（图13.10）。

图 13.10 兰采温泉

QHQ012 曲库乎温泉

位置：同仁县南部隆务河东侧东西向冲沟内。

概况：冲沟呈“V”型，沟谷宽约200m，两侧基岩山体挺拔陡峭，基岩裸露。温泉附近发育两组断裂：一组为东西向压扭性断裂；另一组为北东向压扭性断裂，其派生的走向270°和340°的张扭裂隙较为发育。

温泉属断裂上升泉，温泉出露于东西向压性断裂上盘及与其伴生的北东向压扭性断层的交接部位。泉水受上游沟谷潜水的基岩裂隙水补给，经深部岩浆余热的热循环作用，因受东西向压性断层的阻隔，沿断层上盘的张扭性裂隙涌出地表。

温泉出露于三叠系（T）中统砂板岩与印支期花岗岩接触带上。泉口比较固定，从冲沟北侧沟谷切割的基岩陡坎前缘，似悬挂式沿北西向两组张扭性断裂面上溢出。泉水出露面积为4m^2，共有三处泉眼，呈股状流出。单泉流量0.108L/s，总流量为0.548L/s。

水化学成分：泉水清澈透明，具轻微的H_2S气味，水温42～45℃，2013年4月19日对该温泉进行了取样测试（表13.11）。

表13.11　曲库乎温泉化学成分　（单位：mg/L）

T_s/℃	pH	TDS	Na^+	K^+	Ca^{2+}	Mg^{2+}
45	8.48	378.92	130	3.5	4.01	1.21
Li	Pb	Sr	NH_4^+	CO_3^{2-}	HCO_3^-	SO_4^{2-}
0.044	0	0.544	0.12	12	67.12	158.5
Cl^-	F^-	CO_2	SiO_2	HBO_2	As	化学类型
29.78	3.2	0	120	132.5	0.04	SO_4–Na

开发利用：温泉历来被当地居民奉为“圣水”，用于医疗洗浴。目前，西卜沙大队于泉口处修建了简易浴室，供附近居民洗浴。每天前来洗浴者有50多人（图13.11）。

图 13.11　曲库乎温泉

QHQ013 巴硬格莉温泉

位置：乌兰县茶卡盐湖西南侧20km处的巴硬格莉沟内。

概况：温泉所处沟谷呈“U”型，宽约50m，两侧为基岩山体，山体较挺拔陡峭，相对高差约100m。沟谷内现代河床发育，大粒径漂石散乱分布。温泉所在区域内主要发育北北西向压扭性断层及低序次的北北东向张性断层，两者构成“入”字形构造的断层。

温泉属断裂上升泉，主要受断层控制。其出露于巴硬格莉沟沟谷两侧基岩山体坡脚。温泉西侧为石炭系（C）砂板岩，灰黑色为主，层状构造，粒状结构。温泉东侧为印支期花岗岩，肉红色为主，块状构造，花岗结构，致密坚硬，表部较为风化。温泉水呈股状自石炭系（C）砂岩与印支期花岗岩接触处流出，总流量4.026L/s。

水化学成分：泉水清澈透明，伴随气体溢出，具有H_2S气味，微涩，水温44℃。

开发利用：温泉地处偏僻，附近人烟稀少，开发利用程度极低，完全处于天然状态（图13.12）。

图 13.12　巴硬格莉温泉

QHQ014 唐古拉山温泉

位置：唐古拉山兵站附近的温泉谷谷地内。

概况：温泉所处沟谷横剖面呈宽缓型，宽约500m，两侧为低山丘陵，山顶浑圆，山脊平缓起伏，山坡坡度一般在10°～15°。温泉附近的低山丘陵出露地层岩性为侏罗系中统砂岩（J_2），紫色为主，层状构造，微粒结构，局部夹砂岩及石膏透镜体。从大区域看，区内断裂十分发育。自燕山运动以来，并为喜马拉雅运动所复杂的断裂主要有三组：一组为北西西向断裂，此组断裂发生时间早，为区域性断裂，表现以逆断层为主，间有正断层相伴，形成于加里东期；第二组为北西向断裂，为压性兼扭性断层，以逆断层为主；第三组为北东向断裂，属张性兼扭性断层，常切穿北西西-南东东和北西-南东向断裂，使其错动移位，表现为平移性质。

温泉属断裂上升泉。其出露于近南北向压扭性断裂与北西西向压扭性断裂的交汇部位。北西西向压扭性断裂为地下水的深循环预热提供了条件，张性断裂则为地下水的运移创造了良好途径。温泉呈片状出露于谷地，出露面积30m^2，有气泡冒出，泉流量为0.01L/s。

水化学成分：泉周有钙质泉华沉积。泉水清澈透明，具H_2S气味，酸臭，水温54℃。2013年4月19日对该温泉进行了取样测试（表13.12）。

表13.12 唐古拉山温泉化学成分 （单位：mg/L）

T_s/℃	pH	TDS	Na^+	K^+	Ca^{2+}	Mg^{2+}
54	7.12	2148.82	190	42.5	428.86	39.61
Li	Pb	Sr	NH_4^+	CO_3^{2-}	HCO_3^-	SO_4^{2-}
0.044	0	0.544	0	0	528.43	1128.71
Cl^-	F^-	CO_2	SiO_2	HBO_2	As	化学类型
49.63	3.6	4.4	120	132.5	0.04	SO_4-Ca

开发利用：温泉地处偏僻，附近人烟稀少，开发利用程度极低，完全处于天然状态（图13.13）。

图 13.13 唐古拉山温泉

QHQ015 唐古拉山口东温泉

位置：唐古拉山兵站西南侧的低山丘陵山脚。

概况：温泉南侧为低山丘陵，相对高差约100m，山顶浑圆，山脊平缓起伏，山坡坡度一般在

10°～15°。北侧为温泉谷地，沟谷宽约500m，呈宽缓型。温泉所在的低山丘陵出露地层岩性为侏罗系中统砂岩（J_2），紫色为主，层状构造，微粒结构，局部夹石灰岩及石膏透镜体。从大区域看，区内断裂十分发育。自燕山运动以来，并为喜马拉雅运动所复杂的断裂主要有三组：一组北西西向断裂，此组断裂发生时间早，为区域性断裂，表现以逆断层为主，间有正断层相伴，形成于加里东期；第二组为北西向断裂，为压性兼扭性断层，以逆断层为主；第三组为北东向断裂，属张性兼扭性断层，常切穿北西西-南东东和北西-南东向断裂，使其错动移位，表现为平移性质。

温泉属断裂上升泉。其出露于近南北向压扭性断裂与北西西向压扭性断裂的交汇部位。北西西向压扭性断裂为地下水的深循环预热提供了条件，张性断裂则为地下水的运移创造了良好途径。温泉呈股状于钙质泉华台裂隙中流出，泉流量为0.02L/s。

水化学成分：泉水清澈透明，具H_2S气味，酸臭，水温62℃。

开发利用：温泉地处偏僻，附近人烟稀少，开发利用程度极低，完全处于天然状态（图13.14）。

图 13.14 唐古拉山口东温泉

QHQ016 大柴旦温泉

位置：大柴旦温泉沟上游南侧山体坡脚处。

概况：温泉所处沟谷呈“U”型，宽约40m，自东北向西南展布。沟谷两侧为低山丘陵，山体相对高差50m左右，山顶浑圆，基岩裸露，植被零星分布。温泉处出露地层岩性为细晶花岗岩，表面强风化，呈土黄色，局部蚀变成浅绿色，新鲜面呈灰白色，块状构造，细晶结构。温泉附近有一断裂通过，断层走向为120°。

温泉属断裂上升泉。区内基岩裂隙水及地表水经断层破碎带入渗地下进行深循环，形成地下热水，经断裂通过上升地表形成温泉。温泉呈股状于钙质泉华台裂隙中流出，泉流量为6.3L/s。

水化学成分：泉水清澈透明，具H_2S气味，酸臭，水温26～72℃。2013年2月26日对该温泉进行了取样测试（表13.13）。

表13.13 大柴旦温泉化学成分 （单位：mg/L）

T_S/℃	pH	TDS	Na^+	K^+	Ca^{2+}	Mg^{2+}
72	7.85	1266	353	14.02	26.85	5.92
Li	Pb	Sr	NH_4^+	CO_3^{2-}	HCO_3^-	SO_4^{2-}
0.044	0	0.544	0.44	0	224.03	220.35
Cl^-	F^-	CO_2	HBO_2	H_2SiO_3	As	化学类型
330.17	0.57	13.15	72.92	105.54	0.042	Cl-Na

开发利用：温泉地处偏僻，附近人烟稀少，仅限于当地居民洗浴用水，开发利用程度极低，完全处于天然状态（图13.15）。

图 13.15 大柴旦温泉

QHQ017 热水乡温泉

位置：都兰县热水乡沟谷中段。

概况：沟谷呈“V”型，切割较深。沟谷两侧为基岩山体，山势挺拔陡峭，相对高差约200m，基岩裸露，植被零星分布。温泉处出露地层岩性为花岗岩，表面强风化，呈土黄色，局部蚀变成浅绿色，新鲜面呈灰白色，片麻状构造，晶质结构。温泉附近有一断裂通过，断层走向为120°。

温泉属断裂上升泉。山区内基岩裂隙水及地表水经断层破碎带入渗地下进行深循环，形成地下热水，经断裂通过上升地表形成温泉。温泉呈股状于钙质泉华台裂隙中流出，泉流量为7.89L/s。

水化学成分：泉水清澈透明，具H_2S气味，酸臭，水温47～85℃。2013年2月26日对该温泉进行了取样测试（表13.14）。

表13.14　热水乡温泉化学成分　（单位：mg/L）

T_S/℃	pH	TDS	Na^+	K^+	Ca^{2+}	Mg^{2+}
85	7.83	3522	1059	130.1	91.13	8.88
Li	Pb	Sr	NH_4^+	CO_3^{2-}	HCO_3^-	SO_4^{2-}
0.044	0	0.544	0.19	0	125.04	122.85
Cl^-	F^-	CO_2	HBO_2	H_2SiO_3	As	化学类型
1807	0.51	6.57	1.97	226.68	0.001	HCO_3-Na

开发利用：温泉地处偏僻，附近人烟稀少，开发利用程度极低，完全处于天然状态（图13.16）。

图 13.16　热水乡温泉

QHQ018 珑驼沟温泉

位置：都兰县果米村珑驼头沟。

概况：温泉所处沟谷呈“U”型，宽约20m。温泉北侧为一级阶地，阶面宽约70m，平坦、开阔，阶坎高约0.5m。温泉南侧为基岩山体，相对高差约200m，山势挺拔陡峭，植被发育，覆盖率为30%左右。沟谷内出露地层岩性为第四系砂卵砾石（Q_4^{pl}），青灰色为主。基岩山体出露地层岩性为石炭系（C）石灰岩，青灰色，块状构造，裂隙、溶洞发育。

温泉属断裂上升泉。山区内基岩裂隙水及地表水经断层破碎带入渗地下进行深循环，形成地下热水，经断裂通过上升地表形成温泉。温泉呈股状于沟谷内河漫滩相的沉积物中涌出，泉流量为0.912L/s。

水化学成分：泉口无沉积物。泉水清澈透明，具H_2S气味，微酸，水温40℃。2013年2月26日对该温泉进行了取样测试（表13.15）。

表13.15 珑驼沟温泉化学成分 （单位：mg/L）

T_s/℃	pH	TDS	Na^+	K^+	Ca^{2+}	Mg^{2+}
40	8.04	1104	217.4	8.6	99.26	38.49
Li	Pb	Sr	NH_4^+	CO_3^{2-}	HCO_3^-	SO_4^{2-}
0.074	0.005	0.79	0.04	0	268.31	296.4
Cl^-	F^-	CO_2	HBO_2	H_2SiO_3	As	化学类型
231.15	0.4	0	0.34	28.68	0.001	SO_4-Na

开发利用：温泉地处偏僻，附近人烟稀少，开发利用程度极低，完全处于天然状态（图13.17）。

图 13.17 珑驼沟温泉

QHQ019 温泉水库温泉

位置：格尔木温泉水库上游秀沟北岸山体坡脚处。

概况：温泉北侧为基岩山体，相对高差100m左右，坡度约30°，山区基岩裸露，植被零星发育。温泉南侧为山前倾斜平原，地势平坦开阔。温泉北侧的基岩山区出露地层岩性为花岗岩，灰褐色，花岗结构，块状构造。南侧的山前倾斜平原出露地层岩性为砂卵砾石，青灰色为主。

温泉属断裂上升泉。山区内基岩裂隙水及地表水经断层破碎带入渗地下进行深循环，形成地下热水，经断裂通过上升地表形成温泉。温泉呈股状于基岩山体坡脚流出，泉口无沉积物，泉流量为1.046L/s。

水化学成分：泉水清澈透明，具H_2S气味，微酸，水温35～37℃。2013年2月26日对该温泉进行了取样测试（表13.16）。

表13.16　温泉水库温泉化学成分　（单位：mg/L）

T_S/℃	pH	TDS	Na^+	K^+	Ca^{2+}	Mg^{2+}
35	7.75	1138	221.7	9.2	88.69	50.34
Li	Pb	Sr	NH_4^+	CO_3^{2-}	HCO_3^-	SO_4^{2-}
0.081	0.005	1.52	0.04	0	132.85	386.1
Cl^-	F^-	CO_2	HBO_2	H_2SiO_3	As	化学类型
283.19	0.24	18.84	0.52	7.19	0.001	SO_4-Na

开发利用：温泉地处偏僻，附近人烟稀少，开发利用程度极低，完全处于天然状态（图13.18）。

图 13.18　温泉水库温泉

QHQ020 扎朵镇温泉

位置：称多县扎朵镇—尕朵镇公路旁边的清水河河漫滩。

概况：温泉所处的清水河为常年性河流，河谷呈“U”型，宽约100m，沟内卵石散乱分布。温泉南北两侧为基岩山区，山体相对高差为250m，坡度55° 左右，山顶呈刃脊状，基岩裸露，岩石破碎，植被零星分布。河谷内出露地层岩性为第四系砂砾卵石（Q_3^{pl}），青灰色为主，松散，基岩山区出露地层岩性为三叠系（P）砂岩，风化面呈红褐色，细粒结构，层状构造，裂隙较发育。

温泉属断裂上升泉。山区内基岩裂隙水及地表水经断层破碎带入渗地下进行深循环，形成地下热水，经断裂通过上升地表形成温泉。温泉呈股状于基岩山体坡脚流出，泉口无沉积物，泉流量为2.030L/s。

水化学成分：泉水清澈透明，具H_2S气味，微酸，水温22～45℃。2013年4月8日对该温泉进行了取样测试（表13.17）。

表13.17 扎朵镇温泉化学成分 （单位：mg/L）

T_s/℃	pH	TDS	Na^+	K^+	Ca^{2+}	Mg^{2+}
45	7.16	2032	625	69	70.9	50.4
Li	Pb	Sr	NH_4^+	CO_3^{2-}	HCO_3^-	SO_4^{2-}
0.952	0.005	1.21	4.61	0	1655	337
Cl^-	F^-	CO_2	HBO_2	H_2SiO_3	As	化学类型
69.7	1.31	0	24.2	137	0.001	HCO_3-Na

开发利用：温泉地处偏僻，附近人烟稀少，开发利用程度极低，完全处于天然状态（图13.19）。

图 13.19 扎朵镇温泉

QHQ021 勒涌达温泉

位置：玉树县勒涌达东北。

概况：温泉所处的沟谷呈“U”型，宽约100m，沟内卵石散乱分布。温泉南北两侧为基岩山区，山体相对高差为80m，坡度40° 左右，山顶呈浑圆状，基岩裸露，岩石破碎，植被零星分布。河谷内出露地层岩性为第四系砂砾卵石（Q_3^{pl}），青灰色为主，松散，基岩山区出露地层岩性为三叠系（P）砂岩，风化面呈红褐色，细粒结构，层状构造，裂隙较发育。

温泉属断裂上升泉。山区内基岩裂隙水及地表水经断层破碎带入渗地下进行深循环，形成地下热水，经断裂通过上升地表形成温泉。温泉呈股状于谷底内松散堆积物中涌出，泉流量为1.521L/s。

水化学成分：泉水清澈透明，微具H_2S气味，微涩，水温64℃。2013年4月8日对该温泉进行了取样测试（表13.18）。

表13.18 勒涌达温泉化学成分 （单位：mg/L）

T_s/℃	pH	TDS	Na^+	K^+	Ca^{2+}	Mg^{2+}
64	7.71	418	17	1.25	90	23.2
Li	Pb	Sr	NH_4^+	CO_3^{2-}	HCO_3^-	SO_4^{2-}
0.01	0.005	0.309	0.04	0	278	115
Cl^-	F^-	CO_2	HBO_2	H_2SiO_3	As	化学类型
7.15	0.079	0	0.16	9.35	0.001	HCO_3-Ca

开发利用：温泉地处偏僻，附近人烟稀少，开发利用程度极低，完全处于天然状态（图13.20）。

图 13.20 勒涌达温泉

QHQ022 沙巴纠公主温泉

位置：查盖得勒山山体坡脚处。

概况：温泉东侧为基岩山体，相对高差100m左右，坡度约50°，山区基岩裸露，植被零星发育。温泉西侧为山前倾斜平原，地势平坦开阔，略向西南倾斜。温泉东侧的基岩山区出露地层岩性为石灰岩，灰白色，微晶结构，块状构造。西侧的山前倾斜平原出露地层岩性为砂卵砾石，杂色，较松散。

温泉属断裂上升泉。山区内基岩裂隙水及地表水经断层破碎带入渗地下进行深循环，形成地下热水，经断裂通过上升地表形成温泉。温泉呈股状于基岩山体坡脚流出，泉流量为22.161L/s。

水化学成分： 泉口有钙质泉华沉积，面积约10m²。泉水清澈透明，具H_2S气味，微酸，水温35～65℃。2013年4月8日对该温泉进行了取样测试（表13.19）。

表13.19　沙巴纠公主温泉化学成分　　（单位：mg/L）

T_s/℃	pH	TDS	Na^+	K^+	Ca^{2+}	Mg^{2+}
65	8.24	200	8	2.46	41.5	16.8
Li	Pb	Sr	NH_4^+	CO_3^{2-}	HCO_3^-	SO_4^{2-}
0.01	0.005	0.089	0.04	10.2	177	31.2
Cl^-	F^-	CO_2	HBO_2	H_2SiO_3	As	化学类型
1.79	0.069	0	0.16	8.07	0.001	HCO_3-Ca

开发利用： 温泉地处偏僻，附近人烟稀少，开发利用程度极低，完全处于天然状态（图13.21）。

图 13.21　沙巴纠公主温泉

QHQ023 扎沟温泉

位置： 杂多县扎沟上游西侧山体坡脚处。

概况： 温泉东侧为基岩山体，相对高差100m左右，坡度约50°，山区基岩裸露，植被零星发育。温泉西侧为山前倾斜平原，地势平坦开阔，略向西南倾斜。温泉东侧的基岩山区出露地层岩性为石灰岩，灰白色，微晶结构，块状构造。西侧的山前倾斜平原出露地层岩性为砂卵砾石，杂色，较松散。

温泉属断裂上升泉。山区内基岩裂隙水及地表水经断层破碎带入渗地下进行深循环，形成地下热水，经断裂通过上升地表形成温泉。温泉呈股状于基岩山体坡脚流出，泉流量为22.161L/s。

水化学成分： 泉口有钙质泉华沉积，面积约10m²。泉水清澈透明，具H_2S气味，微酸，水温25～36℃。2013年4月8日对该温泉进行了取样测试（表13.20）。

表13.20 扎沟温泉化学成分 （单位：mg/L）

T_s/℃	pH	TDS	Na^+	K^+	Ca^{2+}	Mg^{2+}
36	7.51	1912	32.7	1.65	432	82.5
Li	Pb	Sr	NH_4^+	CO_3^{2-}	HCO_3^-	SO_4^{2-}
0.025	0.005	4.62	0.04	0	385	1093
Cl^-	F^-	CO_2	HBO_2	H_2SiO_3	As	化学类型
7.15	0.618	0	0.63	16.3	0.017	SO_4-Ca

开发利用： 温泉地处偏僻，附近人烟稀少，开发利用程度极低，完全处于天然状态（图13.22）。

图 13.22 扎沟温泉

QHQ024 扎沟上游温泉

位置： 杂多县扎沟上游西侧山体坡脚处。

概况： 温泉东侧为基岩山体，相对高差100m左右，坡度约50°，山区基岩裸露，植被零星发育。温泉西侧为山前倾斜平原，地势平坦开阔，略向西南倾斜。温泉东侧的基岩山区出露地层岩性为石灰岩，灰白色，微晶结构，块状构造。西侧的山前倾斜平原出露地层岩性为砂卵砾石，杂色，较松散。温泉呈股状于基岩山体坡脚流出，泉流量为22.161L/s。

温泉属断裂上升泉。山区内基岩裂隙水及地表水经断层破碎带入渗地下进行深循环，形成地下热水，经断裂通过上升地表形成温泉。

水化学成分： 泉口有钙质泉华沉积，面积约10m²。泉水清澈透明，具H_2S气味，微酸，水温

25℃。2013年4月8日对该温泉进行了取样测试（表13.21）。

表13.21　扎沟上游温泉化学成分　（单位：mg/L）

T_s/℃	pH	TDS	Na^+	K^+	Ca^{2+}	Mg^{2+}
25	7.51	1912	32.7	1.65	432	82.5
Li	Pb	Sr	NH_4^+	CO_3^{2-}	HCO_3^-	SO_4^{2-}
0.025	0.005	4.62	0.04	0	385	1093
Cl^-	F^-	CO_2	HBO_2	H_2SiO_3	As	化学类型
7.15	0.618	0	0.63	16.3	0.017	SO_4-Ca

开发利用：温泉地处偏僻，附近人烟稀少，开发利用程度极低，完全处于天然状态（图13.23）。

图 13.23　扎沟上游温泉

QHQ025 觉拉乡温泉

位置：囊谦县觉拉乡一沟谷中断。

概况：温泉所处的沟谷呈“V”型，南北走向，宽约50m，沟内卵石散乱分布。温泉南北两侧为基岩山区，山体相对高差为300m，山势挺拔陡峭，近于直立，基岩裸露，岩石破碎，植被零星分布。河谷内出露地层岩性为第四系砂砾卵石（Q_3^{pl}），青灰色为主，松散，基岩山区出露地层岩性为石炭系

（C）石灰岩，风化面呈紫红色，隐晶质结构，块状构造，裂隙、溶洞较发育。温泉呈股状于基岩山体坡脚流出，泉流量为13.00L/s。

温泉属断裂上升泉。山区内基岩裂隙水及地表水经断层破碎带入渗地下进行深循环，形成地下热水，经断裂通过上升地表形成温泉。

水化学成分：泉口无沉积物，水生植物生长茂盛。泉水清澈透明，微具H_2S气味，微涩，水温20～29℃。2013年4月8日对该温泉进行了取样测试（表13.22）。

表13.22 觉拉乡温泉化学成分 （单位：mg/L）

T_s/℃	pH	TDS	Na^+	K^+	Ca^{2+}	Mg^{2+}
29	8.23	278	5.25	0.64	70.9	17.3
Li	Pb	Sr	NH_4^+	CO_3^{2-}	HCO_3^-	SO_4^{2-}
0.01	0.005	1.51	0.04	10.2	213	62.5
Cl^-	F^-	CO_2	HBO_2	H_2SiO_3	As	化学类型
5.36	0.513	0	0.16	12.7	0.047	HCO_3-Ca

开发利用：温泉地处偏僻，附近人烟稀少，开发利用程度极低，完全处于天然状态（图13.24）。

图 13.24 觉拉乡温泉

QHQ026 觉拉乡东北温泉

位置：囊谦县觉拉乡一沟谷中断，与囊谦县觉拉乡温泉呈线状分布。

概况：温泉所处的沟谷呈“U”型，东西向展布，宽约60m，沟内卵石散乱分布。温泉南北两侧为基岩山区，山体相对高差为300m，山势挺拔陡峭，近于直立，基岩裸露，岩石破碎，植被发育，覆盖率在30%以上。沟谷内出露地层岩性为第四系砂砾卵石（Q_3^{pl}），青灰色为主，松散，基岩山区出露地层岩性为石炭系（C）石灰岩，风化面呈灰褐色，隐晶质结构，块状构造，裂隙、溶洞较发育。

温泉属断裂上升泉。山区内基岩裂隙水及地表水经断层破碎带入渗地下进行深循环，形成地下热水，经断裂通过上升地表形成温泉。温泉呈股状于沟谷内松散堆积物中涌出，泉流量为13.00L/s。

水化学成分：泉口有钙质泉华沉积，围绕泉口形成直径约5m、高约0.8m的泉华台地。泉水清澈透明，微具H_2S气味，微涩，水温30～36℃。2013年4月8日对该温泉进行了取样测试（表13.23）。

表13.23 觉拉乡东北温泉化学成分 （单位：mg/L）

T_S/℃	pH	TDS	Na^+	K^+	Ca^{2+}	Mg^{2+}
36	7.63	426	8.25	1.25	100	22.7
Li	Pb	Sr	NH_4^+	CO_3^{2-}	HCO_3^-	SO_4^{2-}
0.01	0.005	2.74	0.04	0	239	148
Cl^-	F^-	CO_2	HBO_2	H_2SiO_3	As	化学类型
5.36	0.598	0	0.23	21	0.085	HCO_3-Ca

开发利用：温泉地处偏僻，附近人烟稀少，开发利用程度极低，完全处于天然状态（图13.25）。

图 13.25 觉拉乡东北温泉

QHQ027 克柯河温泉

位置：班玛县克柯河南侧山体坡脚处。

概况：温泉所处的沟谷呈“U”型，东西向展布，宽约60m，沟内卵石散乱分布。温泉南北两侧为基岩山区，山体相对高差为300m，山势挺拔陡峭，近于直立，基岩裸露，岩石破碎，植被发育，覆盖率在30%以上。沟谷内出露地层岩性为第四系砂砾卵石（Q_3^{pl}），青灰色为主，松散，基岩山区出露地层岩性为石炭系（C）石灰岩，风化面呈灰褐色，隐晶质结构，块状构造，裂隙、溶洞较发育。

温泉属断裂上升泉。山区内基岩裂隙水及地表水经断层破碎带入渗地下进行深循环，形成地下热水，经断裂通过上升地表形成温泉。温泉呈股状于沟谷内松散堆积物中涌出，泉流量为8.10L/s。

水化学成分：泉口有钙质泉华沉积，围绕泉口形成直径约5m、高约0.8m的泉华台地。泉水清澈透明，微具H_2S气味，微涩，水温20～90℃。2013年4月8日对该温泉进行了取样测试（表13.24）。

表13.24 克柯河温泉化学成分（单位：mg/L）

T_s/℃	pH	TDS	Na^+	K^+	Ca^{2+}	Mg^{2+}
90	8.33	536	200	11.5	8.05	2.44
Li	**Pb**	**Sr**	NH_4^+	CO_3^{2-}	HCO_3^-	SO_4^{2-}
0.34	0.005	0.06	0.04	30.7	448	17.4
Cl^-	F^-	CO_2	HBO_2	H_2SiO_3	As	**化学类型**
15.9	9.22	0	4.34	174	0.144	HCO_3-Na

开发利用：温泉地处偏僻，附近人烟稀少，开发利用程度极低，完全处于天然状态。

第三节　代表性地热井

QHJ001 青年公园地热井

位置：海南州共和县恰卜恰镇青年公园内。

井深：1195.53m。

孔径：140～273mm。

井口温度：72.5℃。

热储层特征：初步划分恰卜恰地区深部热储层顶板埋深于697.00m。热储段为697.00～1150.00m，长度453.00m，含水层厚98.40m，岩性主要为细砂岩、中砂岩、中粗砂岩及含砾粗砂岩，含水层多集中在新近系上新统（N_2）中，泥砂比为32.73%，中新统（N_1）地层中砂岩层薄且层次亦少，泥砂比为12.77%，平均泥砂比为21.72%。地热流体水头埋深73.62m，抽水降深37.22m。热流体流量为13.148L/s

即1136m³/d。

水化学成分：2007年11月15日进行了取样测试（表13.25）。

表13.25 青年公园地热井化学成分 （单位：mg/L）

T_s/℃	pH	TDS	Na^+	K^+	Ca^{2+}	Mg^{2+}
72.5	8.45	1412.69	549	4.5	10.02	0.97
Li	Pb	Sr	NH_4^+	CO_3^{2-}	HCO_3^-	SO_4^{2-}
0.2	0	0.06	0	12	878.69	179.63
Cl^-	F^-	CO_2	HBO_2	H_2SiO_3	As	化学类型
212.7	3.2	0	51.48	47.82	0.6	HCO_3-Na

开发利用：未得到有效开发，闲置。

QHJ002 玫瑰园地热井

位置：海南州共和县恰卜恰镇玫瑰园内。

井深：1298.75m。

孔径：140～273mm。

热储层特征：依据地层岩性及测温资料分析，热储层顶板埋深于672.00m。热储段为672.00～1299m，长度626m，含水层厚190.45m，岩性主要为新近系的细砂岩、中砂岩、中粗砂岩，上新统中泥砂比37.14%，中新统（N_1）中泥砂比为24.11%。地热流体水头埋深90.07m，抽水降深72.31m。热流体流量为8.047L/s即695m³/d。最后下入180m泵室管，出水量为816m³/d，单位涌水量为0.111L/(s·m)，获得井口水温71℃，井底电测得井温78℃，本井平均地热增温梯度为5.55℃/100m，地温梯度下部明显高于上部，1150～1300m段梯度为7.2℃/100m。

水化学成分：2010年7月15日进行了取样测试（表13.26）。

表13.26 玫瑰园地热井化学成分 （单位：mg/L）

T_s/℃	pH	TDS	Na^+	K^+	Ca^{2+}	Mg^{2+}
71	7.8	1799.38	713	3	8.02	0.73
Li	Pb	Sr	NH_4^+	CO_3^{2-}	HCO_3^-	SO_4^{2-}
0.2	0.018	0.36	0	0	1232.6	187.32
Cl^-	F^-	CO_2	HBO_2	H_2SiO_3	As	化学类型
265.88	3.84	70.4	30.27	50.91	1	HCO_3-Na

开发利用：未得到有效开发，闲置。

QHJ003 河滨公园地热井

位置：贵德县河西镇河滨公园内。

井深： 1707.07m。

孔径： 140～273mm。

热储层特征： 依据地层岩性、埋藏深度、热储特征可大致划分为新近系低温热储层和古近系中低温热储层。

（1）新近系低温热储层。

热储层顶板埋深于235.20m，其热储特征：热储段为235.20～556.45m，长度为321.25m，含水层厚27.35m，岩性主要为中砂岩。地热流体水头高出地面8.87m，自流降深8.17m，自流量为5.492L/s，即474.5m³/d，单位涌水量0.672L/（s·m）；抽水降深25.89m，涌水量为14.910L/s，即1288.22m³/d，单位涌水量0.576L/（s·m），获得井口水温36℃。

（2）古近系中低温热储层。

热储层顶板埋深为608.50m，其热储特征：热储段为608.50～1594.70m，长度为986.20m，含水层厚169.50m其中：古近系中砂岩厚65.35m，花岗岩破碎带104.15m，水头高出地面1.00m左右，洗孔、射孔后试抽，降深达174m，涌水量为2.97L/s，水温仅23℃。本孔孔底1705m，井温97℃。由上述情况分析，该古近系地层以巨厚的泥岩，砂质泥岩为主夹薄层中细砂岩，岩性致密完整无隙，整个巨厚的泥岩平铺于盆地基底之上，影响了浅层水渗入和基岩裂隙水的侧向补给通道，补给条件极差，导致该热储层内岩石富水性极弱，由于覆盖条件极好，孔底地温高达97℃。从上述情况分析，初步认定该中低温热储层为有热无水的热储，开发利用前景极差。

水化学成分： 2012年10月31日进行了取样测试（表13.27）。

表13.27 河滨公园地热井化学成分 （单位：mg/L）

T_S/℃	pH	TDS	Na^+	K^+	Ca^{2+}	Mg^{2+}
36	8.15	508.38	183	1	8.02	1.21
Li	Pb	Sr	NH_4^+	CO_3^{2-}	HCO_3^-	SO_4^{2-}
0.2	0	0.22	0	0	164.75	81.65
Cl^-	F^-	CO_2	HBO_2	H_2SiO_3	As	化学类型
141.80	4	4.4	1.26	21.67	1	HCO_3-Na

开发利用： 未得到有效开发，闲置。

QHJ004 梨花别墅地热井

位置： 海南州贵德县河西镇梨花别墅门口。

井深： 1495.41m。

孔径： 140～273mm。

热储层特征： 依据地层岩性及测井资料，初步划分为两个热储层段，即新近系低温热储层及古近系热储层，其热储特征分述如下：

（1）新近系低温热储层。

热储层顶板埋深226.30m，其热储特征：热储层段为226.30～397.00m（即为含水层段），层段长

170.70m，含水层厚48.70m，岩性主要为中砂岩。热流体水头高出地面12.40m，自流水头低12.00m，自流量为3.522L/s（即304.30m^3/d），抽水降深43.68m，出水量为11.209L/s（即968.46m^3/d），热流体水温为41℃。从低温热储层的埋藏深度看极易开发，从水量、水温看均具有开发利用价值，是贵德盆地最理想的低温地热开发利用的热储层段。

（2）古近系中低温热储层。

热储层顶板埋深600m以下，为提高热流体温度，将热储段划分到997.80～1372.40m，长度374.00m，含水层厚130.50m，含水层岩性为粉细砂岩。热流体水头高出地面29.70m，自流水头降深29.40m，自流量为0.374L/s（即32.31m^3/d），水温27℃。抽水水头降深142.80m，出水量为1.35L/s（即116.60m^3/d），水温35℃。本孔深为2701.20m，1400m深为花岗岩，不含水，虽井底温度达106.74℃，由于缺少载体，井底高温也难以到达上部，故花岗岩处于有热无水状态，总的看来，该热储层富水性弱，花岗岩段有热无水，没有开发利用价值。

水化学成分：2012年6月26日进行了取样测试（表13.28）。

表13.28 梨花别墅地热井化学成分 （单位：mg/L）

T_s/℃	pH	TDS	Na^+	K^+	Ca^{2+}	Mg^{2+}
41	7.83	910.76	317	9.5	14.03	4.37
Li	Pb	Sr	NH_4^+	CO_3^{2-}	HCO_3^-	SO_4^{2-}
0.16	0	0.42	0.2	0	268.49	84.53
Cl^-	F^-	CO_2	HBO_2	H_2SiO_3	As	化学类型
331.81	6	22	3.85	50.53	1	HCO_3-Na

开发利用：未得到有效开发，闲置。

QHJ005 南川工业园区地热井

位置：西宁市南川工业园区清水河南500m处南川河中游河谷内。

井深：1680.00m。

孔径：216～340mm。

热储层特征：依据连续测温资料将地温低于40℃的地层段定为热储-盖层，结合本孔地层综合分析，将盖层底板确定为745.20m，以上为盖层，之下为热储层。

盖层：0～745.20m，厚度745.20m，岩性为第四系全新统砂卵砾石层及古近系、白垩系上部的厚层泥岩、砂质泥岩夹砂岩层，泥岩、砂质泥岩致密坚硬，裂隙不发育，具有良好的隔水保温性能。

热储：热储层段埋深为745.20～1599.50m（据电测井资料，底部变质岩不含水），长度854.30m，岩性为白垩系泥岩、砂质泥岩、粉细砂岩及中粗砂岩。据钻井取心资料分析，粉细砂岩致密坚硬无裂隙，透水、富水性很弱。因此，只将粗砂岩及中砂岩作为含水层考虑，本段含水层厚度为121.85m。

据抽水试验资料，静止水位埋深19.70m，水位降深62.38m、132.30m时，涌水量分别为9.375L/s（即

33.75m³/h、810.00m³/d）、19.374L/s（即69.75m³/h、1673.91m³/d），单位涌水量分别为0.150L/（s·m）、0.146L/（s·m），水温分别为59℃、61℃。经水文地质参数计算：渗透系数分别为0.129m/d、0.140m/d，影响半径分别为224.05m、495.02m，导水系数分别为15.72m²/d、17.06m²/d。

水化学成分：2013年8月20日进行了取样测试（表13.29）。

表13.29 南川工业园区地热井化学成分 （单位：mg/L）

T_s/℃	pH	TDS	Na^+	K^+	Ca^{2+}	Mg^{2+}
60	7.87	22924.04	7582	38	312.62	77.67
Li	Pb	Sr	NH_4^+	CO_3^{2-}	HCO_3^-	SO_4^{2-}
0.49	0	7.34	0	0	921.4	8405.25
Cl^-	F^-	CO_2	Br	H_2SiO_3	As	化学类型
6026.5	6	26.4	5.34	27.21	7.56	SO_4-Na

开发利用：未得到有效开发，闲置。

第/十/四/章

新疆维吾尔自治区

第一节 地热资源及分布特征

一、地热资源形成特点及分布规律

新疆目前有55处地热露头，其中地热点49处，地热异常点六处，按照地热资源成因类型新疆地热资源可划分为：隆起山地型地热资源和沉积盆地型地热资源。地热资源的形成和分布受地层、构造、大地热流、地温梯度等的影响，其特点如下：

（一）地层

新疆地域辽阔，地层发育齐全，从元古宇到新生界均有出露。与地热出露相关的地层主要有：元古宇较广泛分布于阿尔泰山、天山、昆仑山、阿尔金山，岩性为片麻岩、石英岩等。古生界全疆大部分地区均不同程度出露，分布面积较广，在该地层中出露的地热点占全部地热点的52.8%，岩性以浅海-滨海碳酸盐岩-碎屑岩建造，海相碎屑岩、碳酸盐及海陆交互相火山碎屑岩、碎屑岩及陆相火山岩建造为主。新生界以主要在沉积盆地及山前地带出露，有海相和陆相地层，占全部地热出露点的9.5%。

与地热出露有关的侵入岩以海西侵入岩分布最广，出露面积占侵入岩出露面积的80%，其他期次相对较少，侵入活动具有从基性—酸性—偏碱性依次侵入的规律。并沿阿尔泰山、东西准噶尔、天山、阿尔金山、昆仑山呈带状分布。新疆许多地热点出露在侵入岩分布区内，调查的地热点中在侵入岩中出露的占37.7%。

地层的不同决定着地热点出露的位置，新疆地热点主要出露在古生代地层中，因地层时代较老，余温几乎散尽，这也决定着新疆的地热资源为中低温地热资源。

（二）构造

1.地热水分布、赋存与构造体系的关系

区内地热水在空间上的分布受区域地质构造的控制，主要表现在阿尔泰山南坡，天山西部以及西昆仑山等地区，其温泉分布密度与构造形迹、主要构造体系的基本构造格局是相对应的。

（1）阿尔泰山南坡温泉集中分布在富蕴-可可托海一带，构造上位于蒙古弧形构造带与河西构造体系的交接复合部位，断裂构造极为发育，活动性较强。蒙古弧形构造带形成时间较早、活动性较弱，而河西构造体系形成时间较晚，活动性极强，挽近以来活动剧烈，以红山咀断裂为代表，长约176km，是一条典型的右旋脆性剪切破裂带，曾多次发生强烈地震，断裂切割深度较大，传导深部热

流，并以与其伴生的或被改造的低序次的次级张扭性断裂导热赋水，从而基本控制了该带地下热水的形成和分布。该带温泉集中出露在红山咀断裂的两侧，表明河西构造体系是控制该热水形成的主要因素，同时，也反映了该构造体系的活动性。主要温泉有巴利尔斯温泉、沃萨依温泉等。

（2）天山区地热资源受区域构造体系的控制，热水露头主要集中分布在天山西部。天山西部地区构造极为复杂，经过了多期构造变动，挽近以来构造活动极为剧烈，不同体系构造的活动为热水的形成、运移创造了良好的条件，不同构造体系的交接复合部位成了热水富集、出露的有利地段。

乌鲁木齐-乌苏一带，热水露头位于西域构造体系、中亚构造体系和纬向构造体系的交接复合部位。西域构造体系的活动性较强，改造和归并了纬向构造体系天山复杂构造带的某些构造形迹，成为控制该带构造格局的主要影响因素，从而决定了该带热水的分布、赋存和出露条件。控制热水形成与分布的构造主要为近东西向展布的博罗科努-阿其克库都克断裂带，该断裂延伸数百千米以上，规模巨大，活动性极强。沿该带出露有乌鲁木齐水磨沟温泉、呼图壁、沙湾、乌苏等温泉。

伊犁谷地是天山中部温泉出露较多的地带、构造上位于天山复杂构造带中部的二级构造单元——伊犁沉降构造带。控制热水形成与分布的构造主要为尼勒克大断裂以及一系列与之配套的北东向和北西向断裂。沿该构造带出露的温泉主要有巴尔盖提、布隆温泉和尼勒克阿拉善温泉等。

南天山地区热水露头均沿天山复杂构造带最南部的二级构造单元卡拉台克-库鲁克塔格-阿拉塔格断格构造带分布，温泉多出露在阿尔金构造体系和天山复杂构造带的交接复合部位，主要有阿合奇吉鲁苏温泉、拜城铁列克温泉等。控制热水形成的构造主要为东西向区域性大断裂，其规模巨大，延伸数百千米以上，活动性极强，为热水的形成和运移创造了良好的环境。

（3）昆仑山地区热水露头多沿帕米尔“歹”字形构造体系的头部地区分布，受后期中亚构造体系活动的影响，温泉主要沿塔什库尔干断裂、公格尔断裂、康西瓦断裂分布，出露的温泉主要有塔合曼温泉、达布达尔温泉、唐哥塔温泉等。控制温泉形成与分布的构造主要为北北西向区域压扭性断裂及一系列与之配套的北东向交叉和“入”字形次级张扭性断裂，均为挽近复活性断裂，构造活动极为剧烈，长期频繁的构造活动，使该区岩石强烈破碎，基岩裂隙密布，形成了地热水的良好通道和赋存空间。

（4）塔里木和准噶尔盆地，构造活动性较弱，这些地带多形成盆地深埋型热水，并受基底构造控制。典型的为准噶尔盆地的古海温泉和塔里木盆地的塔中热水井。

新疆地热分布与构造体系的关系极为密切，受构造体系的控制，多出露在不同构造体系的交接复合部位，表现为南强北弱、西强东弱的特征，地热分布与新构造运动关系的活动强度相对应。

2.地热水分布、赋存与板块构造的关系

板块与板块之间的相对运动区是全球活动性最强的地带，这里即是高热流区，又是年轻的造山运动、火山活动、岩浆侵入、地震活动以及变质作用等强烈发生的地区，也是地热形成的有利地带；昆仑山地区的温泉多分布在羌塘板块与塔里木板块缝合线地带的西部地区，温泉分布密度较大、水温较高、矿化度较低，属于板缘地热带类型，多形成中高温地热资源。天山地区地热的分布则兼具板块板缘与板内两种类型地热带的特点，温泉分布密度较小、水温不高，多为中低温地热资源。阿尔泰地区地热点的分布距板缘缝合线地带较远、温泉水温较低，多低于40℃；属西伯利亚板块板内地热带类型。

新疆地热的分布具有一个明显的特点，即地热活动的强弱与构造活动的强弱具有一致性的规律，

表现在地热水温上南部地区最高达146℃，向北水温逐渐变低。这是因为自南而北地热活动区逐渐远离现代板块边界地区，表明地热活动的强度受板块构造的控制，自板缘向板内逐渐减弱，地热资源由高温向中温、中低温变化的特征，反映了地热资源分布与板块构造的关系。

3.地热分布、赋存与构造形迹的关系

新疆地质构造发育，地热水分布赋存与构造形迹的关系十分密切，受构造行迹的控制，分布具有一定的规律。主要表现在与褶皱构造和断裂构造的关系方面。从地热水的出露条件来看，与褶皱构造关系较为密切，在褶皱的倾伏端或背、向斜过渡地带分布的温泉点占20%以上。处于这种构造部位的地热水，一般矿化度较高，皆大于1g/L，为中等-高矿化的半咸水-咸水。地热水分布与断裂构造的关系则更为密切，在断裂带上分布的地热水点占全区地热水露头总数的75%以上；其中有20多处分布在区域性断裂与其次级断裂的交汇部位及其张扭性分支断裂上；其余10余处则分布在近东西向交叉断裂或“人”字形构造的分支断裂，以及断裂构造的支、叉、拐端等构造部位。该类型地热水矿化度皆小于1g/L，涌水量相对较大。根据区内地热水赋存的构造部位，将其按形成条件和赋存特征大致可可归纳为三种。

（1）对于褶皱构造来说，复背斜或大型背斜两翼的倾伏端及背、向斜的过渡地带，有利于地热水的补给、赋存和地热能的集中传递，是地热水形成、赋存的良好地段。

（2）区域性断裂与其次级断裂的交汇部位及张扭性分支断裂上，是地热水露头集中出露的地带；是地热水形成赋存的有利地段，如昆仑山的塔合曼温泉分布在构造的上述部位。

（3）近东西向交叉断裂或“人”字形断裂的分支断裂以及断裂的两端都是热水储存和富集的良好地段，也是温泉出露的有利部位；它是以主干压扭性断裂产热，次级张扭性断裂水平导热富水的典型代表。这类温泉一般水温较高，水量较大。

综上所述，热水赋存于构造的上述有利部位，其溢出的形式有两种：一是从基岩裂隙中或断裂带直接涌出地表；二是从两条断裂的交汇处，通过上覆第四系砂砾石层涌出地表；热水赋存的含水空间是基岩构造裂隙或断层破碎带，温泉的成因类型主要为构造裂隙上升泉或断裂上升泉。

（三）大地热流

新疆大地热流表现为：普遍为低热流区，区域上热流值大部分地区都小于55mW/m^2，个别山区热流值相对较高，最高可达100mW/m^{2}以上，盆地热流值最高仅为75mW/m^{2}左右。新疆沉积盆地的大地热流背景值，尽管有所差别，但均属正常值范围。其中准噶尔盆地热流值小于55mW/m^2，塔里木盆地热流值最高区域为塔中一带，最高可达到75mW/m^2，其他大部分盆地热流值都在45～55mW/m^2。

新疆隆起山区热流值较盆地热流值高，西昆仑的帕米尔高原热流值大于100mW/m^2，其次为阿合奇县的北侧山区、伊宁市西侧靠近国界线处和阿尔金山一带，热流值在65～85mW/m^2，阿尔泰山区热流值最低，热流值小于45mW/m^2。从区域构造上来讲，热流值高的区域构造活动强烈，目前新构造运动最强烈的地区为帕米尔高原，其次为阿尔金山、天山山区等，最后为阿尔泰山区，与温泉出露的温度呈对应关系，大地热流值越高、构造运动越强烈、温泉出露温度越高，大地热流值越低、构造运动越弱、温泉出露温度越低。

（四）地温分布

新疆地温分布具有明显的规律性：南部地温高、北部地温低。对于隆起山地区，地温呈不均匀分布，与断裂构造的关系密切，往往在区域构造带上受深部热流的影响，地温相对较高，在距断裂较远的部位，基岩完整，没有热流运移的通道，地温往往较低。在沉积盆地区，地温分布相对较均匀，平均地温梯度介于2～3℃/100m，地温较高的地区主要为准噶尔盆地的准东一带和塔里木盆地的塔中一带。

（五）地热资源的分布特征

新疆地热资源主要分布在阿尔泰山、天山、昆仑山以及与盆地相衔接的山前地带。新疆地下热水的分布与赋存受地质构造的控制，与含水层岩性、所处地貌单元和水文地质条件具有密切的关系，依据出露地区的不同，地下热水也呈现出彼此各异的特点。受大气降水或高山积雪融水的补给，沿断裂破碎带循环于地下深处，经大地热流加热，在合适的构造条件下，沿深大断裂上升出露于地表形成温泉或补给浅层地下水。

区内地热点分布在昆仑山区的相对较多，多出露在地形切割较深、构造发育的河谷地段，有的则出露在河床之中，河水大时常被淹没；出露海拔均在3000m以上，沿北西-南东向呈带状展布，温泉水温一般较高，多数大于40℃；其中羊布拉克温泉72℃，塔县曲曼热水井146℃。天山区最多，多分布海拔在1500～3000m范围之内，出露于河谷或地形呈明显转折的部位；天山区温泉主集中分布于乌鲁木齐-伊犁一带，呈东西向带状分布，温泉水温在25～60℃，其中以和静县阿热先温泉出露温度最高，65℃。阿尔泰山区最少，主要分布于阿尔泰山南麓，出露海拔1400～2000m，出露在河床或谷侧坡角处，洪水期常被淹没；温泉水温一般不高，在30～52℃，其中以福海阿拉善温泉出露温度最高，为52℃。从以上分布情况可知，地热异常活动由南向北为逐渐减弱的趋势（图14.1）。

（六）地热资源的形成特点

1.隆起山地型地热资源的特点

该类地热系统主要靠正常或偏高的区域大地热流来供热，没有附加热源。由于区域内岩层本身的裂隙率低，渗透性能很差，地下水必须通过岩层中的断裂破碎带或局部裂隙交汇破碎导水带进行一定深度的循环，才能在地下径流过程中逐渐将分散在岩体中的热量加以吸收和积蓄，形成中低温热水。因此，这类地热系统多出现在断裂破碎带或两组不同方向断裂的交汇部位，实践中常形象地称为断裂型地热系统。地下水在地形高差以及相应的水力压差作用下，进行受压对流深循环，其对流机理与高温水热系统由于温差所致的自由对流截然不同。热水或温泉的温度主要取决于参与对流循环的地下水量、循环深度和地热系统所处的区域热背景。在热背景一定的条件下，热水循环深度越大，地下水循环量越少，温热（泉）水的温度越高。

该类型地热资源的形成一般具备热源、盖层、热储层、导热通道四个要素。

热源：主要由地幔热流及上地壳热流；沿断裂构造向上运移出露地表。构造运动、地震起到较大的影响作用。

盖层：新疆地热资源类型主要为该类型，该类型主要分布于山区，构造运动强烈，深大断裂纵横交错，导通了深部热源，在该类型中起盖层作用的岩体主要为各种火山岩、沉积岩或矿物沉淀及水热蚀变形成自封闭，大部分为盖层往往较薄或没有，或为第四系松散沉积。储热构造指热储、盖层和热储岩体中的断裂系统，这些断裂大多情况下就为热能量流或热流体的对流提供了热通道。

热储层：该层中含有热流体，且地热能相对富集的地质体，该地质体中的能源或物质可通过直接开采地热流体而被人们所利用。储热构造指热储、盖层和热储岩体中的断裂系统，这些断裂大多情况下就为热能量流或热流体的对流提供了热通道。

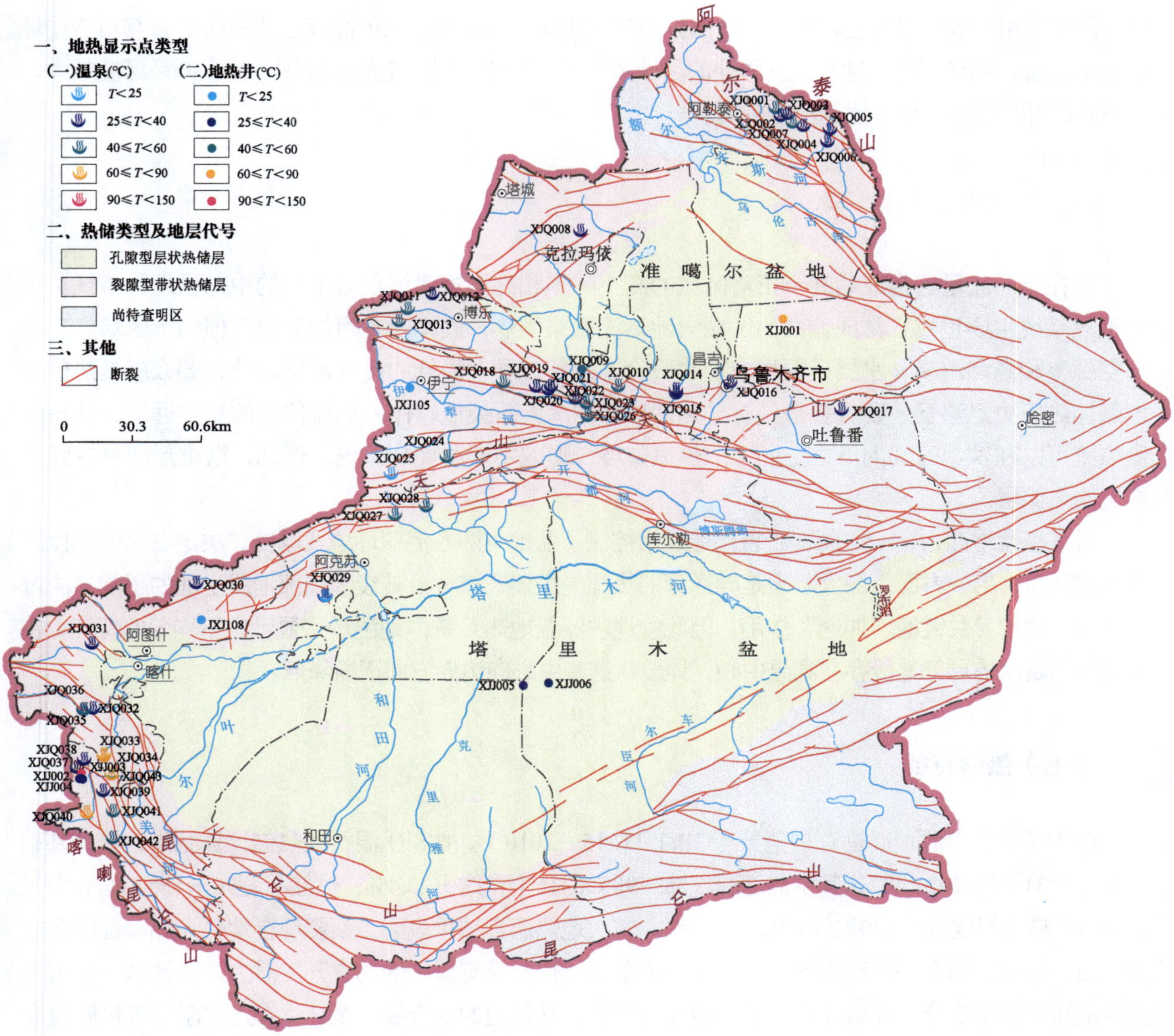

图 14.1　新疆地热地质图

导热通道：通过调查研究分析，断裂构造在热源传递中起到至关重要的作用。断裂构造特别是反复活动的断裂构造，断裂带两侧的岩石破碎，裂隙网络发育，特别是两组不同方向断裂的交汇部位，为地下水富集和热水对流提供了必要的空间。深大断裂更是沟通了深部热源，给地下水深循环并在沿途吸收深部传导上来的热量，然后在水压差、密度差作用下向上运移提供了必要的通道，起到了导热导水的作用。

地下热水补给、径流与排泄：新疆绝大多数温泉分布在山区，大气降水相对较丰富。在出露点上游补给区接受大气降水入渗补给沿裂隙通道向深部运移，成为深循环的地下水，沿途逐步从有着正常或略高的地温梯度的岩石中吸热。当地下水到达深部热源时受到高热流加热，水温得以迅速提升，并加速溶解围岩的可溶组分，在深部地层形成热储。地下水在地形高差以及含水岩组高水头压力作用下，进行受压对流深循环，深部热水沿导水断裂向上运移并在适宜部位出露成温泉，并受到四周冷水不同程度的混合。

断裂构造型大多发育于花岗岩体等结晶基岩中，一般盖层极薄，甚至根本没有松散沉积盖层，不起热保温作用，很少形成层状热储，大部分为带状热储。热水或温泉的温度主要取决于参与对流循环的地下水量、循环深度和地热系统所处的区域热背景。在热背景一定的条件下，热水循环深度越大，地下水循环量越少，地热水的温度越高。

2.沉积盆地型地热资源的特点

存在于热流量正常或略高于正常区域的高空隙率和高渗透率沉积盆地中的中低温地热系统。该类地热系统主要也靠正常或偏高的区域大地热流量来供热，同样没有附加热源。但由于区域内存在高空隙率和高渗透率含水层，要形成地热田除了必备传导率极低的良好盖层以外，要么就是热储层埋藏加热历史足够长，要么就是具有导热性很好的深大断裂能够作为热流传递的重要通道，使得大量热流可以在较短时间内沿之上涌，加热热储层，形成中低温地热系统。否则，很难形成具有经济价值的热储层。

对沉积盆地而言，一方面，断裂构造通常控制了盆地第四系沉积环境及厚度，决定着热储层良好盖层的分布；另一方面，深大断裂是导通深部热源的主要通道，沿其裂隙局部地段上涌的超常热流对地热田形成起着关键的“加速”作用，因此盆地中低温地热系统内地温场将显示出不均匀的特征，在主要导热断层的局部地段存在高温中心，地温从这些中心向边界方向逐渐降低。

（七）热储特征

依据《地热资源地质勘查规范》（GB/T 11615—2010），按SiO_2温标法热储计算结果：热储基础温度介于31.97～202.14℃，其中热储温度25～90℃的15个，约占23.4%；热储温度90～150℃的48个，占75%；热储温度大于150℃仅1个，占1.6%。本次地热调查结果表明，新疆现存地热点热储温度多数为中温。因此，综合评价新疆的地热资源为中温型，目前具有很好的勘查开发潜力。从地域上分析，高温地热资源主要分布在塔什库尔干县曲曼地热田，其周边的塔合曼温泉、达布达尔温泉等热储温度也相对较高。从区域上来看，西昆仑热储温度最高，天山次之，阿尔泰山最低，热储温度大致呈由南向北递减的趋势。

二、地热资源量

（一）隆起山地型地热资源

1.地热资源量

新疆隆起山地型地热资源量量为1.21×10^{16}kJ。其中流体中储存的热量为5.31×10^{14}kJ，热储中地热流体量为$15.2\times10^{8}m^{3}$。通过本次计算新疆隆起山地型地热资源量进行分析，其热量相对较小。因新疆地热研究程度较低，计算所采用的数据参数大部分都是经验数据，其计算结果的准确率较低。新疆隆起山地型地热资源量为1.21×10^{16}kJ热量，热量相当于4.14×10^{8}t标准煤的发热量。

2.地热流体可开采量

因新疆地热资源研究程度较低，绝大部分地区为天然温泉，对于地热流体可开采量采用温泉或者地热井的天然自流量作为地热流体的可开采量。

从本次实地调查结果来看，大部分温泉天然流量很小，温泉流量较大的有尼勒克阿拉善温泉、阿克陶公格尔温泉等。新疆地热水天然流量资源较丰富的县市有福海县、富蕴县、温泉县、尼勒克县、阿克陶县和塔什库尔干县。新疆隆起山地型地热资源按照天然流量计算的可开采量为$945.86m^{3}/h$，合$8.29\times10^{6}m^{3}/a$，按照100年计算的隆起山地型地热流体可开采量为$8.29\times10^{8}m^{3}$。

3.地热流体可开采热量

通过按照天然流量的方法对新疆隆起山地型地热资源的可开采量进行计算，通过地热资源可开采量计算地热流体可开采热量，通过计算，新疆地热流体可开采热量为3.54×10^{12}kJ/a，折合标准煤为12.1×10^{4}t/a。

4.高温地热资源发电潜力

新疆具备高温地热资源发电潜力的地区仅为曲曼地热田。按照高温地热田发电潜力计算，新疆塔什库尔干地区曲曼高温地热田的热储热能为2.16×10^{18}J，井口热能为5.39×10^{17}J，井口有用功与热储热能比值的取值为0.048，井口有用功为1.04×10^{17}J，其高温地热资源的30年发电潜力为43.76mW。

（二）沉积盆地型地热资源

新疆沉积盆地型地热资源主要分布在准噶尔盆地和塔里木盆地两大盆地中，因新疆沉积盆地中有关地热资源的研究资料较少，本次评价的地热资源分布区按照地温梯度大于2.5℃/m的面积进行圈定，通过研究分析，在新疆沉积盆地中共圈定了四处地热异常区，分别为五彩湾、车排子、莫索湾和塔中地热异常区，本次沉积盆地地热资源评价主要对四处异常区进行评价，计算地热资源量。

1.地热资源量概算

新疆沉积盆地型地热资源量为9.62×10^{17}kJ，折合标准煤为3.28×10^{10}t，合328×10^{8}t。新疆两大沉积盆地深部地热研究资料较少，为了概略估算地热资源量，很多参数采用经验值，热储层厚度取值的依据资料较少，估算结果精度较差。

2.地热资源可开采量概算

在考虑地热回灌的情况下，地热资源可开采量即为可利用地热资源量，可利用地热资源量采用回收率法进行计算，本次计算回收率按0.05取值。通过计算，新疆沉积盆地型地热资源可采量为4.81×10^{16}kJ热量，折合标准煤为1.64×10^{9}t，合16.4×10^{8}t。

3.地热流体储存量概算

本次计算地热流体储存量采用热储法进行计算，包括容积储存量与弹性储存量两部分。经计算，新疆沉积盆地型地热流体储存量为2.11×10^{11}m^{3}水量，地热流体折合8.39×10^{16}kJ热量，折合标准煤为2.86×10^{9}t，合28.6×10^{8}t。

4.地热流体可开采量

（1）天然流量法。

新疆沉积盆地地热资源研究程度较低，地热井的数据较少，新疆沉积盆地的地热流体可采量按照地热井的天然流量进行计算，准噶尔盆地沙南一井的地热流体可开采量为285m^3/d，塔里木盆地KT1井的地热流体可采量为750m^3/d，KT2井的地热流体可采量为227m^3/d，通过计算五彩湾地热分布区地热流体可开采量为10.5×10^{4}m^3/a，塔中地热分布区地热流体可开采量为35.7×10^{4}m^3/a。

（2）开采系数法。

对新疆沉积盆地的地热流体可采量采用开采系数法进行计算，因新疆沉积盆地型地热资源属于裂隙型层状热储，*X*取值按1%（100a），通过计算结果，新疆地热流体可开采量为2.11×10^{7}m^3/a。

5.地热流体可开采热量。

通过计算，新疆沉积盆地的地热流体可开采热量按天然流量法计算的为2.11×10^{11}kJ/a，折合标准煤为721.8t；按开采系数法计算的地热流体可开采热量为8.39×10^{12}kJ/a，折合标准煤为28.68×10^{4}t。

6.考虑回灌条件下地热流体可开采量和可开采热量

因评价区内现有的地热井未开采或无回灌数据，无法确定回灌资源量，因此，本次回灌条件下的允许开采量计算采用经验法。用过对比内地其他省区的回灌计算，一般回灌量条件下的允许开采量不大于可开采量的10倍，因此本次回灌按照地热资源允许开采量的五倍进行计算。

通过计算，新疆沉积盆地型地热资源在回灌条件下计算的地热流体可开采量为$1.06 \times 10^{8}m^{3}/a$，在回灌条件下地热流体可开采热量为$4.20 \times 10^{13}kJ/a$，折合标准煤为$143 \times 10^{4}t$。

三、地热流体地球化学特征

（一）地热水物理性质与特征

（1）地热水颜色：地热水颜色以无色为主，个别有淡黄色或乳白色，为水磨沟温泉、塔县达布达尔温泉，究其原因，淡黄色是由于矿化度较高，黄色离子含量较高的缘故；乳白色是因热水中硫化物氧化所致。

（2）嗅：新疆大部分地热水中不同程度地含有H_2S气味，部分浓度较高的地热水有：水磨沟温泉、沙湾金沟河温泉、塔县达布达尔温泉。地热水中的气味间接地反映了形成环境与条件。热水中含有H_2S气味说明是封闭的、还原条件好且有机质丰富的环境下形成的。

（3）味：新疆地热水受气候、水文地质等环境条件的制约，地热水口味较丰富，具有苦、咸、涩、淡、甜等味，以淡、咸味居多。

（4）透明度：收集前人资料和本次调查结果表明，新疆地热水基本上是洁净透明的，个别如水磨沟温泉呈半透明状。

（5）地热水温度：新疆地热水出露温度一般不高，除曲曼地热井达到146℃外，其余均在80℃以下。根据GB 11615—1989将其分为四级，其中20℃≤T<25℃的温水占14%，25℃≤T<40℃的温水占46%，40℃≤T<60℃的温热水占29%，60℃≤T<90℃的热水占9%，90℃≤T<150℃中温热水占2%。由此可见温水和温热水在新疆地热水中占主导地位。

（6）矿化度：新疆地热水的矿化度最低为0.152g/L，最高为18.4g/L，62%小于1g/L，为低矿化的淡水，地热水中矿化度随水温升高而增加。

（7）地热水基本上呈中性-弱碱性，pH最低为6.35，最高为9.95。6.5≤pH<8.5约占44%，达到地下水Ⅱ类水标准，pH>9的占43%。

（二）地热水化学特征

新疆地热水中主要阴阳离子成分为Cl、SO_4、Na、Ca，水化学类型以SO_4-Na、SO_4·HCO_3-Na、SO_4·Cl-Na及Cl-Na、Cl·SO_4-Na型居多。

从分布特征来看，阿尔泰山区主要以SO_4-Na型为主，矿化度基本小于1g/L，水质相对较好，分析其主要原因为该地区水系较多，降水量相对较大，地热水的补给主要来源于大气降水，循环途径短，水温相对较低。

西准噶尔界山一带以SO_4·Cl–Na型为主，该地区周边水系较少，降水量小，循环途径短，水温最低。

天山山区水化学特征主要以SO_4–Na、Cl–Na和SO_4·Cl–Na型为主，其中天山北麓沿线主要以SO_4–Na型为主，Cl–Na型仅在呼图壁达拉拜温泉出现，该地区周边水系相对较多，循环深度相对较大，水温相对偏高。伊犁谷地水化学类型以SO_4–Na、Cl–Na和SO_4·Cl–Na型为主，该区域降水量大，地热水循环途径长，水温相对高。南天山水化学类型以SO_4–Na、SO_4·Cl–Na和Cl–Na为主，水温高的水质较差，水温低的相对水质较好。

西昆仑山水化学主要以SO_4–Na和Cl·SO_4–Na为主，大部分地热点水温相对较高，溶解的离子较多，且周边降水量相对较少，水质较差。

总体上新疆地热水从北向南水质变差，温度也同样是从北向南呈增高的趋势。

（三）地热水（气）中的微量元素及放射性组分

地热水中微量元素种类、含量、浓度与水的围岩成分、温度高低、循环等水文地质条件有密切关系。新疆地热水中含微量元素有10余种，已检出的有氟、锂、硼、砷、锶、溴、碘、钡、锰、铅、铜、锌、铬、镍、汞、钼、硒等，其中含量较高的微量元素主要有氟、锂、硼、锶、溴等，氟元素达到热矿水命名标准的有30多处之多，最高的温泉县小温泉中氟离子含量达到22.24mg/L。其他元素达到热矿水命名标准较少，达到热矿水命名标准且含量最高的有：乌市水磨沟温泉偏硼酸含量达545.1mg/L；吉木萨尔县古海温泉锶含量50mg/L，钡含量23.2mg/L。

（四）地热流体质量评价

1.地下水质量标准评价

根据《地下水质量标准》（GB/T 14848—93），参照生活饮用水、工业、农业用水水质最高要求，分五类对地热水质量进行评价，新疆地热水水质均为较差和极差，极差的占53%，较差的占47%。

2.医疗热矿水评价

对各地热水进行医疗热矿水评价；几乎所有地热水中都有一项以上指标达到了有医疗价值浓度，达标的指标有硫化氢、氟、溴、锶、锂、钡、偏硼酸、偏硅酸、温度、矿化度共10项指标。其中达标率较高的有：偏硅酸、氟、偏硼酸、温度和矿化度。

达到热矿水浓度指标的有硫化氢、氟、溴、锶、锂、钡、偏硼酸、偏硅酸共八项指标。其中达标率较高的有：偏硅酸、氟、偏硼酸、硫化氢等。

达到热矿水命名标准的指标有：硫化氢、氟、锶、锂、钡、偏硼酸、偏硅酸等共八项指标。其中达标率较高的有氟、偏硅酸，达到命名的地热水中有84.8%为氟水，65.2%为偏硅酸水，8.7%为硫化氢水，4.3%为偏硼酸水，2.2%分别为锶水、锂水和钡水。

3.工业利用原料提取指标评价

对热矿水进行原料提取工业指标评价。其中可供评价的指标三项，分析测试结果显示，碘≤20mg/L、溴≤50mg/L、锂≤25mg/L，远小于《规范》中规定的界限指标，未达到热矿水矿物原料提取工业指标，不适于作为矿物原料直接进行工业提取。

4.生活饮用水评价

按《生活饮用水卫生标准》（GB 5749—2006）标准对地热水进行评价。其中，色度、铬、铅、硒、铝、锌六项指标均在《生活饮用水卫生标准》（GB 5749—2006）规定的限值以内，达到了生活饮用水卫生标准。对硫化物进行评价，其温泉水全部硫化物超标，未达到生活饮用水标准。氟化物仅三处达到了标准，绝大部分均未达到。

其中，铜、汞、气味、色度、镉、锰、镍、砷、硼、钡、钠、铁、氯化物、硫酸盐、耗氧量、溶解性总固体、pH 25处超标，口味、浑浊度、肉眼可见物等超标地热点约占三分之一到四分之一未达到生活饮用水卫生标准。

一般超过《生活饮用水卫生标准》（GB 5749—2006）规定指标限值的几倍至几十倍不等，超标最大者为硫化物，主要有民丰县阿依吐拉汗马扎温泉、色克布拉克温泉、因干温泉、乌鲁木齐市水磨沟温泉等。分析地热水超标原因，是因为地热水在深部岩层赋存和运移循环过程中的溶滤作用起着主导作用，地层中含硫较多（如含煤地层）是另一主要原因。

综合评价后发现，每一处地热水均至少有一项评价指标超过《生活饮月水卫生标准》（GB 5749—2006）规定的限值指标，53处地热水均未达到生活饮用水卫生标准，故不能直接用地热水作为居民生活饮用水水源。

5.饮用天然矿泉水评价

按《饮用天然矿泉水标准》（GB 8537—2008）评价。通过评价，色度达标。浑浊度一处超标，臭味12处超标，肉眼可见物三处超标。总体来看，大多数地热水在感官上满足饮用天然矿泉水感官标准要求。

全疆地热水中锂31处达标，锶31处达标，偏硅酸55处达标，锌、硒、游离CO_2 63组全部未达标处达标，溶解性总固体24处达标。总体上看，地热水中偏硅酸、锂、锶等含量较高，大部分达到饮用天然矿泉水界限指标。

全疆地热水中硒、铬、铅三项指标全部达标。铜、汞、锰、硝酸盐砷达标数达60组以上，仅2～3组未达标。其中镉全部超标，氟化物59组超标，其他元素大部分都达标。226放射性镭42处达标。

全疆地热水中亚硝酸盐两处超标。挥发酚五处超标，氰化物58处超标，阴离子合成洗涤剂、矿物油、总β放射性等项指标未测试。

综上所述，对于做出评价的30项指标，53处地热水中，每一处均至少有一项评价指标未达到规定的评价标准。超标的地热水点中以砷、氟化物、硒等指标数量居多，而超过限量指标一般几倍至十几倍不等。全部地热水均未达标。

6.农业灌溉用水评价

按《农田灌溉水质标准》（GB 5084—2005）进行评价，以旱作农作物的限制指标为主。除温度外，地热水超标的指标以pH、氟二项居多，一般超标几倍至十几倍不等。地热水中pH略有超标，水中pH偏碱性；对于另一超标项目氟，因地热水形成的特殊物理化学环境所致，的确在水中普遍浓度较高。至于水温一项指标，可以采用人为自然散热至适宜水温或采取冷热混灌方法即可，对农田灌溉用水影响不大。

7.渔业用热水评价

按《渔业水质标准》（GB 11607—2010）进行评价，地热水中每一处均至少有一项评价指标超标，一般超标几倍至十几倍不等，超标的指标以pH、汞、铜、硫、氟五项居多。

8.地热水腐蚀性和结垢评价

按《地热资源地质勘查规范》（GB/T 11615—2010）对地热水进行腐蚀性和地热流体结垢进行评价，新疆地热水中绝大部分为非腐蚀性水，少部分为半腐蚀性水，腐蚀性地热水仅五处，为柯坪因干温泉两处，库库尔特温泉、乌恰温泉和哈拉峻热水井。从评价结果来看，新疆地热水在工业利用中水质相对较好，大部分可供直接利用。

结垢评价中，绝大部分为锅垢很少，锅垢多的占少部分，锅垢很多的仅个别地热点。

四、地热资源开发利用历史与现状

（一）地热资源开发利用历史

新疆地热资源开发利用起步较晚，自从20世纪70～80年代以来，人们利用天然温泉水洗浴，建成温泉疗养院或温泉医院，主要用于治疗各种皮肤病和各种关节炎等病变，开发利用较早的地区主要有乌鲁木齐市水磨沟温泉、沙湾县金沟河温泉、福海阿拉善温泉、乌苏市南山温泉、温泉县城北温泉等。

（1）乌鲁木齐市水磨沟温泉是国家投资、社会集资全套现代化医疗设备的社会福利事业单位。是集疗养、康复和治疗于一身的新型综合性疗养院。该温泉的利用历史已达200多年之久。早在清朝乾隆年间（1768年）已被利用，文人纪晓岚流放在乌鲁木齐时，曾为该泉提诗一首：“界破山光一片清，温暾流水碧冷冷，游人尚有风沂兴，只向将军借幔亭”。这首诗说明在200多年前，该温泉已开始用于洗浴了。此外，1956年章鸿钊先生著的《中国温泉辑要》一书对该温泉也有记载，并说明已建成温泉浴池。但是1965年乌鲁木齐市发生一次6.6级地震，震后温泉干枯。为使古老的温泉造福于民，于1980年政府拨出专款重新开挖温泉，并且施工兴建比较现代化的温泉浴池。设有盆塘淋浴及暖气装置，室内清洁美观，每天接待300余人洗浴，使老温泉焕发了青春。20世纪90年代初，政府对其温泉进行了勘查工作，又投入专项资金进行扩建温泉，至2003年建成了具备一定规模的温泉疗养院。

（2）沙湾县金沟河温泉，20世纪80年代建成了温泉医院，当时有十几名工作人员，配有一名专职医生，设有病床150张，简易病床若干，并设有食堂，每当夏季来临，来自北疆各地的各族患者到此医院洗浴，治疗各种慢性病。在当时，全年大约能接待8000余人，设有3个浴池。2000年初，政府投入专项资金进行扩建，由原来的平房变成了楼房，建有宾馆、餐厅、并增加了先进的医疗设施。

（3）福海阿拉善温泉自20世纪70年代开始，建成了简陋的温泉浴室，是阿勒泰地区规模最大、修建最好、接待病人最多的一个温泉。1979年接待病人1700多人，1983年接待2600多人，随着规模的扩大，人数越来越多，福海县卫生科派专职医生负责给病人看病及作洗浴指导。1984年开始至今，政府数次出资对该温泉进行扩建，以便接待更多的病人。到目前已投资数千万元资金。

其次还有温泉县的城北温泉，乌苏南山温泉，其主要用于洗浴疗养，用于地热资源工业利用的在新疆地热历史上还没有实施，需要以后对地热资源进行勘查后应用于工业领域。

（二）开发利用现状

通过对新疆地热资源开发利用现状进行调查，新疆地热资源目前的开发利用方式比较单一，主要为利用天然温泉进行洗浴保健，旅游疗养，对于地热资源的综合利用，如地热发电、地热供暖、农业种植、养殖等利用方式，还没有投入利用。

通过本次调查，与20多年以前相比，大部分地热点所在地的交通条件并未改观，仍处于相对原始的状态。目前新疆地热资源总体开发利用情况远落后于内地，开发利用程度比较高的地热点多处在交通条件较好的地带，且温泉水流量较大、水温较高，如温泉县城北温泉、乌苏市南山温泉、沙湾县金沟河温泉、乌市水磨沟温泉、吉木萨尔县古海温泉等；从地域上看，温泉的开发利用与经济发展程度密切相关，经济发达区比经济欠发达区要好，北疆利用程度高，南疆利用程度低；沿天山一带利用程度高，其次是阿尔泰山，昆仑山利用程度最低。

据本次调查结果，全疆目前有地热点55处（包括地热异常点6处）。已开发的地热点有23处，其中已建成疗养院、度假村及洗浴中心的有14处，主要开发利用方式为温泉洗浴保健、游泳、医疗保健等，同时配备有相应的餐饮和住宿，来此洗浴疗养的人相对较多；简单浴室开发的有9处，主要开发利用方式为修建简单简陋的浴室，大部分为石头垒砌，仅当地牧民来此洗浴疗养，或有些现今已废弃破败。尚未开发的有32处，基本位于交通条件较差的地区，少数位于难以通行的无人区，仅靠骑马或毛驴到达。

新疆地热资源开发利用程度较高的地区主要分布在以下地区：

1.北疆环准噶尔盆地周边地区

该区域开发程度较好，建有温泉疗养院、温泉旅游度假村、洗浴中心等，如温泉县城北温泉疗养院、乌市水磨沟温泉疗养院、五彩湾古海温泉旅游度假区、乌苏市南山温泉疗养院、福海阿拉善温泉旅游度假区、沙湾金沟河温泉疗养院等。

温泉县城北温泉疗养院（博格达尔温泉或圣泉）：位于温泉县城内，博尔塔拉河南岸的孤山下，柏油马路相通，交通便利，目前已建成三星级旅游宾馆，同时配备娱乐项目有水疗、特色水疗、冷餐吧、休闲茶吧、健身房、棋牌室、桌球厅、休闲厅、中式按摩和泰式按摩等项目。是一家集洗浴旅游度假休闲娱乐于一体的温泉疗养院。

乌市水磨沟温泉疗养院（又名乌鲁木齐市温泉医院）：位于乌鲁木齐市水磨沟区，交通便利，早在200多年以前就已被人们利用，新中国成立后党和政府多次修改洗浴设施，特别是1980年自治区人民政府拨出专款在该处兴建了比较完整的洗浴设施，每天可接待二三百人洗浴，需水量一般在100m^3/d左右，高峰期可达200m^3/d。为了充分利用这一宝贵资源，1988年乌鲁木齐市政府利用外资，将温泉疗养院扩建成一个集医疗、疗养、洗浴为一体的综合性疗养院。后来，又经过几次改扩建，目前已形成具备一定规模的医院，具有医院的常规设施、科室以及住院部，有内科、外科和皮肤科等。2013年乌鲁木齐市人民政府财政出资1亿元，对该温泉医院进行扩建，建筑面积达15000m^2，建成后将成为新疆境内设备先进齐全、技术雄厚的温泉医院。每年来此疗养治病的患者络绎不绝。

五彩湾度假村：位于五彩湾石油基地216国道西侧1km处，全部柏油马路贯通，2003年已建成集生态旅游、休闲娱乐、温泉疗养、针灸按摩、度假于一体的3A级标准温泉度假村，同时按照三星级标准建有别墅五栋、32套标准间和有浓郁地方特色的餐饮，2013年新疆西域旅游公司投资1亿元又见一座4星级酒店，同时配备娱乐项目有沙漠、卡丁车、沙滩排球、台球、足球、射箭、飞碟打靶、狩猎、探险等。夏季每天来此旅游的人500～800人次。

乌苏市南山温泉：位于乌苏市以南60km的待普森林场，天山主山脉脚下，交通便利，全程为柏油马路，目前已建成温泉疗养院，由独山子石化工会经营，配备有宾馆客房、餐厅、具有一定规模的洗浴中心、旅游度假等，主要功能为治疗各种皮肤病、保健洗浴等。依靠待普森森林公园的带动，促进了该温泉的开发。

2.伊犁谷地

该区域地热开发程度较高的地热点为：昭苏县夏塔温泉旅游度假区、巴尔盖提天浴温泉山庄、特克斯县阔克苏温泉旅游度假区、布隆温泉旅游度假区、和静县阿热先温泉旅游度假区等。

昭苏夏塔温泉：位于昭苏县夏塔谷地，距县城150km，其中110km为柏油马路，40km为沙石路面，交通较为便利，该温泉正位于昭苏夏塔谷地旅游景区接待中心，该景区为3A级景区，依靠景区旅游资源的开发优势，游客较多，主要功能为休闲洗浴，每年夏秋季节游客较多，度假、旅游、洗温泉相互促进，开发利用前景较好。

尼勒克县巴尔盖提温泉（巴尔盖提天浴温泉山庄）：位于尼勒克县吉林台水电站北侧20km的山谷中，建有三层楼的温泉疗养院，设施有公共游泳池、木桶浴、宾馆、餐厅等，优美的风景和良好洗浴条件吸引大量的游客。该温泉水量较大，目前仅利用其中一部分，开发利用潜力较大。

特克斯县阔克苏温泉：位于特克斯县阔克苏河上游，交通较差，通行比较困难，山路险峻，洗浴的游客较少，大部分为当地牧民，2010年正在修建新的温泉疗养院，主要有宾馆、餐厅、洗浴池等设施。该温泉因道路较远，通行条件较差。

3.南天山山前地区

该区域开发程度较高的地热点主要为：拜城铁列克温泉洗浴中心等。

拜城县铁列克温泉洗浴中心位于拜城县铁列克镇北侧8km的卡普斯浪河河谷内，全程为柏油马路，交通便利。目前已建成30m长、18m宽的露天游泳池，单间浴室17间，并配备有餐饮住宿等设施，该温泉的开发资金来源于拜城县的财政拨款，该温泉水温较高，水质优良，每年夏天吸引周边地区大量的患者和旅游者来此洗浴。由于水量较大，还有较大的开发潜力。

4.塔什库尔干地区

该区域开发程度较高的地热点主要为：公格尔温泉洗浴中心、塔合曼温泉疗养院等，该地区离城市较远，但这两个温泉水温较高，公格尔温泉位于国道314路旁，塔合曼温泉位于国道314路边2km处，交通方便，是去塔县和中巴边境口岸红其拉甫的必经之处，今后在旅游的带动下会有不错的前景。

目前塔什库尔干县城的曲曼地热田正在开展供暖项目，开采井施工、交换站建设、管线铺设正在实施中，预计建成后，经济效益较好。

（三）开发利用潜力

地热资源的利用可以分为地热发电和直接利用，地热直接利用对热水温度要求相对较低，中低温地热资源都可以利用。新疆地热资源开发利用目前仅局限于游泳、洗浴医疗保健等功效，可效仿其他省区的开发利用方式，估计具有较好的开发潜力和经济效益。以下为对新疆地热资源开发利用的潜力进行分析：

1.地热发电

根据本次调查，新疆塔什库尔干县城一带可尝试采用地热能发电，该区域地热水温度较高，最高井口温度146℃，且相对较集中，发电之后的热水还可以作为城市供暖。塔什库尔干县为高海拔山区（海拔3000m），一年四季气温较低，蔬菜基本上都是从外地拉运，为此，把地热发电之后的热进行温室供暖，既可以满足当地对蔬菜的需求，同时又能提高当地人的收入水平，经济效益前景较好。

通过对新疆高温地热资源发电潜力进行评价，新疆高温地热资源仅一处，为塔什库尔干县曲曼地热田，对采收率取0.25，井口有用功与热储热能比值取0.048，最终计算的井口有用功为1.04×10^{17}J，30年发电潜力为43.76MW。

2.直接利用

（1）城镇供暖。

新疆冬季严寒，每年采暖期长达六个月。目前采暖绝大多数均采用燃煤锅炉，塔什库尔干县城位于帕米尔高原，海拔在3000m以上，冬季寒冷，该县城煤炭、石油能源短缺，冬季取暖用的燃煤大部分都是从1000km以外的拜城县拉运，成本昂贵。据新疆地矿局第二水文工程地质大队在塔县开展的地热资源勘查成果，圈定了曲曼中温地热田，据钻孔揭露最高温度为146℃，目前塔什库尔干县政府已投入工作开始实施塔县曲曼地热田供暖的项目，该项目实施后，塔什库尔干县城供暖问题就得以解决，能大大改善当地居民的生活条件，并且节约了大量资金。从另一方面来分析，地热能供暖能够减少空气中的烟尘排放和SO_2排放量，可以改善当地的空气质量。近年来虽然加大环保力度，采用环保锅炉，但短期仍然无法彻底解决城市采暖期燃煤污染空气的问题。如果采用地热供暖，那么这一问题便得以从根本上解决。

除塔什库尔干县外，在乌鲁木齐市、温泉县一带，同样可以采用地热能进行城市供暖方面尝试。若在乌鲁木齐市水磨沟温泉、温泉县城北温泉一带进行一定规模的地热勘查，找出较高的地热水，进行城市供暖，能有效地解决能源紧缺问题和代替燃煤带来的环境污染。

（2）地热医疗保健、洗浴、旅游度假。

地热水中含有多种对人身体有益元素，在医疗领域应用有较好前景。经常洗浴可以治疗风湿类关节炎、各种皮炎皮肤瘙痒症、部分肠胃消化道疾病等具有特殊功效。

地热水中含有一些特殊的化学元素，使它具有一定的医疗效果。如富蕴县吉浪德温泉碳酸含量较高、福海阿拉善温泉的胃泉、塔县塔合曼温泉等，饮用后，可调节胃酸、平衡人体酸碱度；乌鲁木齐市水磨沟温泉、沙湾县温泉疗养院等硫化氢含量较高，对治疗关节炎、皮肤病等有很好的疗效，因病来温泉治疗的人相对较多。目前乌鲁木齐市水磨沟温泉已建成具有先进医疗设施的温泉医院，专门用于治疗各种皮肤病、关节炎和偏瘫等方面的疑难杂症，前来治病的患者很多。

新疆旅游资源丰富，开发地热可以带动旅游经济发展。设想在一天旅游观光之后，在旅店附近泡泡温泉，可以消除一天的疲劳，神清气爽。这一点可以从新疆五彩湾附近的沙南一井（“古海温泉”）得到很好的验证。自该地热井开发以来，每年游人如潮，据调查，仅2008年就接待游客56000人次，平均每年接待人数以20%递增，2013年夏季每天游客500～800人次，最多一天游客数量达到1600人次，经济效益十分可观。

（3）地热水在工农业方面的利用。

新疆地热资源中水温较低、四分之三的热水矿化度小于1g/L等特点，非常适合在种植、养殖方面的应用。例如，在塔什库尔干县，采用地热水浇灌温室蔬菜或进行养鱼等，在阿图什市哈拉峻乡采用地热水进行灌溉农田，可以提高产量，同时塔县和哈拉峻都是牧业区，可以利用地热能建设地热暖圈，使牛羊能够达到快速育肥的效果，可以大幅度降低对传统能源的应用，降低生产成本，带来很好的经济效益。因此，利用地热发展种植、养殖应该有较为广阔的应用前景。

第二节　温　　泉

XJQ001 福海阿拉善温泉

位置： 阿勒泰市东北部山区约130km处，其中阿勒泰市距沙尔布拉克边防检查站为53km，为柏油马路，沙尔布拉克至温泉为石子路77km，阿勒泰市距福海县为100km柏油马路，总体来说，交通一般，可车辆通行。

概况： 该温泉出露高层1460m，山体切割强烈，相对高差大于200m，为中山区地貌。目前该泉共有10处露头，泉口温度分别为41.5℃、47.2℃、51℃、49.5℃、39℃、32.4℃、31.8℃、24℃、28℃、24.1℃，单泉流量分别为2L/s、2L/s、4L/s、1.3L/s、0.04L/s、0.05L/s、0.06L/s、0.1L/s、1.5L/s、1.1L/s，温泉水清澈透明、伴有较弱的H_2S气味，泉口附近有少量白色絮状泉华。该温泉处于北西向大断裂带上，该断裂带在温泉附近沿阿拉善河展布。断裂规模较大，东西长约45km，破碎带宽300～500m，呈舒缓波状。该温泉为隆起山地对流型，为上升泉。该泉口附近出路的岩性为两种：燕山早期第一侵入次（γ_5^2）灰白色细粒二云母钾长花岗岩，节理裂隙比较发育，其产状为：倾向50°，倾角75°；倾向138°，倾角89°；海西中期第二侵入次（γ_4^{2b}）灰黑色中-细粒黑云母二长花岗岩，块状构造，节理裂隙发育，分化较严重，其成分为石英、黑云母等。

水化学成分： 2013年7月进行地热资源调查时采集的水样分析结果见表14.1。

表14.1　福海阿拉善温泉化学成分　（单位：mg/L）

T_s/℃	pH	TDS	Na^+	K^+	Ca^{2+}	Mg^{2+}
51	9.22	465.04	137.97	1.8	2.81	0.24
Li	Rn/（Bq/L）	Sr	NH_4^+	CO_3^{2-}	HCO_3^-	SO_4^{2-}
0.28	na.	<0.05	<0.04	33.62	54.93	169.95
Cl^-	F^-	CO_2	SiO_2	HBO_2	As	化学类型
13.60	7.28	nd.	70.13	5.6	<0.01	SO_4-Na

开发利用： 2006年左右建立温泉疗养院，主要为医疗保健，洗浴游泳，治疗各种皮肤病等。主要的经济效益为牧民每人每天10元，游客30元，每天约200人，年收入30万元以上（图14.2）。

图 14.2 福海阿拉善温泉

XJQ002 福海县库马拉山温泉

位置：阿勒泰市东北部山区约110km处，其中阿勒泰市距沙尔布拉克边防检查站53km，沙尔布拉克至温泉点石子路57km，交通一般，该点位于S230省道60km里程碑处，交通条件较差。

概况：出露高程为1162m，山高谷深，山谷呈V型，相对高差大于300m，属中山区地貌。该温泉在S230路基下方，共有四处露头，温度为33.8℃、32.0℃、30.4℃、30.1℃，涌水量分别为0.2L/s、0.1L/s、0.1L/s、0.1L/s。该温泉水微白色透明、无明显刺激性气味，泉口附近出现少量青绿色絮状沉淀。该温泉处于阿尔泰弧形构造带北西向断裂带上。该温泉为隆起山地对流型，为上升泉。该泉口周围岩性为海西中期第二侵入次（γ_4^{2b}）黑云母花岗岩，灰黑色，节理裂隙发育，块状构造，表层分化较严重，其中含有石英、黑云母等。在河谷周围表层覆盖有第四系全新统冲积（Q_4^{al}）砂卵砾石、砂砾石薄层。

水化学成分：2013年7月进行地热资源调查时采集的水样分析结果见表14.2。

14.2 福海县库马拉山温泉化学成分 （单位：mg/L）

T_s/℃	pH	TDS	Na^+	K^+	Ca^{2+}	Mg^{2+}
33.8	9.28	231.22	57.95	1.37	3.21	0.49
Li	Rn/（Bq/L）	Sr	NH_4^+	CO_3^{2-}	HCO_3^-	SO_4^{2-}
0.35	na.	<0.05	<0.04	24.01	61.03	30.34
Cl^-	F^-	CO_2	SiO_2	HBO_2	As	化学类型
7.87	7.94	nd.	67.45	2.7	<0.01	$HCO_3 \cdot CO_3$-Na

开发利用：该泉点尚未开发，尚未利用，暂无经济效益（图14.3）。

图 14.3 福海县库马拉山温泉

XJQ003 富蕴县库木阿拉善温泉、富蕴县加孜阿拉善温泉

位置：阿勒泰市东北部山区约195km处，其中阿勒泰市距沙尔布拉克边防检查站53km，为柏油马路，沙尔布拉克至黑大桥石子路87km，黑大桥至库尔木图河管理站25km，简易便道，通行困难，仅越野车通过，库尔木图河向南至温泉点30km无路通行，仅能骑马到达，交通条件极差。海拔1684m，四周山体切割强烈，山体浑圆，山谷呈“U”型，相对高差大于300m，属中山区地貌。

概况：该温泉出露在大吉列克山的南侧，位于四条沟交汇的洼地内，温泉出露于洼地中部的最低洼处，该温泉又叫加孜阿拉善，仅有一处露头，温度为30.0℃，单泉流量为2.0L/s。该温泉水清澈透明、无明显刺激性气味，泉口附近无泉华沉淀。该温泉处于阿尔泰弧形构造带北西向断裂带上。温泉附近的地质构造比较复杂，断裂纵横交错，主要断裂呈北西向展布的压扭性断裂，与之配套的有北东向压扭性断裂和近乎南北向的张扭性断裂复合，构成温泉的出路条件，该温泉为隆起山地对流型，为上升泉。该泉口周围岩性为海西中期（γ_4）而云母花岗岩，灰黑色，节理裂隙发育，块状构造，表层分化较严重，其中含有石英、黑云母等。在河谷周围表层覆盖有第四系全新统冲积（Q_4^{al}）砂卵砾石、砂砾石薄层。

水化学成分：2013年8月进行地热资源调查时采集的水样分析结果见表14.3。

表14.3 富蕴县库木阿拉善温泉化学成分 （单位：mg/L）

T_S/℃	pH	TDS	Na^+	K^+	Ca^{2+}	Mg^{2+}
30	9.41	231.05	66.89	2	1.4	0.36

续表

Li	Rn/(Bq/L)	Sr	NH_4^+	CO_3^{2-}	HCO_3^-	SO_4^{2-}
0.51	na.	<0.05	0.05	18.39	59.2	50.59
Cl^-	F^-	CO_2	SiO_2	HBO_2	As	化学类型
6.59	7.52	nd.	47.67	3	0.008	$SO_4 \cdot HCO_3$–Na

开发利用： 该泉点尚未开发，尚未利用，暂无经济效益（图14.4）。

图 14.4　富蕴县库木阿拉善温泉

XJQ004 富蕴县巴利尔斯温泉

位置： 富蕴县城北部山区约140km处，其中县城至可可托海镇为50km，为柏油马路。可可托海至大桥林场检查站为25km，为柏油马路，大桥林场检查站至温泉点65km，为石子路，通行十分困难，每小时10～15km，距沃萨伊40km。海拔1450m，沟谷呈“U”型，相对高差大于300m，为中山区地貌。

概况： 该泉口共有两个露头，沿巴利尔斯河河谷出露，泉口水温44℃、35℃，流量为2L/s、0.4L/s。该泉口无明显性刺激性气味。该温泉处于北东向张扭性断裂与南北向张性断裂的复合部位，温泉的出露受构造控制比较明显。泉口周围出露岩性主要为两种：海西中期第二侵入次（γ_4^{2b}）灰白色粗粒黑云母二长花岗岩，灰黑色，块状构造，节理裂隙较为发育，其中含有石英、黑云母等；燕山早期第一侵入次（γ_5^{2a}）灰白色细粒黑云母钾长花岗岩，侵入在黑云母二长花岗岩中，其成分主要为黑云母、石英等，是比较晚而又新鲜的一种岩石。该温泉的成因类型为隆起山地对流型，为上升泉。

水化学成分： 2013年7月进行地热资源调查时采集的水样分析结果见表14.4。

表14.4　富蕴县巴利尔斯温泉化学成分　（单位：mg/L）

T_s/℃	pH	TDS	Na^+	K^+	Ca^{2+}	Mg^{2+}
44	9.15	588.2	171.41	2.16	3.21	0.49
Li	Rn/（Bq/L）	Sr	NH_4^+	CO_3^{2-}	HCO_3^-	SO_4^{2-}
0.31	na.	<0.05	0.57	22.81	87.89	239.25
Cl^-	F^-	CO_2	SiO_2	HBO_2	As	化学类型
21.47	9.44	nd.	72.82	7.4	0.0107	SO_4-Na

开发利用：该温泉开发利用方式主要为医疗保健，用于治疗各种皮肤病和各种关节炎以及当地牧民洗浴。经济效益每天每人5元，每天约100人；每年5月中旬至9月底开放，每年利润5万元（图14.5）。

图 14.5　富蕴县巴利尔斯温泉

XJQ005 富蕴县沃萨伊温泉

位置：富蕴县城北部山区约110km，其中县城至可可托海镇为50km，为柏油路，可可托海距大桥林场检查站为25km，为柏油路，大桥林场至温泉点为35km，为石子路，通行十分困难，每小时越野车走10～15km。海拔1960m，山体切割强烈，先对高差大于300m，为中山区地貌。

概况：该处温泉有三个露头，沿河岸出露，水温分别为32℃、33.8℃、30.5℃，流量为0.5L/s、0.5L/s、0.4L/s；泉口有少量的绿色青苔沉淀物，并无明显刺激性气味。该温泉处于阿尔泰弧形构造带第二褶皱带内——阿勒泰镇褶皱带内，在著名的红山咀大断裂之南；该温泉处在北西西向断裂及南北向三条断裂的复合部位。前两组断裂均属压扭性，向南西陡倾，倾角70° 左右，温泉点就出露在断裂的上升盘，呈线状展布。该温泉严格受北西西向断裂控制。泉口出露岩性为较为复杂，分别为：奥陶系中、上奥陶统哈巴河群组混合岩、片麻岩（O_{2-3}^{hbc}）；燕山早期第一侵入次（γ_5^{2a}）白云母花岗岩，灰白色，块状构造，节理裂隙发育，表层分化较为严重，其成分石英、白云母等；在河谷周围表层覆盖有第四系上更新统—全新统冲洪积（Q_{3-4}^{al+pl}）砂卵砾石、砂砾石薄层。该温泉的成因类型为隆起山地对流型，为上升泉。

水化学成分：2013年7月进行地热资源调查时采集的水样分析结果见表14.5。

表14.5 富蕴县沃萨伊温泉化学成分 （单位：mg/L）

T_s/℃	pH	TDS	Na^+	K^+	Ca^{2+}	Mg^{2+}
33.8	9.54	1112.52	333.9	1.04	2.81	0.24
Li	Rn/（Bq/L）	Sr	NH_4^+	CO_3^{2-}	HCO_3^-	SO_4^{2-}
0.22	na.	<0.05	<0.04	24.01	46.38	657.6
Cl^-	F^-	CO_2	SiO_2	HBO_2	As	化学类型
7.87	5.86	nd.	55.71	3	0.0108	SO_4-Na

开发利用：该温泉在2007年修建两间小木屋，仅供当地牧民洗浴，并无开发，无经济效益（图14.6）。

图 14.6 富蕴县沃萨伊温泉

XJQ006 富蕴县切格尔台温泉

位置：富蕴县城东北部山区约100km处，其中，县城至可可托海国家地质公园为83km，为柏油马路，交通顺利；在沿地质公园骑马向北走30km方可到达该点，途径数个老虎嘴子，交通条件极差。海拔2036m，山体切割强烈，破碎，沟谷呈“U”型，相对高差大于300m，为中山区地貌。

概况：该温泉出露于南北向展布的河谷西侧，温泉出露于西侧的半山坡上，高于河水面约100m，仅有一处露头，泉口水温为35.2℃，流量为1.0L/s；泉口无明显的沉淀物，伴有淡淡地H_2S刺激性气味。该温泉处于阿尔泰弧形构造北部的一个褶皱带——乌列盖褶皱带内，在著名的洪山咀大型压扭性断裂北侧的北西向断裂带内，温泉的展布严格受北西向高角度压扭性断裂所控制，在温泉一带北西向断裂很发育，这些断裂在地形地貌上，多呈负地形出现。该温泉出露于燕山期花岗岩中，由灰白色的中了二云母花岗岩组成，岩性单一。该温泉成因类型为隆起山地对流型，为上升泉。

水化学成分：2013年7月进行地热资源调查时采集的水样分析结果见表14.6。

表14.6 富蕴县切格尔台温泉化学成分 （单位：mg/L）

T_S/℃	pH	TDS	Na^+	K^+	Ca^{2+}	Mg^{2+}
35.2	8.74	195.12	44.08	2.29	3.59	0.48
Li	Rn/（Bq/L）	Sr	NH_4^+	CO_3^{2-}	HCO_3^-	SO_4^{2-}
0.13	na.	<0.05	<0.04	9.81	63.56	16.95
Cl^-	F^-	CO_2	SiO_2	HBO_2	As	化学类型
7.32	3.68	nd.	74.17	0.3	<0.005	HCO_3-Na

开发利用：该温泉因地处偏远，交通不变，未开发利用，为天然状态（图14.7）。

图 14.7 富蕴县切格尔台温泉

XJQ007 富蕴县吉浪德温泉

位置：富蕴县城东北部山区约83km处，位于可可托海国家地质公园内，全程为柏油马路，交通顺利；其中县城至可可托海镇50km，可可托海至温泉点为33km。海拔1460m，山体切割强烈，破碎，沟谷呈“U”型，相对高差大于300m，为中山区地貌。

概况：该处温泉有三个露头，沿额尔齐斯河河谷分布，河两边均有露头，泉口水温分别为37.8℃、35.4℃、33.0℃，流量为2L/s、0.1L/s、0.2L/s、0.05L/s；泉口无明显的沉淀物，伴有淡淡地

H_2S刺激性气味。该温泉处于北西向压扭性断裂带的控制；还有一组走向北东的断裂与此复合，构成棋盘格状构造。该泉口出露岩性为燕山早期第一侵入次（γ_5^{2a}）白云母花岗岩，灰白色，块状构造，节理裂隙发育，表层分化较为严重，其成分石英、白云母等；以及在河谷周围表层覆盖有第四系上更新统—全新统冲洪积（Q_{3-4}^{al+pl}）砂卵砾石、砂砾石薄层。该温泉成因类型为隆起山地对流型，为上升泉。

水化学成分： 2013年7月进行地热资源调查时采集的水样分析结果见表14.7。

表14.7 富蕴县吉浪德温泉化学成分 （单位：mg/L）

T_S/℃	pH	TDS	Na^+	K^+	Ca^{2+}	Mg^{2+}
37.8	8.86	237.07	49.59	1.73	7.23	0.49
Li	Rn/（Bq/L）	Sr	NH_4^+	CO_3^{2-}	HCO_3^-	SO_4^{2-}
0.05	na.	0.05	<0.04	9.61	63.47	55.25
Cl^-	F^-	CO_2	SiO_2	HBO_2	As	化学类型
5.73	3.9	nd.	71.48	92.92	<0.01	$SO_4 \cdot HCO_3$-Na

开发利用： 该温泉开发利用方式主要为医疗保健，旅游洗浴，主要用途为治疗各种皮肤病以及各种关节炎。经济效益每人10元，容流量每天30～50人，年收入5万元左右（图14.8）。

图 14.8 富蕴县吉浪德温泉

XJQ008 托里县铁厂沟温泉

位置： 新疆托里县铁厂沟镇东侧20km的白杨河谷地，距S201省道12km，铁厂沟镇距该温泉点为石子路，道路平坦，交通便利。海拔670m，四周地势平坦开阔，温泉处于低山丘陵与戈壁砾石带接触带上。此处夏季炎热干燥，降水稀少，蒸发量大，属大陆性荒漠戈壁气候。

概况：该温泉沿断裂带出露，目前有泉点三处，泉口温度为28.5℃、24.5℃、22.5℃，流量0.16L/s、0.05L/s、0.02L/s，温泉水透明、无色无味，泉口附近无泉华现象。该温泉处于达尔布特深断裂的内侧，古生代地层与中生代地层的接触带上，该断裂为压性壳断裂，断裂产状：倾向325°～340°，倾角50°～75°。温泉发育在中生代盆地的边缘，断裂构造发育，温泉受断裂构造控制比较明显，附近出露的地层有泥盆系的火山碎屑岩及中—下侏罗统的含煤地层及古近系、新近系碎屑岩和第四系的松散堆积物，侵入岩为海西中期第一侵入次辉长、辉绿岩。该断层古生代、中生代、新生代都有活动，为热水的深循环运移提供极为有利的通道，温泉的出露严格受此断层的控制。该温泉成因类型为隆起山地对流型，属上升泉，处于沉积岩与侵入岩的接触带上。

水化学成分：2013年9月进行地热资源调查时采集的水样分析结果见表14.8。

表14.8　托里县铁厂沟温泉化学成分　（单位：mg/L）

T_s/℃	pH	TDS	Na^+	K^+	Ca^{2+}	Mg^{2+}
28.5	8.36	1327.46	338.69	9.9	85.09	1.95
Li	Rn/（Bq/L）	Sr	NH_4^+	CO_3^{2-}	HCO_3^-	SO_4^{2-}
0.6	na.	1.52	0.28	6	36.62	651.42
Cl^-	F^-	CO_2	SiO_2	HBO_2	As	化学类型
186.15	8.04	nd.	9.83	na.	0.0239	SO_4·Cl-Na

开发利用：该温泉因流量较小，温度较低，到目前为止，未开发利用，仅每年7、8月有少数牧民来此洗浴，建有一间简陋的小浴室（图14.9）。

图 14.9　托里县铁厂沟温泉

XJQ009 乌苏市南山温泉、阿拉山温泉

图 14.10 乌苏市南山温泉

位置： 新疆乌苏市南侧60km的南山待甫僧林场内，全程为柏油马路，交通便利。海拔1784m，处于天山北麓的中山区与低山丘陵交界处（图14.10）。

概况： 该处原始状态为天然温泉，1977年独山子石油管理局为了在此办一所疗养院，因水量不够，在此打了一眼100m的自喷热水井，水温38.6℃，自流量为5L/s；为扩大需求，2006年新疆地矿局第一水文工程地质大队在此处施工一眼150m的地热井，水温42.5℃，井不自流，涌水量4.5L/s，地热水中可闻到H_2S气味。该地热井处于海西晚期钾长花岗闪长岩及钾长花岗岩体内。出露地层为中石炭统巴音沟组的中厚层状的安山质凝灰岩。该处地层构造比较复杂，控水构造为近东西向展布的山前深大断裂，也属于乌鲁木齐深大断裂的西延部分，与之配套的有北西向和北东向的压扭性断裂，还有一条近南北向走向延伸的张扭性控水断裂，与温泉出露息息相关，次断裂在地表可见断裂破碎带宽2～3m，断裂面向北东倾斜，倾角70°，温泉出露在该断裂上盘，据此，石油管理局独山子矿区在断裂的上盘打了一眼深100m的热水井，在井下65m处发现了一层厚6m的断层破碎带，此带是地下热水的富集地段。该温泉成因类型为隆起山地对流型，属上升泉。

水化学成分： 2013年7月进行地热资源调查时采集的水样分析结果见表14.9。

表14.9 乌苏市南山温泉化学成分 （单位：mg/L）

T_s/℃	pH	TDS	Na^+	K^+	Ca^{2+}	Mg^{2+}
42.5	9.56	515.82	151.27	1.55	11.22	0.24
Li	Rn/（Bq/L）	Sr	NH_4^+	CO_3^{2-}	HCO_3^-	SO_4^{2-}
0.12	na.	0.14	0.15	32.42	7.32	210.29
Cl^-	F^-	CO_2	SiO_2	HBO_2	As	化学类型
42.95	8.89	nd.	53.08	5.5	0.0419	SO_4-Na

开发利用： 20世纪80年独山子石油管理局正式开发该温泉点，目前已建立温泉疗养院，主要用于医疗保健，专门治疗各种皮肤病和关节炎。

XJQ010 沙湾县金沟河温泉、沙湾县金沟河温泉医院

图 14.11　沙湾县金沟河温泉

位置：新疆沙湾县南侧75km的天山北麓的中山区，金沟河河床内，北距沙湾县西戈壁镇45km，全程为柏油马路交通便利。海拔1552m，周围山体切割强烈，相对高差大于300m，为中山区地貌（图14.11）。

概况：泉点沿金沟河河床南北向展布，自南向北依次出露七个温泉点，泉口温度分别为49℃、45℃、38.2℃、38.7℃、38.5℃、35.1℃、50℃，泉流量分别为1.8L/s、1L/s、0.3L/s、0.4L/s、0.4L/s、0.1L/s、1.4L/s，热水流量、温度稳定，四季变化不大，温泉水清澈透明、伴有较强烈刺鼻的H_2S气味，泉口附近有少量白色絮状泉华。该温泉的断裂构造比较发育，处于北天山西域构造体系内。主要为北西西向和近东西向压扭性断裂及扭劈理组成，走向约北东40°～45°，延展平直，断裂面近于直立，规模大小不等，均为右旋扭动的断裂。而该温泉的出露多受北东向的张扭性断裂的控制，温泉成因类型为隆起山地对流型断裂，属上升泉。温泉附近发育的地层主要为中石炭统前峡组，岩性为灰绿色凝灰砂岩、灰绿色凝灰岩和滨海相的火山碎屑沉积岩。

水化学成分：2013年7月进行地热资源调查时采集的水样分析结果见表14.10。

表14.10　沙湾县金沟河温泉化学成分　　（单位：mg/L）

T_s/℃	pH	TDS	Na^+	K^+	Ca^{2+}	Mg^{2+}
50	9.92	553.73	163.12	1.14	1.6	0.24
Li	Rn/（Bq/L）	Sr	NH_4^+	CO_3^{2-}	HCO_3^-	SO_4^{2-}
0.1	na.	<0.05	5.7	86.45	25.63	158.44
Cl^-	F^-	CO_2	SiO_2	HBO_2	As	化学类型
15.75	2.43	nd.	100.17	8.8	<0.01	SO_4·CO_3-Na

开发利用：2000年左右建立了温泉医院，2012年前沙湾县中医院投资2000多万，建立了正规的四层楼的温泉医院，设备较齐全，主要用于医疗保健，对各种皮肤病和关节炎有一定疗效。

XJQ011 温泉县城北温泉、博格达尔温泉或圣泉

位置：温泉县县城南侧孤山下，博尔塔拉河南岸，交通便利。海拔1320m。

概况：泉口共有三处出露点，温度为47.2℃、42℃、35℃，单泉涌水量10L/s、0.5L/s、0.3L/s，泉口无明显沉积物，无明显H_2S刺激性气味。该温泉处有一条东西向展布的区域性大断裂为博尔塔拉大断裂；该点出岩性为石炭系中统（C_2d）凝灰岩，石英砂岩，层状构造，其产状为195°∠68°，节理裂隙较发育，岩石风化强烈，表层呈碎块状，节理产状为53°∠41°，317°∠67°，岩层产状342°∠61° 。

水化学成分：2013年6月进行地热资源调查时采集的水样分析结果见表14.11。

表14.11 温泉县城北温泉化学成分 （单位：mg/L）

T_S/℃	pH	TDS	Na^+	K^+	Ca^{2+}	Mg^{2+}
47.2	8.22	2328.39	553.51	12.54	185.1	1.94
Li	Rn/（Bq/L）	Sr	NH_4^+	CO_3^{2-}	HCO_3^-	SO_4^{2-}
1.37	na.	3.86	0.6	nd.	51.27	1243.48
Cl^-	F^-	CO_2	SiO_2	HBO_2	As	化学类型
236.22	8.17	nd.	59.8	11.7	0.0275	SO_4-Na·Ca

开发利用：该泉点开发利用方式主要为洗浴、旅游、疗养，用于治疗各种皮肤病，风湿病；主要配套设施为洗浴中心，宾馆和餐饮，总建筑面积5000m^2，目前单间浴室13间，豪华单间7间，大众洗浴池和冲浪游泳池，并配有休闲娱乐、电影区等；目前经济效益较好，每年产值超过五百万，豪华间280元/间天，单间200元/间天，大众浴池30元/人，冲浪泳池68元/人，全部容纳120人，仅每年11月到次年2月为淡季（图14.12）。

图 14.12 温泉县城北温泉

XJQ012 温泉县阿尔夏提温泉、温泉县仙泉

位置：温泉县东侧50km的哈日布乎镇，北侧30km的阿尔夏提支景区内的山区，路程80km，基本为柏油马路，距温泉3km的距离只能走路到达，交通条件差。海拔1737m，该温泉出露于自北向南流淌的阿尔夏提河西侧的坡脚偏上位置，四周高山起伏，河谷呈“U”型，相对高差大于400m，为中山区地貌。

概况：泉口共有三处出露点，温度为35.9℃、34.8℃、22.4℃，单泉涌水量0.6L/s、0.2L/s、0.1L/s，泉口无明显沉积物，无明显H_2S刺激性气味。该处为一南西-北东向断裂，断裂走向为40°，北西侧为花岗岩隆起，花岗岩（$\gamma_{\pi 4}^{3}$）为块状构造，粗晶结构，成分主要为正长石、石英、云母，节理、裂隙发育；东南侧为二叠系下统（P_1wl）乌朗群凝灰岩，灰色，厚层构造，节理裂隙发育，岩层产状160°∠70°。该温泉的成因类型为隆起山地对流型，为上升泉。该温泉主要用于温泉洗浴，疗养和旅游，用途为治疗各种皮肤病、风湿病等。

水化学成分：2013年6月进行地热资源调查时采集的水样分析结果见表14.12。

表14.12 温泉县阿尔夏提温泉化学成分 （单位：mg/L）

T_s/℃	pH	TDS	Na^+	K^+	Ca^{2+}	Mg^{2+}
35.9	9.36	177.75	45.29	1.15	7.21	0.49
Li	Rn/（Bq/L）	Sr	NH_4^+	CO_3^{2-}	HCO_3^-	SO_4^{2-}
0.03	na.	0.05	0.13	12.01	32.96	40.33
Cl^-	F^-	CO_2	SiO_2	HBO_2	As	化学类型
14.32	4.45	nd.	35.52	1.1	<0.01	SO_4-Na

开发利用：目前仅有四间浴室，旁边修建有凉亭，从山口至温泉的3km步行道路和钢索吊桥，无其他餐饮和住宿，条件简单；每年此地仅5～9月开放，每天约有30人来此洗浴，每人20元，经济效益较差（图14.13）。

图 14.13 温泉县阿尔夏提温泉

XJQ013 温泉县小温泉、温泉县天泉

图 14.14 温泉县小温泉

位置： 温泉县城西南部山区约100km处，全程为柏油马路，交通方便，其中至温泉的40km为2012年温泉县政府投资新修建的。海拔2313m，周围山体浑圆，相对高差大于300m，为中山区地貌（图14.14）。

概况： 该温泉泉口共有四处出露点，出露于中山区的一个南北不大于500m的小山间洼地中，当地人称该温泉为天泉，并在泉口处修建了一座庙。其中两个天然温泉的温度为51.8℃、24.8℃，单泉涌水量0.3L/s、0.4L/s；2009～2010年新疆地矿局第一水文工程地质大队在该处开展地热勘查工作，施工了两岩勘探孔，其井口水温为26℃、39.6℃，单井涌水量0.03L/s、0.06L/s，因流量较小，没有利用。泉口无明显沉积物，无明显H_2S刺激性气味。该处发育一产状为350°∠42°的逆断层，该断层南侧花岗岩抬升隆起。该点北侧出露岩性为石炭系下统（C_1a）阿恰勒河组岩屑砂岩，灰色，层状构造，产状为325°∠35°，成分主要为长石、石英；该点南侧出露地层岩性为肉红色花岗岩，块状构造，风化严重，表层多呈为方块状风化崩解产物。该温泉成因类型为隆起山地对流型，为上升泉，地热井为承压水。

水化学成分： 2013年6月进行地热资源调查时采集的水样分析结果见表14.13。

表14.13 温泉县小温泉化学成分 （单位：mg/L）

T_S/℃	pH	TDS	Na^+	K^+	Ca^{2+}	Mg^{2+}
51.8	8.94	457.16	155.94	1.47	3.21	0.49
Li	**Rn/（Bq/L）**	**Sr**	NH_4^+	CO_3^{2-}	HCO_3^-	SO_4^{2-}
0.52	na.	<0.05	0.04	21.61	120.84	120.03
Cl^-	F^-	CO_2	SiO_2	HBO_2	**As**	**化学类型**
20.04	22.24	nd.	50.85	6.1	<0.01	$SO_4 \cdot HCO_3$-Na

开发利用： 该温泉点开发利用方式为洗浴疗养及少量旅游，主要用于治疗各种风湿病和皮肤病，

建有五间简陋浴室，五间较好的浴室，并配套有十三间平方供住宿，一栋二层楼的餐厅，条件较简陋。洗浴每人每天20～30元，每天约100人，每年仅6～9月有人来此洗浴，经济效益较差。

XJQ014 呼图壁县达拉拜1号温泉

位置：呼图壁县雀尔沟镇南侧30km的106团煤矿南侧6km的中山区，呼图壁河西岸，县城至雀尔沟镇为柏油马路，交通便利，雀尔沟镇至温泉点为石子路，道路崎岖，通行困难。海拔1341m，山高谷深，相对高差大于400m，为中山区地貌（图14.15）。

图 14.15　呼图壁县达拉拜 1 号温泉

概况：该处温泉有三个露头，出露于呼图壁河西岸的半山坡上，水温分别为37.4℃、35.7℃、35.7℃，天然流量为0.5L/s、0.1L/s、0.3L/s；地热水中可闻到H_2S气味。该温泉群在大地构造上处于齐尔库斯套褶皱东北部。乌鲁木齐-玛纳斯大断裂附近的低序次断裂带上，该断裂呈北西西向。于海西中期形成后又经燕山期—喜马拉雅期多次改造。尤其是上新世末期，中更新世构造运动更加频繁。表现为多种升降运动，造成很多山丘陡壁，河谷下沉。河谷中中侏罗系地层被侵蚀掉。露出下伏中石炭统的一套火山碎屑岩，而在山顶仍保留有中侏罗统三工河组含煤岩层，是地壳强烈上升河流深切所造成。温泉水就是从石炭系中涌出地表的。该温泉展布在一条走向近东西向小断层的上盘，上盘岩性为灰色粉砂岩及断层角砾岩组成。岩石破碎，节理发育，主要有两组节理比较发育，其中一组张扭性节理是泉水上升的通道。该温泉成因类型为隆起山地对流型，为上升泉。

水化学成分：2013年6月进行地热资源调查时采集的水样分析结果见表14.14。

表14.14　呼图壁县达拉拜1号温泉化学成分　　（单位：mg/L）

T_s/℃	pH	TDS	Na^+	K^+	Ca^{2+}	Mg^{2+}
37.4	9.29	328.84	111.07	1.24	4.01	0.24
Li	Rn/（Bq/L）	Sr	NH_4^+	CO_3^{2-}	HCO_3^-	SO_4^{2-}
0.09	na.	<0.01	0.52	36.02	34.18	16.32

续表

Cl^-	F^-	CO_2	SiO_2	HBO_2	As	化学类型
96.63	10.97	nd.	34.42	53.9	<0.01	Cl-Na

开发利用：该温泉未开发，为天然原始状态。

XJQ015 呼图壁县达拉拜2号温泉

图 14.16 呼图壁县达拉拜 2 号温泉

位置：呼图壁县雀尔沟镇南侧30km的106团煤矿南侧6km的中山区，呼图壁河西岸，县城至雀尔沟镇为柏油马路，交通便利，雀尔沟镇至温泉点为石子路，道路崎岖，通行困难。海拔1339m，山体切割强烈，相对高差大于400m，沟谷呈深切的“V”型，为中山区地貌（图14.16）。

概况：该处温泉有一个露头，水温分别为29.5℃，天然流量为0.1L/s；地热水中可闻到H_2S气味。该温泉群在大地构造上处于齐尔库斯套褶皱东北部。乌鲁木齐-玛纳斯大断裂附近的低序次断裂带上，该断裂呈北西西向。于海西中期形成后又经燕山期—喜马拉雅期多次改造。尤其是上新世末期、中更新世构造运动更加频繁。表现为多种升降运动，造成很多山丘陡壁，河谷下沉，河谷中中侏罗纪地层被侵蚀掉。露出下伏中石炭统的一套火山碎屑岩，而在山顶仍保留有中侏罗统三工河组含煤岩层。是地壳强烈上升河流深切所造成。温泉水就是从石炭系地层中涌出地表的。该温泉受北北东向展布的张扭性断裂的控制，泉点均出露在断层的上盘，岩简易公路呈泉群出现，均出露于中石炭统粉砂岩及角砾岩组成的背斜轴部。该温泉成因类型为隆起山地对流型，为上升泉。

水化学成分：2013年7月进行地热资源调查时采集的水样分析结果见表14.15。

表14.15 呼图壁县达拉拜2号温泉化学成分 （单位：mg/L）

T_s/℃	pH	TDS	Na^+	K^+	Ca^{2+}	Mg^{2+}
29.5	8.82	304.75	109.08	1.14	4.01	0.49
Li	Rn/（Bq/L）	Sr	NH_4^+	CO_3^{2-}	HCO_3^-	SO_4^{2-}
0.1	na.	<0.08	<0.39	24.01	48.83	15.36

续表

Cl^-	F^-	CO_2	SiO_2	HBO_2	As	化学类型
82.32	9.67	nd.	31.43	33.4	<0.01	Cl-Na

开发利用： 该温泉未开发，为天然原始状态。

XJQ016 乌鲁木齐市水磨沟温泉、乌鲁木齐市温泉康复医院

图 14.17 乌鲁木齐市水磨沟温泉

位置： 乌鲁木齐市水磨沟区温泉东路路边，水磨沟公园北侧，西距水区人民政府约2km。海拔802m，周围为浑圆状的山丘，相对高差不大于100m，属低山丘陵地貌（图14.17）。

概况： 该温泉沿断裂带出露，目前有泉点一处，泉口温度为28℃，涌水量2L/s，流量较稳定，四季变化不大，温泉水微白色透明、伴有强烈刺鼻的H_2S气味，泉口附近多出现白色絮状泉华。该温泉处于水磨沟-白杨南沟断裂带的上升盘上，为呈北东50°左右的走向延伸长达35km，断裂面向南东陡倾，倾角70°～80°，属南盘（上升盘）向北斜冲的高角度逆断层，挽近活动比较明显，这类高角度逆断层对地下热水的深循环运移提供极为有利的通道，故此断层是控水断层，温泉的出露严格受此断层的控制。该温泉成因类型为隆起山地对流型，属上升泉。1990年新疆地矿局第二水文工程地质大队在此施工一口地热井，井深300.15m，不自流，出水温度32℃，流量3～4L/s。

水化学成分： 2013年7月进行地热资源调查时采集的水样分析结果见表14.16。

表14.16 乌鲁木齐市水磨沟温泉化学成分 （单位：mg/L）

T_s/℃	pH	TDS	Na^+	K^+	Ca^{2+}	Mg^{2+}
28	9.15	8789.51	3410.46	41.68	3.21	9.25
Li	**Rn/(Bq/L)**	**Sr**	NH_4^+	CO_3^{2-}	HCO_3^-	SO_4^{2-}
0.53	na.	0.15	35.92	1356.72	3222.5	701.34
Cl^-	F^-	CO_2	SiO_2	HBO_2	**As**	**化学类型**
1546.45	18.08	nd.	14.24	na.	<0.01	$HCO_3 \cdot CO_3 \cdot Cl$-Na

开发利用： 20世纪80年代就已经建立了温泉医院，2013年乌鲁木齐市政府投资1亿元对该温泉医

院进行扩建，建筑面积15000m²，主要用于医疗保健，专门治疗各种皮肤病和关节炎。目前已具备常规医院的规模，设备完善，科室齐全。每年来此治疗各种皮肤病和关节炎的病人较多，来自于全疆各地，每人每小时60元，经济效益较好。

XJQ017 吐鲁番市北温泉

图 14.18 吐鲁番市北温泉

位置： 吐鲁番市北侧东天山山脉南麓，二唐沟内的阿日相果勒河上游，南距连木沁镇约60km，312国道从连木沁经过，其中42km柏油马路，剩余18km为石子路，通行非常困难，汽车难以通行，只能步行通过。交通较差。海拔1668m，为中山区地貌，该处地貌形态比较复杂，地形高差比较大，比高约100～200m，沟宽约50m，地形切割强烈，形成谷深坡陡，山峰呈锯齿状的陡峭地形（图14.18）。

概况： 温泉出露在沟谷的半腰间，交通极不方便。目前有泉点四处，温度分别为34℃、32.6℃、26.8℃、31.6℃，涌水量分别为0.2L/s、0.2L/s、0.2L/s、0.1L/s，温泉流量较稳定，四季变化不大，温泉水清澈透明、无色、无味，泉口附近无泉华现象。该温泉位于北东55°方向的断裂与北西向断裂的复合部位，岩石破碎，节理裂隙比较发育，主要有三组节理，其产状分别为：28°∠87°、60°∠76°、170°∠86°。并在节理中有石英充填。温泉附近出露的岩性为辉绿色凝灰砂岩及斑点状安山岩，前者呈层状构造，后者呈透镜状构造。该温泉为隆起山地对流型，为上升泉。

水化学成分： 2013年9月进行地热资源调查时采集的水样分析结果见表14.17。

表14.17 吐鲁番市北温泉化学成分 （单位：mg/L）

T_S/℃	pH	TDS	Na^+	K^+	Ca^{2+}	Mg^{2+}
34	9.07	1373.16	296.45	6.03	130.84	0.97
Li	Rn/（Bq/L）	Sr	NH_4^+	CO_3^{2-}	HCO_3^-	SO_4^{2-}
0.1	na.	0.63	0.46	8.4	23.19	665.85
Cl^-	F^-	CO_2	SiO_2	HBO_2	As	化学类型
206.15	0.74	nd.	43.36	15.2	0.0104	SO_4·Cl-Na·Ca

开发利用：该温泉目前未开发，仅为当地牧民在此修建过简陋的木棚浴室，现阶段早已废弃，仅每年7、8月有少量当地牧民来此洗浴，该温泉主要用于医疗保健，专门治疗各种皮肤病和关节炎。

XJQ018 尼勒克县巴尔盖提温泉

位置：尼勒克县城东北部山区约70km处，全程为柏油马路，位于尼勒克县乌拉斯台乡北侧20km处，交通便利。海拔1620m，地处科古琴山南坡，喀什河北侧支流河谷东岸的半山坡上，山体相对高程大于500m，为中山区地貌（图14.19）。

图 14.19　尼勒克县巴尔盖提温泉

概况：该泉群有三处泉点出露，三处泉点分布在20km^{2}的范围内，热水从岩石裂隙中流出，沿山坡向下游汇入河谷内，泉口温度分别为40℃、40℃、34℃，流量分别为6L/s、5L/s、0.1L/s，流量稳定，温泉水清澈透明、伴有轻微刺鼻性气味的H_2S气味，泉口附近有少量黄白色絮状泉华。该温泉的断裂构造比较发育，区域上受控于尼勒克大断裂的影响，泉点主要为北西-东南向压扭性断裂及扭劈理组成，走向约北西40°～45°，延展平直，断裂面近于直立，而该泉出露于石炭系的喷出岩与海西期花岗岩体的接触带上。该温泉为隆起山地对流型，为断层裂隙上升泉。泉口出露岩性为海西晚期第二侵入次（γ_4^{3b}）花岗岩，灰黑色，块状构造，节理裂隙较发育，表层分化较为严重，其成分主要是石英、云母等。

水化学成分：2013年7月进行地热资源调查时采集的水样分析结果见表14.18。

表14.18　尼勒克县巴尔盖提温泉化学成分　　（单位：mg/L）

T_s/℃	pH	TDS	Na^+	K^+	Ca^{2+}	Mg^{2+}
40	9.44	357.09	112.73	3.18	3.61	0.24
Li	Rn/（Bq/L）	Sr	NH_4^+	CO_3^{2-}	HCO_3^-	SO_4^{2-}
0.14	na.	0.11	0.08	25.21	46.38	52.48
Cl^-	F^-	CO_2	SiO_2	HBO_2	As	化学类型
50.11	14.97	nd.	71.24	3.1	<0.01	Cl-Na

开发利用：开发利用方式为洗浴保健，主要用途为治疗各种皮肤病和治疗各种关节炎；该温泉每年6～10月营业，每人每天60元，每年收益50万元以上。

XJQ019 尼勒克县布隆温泉

位置： 尼勒克县喀什河北侧的阿尔萨伊河20km处，为简易石子路，交通不便。S315路口为64km处，至尼勒克县约100km，为柏油路。海拔2200m，温泉出露于阿尔桑萨依河的河谷内，山体相对高差大于400m，属于中山区地貌（图14.20）。

图 14.20　尼勒克县布隆温泉

概况： 该温泉群有出露点两处，1号泉水从河漫滩部位流出，2号泉距1号泉100m，出露于河谷东侧的阶地之上，最终汇入河谷内，温度分别为38.5℃、38.5℃，温泉流量分别为5L/s、0.2L/s，流量基本稳定，四季变化不大，温泉水清澈透明，无明显刺激性气味，泉口附近无沉淀物。该温泉为隆起山地对流型，为上升泉。温泉泉口岩性为海西期（γ_4^x）花岗岩，青灰色，致密，坚硬，块状构造，节理裂隙发育，表层分化较为严重；在河谷周围表层覆盖有第四系全新统冲积（Q_4^{al}）砂卵砾石、砂砾石薄层，土黄色，分选较差。

水化学成分： 2013年7月进行地热资源调查时采集的水样分析结果见表14.19。

表14.19　尼勒克县布隆温泉化学成分　（单位：mg/L）

T_S/℃	pH	TDS	Na^+	K^+	Ca^{2+}	Mg^{2+}
38.5	9.41	161.86	39.48	1.3	4.02	0.24
Li	Rn/(Bq/L)	Sr	NH_4^+	CO_3^{2-}	HCO_3^-	SO_4^{2-}
0.14	na.	0.11	<0.04	20.41	31.74	19.75
Cl^-	F^-	CO_2	SiO_2	HBO_2	As	化学类型
7.87	8.77	nd.	44.1	3.1	<0.01	CO_3-Na

开发利用： 该泉点开发利用方式为医疗保健，主要用途为治疗各种皮肤病和关节炎；温泉每年6月1日至9月30日营业，每天每人60元，由于交通不便，经济效益较差，每年收入30万元以上。

XJQ020 尼勒克县蒙克德萨依温泉

位置： 尼勒克县东北部的克林乡阿伊娜巴斯陶牧业村，南距S315省道（鹿场）约15km，简易道路，交通非常困难，仅越野车可通行。S315路口至尼勒克县城约120km，为柏油马路。海拔2249m，周围地势较开阔，山体呈浑圆状，相对高差大于300m，属于中山区地貌（图14.21）。

概况： 该温泉仅有一处出露点，出露于南北向开阔沟谷的西侧山坡坡脚处，泉口水温35.1℃，流量为0.8L/s，温泉流量稳定，四季变化不大；泉口泉水清澈透明，泉口被当地牧民衬砌围护，无明显刺激性气味，并无明显的沉淀物。该温泉受一组走向300°～310°，倾向北东的压扭性断裂所控制，因此该温泉为隆起山地对流型，属上升泉。泉口出露岩性为志留系上统（S_3b）黑色绢云母片岩，属于变质岩类，片状，表层分化严重，其岩主要成分为闪长岩等；在河谷周围表层覆盖有第四系全新统冲积（Q_4^{al}）砂卵砾石、砂砾石薄层，土黄色，分选较差。该泉点主要用于医疗保健，治疗各种皮肤病和各种关节炎，主要人群为当地牧民来此洗浴；每人每天洗浴30元，每天约20～30人，每年收入7万元以上。

水化学成分： 2013年7月进行地热资源调查时采集的水样分析结果见表14.20。

表14.20　尼勒克县蒙克德萨依温泉化学成分　　（单位：mg/L）

T_S/℃	pH	TDS	Na^+	K^+	Ca^{2+}	Mg^{2+}
35.1	7.62	559.38	170.97	2.44	3.61	1.22
Li	Rn/（Bq/L）	Sr	NH_4^+	CO_3^{2-}	HCO_3^-	SO_4^{2-}
0.26	na.	<0.05	0.25	nd.	115.96	221.92
Cl^-	F^-	CO_2	SiO_2	HBO_2	As	化学类型
14.32	16.25	6.39	69.55	4.3	<0.01	SO_4-Na

开发利用： 该泉点主要用于医疗保健，治疗各种皮肤病和各种关节炎，主要人群为当地牧民来此洗浴；每人每天洗浴30元，每天约20～30人，每年收入约7万元以上。

图 14.21　尼勒克县蒙克德萨依温泉

XJQ021 尼勒克县孟克德萨依温泉

位置： 尼勒克县东北部克林乡阿伊娜巴斯陶牧业村北侧山区8km处，南距S315省道（鹿场）月23km，为简易道路，交通非常困难，仅供越野车可通行，S315路口至尼勒克县城约120km，为柏油路。海拔2200m，该处沟谷呈“U”型，山体相对高差大于500m，为中山区地貌（图14.22）。

概况： 该处温泉有三个露头，温泉出露于河谷西侧的河漫滩与阶地的交汇处，三处泉点沿南北向展布，依次相距在10m以内，水温分别为37.4℃、35.7℃、35.7℃，天然流量为0.5L/s、0.1L/s、0.3L/s；温泉流量稳定，四季变化不大；地热水中可闻到H_2S气味。该温泉出露于石炭系灰色粉砂岩中和火山碎屑岩中。该处地层构造比较复杂，处于尼勒克断裂的支断裂上，该断裂呈南北向展布，断裂性质不明。该温泉的成因类型为隆起山地对流型，受断裂构造控制，为上升泉。

水化学成分： 2013年7月进行地热资源调查时采集的水样分析结果见表14.21。

表14.21　尼勒克县孟克德萨依温泉化学成分　（单位：mg/L）

T_s/℃	pH	TDS	Na^+	K^+	Ca^{2+}	Mg^{2+}
37.4	9.28	192.83	52.09	1.57	4.02	0.24
Li	Rn/（Bq/L）	Sr	NH_4^+	CO_3^{2-}	HCO_3^-	SO_4^{2-}
0.14	na.	<0.05	0.22	14.41	56.15	12.4
Cl^-	F^-	CO_2	SiO_2	HBO_2	As	化学类型
8.59	11.7	nd.	59.19	4.2	<0.01	HCO_3-Na

开发利用： 该温泉点尚未开发，泉点为天然状态，仅有少许当地牧民在泉口的水坑中洗浴，主要用于治疗皮肤病和关节炎。

图 14.22　尼勒克县孟克德萨依温泉

XJQ022 尼勒克县阿拉善温泉

位置：乔尔玛东侧喀什河上游35km处，为简易的道路，仅供越野车通行，交通非常困难。乔尔玛至尼勒克县城约167km，为省道S315，为柏油马路。海拔2785m，温泉出露于喀什河北侧的半山坡处，山体相对高差大于500m，属于中山区地貌（图14.23）。

概况：该处温泉有五个露头，温泉出露于河谷北侧山体的半山坡上，五处泉点呈东西向沿山坡展布，各泉点相距不大于20m，水温分别为47.7℃、37.3℃、45.1℃、46.5℃、42.7℃，天然流量为10L/s、0.3L/s、6L/s、6.5L/s、8L/s；温泉流量稳定，四季变化不大；地热水中可闻到H_2S气味。该温泉出露于海西中期第三侵入次花岗岩，花岗岩为青灰色，该处地层构造比较复杂，处于尼勒克断裂带上，该断裂沿半山坡呈东西向展布，断裂性质不明。泉点恰恰出露于花岗岩与沉积岩的接触带上。该温泉成因类型为隆起山地对流型，受断裂构造控制，为上升泉。

水化学成分：2013年7月进行地热资源调查时采集的水样分析结果见表14.22。

表14.22　尼勒克县阿拉善温泉化学成分　　（单位：mg/L）

T_S/℃	pH	TDS	Na^+	K^+	Ca^{2+}	Mg^{2+}
47.7	9.25	301.74	91.72	1.74	3.61	0.24
Li	Rn/（Bq/L）	Sr	NH_4^+	CO_3^{2-}	HCO_3^-	SO_4^{2-}
0.07	na.	0.06	0.08	14.41	78.12	62.1
Cl^-	F^-	CO_2	SiO_2	HBO_2	As	化学类型
3.58	15.6	nd.	68.53	2.1	<0.01	$SO_4 \cdot HCO_3$-Na

开发利用：该温泉2013年刚刚修建简陋的温泉浴池，为露天浴池，住宿主要为简陋的毡房，主要用于医疗保健，专门治疗各种皮肤病和关节炎。目前每人15元，每天约100～200人，每年6月15日至10月15日开放，每年效益25万元。

图 14.23　尼勒克县阿拉善温泉

XJQ023 尼勒克县小阿拉善温泉

位置： 乔尔玛东侧喀什河上游13km处北侧的阿克乌增河上游4km处，其中乔尔玛至喀什河上游13km处越野车可通行，阿克乌增河上游4km距离仅能步行到达，通行十分困难。海拔2400m，两侧山体呈“V”型，相对高差大于500m，为中山区地貌（图14.24）。

概况： 该泉点有两处露头，泉点出露于河谷东岸的河漫滩部位，水温分别为35.7℃、24.1℃，流量分别为0.6L/s、0.2L/s，该温泉流量比较稳定，四季变化不大，该泉口有少量的沉淀物，有点淡淡地H_2S气味。该温泉泉口周围岩性为海西中期第三侵入次（γ_4^{2c}）斑状中粒黑云母花岗岩，灰白色，块状构造，节理裂隙发育，表层分化较为严重，岩石表面带有红褐色斑状物，岩性成分主要为石英、云母等；泉口周围植被发育，在河谷周围表层覆盖有薄层的第四系全新统冲洪积（Q_4^{apl}）砂卵砾石、砂砾石薄层，土黄色，分选较差。该温泉成因类型为隆起山地对流型，受断裂构造控制，为上升泉。

水化学成分： 2013年7月进行地热资源调查时采集的水样分析结果见表14.23。

表14.23 尼勒克县小阿拉善温泉化学成分 （单位：mg/L）

T_s/℃	pH	TDS	Na^+	K^+	Ca^{2+}	Mg^{2+}
35.7	9.42	219.45	65.3	1.37	3.61	0.24
Li	Rn/（Bq/L）	Sr	NH_4^+	CO_3^{2-}	HCO_3^-	SO_4^{2-}
0.18	na.	<0.05	0.17	24.01	61.03	12.4
Cl^-	F^-	CO_2	SiO_2	HBO_2	As	化学类型
7.87	18.39	nd.	55.46	3.7	<0.01	HCO_3-Na

开发利用： 该温泉地热点尚未开发，为天然状态，无开发利用方式，偶尔有牧民前来洗浴。

图 14.24 尼勒克县小阿拉善温泉

XJQ024 特克斯县克克苏温泉、特克斯县阔克苏温泉或特克斯县阔克苏药浴温泉

位置：特克斯县南侧的克克苏河上游的中山区，距县城约66km，其中县城至乔拉克铁热克镇为柏油马路16km，由乔拉克铁热克镇，向南50km为石子路，其中最后25km路段经过数十个老虎嘴子，山高谷深，山路险峻，行车十分困难，交通十分不便。海拔1565m，山体呈“V”型，山高谷深，相对高差大于500m（图14.25）。

图 14.25　特克斯县克克苏温泉

概况：温泉群共有两处露头，泉口高出克克苏河河水面20多米，在半山坡上沿断裂破碎带流出，温度分别为42.4℃、31.0℃，流量分别为0.8L/s、0.5L/s；该温泉流量比较稳定，四季变化不大，泉口无明显沉积物，有轻微的H_2S气味。温泉受东西向压扭性断裂所控制，断裂倾角较陡，倾向170°，沿断裂带有数出温泉呈现状展布，均属于断裂上升泉。该温泉泉口岩性分别为：①海西早期（γ_4^1）、中期第二侵入次（γ_4^{2b}）花岗岩，灰黑色，块状构造，节理裂隙发育，表层分化较严重，其主要成分为石英、云母、闪长岩等；②志留系上统（S_3b）斑状率泥岩-石英片岩，灰黑色，粒状结构，片状构造，主要成分为石英、斜长石、云母等。该温泉成因类型为隆起山地对流型，受断裂构造控制，为上升泉。

水化学成分：2013年7月进行地热资源调查时采集的水样分析结果见表14.24。

表14.24　特克斯县克克苏温泉化学成分　（单位：mg/L）

T_S/℃	pH	TDS	Na^+	K^+	Ca^{2+}	Mg^{2+}
42.4	9.14	578.2	163.17	4.22	11.24	0.73
Li	**Rn/（Bq/L）**	**Sr**	NH_4^+	CO_3^{2-}	HCO_3^-	SO_4^{2-}
0.22	na.	0.25	0.16	12.01	46.38	222.88
Cl^-	F^-	CO_2	SiO_2	HBO_2	**As**	**化学类型**
71.58	9.92	nd.	58.51	5.7	<0.01	SO_4-Na

开发利用：该温泉开发利用方式为医疗保健，主要用于当地牧民洗浴、治疗各类疾病；每年6月1日至10月1日为营业期，洗浴大多以牧民为主，每人每天40元，由于路途遥远，交通不便，所以旅游者较少，年利润为15万～20万元。

XJQ025 昭苏县夏塔温泉、昭苏县夏特温泉

图 14.26　昭苏县夏塔温泉

位置：昭苏县西南部山区的，夏塔乡南部的夏塔谷地中，昭苏县城至夏塔乡约73km，为柏油路，夏塔乡至温泉点为石子路，山路险峻，通行较困难，为30km，共103km。海拔2380m，四周夏塔河河谷宽阔，平坦，东侧有呈浑圆状的山，相对高差大于300m，为中山区地貌（图14.26）。

概况：该温泉目前有五处露头，为季节性温泉，每年8～12月有热水流出，其他时段断流，通过分析其热水来源于上游的河水补给，夏季河水较大时，河水沿断裂带渗入地下在运移过程中加热，最终以温泉的形式流出地表，流量变化较大，当流量较大时，水温也较高，目前在该季节中，只有一处温泉有水，水温46.8℃，流量为5.5L/s，该泉口无明显的H_2S气味。该温泉泉口岩性为第四系上更新统（Q_3^{gl}）冰积物，一般分选交差，大小悬殊；泉点以北为海西中期第一侵入次（γ_4^{2a}）花岗岩，灰黑色，块状构造，节理裂隙发育，表层分化严重；泉点以南为第四系全新统冲洪积物（Q_4^{apl}）砂卵砾石、砂砾石，土黄色，分选较差。该温泉成因类型为隆起山地对流型，受断裂构造控制，为上升泉。

水化学成分：2013年7月进行地热资源调查时采集的水样分析结果见表14.25。

表14.25　昭苏县夏塔温泉化学成分　　（单位：mg/L）

T_s/℃	pH	TDS	Na^+	K^+	Ca^{2+}	Mg^{2+}
46.8	7.59	1150	314.47	7.7	46.18	1.46
Li	Rn/（Bq/L）	Sr	NH_4^+	CO_3^{2-}	HCO_3^-	SO_4^{2-}
0.37	na.	0.83	0.08	nd.	67.14	461.17
Cl^-	F^-	CO_2	SiO_2	HBO_2	As	化学类型
21474	7.75	6.39	56.99	14.5	<0.01	SO_4·Cl-Na

开发利用：该温泉开发利用方式为医疗保健，主要用于治疗各种皮肤病和各类关节炎，该温泉带动了当地的旅游发展，由于温泉为季节性温泉，7月底出水到次年1月，游客较少，经济效益较差。

XJQ026 和静县阿热先温泉、和静县阿尔先温泉

位置：和静县巩乃斯乡北侧25km的天山中山区，阿尔善萨拉河床内，其中12km石子路，其余全部为柏油马路，距和静县250km，交通便利。海拔2490m，温泉点出露于阿尔善河西侧的坡脚处，沟谷呈“U”型，相对高差大于400m，为中山区地貌（图14.27）。

图 14.27 和静县阿热先温泉

概况：泉点沿河床近南北向展布，目前有泉点六处，温度分别为49.6℃、53.5℃、49℃、56.5℃、42.6℃、39.5℃，涌水量分别为8L/s、0.5L/s、0.1L/s、0.2L/s、0.4L/s、5L/s，温泉水清澈透明、伴有淡淡的H_2S气味，泉口附近无泉华现象。该温泉的断裂构造比较发育，处于那拉提深断裂带上，断裂延伸400km，倾向北西，倾角大于50°，为右旋压扭性断裂，该断裂切割上志留统、下石炭统，局部还见将老地层推覆于新近系之上，具长期活动特点，为第四纪早期活动断裂。该温泉点处于那拉提断裂的支断裂上，西南向延伸。该温泉的成因类型为隆起山地对流型，受断裂构造控制，为上升泉。

水化学成分：2013年7月进行地热资源调查时采集的水样分析结果见表14.26。

表14.26 和静县阿热先温泉化学成分 （单位：mg/L）

T_S/℃	pH	TDS	Na^+	K^+	Ca^{2+}	Mg^{2+}
56.5	7.57	1139.11	277.84	11.86	72.29	1.71
Li	Rn/（Bq/L）	Sr	NH_4^+	CO_3^{2-}	HCO_3^-	SO_4^{2-}
0.24	na.	0.87	0.09	nd.	61.03	483.62
Cl^-	F^-	CO_2	SiO_2	HBO_2	As	化学类型
186.11	6.57	7.1	67.85	7.6	0.1308	SO_4·Cl-Na

开发利用：2000年左右建立了温泉疗养院，投资数百万元，至2013年增资，又投入2000万元，计划建成集洗浴疗养、旅游度假为一体的现代化温泉疗养院，主要用于医疗保健，专门治疗各种皮肤病和关节炎。

XJQ027 拜城县琼阿帕热气泉

位置：拜城县老虎台乡西北侧的木扎尔特河上游东侧的半山坡上，南距破城子煤矿约8km，石子路，通行较困难，破城子煤矿距老虎台乡约20km，石子路，通行较方便，老虎台乡距拜城县城约60km，为柏油马路，交通便利。海拔2292m，山体切割强烈，山坡坡度45°～50°，热气泉出露于半山坡上，相对高差大于400m，属低山丘陵地貌（图14.28）。

概况：该热气泉出露于花岗岩的构造裂隙带中，位于半山腰处，出露点有一处，温度为54℃，无水，热气湿度较大，热气呈白色，无味。热气从片麻岩与吕梁期花岗岩接触带的裂隙中喷出，自上而下温度升高。该点西侧为上更新统—全新统冲洪积（Q_4^{apl}）砂砾石，卵砾石，磨圆一般，多呈次圆状，分选好；该点东侧为上更新统—全新统洪积卵砾石，砂砾石，磨圆较差，多呈次圆-次棱角状，分选一般，且其东又渐变为坡积物，呈次棱角状-棱角状，分选差。该热气泉的成因类型为隆起山地对流型。

水化学成分：因该热气泉无水，没有水质分析结果。

开发利用：该热气泉未开发，20世纪90年代在热气泉口处搭建有木棚，后因山上发生崩塌灾害被砸坏，现今已废弃。

图 14.28　拜城县琼阿帕热气泉

XJQ028 拜城县铁热克温泉、拜城县铁烈克温泉

位置：拜城县北侧铁热克镇北侧8km处的卡普斯浪河河谷内，南距铁热克镇约8km，铁热克距拜城县约40km，全程为柏油马路，交通便利。海拔1800m，地貌上处于南天山南麓，山体切割强烈，沟

谷呈“U”型，为中山区地貌（图14.29）。

概况：泉点沿河床南北向展布，目前有泉点四处，温度分别为58℃、52.2℃、47.5℃、53.1℃，涌水量分别为6.0L/s、1.0L/s、0.2L/s、0.2L/s，温泉水清澈透明、伴有较强烈刺鼻的H_2S气味，泉口附近有少量白色絮状泉华。该温泉构造上正处于南天山向斜褶皱带的哈雷克套父背斜与库车山前拗陷的衔接部位，空母该来背斜与图舍科夫向斜过渡带的次级褶皱上，温泉出露的地层时代为二叠系和三叠系。三叠系不整合在二叠系之上，两个构造层同呈一背斜构造形态，其南翼为北东、南西走向的正断层切断，下盘破碎带宽达200m以上，温泉即出露在破碎带上的二叠系石英斑岩、花岗岩与三叠系砂岩、含砾粗砂岩的裂隙中。该断层以北约1km处，有一条与其走向大致相同的性质不明的断层，他们可能与铁列克巴什大断裂的东延段相交，似为长期活动的深断裂带，深部地下热水岩断裂破碎带上升，而后通过二叠系与三叠系的岩石裂隙溢出地表形成温泉。该温泉的成因类型为隆起山地对流型，为上升泉。

水化学成分：2013年8月20日进行地热资源调查时采集的水样分析结果见表14.27。

表14.27　拜城县铁热克温泉化学成分　　（单位：mg/L）

T_S/℃	pH	TDS	Na^+	K^+	Ca^{2+}	Mg^{2+}
58	7.23	2648.7	854.37	37.64	24.08	28
Li	Rn/（Bq/L）	Sr	NH_4^+	CO_3^{2-}	HCO_3^-	SO_4^{2-}
4.71	na.	4.42	0.83	nd.	888.97	598.71
Cl^-	F^-	CO_2	SiO_2	HBO_2	As	化学类型
582.67	9.73	18.94	69.33	48.8	0.2221	$Cl·HCO_3·SO_4$–Na

开发利用：该温泉疗养院始建于2000年左右，配套有洗浴、住宿、餐饮和大型露天游泳池，设备较齐全，主要用于医疗保健，专门治疗各种皮肤病和关节炎。

图 14.29　拜城县铁热克温泉

XJQ029 柯坪县因干温泉（两个代表温泉）

位置： 柯坪县启浪乡因干村，南距启浪乡12km，只有简易的石子路，车辆可通行，因干村因处于中山区，山中没有溪水，故该村牧民已搬迁走，到达该村需寻找向导才可到达。启浪乡有314国道经过，距柯坪县城约30km，交通较便利。海拔1465m，为中山区地貌（图14.30）。

概况： 该处有两个温泉露头，水温分别为25.1℃、23℃，天然流量为4L/s、5L/s；泉水无色、微咸、洁净透明，水中可闻到强烈的H_2S气味，泉口有淡黄色的絮状硫化物沉淀。该温泉构造上处于天山复杂构造带最南部的二级构造单元卡拉台克-库鲁克塔格断裂带与阿尔金构造体系及中亚构造体系的交接复合部位，有一条走向北西-南东的张扭性断裂通过区内，规模不大，但形成时间较长，活动较强烈。热水沿断裂带上升从基岩裂隙中流出。

水化学成分： 2013年8月6日进行地热资源调查时采集的水样分析结果见表14.28。

表14.28 柯坪县因干温泉化学成分 （单位：mg/L）

T_S/℃	pH	TDS	Na^+	K^+	Ca^{2+}	Mg^{2+}
25.1	7.35	3179.47	868.66	13.35	124.42	100.3
Li	Rn/（Bq/L）	Sr	NH_4^+	CO_3^{2-}	HCO_3^-	SO_4^{2-}
0.08	na.	4.66	0.06	nd.	219.72	1161.82
Cl^-	F^-	CO_2	SiO_2	HBO_2	As	化学类型
781.66	1.6	3.64	15.84	4.1	<0.01	SO_4·Cl-Na

开发利用： 该温泉未开发，泉水呈天然状态，该泉水为因干村的唯一生活及农业水源，因水温较低，没有利用与洗浴。

图 14.30 柯坪县因干温泉

XJQ030 阿合奇县吉鲁苏温泉、阿合奇县治雷苏温泉

位置：阿合奇县哈拉布拉克乡马那尔村南侧的吉鲁苏沟内，其中县城至哈拉布拉克乡87km，为S306省道，哈拉布拉克乡至马那尔村为33km，为石子路；马那尔至该温泉点道路大部分被洪水冲毁，仅能骑摩托车或骑驴方可到达，为30km，通行十分困难。海拔2933m，周围山体切割强烈，沟谷纵横，相对高差大于300m，为中山区地貌（图14.31）。

概况：该温泉目前有五处露头，在一个石头垒砌的长约20m的范围内出露五处温点，泉口水温分别为36.7℃、34.1℃、34.6℃、36.6℃、36.1℃，天然流量为0.4L/s、0.2L/s、0.2L/s、0.4L/s、0.3L/s。该温泉泉口无絮状物沉淀，无明显刺激性H_2S气味。该温泉泉口西侧地层为石炭系中统艾克提克群粉砂岩、页岩，灰黑色，致密，坚硬，层状构造，微粒结构，岩层产状145°∠80°，节理裂隙发育；该处点东侧地表出露岩性为第四系全新统冲洪积（Q_4^{apl}）砂砾石，松散，砾石磨圆一般，母岩主要为砂岩，砾石约占70%，其余为中粗砂。该温泉成因类型为隆起山地对流型，为上升泉。

水化学成分：2013年9月进行地热资源调查时采集的水样分析结果见表14.29。

表14.29 阿合奇县吉鲁苏温泉化学成分 （单位：mg/L）

T_S/℃	pH	TDS	Na^+	K^+	Ca^{2+}	Mg^{2+}
36.7	7.99	1410.37	492.22	12.19	23.28	7.79
Li	Rn/（Bq/L）	Sr	NH_4^+	CO_3^{2-}	HCO_3^-	SO_4^{2-}
0.77	na.	6.44	1.17	nd.	954.54	189.04
Cl^-	F^-	CO_2	SiO_2	HBO_2	As	化学类型
156.05	3.25	1.09	48.05	11.5	<0.01	HCO_3-Na

开发利用：该温泉点尚未开发，无配套设施，为天然状态，无经济效益。

图 14.31 阿合奇县吉鲁苏温泉

XJQ031 乌恰县乌恰温泉

位置：乌恰县西侧黑孜苇乡的乌恰县多浪水泥厂大门口处，距县城约4km，全程为柏油马路，交通十分方便。海拔2195m，温泉点出露于山间洼地与中山区交汇部位，北部为中山，山体切割强烈（图14.32）。

概况：该处温泉有两个露头，水温分别为30.2℃、23℃，天然流量为0.2L/s、0.5L/s。该温泉泉口有少量的白色絮状物沉淀，无明显刺激性H_2S气味。该点位于乌恰县县城西侧，地貌为山前冲洪积扇中部，地势北高南低，坡降20‰，地形平坦开阔，该点处为一土丘，土丘高5m，面积约400m^2，温泉自土丘高处出露，向四周溢流。该温泉泉口岩性分别为侏罗系中统（J_2a）粉砂岩，黄色，层状构造，粉砂状结构，表层风化严重，上覆薄层砂砾石。该温泉成因类型为隆起山地对流型，为上升泉。

水化学成分：2013年8月进行地热资源调查时采集的水样分析结果见表14.30。

表14.30 乌恰县乌恰温泉化学成分 （单位：mg/L）

T_s/℃	pH	TDS	Na^+	K^+	Ca^{2+}	Mg^{2+}
30.2	7.97	3988.93	1093.16	33.93	215.93	100.3
Li	Rn/（Bq/L）	Sr	NH_4^+	CO_3^{2-}	HCO_3^-	SO_4^{2-}
2.42	na.	10.96	0.13	nd.	353.99	680.28
Cl^-	F^-	CO_2	SiO_2	HBO_2	As	化学类型
1671.41	2.11	0.73	13.59	10.2	<0.01	Cl-Na

开发利用：该泉点尚未开发，为天然状态，无经济效益。

图 14.32 乌恰县乌恰温泉

XJQ032 阿克陶县盖孜温泉

位置： 阿克陶县奥依塔格镇西南方向的盖孜边防检查站南侧的200m处，314国道路左侧，距喀什市约120km，全程柏油马路，交通便利，该点距阿克陶县约80km。海拔2376m，山体切割强烈，山坡近乎垂直，沟谷与山坡呈“V”型，相对高差大于500m，为高山区地貌（图14.33）。

概况： 该温泉泉口在314国道路面下，目前出露泉点一处，温度分别为30.9℃，流量为2L/s，温泉水清澈透明、伴有轻微刺鼻性气味的H_2S气味，泉口附近无明显沉淀物。盖孜断裂及其分支断裂的斜接处。断裂的上盘为志留系—泥盆系（S—D）片岩，下盘为寒武系—奥陶系（Є—O）石灰岩；断裂下盘为冲洪积（Q_4^{apl}）泥砾以及冲积（Q_4^{al}）砂砾石所覆盖，热水沿断裂带上升。从山坡坡脚下的松散堆积物中呈股状冒泡涌出。该温泉为断裂构造控热型，为断层裂隙上升泉。泉口出露岩性为寒武系—奥陶系（Є—O）石灰岩，灰色，块状构造，表层分化严重，其中成分主要为方解石等。该温泉的成因类型为隆起山地对流型，属断裂构造上升泉。

水化学成分： 2013年8月进行地热资源调查时采集的水样分析结果见表14.31。

表14.31 阿克陶县盖孜温泉化学成分 （单位：mg/L）

T_S/℃	pH	TDS	Na^+	K^+	Ca^{2+}	Mg^{2+}
30.9	7.05	1157.73	204.75	15.72	158.94	25.32
Li	Rn/（Bq/L）	Sr	NH_4^+	CO_3^{2-}	HCO_3^-	SO_4^{2-}
0.91	na.	1.86	<0.5	nd.	808.07	18.86
Cl^-	F^-	CO_2	SiO_2	HBO_2	As	化学类型
77.31	2.88	13.12	48.45	17.6	0.3596	HCO_3-Na·Ca

开发利用： 主要开发利用方式为当地牧民洗浴，医疗保健，目前仅有一间3m×3m的简陋小浴室，无人看管无经济效益。

图 14.33 阿克陶县盖孜温泉

XJQ033 阿克陶县羊布拉克温泉

图 14.34 阿克陶县羊布拉克温泉

位置： 阿克陶县恰尔隆乡帕斯热瓦提村三大队西侧10km的沟谷内，距阿克陶县城约372km，交通十分困难，其中由阿克陶县约314国道至塔县下坂地路口约250km，为柏油路，下坂地路口至帕斯热瓦提村三大队内110km，为石子路，通行很困难，在三大队沿沟向西步行12km到达温泉点。海拔3322m；该点位于公格尔山东侧的塔什库尔干河一支流沟中，地貌为高山区，山高谷深，切割深度200～300m。山体坡度40°～60°，沟谷多呈“V”型（图14.34）。

概况： 该温泉共有三处露头，沿高于河面3～5m的山坡分布，水温分别为72.1℃、71.6℃、46.5℃，单泉涌水量5L/s、1.5L/s、0.2L/s，该泉点泉口无明显沉积物，无明显刺激性气味。该温泉南侧地层为早古生代加里东期花岗岩（γ_3）青灰色，坚硬，整块构造，粗晶结构，主要成分为石英、长石、云母，节理裂隙发育；该处北侧为第四系全新统冲洪积（Q_4^{apl}）卵砾石，灰黄色，松散，砾石粒径5～20mm，约占60%，卵石最大粒径20mm，约占30%，偶见漂石，直径可达3m，卵砾石呈次圆状，分选一般，中粗砂约占10%。该温泉成因类型为隆起山地对流型，为上升泉。该处温泉点尚未开发，无配套设施，为天然状态，无资金来源。

水化学成分： 2013年9月进行地热资源调查时采集的水样分析见表14.32。

表14.32 阿克陶县羊布拉克温泉化学成分 （单位：mg/L）

T_S/℃	pH	TDS	Na^+	K^+	Ca^{2+}	Mg^{2+}
72.1	9.56	333.83	95.61	1.25	3.21	0.97
Li	Rn/（Bq/L）	Sr	NH_4^+	CO_3^{2-}	HCO_3^-	SO_4^{2-}
0.14	na.	0.06	<0.04	33.62	35.4	57.45
Cl^-	F^-	CO_2	SiO_2	HBO_2	As	化学类型
35.07	15.37	nd.	73.47	1.2	0.0106	SO_4-Na

开发利用： 该处温泉点尚未开发，无配套设施，为天然状态，无资金来源。

XJQ034 阿克陶县唐哥塔温泉

图 14.35 阿克陶县唐哥塔温泉

位置： 阿克陶县恰尔隆乡帕斯热瓦提村三大队西侧10km，偏南侧的沟谷内，阿克陶县城至该点约372km，交通十分困难，其中阿克陶县沿314国道至塔县下坂地路口约250km，柏油路，下坂地路口至帕斯热瓦提村三大队为110km，为石子路，通行困难，在三大队沿沟向西步行12km可到达温泉点，交通十分困难。海拔3175m；该点地貌为高山区山间河谷地貌，山体陡峻，相对高差300～500m，沟谷发育，沟谷多呈“V”型，切深50～100m，该河谷宽30～50m，延伸方向为东西向（图14.35）。

概况： 温泉出露于河谷两侧的半山腰处，高于河水面3～20m不等，该温泉共有四处露头，泉口水温62.9℃、54.6℃、45℃、42.3℃，单泉流量5.0L/s、5.0L/s、2.0L/s、0.5L/s，该泉点无明显沉积物，无刺激性气味。该温泉南侧岩性为喜马拉雅期黑云母（γ_6^2）花岗岩，灰色，致密，坚硬，块状构造，伟晶结构，主要成分为石英、长石、黑云母，岩石节理裂隙发育；该点北侧河床岩性为第四系全新统冲洪积（Q_4^{apl}）卵砾石，青灰色，松散，卵石最大粒径200mm，含有漂石，可达2m，卵石约占20%，砾石约占70%，其他10%。该温泉的成因类型为隆起山地对流型，为上升泉。

水化学成分： 2013年9月进行地热资源调查时采集的水样分析结果见表14.33。

表14.33 阿克陶县唐哥塔温泉化学成分 （单位：mg/L）

T_S/℃	pH	TDS	Na^+	K^+	Ca^{2+}	Mg^{2+}
62.9	9.42	338.42	101.45	0.59	5.62	1.46
Li	Rn/（Bq/L）	Sr	NH_4^+	CO_3^{2-}	HCO_3^-	SO_4^{2-}
0.08	na.	0.1	<0.04	15.61	45.16	77.99
Cl^-	F^-	CO_2	SiO_2	HBO_2	As	化学类型
55.12	7.36	nd.	50.39	1.9	<0.01	SO_4·Cl-Na

开发利用： 该泉点尚未开发，无任何经济效益。

XJQ035 阿克陶县公格尔温泉

图 14.36 阿克陶县公格尔温泉

位置：阿克陶县奥依塔格镇西南侧的公格尔山北侧的314国道边上，距喀什市约145km，距阿克陶县约105km，全程为柏油路，交通便利，距布仑口湖10km。海拔3062m，山体切割强烈，山坡坡度大于50m，河谷与山体呈“V”型，相对高差大于500m，属于高山区地貌（图14.36）。

概况：该温泉目前有出露点一处，出露于盖孜河南岸的河谷处，温度为32℃，温泉流量为20L/s，温泉水无明显杂质，无明显刺激性气味，泉口附近无沉淀物。该温泉成因类型为隆起山地对流型，属上升泉。温泉泉口点南岩性为绢云母绿泥岩石英片岩，块状构造，节理裂隙发育，表层分化较为严重，在点处有竖向节理及错断擦痕；点北侧沟谷内出露岩性为有第四系全新统冲洪积（Q_4^{apl}）砂卵砾石、砂砾，灰色，松散，卵石最大粒径20cm，卵石、砾石磨圆较好，分选好，该地层呈带状展布，宽50～80m。

水化学成分：2013年8月进行地热资源调查时采集的水样分析结果见表14.34。

表14.34 阿克陶县公格尔温泉化学成分 （单位：mg/L）

T_s/℃	pH	TDS	Na^+	K^+	Ca^{2+}	Mg^{2+}
32	7.18	621.13	82.62	8.66	96.33	15.82
Li	Rn/（Bq/L）	Sr	NH_4^+	CO_3^{2-}	HCO_3^-	SO_4^{2-}
0.44	na.	0.68	0.14	nd.	439.43	112.01
Cl^-	F^-	CO_2	SiO_2	HBO_2	As	化学类型
37.22	3.28	8.02	43.86	16.3	0.2379	HCO_3-Ca·Na

开发利用：该点利用开发方式主要用于洗浴，医疗保健，主要用途为旅游，治疗各种皮肤病和关节炎；目前正在进行维修，从访问分析，每天每人30～50元，每年利润约20万元。

XJQ036 阿克陶县布仑口–公格尔引水洞温泉

位置：阿克陶县奥依塔格镇西南侧的公格尔山北侧的水电站引水洞内，西距布仑口湖约15km，全程为柏油马路，距喀什市约140km，距阿克陶县100km，交通较便利。海拔3184m，山体切割强烈，山坡坡度大于50°，河谷与山体呈“V”型，属于高山区地貌（图14.37）。

图 14.37　阿克陶县布仑口 – 公格尔引水洞温泉

概况：该温泉是在施工水电站引水洞时发现山体岩石温度很高，在经过构造破碎带时，地下水沿基岩裂隙运移，在运移过程中加热地下水，形成温泉，温泉在洞内水平深度约1000m的地方发现。目前，出露泉点一处，水温42.5℃，流量为1L/s。该温泉泉口无沉淀物，无明显刺激性气味。该温泉受一组走向300°～310°，倾向北东的压扭性断裂所控制，因此该温泉为断裂构造控热型，为上升泉。泉口出露岩性为志留系上统（S_3b）黑色绢云母片岩，属于变质岩类，片状，表层分化严重，其岩主要成分为闪长岩等；在河谷周围表层覆盖有第四系全新统冲积（Q_4^{al}）砂卵砾石、砂砾薄层，土黄色，分选较差。通过研究分析，该温泉成因类型为隆起山地对流型，而周围岩石都存在热异常，大部分区域岩石温度大于50℃，可能为干热岩。

水化学成分：2013年8月进行地热资源调查时采集的水样分析结果见表14.35。

表14.35　阿克陶县布仑口–公格尔引水洞温泉化学成分　（单位：mg/L）

T_S/℃	pH	TDS	Na^+	K^+	Ca^{2+}	Mg^{2+}
42.5	6.65	923.89	28.99	4.04	265.7	10.71

Li	Rn/（Bq/L）	Sr	NH_4^+	CO_3^{2-}	HCO_3^-	SO_4^{2-}
0.19	na.	1.82	0.33	nd.	732.39	171.38

Cl^-	F^-	CO_2	SiO_2	HBO_2	As	化学类型
21.47	2.32	30.6	50.49	1	<0.01	HCO_3-Ca

开发利用：该泉点尚未开发，目前暂无地热研究，2009～2013年葛洲坝集团修建水电站开凿引水洞时发现，待水电站建成，该温泉也就随之消失，但从这些情况证明，该处存在地热异常。

XJQ037 塔什库尔干县塔合曼温泉（两个代表温泉）

图 14.38　塔什库尔干县塔合曼温泉

位置： 塔什库尔干县塔合曼乡白尕吾勒村西侧5km的山区，南距塔什库尔干县26km，该温泉东侧5km处有314国道（中巴公路）穿过。距喀什市约280km，全程为柏油马路，交通便利。海拔3321m，山体切割强烈，相对高差大于500m，为高山区地貌（图14.38）。

概况： 该泉目前有泉点2处，温度分别为64℃、25.1℃，流量分别为5.0L/s、1L/s，温泉水清澈透明、无沉积物，无明显刺激性H_2S气味。该泉点西侧岩性为喜马拉雅期花岗岩，青灰色，致密，坚硬，块状构造，细晶结构，成分主要为石英、长石、黑云母，节理裂隙发育；该点东岩性为第四系洪积砂砾，灰色，松散，砾石，磨圆差，呈次棱角状，约占65%，中粗砂35%。该温泉的成因类型为隆起山地对流型，为上升泉。

水化学成分： 2013年8月进行地热资源调查时采集的水样分析结果见表14.36。

表14.36　塔什库尔干县塔合曼温泉化学成分　　（单位：mg/L）

T_s/℃	pH	TDS	Na^+	K^+	Ca^{2+}	Mg^{2+}
64	8.62	459.74	133.94	1.76	9.63	1.95
Li	Rn/（Bq/L）	Sr	NH_4^+	CO_3^{2-}	HCO_3^-	SO_4^{2-}
0.17	na.	0.72	0.08	12.01	109.86	118.39
Cl^-	F^-	CO_2	SiO_2	HBO_2	As	化学类型
34.36	15.61	nd.	75.8	0.5	<0.01	$SO_4 \cdot HCO_3$–Na

开发利用： 该泉点开发利用方式主要为医疗保健，洗浴，用于治疗各种皮肤病和关节炎等症状。主要配套设施有洗浴池（简单）十间，高档洗浴池六间，并配有客房数十间，毡房三间，餐饮齐全；目前该温泉距喀什市较远，并且位于帕米尔高原，来此洗浴的人较少，大部分为旅游人士，每人每天洗浴10～30元，年利润约为30万～50万元，经济效益较差。

XJQ038 塔什库尔干县拜什库尔干温泉

位置：塔什库尔干县北侧的塔合曼乡的拜什库尔干村东侧6km处的山坡坡脚下，其中县城至拜什库尔干村为柏油马路，拜什库尔干村至温泉点无路可走，仅能越野车勉强通行，交通极差。海拔3268m，温泉点西侧为塔合曼盆地，平坦开阔，温泉店东侧为切割强烈的高山，泉点出露于高山与平原的交汇处，山坡坡脚处，相对高差大于500m，属于高山区地貌（图14.39）。

图 14.39 塔什库尔干县拜什库尔干温泉

概况：该温泉目前有出露泉点三处，温度分别为37.3℃、36.0℃、36.5℃，温泉流量分别为2.0L/s、2.0L/s、4.0L/s，该温泉有淡淡的刺激性H_2S气味，泉口有胶结状黄色沉淀物。该温泉点东侧出露地层为古生界埃连卡特群绢云母，绿泥石英片岩，灰色，致密，坚硬，块状构造，绢云母光泽不等粒结构，主要成分为绢云母、石英长石；该处西侧出露为第四系晚更新世冰川堆积漂砾、砂砾，灰色，松散，砾石约占60%，卵石约占20%，漂石约占10%，碎屑物多呈次棱角状，分选差。该温泉的成因类型为隆起山地对流型，为上升泉。

水化学成分：2013年8月进行地热资源调查时采集的水样分析结果见表14.37。

表14.37 塔什库尔干县拜什库尔干温泉化学成分 （单位：mg/L）

T_s/℃	pH	TDS	Na^+	K^+	Ca^{2+}	Mg^{2+}
37.3	8.95	399.62	122.61	2.03	16.86	1.95
Li	Rn/（Bq/L）	Sr	NH_4^+	CO_3^{2-}	HCO_3^-	SO_4^{2-}
0.08	na.	0.22	<0.04	13.21	34.18	126.44
Cl^-	F^-	CO_2	SiO_2	HBO_2	As	化学类型
55.83	8.19	nd.	44.2	4.8	0.0499	SO_4·Cl-Na

开发利用：该泉点尚未开发，暂无经济效益，无开发利用方式。

XJQ039 塔什库尔干县瓦恰温泉

位置： 塔什库尔干县东南侧的瓦恰乡西南侧3km处的河谷阶地上，瓦恰乡政府至温泉点约3km，无路，仅步行到达，瓦恰乡至塔什库尔干县为75km，道路为石子路，交通条件较差。海拔3300m，温泉出露在瓦恰河西岸的阶地之上，西侧山相对高差大于300m，属于高山区地貌（图14.40）。

概况： 该温泉目前有出露泉点一处，水温30.3℃，流量为1.0L/s，泉口有少量绿色沉积物，无明显刺激性H_2S气味。该处南西侧出露岩性为古新世—始新世齐姆根组（$E_{1-2}q$）泥岩，灰褐色，致密，坚硬，层状构造，泥质结构，岩层产状近乎水平；该点北西侧为第四系上更新统冲洪积（Q_4^{apl}）卵砾石，灰色，松散，卵石最大粒径5cm，卵石、砾石磨圆良好。该温泉的成因类型为隆起山地对流型，为上升泉。

水化学成分： 2013年8月进行地热资源调查时采集的水样分析结果见表14.38。

表14.38 塔什库尔干县瓦恰温泉化学成分 （单位：mg/L）

T_S/℃	pH	TDS	Na^+	K^+	Ca^{2+}	Mg^{2+}
30.3	9.33	705.99	200.31	2.21	16.86	0.73
Li	Rn/（Bq/L）	Sr	NH_4^+	CO_3^{2-}	HCO_3^-	SO_4^{2-}
0.02	na.	0.06	0.22	14.41	2.07	325.71
Cl^-	F^-	CO_2	SiO_2	HBO_2	As	化学类型
85.9	1.37	nd.	44.2	1.7	0.0175	SO_4-Na

开发利用： 该泉点暂无开发利用方式，无经济效益，无配套设施，为天然状态。

图 14.40 塔什库尔干县瓦恰温泉

XJQ040 塔什库尔干县达布达尔温泉

位置： 塔什库尔干县南侧66km的达布达尔乡西侧（赞坎铁矿）选矿厂西侧14km处，即赞坎铁矿水源地处，其中县城至赞坎铁矿选矿厂为柏油马路，选厂至温泉点为石子路，交通较差。海拔3542m，泉点出露于塔什库尔干河河谷内，相对高差大于500m，为高山区山间谷地地貌（图14.41）。

概况： 该处温泉有两个露头，塔什库尔干河河水大时，经常被水淹没，水温分别为66.6℃、52.1℃，天然流量为1.0L/s、1.2L/s；泉口有少量绿色青苔沉积物，无明显刺激性H_2S气味。该处东侧岩性为海西中期第二侵入次（γ_4^{2c}）花岗岩，灰黑色、杏黄色，致密，坚硬，块状构造，斑状结构，主要成分为辉石、角闪石、斜长石，节理裂隙发育并且不规则，有少量气孔及结核状块体；该处西侧为第四系全新统冲洪积（Q_4^{apl}）卵砾石、砂砾，磨圆较好，分选较好。该温泉的成因类型为隆起山地对流型，为上升泉。

水化学成分： 2013年8月进行地热资源调查时采集的水样分析结果见表14.39。

表14.39　塔什库尔干县达布达尔温泉化学成分　　（单位：mg/L）

T_s/℃	pH	TDS	Na^+	K^+	Ca^{2+}	Mg^{2+}
66.6	7.98	1721.91	507.77	58.36	44.15	14.12
Li	Rn/（Bq/L）	Sr	NH_4^+	CO_3^{2-}	HCO_3^-	SO_4^{2-}
1.71	na.	1.61	8.1	nd.	964.31	340.75
Cl^-	F^-	CO_2	SiO_2	HBO_2	As	化学类型
124.55	8.55	1.09	123.13	29.4	0.0189	$HCO_3 \cdot SO_4$–Na

开发利用： 该泉点暂无开发利用方式，无经济效益，无配套设施，为天然状态。

图 14.41　塔什库尔干县达布达尔温泉

XJQ041 塔什库尔干县马尔洋温泉

图 14.42 塔什库尔干县马尔洋温泉

位置：塔什库尔干县马尔洋乡闹旭东村东侧约3km处，处于西昆仑的高山区，距塔县县城约142km，温泉点距马尔洋乡政府约14km，全程为石子路，交通很差。海拔2624m，属于西昆仑的深切高山区地貌（图14.42）。

概况：该处温泉有三个露头，温泉水从马尔洋河西侧的山坡坡脚处流出，南北向呈条带状分布，展布范围约有500m，水温分别为55.7℃、26.9℃、33.1℃，天然流量为8.0L/s、1.2L/s、1.0L/s；泉口有少量绿色青苔沉积物，无明显刺激性H_2S气味。该点北侧河谷岩性为第四系全新统冲洪积卵砾石、砂砾，灰色，卵石、砾石呈次圆状，分选一般，母岩多为片麻岩、花岗岩；该点南侧及河谷北侧出露岩性为元古宙片麻岩，灰褐色，致密，坚硬，块状构造，片麻结构，主要成分为斜长石、石英，节理裂隙发育。该温泉成因类型为隆起山地对流型，为上升泉。

水化学成分：2013年8月进行地热资源调查时采集的水样分析结果见表14.40。

表14.40 塔什库尔干县马尔洋温泉化学成分 （单位：mg/L）

T_s/℃	pH	TDS	Na^+	K^+	Ca^{2+}	Mg^{2+}
55.7	7.37	2166.6	415.51	36.6	208.71	9.25
Li	Rn/（Bq/L）	Sr	NH_4^+	CO_3^{2-}	HCO_3^-	SO_4^{2-}
0.39	na.	4.19	0.27	nd.	280.75	1119.5
Cl^-	F^-	CO_2	SiO_2	HBO_2	As	化学类型
107.37	5.1	7.29	123.13	6	<0.01	SO_4-Na·Ca

开发利用：该泉点暂无开发利用方式，无经济效益，无配套设施，为天然状态。

XJQ042 塔什库尔干县色克布拉克温泉

位置： 塔什库尔干县达布达尔乡小热斯喀木大队，距塔什库尔干县142km，其中县城沿314国道向南走86km，为柏油马路，再向西沿简易石子路走56km，到达该点，路况很差，仅能越野车通行，交通条件十分困难。海拔3026m，四周山体切割强烈，沟谷纵横，相对高差大于500m，为深切高山区地貌（图14.43）。

图 14.43 塔什库尔干县色克布拉克温泉

概况： 该处温泉有四处露头，温泉出露于河谷南侧的阶地之上，上坡坡脚处，水温分别为51℃、45℃、51.3℃、46℃，天然流量为2.0L/s、1L/s、2.0L/s、4.0L/s；泉口有较多的黄褐色胶结状沉积物，无明显刺激性H_2S气味。该泉点北侧出露岩性为元古宙石英片岩，块状构造，细晶结构，主要成分为石英、长石，少量黑云母，岩体节理裂隙发育；该泉点南侧沟谷内岩性为第四系冲洪积砂砾，土黄色，松散，砾石粒径2～20mm，约占75%，中粗砂约占25%，0～0.5m深植物根系发育。该温泉成因类型为隆起山地对流型，为上升泉。

水化学成分： 2013年8月进行地热资源调查时采集的水样分析结果见表14.41。

表14.41 塔什库尔干县色克布拉克温泉化学成分 （单位：mg/L）

T_s/℃	pH	TDS	Na^+	K^+	Ca^{2+}	Mg^{2+}
51.3	6.67	2682.08	305.26	19.03	435.48	34.08
Li	Rn/（Bq/L）	Sr	NH_4^+	CO_3^{2-}	HCO_3^-	SO_4^{2-}
0.37	na.	8.55	0.45	nd.	427.23	1444.05
Cl^-	F^-	CO_2	SiO_2	HBO_2	As	化学类型
62.99	3.42	24.77	162.27	8.1	<0.01	SO_4-Ca·Na

开发利用： 该泉点暂无开发利用方式，无经济效益，无配套设施，为天然状态。

XJQ043 塔什库尔干县库科西力克乡佰恰温泉

图 14.44　塔什库尔干县库科西力克乡佰恰温泉

位置：塔什库尔干县库科西力克乡西侧10km处的塔什库尔干河河床内，距县城约76km，其中塔县县城至下坂地路口为12km，为柏油马路，下坂地路口至下坂地水电站大坝为42km，为柏油马路，道路崎岖，余下22km为石子路，交通条件差。海拔2609m，该处山高谷深，山体切割强烈，塔什库尔干河河谷呈"V"型，为深切高山区山间河谷地貌（图14.44）。

概况：该处温泉有一处露头，泉口出露于高于河水面5m的半坡处，水温分别为65.5℃，天然流量为5.0L/s；泉口有白色沉积物及少量钙质结核，有淡淡的刺激性H_2S气味。该温泉点西出露岩性为印支期二长花岗岩，灰色，致密，坚硬，块状构造，斑状结构，主要成分为石英、长石，黑云母岩石有磨棱岩化现象，且碎裂严重；该处东侧河谷内岩性为第四系冲积漂砾、卵砾石，最大粒径2m，磨圆一般。该点西发育一断层，现场观测其产状为210°∠60°。该温泉成因类型为隆起山地对流型，为上升泉。

水化学成分：2013年9月进行地热资源调查时采集的水样分析结果见表14.42。

表14.42　塔什库尔干县库科西力克乡佰恰温泉化学成分　　（单位：mg/L）

T_S/℃	pH	TDS	Na^+	K^+	Ca^{2+}	Mg^{2+}
65.5	8.52	442.29	110.31	4.8	7.22	7.79
Li	Rn/（Bq/L）	Sr	NH_4^+	CO_3^{2-}	HCO_3^-	SO_4^{2-}
0.17	na.	0.17	<0.04	3.6	104.98	98.19
Cl^-	F^-	CO_2	SiO_2	HBO_2	As	化学类型
71.58	5.76	nd.	80.16	<0.02	0.0402	$Cl·SO_4·HCO_3–Na$

开发利用：开发利用方式主要为医疗保健，洗浴，主要用于治疗各种皮肤病、各种关节炎，主要配套有单间浴室两间，大众浴室两间，可同时容纳15人，结构为彩钢房，并配有餐厅一间；主要经济每人每天20～30元，每年利润约为3万～5万元，其主要原因为较偏远。

第三节　代表性地热井

XJJ001 吉木萨尔县沙南1井、吉木萨尔县古海温泉

位置：吉木萨尔县五彩湾居民区南侧2km处的216国道西侧的平原处，县城至地热井处为150km，地热井至乌鲁木齐市为200km，全程为柏油马路，交通十分便利。海拔595m，位于准噶尔盆地东部，四周地形平坦开阔，为平原区地貌。

井深：2178.9m。

孔径：大于200mm的石油勘探孔。

井口温度：72.9℃。

热储层特征：该井为1982克拉玛依钻井公司施工的石油地质勘探孔，为自喷热水井，自流量为3.3L/s。在钻探过程中，突然发生井喷，有305个大气压，涌水量当时为5000m³/d，到现阶段，自喷涌水量已减小至285m³/d。据中科院研究成果，该地热水的年龄为3亿～3.5亿年，按自流方式，使用年限30～50年不成问题。该热水井位于准噶尔盆地东部隆起上的帐北断褶带，属晚海西期克拉美丽山前拗陷的一部分，在印支-燕山期强烈隆升，地层剥蚀严重，侏罗系以上地层几乎剥蚀殆尽，二叠系埋藏较浅，二叠系下为石炭系的玄武岩、安山岩和火山碎屑岩，岩石热导率较高、地温较高；地温梯度大于2.5℃/100m，主要产热区段为1866～2178m。该地热井成因类型为沉积盆地型，热储岩性为石炭系地层。

水化学成分：2013年7月进行地热资源调查时采集的水样分析结果见表14.43。

表14.43　吉木萨尔县沙南1井化学成分　（单位：mg/L）

T_s/℃	pH	TDS	Na^+	K^+	Ca^{2+}	Mg^{2+}
72.9	7.52	18367.11	2132.08	18.09	4267.02	12.18
Li	Rn/（Bq/L）	Sr	NH_4^+	CO_3^{2-}	HCO_3^-	SO_4^{2-}
0.63	na.	50	22.49	nd.	73.24	404.46
Cl^-	F^-	CO_2	SiO_2	HBO_2	As	化学类型
11417.11	1.67	14.2	51.68	74.8	<0.01	Cl-Na·Ca

开发利用：该热水井于2000年左右开始开发，建成五彩湾温泉度假村，建有四星级酒店，及洗浴、住宿、餐饮和旅游于一体，经济效益较好（图14.45）。

图 14.45 吉木萨尔县沙南 1 井

XJJ002 塔什库尔干县曲曼ZK7地热井

位置：塔什库尔干县提孜娜甫乡曲曼村西侧洪积扇处。海拔3080m，四周平坦开阔，为塔什库尔干谷地，西侧高山林立，相对高差大于500m，为高山区山间洼地地貌。

井深：351m。

孔径：273mm的探采结合孔。

井口温度：146℃。

热储层特征：该地热井单井流量为7.3L/s，井口无明显沉积物，无明显的刺激性H_2S气味。该井为2012年新疆地矿局第二水文工程地质大队开展“塔什库尔干县城一带地热资源勘查”时施工的地热井，目前为新疆地热露头最高温度。上部0～90m为新近系砂砾岩，结构较破碎，下部为元古宙片麻岩、石英岩，岩石较完整，热储层在250m以下部位。该地热井位于曲曼西侧的丘陵地带，地势较平坦，放喷后为水汽混合物，井口岩性为第四系上更新统冲洪积（Q_3^{gl}）砂砾石，灰色，松散，砾石磨圆差，呈次棱角状。通过对该区如投入地热资源勘查工作，该处区域上主要受塔什库尔干断裂的控制，该断裂为左旋走滑张性断裂，该地热井位于其区域断裂的次级支断裂上，该地热井成因类型为隆起山地对流型，为承压水（图14.46）。

水化学成分：2013年1月进行地热资源调查时采集的水样分析结果见表14.44。

表14.44　塔什库尔干县曲曼ZK7地热井化学成分　　（单位：mg/L）

T_S/℃	pH	TDS	Na^+	K^+	Ca^{2+}	Mg^{2+}
146	6.35	3667.43	1021.02	135.82	4.07	2.22
Li	Rn/（Bq/L）	Sr	NH_4^+	CO_3^{2-}	HCO_3^-	SO_4^{2-}
na.	na.	na.	0.99	nd.	213.57	805.34
Cl^-	F^-	CO_2	SiO_2	HBO_2	As	化学类型
623.49	11.41	47.24	272.82	na.	<0.01	Cl·SO_4–Na

开发利用：该地热井2012年完成，目前还未投入试用，准备投产后进行县城供暖。

图 14.46　塔什库尔干县曲曼 ZK7 地热井

XJJ003 塔什库尔干县县城ZK1地热井

位置：塔什库尔干县县城西侧2km处，交通十分便利。海拔3130m，四周地形平坦开阔，位于塔什库尔干谷地西侧，地热井西侧5km为高山，相对高差大于500m。

井深：300m。

孔径：273mm。

井口温度：27.4℃。

热储层特征：该井单井涌水量15.8L/s，泉口无刺激性H_2S气味。该地热井为2009年新疆地矿局第二水文工程地质大队开展“塔什库尔干县城一带地热资源源勘查”时施工的，岩性为均一的第四系砂卵砾石，未揭穿第四系，据物探资料推测，该处地热水来源于深部基岩裂隙水，进行深循环被加热。地热井地表出露岩性为第四系上更新统—全新统冲洪积卵砾石、砂砾，灰色，松散，卵石最大粒径200mm，偶见漂石，最大可达2m，砾石约占50%，卵石占30%，砾石，卵石呈次圆状，分选一般。该地热井的成因类型为隆起山地对流型，为潜水井。

水化学成分： 2013年8月进行地热资源调查时采集的水样分析结果见表14.45。

表14.45 塔什库尔干县县城ZK1地热井化学成分 （单位：mg/L）

T_s/℃	pH	TDS	Na^+	K^+	Ca^{2+}	Mg^{2+}
27.4	7.65	309.08	24.38	4.13	46.16	18.26
Li	Rn/（Bq/L）	Sr	NH_4^+	CO_3^{2-}	HCO_3^-	SO_4^{2-}
0.2	na.	2.08	0.06	nd.	231.92	53.94
Cl^-	F^-	CO_2	SiO_2	HBO_2	As	化学类型
14.32	2.32	1.46	27.18	1	0.0111	HCO_3-Ca·Mg

开发利用： 目前为塔什库尔干县自来水公司水源地井，供全县城镇供水。

XJJ004 塔什库尔干县县城TZK1地热井

位置： 塔什库尔干县县城西侧3km处，交通十分便利。海拔3197m，四周地形平坦开阔，位于塔什库尔干谷地西侧，地热井西侧4km为高山，相对高差大于500m。

井深： 700.81m。

孔径： 0～450m孔径为168mm的实管，450m以下孔径为152mm的裸孔。

井口温度： 38℃。

热储层特征： 该井单井涌水量3.426L/s，泉口无刺激性H_2S气味。该地热井为2013年本项目施工的。该地热井位于辛滚地热田，为断裂破碎带及其裂隙系统的带状热储，埋藏于盖层之下，地热田面积为10.0km^2。地热田断裂、裂隙十分发育，主要由南北向发育的塔什库尔干断裂及其次级断裂组成。热储层组成岩性为喜马拉雅期侵入岩，包括花岗岩和正长岩。热田复杂的断裂裂隙系统和地堑、地垒相间分布的构造格局是热水的储存和运移的良好通道。该地热井450m以上为第四系砂砾、卵砾石层，450m以下为花岗岩，呈灰白、浅灰色，块状构造，坚硬，岩石较完整。该地热井的成因类型为隆起山地型。通过抽水试验降深为12.53m，涌水量249.12m^3/d。

水化学成分： 2014年5月进行地热资源调查时采集的水样分析结果见表14.46。

表14.46 塔什库尔干县县城TZK1地热井化学成分 （单位：mg/L）

T_s/℃	pH	TDS	Na^+	K^+	Ca^{2+}	Mg^{2+}
38	8.59	632.37	190.59	5.44	20.11	1.95
Li	Rn/（Bq/L）	Sr	NH_4^+	CO_3^{2-}	HCO_3^-	SO_4^{2-}
na.	na.	na.	0.18	9.61	200.19	150.68
Cl^-	F^-	CO_2	H_2SiO_3	HBO_2	As	化学类型
93.07	9.29	nd.	64.86	na.	na.	HCO_3·SO_4·Cl-Na

开发利用：目前该地热井未开发利用，计划用于县城供暖。

XJJ005 且末县塔中KT1地热井

位置：且末县北部的塔克拉玛干沙漠中部塔中石油基地，他周六那个石油基地至且末沙漠公路S233线向南且末县方向行程41km，沙漠公路东侧1200m处。海拔1109m。四周地形平坦开阔，位于塔里木盆地中部，地形相对高差不超过10m。

井深：653.8m。

孔径：0～9.6m为320mm，9.60～534.08m为250mm，534.08m以下为170mm。

井口温度：30℃。

热储层特征：该井单井涌水量为8.7L/s，该井为1997年新疆地矿局第一水文工程地质大队开展的"新疆塔克拉玛干沙漠塔中KT1号水文地质勘查综合研究项目"施工的，发现孔内存在地温异常，岩性为均一的亚砂土，未揭穿第四系，属于盖层，据相关石油文献资料，该处热储层位于深度2000多米的石炭系地层中。该地热井的成因类型为沉积盆地型，为潜水井。该井含水层段：第一含水层：425～528.54m，降深14.73m，出水量603m^3/d，温度为29℃；第二含水层：552.10～632.24m，降深6.70m，出水量751m^3/d，温度为30℃；250m以下为深层半承压水。地层：全新统：0～24m，上更新统：24～65m，中更新统：65～284m，下更新统：284m以下。

水化学成分：据收集新疆地矿局第一水文工程地质大队的资料，其他相关的水质分析结果未收集到，结果见表14.47。

表14.47　且末县塔中KT1地热井化学成分　　（单位：mg/L）

T_s/℃	pH	TDS	Na^+	K^+	Ca^{2+}	Mg^{2+}
30	na.	2611	687.5	na.	183.4	74.1
Li	Rn/（Bq/L）	Sr	NH_4^+	CO_3^{2-}	HCO_3^-	SO_4^{2-}
na.	na.	na.	na.	na.	64.9	1013.4
Cl^-	F^-	CO_2	SiO_2	HBO_2	As	化学类型
666.6	na.	na.	na.	na.	na.	Cl·SO$_4$–Na

开发利用：目前该井属于塔中石油基地管辖的供水井，井口封闭，未利用。

XJJ006 且末县塔中KT2地热井

位置：且末县北部的塔克拉玛干沙漠中部塔中石油基地，塔中石油基地至民三沙漠公路向南部民丰方向58km处，公路里程碑392km处，沙漠公路西侧200m处。海拔1120m。四周地形平坦开阔，位于塔里木盆地中部，地形相对高差不超过10m。

井深：886m。

孔径：273mm。

井口温度： 32℃。

热储层特征： 该井单井涌水量为2.6L/s。为1997年新疆地矿局第一水文工程地质大队在开展的“新疆塔克拉玛干沙漠塔中KT2号水文地质勘查综合研究项目”施工的，发现孔内存在地温异常，岩性为均一的亚砂土，未揭穿第四系，属于盖层，据相关石油文献资料，该处热储层位于深度2000多米的石炭系地层中。该地热井的成因类型为沉积盆地型，为潜水井。该井含水层段：787.35～826.79m，出水量227.52m^3/d，降深16.97m，为古近系、新近系水。

水化学成分： 据收集新疆地矿局第一水文工程地质大队1997年采取的水质分析资料，结果见表14.48，其他相关的水质分析结果未收集到。

表14.48 且末县塔中KT2地热井化学成分 （单位：mg/L）

T_s/℃	pH	TDS	Na^+	K^+	Ca^{2+}	Mg^{2+}
32	na.	6309	1615	na.	252.5	230
Li	Rn/（Bq/L）	Sr	NH_4^+	CO_3^{2-}	HCO_3^-	SO_4^{2-}
na.	na.	na.	na.	na.	109.8	1685.9
Cl^-	F^-	CO_2	SiO_2	HBO_2	As	化学类型
2342.2	na.	na.	na.	na.	na.	Cl·SO$_4$–Na

开发利用： 目前该井属于塔中石油基地管辖的供水井，井口封闭，未利用。

（P–3413.31）
ISBN 978-7-03-055133-7
定价：398.00 元